5판

신경향
성의 과학

Science of Sex

추영국 · 구덕본 · 김보현 · 명순철 · 민도식 · 민성훈 · 윤가현 · 이헌열 · 전영아 공저

월드사이언스
worldscience.co.kr

JN423586

신경향 성의 과학 5판

인쇄 2022년 01월 20일
발행 2022년 01월 30일

저자 추영국 구덕본 김보현 명순철 민도식 민성훈 윤가현 이헌열 전영아
표지·편집 유선영
발행인 신정숙
발행 도서출판 월드사이언스
주소 서울특별시 서초구 도구로115 (월드빌딩 1층)
등록일자 1988년 2월 12일
등록번호 제16-1601호
대표전화 (02) 581-5811~3
팩스 (02) 521-6418
E-mail worldscience@hanmail.net
URL http://www.worldscience.co.kr

정가 21,000원
ISBN 978-89-5881-308-8

신경향 성의 과학

추영국 · 구덕본 · 김보현 · 명순철 · 민도식 · 민성훈 · 윤가현 · 이헌열 · 전영아 지음

월드사이언스
WORLD SCIENCE
worldscience.co.kr

신경향 성의 과학 1판이 2000년도에 출간되어 벌써 21년이 흘러 2022년에 제5판을 출간하게 되었다. 개정판이 거듭될수록 일선 학교를 비롯한 사회 각계층으로부터 기대 이상으로 큰 호평을 받은 데 대해 우리 저자 일동은 보람과 함께 무거운 책임감을 느낀다. 지면을 빌어 저희 신경향 성의 과학을 사랑해 주신 모든 독자분들께 머리 숙여 감사드리며, 저자들이 보답할 수 있는 길은 더 알찬 내용으로 개정판을 출간하는 것이라는걸 잘 알고 있기에 제5판이 좀 늦었지만 최선을 다해 현재 저출산의 해결책 중 하나인 시험관아기 파트의 신설 및 개정된 성 관련 볍률 등 변화하는 사회 양상에 맞는 내용을 대폭 첨가하여 이번에 제5판을 발간하게 되었다. 그동안 [신경향 성의 과학]은 5판에 이르기까지 많은 강단의 교수님과 학생들의 입장을 고려하여 다소 접근하기 어려운 내용을 알기 쉽게 이해할 수 있도록 노력하였다. 이 책이 시중의 많은 성 관련 서적보다 주목을 받는 이유는 바로 일선 대학에서 다년간 성의 과학을 가르치고 있는 대학 교수님들과 산부인과 임상 선생님 및 불임센터 선생님 그리고 성평등 전문 상담 선생님등이 중심이 되어 각 전문분야 별로 성생활과 관련된 다양한 문제들을 시대 감각에 맞게 설명하듯이 쉽게 서술하였기 때문이라 본다. 따라서 이 책의 구성 항목은 다른 성 관련 분야의 책에서 자주 보이는 제목을 기초로 해서 선택된 항목이 아니라 각 장이 상호 관련성 있도록 만들어져, 말하자면 계통수(系統樹)를 이루듯 최신 정보를 바탕으로 설명하고 있기 때문에 [신경향 성의 과학]이라는 이름을 붙이게 되었다.

이 책을 학습하는 학생을 비롯한 일반인들은 일상생활에서 어려운 성문제에 부딪혔을 때 직접 해결할 수 있는 능력을 갖게 될 것으로 확신하며, 성교육에 관계하고 있는 각급 학교 선생님들에게도 성교육 참고서가 되는 것은 물론이고, 자녀의 현상이나 장래를 걱정하는 부모님들에게도 좋은 길잡이가 될 것이라 본다. 또한 이 책에서는 성의 과학의 사회학적 측면도 강조해 놓았기 때문에 평소 진단에 임하여 이 방면에 대해 고찰을 게을리 했을 의사분들이나 의대생 여러분에게도 도움이 될 것이라 본다.

이 책은 당면하고 있는 천차만별의 성 문제에 대해 구체적 사례를 선택, 해설하는 식의 책은 아니다. 성 문제가 일어나지 않도록 또는 문제가 일어난 후에 어떻게 조심해야 하는가, 혹은 어떻게 받아들여 대처해야 하는가에 대한 해답을 주기 위한 안내역을 하는 교양 서적이다. 그러므로, 이 책은 그냥 훑어 읽어보지 말고 처음부터 끝까지 정독하여 성 문제에 대한 대응방안을 파악하기 바란다.

외국의 사례를 많이 들어 집필하였기 때문에 여기에서 설명한 항목이 각 나라의 특성상 유용성이 부족하다는 사람도 있다. 그렇지만, 성적행위는 외국인이든 한국인이든 모든 인간에게 공통된 본질적인 것이고, 그에 덧붙여 스마트폰 등 매스미디어의 발달로 나라의 특질 차이 등은 엷어지고 있기 때문에, 이 책에 소개된 내용을 이해하면 한국에서의 성 문제 해결에 큰 도움을 줄 것임을 의심치 않는다.

특히 동성애와 성차등에 있어서는 독자의 바라보는 관점에 따라 일부 저자와 다른 생각도 있으리라 보여지지만 성의 다양성 측면에서 이해해 주시길 당부 드린다. 이 책은 모두 10장으로 이루어져 있다. 제1장과 제2장에서는 성적 행위의 생물학적 기초를 취급한다. 즉 성의 기원, 성의 결정, 해부학, 생리학, 성적 발달의 유전적, 신체적인 측면 등이다. 제3장에서는 제1장과 제2장에서 다룬 성적 특성이나 성적 발달을 기초로 하여 성이 만나는「성교」에 대해서 설명한다. 여기서는 성교의 생리학 문제가 언급되어 있다. 그 외에 동성애와 포르노의 다양한 문제도 취급하고 있다. 제4장, 제5장, 제6장에서는「결과와 예방 수단」을 들 수 있다. 결혼으로 인한 임신, 분만 및 사람들 사이의 성적 관계에 있어서 바람직하지 않은 결과와 사회가 이에 대처하는 예방 수단 뿐만 아니라 피임과 성병에 대해서도 설명한다. 제7장에서는 성적 발달의 정신적, 사회적 환경의 중요성에 대해 설명한다. 그 외에 제8장에서는 왜 성교육이 필요한가를 설명하고, 제9장에서는 요즘 학교 및 직장에서 중요시되는 성폭력과 성희롱의 개념, 폐단 및 예방법에 대해 알아보며, 마지막 제10장에서는 성 관련 법률을 소개한다. 특히, 제9장과 10장은 미래의 사회 구성원이 성 관련 문제로 마찰 없이 사회생활을 경영하기 위해서 꼭 알아야 하는 핵심적인 내용들을 담았다. 현재 이러한 내용들을 중심으로 모든 사람이 무료로 수강 가능한 KMOOC(한국형온라인공개강좌) 강의로도 소개하고 있으므로, 책과 함께 "성의 과학" 강의를 들으면 학습 효과가 더욱 클 듯하다.

끝으로 이 책을 읽음에 따라 인간의 성적 행위에 대한 고찰이 일신되고, 특히 대학생을 비롯한 우리 청소년들이 다양한 형태의 성 관련 문제에 대해 적절한 조치를 취하게 됨으로 해서 웃는 얼굴로 면학에 힘쓰는 학생들의 모습을 볼 수 있다면 저자들로서는 더 이상의 기쁨이 없을 것이다.

2022년 1월

저자소개

추영국
원광대학교 생명과학부

구덕본
대구대학교 생명공학과

김보현
분당차병원 난임센터

명순철
중앙대학교 의과대학 비뇨의학교실

민도식
연세대학교 약학대학 약학과

민성훈
부산좋은문화병원 난임센터

윤가현
전남대학교 심리학과

이헌열
산부인과 전문의, 의학박사

전영아
대구가톨릭대학교 인권센터

차 례

3

성교 51

4

결혼, 임신, 분만 및 낙태 100

5

피임 140

6

성매개 감염 170

7

성적 발달의 정신적, 사회적 환경 188

8

성교육 233

9

성폭력 및 성희롱 269

10

성범죄 및 성법률 292

CHAPTER

1 성과 유성생식의 기원

- **생식**
  - **무성생식**
    - ① **분열법**
      - 2분법
        - 종분열 – 돌말, 유글레나
        - 횡분열 – 짚신벌레
      - 복분열법 – 말라리아 병원충
    - ② **출아법(눈내리기)** – 히드라, 효모, 산호, 플라나리아
    - ③ **포자법(홀씨법)** – 곰팡이, 이끼, 고사리, 버섯
    - ④ **유주자법(헤어홀씨법)** – 말류(미역, 다시마, 파래)
    - ⑤ **영양생식법**
      - 접목법(접붙이법) – 감, 귤, 사과, 복숭아
      - 취목법(휘묻이법) – 뽕나무, 무화과
      - 삽목법(꺽꽂이법) – 포도, 버드나무
      - 포기분생법(포기가름법) – 국화, 붓꽃
  - **유성생식**
    - ⑥ **접합** – 해캄, 짚신벌레
    - ⑦ **단성생식**
      - 처녀생식 – 수펄, 진딧물, 개미
      - 동정생식 – 도룡뇽
      - 유생생식 – 쉬파리, 디스토마
    - ⑧ **양성생식** – 지렁이, 고등생물

생물이 자기와 닮은 개체를 만들어 종족을 유지하는 것을 생물학적으로 생식(reproduction)이라고 한다. 생식은 생명의 영속을 위해 필요한 과정으로 생물은 생식을 통해 자신을 복제하고 증식을 한다. 성공적인 생식을 위한 생물학적 기작은 매우 다양하며, 동물의 구조나 행동이 다양한 것은 생식의 가능성을 높이기 위해 환경에 적응한 결과이다. 생식은 방법에 따라 무성생식(asexual reproduction)과 유성생식(sexual reproduction)으로 나누어지는데, 무성생식은 난자와 정자의 결합 없이 부모 중 어느 한쪽의 유전자를 그대로 물려받아 자손을 만드는 것이다. 무성생식의 단점은 유전학적으로 똑같은 개체군을 만들어낸다는 것이다. 유전학적으로 비슷한 개체는 특정한 환경하에서는 잘 자라지만, 만약 환경이 생존에 불리하게 작용할 경우 모든 개체가 영향을 받아 개체군 전체가 전멸할 수 있다. 생식의 기능이 유전자의 영속성에만 있다면, 무성생식이 진화과정의 경쟁에서 승자가 되었을 것이다, 반면 유성생식은 각각의 부모에서 한 개의 배우자 두 개의 배우자(gametes), 반수체(n), 또는 생식세포가 융합하여 이배체(2n)인 접합자(zygote)를 형성함으로써 새로운 개체를 만들어 자손을 유지시켜 나가는 방법이다. 유성생식은 부모의 유전자가 섞여 각 부모가 가진 절반의 유전자만 다음 자손에게 전달된다. 따라서, 생물 스스로 많은 복제를 할 수 있는 비교적 간단한 방법을 제공하는 무성생식과는 달리 유성생식은 자손을 생산할 때 두 개의 개체가 필요하다. 무성생식은 유성생식에 비하여 몇 가지 장점을 가지고 있다. 첫째, 한 생물이 그 자신의 다른 종에서 분리되더라도 무성생식을 할 수 있다. 그들은 짝을 찾거나 이성과 짝지을 필요가 없기 때문에 언제든지 신속하게 자손들을 생성할 수 있다. 따라서 무성생식은 다수의 자손을 생성하는 효과적인 방법이다.

무성생식에 비하여 유성생식은 고유한 대가를 치른다. 배우자(정자와 난자)의 두 종류는 암수가 서로 서로 짝을 이루도록 몸체 부분의 분화가 필요하며, 두 성이 서로를 찾을 수 있어야 이루어진다. 생물의 생존과 관련하여 유성생식과 무성생식의 가장 큰 차이점이자 유성생식의 장점은, 유성생식은 유전자 재조합에 의해 자손의 유전자 다양성이 확보된다는 것이다. 양쪽 부모가 가지고 있는 대립유전자(allele, 같은 유전자의 다른 형태) 중 일부가 자손에게 전달되므로 자손은 부모와 다른 대립유전자를 가지게 된다. 따라서 유성생식을 통해 세대가 지속되면서 유전적인 다양성이 증가하여 무성생식에 비하여 개체가 환경의 변화에 잘 적응하게 해 줄 수 있다. 유성생식에서 성이란 모든 동물이 생식을 하기 위한 필수 불가결한 상대적 개체이며 성이 없으면 생명체의 존재와 연속성은 자연상태에서는 불가능하다.

특히, 유성생식은 종 내에서 대립유전자가 여러 세대에 걸쳐서 독립적인 교차와 배열을 통해 재분열 할 수 있다. 그 결과 일부 자손은 다른 자손이 불리한 조합을 수행하는 반면, 생존과 번식을 증가시키는 대립유전자의 조합을 수행한다. 자연선택이 낮은 생명력을 가진 자손을 제거하면서 번식의 성공을 증가시키고 이들의 조합을 유리하게 작용할 수 있다. 이에 비하여 무성생물의 대립유전자는 세대에서 세대로 재조합되지 않는다. 그 결과 이러한 종의 개체 내에서 잠재적으로 유용한 대립유전자를 축적하는 것은 더 어렵다. 무성생식에서는 형질의 새로운 조합이 오직 돌연변이에 의해서만 생겨나고 유성생식은 형질의 다른 형태를 가진 각 개체의 유전자가 서로 자주 섞여지기 때문에, 돌연변이에 의존하는 무성생식보다 유성생식은 매우 짧은 세대내에 새로운 형질의 조합을 만들어 낼 수 있다. 그러나 유성생식 개체들이 유전적으로 더 다양하기 때문에 진화의 경쟁에서 승자가 된다는 의미는 아니다. 개체의 수와 종의 영속성 측면에서 지구 상에서 가장 성공한 생명체인 미생물은 전적으로 다른 기작(무성생식과 돌연변이)으로 번식하고 있다.

지구의 역사는 약 45억 년 정도 되었다고 흔히 말한다. 이러한 지구의 역사 속에서 생명체가 고생물학적으로 언제 탄생되었는가에 대한 문제는 학자마다 이견이 많다. 대략 종합적인 의견 일치를 보고 있는 것은, 약 5억 7천만 년 이전 고생대 선캄브리아대에 세균과 말류 및 해산 무척추동물이 나타난 것을 시작으로 6천 5백만 년 전 신생대가 되면서 영장류가 나타났고 신생대 제4기에 이르러 인류의 조상이 출현한 것으로 되어 있다. 이렇게 지질 연대순으로 다양한 고생물들이 출현하였지만, 언제부터 무성생식에서 유성생식으로 변화되었는가는 현존하는 생물체를 예로 하여 역으로 추적해 볼 수밖에 없는 상황이다. 생물학적 측면에서 추측해 볼 때 암컷과 수컷의 분화 이후 유성생식이 이루어졌을 것이고, 유성생식이 이루어짐으로써 생물체의 종 다양성이 형성되었으며, 비로소 생물체에 수명이 생기고 죽음에까지 이르게 되었을 것이다. 자연계의 다양성과 통일성에 대한 연구는 자칫하면 추상적이면서도 철학적 개념이 가미될 수 있는 소지가 있으므로 이에 대한 이해와 해석을 지나치게 구체화시키는 것은 한계가 있어 적합하지 않다고 생각된다.

1.1 생물의 번식 방법

성의 분화는 유성생식 가운데 양성생식인 세포 융합을 통해 새로운 개체를 생성하는 혁명적인 생식방법을 의미한다. 유전학적으로 말하면 유성생식에 의해 형성된 새로운 개체는 양성의 유전자를 갖추고 있는 것이다. 즉, 어머니로부터의 반수체(n)와 아버지로부터의 반수체 (n)가 결합되어 새로운 개체가 만들어진다. 이런 2종류의 유전자 조합이 새롭게 조직되어 새로운 형질을 가진 개체를 생성하게 되는데, 이 개체는 새로울 뿐만 아니라 변이성도 갖고 있다. 생식세포의 결합은 염색체의 배수체를 의미하며, 유성생식은 반드시 결합

후의 세포가 본래의 유기체 구조를 갖기 위해 감수분열을 수반하게 된다. 따라서 유성생식에는 수정과 감수분열이 수반되며, 이를 통한 반수체 및 배수체의 핵상교번 생활사가 이루어진다. 다세포 생물에서 유성생식은 복잡한 개체의 성장과 번식을 동시에 가져온다. 생활사 중 단수체 (단상)와 배수체(복상) 단계는 각각 성장과 번식 기능에 적응하게 된다. 단수체인 생식세포는 수정 후 수정란이 되고, 여러 발생 과정을 거쳐 발육하여 성숙한 개체가 된다. 양성 개체가 조합된 무리들은 무리 내 유전자 개체 간의 유동성 때문에 그 개체는 영원히 불변하는 자신의 유전자를 지속시킬 수가 없다. 유성생식은 복잡한 행위의 진화를 동반하며, 수정과 번식 목적을 위해 다양하고 복잡한 성과 관련된 행위인 구혼, 성 경쟁, 성욕, 교배 등의 행위를 진화시키도록 되어 있다.

1.2 성의 기원

성과 유성생식의 기원은 아주 오래 전에 이루어졌다고 본다. 즉, 생물의 다세포화 그 이전에 나타났다는 것이 첫 번째 가설이다. 그 근거로는 현재, 다양한 섬모충과 유공충 등 다수의 단세포 진핵생물들이 성의 분화를 갖고 있다는 것이다. 예를 들면, 원생동물 가운데 섬모충의 일종인 짚신벌레(paramecium)는 단세포이지만 다핵성 동물이다. 평소 짚신벌레는 무성생식인 2분법을 통해 분열하다가 세포가 노화되면 다른 짚신벌레와 접합(conjugation)하여 일종의 유성생식적 방법으로 소핵의 물질을 교환하여 노화되었던 세포를 젊게 만든 후 다시 2분법을 통해 종족을 유지해 나간다(그림 1-1). 뿐만 아니라, 감수분열과 체세포분열은 구조상 공통점이 있다. 감수분열은 진핵세포가 세포분열을 할 때 체세포분열과 함께 일어난다. 물론 이 첫번째 가설에 반박하는 학자들도 있다. 우선 원생생물의 성의 분화를 살펴보면, 성의 분화와 유성생식은 원생생물 가운데 위족충, 섬모충, 포자충 등 일부에서만 관찰할 수 있다. 비교적 하등하고 원시적인 남조류, 변형균류, 이끼류의 대부분은 성의 분화가 되어 있지 않다.

그렇다면 다세포 생물들은 어떠할까? 대다수의 다세포 동식물은 성이 분화되어 있으며 각기 다른 형태의 유성생식법을 갖고 있다. 물론 무성생식도 진화 계통수 상에서, 하등생물 부분에 속하는 일부 무리에 극히 제한되어 있으며, 이러한 종의 무성생식을 볼 수 있는 것은 매우 드물 뿐만 아니라 생식방법의 진화도 오히려 퇴보되어 있는 상태이다. 이 외의 다세포 생물 개체의 복상 배수체는 아주 일반화되어 있으나 단상 단수체는 선태류, 일부 녹조류 등에서 드물게 관찰되고 있다. 복잡한 유성생식의 생활사는 단세포생물에서 극히

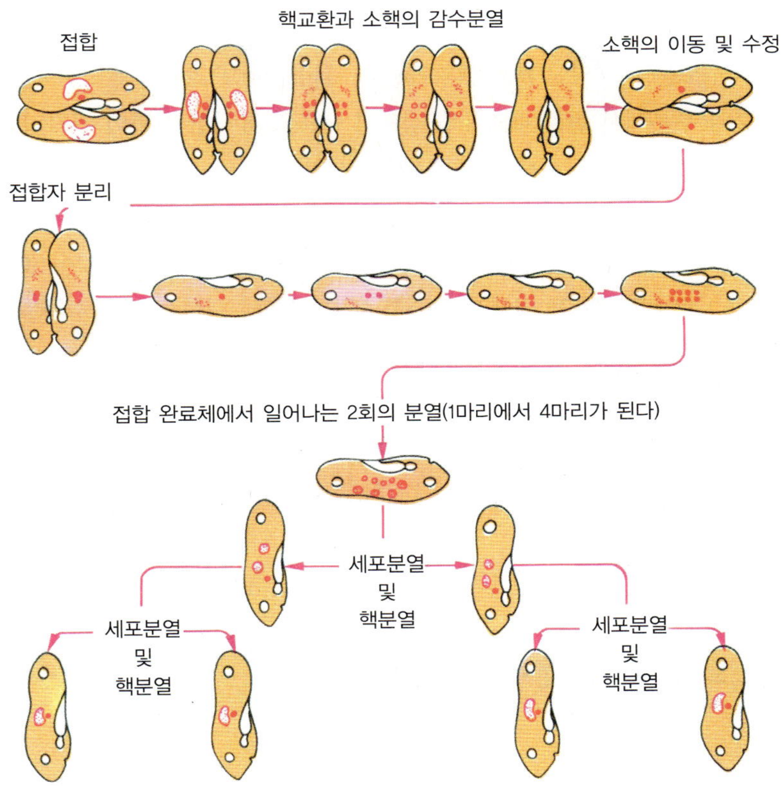

[그림 1-1] 짚신벌레의 접합. 접합자가 분리된 후에 결국 1회의 접합에서 8개의 새로운 개체가 형성된다.

드물다. 위에 기술한 사항들이 두 번째 가설을 만들어내게 하였다. 즉, 성의 분화와 유성생식의 기원은 매우 오래된 일이지만, 다세포화와 동시에 또는 상반 관계에 놓여져 진화되어 형성되었다는 것이다.

1.3 성분화와 유성생식의 고생물학적 근거

유성생식을 하는 초기 생명체가 화석으로 남아 있는 증거는 매우 적다. 다년 간의 조사 연구를 거쳐 6억 년 전의 암석에서 다세포인 홍조류(porphyre)가 유성생식을 하였다는 흔적을 발견하였다. 이 발견은 초기 생물체에서도 성분화가 있었다는 믿을 만한 근거를 제공하고 있다(Zhang et al., 1995; Zhang, 1997). 화석과 일부 다세포 홍조류의 유성생식 구조를 비교 연구하는 것에 근거함으로써, 이와 같은 화석 해조류의 암수 2종류의 생식구조를 구별해 낼 수가 있었다.

수컷의 생식구조는 정자낭군(精子囊群, spermatangialsori)으로서, 해조류(thallophyte)의 엽상체 가장자리 부분에서 현존 해조류의 정자낭 구조와 유사한 기관이 관찰되었다. 또한 6억 년 전 퇴적된 것으로 중국 귀주의 중부지방에서 발견된 인(隣)이 함유된 암석에서도 뚜렷한 성분화 세포 및 유성생식 형태의 엽상식물 유체 화석이 발견되었다. 이런 사실은 이미 알려져 있었으며, 이것은 원시 다세포식물에서 성분화가 일어났다는것을 증명하는 가장 신빙성 있는 증거이다. 만약 위에서 기술한 화석 형태의 해석이 정확하다면 다음과 같은 결론을 내릴 수 있다. 즉, 선캄브리아기의 늦은 남빙하기가 끝난 후 무척추동물인 후생동물의 이리카라형에 속하는 동물이 적응방사가 일어나기 전인 약 6억 년 전에, 유성생식을 하는 다세포 엽상체식물이 이미 진화되어 출현하였고, 해변가와 얕은 지역의 조류 서식 환경은 아주 훌륭하였다. 식물의 성분화와 다세포화는 진화과정 중 긴밀한 상관성을 갖고 있다.

1.4 성의 기원 및 그 발달 원인

어떠한 이유로 성과 유성생식의 생활사가 이처럼 보편화되었는가? 왜 절대 다수의 생물들이 유성생식이란 생식 방법을 택하여 종족을 보존시키면서 후손을 널리 퍼뜨리고 있는가? 또한 암수 개체가 뚜렷하게 분리되어 일정한 비율로 유지되고 있는가? 무성생식을 할 때에는 없었던 생명체의 수명이 유성생식을 하면서 수명과 죽음이 발생하게 된 이유는 무엇인가? 이러한 복잡한 문제들은 진화생물학에서 연구되고 있으며, 21세기에 우리가 규명해야 할 난제들이다.

원핵생물과 대다수 원생동물들은 세포의 무성생식에 의한 직접 분열로 성장과 증식을 하고, 세균류, 히드라 등의 일부 생물은 출아법으로 성장과 증식을 하고 있다. 일부 진핵생물들은 무성생식을 하기 때문에 정자가 필요 없으므로 감수분열의 생식 방법도 필요 없다. 대다수의 진핵생물은 무성생식과 유성생식을 겸할 수 있고, 생활사 중 무성과 유성의 관계가 교체되기도 한다. 유성생식은 곧 양성생식인 수정의 감수분열을 통하여 단상인 반수체의 암수 생식세포를 만들고, 이 생식세포가 수정을 통하여 복상인 배수체를 회복하여 또 다시 새로운 개체를 만들어낸다. 대다수의 동식물 중 유성생식을 하는 종들은 각각 단상 반수체인 정자와 난자 2종류의 생식세포로 구성되어 있고 수컷 개체는 정자만을 생성한다. 일부 동식물은 체세포인 자기 영양체 개체를 생산할 수 있으며, 단위생식을 택하기도 한

[표 1-1] 무성생식과 유성생식의 비교 (Zhang, 1998)

세대수	유성생식			무성생식		총개체수
	수컷	암컷	암컷비율	암컷	종군의 조합률	
1	100	100	1/3	100	1/3	300
2	100	100	1/4	200	1/2	400
3	100	100	1/6	400	2/3	600
4	100	100	1/10	800	4/5	1000
5	100	100	1/18	1600	8/9	1800

참고: 유성생식을 하는 종군과 무성생식을 하는 종군이 각각 100개의 암컷 개체로 구성되었다고 가정하면, 각 암컷 개체는 각 세대에 2개의 자손을 생성하고 유성생식을 하는 종군이 생산한 자손 중 암수는 각각 1/2씩이다. 그 결과 유성생식을 하는 종군 개체수는 세대마다 변하지 않으나, 무성생식을 하는 개체수는 각 세대마다 1배씩 증가하여, 결국 유성생식은 무성생식에 대해 매 세대마다 50%의 적응도 손실을 보게 된다.

다. 만약 유성생식을 하는 생물들과 무성생식을 하는 생물들의 종족유지 진행 상태를 비교하여 번식 효율을 보면 유성생식이 단연 우세하다. 장(Zhang, 1998)에 따르면, 유성생식을 하는 종군과 무성생식을 하는 종군의 100개의 암컷 개체가 있다고 가정할 때, 유성생식을 하는 종군은 암컷 외에 100개의 수컷 개체가 필요하여 총개체수는 200개가 된다. 각 암컷 개체가 2개의 자손만을 생산한다고 가정하면 유성생식을 하는 종군의 암컷은 매 세대마다 생산한 자손 중 암수 각각 하나가 된다. 그렇다면 유성생식을 하는 종군은 유성생식을 통하여 대대로 원래의 종군 숫자만을 유지할 수밖에 없다. 100개의 암컷 개체와 100개의 수컷 개체, 모두 합쳐서 200개의 종군 개체수는 계속 변하지 않는다. 그러나 무성생식을 하는 종군의 개체수는 오히려 대대로 증가한다. 제1대 100개의 암컷 개체는 200개의 제2대 암컷 개체를 생산하고, 제3대는 400개, 제4대는 800개가 된다. 무성생식을 하는 종군 중 암컷 개체수는 2개의 종군 총수의 비례에서 제1대의 1/3에서 제2대의 1/4, 제3대의 1/6로 낮아진다(표 1-1). 유성생식을 하는 종군은 각 개체마다 50%의 적응도 손실이 있다. 이것은 유성생식을 하는 종군 중의 수컷 개체가 생식세포인 정자 생산 외에는 다른 공헌을 하지 않기 때문인데 일종의 생식 낭비라 할 수가 있다. 당연히 자연계 중에는 수컷 개체의 암컷 및 자손을 보호하는 행위 등의 공헌이 있어 유성생식의 대가가 낮아진다. 종군 중 수컷과 암컷 개체는 외부 형태를 분리시키거나 각 개체에서 사회분화의 이익을 보게 하는 모든 종군의 원인도 바로 이 점에 있는 것이다. 만약 수컷 개체가 종군에 대해 다른 공헌이 없다면 유성생식의 대가는 높아질 것이며, 이것은 꿀벌이 먹이가 모자랄 때 여러 종류의 벌 중에서 수벌을 쫓아내는 현상, 사마귀가 교미 후에 수컷이 암컷의 먹이가 되는 현상 등으로 설명할 수 있다. 유성생식이 매세대마다 50%의 적응도 손실을 보이는 데도 불구하고 유성생식이 왜 생물학적으로 진화 생산할 수 있는 것인가? 뿐만 아니라 보편적으로 다수의 진핵생물들이 왜 유성생식의 방법을 택하고 있는가? 진화생물학적 견지에서 보면 유성생식은 확실히 매우 큰 우월성이 있어 유성생식의 대가를 보상하기에 충분하고, 자연적으로 진화 생산을 선택하게 됨으로써 종군 중에서 유지될 수 있었다.

유성생식의 가장 현저한 우월성은 무엇인가? 진화생물학자들은 변이량의 증가와 진화 속도가 높다는 것으로 양대 우월성을 내세운다. 성이 개체에 이익을 주지 않았다면 자연적으로 성의 분화가 촉진되지 말아야 했을 뿐만 아니라 유성생식 역시 계속 유지 발전되지 말아야 했을 것이다. 이에 대해 역으로 주장하는 학자들도 있는데, 그들은 일부 동식물 종류의 유성생식 과정이 너무 복잡하고 곤란하기 때문이라고 말한다. 무성생식을 하는 생물체는 동물의 유전적 다양성에 대한 선택의 압박으로 매우 안정적인 환경에서 사는 종에서 무성생식이 더 많이 진행된다. 그래서, 환경 조건이 안정되고 균일한 상황 하에서 무성생식의 우월성이 확실해진다고 한다. 왜냐하면, 무성생식은 유전학상 비슷한 개체를 생성하기 때문이다. 그러나 다변적이고 이질적인 환경 조건에서 유성생식은 유리하게 진화되어 왔다. 선캄브리아기 이후 지구의 환경이 크게 변화되던 시대에 빙하기 이후 해안 환경이 다양하고 불안정하여 다변적이고 이질적인 것이 생물 생식 방식의 진화를 촉진시켰는지도 모른다. 왜냐하면 유성생식은 유전학적으로 다양한 개체를 생성하였고 더욱 광활한 지역의 다양한 환경 조건에 적응할 수 있었기 때문이다. 선캄브리아기 이후 다변적 환경 조건 하에서 무성생식을 하는 종의 멸종률은 상대적으로 높아졌다. 다세포화는 성분화에 대하여 촉진작용을 일으키게 한다. 즉, 선캄브리아 말기 엽상체식물의 다세포화는 영양과 생식기능 분화를 가능하게 하였다. 영양기관과 생식기관의 특수화는 영양과 생식기능에 분별 적응이 가능하게 하였다. 유성생식은 자손 번식에 유리하게 되었을 뿐만 아니라 병원체 침입에 대한 저항을 형질 변경으로 대응하였던 것이다. 유전학적 관점에서 유성생식과 상반되는 유전자 결합의 복상인 배수체화는 돌연변이가 종군 중에 보존하는 데 유리하다. 그 이유는 배수체는 유해 돌연변이가 조성한 적응도 하락의 영향을 낮추거나 소멸시켜 주기 때문이다.

1.5 성의 분화가 진화 과정에 주는 영향

성의 분화가 모든 생물의 진화과정에 주는 영향은 매우 심오하고 포괄적이다. 우리는 성과 유성생식의 직접적이고, 간접적인 상관 관계를 가진 많은 생물들을 열거할 수 있다. 바로 이러한 유성생식이 개체 유전형의 불안정을 가져 왔고, 그럼으로써 생식이 분리된 종은 무성생식을 하는 식물이 가지고 있는 불리한 영향에 대한 대책의 결과로 볼 수 있다. 성의 분화, 암컷과 수컷 개체를 공간상으로 갈라놓음으로써, 자연스럽게 유성생식에 의한 교배를 선택하게 하여 수정의 기회를 보장한다. 다윈(Darwin)의 『종의 기원』에서 서술된 자손의 과잉 번식 현상이 나타났다. 자손의 과잉 번식이 생존 경쟁을 야기시켰고 적자생존에 의한 자연도태설이 야기되었다. 성분화는 우선적으로 수컷의 과잉 생산현상을 가져왔다. 이에 대해 다윈(Darwin)은 「자연도태설」을 주장하기도 하였다. 성분화는 번식 과정의 복잡화 및 그에 상응하는 적응 진화를 가져왔다. 암컷과 수컷 개체 간의 의사소통 관계, 성의 촉진, 성 페로몬으로 유혹, 구혼 행위, 성기관, 성주기, 성징, 성호르몬, 성애 및 성의 심리와 행위를 둘러싼 모든 것들은 진화하는 가운데서 나타난 것이다.

1.6 결론

성과 유성생식이 생물, 그중에서도 절대 다수의 고등생물에서 존재한다는 것은 특이한 생물학적 현상이다. 유성생식은 생물에 분명히 큰 이점을 제공하였다. 비록 성분화와 유성생식의 변이량은 증가하였지만, 가속 진화는 종군과 종에게 장기간 막대한 이점을 가져다 주었다. 그러나 개체에게는 분명한 이점이 없었다. 그래서 성의 기원은 자연도태의 작용을 부정하면서 앞으로 좀더 연구해야 할 것이다. 그러나 다변적이며 이질적 환경에서의 유성생식 유전자 생산은 유전의 다양한 개체로서 유익하다. 그러므로 선캄브리아기 이후 급격히 변화된 환경은 유성생식의 진화 생산에 유리할 수 있었다. 무성생식에 의한 형질의 무변화가 생물들이 살아가는 과정에서 수없이 많은 병원체와의 만남, 그리고 병원체들의 적응력을 상실시켜 주는 것 역시 유성생식에 의한 새로운 생산이 종군이나 종의 종족 유지에 공헌한 것이다. 뿐만 아니라 다세포화는 성분화에 촉진작용을 하였다. 선캄브리아기 6억년 전 인(燐)이 포함된 암석에서 발견된 유성생식을 하는 다세포 식물화석이 이러한 추측에 대한 증거를 제공하고 있다. 성분화와 유성생식은 진화를 가속화시킴으로써 오늘날과 같은 수많은 생명체의 과포화 상태를 유발시킨 원인 중의 하나일 것이다.

CHAPTER

2 성의 생물학적 접근

인간의 생식기는 다음과 같이 여러 기관으로 이루어진다. 생식소는 여성은 난소, 남성은 고환(정소)에 해당한다. 생식관은 여성에게는 난관, 남성에 있어서는 고환의 정세관, 부고환(정소상체)을 구성하는 부고환관, 정관이 생식관에 속하며 남녀 모두 공통인 요도 및 비뇨기의 배설관도 생식관에 속한다. 그 외에 정액에 그 진정한 성분을 부여하는 특별한 남성 기관인 정낭과 전립선이 있으며, 정자를 남성으로부터 여성에게 운반하는 외부 생식기로 여성의 음순과 질, 남성의 음경과 음낭이 있다. 또한 수정란을 받아들여 보호하는 특별한 여성 기관인 자궁도 생식기 중의 하나이다.

2.1 성의 결정

인간은 서로 다른 두 가지 성 가운데 하나의 성을 지니고 태어난다. 성의 결정은 여러 가지 원인에 의해 이루어지며, 신체적 분화현상도 이성 간에 서로 다른 과정을 거쳐 이루어진다. 일반적으로 인간의 성은 생식세포인 정자의 성에 의해서 결정되지만 생식계의 발생 과정은 매우 복잡하여 정상적인 한쪽 성을 가진 개체로 탄생하기까지 다양한 생물학(유전적, 호르몬적, 해부학적 등)적 요인에 의해 결정된다.

생물학적 성은 (1) 성염색질의 존재 여부로 결정되는 염색체 상의 성, (2) 형태적으로 구분할 수 있는 성샘 상의 성, (3) 신체의 내부나 외부에 나타나는 성징의 분화 및 발달에 관여하는 호르몬 상의 성, (4) 남녀 뇌의 분화 차이에서 오는 마음의 성으로 구분할 수 있다.

2.1.1 염색체상의 성

(1) 성염색체(Sex Chromosome)

인간을 비롯한 고등동물군에서는 수태가 이루어지는 순간, 수정된 정자의 Y염색체 유무에 따라 유전적으로 성이 결정되는데, 이는 염색체의 조성에 의한 결과이다. 수정 시 남성의 정자 속에 들어 있는 23개의 염색체가 여성의 난자 속에 들어 있는 또 다른 23개의 염색체와 짝을 이루어 수정란 혹은 접합자가 되는데, 별다른 이상이 없는 한 23쌍, 즉 46개의 염색체를 갖는 인간으로 발생한다. 성을 결정하는 것은 X염색체나 Y염색체로 XX의 조합은 여성, XY의 조합은 남성이 된다(그림 2-1).

태아가 임신 2개월(15mm)로 성장할 때까지 성샘 원기의 발달 상태를 보고서 태아의 성을 결정하는 것은 힘들다. 그러나 현재 이루어지고 있는 성염색질 검사는 대단히 빠른 임신 초기 단계에서 태아의 성을 확인할 수 있다. 태아가 여성일 때는 성염색질, 즉 핵 내의 강한 염색성을 보이는 물질을 많은 세포 중에서 식별할 수 있다. 성염색질(barr body, 바 소체)은 XY염색체를 갖는 남성에게는 없기 때문에 여성의 XX염색체와 관계가 있다. 따라서 이 성염색질의 존재 여부로부터 조직은 성염색질이 있으면 통상 여성에 속하며 '성염색질이 없으면 통상 남성에 속한다' 고 판단한다.

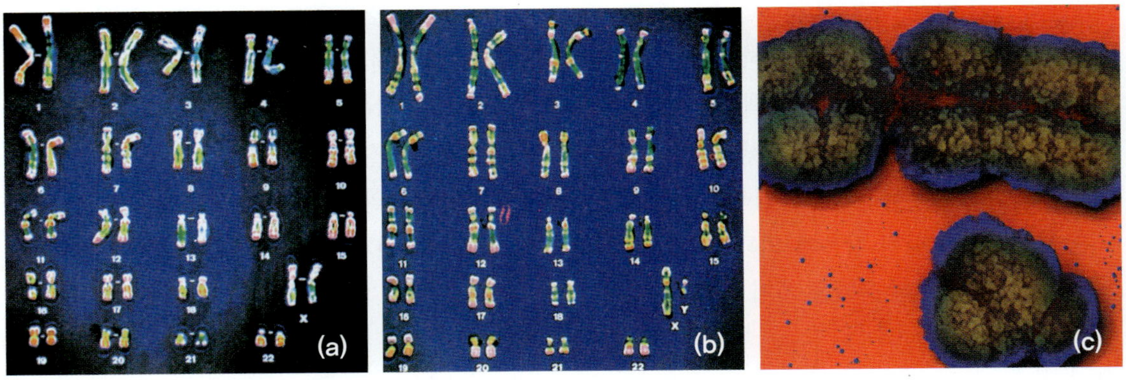

[그림 2-1] **사람의 염색체.** (a) 정상적인 여성. 44A+XX, (b) 정상적인 남성. 44A+XY, (c) 남성의 성염색체 XY

(2) 고환결정유전자(TDF : Testis Defined Factor)

남성임에도 성염색체의 조합이 XX이거나 여성이 XY염색체를 갖는 이른바 간성(intersexuality)의 존재가 발견되면서 성염색체만으로 성이 결정되는 것이 아님을 알게 되었다. 염색체의 조합이 XX임에도 남성으로 보이는 사람의 X염색체 상에는 Y염색체의 짧은 팔(short arm, 단완)의 절편이 붙어 있었으며, 염색체의 조합이 XY임에도 여성으로 보이는 사람의 Y염색체에서는 Y염색체의 짧은 팔의 절편이 결실되어 있음을 알 수 있었다. 결국 Y염색체의 짧은 팔에 성을 결정하는 고환결정유전자(TDF)가 있다는 것이 확인되었다.

이와 같이 남성의 성은 Y염색체 상의 TDF에 의해 결정된다. 즉, 고환결정유전자가 있으면 남성, 없으면 여성이 된다.

(3) 고환성여성화(Tfm : Testicular feminization) 유전자

TDF의 존재로 형성된 고환은 발생 제8주경부터 안드로겐(androgen)이라는 남성호르몬을 분비하여 태아는 남성화되어 간다. 이 안드로겐에 반응하여 내부 및 외부 성기를 남성화시키는 것이 고환성여성화(Tfm) 유전자로 X염색체 상에 있다. 만약 X염색체 상의 고환성여성화 유전자가 변이하게 되면 외부 성기가 여성화되는 한편, 내부 성기인 난관과 자궁은 위축하게 된다. 이 증상을 고환성여성화증(testicular feminization syndrome)이라고 하는데, 성염색체는 XY인 남성이지만 외관은 여성이고 난소와 자궁 없이 질만 존재하는 기형이 된다.

2.1.2 성샘 상의 성

(1) H-Y항원

고환 분화를 결정하는 또 다른 물질은 Y염색체 유전자의 산물인 조직 적합성 항원인 H-Y항원이다. Y염색체 상에 있는 고환 분화를 결정하는 유전자가 이 H-Y항원의 형질을 발현시켜 미분화 생식소가 점차 고환으로서의 구조를 가지게 된다. 이 H-Y항원을 지배하는 유전자는 X염색체에는 없고 Y염색체의 긴팔(장완)에 존재한다. 그래서 Y염색체가 H-Y항원 작용에 의하여 성샘의 성을 남성으로 분화시킨다. 성샘세포는 H-Y항원과 결합하는 수용기를 가지고 있으며, 이 결합에 의해 미분화 성샘은 점차 고환으로서의 구조를 갖춘다.

2.1.3 호르몬과 성

(1) 성호르몬

성호르몬의 분비 조절은 뇌의 하단부에 위치한 뇌하수체 전엽(anterior pituitary)에서 이루어진다. 이 호르몬의 생산은 뇌의 작용에 의해 조절이 이루어지고 기능이 활성화되기도 한다. 수정 가능한 생식세포를 만드는 능력은 뇌하수체가 분비되는 성생자극 호르몬에 의해 사춘기에 이루어진다. 뇌하수체는 갈색의 콩알만한 크기로 인두의 최상부와 표리의 두개골 기저부의 골낭 속 뇌의 하부에 있다(그림 2-2). 뇌하수체의 호르몬 자극은 뇌의 최하부인 시상하부에서 오지만, 역으로 균형 잡힌 상호작용이 시작되도록 난소나 고환에서 분비되는 성호르몬으로부터 뇌하수체에 대한 반응도 있다.

호르몬 작용에 의한 성의 분화에는 안드로겐이 관여하는데, 이 호르몬의 생산과 분비가 이루어지지 않으면 태아의 생식기 구조는 유전적 성과와는 관계없이 여성으로 분화하게 된다. 남성으로의 성분화가 안드로겐의 분비에 의해 결정되는 반면에, 여성으로의 성분화

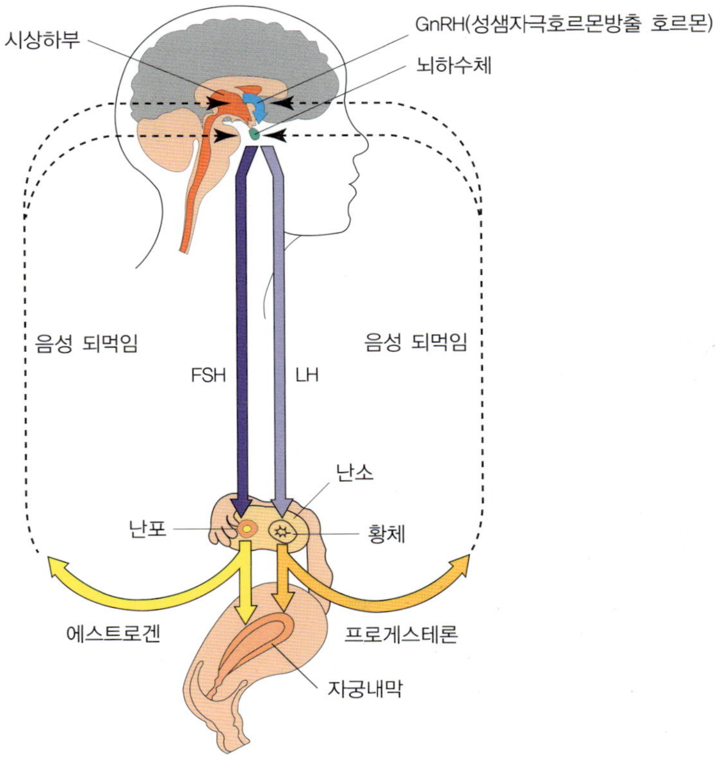

[그림 2-2] 시상하부와 뇌하수체에서 분비하는 성샘자극호르몬 및 난소호르몬과의 관계.

는 호르몬 분비 작용과는 무관하다.

남성과 여성 모두 성과 관련된 호르몬으로 안드로겐, 에스트로겐(estrogen), 프로게스테론(progesterone)을 각각 분비하는데, 남성과 여성 사이에 존재하는 호르몬 분비의 차이는 이들 호르몬 분비의 절대량에 있는 것이 아니라 상대적 분비량이나 균형에서 기인한다. 여성에게서 성욕이나 성적 쾌락을 느끼게 하는 요소가 여성호르몬인 에스트로겐이나 프로게스테론이 아니라 안드로겐의 효과인 것으로 밝혀진 것은 흥미로운 일이다. 성적 욕구가 적거나 거의 없는 여성에게 안드로겐을 투여한 결과 성욕이 증대되었다는 발표도 있었다. 즉, 남성과 여성 모두에게 있어 성생활의 증진과 활성화에는 안드로겐이 관여한다.

성적 성장에 영향을 주는 호르몬으로는 난포자극호르몬, 황체형성호르몬(간질세포자극호르몬), 젖샘자극호르몬이 있으며, 난포자극호르몬(FSH : follicle-stimulating hormone)은 고환과 난소의 정상적인 성장을 촉진한다. 이 호르몬은 난모세포를 둘러싸고 있는 각각의 난포(follicle)가 에스트로겐을 분비하도록 유도하는 기능을 갖고 있다. 또한 성인 남성의 정자 형성 과정에서도 중요한 역할을 한다. 황체형성호르몬(LH : luteinizing hormone)은 여성의 난포 성장의 최종 단계에서 난포자극호르몬과 함께 작용하고 있다. 이 호르몬은 여

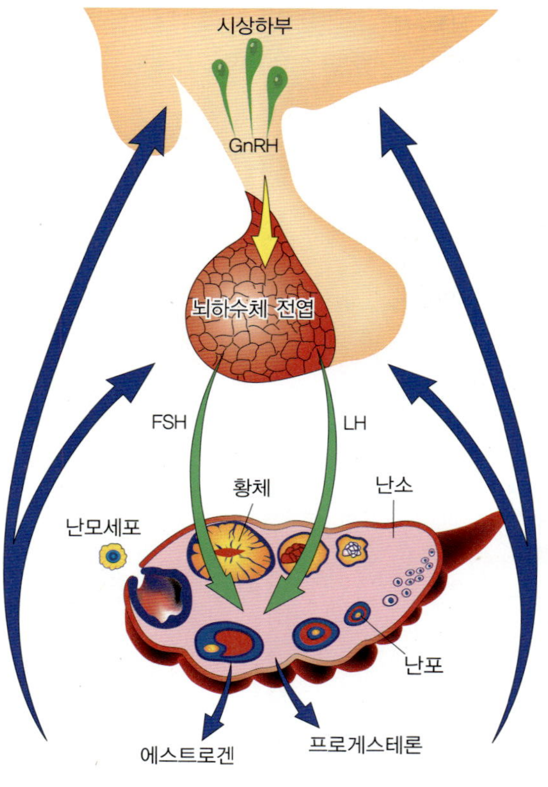

시상하부에서 생성된 성샘자극호르몬방출 호르몬(GnRH)이 뇌하수체 전엽을 자극하여 난포자극호르몬(FSH)과 황체형성호르몬(LH)을 분비한다.

FSH는 난포를 자극하여 에스트로겐을 분비하게 하고, LH는 황체를 자극하여 프로게스테론을 분비하게 한다.

에스트로겐과 프로게스테론은 성 기관과 이차성징에 영향을 주며 시상하부와 뇌하수체 전엽에 되먹임 조절을 한다.

[그림 2-3] 난소의 호르몬 조절.

성의 황체를 자극시켜 프로게스테론을 분비하도록 유도한다(그림 2-3). 이에 상응하는 남성호르몬으로 간질세포자극호르몬(ICSH: interstitial cell-stimulating hormone)이 있다. 젖샘자극호르몬(LTH : lactogenic hormone)은 프로락틴(prolactin)을 포함하고 있으며 임신 후반기부터 유방에서 모유의 분비를 촉진한다. 이상의 호르몬들이 서로 협력하고 조화를 이루어 남성과 여성의 생식기계의 내부조직을 일차적으로 조절 통제함으로써 양성 사이에서 나타나는 근본적인 생리적 구별을 가져오는 주요인으로 작용하고 있다.

(2) 남성의 성주기와 호르몬의 조절

남성이 사춘기에 도달하면, 난포자극호르몬이 고환 내의 정세관에 작용하여 정자의 형성을 촉진시킨다(그림 2-4). 정자의 생성은 2종류의 성샘자극호르몬인 난포자극호르몬과 간질세포자극호르몬에 의해 영향을 받는데, 난포자극호르몬의 영향으로 두 차례의 감수분열이 일어난 후 정자 형성 과정을 거치면 머리와 꼬리의 형태를 한 성숙한 정자로 형성된다(그림 2-5). 간질세포자극호르몬은 고환 내의 정세관 주변의 간질세포를 자극시켜 테스토스테론의 분비를 촉진하는데, 이 호르몬은 추후 사춘기 소년에게서 이차성징의 발달을 유도한다. 또한 남성호르몬인 테스토스테론은 고환 내에서 정자의 생성을 촉진시키는 기능 외에도 남성 생식기 계통의 부수적인 기관의 발달이나 성생활에 관련된 행동 및 기능에도 중요한 역할을 한다. 한편, 테스토스테론과 인히빈은 시상하부와 뇌하수체에 음성되먹임 조절을 하여 혈장 내 테스토스테론의 양을 조절한다(그림 2-4).

남성의 호르몬 주기나 난포자극호르몬과 내분비, 정자의 생산, 테스토스테론의 분비현상 등은 성년 남성에 있어서 일생에 걸쳐 꾸준하고 일정한 패턴으로 그 활동과 기능이 지속된다. 이는 호르몬 시스템의 관점에서 보았을 때 매우 특이한 현상으로 여성의 호르몬 주기에서 나타나는 규칙적인 특성과는 차이를 보여 준다.

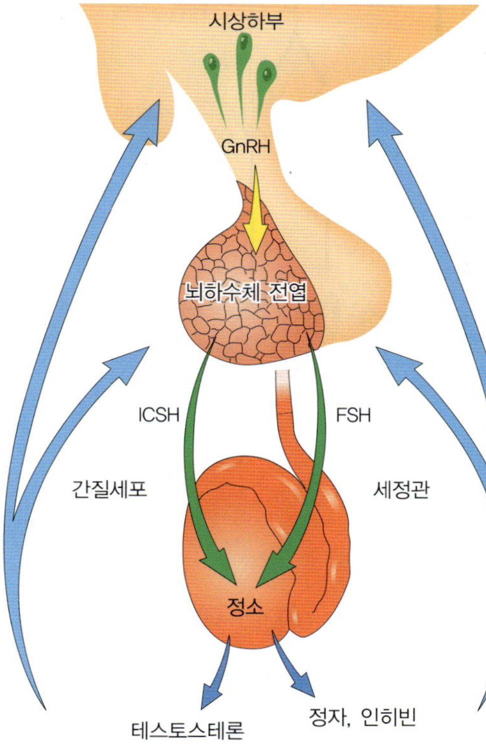

[그림 2-4] 고환의 호르몬 조절.

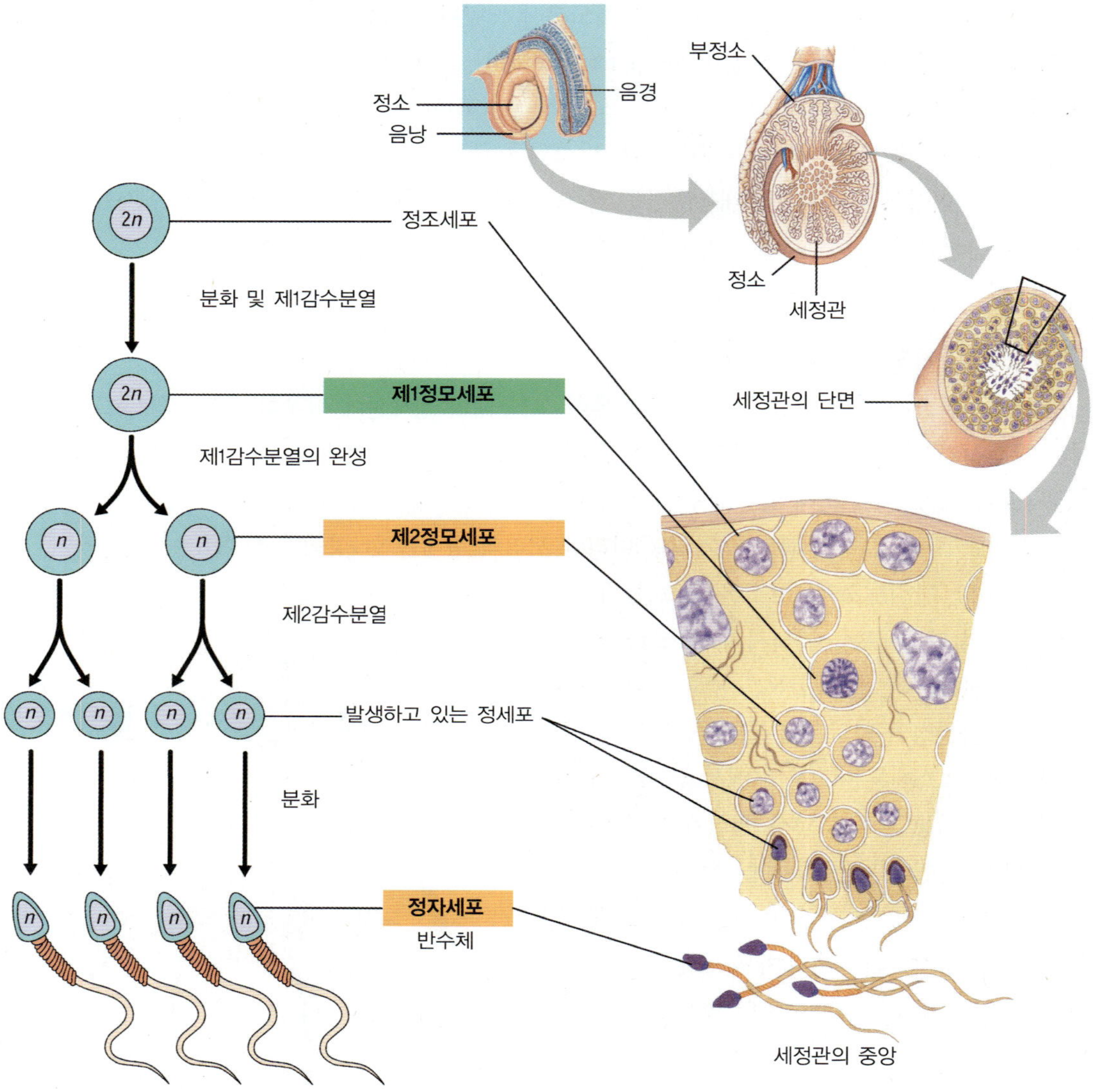

[그림 2-5] **정자 형성 과정.** 이 과정은 약 65~75일 정도가 걸린다.

(3) 여성의 성주기와 호르몬의 조절

여성은 성주기와 관련하여 매달 신체적인 변화와 함께 생리와 배란 등이 일어난다. 이는 뇌하수체 전엽에서 분비되는 난포자극호르몬과 황체형성호르몬 같은 성샘자극호르몬들이 난소 내의 난모세포를 둘러싸고 있는 난포세포에 작용하여 여성호르몬인 에스트로겐을 분비하도록 한다(그림 2-3).

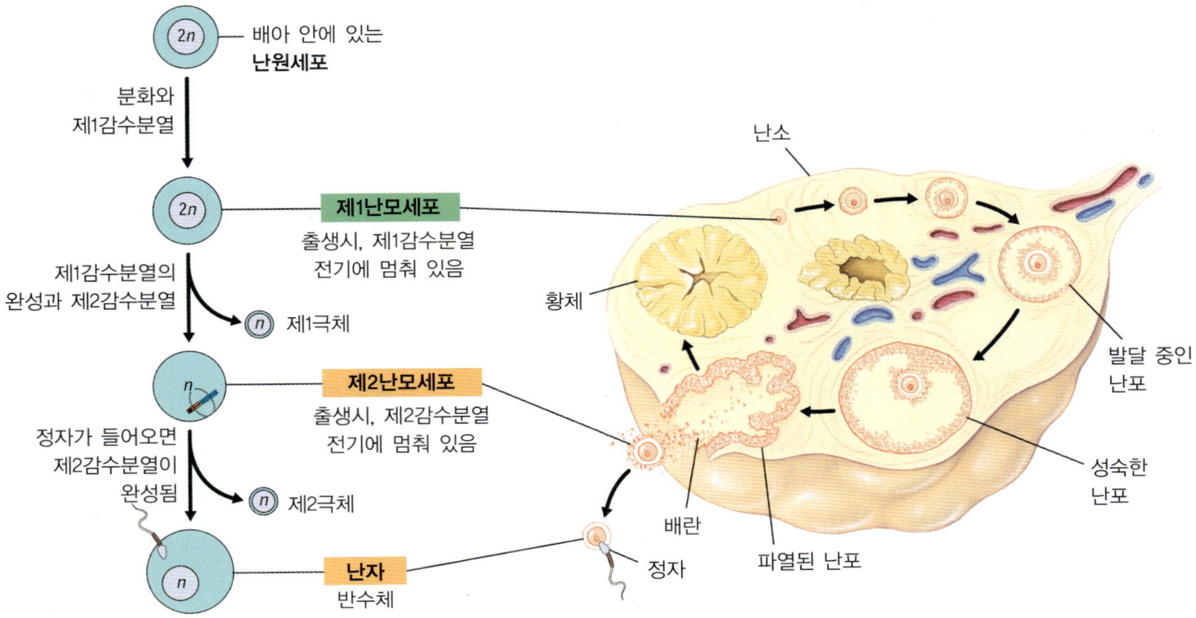

[그림 2-6] 난소 내의 여러 발생 과정의 난포와 성숙된 3차 난포로부터 배란되는 난자.

난포자극호르몬은 그 명칭이 암시하듯이, 난소의 액체 용량을 증가시켜 일반적으로 한 번에 한 개의 난포가 성숙하도록 한다. 이 성숙 난포는 성장과 동시에 난소의 표면에 접근한다. 난포자극호르몬이 계속해서 영향을 주고 있는 가운데 또 다른 호르몬인 황체형성호르몬에 의해 난포가 급격히 커지면서 난소의 표면으로 부풀어 올라 주머니를 만들고 그 표면에는 조그마한 타원형의 무혈관 반점인 배란점이 나타난다. 이윽고 황체형성호르몬의 분비가 정점에 도달하여 배란점이 부풀어 올라 파열되면 난포액과 함께 난자(제2난모세포)가 배출되는데, 이러한 현상을 배란(ovulation)이라고 한다(그림 2-6). 따라서 배란일은 황체형성호르몬의 양을 측정하면 알 수 있다. 또한 배란기간 중 아랫배에 가벼운 통증을 느끼거나 갈색의 대하 또는 피가 섞인 냉이 나오는 현상을 느끼는 여성도 있는데, 이를 배란통이라고 한다. 이때 두통이나 위통, 나른함을 경험하는 여성도 있다.

성샘자극호르몬의 영향으로 난소 내의 난포에서 생산된 에스트로겐은 생리를 유발시키는 여성호르몬으로서, 사춘기의 소녀에게는 이차성징이 발현하도록 기능을 하여 골반이 넓어지고 유방이 발달하여 여성의 체형을 갖추도록 작용한다.

2.1.4 뇌의 성분화

뇌의 성분화는 유전자의 성과 독립되어 있어서 생식기의 성과는 무관하다. 태아의 뇌는 고환에서 분비되는 남성호르몬인 안드로겐이 정상보다 많으면 여성 태아일지라도 뇌는 남성화되고, 반대로 안드로겐의 분비가 적으면 남성의 태아라도 뇌는 여성화된다. 이러한 뇌의 성분화는 태생 4～7개월 사이에 집중되며 출생 후까지 계속된다. 이 3개월 동안 여성호르몬이 우세한 모체 자궁 내의 환경에서 남성 태아는 자신의 고환에서 분비되는 안드로겐에 의해 남성의 뇌로 분화되지만, 안드로겐의 양이 적으면 염색체는 남성이면서도 뇌는 여성화되어 유전자의 성과 뇌의 성이 달라지는 비극이 생기게 된다.

뇌의 성분화가 잘못되는 원인은 다양하다. 산모가 강한 스트레스를 받으면 태아의 고환에서 안드로겐 분비가 억제되어 뇌가 남성화되지 못하고, 반대로 태아의 부신 기능이 이상 항진하여 다량의 안드로겐이 분비되는 부신성기증후군(adrenogenital syndrome)과 산모가 남성호르몬제를 남용했을 때도 내부 및 외부 생식기에 이상이 생겨 여성의 뇌가 남성화된다.

해부학적 성과 뇌의 성 사이의 차이는 일반적으로 남성에게 생기는데, 뇌의 남성화가 저해되는 데서 비롯된다. 이와 같이 그 방향성에 문제가 생기면 유전적 성, 성의 자기인식, 성행동에 심한 격차가 생겨 외관상으로는 남성임에도 여성을 사랑할 수 없는 경우(동성애자), 남성 생식기를 거추장스럽게 여겨서 제거하고 여성이 되고 싶어 하는 경우(성전환증), 성욕이 이성 이외의 여러 대상으로 향하는 성적 일탈 증상을 보이는 경우가 있다. 도너(dorner) 등은 성행동 패턴의 차이는 안드로겐의 작용 강도에 의해 결정되는데, 남성의 경우 뇌가 성분화할 때 안드로겐의 부족이, 여성의 경우 안드로겐 분비 과잉이 각각 동성애를 유도하는 원인이 된다고 하였다.

2.2 생식기의 발생

비뇨기와 생식기는 발생 과정부터 서로 밀접한 관계가 있다. 남성 태아는 원래 요(尿) 분비와 관계 있는 일부 조직이 나중에 고환과 합쳐진다. 정자의 침입으로 수정된 수정란은 자궁벽에 착상하여 임신 후 6~8주가 되면 전생식기를 맞이 하게 되는데, 이때 정소와 난소 이외에 생식 기능을 위해서 여러 내부 성숙기관을 필요로 한다. 여성의 부속기관인 뮬

러관(Müllerian duct)과 남성의 부속기관인 볼프관(Wolffian duct)은 임신 26~50일 사이에 XY 염색체를 가진 남성과 XX염색체를 가진 여성에게서 모두 발견된다. 실험적으로 XY 염색체를 가진 수컷동물의 배아의 정소를 제거하면 볼프관이 퇴화하면서 자궁의 난관 같은 여성의 성부속기관이 발생하게 된다. 즉, 여성의 성부속기관의 발생은 난소가 존재해서라기 보다는 오히려 정소의 결핍에 의해 일어나게 되는 것이다.

미분화된 시점, 즉 양성적 도관을 동시에 지닌 시점에서 볼프관(Wolffian duct)이 양측에서 발달하여 생식관을 만들고 뮬러관(Müllerian duct)은 퇴화된다. 생식관은 부고환관, 정관, 사정관으로 이루어지지만, 성인 남성의 비뇨기와 생식기는 여전히 도관의 일부, 즉 요도 통로의 중앙으로부터 전립선을 거쳐 음경 귀두의 출구까지를 공유하고 있다.

남성으로 분화된 태아기의 고환은 곧 2종류의 호르몬, 즉 남성호르몬(테스토스테론: testosterone)과 뮬러관억제인자(Müllerian duct inhibitor)를 분비한다. 테스토스테론은 볼프관에 작용하여 고환, 정관 및 정낭의 발달을 촉진하고, 뮬러관억제인자는 고환 내의 세르톨리세포(sertoli cell)에서 분비되어 뮬러관의 발달을 억제해서 자궁관과 자궁으로 분화되는 것을 막는다. 정소의 라이디히(Leydig) 세포에 의해 테스토스테론이 분비되면 볼프관이 남성의 성부속기관인 부정소, 정관, 정낭 및 사정관으로 발생된다.

뮬러관억제인자는 그 임계기가 태생 제8주경이고, 고환 분화 직후에 다량 분비되며, 태아기의 후기부터 점차 감소하다가 생후 2~3세경에는 완전히 정지한다. 테스토스테론은 뮬러관억제인자보다 약간 늦은 태생 9주경에 분비되어, 이때부터 제13주에 걸쳐서 일어나는 볼프관의 분화와 부고환, 정관, 정낭 및 사정관의 분화를 촉진한다. 태생 제14주에 고환과 난소 둘 다 복강 안에 위치되어 있다가, 발생 후기에 고환과 부고환은 점차 하강하여 음낭으로 내려오지만 난소는 복강 안에 남아 있다.

태생 제7주에는 남녀 모두 그림 2-7(a)와 같은 형의 조직과 관을 가지고 있는데, 만약 Y 염색체가 있을 경우 태생 제9주경에 남성호르몬이 볼프관을 자극하여 정관이 되고 이 관은 요도로 들어가 수뇨계와 생식계의 수송에 기여한다(그림 2-7a 왼쪽). Y염색체가 없고 X염색체가 2개 있는 여아일 때는 난소로 발달한다. 이 경우 볼프관은 퇴화되고 뮬러관이 난관으로 발생된다(그림 2-7a 오른쪽). 즉, 성적으로 미분화된 초기에는 남녀 모두 볼프관과 뮬러관을 좌우 한 쌍씩 가지고 있는데, 이후 볼프관은 남성의 생식관, 뮬러관은 여성의 생식관이 되는 원기인 셈이다.

외부 생식기도 태생 제8주부터 다리 사이에서 분화되는데, Y염색체와 남성호르몬의 유무에 따라 남성의 음경과 여성의 음핵으로 각각 발달한다. 제9주에는 두 융기 부분(음순음낭융기) 중앙에 비뇨생식 고랑이 생긴다. 제14주에는 남아의 경우 비뇨생식 고랑이 사라지

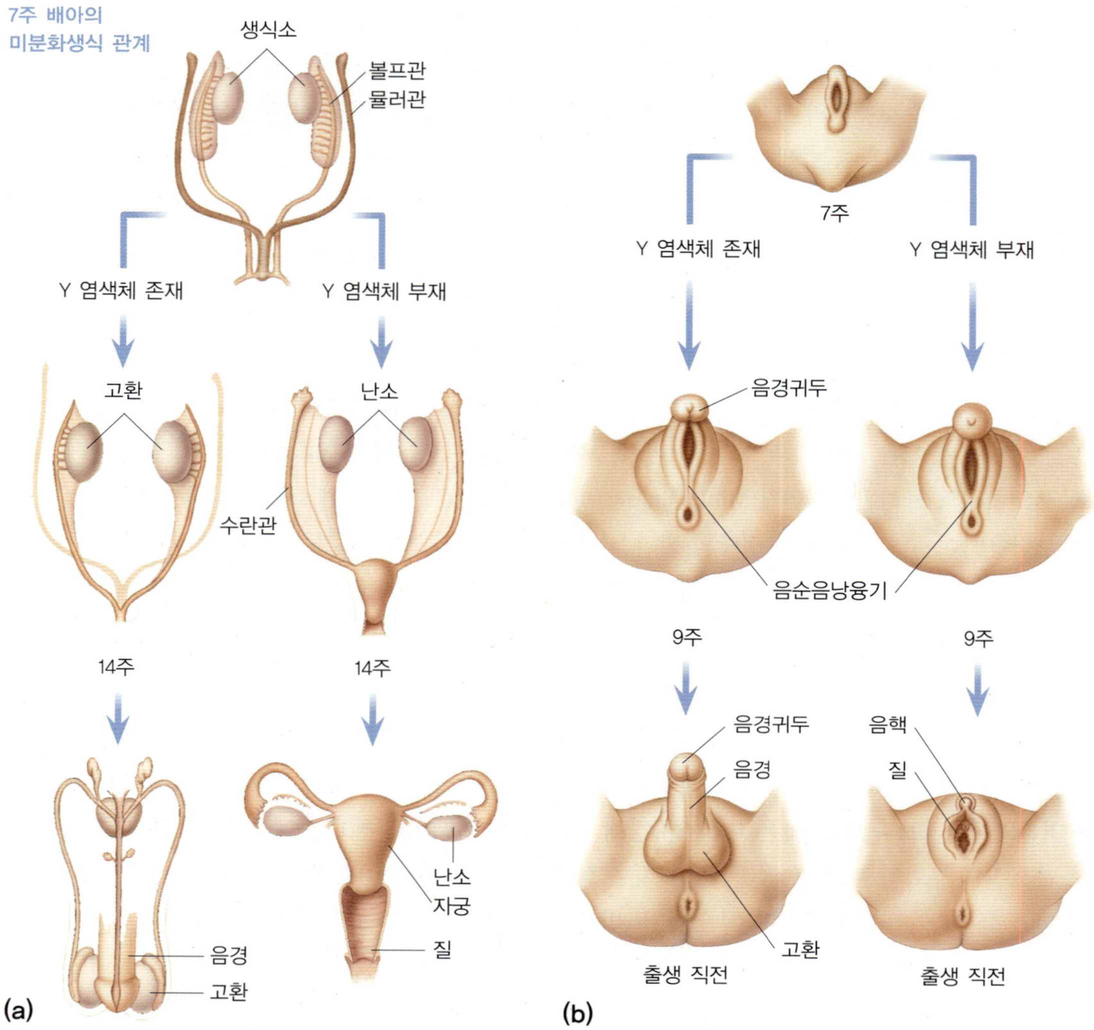

[그림 2-7] (a) 내부생식기와 (b) 외부생식기의 발생과 Y 염색체의 영향

고 음순음낭융기부분에서 음낭융기가 형성되지만, 여아는 고랑이 유지되어 질구로 되며 음낭 대신 대음순과 소음순으로 분화된다.

남성의 음낭과 요도는 2개 1조의 원기로 이루어져 있다가 나중에 합쳐진다. 그 원기가 합쳐진 후에는 항문으로부터 회음이나 음낭을 통해 음경의 아래쪽을 따라 요도구에 이르기까지 중앙선에서 관찰할 수 있는 피부 봉합선이 된다(그림 2-7b 왼쪽). 남성의 음낭을 만드는 원기는 여성에서는 완전히 접합하지 않고 전방이 두 개로 분리되어 나중에 대음순을 만든다. 이러한 원기 사이의 작은 방울은 음핵(clitoris)이 된다. 두 개의 요도 주름도 여성에서는 합쳐지지 않고 소음순을 만든다(그림 2-7b 오른쪽).

여성의 경우 생식소가 난소(ovary)로 형성되기 시작하는 시기는 태아기의 제9주경으로 남성호르몬이 작용하지 않으면 생식기 원기가 그대로 발달해서 여성생식기관이 된다. 난소의 분화에 이어 생식관의 성분화가 일어나는데, 여성에서는 볼프관이 퇴화되어 흔적기관으로 남고 뮬러관은 발달하여 자궁관, 자궁, 질로 분화되며, 이어서 음열, 음순, 음핵 등 여성의 외부 생식기가 형성된다(그림 2-7b 오른쪽). 여성의 성분화에는 난소 호르몬의 작용 없이 남성호르몬이 없으면 여성의 생식관과 외부 생식기가 형성되게 된다.

생식기의 복잡한 기원이나 성분화는 이러한 기관을 포함하여 종종 설명하기 어려운 기형으로 나타나기도 한다. 특히 발달 과정 초기에 손상이 일어나 성분화에 영향을 미치면, 출생과 그 후에도 성의 결정이 어려워지는 상황이 생겨 개인의 생활에 중대한 사회적 및 정신적 결과를 초래하게 된다.

비교적 일반적인 기형은 2개 1조로 되어 있는 기관이 완전히 유합되지 않아서 생기는 결과인데, 남성의 경우 요도 하열(下裂)이 되어 요도가 음경의 아래쪽과 만나게 된다. 이 때문에 종종 성적으로 곤란을 느끼고 생식능력이 감소한다. 때로는 정소가 충분히 하강하지 않은 채 음낭이 두 개 부분으로 나뉘어져 있어서 신생아일 때 외부 생식기가 여성적 특징을 갖기도 한다. 이 때문에 잘못된 성 결정을 하는 경우가 있다.

여성에서 비슷한 변화가 있는 것으로는 질과 요도가 격벽으로 조금 나누어지고 있거나 완전히 2개가 1조의 기관처럼 뚜렷해지는 것이다. 이러한 기형이 원인이 되거나 다른 부인과적 장애로 인하여 생리 곤란, 감소된 생식능력, 임신이나 출산에서의 이상이나 질병의 발병 등이 일어날 수 있다. 이러한 형태의 대다수 기형은 남성이든 여성이든 필요하면 언제든지 성형 수술로 교정할 수 있다.

2.3 여성의 해부학·생리학상의 성

2.3.1 내부 생식기

(1) 난소(Ovary)

난소는 모양과 크기가 아몬드와 비슷하고, 길이가 약 3~5cm, 무게는 7~10g 정도이며, 호르몬 생성, 월경 주기, 연령에 따라 차이가 있다. 신생아 및 소아기에는 작고 긴 모양이

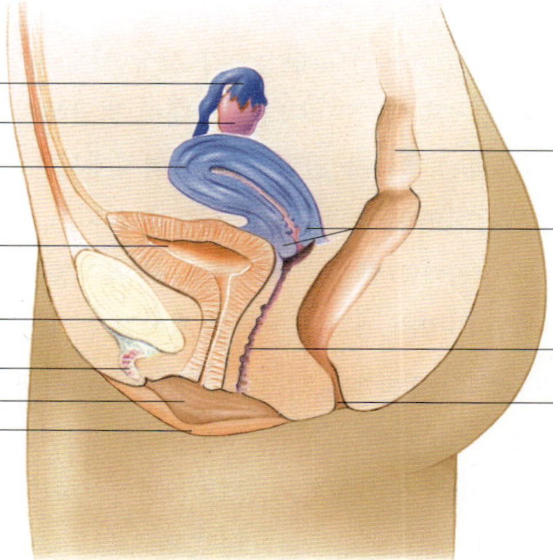

[그림 2-8] 여성의 생식기관.

고, 사춘기에 이르러 점차 커져 아몬드 형태를 보이다가 폐경 후에는 다시 작아진다. 난소는 자궁의 좌우 양측에 하나씩 2개가 골반벽 쪽에 인접해 있고, 작은 복막낭에 의해 지탱되고 있으며, 남성의 고환과 발생학적으로 동일한 기관(상동기관)이다. 난소는 표면이 울퉁불퉁하고, 튀어나온 것이 난포(여포, follicles)인데, 한 개의 난포에는 한 개의 난자가 여러 층의 난포세포에 둘러싸여 있다. 난포세포는 난자를 보호하고 영양분을 공급한다. 난소는 바깥쪽의 피질과 안쪽 부위의 수질로 구성되어 있는데, 피질은 특징적인 간질과 다양한 크기의 여포를 포함하고, 수질은 섬유근육조직과 혈관으로 구성되어 있다. 난소의 기능은 두 가지로, 하나는 난자의 보관 및 난포의 성숙과 황체를 형성하는 것이고, 다른 하나는 여성 생식계를 유지하고 여성의 이차성징을 발현시키는 에스트로겐과 임신을 대비하게 하는 프로게스테론 같은 여성호르몬뿐만 아니라 테스토스호르몬 등의 남성호르몬을 분비를 한다. 이들 호르몬의 분비는 시상하부와 뇌하수체에서 분비되는 자극호르몬들과의 상호작용을 통해서 조절된다.

일생을 통해 사춘기에 들어서서야 처음 정자를 만드는 남성과 달리, 여성은 약 200만 개의 1차 난모세포를 난소에 갖고서 태어난다. 1차 난모세포란 감수 제1 분열에 들어가 있지만 제1 분열의 전기에 멈춰져 있는 미성숙한 세포이다. 1차 난모세포는 유아기와 소녀기를 거치면서 꾸준히 감소하여 생식능력이 있는 약 35년(15~50세 정도) 동안 배란되는 난자는 약 400~500개 정도이다. 난소에서는 약 28일을 주기로 1개의 난자를 번갈아 가면서 성숙시켜 보낸다. 이와 같은 성숙 과정은 생리를 시작하는 사춘기부터 갱년기까지 계속되고,

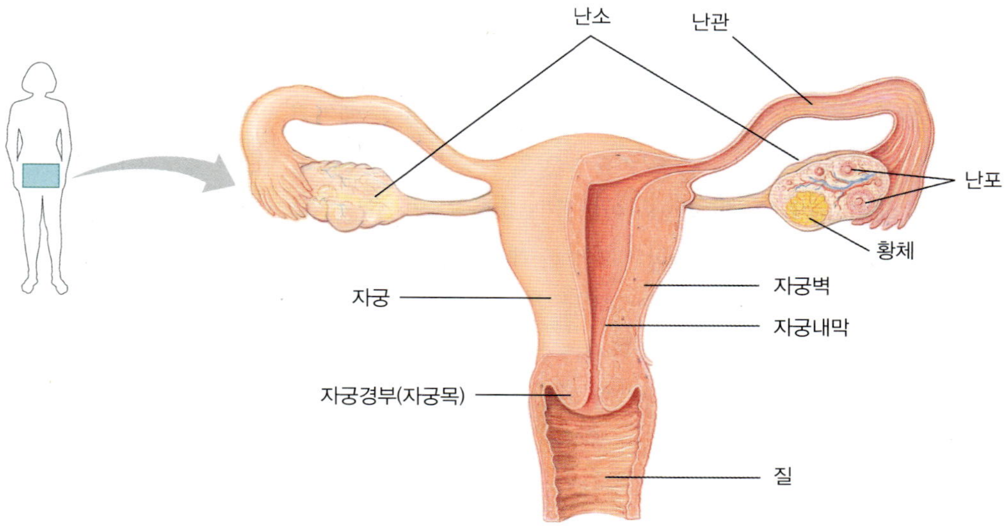

[그림 2-9] 여성생식기의 내부 구조.

그 이후에는 난자의 저장 기능이 끝나게 되어 생리도 사라지게 된다.

(2) 난관(Oviduct)

난소는 난관(자궁관, oviduct) 또는 나팔관(fallopian tube)이라고 하는 관 옆에 붙어 있다. 이 관의 입구는 마치 손가락 모양의 돌기를 가진 깔때기 모양으로 각 돌기의 끝이 난소 표면에 닿아 있지만, 실제로는 난소와 난관이 아주 작은 간격을 두고 떨어져 있다. 즉, 난관은 난소 쪽을 향한 깔때기형 입구, 즉 나팔관으로부터 자궁 양쪽으로 연결해 주는 각 10~12cm 길이에 바깥지름이 약 1cm 정도 되는 두 개의 작은 관이다. 난관은 난소에서 자궁으로 난자 또는 수정된 배아가 이동하는 통로인 동시에 정자가 수정을 위해 이동하는 통로이다. 배란이 되면 배출된 난자가 이 관으로 들어와서 난관 끝 쪽의 약 1/3 지점인 난관팽대부에까지 올라온 정자와 수정을 한다. 간혹 이 난관의 내부에 수정란이 착상하여 자궁외임신이 되기도 한다. 난관은 난소를 향해 개구하기 직전에 다소 넓어지는데, 그 부분은 일반적으로 난자와 정자가 만나 수정이 일어나는 곳이다. 횡단면으로 보면 난관강(卵管腔)은 별 같은 형태를 하고 있고 내부에는 섬모가 붙은 세포층이 있다. 난관벽의 연동운동과 동시에 이 섬모가 움직이기 때문에 난관 내의 내용물이 자궁 쪽으로 운반되는 것이다(그림 2-9).

(3) 자궁(Uterus)

난관은 방광 위의 속이 빈 서양배 모양으로 생긴 자궁으로 연결되는데, 임신 가능한 여성과 출산한 적이 없는 여성은 약 7cm이고, 사춘기 전과 폐경기 후의 여성의 자궁 몸체는 매우 작다. 중심부인 자궁 몸체는 관 모양의 자궁경관을 이루고 있으며 넓고 두껍다. 임신을 하게 되면 늘어나서 약 4kg의 아이를 보호할 수 있을 만큼 넓어진다. 그러나 아래로 내려갈수록 좁아지며 얇아져 자궁의 가장 아래 부분인 자궁경부(cervix)가 된다. 자궁 몸체의 근육벽 내부에는 점막으로 뒤덮인 자궁강(uterine cavity)이 있다. 이것은 전방에서 후방을 향해 터진 형태이지만 끝에서 끝까지는 삼각형을 이루며 삼각형의 위쪽 양측의 뿔은 난관의 안쪽 입구와 연속해 있다. 삼각형 하단은 자궁경부 쪽을 향하고 있다. 자궁벽의 대부분은 자궁근층이라는 두꺼운 평활근층으로 되어 있다. 그 내면인 자궁내막(endometrium)은 선상피, 결합조직 그리고 혈관이 잘 분포되어 있다. 자궁경부의 최하단부는 자궁질부(자궁구: uterine ostium)로서 질의 최중심부에 돌출해 있어 자신이 직접 만질 수 있다. 자궁 몸체는 일반적으로 자궁경부에 비하여 앞으로 경사져 있는데, 간혹 직립 또는 뒤로 굽은 경우도 있다. 자궁 몸체는 복강의 맨 아래 부위에 있게 되어 앞부분이나 뒷부분이 복막에 덮여 버리지만 자궁경부는 전진해서 골반 결합조직에 위치하고 방광에 접해 있다. 수정란이 분열을 시작하여 신체 구조가 나타나기 시작할 때까지의 발생 단계를 배아(embryo)라고 하며, 사람에게는 임신 후 9주째까지이다. 그 후 9주 후부터 출산할 때까지를 태아(fetus)라고 부른다. 여성이 임신을 하게되면, 배아는 자궁내막에 부착하여 자궁안에서 발생을 완료하며 자궁은 출생에 이를 때까지 머무는 장소로서의 기능을 한다(그림 2-9). 정상적인 임신이 일어나는 곳은 자궁이다. 그러나 1/100의 확률로 배아가 다른 곳에서 착상하여 자궁외임신이 되기도 한다. 대부분의 자궁외임신은 난관 또는 자궁관에서 일어나므로 자궁관 임신이라고도 한다. 자궁외임신이 되면 외과수술로 제거해야 하며 그렇지 않으면 파열되어 심한 출혈을 일으키고 사망까지 초래한다.

(4) 질(Vagina)

자궁경부는 질에 연결되어 있고 질은 여성의 요도 입구 바로 뒤에 위치하여 몸 밖으로 열려 있다. 질은 성교기관 및 산도의 기능을 하며, 얇은 막으로 쌓여져 있으나 매우 강한 근육으로 이루어져 있다. 출산 시 아기가 나오는 통로이기도 하고, 성교 시에 남성의 음경을 받아들여 정자를 사정하게 하는 곳이기도 하다. 질은 외음부의 질구로부터 경사를 이루며 후방으로 높아져 가는 10~12cm 길이의 관으로 이루어져 있다. 앞벽의 패인 부분 안에는 요도가, 뒷벽에는 직장이 있다. 질은 자궁경부에서 더 아래로 연결된 점막성 및 근육성

기관으로 외음부와 자궁을 연결하고 있다(그림 2-8, 9 참조). 질의 표층은 대단히 탄력적인 근육계와 결합조직으로 되어 있고, 점막은 치밀한 횡주름으로 되어 있어서 질의 탄력성이 더욱 증가한다. 질의 최하단부는 강력한 골반 결합 근육계에 속하는데, 이것은 괄약근처럼 기능할 수 있다. 여성이 놀라거나 불안해지면 의식적 또는 무의식적 방위 반응으로 이 근육계에서 질구를 조일 수 있다. 그러면 성교는 곤란해지고 고통이 따른다. 경우에 따라서는 성교가 불가능하게 된다. 성교를 시도할 때마다 이러한 근육 방위가 반복되는 것을 질 경련이라고 한다.

질 분비물의 일부는 질 위에서 자궁경관 점액으로 이루어지지만, 일부는 점막 자체나 질구 직전의 특수한 선, 즉 바르톨린선에서도 나온다. 그러나 성적 자극과 함께 증가하는 분비물은 질벽의 많은 혈관의 현저한 충혈 결과라고 생각된다.

질의 습기는 생리 주기의 여러 단계에 걸쳐 변화되며 정서적 영향도 받는다. 따라서 증가한 유출물이 끈적이고 투명하며, 짓무름, 고통, 근질거림 같은 다른 형태의 불쾌감과 관계가 없다면 염증 또는 다른 병적 장애의 징후라고 할 수 없다.

(5) 처녀막(Hymen)

처녀막은 질의 입구 하단부에 위치하여 질 입구를 부분적으로 혹은 완전히 폐쇄하는 주름 또는 막 모양의 섬유조직으로 여성 생식기의 외음부와 내음부의 경계가 된다. 처녀막의 영문 명칭인 하이멘(hymen)은 그리스 신화에 나오는 결혼의 신 히메나이오스(hymenaeus)의 이름에서 유래되었다. 외부의 자극으로부터 내생식기를 보호하는 역할을 할 것이라 생각되나 임상적으로 그 기능은 크지 않다. 정상의 처녀라도 그 크기와 모양, 두께 등은 개인에 따라 천차만별이다(그림 2-10). 처녀막의 모양은 둥근모양(annular form)과 반달모양(crescentic form)이 가장 흔하며, 그물모양(cribriform 또는 sievelike)을 보이는 경우도 있다.

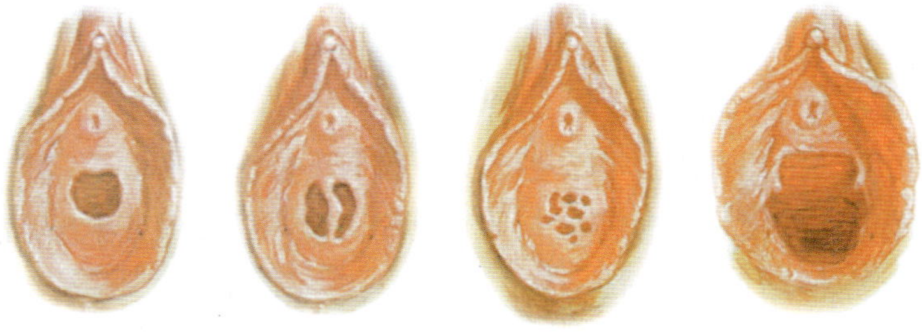

[그림 2-10] 처녀막의 다양한 형태.

일반적으로 가운데에 연필 1자루 정도가 들어갈 만큼의 구멍이 1~2개 뚫려 있는 얇은 막으로 월경혈이 이 구멍을 통해 바깥으로 나오게 된다. 성행위를 하지 않았음에도 처녀막이 변형, 파열되어 있거나 성행위를 자주 했음에도 그 모양을 유지하고 있는 경우도 있다. 처음으로 성행위를 했을 때 출혈이나 통증이 있을 수도 있고 없을 수도 있다. 드물게 질 입구를 완전히 막아 월경혈이 나오지 못하는 처녀막 폐쇄(imperforated hymen)인 경우가 있는데, 수술을 통해 막힌 처녀막을 절개해 주어야 월경혈이 나온다.

처녀막은 첫 성교로 인하여 대부분 파열되지만, 선천적으로 구경이 커다란 둥근처녀막의 경우엔 첫 아이를 출산할 때까지 파열되지 않고 출산과 함께 파열되기도 한다. 처녀막의 유무나 파열이 반드시 성경험과 상관이 있는 것은 아니며 과거에는 처녀막을 처녀의 상징이나 정조의 징표로 사용하기도 하였으나 이는 잘못된 관습이다. 현대에는 많은 여성이 첫 번째 성교를 하기도 전에 처녀막을 우연히 상실하는 경우가 많다. 탐폰을 지속적으로 사용하거나, 승마, 스키, 스케이트 또는 과격한 운동을 하다가 파열되는 경우가 매우 흔하며, 얇을 경우 과격한 춤만 추어도 파열되는 수가 있는 반면에 여러 차례 성경험이 있어도 탄력성이 뛰어나 완전한 상태로 남아 있는 여성도 있다. 따라서 이제는 처녀막의 유무에 따라 처녀성을 운운하는 것은 비과학적이라 할 수 있다.

처녀막의 위치는 여성이 생리 중에 탐폰을 쓴 일이 없고 처녀막의 파열구를 청결하게 하기 위해 씻어 내거나 다른 방법으로 넓힌 일이 없는 경우에는, 손가락을 집어넣어야만 간신히 닿을 수 있을 정도다. 그러나 파열된 입구는 일반적으로 신축이 자유롭게 된다. 예를 들면, 탐폰을 사용하든지, 여성 자신 또는 그녀의 성적 파트너가 주의해서 손가락으로 확대하면서 조금씩 넓혀 가면 파열되는 일이 없이 쉽게 찢어져 입구를 확대할 수 있다. 최초의 성교, 즉 처녀성을 잃는 것이 이처럼 준비되어 있다면 고통도 출혈도 따르지 않는다. 또한 쉽게 아무런 불쾌감도 따르지 않을 정도로 처음부터 넓고 얇으며 또 신축이 자유로운 경우도 있다. 그러나 처녀막이 대단히 두껍고 비탄력적이거나, 찢어진 입구가 대단히 좁아 전술한 정도로는 준비할 수 없는 경우도 있다. 어떤 경우이든 여성은 적응법을 찾아보고, 불안하거나 걱정스럽게 생각되면 전문가를 방문해 부인과 검사를 하는 것도 한 방법이다. 출산 후에는 일반적으로 처녀막이 더욱 찢어져 톱니 상태의 흔적만 남는다.

성 개방 시대라고는 하지만 첫 성교는 일생을 좌우할 만큼 중대하므로 한 번의 실수가 평생을 망칠 우려가 있을 뿐만 아니라, 미국의 한 연구에 의하면 여성의 성경험 연령이 낮아지는 것과 자궁경부암이 늘어나는 것이 서로 상관관계에 있다고 보고하였다. 자궁경부의 조직인 편평상피는 대개 16~18세가 되어야 비로소 성숙하게 되는데, 그 이전에 성경험을 한 여성은 성교로 인한 자극으로 인해 자궁경부암의 발생률이 그만큼 증가한다.

2.3.2 외부 생식기

여성의 외부 생식기(그림 2-11)는 일괄해서 여성 음부(vulva)라고 한다. 여성에게 있어서 음부의 체모는 치구(불두덩, 비너스언덕)에서 대음순의 앞부분 쪽으로 이어져 있다. 이에 반해 남성은 일반적으로 중앙선을 따라 이어져 있다.

(1) 치구(Mons Pubis, Veneris)

치구는 치골 바로 앞의 볼록하게 융기된 부분으로 피하지방이 풍부하여 피부 밑에 통통하게 지방이 분포되어 있어 골반을 보호하는 작용을 하는데, 대음순의 잔반부에 걸쳐 있고, 사춘기가 되면 음모로 덮이게 된다.

(2) 소음순(Labium Minus)

질과 요도의 표면 입구는 두 쌍의 입술 같은 피부 주름인 음순(labia)에 둘러 싸여져 있다(labia는 입술이라는 뜻의 라틴어). 대음순이라 불리는, 두꺼운 바깥 주름은 지방조직으로 되어 있고 안쪽 주름이 소음순이다. 소음순은 좌우의 대음순 사이에 있어 질의 입구를 둘러싸고 있고 여성의 바깥 생식기관에서 대음순 안쪽에 있는 얇은 피부 주름이다. 양쪽의 소음순이 윗부분에서 합쳐져 음핵을 부분적으로 덮고 음핵포피와 회음부로 연결되어 있다(그

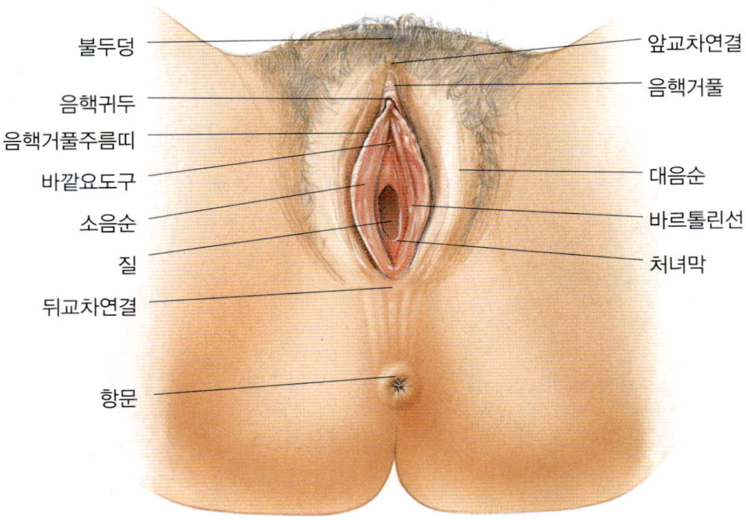

[그림 2-11] 여성의 외부생식기.

림 2-11). 소음순은 여성마다 크기나 외관에서 현저한 차이를 보이고 있다. 얇고 매끈하게 생긴 경우도 있고, 두껍고, 겹침, 착색, 대음순 사이에 약간 돌출되어 있을 정도로 폭이 넓은 것도 있다. 이러한 해부학적 차이는 본인의 성적 활동과는 아무런 관계가 없으며, 일반적으로 유전적 원인이다. 따라서 소음순이 작거나 크다고 고민할 필요는 없다.

대음순과는 다르게 소음순에는 음모가 없고 신경말단이 집중되어 있는 민감한 성감대로 성적 자극을 받으면 팽창하게 된다. 소음순이 자극을 받으면 간접적으로 음핵을 자극하게 되어 사람에 따라서는 음핵을 직접 자극하는 것보다 소음순을 자극할 때 오르가즘을 쉽게 느낀다고 한다.

(3) 대음순(Labium Majus)

대음순은 몸 겉으로 드러난 여성생식기의 외음부 중의 하나로 남성 성기의 음낭에 해당한다. 성기 위쪽 언저리의 볼록한 부분에서 시작하여 항문 근처까지 좌우로 갈라졌고, 모양이 입술처럼 생겼으며 이것을 열면 소음순과 음핵이 있다. 대음순은 소음순 바깥쪽으로 융기된 지방조직으로 된 피부주름으로, 소음순의 상부 2/3를 감싸고 있다(그림 2-11). 대음순은 색소세포가 많기 때문에 갓난 아기는 핑크색 또는 황백색을 띠고 일반적으로 사춘기가 되면서 멜라닌색소가 침착되어 짙은 검은색을 띠게 되는데 사람에 따라 착색 정도가 다르다. 대음순은 사춘기의 이차성징의 하나로 뚜렷하게 발육하는데, 사춘기 전에는 편평하여 소음순이 오히려 더 뚜렷하게 보인다. 출산 경험이 없는 여성은 대음순이 중앙에서 서로 닿아 일반적으로 음문의 다른 생식기를 숨기고 함께 항문 쪽의 회음으로 신장하고 있다.

대음순은 소음순과는 달리 외측이 음모로 덮여 있는데, 이 음모를 따라 강렬한 여성의 체취를 풍기는 아포크린선(apocrine gland)이라는 땀샘이 내부에 발달되어 있어서 남성의 성욕을 자극한다. 피하에 지방조직이 잘 발달되어 있어 성교 시에 충격 흡수대로서의 역할을 한다. 여성의 대음순은 남성의 음낭과 동일한 원기에서 발생하기 때문에 거무스름하게 색소가 침착되는 정도도 비슷하다.

(4) 질전정(Vaginal Vestibulum)

질전정이란 요도 구멍에서 질 입구까지의 영역으로, 외음부의 중앙에 있고 소음순에 의해 둘러싸여 있으며 움푹 패인 부분이다. 신경말단과 감각수용기가 집중되어 있어서 가장 민감한 성감대의 한 부위이다. 실제 음경을 질내에 삽입하지 않고 질전정의 적절한 자극만으로도 오르가즘에 도달하는 여성도 있다. 이 부분을 부드럽게 접촉하는 것은 음핵과 소음순에 동시에 자극을 주기 때문에 성적 흥분을 고조시켜 오르가즘을 유도한다.

(5) 음핵(Clitoris)

음핵은 남성의 음경에 해당하는 여성의 신체기관으로, 외음부 상부, 소음순 사이에 존재하는 작고 긴 모양의 구조물로 소음순 앞부분에 거의 전체가 숨겨져 있으며 매우 민감한 여성의 발기조직이다. 음핵이 보이는 부분은 음경의 유사 부분에 비겨 귀두라고 한다(그림 2-11). 음핵은 소음순이 위쪽에서 회합하는 곳에 있고 일부는 포피(包皮)로 덮여 있다. 귀두에는 말초신경기관이 많이 모여 있기 때문에 최고의 성감대로 되어 있다. 그러나 여성의 성감각은 남성의 음경처럼 음핵에만 집중되어 있는 것은 아니다. 여성은 소음순, 허벅지 안쪽, 유두, 질을 둘러싼 조직도 강렬한 성적 자극을 받는다.

음핵은 길이가 0.5~1.5cm 정도 밖에 안 되지만 남성의 음경과 같은 수의 신경말단이 집중되어 있어 매우 민감한 발기조직으로, 오로지 성적 쾌감만을 위해서 존재하는 유일한 기관이다. 음핵은 불수의근 조직으로 둘러싸인 크고 작은 정맥 통로가 있는 발기성 조직으로 구성되어 있다. 이 발기성 조직이 배열되어 해면체를 이루지만 남성에게 존재하는 요도 해면체는 없다. 남성과 마찬가지로 여성의 음핵도 그 크기와 모양이 다양하지만 성감의 반응 정도와는 무관한 것으로 알려져 있다. 음핵은 가장 민감한 성감대로 이곳을 자극하는 것만으로도 오르가즘에 도달하는 여성도 있다. 반면에 너무나 예민하여 음핵의 귀두와 몸통을 직접 자극하면 불쾌감을 느끼거나 통증을 호소하는 여성도 적지 않아서 지나치게 강한 자극은 피해야 한다.

음핵을 일컫는 클리토리스(clitoris)는 그리스어로 '숨어 있는 것'이라는 뜻인데, 실제로 자극을 받아 성적 흥분이 높아지면 점차 음핵포피(clitoral hood, prepuce) 속으로 숨어버린다. 그러면 일단 음경을 질 내에 삽입해 어떤 체위가 되더라도, 그리고 아무리 격렬한 운동을 하더라도 깊숙이 숨어 버린 음핵은 직접적인 자극을 받기가 어렵게 된다. 그러나 음핵이 음핵포피로 덮여 깊숙이 물러나 있을 때에도 여러 성교 방법을 통해 두덩뼈를 밀착시켜 압력을 가하면 간접적인 자극은 받을 수 있다.

일반적으로 여성은 질과 음핵에서 서로 다른 양상의 성적 쾌감을 분리하여 경험하는 것으로 알려져 있다. 프로이드(Freud)는 여성은 음핵과 질이라는 두 개의 성감대를 가지고 있으며 성적 발달 초기에는 성감이 음핵에 집중되지만 성적으로 성숙해지면 점차 질로 옮겨진다고 하였다. 최근의 연구 결과에 의하면 음핵의 자극이 여성을 오르가즘으로 끌어올리는 데 필수적이며, 대부분의 여성들은 음핵을 자극하여 받는 쾌감이 질 자극에서 받는 쾌감보다 더 강하다고 한다. 이는 여성들의 자위행위가 거의 음핵을 자극하는 행동으로 이루어진다는 사실에서도 알 수 있다. 결국, 여성은 음핵에서 성적 흥분을 높여 질 내에서 절정감을 느끼게 되는데, 이것을 실제로 느끼는 부위는 뇌이다.

(6) 외음질샘(Vulvovaginal Gland)

외음질 혹은 바르톨린샘(Bartholin's gland)은 소엽성 포도방성샘으로 질구의 양측 아래쪽에 개구하는데(그림 2-11), 이 샘은 회음부 내에 깊숙히 위치하고 요생식격막의 하근막과 매우 인접한 위치에 있다. 이곳은 임질이나 기타 감염성 질환이 자주 발생하는 곳으로, 바르톨린샘이 감염되어 염증이 생기면 샘이 막히게 되어 바르톨린낭종(Bartholin's cyst)이 생기게 된다. 바르톨린샘의 주기능은 성교 접촉 시 성적 흥분으로 질 입구와 질강(vaginal cavity)의 윤활을 위해 점액을 분비시키는 것이다.

2.3.3 유방

유방은 남녀 모두에게 있으며, 여자의 유방은 사춘기 때 호르몬의 영향을 받아 발달하기 시작한다. 유방의 유선들은 분만 후에 모유를 분비하므로 기능상 여성의 생식기관이라고 보는 것이 타당하다. 유선은 모유를 생산하고 분비하는 유선과 유선을 유두로 연결시키는 관, 그 외 지방조직으로 이루어진다. 사춘기 때, 성호르몬의 분비가 증가하면 유방 내의 선 조직들이 확대되어 발달하고 폐경 후에는 위축된다. 전체적으로 반구형의 모양을 하고 있으며 유방의 끝부분에는 유륜과 유두가 위치한다. 유방에는 많은 감각신경이 분포하기에 중요한 성감대의 역할을 하며 내분비계와 연결되어 옥시토신에 영향을 준다. 유방의 일차적 기능은, 모유를 분비하여 아기에게 영양을 공급하는 것이다. 유선에서 분비된 모유는 유방 소엽에 모여 있다가 아기가 젖을 빨면 유두 및 유륜의 자극에 의해 옥시토신이 분비되고 그에 따른 반사작용으로 모유가 분비된다. 유방은 생물학적으로 유선을 보호하는 역할도 있지만, 성 진화적인 측면에서 볼 때 이성에게 매력적으로 보이기 위한 역할도 하며 중요한 성감대이기도 하다. 하지만, 유방 그 자체는 지방 덩어리로 성감대로는 둔감한 부분이고 민감한 감각수용기도 없다. 그러나 유방의 중심부에 위치하는 유두(nipple)에는 다양한 감각수용기와 신경말단이 집중되어 있어 유두의 자극만으로도 오르가즘에 도달하는 여성이 있다고 한다. 보통 유방의 자극은 유두와 함께 이루어지는데, 유두의 쾌감이 오인되어 유방의 쾌감으로 여겨지고 있다(그림 2-12).

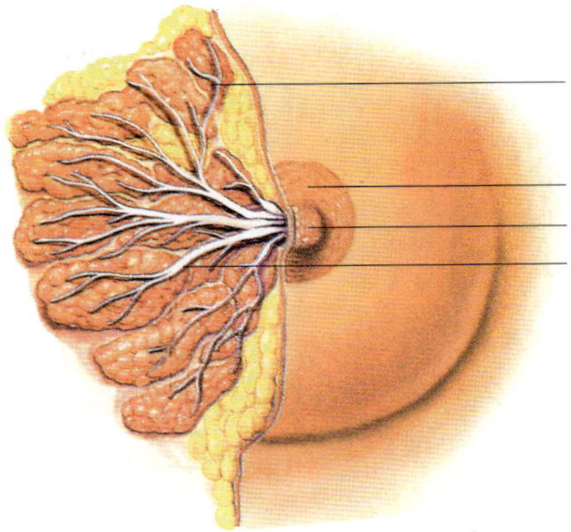

[그림 2-12] 여성의 유방.

성행위 중에 유방을 자극하는 것은 여성에게 쾌감보다도 심리적인 안정과 모성 본능을 자극하게 된다. 유방의 크기나 모양은 생리, 피임약의 복용, 임신, 젖샘(유선)의 부피 등과 같은 생리적 변화에 따라 변하며, 성반응과는 관계가 없기 때문에 유방이 작다고 성적 자극을 즐기지 못하는 것은 아니다. 그러나 대부분의 여성은 자기 신체에 매력적이고 알맞은 크기의 유방을 갖기 원하며, 실제로 빈약하고 볼품 없는 유방을 가진 여성은 심리적으로 위축되거나 옷맵시가 나지 않아 상당한 열등감에 빠지기도 한다. 또한 결혼 전에는 풍만했던 젖가슴이 임신이나 수유 후에 유방의 위축으로 그 크기가 감소되기도 한다.

유두는 성적으로 흥분하면 발기반응을 보이는데, 이것은 유두 내에 있는 불수의근이 수축되기 때문에 일어난다. 성적으로 더욱 긴장하게 되면 유방 자체도 커지고 유륜(areola)도 심하게 부풀어 오른다. 이 유륜의 부풀어 오름은 출산 경험이 없는 여성과 수유 경험이 없는 여성에서 현저하며, 출산 경험이 있는 여성은 성적 자극을 받아도 크게 팽창하지 않는다. 여성의 유두가 검게 되는 것은 성행위보다는 임신, 수유와 관계가 있다. 유두의 색깔은 사람에 따라 상당히 달라 출생 때부터 검은 여성도 있으며, 나이가 들어서도 핑크색인 사람도 있다.

2.3.4 생리 주기

여성의 생리 주기는 증식기, 분비기(황체기), 허혈기(위축기), 출혈(생리)기 등 4시기로 구분한다(그림 2-13). 여성의 자궁내막은 생리 직후에는 사춘기 때처럼 얇고 혈관이나 샘(腺)이 부족하다. 그러나 난소로부터 분비되는 여성호르몬인 프로게스테론의 영향으로 자궁내막이 두꺼워지고 혈관이나 샘이 증식되어 수정란을 착상시킬 준비를 완료한다. 이와 같은 현상은 배란 전에 일어나기에 증식기(proliferative phase) 또는 배란전기(pre-ovulatory phase)라고 한다. 그러한 호르몬 때문에 자궁내막은 점점 더 혈액으로 충만되고 다수의 자궁샘(uterine glands)은 점액을 만들어 그 세포 중에 중요한 영양소를 모으기 시작한다. 이러한 이유로 자궁 내막 발달의 제2기를 분비기(secretory phase)라고 부르게 되었다. 분비기

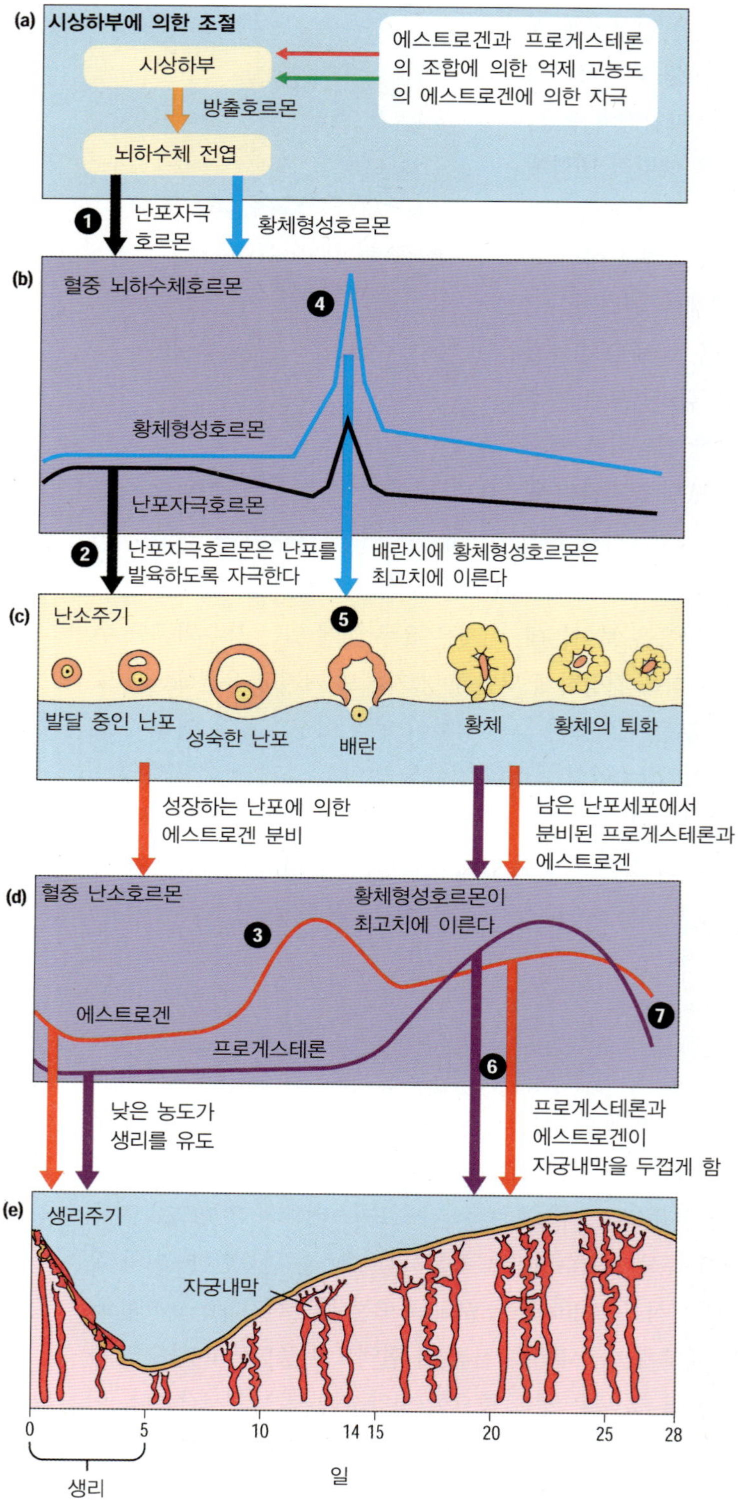

[그림 2-13] 생리 주기와 호르몬 작용. 뇌하수체전엽호르몬인 난포자극호르몬은 난소 내 난포의 성숙을 촉진시켜 에스트로겐을 분비하도록 한다. 배란 후와 황체기에 황체형성호르몬은 황체의 발달을 촉진시켜 프로게스테론의 분비를 야기하여 자궁내막을 두껍게 한다. 프로게스테론의 생성이 감소될 때 생리출혈을 시작한다.

의 특징으로 체온이 평상시보다 약간 높아지고, 가슴이 팽대되며, 몸의 수분을 정체시키기 때문에 체중도 약간 늘어난다. 배란은 앞서 언급하였듯이, 다음 생리가 시작되기 전 14±1일 쯤에 호르몬 영향으로 성숙난포가 터지면서 난소에서 난자가 빠져나오면 배란 후 껍데기 난포는 황체(corpus luteum)라는 노란색의 조직으로 변형되는데, 이 황체에서 여성호르몬인 프로게스테론이 분비된다. 이 시기를 황체기(luteral phase)라고도 부른다. 배란 후 제2난모세포는 수정이 되어 수정란이 자궁 내막에 착상하면 황체는 수개월 간 프로게스테론을 활발히 계속 생산하여 임신기간 동안에 큰 역할을 하게 된다. 난자가 수정하지 않으면 황체는 감소하여 난소에서의 프로게스테론의 생산이 적어지고, 따라서 자궁내막층은 위축되어 백체(corpus albicans)가 된다. 이 시기를 허혈기(ischemic phase)라고 한다. 이어서 자궁내막층이 허물어지게 된다. 이 때문에 혈행 장애가 일어나 그 내막 최상층의 세포는 더 이상 생존할 수 없게 되어 박리되고, 파열된 혈관으로부터 출혈이 발생하므로써 생리기(menstrual phase)가 시작된다. 동시에 다음 난포는 프로게스테론 분비의 증가와 함께 성숙하기 시작하고, 그 내막은 증식기나 분비기의 새로운 주기를 시작한다(그림 2-13). 생리기는 생리가 나오는 시기로서 3~5일 간 계속되며 다음 생리 주기의 증식기로 연속된다. 생리혈의 약 2/3는 혈액이고, 나머지는 자궁내막 조직, 점액, 질분비물, 질벽의 세포, 각종 화학물질로 구성되어 있다. 생리혈 자체는 냄새가 없지만, 공기 중에서 세균과 접촉하면 산화되어 냄새가 나기도 하므로 생리가 끝날 때쯤에는 좋지 않은 냄새가 날 수도 있다. 생리의 양은 개인에 따라 다르나 보통 30~180ml로 평균 100ml 정도된다. 이러한 양이 매달 정기적으로 출혈되기 때문에 생리는 여성에게서 빈혈을 일으키는 가장 큰 원인이 되기도 한다.

분비기는 13~14일 간의 일정 기간을 갖는 배란과 생리 사이의 시기를 말한다. 이에 따라서 생리의 처음과 배란 주기의 최초 시기는 달라질 수 있다. 일반적으로 생리 주기는 약 28일이지만 사람에 따라 23, 24일에서 34, 35일의 주기를 갖는 등 다양하다. 전자의 경우 생리기와 증식기는 합계 9~11일에 지나지 않는 데 비해 후자의 경우는 2~22일이 되므로 이 기간의 길이가 생리의 간격을 결정한다. 즉, 배란은 생리 주기의 길이에 상관 없이 대개 다음 생리가 시작되기 14±1일 전에 매달 주기적으로 일어난다.

생리 주기 중 자궁내막의 변화와 동시에 호르몬 상태에 의한 다른 규칙적인 변화도 있다. 규칙적인 변화 중 하나는 자궁경관의 점액샘으로부터의 분비에 의해서 일어난다. 이러한 점액샘은 증식기의 초기에 불투명하고 점성이 낮은 분비물을 만들어 정자가 자궁으로 침투하지 못하도록 마치 자궁강의 입구를 마개로 막는 것과 같은 역할을 한다. 배란 시기가 다가오면 그 분비물은 양이 늘고 점성도 높으며 투명해지기 때문에 정자가 통과하기 쉬워진다. 그러나 분비기 중 황체호르몬 생산의 영향으로 점성 분비물의 성질도 바뀌어 정자의 침투성을 감소시키거나 또는 전혀 없게 만드는 구조가 된다.

2.4 남성의 해부학 · 생리학상의 성

2.4.1 내부 생식기

(1) 정관(Vas Deferens)

정관은 고환에서 생성되어 부고환을 거쳐 정자를 정낭으로 보내는 가늘고 긴 관으로 양쪽 부고환에서 뻗어난 좌우의 관이다. 부고환의 상당히 굽어진 관 조직을 통과한 정자가 이 관을 통하여 정낭과 전립선으로 이동한다(그림 2-14a, b). 정관은 내부가 좁은 데 비해 점막과 점막하조직이 내피를 이루고 잘 발달된 두꺼운 3층의 평활근이 벽을 이루고 있어 연동운동을 통해 정자를 이동시킨다. 정관은 서혜관이나 골반강의 최하부를 통해 사정관 쪽으로 만곡하고 있다. 정관은 성숙된 정자가 정낭에 저장되거나 사출되는 통로 역할을 하기 때문에 이 부분이 폐쇄되면 정자는 밖으로 나갈 수 없다. 정관수술(vasectomy)이라는 피임법은 정관을 묶거나 끊어냄으로써 정자가 밖으로 사출되지 못하게 하는 것이다.

(2) 사정관(Ejaculatory Duct)

사정관은 정관과 정낭의 관이 합쳐지면서 형성되는데, 양쪽 정소에서 나온 정자가 사정관에서 모이게 되고, 좌우의 사정관이 전립선의 소엽들 사이를 지나 요도까지 내려옴으로써 내용물인 정액을 체외로 배출한다(그림 2-14b). 평소에는 사정관이 폐쇄되어 있다가 사정할 때는 정액 사출을 위해 개방된다. 결국 생식과 배설의 2가지 기능을 가지고 있는 요도를 통해 정액이 체외로 배출된다. 양쪽 사정관이 합쳐서 요도를 이루는데, 오줌과 정자가 시간차를 두고 음경을 통해 외부로 내보낸진다. 따라서 여성과 달리 남성은 생식계와 배설계가 서로 연결되어 있다.

(3) 정낭(Seminal Vesicle)

정낭은 정관팽대부 말단에 위치하여 정낭액과 성숙된 정자가 저장되어 있는 곳으로, 크기는 엄지 손가락 마디 정도이며 방광 뒷벽 전립선 뒷쪽에 있다(그림 2-14a). 전립선의 상

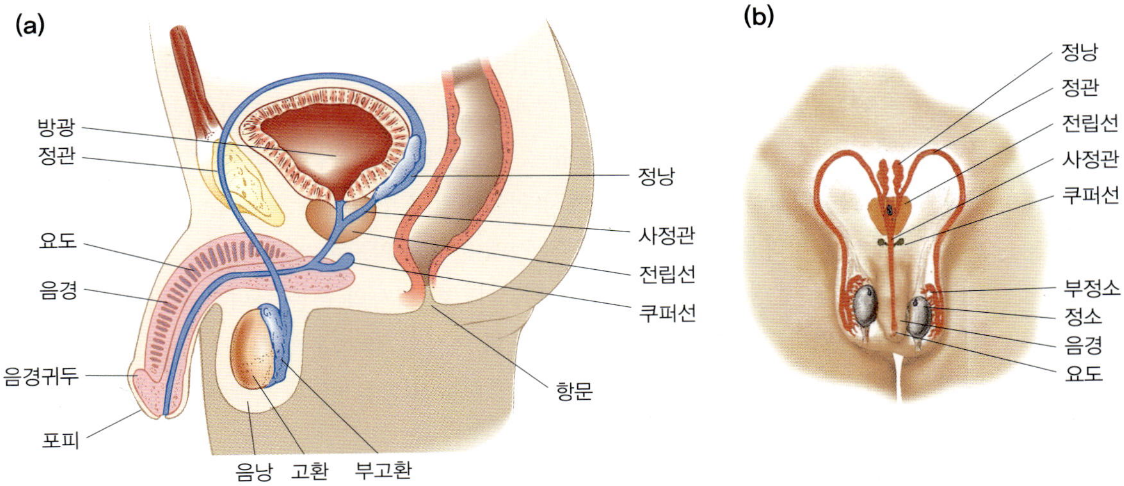

[그림 2-14] 남성 생식기관.

후측에 위치하고, 작은 손가락 정도의 크기이며, 정관의 팽대부와 합쳐져서 사정관을 형성한다. 정소(testis)에서 만들어진 정자와 정낭 및 전립샘의 분비물이 혼합하여 정액을 형성한다. 정낭의 분비, 크기, 무게의 개발 및 유지는 남성 호르몬인 안드로겐에 크게 의존한다. 정낭은 테스토스테론의 영향 하에 노란색의 점성 성분을 분비 및 저장하고 정자를 활성화시키는 과당(fructose), 구연산(citrate) 및 여러 단백질이 함유되어 있는데, 과당은 정자 운동의 일차적인 에너지원이 된다. 사정액의 70%는 정낭에서 분비된 성분이다. 정액의 내용물은 부고환, 정액, 전립선 및 배액관의 액체 유체 요소의 혼합으로 만들어진다. 각 부위는 정액 생산에서 핵심적인 역할을 하며 체액은 정자가 난자를 향해 헤엄쳐 나가고, 통과 과정에서 정자가 영양을 유지하도록 도와준다. 고환, 부고환, 정관 및 음경은 몸 밖으로 노출되나, 다른 관과 부속샘은 몸 속에서 정액의 수송을 돕는다.

(4) 쿠퍼선(Cowper's Gland, Bulbourethral Gland)

지름 3~5mm 정도의 완두 2개 만한 크기의 쿠퍼선(Cowper's gland)은 전립선의 바로 아래 요도로 통해 있다(그림 2-14). 쿠퍼선에서 무색 투명한 점액이 분비물을 내어 요도를 적시고 정액과 합쳐지는데, 이는 여자의 바르톨리샘(bartholin's gland)에 해당하며 이러한 점액은 성교시에 좋은 윤활 역할을 한다. 한편, 이 분비물이 요도구 근처 별도의 작은 점액선으로부터 분비된다는 견해도 있다.

(5) 전립선(Prostate Gland)

방광의 바로 아래 요도를 둘러싼 알밤 만한 크기의 전립선에서 생성된 분비물이 정액의 주성분을 이루고 있다. 전립선은 많은 도관을 통해서 요도로 배출한다(그림 2-14). 전립선은 정액의 대부분을 차지하는 묽은 우유 같은 알칼리성 액체를 분비하여 정자의 운동이 용이하도록 돕는 역할을 한다. 전립선에서 만들어진 전립선액은 정소에서 만들어져서 이동해 온 정자에게 영양을 공급하며, 사정된 정액이 굳지 않도록 액체 상태를 유지시킴으로써 정자가 활발하게 운동할 수 있도록 돕는다. 이러한 정자의 운동 능력은 난자와 만나 수정할 수 있는 능력과 직접적으로 연결된다. 또한 여성의 질 속은 산성을 띠는데, 전립선액은 알칼리성이므로 산성을 중화시켜 정자를 보호하는 역할을 한다. 정액에서 나는 독특한 냄새는 전립선액에서 나는 것이다.

전립선은 감염이 매우 잘 되는 부위로서, 나이든 남성의 경우 전립선 암의 발생률이 상당히 높아 남성 사망자의 약 2~3%를 차지한다는 보고가 있었다. 전립선 악성 종양은 수술로 제거하는 방법과 에스트로겐을 투입하여 암세포의 성장을 억제하는 치료방법을 이용한다. 또한 전립선돌(prostatic concretion)이라고 하는 지름 0.2~2mm의 작은 구형의 소체가 전립선의 내강에서 자주 발견되는데, 대개 석회화된다. 전립선의 기능이나 의의는 아직 잘 알려져 있지 않지만 나이가 들수록 비대해진다. 오줌이 배출되는 통로인 요도가 전립선의 가운데를 통과하기 때문에, 전립선이 커지게 되면 요도가 좁아져서 오줌이 통과하기 힘들다. 이러한 전립선 비대증은 중년 남성에게 흔히 나타나는 질환이다. 또한 같은 증상으로 드물게 전립선암이 발견되기도 한다. 전립선암의 원인은 아직 명확하게 밝혀지지 않았으나 연령과 남성호르몬이 유발인자로서 관련이 있는 것으로 여겨지고 있다.

2.4.2 외부 생식기

(1) 음경(Penis)

음경은 소변의 배출과 성교를 위한 남성의 생식기관으로 원통형의 긴 기둥과 확장된 말단부인 귀두(glans)로 구성되어 있다. 음경 내부에 뼈대나 근육 구조가 없는 대신 3개의 발기조직, 즉 배측의 좌우에 각각 하나씩 있는 음경해면체(corpus spongiosum)와 복측에 있는 1개의 요도해면체(corpus cavernosum)가 존재한다(그림 2-15). 음경의 주된 기능은 발기를 통한 정자의 방출과 소변을 배출하는 것이다. 음경발기는 3개의 해면공간에 혈액이 차면서 나타나는 현상으로, 이는 외부자극에 반응하는 중추신경계를 따라 혈관벽에 있는 자율신경계통에 의해서 조절된다. 부교감신경에 의해 잔기둥의 민무늬근육의 이완과 나선동맥의

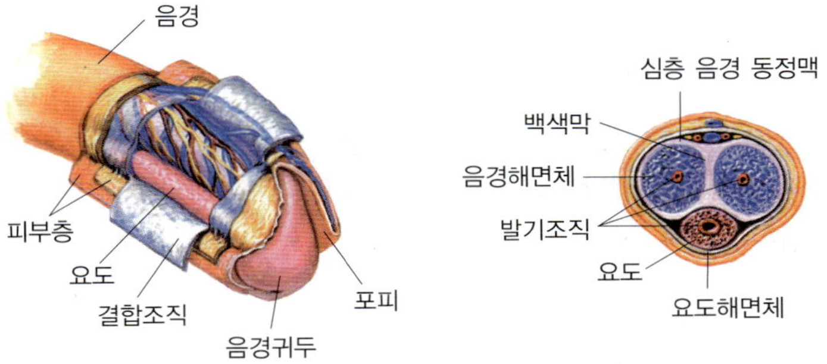

[그림 2-15] 음경의 발기조직.

확장으로 혈류량이 증가하여 해면체 공간을 채운다. 확장된 음경해면체는 음경등정맥을 백색막 쪽으로 압박함으로써 발기성 조직에서 정맥혈이 빠져나가는 것을 막아 음경이 단단하게 팽창되어 있도록 한다. 사정이 시작되면 교감신경에 의해 나선동맥과 잔기둥의 근육이 수축되어 혈액의 흐름이 감소하여 압력이 낮아짐에 따라 혈액이 정맥으로 빠져나가게 된다. 성적으로 흥분하면 발기해면체에 많은 혈액이 모여 음경은 딱딱하게 커지면서 본래 크기의 2배 정도로 발기한다. 이렇게 발기된 음경은 여성의 질에 삽입된 후 사정을 통하여 여성의 질 내부 깊숙이 정액을 운반하게 된다. 사정이 끝나면 음경 내의 해면조직을 채웠던 혈액이 빠져나가 본래의 상태로 돌아가 이완되면서 다시 작아진다.

일반적으로 음경은 귀두, 음경체, 음경의 3부분으로 구별한다. 3부분은 모두 종장체로 이루어져 있으며 이 부분에서 발기가 가능해진다. 조직의 체강은 혈액으로 충만해 있고, 음경은 한층 더 단단하고 길며 굵기를 늘려 발기하기 때문에 성교 시에 질로 삽입할 수 있다. 귀두에 있는 종장 조직이나 음경 아래쪽으로 요도를 둘러싼 조직은 뚜렷하게 충혈되지는 않기 때문에 발기 시에도 특별히 경직되는 일은 없다. 그 결과, 성적 흥분으로 귀두는 커지지만 성교가 시작되었을 때 음문이나 질구를 관통해도 손상을 입지 않게 비교적 유연하고 부드럽다. 다른 한편으로, 요도 주위의 종장체는 적절히 충혈되기 때문에 음경이 길어지지만 사정 중에 정액의 통로를 방해하지는 않는다.

음경은 개인마다 또는 동일한 사람이라도 상황에 따라, 발기 시의 길이나 굵기에 뚜렷한 차이가 난다. 주위의 온도뿐만 아니라 걱정 또는 놀라움 같은 심리적 측면도 영향을 준다.

남성의 음경 크기는 동서고금을 막론하고 관심과 흥미의 대상이 되어 왔다. 방대한 자료를 취급한 디키슨(1949)의 통계에 의하면 발기 시 음경의 평균치는 전체 길이 15.5cm, 최대 지름 4cm, 최대 굵기 11cm인데, 음경은 일반적인 신체적 발달과는 일치하지 않는 것으로 보인다. 그러므로 키가 크고 건장한 체구의 남성은 대부분의 경우 비교적 작은 음경을 갖지만, 작고 특별히 근육이 발달하지 않은 남성은 비교적 큰 음경을 갖는다. 그러나 이것은 그렇게 주목해야 할 것도 아니며, 이상한 것도 아니다.

실제로 여성의 질이 다양한 크기의 음경을 적당히 맞추어 받아들일 수 있으므로 음경의 크기와 정상적인 성생활과는 무관하다고 한다. 더욱이 발기되지 않은 이완 상태에서의 작은 음경은 성적 흥분 상태에 이르면 평상시의 음경보다 상대적으로 더 많이 확대되는 셈이다. 일반적으로 남성들은 자신의 음경 크기에 대해서 많은 관심을 갖고 있지만, 음경의 크기는 왜소음경(micropenis) 환자를 제외하고는 별로 문제가 되지 않는다. 여성의 질은 어떤 크기의 음경과도 맞도록 되어 있으며, 질의 내부는 매우 둔감하기 때문에 음경의 크기는 여성의 성적 만족도와 전혀 관계가 없다.

음경의 크기와 모양은 유전적인 요인과 관계 있으며, 의학적 또는 인위적으로 크게 만드는 것은 불가능하다. 음경의 크기는 개인 차이가 있기는 해도 신체의 크기나 성욕, 피부색 등과는 무관하다.

음경의 끝부분이 약간 확대된 조직으로 음경귀두(glans penis)가 있는데, 남성의 생식기관 중 성감에 가장 민감한 곳이다. 보통 출생 시 음경귀두는 음경꺼풀(prepuce, foreskin)이라는 여분의 피부로 덮여 있는데, 포경수술을 통해서 포피를 제거하여 음경귀두를 노출시키기도 한다(그림 2-15).

성적 관계에 있어서, 특히 여성의 입장에서 볼 때 일반적으로 음경이 지나치게 커 보여 질과 균형이 맞지 않는 것처럼 보일 수도 있다. 대단히 드물게, 음경이 지나치게 작으면 만족하게 기능을 할 수 없다는 견해가 있기는 하지만, 이러한 종류의 해부학적 불균형은 매우 희박하다. 성교 곤란으로 파트너가 안고 있는 성 문제는 완전히 별도의 성질에 해당하지만 대체로 정신적 문제에서 기인한 것이다.

(2) 고환(Testis)

남성의 고환은 정자를 생산하는 곳으로 음낭 속에 좌우로 하나씩 있는데, 상하로 긴 타원체이고 옆으로 편평하다. 고환은 태생기에는 콩팥 근처에 위치하다가 태아가 발육하면서 서혜관을 통해 내려가 음낭 내로 하강하며 이 과정에서 복벽 구조물이 함께 내려와 음낭벽을 이루어 결국 고환을 덮게 된다. 이러한 하강이 없으면(잠복 정소), 고환의 정자 생산 능력이 감소하는데, 이는 정자가 체내의 고온에 견디지 못하기 때문이다. 고환 내의 정상적인 정자 형성 과정은 체온보다 약간 낮은 온도(1.8~2.2℃)에서 활발히 진행되는데, 몸 밖으로 나와 있는 음낭이 고환의 온도 조절에 결정적인 역할을 하고 있다. 음낭벽을 구성하고 있는 근층은 고환을 보호하는 동시에 고환의 온도 조절에 도움이 된다. 보통 덥게 느끼면 고환이 하강하여 차가워질 수 있게 음낭은 반사적으로 길어지고, 이에 반해 춥게 느끼면 고환이 상승하여 따뜻해지도록 음낭벽의 근육이 수축한다. 보통 왼쪽의 고환은 음낭 안에서 오른쪽의 것보다 조금 낮은 곳에 있다.

고환 내에서 남성의 생식세포, 즉 정세포 및 정자가 만들어지고 그 후에 고환이나 부고환의 굽어 있는 관 조직을 통과하면서 성숙해진다(그림 2-16). 건강한 정상 남성의 경우, 정자가 만들어지는 데에는 약 64~70일이 소요된다. 완전히 성숙된 정자(sperm, spermatozoon)는 고환을 떠나 부고환에 연결된 고환수출관으로 이동한다. 정소 내의 세정관 사이에는 주로 남성호르몬인 안드로겐을 생산하는 세포(레이디히세포 또는 간질세포)가 있다. 이러한 호르몬 때문에 사춘기에 이차성징, 즉 강건한 체격, 전형적인 체모, 굵은 음성 등이 나타난다. 남성호르몬은 외부 생식기뿐만 아니라 전립선, 정낭 같은 내부 생식기의 다른 부분의 성장도 자극한다.

뇌하수체에서 분비되는 성선자극 호르몬은 난소의 발정 호르몬 생산처럼 정소의 웅성호르몬 생산을 시작한다. 이러한 호르몬은 그때까지 중지 상태에 있던 정소의 정자 생산활동을 시작하도록 한다.

(3) 부고환

부고환은 고환에서 시작된 작은 관들의 집합소이다. 부고환은 정자의 저장소 기능을 하고 고환의 후방이나 윗쪽으로 부드럽고 긴 관들이 소용돌이 모양으로 말려 있으며, 정관으

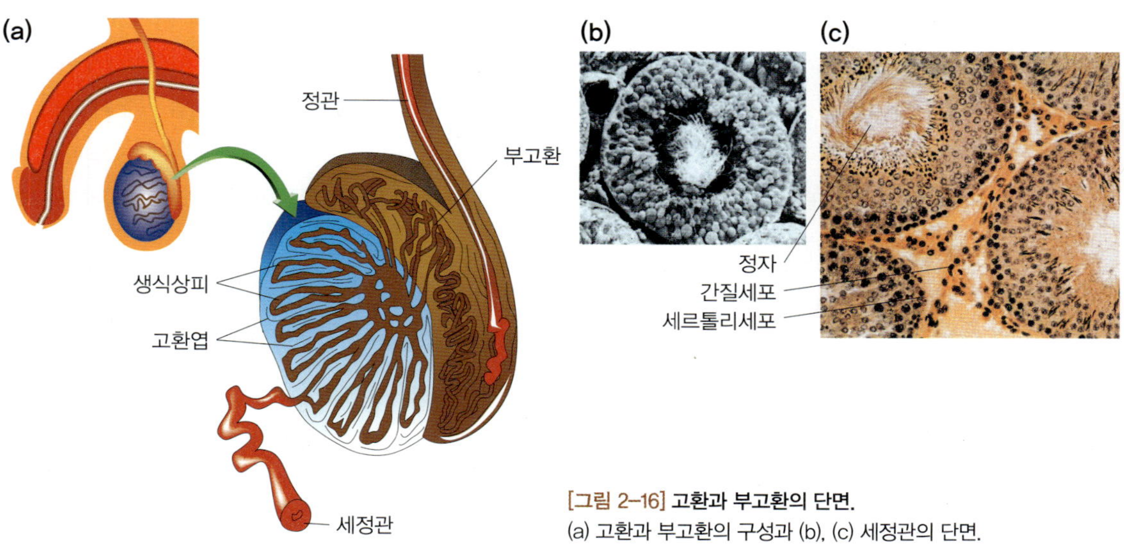

[그림 2-16] **고환과 부고환의 단면.**
(a) 고환과 부고환의 구성과 (b), (c) 세정관의 단면.

로 연결된다(그림 2-16). 부고환은 매우 가늘고 구불구불하게 꼬인 형태로 성인 기준으로 직경은 약 0.5mm, 전체 펼친 길이는 5~6m 정도이다. 크게 세 부분으로 나뉘는데, 고환 위쪽에 매달린 넓은 부분에서부터 차례로 부고환머리, 고환의 뒤쪽 가장자리를 따라 아래로 부고환몸통, 고환의 아래 끝부분에서 확장되는 부분을 부고환꼬리라 한다. 부고환몸통에서 부고환꼬리 쪽으로 점점 가늘어지고, 부고환꼬리는 다시 정관으로 이어진다.

부고환은 고환으로부터 정자를 수송하는 통로의 역할을 하는 곳으로 고환에서 만들어진 정자가 약 12일(3~21일) 동안 이곳을 통과하면서 완전히 성숙되고 운동성을 취득함으로써 수태 능력을 갖게 된다. 따라서 부고환이 막히거나 정상적인 기능을 하지 못할 때, 정자가 밖으로 사출될 수 없기 때문에 불임의 원인이 된다. 부고환에는 대략 2×10^8 마리의 정자가 존재하며 절반 정도가 부고환꼬리에 있다. 고환에서는 하루에 약 40ml의 분비액을 부고환까지 배출하고, 부고환에서는 잔유물이나 죽은 정자들 그리고 오래 전에 생산된 정자들을 융해하고 포식하여 처리하는 역할을 한다. 정자가 고환에서 생산되어 부고환꼬리까지 이동하는 시간은 보통 3~21일 정도이다.

2.4.3 포경수술

포경은 음경꺼풀의 입구가 좁아져서 귀두 뒤쪽으로 젖혀지지 않은 상태를 의미하는데, 신생아의 포피는 귀두와 붙어 있는 것은 정상이다. 출생할 때 음경 포피 부분에 있는 여분의 피부가 음경귀두(glans penis)를 덮고 있다. 남자아이가 3~4세가 되면 포피를 귀두의 후방으로 넘길 수 있게 된다. 이렇게 할 수 없으면 포피 밑에 치구(恥垢 : 때)가 끼어 전염병이 발생하고 염증을 일으킬 수가 있다. 치구는 5~6세부터 처음 생기기 시작하는데, 주의해서 청결하게 하는 것만이 유일한 예방법이다. 어떤 경우에는 포피의 열려진 입구가 대단히 좁아서 뒤로 넘기려고 하면 조여져서 고통스러울 때가 있다. 그와 같은 경우에는 포피 절개라는 간단한 수술, 즉 포경수술을 해야 한다. 포경수술은 포피를 완전히 젖혀 귀두가 드러나도록 만드는 수술을 의미한다.

포경수술은 원시사회에서나 문화가 고도로 발달된 현대사회에서 매우 일반적인 의식처럼 인식되어 왔다. 어떤 종족은 성년의식의 일환으로 포경수술을 하기도 하고 일부 종교 특히 유대교나 이슬람교에서는 모든 남자아이의 포피 절개가 의례적으로 유년기 또는 그 후에 행해져 왔다. 오늘날은 이러한 종교적 이유보다 의학적으로 질병 예방을 목적으로 우리나라와 미국에서 널리 행해지고 있지만, 유럽 국가에서는 아직 드문 일이다. 그러나 예방적 차원의 포피 절개보다 음경을 위생적으로 관리하는 것이 의의가 있다. 음경을 청결하게 관리하지 않으면, 치구의 누적, 치구의 부패, 포피나 귀두 염증의 원인이 된다. 이러한 종류의 만성 자극은 음경 암종을 발생시킬 수 있다. 포피 절개가 되지 않은 음경은 음경암이나 전립선암에 걸릴 확률이 높고, 이들의 성적 파트너는 자궁경부암에 걸릴 가능성이 높다고 한다.

2.5 성적 발달

여성 또는 남성이라는 말은 대다수의 사람들에게 자명하고 명확한 개념으로 들린다. 그러나 때때로 의사나 심리학자들은 어떤 환자의 성을 결정하는 일이 의외로 어려워지는 상황에 부딪히게 된다. 내부 생식기나 외부 생식기가 기형이거나 2차 성특징의 장애가 문제되는 경우도 있지만, 정상적인 신체 발달에도 불구하고 정상적인 성과는 다른 성을 가지는 경우가 있다.

우리 사회는 2가지 성 가운데 하나에 소속해야 되는 것으로 생각한다. 그러므로 성을 결정하는 데 의문을 가지면, 개인과 사회의 관계 또는 사회의 개인에 대한 견해에 동요가 일어날 수 있다. 그래서 출생 후 가능한 한 빨리 올바른 성의 소속을 확인하는 것이 대단히 중요하다.

성이나 개인 자신의 성적 견해를 결정하는 여러 요소를 유전적 성, 신체적 성, 정신적 · 사회적 성으로 나누고 있다. 여기서는 성이나 성적 발달의 이상(異常)에 대해서 논하기로 한다.

2.5.1 정상적인 성적 발달

(1) 유전적 성

유전적 성은 체세포에 있는 일정한 염색체 모양으로 해석한다. 인간의 하나의 세포에는 보통 46개의 염색체(chromosome)가 있다. 이 중에서 44개는 상염색체(autosome)이고 나머지 2개는 성염색체(sex chromosome)인데, 여성과 남성의 성은 이 성염색체에 의해 결정된다. 여성은 염색체의 모양을 보았을 때 형태적으로 같은 X염색체가 2개 있고, 남성은 성염색체 중 한쪽은 X염색체이지만 다른 한쪽은 Y염색체이다.

유전적 성을 결정하는 데는 여러 방법을 사용할 수 있다. 가장 간단한 것은 성염색질의 분석이다. 성염색질은 일반적으로 세포핵의 외부 가장자리에 있는 디옥시리보핵산(DNA : deoxyribonucleic acid)의 작은 덩어리로 되어 있다.

구강 점막으로부터 표피세포를 채취하여 간단히 관찰할 수 있다. 성염색질은 정상적인 여성은 성염색질 플러스이고, 정상적인 남성은 성염색질 마이너스이다. 여성의 성염색질이 기능을 발휘하기 위해서는 X염색체가 한 개 이상 있어야 한다. 세포에 2개 이상의 X염색체가 있으면 한 개 이상의 성염색질을 얻을 수 있다. 남성에서는 성염색질이 인정되지 않는다. 이는 X염색체가 한 개 있는 것에 지나지 않기 때문이다.

핵형 분석은 분열 중인 세포로 연구한다. 일반적으로 말초(末梢) 혈액을 채취한 후 세포를 배양하여 분석하는데, 다른 조직을 배양해서도 가능하다. 세포 배양에 세포의 독소 콜히친(cholhichine)을 가하여 염색체 연구에 가장 적합한 세포분열 단계의 세포 집합을 얻는 것이다. 염색체 모양(핵형)을 사진으로 찍어 염색체의 크기와 그 밖의 특성 등을 표로 나타낼 수 있다(그림 2-1 참조).

X염색체는 형태적으로 동정할 수 없고 간접적으로 다른 염색체와 구별할 수 있는 것에 불과한 데 비해 Y염색체는 일반적으로 간단히 동정할 수 있다. Y염색체는 성적 발달에 결정적인 역할을 하는 것처럼 보인다. 태아기의 미분화된 생식선이 태아기 때부터 영향을 받는데, Y염색체가 있으면 X염색체의 수에 관계없이 정소로 분화되어 간다. Y염색체가 없으면 X염색체가 있다는 조건으로 생식선은 난소가 된다. 그러나 이와 관련된 상염색체의 역할은 아직 명확하게 밝혀진 바 없다.

(2) 신체적 성

태아의 제7주까지 생식선은 분명히 미분화 상태를 유지한다. 7주가 지나서 생식선은 정소나 난소의 특성을 취하고, 그 결과 생식기는 각각의 성에 맞추어 계속해서 분화되어 간다.

생식기의 발달은 그림 2-7과 같다. 최초의 단계, 미분화된 생식기는 2개의 관계통(管系統), 즉 볼프관(Wolffian duct)과 뮬러관(Müllerian duct)으로 이루어진다. 이때 남성기관은 볼프관으로부터 발달하여 뮬러관은 퇴화되며, 여성의 내부 생식기는 뮬러관으로부터 발달하고 볼프관은 퇴화한다. 그림 2-7에서 보듯이, 여성에서는 질과 요도가, 남성에서는 요도만이 요생식동(尿生殖洞)으로부터 생기기 시작한다.

어느 쪽 계통의 관이 발달하는가, 또는 퇴화하는가를 결정하는 것은 태아기의 생식선이다. 프랑스의 죠스트의 연구에 따르면 볼프관 계통이 발달하고 뮬러관 계통이 퇴화되려면 태아에게 정소가 있어야 한다. 태아에게 있어 생식선의 원기가 결여되거나 그 원기가 난소라면, 뮬러관은 여성생식기가 되고 볼프관은 퇴화한다.

공통 기점은 요생식 주름, 음순 · 음낭 융기, 생식 결절이다. 남성의 외부 생식기는 앞에서 말한 2쌍의 주름이 요도, 음경봉선(陰莖縫線)이나 음낭봉선(陰囊縫線)에 융합하고, 생식 결절이 음경으로 계속해서 발달함으로써 생긴다. 여성에게는 융합이 전혀 일어나지 않고, 요생식 주름은 소음순, 음순음낭융기는 대음순, 생식 결절은 음핵(clitoris)이 된다.

성 호르몬은 이미 태아 발육 중에 생식기 발달을 위한 역할을 담당하고 있다. 태아가 발육할 때 부적당한 양의 남성호르몬(androgen) 또는 여성호르몬(estrogen)이 분비되면 문제가 발생한다. 모친이 임신 중에 안드로겐(androgen)이나 에스트로겐(estrogen)을 다량 생산하면 정상적인 발달을 위협한다. 그러나 모친의 안드로겐은 태반에 의해 에스트로겐으로 바뀌어 생산되고, 다량의 에스트로겐은 태아 조직에 의해 생물학적 불활성 물질로 변화된다.

태아에 비해 매우 큰 부신(副腎)은 호르몬 합성에 중요한 역할을 담당하고 있다. 예를 들면 안드로겐 합성을 합성하고, 모친으로부터 얻은 황체호르몬을 부신피질호르몬, 코티졸, 코티코스테론, 알도스테론으로 바꾼다. 태아는 호르몬을 만드는 동시에 잘 발달한 기구(機構)에 의해 외부로부터 오는 호르몬 영향을 받지 않도록 보호받고 있다. 따라서 이들 계통에 고장이 생기면, 생식기 발달에 이상이 생길 수 밖에 없다.

부신(副腎)이나 생식샘이 생물학적 활성 호르몬을 현저히 증대시켜 분비되는 것이 사춘기의 특징이다. 때문에 생식기나 제2차적 성 특징, 즉 유방, 겨드랑이 아래, 음부, 손발 등의 생모, 턱수염이 급속도로 발달하는 동시에 아이는 급속하게 키가 신장하고 몸매는 남자답게 또는 여자답게 변화된다. 성 호르몬은 뇌간(腦幹)의 영향 하에 있는 뇌하수체의 자극에 의해서 생산된다. 사춘기에 증대한 뇌하수체 활동의 배후에 있는 작용기전은 아직 밝혀지지 않았다. 일반적으로 사춘기가 없어서 의사에게 치료를 받는 환자는 실제로 정상인 경우가 많아 시간이 지나면 정상적인 사춘기를 맞는다. 사춘기 남학생에게 자주 발생해서 부모님을 걱정시키는 젖샘의 발달은, 드물게 수술이 필요한 경우도 있지만 대부분 정상적인 현상이라는 것도 강조해 둔다.

(3) 정신적, 사회적 성

개인의 정신적, 사회적 발달은 어린 시절의 환경에 따라 결정된다. 이를 바꾸어 말하면, 성적 활동은 학습되는 것이라는 견해가 일반적이다. 성적 관심이나 활동은 의심할 여지도 없이 대부분의 사람들에게 나타나지만 성적 능력의 발달이나 성질은 뚜렷하게 사회규범에 의해 결정된다. 이러한 규범은 문화마다 다르며 일반적으로 심하게 분화되어 있다. 대부분의 문화에 남성이나 여성의 활동에 관한 전통적 견해가 있다. 이것을 근거로 보면 성적 차이는 신체적 또는 유전적 조건이 부여된다고 할 수 있다. 그러나 예를 들어, 마가렛 미드(Mead)의 조사 등에 따르면 그러한 행동 패턴은 사회규범과 일치되어 학습된다는 것을 암시하고 있다.

동물 실험에서 성 호르몬을 태아 발육 중의 어느 시점에 투여하면 성숙한 뒤 동물의 성적 활동에 영향을 미치는 것으로 판명되었다. 하지만, 같은 일이 인간에게도 해당된다는 사실은 확인된 바가 전혀 없다.

부모는 아이가 태어나기 전까지 일반적으로 뱃속에 있는 아이에 관해서 '아기'라고 이야기한다. 그러나 출생한 후에는 남자인가, 여자인가라는 질문을 시작으로 성에 따른 부모의 기대가 봇물처럼 터져 나오게 된다. 그래서 아이의 정신적 성 발달에 중요한 감정적 분위기가 만들어진다.

부모는 유아기에 직접 또는 간접적인 방법으로 아이의 성을 구별짓는 표현을 많이 한다. 이러한 행동은 대체로 무의식적으로 이루어진다. 예를 들면, 부모는 일상적인 일에서 조차, 남자아이와 여자아이를 구분한다. 어린 시절에 경험하는 가장 결정적인 것 중의 하나는 '남자답다' 또는 '여자답다'의 의미를 학습하는 것이다. 이 말에는 해부학적, 생리학적 차이는 물론 모든 특성, 태도, 평가가 담겨 있다. 따라서 성적 역할의 복잡한 학습은 이때부터 시작되는 것이다.

어린아이의 특징은 자신과 주위 사람들을 동일시하고 무슨 역할이든 갖기 위해 어떤 경험이든 하려고 시도한다. 이 경험 속에는 성적 역할도 포함되며, 당연히 부모를 본보기로 삼는다. 따라서 아이의 환경에 본보기가 없다면 또는 본보기 자체가 자기의 성적 역할에 미덥지 못하게 비쳐지면 아이는 성적 역할을 발달시키기 어려워진다. 이런 경우 대부분의 아이는 유전적 관점이나 체질적 관점에서 정상이라고 하더라도 자신의 성의 동일시에는 자신 없어 한다.

이러한 성의 동정(同定)은 보통 언제 확립되는 것일까? 성 동정의 발달은 성년이 될 때까지 계속된다. 신체적 성 발달에 장애가 있는 아이의 심리학적 연구 경험에서 아이는 2~3세 무렵부터 일정한 성에 동일시를 하기 때문에 성이 바뀌게 되면 일반적으로 심리학적 문제가 수반되는 것을 볼 수 있다. 대부분의 아이들도 3세쯤 되면 성을 구별하고, 자신이 속하는 성과 그 사회적 의의를 이해하기 시작한다. 이 무렵의 아이는 외부 생식기보다는 의복이나 두발 형태에 의존하여 성을 판단한다.

그에 비해 청년기가 되면 자신의 신체를 의식하고서 다른 사람의 신체와 비교한다. 이것은 물론 외부 생식기에도 해당한다. 한편, 아이가 정상이라고 하는 것에 관하여 갖게 되는 개념은 주위 사람들의 견해에 의해서 결정되는데, 이 견해 역시 정상적인 발달에 크게 영향을 미치게 된다.

따라서 생식기적, 성적 견지에서 보는 정상적 개인의 발달은, 태아로 존재할 때부터 완전한 성년이 될 때까지 영향을 미치는 것이다. 그러한 발달을 결정하는 과정은 서로 밀접하게 결부, 서로 훌륭하게 조화를 이루고 있다.

2.5.2 성적 발달의 이상(異常)

성적 발달은 시기에 따라 여러 단계로 나눌 수 있다. 이러한 각각의 단계에서 일정한 요인이 끊임없이 발달에 결정적 역할을 담당한다. '유전적' 시기에 있어서 유전자의 배열은 성적 발달에 동반되어야 할 과정을 결정하고, 생식선이 정소가 될지 난소가 될지를 결정한다. 생식선이 볼프관 계통과 뮬러관 계통을 남성이나 여성으로 발달시키는 것이 다음 단계의 특징으로, 이 단계는 생식선기라고 하는 것이 어울릴 것이다. 생식선의 조기 발달 중에 호르몬에 의해서 성적 발달을 결정하는지의 여부는 명확하지 않다. 그러나 의심의 여지도 없이 생식선에서 생산하는 성 호르몬(안드로겐이나 에스트로겐)은 이미 태내에 있을 때 외부 생식기의 발달에 영향을 주고 있다. 그래서 호르몬기는 태내에서부터 성년기까지 영향을 미친다. 성적 발달에 있어서 호르몬의 의의는 제2차 성 특징이 형성되는 사춘기에 특히 뚜렷하다. 성적 역할에 대한 정신적 발달은 어린 시기부터 청년기까지 이루어진다.

성적 발달 장애의 원인은 생식선의 유전자 배열 이상 또는 이상한 호르몬 생산에서 찾을 수 있다. 이러한 요인과 그들의 영향은 성적 역할 형성에 크게 영향을 준다. 정신적으로 빗나가는 성적 발달도 이러한 결정 요소들과 전혀 무관하다고 할 수 없다. 한편, 정상적인 성으로부터 일탈하는 대부분(동성애)의 성적 발달은 유전적, 신체적으로 정상인 사람들에게서도 나타날 수 있다.

(1) 유전에 의한 이상

생식샘이나 부신피질의 호르몬 합성 장애는 유전자에 의한 안드로겐이나 에스트로겐의 이상 생산을 초래하고, 나아가서는 성적 발달이 일탈되는 경우도 있다. 유전자 결함은 호르몬 합성의 다른 단계를 조절하는 효소가 결여되어 나타난다. 유전자 장애의 예로는, 외부 생식기에는 정소 조직이 나타남에도 불구하고 여성화가 되는 간성(間性) 상태를 들 수 있다. 이것은 정소성 여성화(精巢性 女性化)라고 한다.

정소성 여성화의 경우, 사춘기 전까지는 평범한 여성처럼 보인다. 사춘기가 되면 유방은 일반적으로 발육하는 것처럼 보이는데 생리를 시작하지 않는다. 외부 생식기는 대체로 여성의 것이지만 자궁, 난관, 난소가 없는 반면 정소가 있는 것이 확인된다. 이 경우 염색체의 성은 정상적인 남성이다. 따라서 염색체나 생식선은 남성이지만 생식기는 여성이 되는 셈이다. 이러한 경우의 사람들은 여성으로 양육되어 여성의 성적 역할에 익숙해 있다. 대부분의 사람들은 결혼을 하지만, 생리가 없어 임신은 되지 않는다. 장애의 원인은 유전자에 의해서 안드로겐 호르몬에 작용하는 말초 조직의 대응 방법에 변화가 생긴 것이다. 이로써 정소에서의 호르몬 합성이 변화되고, 그 결과 에스트로겐이 지나치게 많이 생산되는 것 때문일지도 모른다. 이러한 발달 장애는 정상적인 성생활이 가능하도록 해부학적 구조를 만들어 주어야 하는데 질을 확대함으로써 치료할 수 있다. 정소는 사춘기 이후에 제거한다.

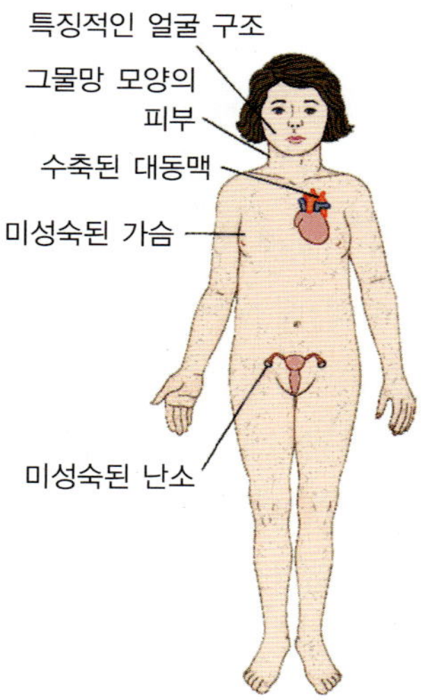

[그림 2-17] 터너증후군.

성염색체 이상에는 생식기 발달의 이상을 초래하는 생식선의 발달 장애가 대부분 동반된다. 현재까지 X염색체나 Y염색체의 숫자나 구조적 이상의 약 30여 가지 형태가 발견되었다. 이와 같은 염색체 이상과 관련이 있는 가장 일반적인 발달 장애에는 터너 증후군(Turner's syndrome)과 클라인펠터 증후군(Klinefelter's syndrome)이다(표 2-1 참조).

터너 증후군은 갓 태어난 여자아이 5,000명 중 1명 정도로 나타난다. 작은 몸집, 발육부전의 난소, 그리고 신장, 골격, 순환기, 신체 외부의 연약한 부분 등과 같은 전형적인 기형이 특징이다.

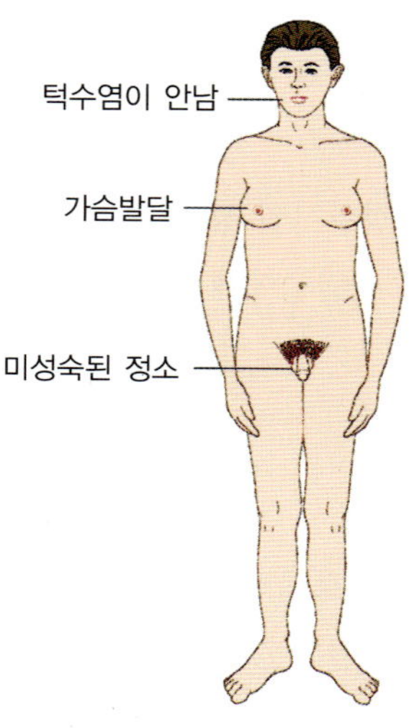

[그림 2-18] 클라인펠터증후군.

터너 증후군 환자는 몸집이 작고 성인이 되어도 신장이 150cm 이하가 된다. 난소의 결함 때문에 외부 생식기는 어린아이와 같고 유방이나 2차 성 특징이 나타나지 못한다(그림 2-18). 기형을 교정하는 치료 방법은 아직 개발되지 않았으며, 작은 체구는 치료할 수 없기 때문에 성적 특성을 발달시키는 것에 전력을 기울이고 있다. 여성호르몬을 공급하면 유방이 발육하고 음모가 나타나며 자궁이 생기고 인위적인 생리가 일어난다.

터너 증후군 환자는 일반적으로 X염색체를 하나만 갖고 있는 경우인데, 어떤 경우에는 X염색체가 2개 있지만 이 중 하나가 구조적으로 변화한 경우도 있다.

클라인펠터 증후군은 갓 태어난 남자 아기 2,000명 중 1명꼴로 나타난다. 보통 정소의 변화(정자 생산 과정의 결합 조직 변화), 늦은 사춘기, 유방의 발달, 거세에 의한 신체적 불균형(긴 손발, 여성적 비만) 등의 특징을 보인다(그림 2-19). 클라인펠터 증후군 환자는 지능이 낮고 정신적 장애도 드물지 않게 나타난다. 치료는 안드로겐을 보급하는 방법이 바람직하며 불임은 해결할 수 없다. 일반적으로 X염색체 2개와 Y염색체 하나가 동시에 출현하여 생긴 것이다. 터너 및 클라인펠터 증후군의 발생 이유는 아직 해명되지 못했다.

[표 2-1] 성염색체 이상의 대표적인 예.

성염색체	증후군	염색체 불분리 시기	빈도수
XXY	클라인펠터 증후군(남성)	정자 · 난자 형성 과정 중의 감수분열	1/2000
XYY	없음 (정상 남성)	정자 형성 과정 중의 감수분열	1/2000
XXX	없음 (정상 여성)	정자 · 난자 형성 과정 중의 감수분열	1/1000

(2) 호르몬에 의한 이상

성적 발달 장애는 성호르몬의 과소 및 과다 생산 때문에 생기는 경우가 많다. 호르몬이 너무 조금 생산되면, 성적 발달이 늦어지거나 완전히 사라지기도 한다. 성 호르몬의 생산이 사춘기 전에 증가하면 사춘기의 발육 현상이 빠르게 나타난다. 여성에게 안드로겐, 남성에게 발정 호르몬의 생산이 증가하면, 각각 남성화 또는 여성화가 되어 간다.

성 호르몬의 생산이 줄어드는 것은 염증이나 외상에 의한 생식선의 상해나 뇌하수체 기능의 장애로 발생한다. 뇌하수체 기능 장애는 뇌하수체의 생식선자극호르몬의 분비가 없어서 일어난다. 이것은 뇌하수체 또는 그 주변 부위에 종양이 있기 때문이다. 원인이 무엇이든 호르몬을 적절하게 공급해서 치료한다. 일반적으로는 에스트로겐이나 안드로겐으로 치료한다.

성 호르몬의 분비가 너무 일찍 증가하게 되면 사춘기의 발육이 상당히 빨라진다. 이러한 장애의 원인은 성호르몬의 생산을 통제하는 중추신경, 또는 자신의 성 호르몬을 생산하는 선(생식선, 부신피질), 또는 뇌하수체의 생식선 자극 호르몬 생산을 조정하는 뇌간(腦幹)에 있다. 대단히 이른 사춘기의 발육은 유전적 영향을 받는 경우도 있지만, 일반적으로는 종양의 문제이다. 원인이 뇌간에 있는 종양이지만 아직 명확하게 밝혀진 것은 없다.

여성의 남성화는 안드로겐의 이상 생산 때문이다. 부신피질 호르몬 합성이 유전적으로 제약을 받는 장애(선천성 부신성기(副腎性器) 증후군) 또는 난소나 부신피질에 종양이 생겼을 때 나타난다. 가벼운 경우에는 남성적 체모나 음핵(클리토리스)이 비대해지는 정도에 불과하지만, 심한 경우에는 남성적 체구, 목소리, 생모, 현저한 음핵의 비대가 나타나 매우 뚜렷한 남성화를 보인다. 안드로겐의 비정상적인 생산이 태아 때부터 시작되면, 외부 생식기가 남성화되는 경우도 있다. 남성화가 종양에 의한 것이라면 수술로 치료가 가능하다. 선천성 부신성기(副腎性器) 증후군은 안드로겐 생산을 방해하는 호르몬 코티손(cortisone)의 보급으로 치료가 가능하다. 적절한 치료로 상태가 뚜렷하게 정상화되고 수정 능력도 생기게 되므로, 성적 발달이 신체적으로 방해받는 다른 부류의 환자와는 다르다.

이와 관련해서, 보통 여성도 안드로겐을 생산하고 개인에 따라 체모가 많은 사람도 있으므로, 이러한 경우를 일괄하여 남성화라고 할 수는 없다.

남성의 여성화는 대부분 정소 또는 부신피질의 종양에 의한 것으로 매우 드물게 나타난다. 사춘기 남학생의 유선 조직 자극은 여성화가 아니라 정상적인 현상이라고 볼 수 있다.

내부 생식기나 외부 생식기에 병이 걸렸을 때 사용되는 성 호르몬의 공급에 의해서, 임산부의 경우 태아의 생식기 발달에 영향을 미칠 수 있다. 여성에게 안드로겐 치료를 하면 남성화되고, 남성은 발정 호르몬을 사용하면 여성화된다.

원인을 눈으로 확인할 수 없는 저해된 생식기 발달, 요도의 미발달, 복강 내에서 정소가 나타나는 경우도 볼 수 있다.

2.5.3 저해된 성적 발달의 정신적, 사회적 측면

성적 발달의 이상에 있어서 정신적, 사회적 측면은 두 그룹이 문제가 된다. 하나는 성적 태도에 장애가 있으나 신체적 성의 발달은 정상적인 경우이다. 예를 들면, 동성애나 의장도착증(衣裝倒錯症) 환자인데, 이들은 호르몬 공급을 통하여 안정된 성적 태도가 아닌 성적인 특징이나 리비도(libido : 성욕, 성적 충동)의 힘에 영향을 줄 수 있다.

다른 그룹은 신체적 성 발달이 저해된 사람들로, 이 경우의 문제는 외부 생식기가 중간적 발달을 한 사람들의 성의 선택 그리고 발달이 불충분한 외부 생식기를 가진 환자의 불완전한 성적 기능과 관계가 있다.

정상적인 정신적 성의 발달에서도 말했듯이, 성의 발달이 중간적인 경우에는 될 수 있는 한 빨리, 즉 2~3세에 성의 선택을 해야 한다. 이때 정밀한 검사와 판단이 설 때까지, 아이를 일정한 성에 소속시키는 것을 연기하는 것이 바람직하다. 갓 태어난 아이의 성이 분명하지 않다는 사실을 부모에게 알리는 것은 매우 힘들다. 아이를 일찍이 남자나 여자로 구분하는 것은 부모나 친족 또는 사회로부터 강요되어 왔다. 동시에 의사 자신이 성적 발달의 이러한 중간성을 용인하고, 그 사실에 사로잡히지 않은 상태에서 아이의 성을 판정하는 것은 어려운 일이다.

갓 태어난 아이의 성을 판정하거나 선택해야 할 때, 제일 먼저 확인해야 할 문제는 생식기 개조의 가능성을 조사하는 것이다. 이 경우 성의 선택은 개조를 통하여 할 수 있는 가장 기능적, 해부학적 결과에 도달할 전망이 어느 정도인지를 결정하는 것이다. 염색체 검사는 진단에 도움은 되지만, 성의 선택에 결정적이어서는 안 된다. 남성적 염색체나 정소를 갖고 있지만 상당히 여성적으로 분화되어 있어서 이 선에 따른 개조가 좀 더 좋은 결과를 가져올 것으로 생각되는 생식기를 가진 아이는 여성의 성을 가져야 한다. 또한 태도를 결정하면 치료 방법은 시종 일관되어야 한다.

의사의 시종 일관된 태도는 적어도 아이의 부모나 주위 사람들에게 매우 효과적이다. 이미 앞에서 말한 바와 같이 성의 동정이나 성적 태도의 발달은 환경에 많은 제약을 받고 있다. 예를 들면, 안전한 환경에서 여자 아이로 양육되면, 개조 후에 남성적 염색체 모양이나 여성적 외부 생식기를 갖는 위험은 전혀 없을 것이다. 이 견해는 특히 햄프슨과 공동 연구자들의 연구에 의해 입증되고 있다.

성의 선택은 대부분 출생 직후에 이루어지지만, 후에 그 성으로 단정질 것인지 아니면 바꿀 것인지 하는 문제에 당면하는 일이 종종 있다. 이러한 경우 태도를 결정하기가 매우 어렵고, 아이가 나이를 먹을수록 더 어려워진다. 어느 쪽의 경우이든 개별적으로 치료하지 않으면 안 된다. 그리고 아이의 연령, 불임 문제, 수술이나 호르몬에 의한 특수 상태의 교정 가능성, 아이의 성에 대한 동일시, 주위 사람들의 태도 등을 고려하여 선택해야 한다. 또한, 이러한 결론을 내릴 때 아이가 나중에 무거운 정신적 질환에 걸릴 위험이 있다는 것을 감안해야 한다. 약 3~5세까지는 아이의 정신적, 사회적 성을 바꾸는 것이 가능하다. 물론 아이를 현상 그대로 두고 교정하는 것보다 교정 처치로 미래에 바람직한 기능적 결과가 나올 경우에만 이루어져야 한다. 더불어 부모 스스로 성 전환을 용인할 수 있어야 한다. 요컨대 성 전환을 실행할 수 있는 것과 관련하여 가장 본질적인 것은 새로운 역할을 갖게 되는 아이에 대한 부모 자신의 태도라는 것을 이해해야 한다.

나이가 들어 성 전환을 할 경우 본질적인 것은 환자의 정신적 성과 일치하는 사회적 성을 얻는 것이다. 이때 신체적 성은 2차적인 문제이다. 의사와 심리학자는 당면 문제에 대해서 솔직하고, 시종 일관한 태도를 취하여 환자나 부모를 돕는 것이 선택이나 성의 전환에도 타당하다. 또한 생식기의 개조는 윤리적 이상에 위반되어서는 안된다. 예를 들어, 정신이 여성으로 되어 있는 환자에서 음경을 제거하는 것이 성적 적응의 가능성에 대해서는 생식기의 외관보다 가치가 있을 것이다.

중간적 발달의 생식기를 가진 아이에 대한 연구에는 심리학적 측면이 포함된다. 심리학자는 아이의 성의 동일시를 통해서 한층 더 정확히 판단할 수 있는 투영 검사법을 실시한다. 사회 심리학적 연구에서 설명했듯이, 성 전환의 결정에 중요한 역할을 한다. 성적 발달이 저해된 아이는 끊임 없는 정신 치료를 받을 수 있어야 하며, 무거운 장애를 갖고 살아가야 하는 이러한 아이는 치료사에게 문제를 상담함으로써 그러한 장애를 극복할 수 있다. 외부 생식기의 불완전한 발달은 생식선이 감소한 호르몬 생산을 하지 않은 결과인데, 현재는 생식선의 1차적 변화나 뇌하수체로부터의 불완전한 생식선 자극이 있다고 한다. 이 상태는 보통 사춘기가 나타나는 시점에 밝혀진다. 성적 기능부전 환자는 불완전한 성적 발달 때문에 몇 개의 분열을 보이는 인격 발달을 하는 것이 일반적이다. 고장은 성적 기능 불완전으로 인해 신체적 발달이 약해져서 왜소해지거나 더 커지는 경우를 볼 수 있다. 이 성적 기능부전의 제2그룹은 발달이 불충분한 기형 음경, 주로 요도가 불완전한 끝(요도하열)을 갖는 사람들로 이루어진다.

생식기의 발달이 약해진 이들은 자신의 신체가 노출될 것을 걱정하기 때문에 일상적인 방법으로는 친구가 되기 어렵다고 한다. 친구와 함께 목욕을 하거나 옷을 갈아입거나 친구와 함께 자는 것 등을 피한다. 그 결과로, 의심이 깊어지고 거울을 유심히 보며 자신을 관찰하고 다른 사람도 관찰하여 같은 결함을 찾으려고 한다. 일반적으로 불안, 부끄러움 그리고 여러 공격적 방어 메커니즘과 결합된 열등감을 보인다. 피해 망상(편집광)과 똑같은 임상 형태도 자주 나타낸다.

유사한 고장이나 반응, 즉 생식기 발달이 부진하여 의사의 진찰을 받았지만 검사 결과는 정상인 성적 기능 부전을 제3그룹 내에서 볼 수 있다. 이것은 의심할 여지 없이 가장 일반적인 집단이다. 이들은 생식기에 집착하는 노이로제 상태로 전문가가 환자의 발달 상태가 정상이라고 납득시키면 도움이 된다.

이때 호르몬은 성적 기능 부전과 관련하여 불완전한 생식기 발달의 치료에 일정한 역할을 담당한다. 적절한 대응으로 외부 생식기의 정상화나 성적 기능의 자극이 보이게 되고, 그 결과 인격 발달이 촉진될 수도 있다.

CHAPTER

3 성교

3.1 동성애

3.1.1 동성애의 문화적 상대성

[그림 3-1] 동성애

동성끼리의 성적인 접촉은 동서고금을 막론하고 존재해 왔다. 남성 중심의 문화를 형성했던 대다수 고대사회에서는 동성애를 남성의 입장에서만 바라보았지만, 그 입장은 시대나 문화권에 따라서 다양했다. 그와 같은 다양성을 시대적으로 개괄하자면, 우선 고대 유태인들은 종족보존의 필요성에서 남성들의 동성애를 매우 심하게 억압했다. 힘들게 유목생활을 하던 유태인들은 자신들의 삶에서 병들고 쓰러져 죽은 자들이 태어난 아이들보다 많아지자 종족의 유지 여부에 대한 걱정이 심했고, 조상이라 믿었던 하나님을 원망하거나 이단을 믿으면서 남성들끼리 성욕을 만끽하는 자들이 많아지면서 한때 유태인들의 결속력이 매우 약해지기도 했다. 이러한 상황에서 등장한 아브라

함(Abraham, 이스라엘 민족의 시조)은 자신들의 종족이 절대로 멸하지 않는다는 신의 계시를 토대로 다시 결속력을 강화시켰다. 그 계시는 '바닷가의 모래알처럼 수많은 자손을 번성하라!'는 것으로 인간의 씨가 바로 남성의 정액 속에 들어 있으니 부지런히 그 씨를 퍼뜨리라는 암시였다. 이에 남성들끼리의 성행위는 인간의 씨가 종족보존과 무관하게 낭비되는 행위이자 하나님의 명령을 거역하는 행위라고 믿게 되었다. 한편, 여성은 남성처럼 씨를 가진 존재가 아니라 남성의 씨를 받아서 성장시키는 역할만 하는 종속적인 존재라고 믿었기에 여성끼리의 성행위는 별 다른 제약의 대상이 아니었다. 이와 같은 믿음은 나중에 기독교에 그대로 전달되어 기독교 문화권에서도 동성애를 남성 위주로 억압했다(Gordon & Snyder, 1986).

(1) 그리스, 로마 문화권

1) 고대 그리스

고대 그리스 문화권도 유태 문화권처럼 남성 중심의 문화였지만, 고대 그리스 문화권에서 동성애를 바라보는 입장은 유태 문화권과 달랐다. 고대 그리스에서는 적어도 기원전 650년으로부터 거의 5세기 동안 남성들의 육체적인 미를 강조하였으며, 결혼하여 종족보존의 의무를 이행하고 있는 한 남성들끼리의 사랑이나 성행위는 용납되고 있었다. 또한, 그리스 남성들은 여성을 아이를 낳아주는 존재 또는 남성보다 열등한 존재로 인식했기 때문에 남성들끼리의 사랑이 남녀 사이의 사랑이나 여성들끼리의 사랑보다 훨씬 더 순수하고, 가치가 높고, 고결한 사랑으로 이해했다. 그러한 연유로 생활수준이 높은 남성은 아이를 낳아주는 아내와도 성생활을 하지만, 가난한 집의 미소년을 매수하여 자신의 거처에 첩처럼 기거시키면서 그를 상대로 성행위를 더 즐겼다. 미소년하고의 성행위에서 정액을 먹도록 했으며, 미소년 입장에서는 주인 남성과의 관계에서 정액을 많이 먹을수록 지적으로 발달하고 정서적으로 성숙한 사람이 된다고 여겼기에 주인 남성은 인생의 스승이었다. 어린 시절 스승과의 동성애 관계에서 수동적 역할을 했던 미소년은 나중에 성년이 된 후에는 수동적 역할을 버리고 결혼하여 아이를 가짐과 동시에 생활수준이 높아지게 되면 자신의 스승처럼 미소년의 연인을 두고 살았다(Bullough, 1976).

고대 그리스의 여성들 중 일부는 사람 대접도 받지 못하는 남성 위주의 세상과 단절하기 위해 지중해의 에게해(Aegean sea)에 있는 외딴섬을 찾아가 생활했는데, 그 대표적인 섬이 바로 레스보스(Lesbos)섬이다. 그곳에 살면서 여자도 남자들과 같은 사람이며, 여자들끼리의 사랑도 남자들끼리 사랑에 못지않게 고결하고 차원이 높다고 목소리 높였다. 그러한 내용을 담고 있는 노래(시)를 읊었던 인물이 사포(Sappho, BC 630–570)이다. 근래 여성 동성애를 칭하는 명칭 두 가지가 여기에서 유래한다. 하나는 레즈비언(lesbian)인데, 이는 레스보스에 사는 사람이라는 뜻이고, 다른 하나는 사피즘(sapphism)으로 여성 동성애의 별칭이다.

2) 로마시대 초기

로마시대 초기에도 그리스시대처럼 남성들의 동성애가 유행했지만, 그리스시대에 비하여 고상하다고 여기지는 않았다. 그리스에서는 남성들의 동성애가 찬미와 이상향의 모델이었다면, 로마에서는 개인의 성향이나 취향에 관계없이 사회생활을 하는 과정에서 불가피하게 경험해야 하는 현상으로 여겨졌다. 그러한 이유로 황제를 비롯한 유명 인사들은 동성애자나 양성애자로 행세해야 했으며, 이러한 불가피한 상황을 집단적으로 대처하기 위해 동성애 행위가 난교(sexual orgy)로 표현되기도 했다. 아울러 재력이 있는 남성은 마음에 드는 미소년이 있을 때 그의 아버지에게 돈을 주고서 그 미소년과 성행위를 시도하는 관습도 별다른 규제 없이 성행했다.

3) 로마시대 후기

기독교를 공인하게 된 로마시대 후기에는 기독교의 영향으로 남성들의 동성애를 인정하지 않고 처벌하는 상황으로 변하였다. 결국 동로마제국의 황제 유스티니아누스(Justinianus, 483~565)가 533년 동성애에 관련된 모든 사람들을 축출시키려고 시도하였지만, 동성애 행위는 사라지지 않았다. 그 시기로부터 아퀴나스(Aquinas, 1225-1274)가 등장하여 동성애자에게 불리한 처우를 했던 13세기 후반에 이르기까지 동성애자들은 기독교에서 도덕적인 이단자로 여겨지지 않았다. 그러나 아퀴나스는 남성들의 동성애를 식인 행위에 비교할 정도로 비난하고 혹평했는데, 그의 권위적인 업적과 그가 취한 강경한 자세로 인하여 서구 문화권에서는 남성들의 동성애를 억압하는 분위기로 바뀌었다. 예를 들면, 영국의 헨리 8세(재위 1509-1547)는 1533년 교회법을 민법으로 흡수할 때 남성들끼리의 항문성교를 사형에 처할 수 있는 중죄로 규정했으며, 스페인에서도 남성 동성애자를 사형에 처했다. 그러한 법률은 중남미 식민지 문화에까지 파급되었는데, 페루의 잉카 및 멕시코의 아즈텍(Aztec) 문화권에서는 남성 동성애자를 불에 태워 죽이기도 했다.

4) 비기독교 문화권

대부분의 기독교 문화권에서는 남성들의 동성애를 배척해 왔지만, 기독교의 영향을 받지 않았던 다른 문화권에서는 오히려 이를 제도적으로 발달시키기도 했다. 예를 들면, 남태평양의 멜라네시아 지역에 거주하던 일부 종족은 남아가 청소년기 들어서면 다른 남성과 결혼생활을 하는 부부처럼 살아갔다. 그들은 사춘기에 들어서면 남녀가 분리되어 10대 남성은 동년배나 성인 남성과 동성애 관계를 가지면서 살았다. 또 호주 중부지방의 남부띠(Nambutji) 종족도 모든 소년이 자신에게 성년의식으로 할례시술을 해 준 연장자 남성과 함께 부부처럼 여자의 역할을 하면서 살아가다가 나중에 성인이 되면 자신의 남편 역할을 하는 그 연장자의 딸과 결혼하였다(Francoeur et al., 1991).

뉴기니아 동부의 고원 지역에 사는 삼비아(Sambia)족 남성들도 제도적으로 동성애 생활을 하였다. 그들의 전통에 의하면, 남자아이는 9세가 되면 가족들과 함께 살지 않고 마을 중앙에 남자들만이 거주하고 있는 큰집에 가서 생활해야 한다. 구체적으로, 삼비아족 남아들은 어머니와 자매들의 세상에서 벗어나 남성다움의 상징인 일등 사냥꾼이 되기 위하여 남성들만의 비밀 사회에 들어가는 것이다. 남아들은 그곳에서 결혼할 나이인 19세까지 살아가는데, 그동안 동성애 생활에 참여해야 했다. 어려서는 엄마의 젖을 먹고 자랐지만, 그러한 비밀스러운 사회에 들어온 남자아이는 이미 성숙한 미혼남성의 정액을 먹고 살아가야 했다. 미혼남성들의 의무는 어린 남자아이들을 성숙시키기 위해서 정액을 먹이는 일인데, 이미 성숙하여 정액의 생산이 가능한 남자아이에게는 정액을 먹이는 것이 금지되어 있었다. 그러한 생활을 하던 남성이 결혼할 나이가 되면 가족들의 협상과 주선에 의해 아내가 될 여자를 만나 혼인을 한다. 결혼 후 그의 인생은 이성애 생활로 전환하게 되지만, 그들의 문화권에서는 비밀사회에서 동성애 경험을 얼마나 많이 했는가에 따라서 결혼 후 완전한 남성이 될 수 있다고 믿었다. 즉, 그들은 충분한 동성애 생활을 근거로 일등 사냥꾼의 특징을 갖추어야만 결혼 후에도 완전한 남성이 된다고 생각했다(Money, 1987).

5) 여성들의 동성애

남성들의 동성애와는 달리 여성들의 동성애 행위에 대한 규제나 언급이 별로 없는 편이었다. 단지 고대의 그리스, 로마, 이집트 등에서 유행하였으리라고 추측되며, 특히 아랍인 사이에서는 지금도 유행하고 있다. 옛날의 타일랜드(Siam)에서는 이를 심하게 처벌하기도 했지만, 대다수 고대사회에서 여성들의 동성애는 그렇게 큰 비난을 받지 않았다. 근대 기독교에서는 남성 동성애를 비난하는 과정에서 여성 동성애를 싸잡아서 비난하기도 했지만, 남성 동성애에 비하여 그렇게 심하지 않았다.

(2) 동양문화권

서구사회와 비교할 때 동양의 전통사회에서는 남성들의 동성애를 억압하지 않았다. 중국은 동성애를 제도적으로 허용하거나 장려한 적은 없지만, 특히 남성들끼리의 사랑이나 성행위에 관한 기록은 어느 문화권보다도 더 오래되었다. 중국 고대 문헌에는 동성애자였던 상류층 인물(예, 위나라 왕 영공, 제나라 왕 제경공 등)들이 수두룩하며, 문학작품(예, 금병매, 홍루몽 등)에 남성들의 사랑을 묘사한 경우도 수두룩하다. 한편, 우리나라 문화권에서의 동성애 기록은 매우 드문 편이다. 그렇지만 고려시대 이전의 모습은 삼국사기나 삼국유사를 통해서 동성애 행위의 존재를 유추할 수 있으며, 또 고려사나 조선왕조실록에는 실제 동성애 관계를 언급한 내용이 여러 곳이다. 물론 그러한 기록들은 대부분 왕가를 비롯한 상류계층에 관한 이야기(예, 고려사에 기록된 공민왕, 조선왕조실록에 기록된 세종의 며느리 및 궁녀들끼리의 성행위 등)들이지만, 서민계층들의 동성애 행위도 예외가 아닐 것이다.

3.1.2 근대 문화권의 동성애 이해

(1) 범죄로 바라보는 동성애

서구의 기독교 문화권에서는 적어도 19세기 후반에 이르기까지 남성들의 동성애를 범죄행위로 여기었다. 예를 들면, 영국에서는 1861년 남성들의 동성애 행위를 사형에서 종신형으로 감형시켰지만 여전히 범죄행위였으며, 독일에도 남성들의 동성애를 금지하는 형법 조항(제175조)이 있었다. 이러한 분위기에서도 독일의 성의학자 허쉬펠트(Magnus Hirschfeld, 1868–1935)는 남성 동성애자들도 법적인 보호를 받아야 한다고 옹호했지만, 많은 사람들이 그의 생각에 동조하지 않았다. 또 독일의 법학자 울릭스(Karl Ulrichs, 1825–1895)도 스스로를 동성애자라고 밝히면서 기독교의 입장에 도전하였다. 그는 본명이나 익명을 사용하여 1864년부터 1870년 사이에 여러 소책자를 통해 남성 동성애가 범죄에 해당되지 않는다면서 이를 옹호하는 글을 게재하였다(Bullough & Bullough, 1995; Francoeur et al., 1991). 호모섹슈얼리티(homosexuality)라는 용어는 1869년 헝가리 인권운동가 커르트비니(Karl–Maria Kertbeny, 1824–1882)가 벤커르트(K. M. Benkert)라는 익명으로 처음 사용했는데, 당시에는 발기 실패를 기준으로 그 용어가 적용되었다(Money, 1987).

남성 동성애를 범죄로 바라보던 19세기 말까지는 사람들은 성적인 상대로 이성이 아니면 동성을 선택할 것으로 믿었다. 그렇지만 킨제이가 1940년대와 50년대에 걸쳐서 조사한 결과가 발표될 무렵부터 이성이 아니면 동성이라는 개념이 깨져버렸다. 킨제이가 성에 관한 조사를 실시하기 이전에는 동성애의 빈도가 어느 정도인지를 거의 알지 못했다. 그런

데 그가 수집했던 동성애 관련 자료들은 미국인들을 매우 놀라게 했다. 그 이유는 상당수의 남성들이 완전한 이성애자나 완전한 동성애자가 아니었으며, 또 남성의 37%와 여성의 13%가 사춘기 이래로 가끔 동성애 행위를 경험하면서 오르가즘을 느꼈다고 답했기 때문이다. 킨제이는 사람들의 성적 정체성을 동성애나 이성애로 분간하여 부르기 어려우며, 이는 오히려 양쪽의 선호도를 연결하는 하나의 연속선상의 어느 부분에 해당된다고 결론지었다.

그는 응답자에게 0으로 시작하여 6으로 끝나는 한 척도에 자신의 성적 정체성을 표기하도록 하였다. 척도에서 0은 오직 이성하고만 성행위를 추구하는 상태로 순수한 이성애를 나타낸 반면, 6은 오직 동성하고만 성행위를 추구하는 순수한 동성애를 나타낸다고 설명했다. 킨제이의 보고서에 따르면, 사춘기 이래 줄곧 동성애의 생활을 하는, 즉 6에 해당되는 사람들은 남성의 4%와 여성의 2%, 그리고 사춘기 이래 적어도 3년 이상 동성애 생활을 했던 사람들은 남성의 10%와 여성의 3%였다. 그리고 척도에서 1부터 5까지는 이성이나 동성을 함께 상대한 양성애의 정도를 나타내고 있는데, 1은 거의 순수한 이성애에 가까우면서 동성을 간혹 상대하는 경우인 반면, 5는 거의 순수한 동성애에 가까우면서 이성을 간혹 상대하는 경우를 의미한다. 만약 어떤 사람이 누구에게도 성적으로 반응하지 않으면 0에서 6까지의 수치로 표현하는 대신 'X'라고 표시했다. 이는 무성애(asexuality)를 의미하는데, 단순히 성관계에 대한 관심이 전혀 없거나 성관계에 대한 혐오감이 아주 강하게 학습된 경우를 말한다. 이와 같은 척도상의 구별을 토대로 개인의 성적 정체성은 일반적으로 이성애, 동성애, 양성애, 그리고 무성애로 구분된다. 이러한 구분에서 이성애만을 정상으로 여긴다면 동성애와 양성애 및 무성애는 편차나 일탈로 간주될 수 밖에 없다(Money, 1987).

(2) 성격장애로 바라보는 동성애

이제 20세기 중반 이후 동성애가 범죄나 질환의 개념에서 벗어나게 된 배경을 간략히 살펴보자. 먼저 미국정신의학회(APA, American psychiatric association)에서는 1952년 정신질환의 진단 및 통계편람(Diagnostic & statistical manual of mental disorders) 제1판(DSM-I으로 칭함)을 출간하면서 동성애를 '사회병질적(sociopathic) 성격장애' 범주 내의 성적 일탈의 한 영역으로 분류했다. 서구사회에서 당시까지 동성애가 잘못된 것이라고 말할 수 있는 근거는 기독교 성경 이외에는 거의 없었다. DSM-I이 출간된 이후, 즉 1957년도에 동성애와 성매매를 조사했던 영국 국회의 소위원회(J. Wolfenden이 위원장)에서는 성인 남성들이 서로 동의한 상태에서 사적으로 행해지는 동성애 행위를 범죄로 보기 어렵다면서 남성 동성애를 신의 명령에 거역하는 범죄행위라는 입장에 도전하는 보고서를 출간하기도 했다.

DSM-I에 명시된 내용 중 시간 경과에 따라서 들어맞지 않는 부분이 드러나면서 개정의 필요성이 커졌고, 드디어 1965년 APA에서 DSM 제2판(DSM-II)을 출간할 때에도 동성애를 성적 편차의 일종으로 보고 성격장애에 분류시켰다. 여기에서는 성격장애나 성적 편차에 대한 설명이 DSM-I보다 훨씬 더 분명히 서술되어 있었다. 즉, DSM-II의 성격장애라는 범주에는 9개의 영역이 소개되어 있었는데, 그 9개 중 하나가 바로 동성애를 간접적으로 설명하고 있었다. 구체적으로 남녀 사이에 이루어진 성교가 아닌 다른 형태의 성행위로부터 성적 쾌감을 얻거나 이성이 아닌 다른 객체에 성적 관심을 가진 경우를 비정상이라고 명시했던 것이다. 이처럼 APA에서 동성애를 비정상으로 규정한 까닭에 일반인들은 동성애 행위가 세상의 종말을 유도하는 행위처럼 받아들였으며, 동성애자들은 일반인의 눈초리를 두려워하면서 살아갔다.

(3) 동성애 이해의 관점 변화

이러한 사회적 분위기에서 동성애자들은 혹시 자신의 동성애 정체성이 다른 사람들에게 알려지면 불이익을 받으면서 살아갈 것이라는 두려움에서 벗어나지 못했다. 결국 정신적으로 누적된 긴장이나 소외감 등의 스트레스가 심해도 다른 곳으로 가지 못하고 그들만이 모이는 곳을 찾을 수밖에 없는데, 그곳을 게이바라고 부르고 있다. 당시의 사회적 상황에서 미국의 경찰에게는 게이바가 우범지역처럼 여겨졌기에 항상 단속의 대상에 포함되어 있었다. 그런데 경찰의 빈번한 단속에 매번 당하고만 있던 동성애자들이 울분과 불만을 터뜨리는 사건이 1969년 6월 27일 밤에서 28일 새벽 사이에 발생하였다. 이것이 바로 뉴욕 경찰들이 스톤월 인(Stonewall Inn)이라는 모텔의 게이바를 찾아서 단속하던 중에 경찰과 손님들 간의 몸싸움이 폭동으로 변한 1969년 6월의 스톤월 항쟁이다.

당시 경찰은 3주일 동안 그곳을 6번째 급습했는데, 평소와 달리 게이바의 단골손님들이 경찰에 저항하기 시작했다. 그들이 저항하게 된 동기는 6월 27일은 동성애자들에게 슬픈 날이었는데, 바로 한 여배우의 장례식이 뉴욕에서 거행되었기 때문이었다. 그녀는 1938년 발표된 오즈의 마법사(the wizard of Oz)라는 영화에서 16세의 나이로 주인공 도로시(Dorothy Gale) 역할을 맡았던 쥬디 갈런드(Judy Garland, 1922-1969)였다. 그녀는 동성애자는 아니었지만, 동성애자의 입장을 옹호해주는 언급을 몇 차례 했던 탓에 동성애자들에게는 우상과 같은 존재였다. 그녀가 1969년 6월 22일 영국 런던에서 갑자기 사망했고, 검시 후 약물과다로 밝혀졌으며, 그녀의 장례식이 뉴욕에서 6월 27일 거행되었다. 스톤월 인 게이바 내에서 시작된 저항은 곧바로 게이바 근처 주차장, 거리에 있는 자들까지 합세하여 경찰들에게 야유하고 돌을 던지는 저항으로 번져나갔다. 시간이 갈수록 더욱 더 넓은 지역으로 확산되어 거의 5일 동안 이어졌고, 결국 근대 동성애자들의 권리운동의 시발점이라 평가되는 항쟁으로 발달했다.

스톤월 항쟁이 발생하기 이전에는 동성애자들의 모임에 참가한 수는 불과 몇 명 밖에 눈에 띠지 않았지만, 1970년 6월의 항쟁 1주년을 기념하기 위한 뉴욕시의 모임에서는 참석자가 5천여 명이나 되었다. 그 동안 핍박과 설움 속에 다른 사람들에게 자신의 정체성이 노출되지 않도록 하면서 살아온 동성애자들은 그 항쟁 이후 쌓였던 불만을 더 이상 억누르지 않고 자신들이 차별받고 사는 게 부당하다고 부르짖으면서 본격적으로 자신들의 권리를 찾기로 결심하게 되었다. 그들은 권리를 찾기 위해 누구와 어떻게 싸울 것인가를 토의했는데, 동성애를 DSM에 비정상으로 등재시킨 APA에 맞서 싸워야 한다는 결론에 도달했다. 그들은 1970년부터 곧바로 APA에 대항했는데, APA 연차학술대회가 개최된 장소를 찾아가 시위를 했던 것이다. 이러한 시위는 다음해의 연차학술대회 때에도 이어졌고, 결국 시위를 하던 대표자와 APA 관계자의 만남이 이루어졌다. 그 후 APA 대표자들과 전국의 동성애자 및 그 지지자들의 대표자들과의 사이에 동성애의 진단에 관한 논쟁과 대화가 이루어졌는데, 1973년 2월 8일 APA 전문 학술 용어위원회 앞에서 공청회를 개최하여 동성애자들과 정신과 의사들의 열띤 논쟁이 일었다. 그 논쟁의 결과, APA 이사회는 동성애가 정상의 범주에서 벗어난다고 진단할 수 있는가를 회원들의 투표로 결정하겠다고 약속하였다. 그렇지만 다수의 APA 회원들은 그 약속에 대하여 불만을 표시했는데, 그 이유는 임상조건에 관한 사항을 회원의 투표에 붙여 결정하는 사례의 효시가 되었기 때문이다.

투표에 앞서 APA도 회원들에게 투표 참여 등의 홍보활동을 했는데, 역시 전국적으로 여러 동성애 단체들 역시 전국적으로 매우 적극적인 홍보활동을 했다. 동성애 지지자들은 진단에 변화를 가져오기 위한 노력의 일환으로 APA 회원들의 명단을 자세히 조사하여 조직적으로 선거운동을 전개했는데, 투표결과 투표에 참가한 APA 회원들의 58%가 이사회의 결정을 지지하게 되었다. 곧 동성애를 비정상으로 보지 않겠다는 회원들이 과반수를 넘어선 것이다. 이와 같은 결과가 나타나자 일부 회원들은 신중하게 자료들을 검토하지도 않고서 정치적 논쟁에 말려 들어갔다면서 APA 이사회의 결정에 불만을 토로했지만, 약속대로 APA 이사회는 1973년 12월 DSM-II에서 규정하고 있는 동성애의 분류를 수정해 주었다. 즉, 이사회에서는 동성애의 일반 분류를 없애는 대신 이를 '성적 지향(sexual orientation) 장애'로 바꾸기로 가결하였다. 이는 동성애 자체가 개인에게 주관적으로 방해가 되는 경우, 즉 자신의 성적 지향 때문에 장애를 보이면서 동성애에서 탈피하기를 원하는 경우에만 한정해서 정신질환으로 간주한다는 의미였다.

이와 같은 연유로 APA에서는 1974년에 들어와 공식적으로 DSM-II의 내용을 수정 ·

발표하였다. 당시 발표된 내용의 요지는 수많은 동성애자들이 자기들의 성적 지향에 잘 적응하면서 살아가고 있으며, 그들로부터 정신병리학적인 흔적을 찾을 수 없다는 입장이었다. 그러므로 공적이든 사적이든 동성애자들에 대한 차별은 모두 사라져야 한다고 촉구하였다. 예를 들면, 성인들끼리 동의한 상태에서 이루어진 동성애 행위를 처벌하는 법도 폐지되어야 한다고 촉구하게 되었다. 물론 APA의 그와 같은 입장에 불만을 지닌 사람들도 상당수였지만, 이러한 추세에 따라 미국심리학회도 1976년 9월 성적 정체성이나 지향 등에 따른 차별을 해서는 안 된다고 결정하였다.

APA가 1980년 DSM 제3판(DSM-III)을 개정 · 출판할 때에도 동성애 조항의 분류에 대한 논의가 계속되었다. 그러나 1973년의 결정과는 달리 1976년에서 1978년까지의 논의는 거의 APA 내부에서만 이루어졌다. 즉, 대부분의 논의는 새로운 편람을 개정하는 위원회나 분과위원회에 한정되었다. 어떤 위원은 이러한 논의를 회원들이나 동성애 대표들에까지 확대시키자는 의견을 개진했으나, 1970년대 초의 분위기가 고조될 수 있었기 때문에 대다수가 그 의견에 동의하지 않았다. 그래서 DSM-III에서는 '자아 이긴장성(ego-dystonic) 동성애'라는 새로운 조항만을 수록하였다. 즉, 이러한 조항의 수록은 동성애를 병리학적으로 보았던 기존의 입장에서 단지 "이성애 관계를 바라고 있지만 이를 유지 또는 개시하는 데 장애를 받으며, 이성으로부터 흥분을 느끼지 못하며, 또한 동성애관계를 원하지 않음에도 불구하고 이를 유지하기 때문에 근심의 원인이 되며, 그런 관계가 끊임없이 지속되는 것 등"만을 정상범주에서 벗어났다고 진단한다는 차원으로 바뀌었다(Gordon & Snyder, 1986).

이러한 변화에 따라서 정신건강 전문가들도 APA에서 설정한 기준을 택하든지 아니면 최소한 중립적인 견해를 보이려고 노력하게 되었다. 그러나 1987년 DSM-III의 일부 내용을 수정 보완한 개정판(DSM-III-R)에서는 미국심리학회의 요청에 의하여 자아 이긴장성 동성애라는 조항도 삭제했다. 그럼에도 불구하고, 일부 정신의학자들은 동성애자가 이성애자들보다 정신질환 환자가 될 확률이 높다고 주장했다. 하지만 동성애자들이 환자가 될 가능성이 높다는 주장은 동성애 자체의 문제가 아니라 사회에서 동성애를 차별한 결과라고 해석된다. 하여간 동성애 조항이 삭제되었고, 그 대신 아동기 분야에서 정신 성적인 정체성(gender identity) 장애라는 조항만 수록되어 있다. 또 1994년에 발간했던 DSM-IV 및 2013년도의 DSM-5에도 동성애에 대한 단어가 아예 존재하지 않는다. 이와 같은 학술단체의 변화에 힘입어 미국의 여러 주에서는 동성애 행위를 법적으로 구속했던 내용을 수정하게 되었다.

3.1.3 동성애의 원인

동성애를 정상으로 받아들이는가에 관계없이 수많은 사람들이 동성애의 원인에 대해서 관심을 가진다. 동성애에 대한 관심은 동성애자들도 마찬가지이다. 동성애를 비정상으로 여기면서 그 원인을 알고자 하는 경우는 대다수가 치료에 관심을 두고 있다. 즉, 동성애의 원인이 밝혀지면 개인이 동성애 상태로 발달하는 것을 예방할 수 있거나 이미 동성애자로 발달한 사람이더라도 이성애자로 전환시켜 줄 수 있다는 믿음과 관련이 깊다. 동성애 원인을 살펴보는 입장은 크게 후천성을 강조한 이론, 선천성을 강조한 이론, 그리고 복합적인 상호작용의 결과라는 이론들로 나누어진다. 아직도 그 원인을 정확하게 규명하지 못한 상태이지만, 동성애의 원인 연구를 주도하는 학자들은 개인의 동성애 지향이 출생 시기를 전후하여 생의 초기에 발달되어 결정된다고 본다. 예를 들면, 출생 전 중추신경계의 발달 과정에서는 생물학적 영향(예, 호르몬)을 받으며, 그 생물학적 영향은 출생 후 생의 초기의 환경요인과 복합된다는 것이다(윤가현, 1997).

(1) 정신분석이론에서 본 동성애

먼저 후천적 설명의 하나로 정신분석이론의 입장을 보자. 프로이드에 의하면, 아동들이 지니는 본능적인 성욕은 어떠한 형태의 만족에도 적응하도록 되어 있다. 아동들은 원래 이성애나 동성애로 결정되어 있지 않으며, 또 어떠한 부위이든지 여러 신체 부위에서 쾌락을 얻을 수 있도록 태어난다는 것이다. 프로이드는 적극성과 같은 남성다움의 특성이나 수동성과 같은 여성다움의 특성을 누구나 유전적으로 물려받더라도 아동기 때까지 이러한 소질들이 분명하게 형성되지 않는다고 주장한다. 어린이는 보통의 성인으로 발달해가면서 여러 가지 복잡한 행동들의 규범을 배우게 되는데, 사회화 과정에서 정상으로 간주하는 이성애적 경향만을 발달 · 성숙된다고 프로이드는 주장한다(Edley & Wertherell, 1995). 정신분석학에서는 동성애를 학습된 비정상으로 여기는데, 이러한 관점에서 성인이 동성애자가 된 근본적인 원인은 아동기 당시의 발달장애에 기인한 것이다(Ford, 1980).

정신분석학자들은 성적 지향의 발달이 아동기에 가족과의 관계에서 어떤 경험을 했는지에 달려 있다고 본다. 흔히 프로이드의 발달단계이론에서 구순기나 남근기의 고착 때문에 동성애자로 발달했다고 본다. 구순기에 고착된 남성 동성애자에게는 다른 남성의 남근이 여성의 유방을 상징하므로 그에게 이끌리며, 근친상간의 갈등 때문에 이성하고의 성적인 접촉을 두려워한다. 그러한 갈등은 어머니 편에서 유혹적인 행동이 생길 경우 더욱 커지는데, 특히 부모의 결혼생활이 행복하지 못하다면 더욱 그렇다. 또한 어머니는 자기 아들이 또래의 여자아이에게 접근하는 것을 방해하면서 아들의 남성다운 기질이 표출되는 것을 좌절시킨다. 역시 어머니는 그 과정에서 아들이 자신에게만 밀착하도록 만드는데, 아들이 갖는 이성에 대한 공포는 이때부터 생기기 시작한다. 게다가 아버지가 아내나 아들에게 배우자나 아버지의 역할을 제대로 못하는 존재라면 아들에게 동일시 모델이 되지 못한다. 결국 그러한 상황에서의 아들은 어머니에 대한 욕망을 억압시키지 못해서 그리고 아버지와 동일시하지 못해서 갈등이 생기게 된다.

그는 나중에 여성하고의 성적 접촉을 회피하려고 노력하는데, 이는 오이디푸스 콤플렉스 갈등으로부터의 도피를 의미한다. 즉, 해소시키지 못 했던 어머니에 대한 근친상간의 감정이 성장하고 있는 젊은이의 무의식 속에 남아 있다는 것이다. 그는 나중에 자신의 남근이 여성의 성기로 들어가면 해를 입게 된다는 환상을 경험한다. 아들은 어려서 아버지 대신 어머니를 동일시의 대상으로 받아들이면서 상징적으로 남근을 잃어버렸으며, 그러한 자신을 보호하기 위해서는 다른 남성의 몸이나 남근으로 자신의 잃어버린 남근을 구체화시켜야 한다. 그래서 남근이 없는 여성의 생식기를 볼 때면 거세불안의 감정이 살아나 다시 남근을 잃어버릴 가능성을 생각하게 되므로, 그 남성은 거세불안을 생각나지 않게 하는 다른 남성과 성관계를 가진다. 물론 이보다 덜 심각한 경우에는 여성하고 성적인 접촉을 시도하지만, 만약 그녀가 자기의 어머니를 연상시킬 경우에는 그는 곧바로 성적으로 무기력해져버린다.

정신분석학적 설명을 뒷받침하듯이, 1962년 비버(Bieber) 등은 뉴욕시에서 개업하고 있던 77명의 정신분석학자로부터 정신과적 도움을 받았던 환자들에게 여러 가지 질문이 적힌 질문지를 주고 답을 기록하도록 한 후 106명의 남성 동성애자들의 답변 내용을 분석하고서 동성애는 성장 과정에서 아동과 부모와의 비정상적인 상호작용의 결과라고 주장하였다. 연구자들은 그 106명 중 73%가 어머니로부터의 유혹 때문에 전통적인 남성성을 제대로 발달시키지 못했으며, 106명 모두가 아버지들이 나약하고 아들에게 무관심하거나 적대적이어서 정상적인 관계를 유지하지 못했으며, 또 이처럼 강한 어머니와 약한 아버지 밑에서 자라난 남자 아이는 동성애자로 발달할 가능성이 높았다고 주장했다(Bieber et al., 1962).

(2) 학습이론으로 본 동성애

동성애 발달에 관한 후천적인 설명의 하나로 학습이론도 있다. 그러나 학습이론을 주장하는 사람들의 대부분은 순수한 실험심리학자들이라기보다도 킨제이를 추종하는 사람들이었다. 그들은 동성애를 부모나 가정환경으로부터 영향을 받은 각인(imprinting) 현상이나 조건형성으로 설명한다. 예를 들면, 동성과 만족스러웠던 경험을 해보았거나 이성과 불만족스러웠던 경험을 해보았던 어느 결정적인 시기에 그 경험이 강화와 연결되면서 성적 정체성이 선택된 것으로 본다. 실제로 여성 동성애자들을 대상으로 조사한 바에 의하면, 상당수 응답자들이 아동기나 성인기에 성적으로 학대받은 사실을 보고하기도 한다. 물론 그와 같은 학대 경험 때문에 동성애자가 되었다고 결론지을 수는 없지만, 학습이론에서는 그와 같은 방식으로 설명한다. 또 학습이론에서는 개인이 동성이나 이성을 선호하는 현상은 직접적으로나 간접적으로 조건화된 경험들에 불과하므로 동성애를 비정상으로 간주하는 대신, 나중에 역조건형성(counter-conditioning)으로 동성애를 이성애로 전환시킬 수 있다고 본다.

(3) 합병이론

일부 연구자들은 후천적인 학습이론에 선천적인 생리학적 요소를 가미시킨 합병이론으로 동성애를 설명하고자 한다. 그들은 임신한 쥐의 자궁에 호르몬을 투입할 때 쥐의 교미행동이 극적으로 달라진다는 점에 착안하여 인간 태아의 두뇌에도 남성이나 여성호르몬 수준에 매우 민감한 영역들이 있다고 가정했다. 다시 말하면, 출생 전 호르몬이 어느 정도 생성되는가에 따라서 출생 후의 남녀의 행동발달이 미리 결정된다는 것이다. 그 연구자들은 또 동성애자들을 일차적 및 이차적 동성애자로 구분했는데, 일차적 동성애자들은 원래부터 이성하고의 관계가 전혀 없었던 경우를 지칭한다. 그들의 이론에 의하면, 남아가 태어나기 전 어머니의 자궁 속에서 어떤 여성 호르몬의 영향을 받았다면 아동기 때에 그는 여성스러운 행동을 보이게 된다. 특히 부모가 그 여성적인 행동을 격려했다면 그럴 가능성은 더욱 커지게 된다(Feldman & MacCulloch, 1971).

남아가 태아기 당시 여성호르몬의 영향을 받았더라도 곧바로 동성애자로 발달하지 않을 수 있지만, 그는 불가피하게 나중에 그러한 방향으로 기울어지게 된다고 가정한다. 그가 나중에 동성과의 애착을 형성시키는 쪽으로 쉽게 조건화된다면 그는 일차적 동성애자가 된다. 반면 그들이 가정한 이차적 동성애자는 사춘기 때까지도 인습적인 이성애를 발달시켰지만, 어느 시점에서 어떤 여성과 불쾌한 경험을 한 뒤부터 다른 여성들에게 접근하는 것을 두려워하기 시작한다. 여성에 대한 태도를 부정적으로 바꾸면서 자신이 가지는 여성에 대한 공포나 기피현상을 합리화시켜 버린다. 즉, 전에는 여성들을 바람직한 성적인 상대로 바라보았으나 나중에는 성적으로나 정서적으로 가치가 떨어진 상대라고 태도를 바꾼 것이다. 이와 동시에 과거에 부정적으로 보았던 남성들에 대한 성적 애착을 이제는 흥미롭게 여기기 시작한다. 그래서 그들은 젊은 남성들을 실험하며, 그와 같은 실험에서 기쁨이나 만족을 경험하면 여성보다 남성으로부터 더 많은 매력을 느끼게 된다.

(4) 선천적인 동성애

이제 동성애를 선천성으로 설명하는 이론 또는 방법들을 살펴보자. 동성애의 선천성을 밝히려는 접근방법으로는 세포유전학, 내분비계 및 신경해부학적 연구 등이 있다. 첫째 방법의 예로는 유전적 요인이 동성애 성향을 결정해주는가를 밝히려는 일란성 쌍생아의 행동을 비교하는 연구가 있다. 이러한 연구는 1952년 일란성 쌍생아 37쌍의 동성애 일치 비율이 100%라고 보고한 칼만(Kallmann)의 주장이 최초이다. 그러나 칼만의 보고서는 교도소 및 정신병동 수감자들을 대상으로 이루어졌다는 점에서 그 결과를 일반화시킬 수 없을 뿐만 아니라, 나중의 쌍생아 연구들에서는 일란성 쌍생아들의 동성애 일치 비율이 50%에도 미치지 못한다고 보고하고 있다(윤가현, 1997).

생물학적 설명의 둘째 접근방법은 동성애가 호르몬의 영향 때문인가를 확인하려는 연구들이다. 이성애자와 비교할 때 동성애자들이 표현하는 감정이나 행동들은 변화에 대한 저항이 매우 강한 편이다. 그 이유가 바로 호르몬의 불균형 때문일 것이라고 믿는 연구자들은 동성애자들과 이성애자들의 호르몬 수준에서 차이를 찾아냈다고 주장한다. 실제로 남성 동성애자들의 소변에는 테스토스테론의 수준이 이성애 남성들보다 더 낮은 편이고, 또 여성 동성애자들은 이성애 여성들보다 그 수준이 더 높은 편이라는 보고도 있다(Loraine et al., 1970; Masters & Johnson, 1970). 아울러 이성애 남성들에 비하여 동성애 남성들의 혈액에서 테스토스테론의 수준이 더 낮고, 정액의 양도 더 적으며, 정액의 질적인 면에서도 비정상의 형체가 더 많았음이 밝혀졌으나(Kolodny et al., 1971), 그와 반대로 오히려 동성애 집단에서 테스토스테론 수준이 더 높다는 발견도 있었다(Brodie et al., 1974). 그래서 단순히 동성애자와 이성애자의 호르몬 수준을 비교하는 연구는 방법론상으로 믿을 만한 결과라고 하기 어렵다.

생물학적 설명의 세 번째 방법은 뇌에서의 해부학적 구조나 기능상의 차이가 있는가를 밝히려는 것이다. 예를 들면, 한 연구자는 에이즈로 사망한 환자를 검시한 결과에서 1991년 성행동과 관계가 깊다고 알려진 시상하부의 크기가 이성애자와 동성애자가 서로 다르다고 주장했으며(LeVay, 1991), 다른 연구자는 대뇌의 청각피질에서 두 집단의 반응이 다르게 나타났다고 보고했다(Reite et al., 1995). 그러나 이러한 연구결과들도 변인의 설정이나 연구대상의 선택 등에 따라서 정교하지 못할 뿐만 아니라 일관성을 보이지 못하고 있는 실정이다.

역시 동성애의 원인을 밝히려는 연구자들은 동성애자들의 출생 순위에도 관심을 보이고 있는데, 이러한 연구는 이미 1950년대부터 시작되었다. 최근까지 밝혀진 바를 간단히 소개하자면, 남성 동성애자들은 남성 이성애자들보다 형이 더 많았으나, 누이의 수에는 차이가 없었다. 일반적으로 남성 동성애자들은 남성 이성애자들에 비하여 자신보다 나이가 많은 형제나 자매의 수가 더 많으며, 또 자기보다 나이가 어린 형제나 자매의 수는 더 적었다. 즉, 동성애자들은 출생순위가 낮은 편이다. 또 여성적인 특질을 극단적으로 보이는 남성들은 형제가 훨씬 더 많은 편이었다. 이러한 현상은 최소한 영국이나 네덜란드, 미국, 캐나다 등지에서 확인되었다. 이러한 이유로 남성 동성애 성향은 나이든 형제나 자매가 많고, 특히 남자 형제들이 많은 가정 출신과 관련된다는 가설이 등장하기도 했다(Blanchard & Bogaert, 1996).

3.1.4 동성애자의 생활양식

동성애를 연구하는 학자들은 동성애자들이 어떻게 생활하고 있는지에 관심을 갖고 있다. 즉, 동성애자들이 어디에서 살아가며, 어떠한 방법으로 성적인 상대를 구하는지 등의 관심이다. 동성애자들은 자신들에 대한 사회적 편견이 심했던 시절에는 이성애자들에게 자신의 동성애 정체성이 폭로되는 것을 방지하기 위해 자신들끼리만 알아볼 수 있는 정교한 신호체계를 발달시켰다. 그들이 상대에게 동성애 정체성을 알리거나 상대를 선택할 때 사용하는 방법들에는 여러 가지가 있었다. 일반적으로 상대방의 눈을 오랫동안 쳐다보는 행위는 남성들끼리의 성적 관심의 표현이었다. 그들은 거리를 활보하다가도 보통 사람들보다 더 오랫동안 상대방을 쳐다보며, 지나치더라도 서로 뒤돌아보면서 강력한 신호를 보낸다.

또 다른 방법으로는 일부 남성 동성애자들이 열쇠고리를 허리 부근의 혁대에 차거나 귀고리를 한쪽 귀에만 차면서 자신이 동성애자들임을 밝히기도 했다. 그들의 신호를 해석하자면, 귀고리나 열쇠고리를 오른쪽에 착용하게 되면 스스로가 전통적인 성역할에서 여자와 같은 수동적이고 소극적임을 그리고 왼쪽에 착용하면 남자와 같은 능동적이고 적극적임을 나타내었다. 그러나 근래에는 동성애자가 아닌 남성들도 열쇠고리나 귀고리를 차고 다니므로 이러한 방법들은 더 이상 그들의 신호기법이 아니다. 나중에는 손수건을 바지 뒷주머니에 넣고 다니는 방법이 등장하기도 했는데, 오른쪽이나 왼쪽 호주머니의 선택은 역시 성역할을 의미했으며, 또 손수건의 색깔은 성행위의 기호를 나타내기도 했다. 한편 여성 동성애자들은 남성들처럼 정교한 신호기법을 사용하지 않았음에도 불구하고 서로를 잘 알아보기도 하는데, 일반적으로 여성이 남성보다 사람들의 얼굴 표정이나 행동 변화를 더 정확하게 감지하는 경향이 있어서 그럴지도 모른다.

(1) 동성애자의 사회생활 규제

과거에는 동성애자들의 사회생활은 사회 규준에 의해 제약을 많이 받았다. 사회적인 규제가 관대해진 최근에는 여러 문화권에서 신문이나 잡지, 인터넷 등을 통해서 상대방을 찾으며, 그들과 성행동을 추구한다. 또한 그들은 술집이나 영화관, 해변, 고속도로 휴게실, 화장실 등 어느 곳에서든지 만나서 성적인 접촉을 타협하고 시도하기도 한다. 그러한 타협을 할 때는 보통 직접적인 이야기를 하는 대신 적절한 신호방법을 이용하기도 한다.

킨제이 보고서에 의하면, 대다수 남성 동성애자들은 무분별하게 여러 남성들을 성적으로 상대하는 반면, 여성 동성애자들의 절대다수(약 71%)는 단지 1~2명의 상대하고만 교제를 하였다. 이러한 경향은 1980년대 초반 에이즈가 사회문제로 부각되면서 일반인들에게 재차 알려지게 되었다. 예를 들면, 지난 1982년 미국 질병통제센터(Center for Disease Control)에서 에이즈에 감염된 남성 동성애자 50명을 대상으로 조사한 결과, 그들이 성적으로 접촉한 상대자의 수는 평균 1,100명이나 되었으며, 그들 중 몇 명은 관리를 받게 될 당시까지 20,000명 정도를 성적으로 상대했던 것으로 드러났다. 에이즈에 걸리지 않았던 120명의 동성애 비교집단의 경우는 평균 550여 명의 상대자뿐이었다(Meredith, 1984). 남성 이성애자와 비교하면 남성 동성애자들은 약 10~100배의 상대자들과 성적으로 교제한 셈이다. 이성애자와 이처럼 차이가 심하게 생기는 부분적인 이유는 동성애 남성들이 사랑에 빠져 가정을 이루는 것을 기대하지 않기 때문이다. 또 정신분석학에서는 그들의 자아구조가 약할수록 남근기에 쉽게 고착되므로 불안을 경감시키기 위하여 더 많은 동성애행위를 필요로 하고 더 무분별해진다고 해석한다.

동성애자들의 발상지라고 여겨지는 그리고 스톤월 항쟁 이후 동성애 인권운동의 본부가 되었던 미국 샌프란시스코의 동성애자 거주 지역을 카스트로 구역(the Castro)이라고 부른다. 에이즈가 사회문제로 대두하기 이전에는 이 지역에서 하룻밤이나 한 시간, 심지어는 5분 간이라도 성적인 상대가 되어줄 사람을 찾는 데 전혀 문제가 없었다. 그렇지만 에이즈의 공포로 인하여 자신들의 무분별한 생활양식을 수정하게 되었다. 물론 남성 동성애자들이 모두 성적으로 무분별하게 생활하지는 않는다. 파트너와 일대일의 관계를 수십 년간 유지하면서 이성애자 부부들보다 더 오랫동안 친교관계를 유지하는 남성 동성애자들도 적지 않다. 아울러 남성들과 달리 여성 동성애자들은 일반적으로 친교의 정서관계를 매우 중요시하므로 우연히 만난 상대와의 성관계에는 별로 관심이 없다. 그러한 이유로 여성들의 관계가 남성들의 관계보다 더 오래 지속되고 있다. 우리나라를 비롯한 대부분의 문화권에서는 남성들이 여성들보다 성적으로 더 적극성을 보여야 한다고 믿고 있다. 그러한 사회화과정의 결과 때문에 동성애자도 남성이 여성에 비하여 성적 실험에 대하여 사회적인 지지를 더 많이 받으며, 우연히 만난 상대와도 쉽게 성적으로 접촉한다.

동성애자들이 이성과 결혼한다는 것은 이율배반적으로 들릴지 모르지만, 상당수의 동성애자들이 가정을 갖고 싶거나, 장기적인 관계를 유지하고 싶거나, 아기를 갖고 싶거나 또는 자신의 동성애 정체성을 숨기기 위한 목적에서 이성과 결혼을 한다. 역시 동성애자들은 법적으로 인정을 받지 못하는 상황이더라도 자기들끼리 결혼을 하고, 이성애자 부부들처럼 가정을 꾸려나가기도 한다. 어떤 동성애 커플은 아이를 키우면서 살아가는데, 파트너와 함께 자신의 생물학적 자녀를 키우는 커플들도 있지만, 두 사람 모두에게 전혀 생물학적 관계가 없는 아이들을 입양하여 키우는 커플들도 있다. 이성애자들은 동성애 커플의 가정에서 자란 아이가 나중에 동성애자가 되거나 문제를 일으킬 가능성이 더 높을 것으로 믿고 있다. 그러나 그러한 믿음을 뒷받침해주는 연구결과는 없으며, 오히려 부모가 이성애자일지라도 가정환경이나 부모 사이가 좋지 못한 상황에서 자라나는 아이들보다 따뜻하게 보호하는 동성애자 부모 밑에서 자라나는 아동들이 더 행복할 수 있다는 주장은 매우 설득력이 높다(윤가현, 1997).

이성애자들은 자신의 성적 정체성이 직장을 선택하는 데 전혀 문제가 되지 않는다. 그렇지만 동성애자들의 경우 자신의 정체성 때문에 어려움에 직면하게 된다. 아직 우리 문화권은 자신의 정체성을 밝힌 동성애자들이 많지 않기 때문에 이러한 문제가 사회적으로 심각하게 부각하지는 않고 있는 상황이지만, 외국의 경우 직장생활과 관련된 동성애에 대한 차별문제가 흔하게 발생한다. 그래서 남성 동성애자들은 보통 자신들의 정체성을 공공연하게 나타낼 수 있는 보다 더 편안한 곳에서 일하고 싶어 한다. 그들 중 일부는 남성적인 분위기를 느낄 수 있는 직업을 택하면 불안을 느끼므로 그들의 이미지를 여성처럼 미화시킬 수 있거나 자기도취적인 직업들을 많이 선택한다. 흔히 남성 동성애자들은 주로 무용과 같은 예술계, 미용이나 디자인 같은 패션업계, 실내장식업계 등에 그리고 여성 동성애자들은 직업군인이나 프로 운동선수로 일할 것이라고 생각한다. 그러나 그와 같은 생각은 사회적 차별에 의해 파생된 고정관념에 불과하다. 동성애자들이 택하는 직업은 특정하게 정해져 있지 않으며 이성애자들이 택하는 모든 직업에 골고루 종사하고 있다.

3.1.5 이성애적 차별주의와 동성애 공포증

(1) 이성애적 차별주의

대다수 근대 문화권에서는 이성애가 동성애보다 더 자연스럽고 우월한 가치가 있다고 믿는다. 특히 가부장제 특성이 강하게 반영된 문화권일수록 인간관계의 틀이 대부분 이성애적 관점에서 조성되어 있다. 이성애적 틀에서 성장한 사람은 동성끼리의 사랑을 가능하면 생각조차 하지 않으려고 노력하거나, 이성과의 사랑만이 정상적이고 자연스러운 것이라고 믿는다. 그러한 믿음이 의식적으로나 무의식적으로 뇌리에 박혀 있기 때문에 이성과 결혼을 하지 않는 동성애자들의 행위나 생활은 종족보존이라는 일반인의 가치체계에서 벗어난 부도덕한 처사로 평가된다. 그래서 동성애자들을 못마땅하게 여기는 사람들은 동성애자가 고의적으로 이성애적 가정의 가치를 저하시키는 사회적 반항행위를 한다고 본다.

동성애자들의 생활이나 사고구조에 대하여 매우 부정적으로 반응하는 현상을 동성애 공포 또는 혐오증(homophobia)이라고 하는데, 이는 이성애적 틀이 내면화된 결과이다. 작가이자 심리치료전문가이었던 와인버그(Weinberg)가 이 용어를 1967년에 처음 사용하기 시작했다(Weinberg, 1986). 동성애 공포증의 내용은 동성애자들로부터 오염되지 않을까 하는 공포, 동성애자들에 대해 강박적으로 참지 못하는 것이나 동성애자에 대한 공포, 동성애자로 진단되는 것에 대한 공포, 남자가 여자답게 보이는 것에 대한 공포 등이다. 일반적으로 공포증을 지닌 사람은 공포의 대상이 눈에 보이거나 상상만 해도 두려움을 느끼듯이 동성애 공포증의 경우에도 강박적이고 비합리적이다. 특히 동성애 공포증은 권위주의적이고, 독단적이며, 성적으로나 지적으로 엄격하고, 모호성을 싫어하며, 지위나 권위 등을 내세우려하고, 자신의 성에 대해 죄의식을 느끼며, 그리고 일반적으로 타인에 대해서도 참지 못하는 성향을 지닌 사람들에게서 심하게 나타나는 편이다.

(2) 동성애 공포증

동성애자에 대한 혐오나 공포증을 보이더라도 그 수준에서 개인차가 심하다. 동성애 공포증이 경미한 자들은 단지 동성애자들이 사회에서 익명으로 살아가주기를 바라고, 개인적으로 마주치려고 하지 않으며, 또 동성애자가 적절한 사회행동을 할 경우 별로 상관하지 않는다. 그러나 동성애 공포증이 심한 자들은 동성애자들이 사회에서 사라지기를 강박적으로 바라며, 동성애자와 함께 사는 세상 자체를 거부한다. 그렇기 때문에 그들은 "나에게 그런 힘이 있다면 지구상에서 동성애자들을 모두 없애버리겠다"는 식으로 행동한다. 프로이드에 의하면, 동성애자에 대한 격렬한 분노와 부정적 태도는 자신이 지니고 있는 동성애의 충동이나 인식을 해결하기 위한 방어에 해당된다(Weinberg, 1986).

동성애 공포증을 지닌 사람들은 남성 동성애자가 남성다움을 그리고 여성 동성애자가 여성다움을 상실했다고 여긴다. 그들은 여성 동성애자보다도 남성 동성애자를 더 강하게 혐오하는데(Gordon & Snyder, 1986), 그 이유는 여성 동성애자가 남성다움을 보이는 것보다 남성 동성애자가 전통적으로 명성이나 힘, 정복, 통제 등을 함축하고 있는 남성다움을 상실하는 것에서 더 심한 충격을 받기 때문이다(Weinberg, 1986). 예를 들면, 여성은 바지를 입을 수 있지만 남성은 치마를 입지 못한다는 것이다. 어쨌든 동성애 공포증을 심하게 지닌 자들은 종교상의 근본주의자가 아니더라도 동성애자들이 사회에 파멸을 초래할 위험한 자들이라고 믿는다. 즉, 그들이 종교적 차원의 최후의 심판을 믿지 않더라도 동성애자들의 행위가 지속된다면 곧바로 사회가 붕괴될지 모른다고 두려워 한다.

남성 동성애자들에 대해서 혐오하는 현상은 특히 여성보다 남성들로부터 더 강하게 나타난다. 남성 동성애자들에게 물리적인 폭력을 행사하는 경우는 특히 남성 동성애자들끼리의 사랑 표현을 목격했을 때이다. 이성애자들의 일부는 누군가가 전통적인 성역할을 혼동하면서 살아가면 이에 감정이 상하는 경향을 보인다. 즉, 자신들의 학습된 성역할 기대에 맞지 않는 행동을 하는 사람들을 보고서 참지 못한다는 것이다. 이러한 태도는 사람들이 가지고 있는 보편적인 신념 구조에서 동성애 자체가 논리적으로 맞지 않다고 판단했기 때문에 형성된다. 일반인들의 신념구조는 이성과 결혼하여 전통적인 가정생활을 유지하는 것이기 때문에 동성애 생활이나 행동을 옳지 않은 것으로 단정해버린다. 특히, 교회에 자주 나가는 자, 종교상의 근본주의자, 권위주의자 등은 동성애에 대하여 특히 부정적인 시각을 가지고 있는데, 이들은 자손번식에 중점을 두었던 고대 유태교의 생활양식에 영향을 받아 지금도 동성애 행위를 비도덕적이라고 규정한다.

동성애 혐오증은 동성애자가 아닌 사람들에게서만 나타나는 것이 아니다. 동성애자들의 일부는 자신들이 동성애자라는 사실 때문에 스스로를 증오하기도 한다. 그들은 자신들이 사회의 조롱거리가 되고, 공공 도덕성의 문제를 일으키기 때문에 타인들과 동등한 대우를 받을 가치가 없다고 느낀다. 이처럼 동성애자들이 이성애적 가치에 근거한 사회적 편견을 가지고 살아가면서 자신의 동성애 정체성을 부정하거나 거부하는 현상을 내재화된(internalized) 동성애 혐오증이라고 표현한다. 내재화된 동성애 혐오증이 심한 동성애자들은 자신이 지니는 혐오증상이 편견이라는 것을 알고 있음에도 불구하고, 스스로의 존재가치를 의심하는 등 이해할 수 없을 정도로 자신을 학대한다(윤가현, 1997).

3.1.6 양성애

(1) 양성애의 의미

동성애자로 알려진 남녀의 일부는 동성만이 아니라 남녀 모두를 성적으로 상대한다. 그들은 동성을 상대하기 때문에 이성애자와 다르며, 또 이성을 상대하기 때문에 동성애자와도 다르다. 양성을 상대하는 사람들에 대한 연구가 미흡하다 보니 또 양성을 상대하는 사람들이 사회적으로 부각되지 않다 보니 연구자들은 그들의 특성을 무시하고 동성애자로 포함시켜 버리는 오류를 범하고 있다. 양성애에 대한 연구는 1970년대 중반을 넘어서면서부터 비로소 진행되기 시작했는데, 양성애를 정의하는 방법부터 상당히 애매한 편이다. 우선 양성애란 양성에게 동일한 매력을 느낀다는 뜻이 아니라 단순히 남녀 모두에게 매력을 느끼고 성적으로 접촉한다는 것을 의미한다. 그렇기 때문에 양성애를 표현할 때 양성을 반반씩 상대한다는 의미의 바이섹슈얼(bisexual)이라는 용어보다도 양성을 모두 상대한다는 의미의 앰비섹슈얼(ambisexual)이라는 용어가 더 적격일 수 있다.

또 양성애자의 특성도 여러 가지로 나타날 수 있는데, 일시적으로 양성을 상대하다가 나중에는 결국 동성이나 이성만을 상대하는 사람, 한때 이성애자였으나 여러 가지 이유로 동성애자로 정체성이 변해버린 사람, 동성애자이면서 자신이 동성애자임을 인정하기 싫어서 양성을 상대하는 사람, 자신의 동성애 정체성 탄로를 예방하기 위한 수단으로 이성을 상대하기 때문에 자동적으로 양성을 상대하고 있는 사람, 양성애를 계속 유지하면서 남녀 모두에게 변함없는 성적 관심을 보인 사람, 그리고 양성애자이면서도 누구하고도 성적인 접촉을 하지 않는 사람 등이 있다.

(2) 양성애 연구의 역사

양성애에 관한 연구 자료는 아직도 매우 제한되어 있는 실정인데, 1980년대 초반 2,786명의 남성 양성애자들과 984명의 여성 양성애자들을 대상으로 조사한 결과가 플레이보이지에 소개된 적이 있었다. 그 결과에 의하면, 남성들과 여성들의 성적 생활양식이 다르게 나타났다. 기본적으로 양성애자 여성들은 윤택한 생활을 하고 있었던 반면에 남성들은 별로 윤택하지 못한, 고통스러운 생활을 하고 있었다. 여성 양성애자들의 70%는 자신들의 생활이 행복하다고 표현하였으며, 40%는 남성과 결혼생활을 하고 있었다. 그 여성들의 평균 나이는 26세였으며 성생활의 질적·양적인 면에서 모두 만족한다고 하였다. 예를 들면, 그들의 69%는 매주 2회 내지 3회의 성교를 즐기며, 자위행위도 이성애자나 동성애 여성들보다 더 빈번히 실시하고, 또한 성적 만족을 위해 여러 가지 기구들을 사용한다고 표현하였다. 전반적으로 그들의 성적 활동은 왕성했다. 그러나 기혼여성 양성애자일 경우 남편이 자신의 양성애 정체성을 알고 있는지의 여부에 따라 성적 만족도가 달랐는데, 알고 있다고 응답한 여성들은 성생활에 대체로 만족한 반면 모른다는 여성들은 남편과의 성생활에서 만족을 제대로 느끼지 못한다는 반응이 더 우세했다.

양성애자 남성들에서는 그런 양상이 나타나지 않았다. 그들의 평균 나이는 31세였으며, 양성애라고 했음에도 불구하고 성적인 접촉은 대부분 남성보다도 여성하고 이루어지고 있었다. 또한 그들의 절반 이상이 여성하고의 성생활에 불만을 표시하고 있었다. 그 이유는 그들이 동성애 단체와의 접촉을 적절하게 시도하고 있었지만, 이러한 시도에는 심각한 어려움이 따르기 때문이었다. 즉, 남성 동성애자들은 양성애자 남성들이 양다리 걸치는 자세를 불신하는 경향이 있기 때문이었다. 또 다른 특징으로는 양성애자 남성들이 이성애자나 동성애자 남성들과 비교할 때 성매매 업소를 더 빈번하게 방문하고 있는 것으로 드러났다.

역시 결혼생활을 하는 양성애자 남성들은 부인과 자식들에게 헌신적이면서도 주기적으로 죄의식을 없애기 위해 다른 남성들과 동성애 행위를 추구하며, 부인과의 성생활에서도 다른 남성과 성행위를 하는 장면을 자주 연상한다(Gordon & Snyder, 1986). 이전에는 동성애자나 이성애자였던 사람이 양성애자로 전환하면 동성애자들이나 이성애자들 그리고 남성과 여성 모두로부터 많은 비난을 받았다. 대부분의 여성 동성애자들은 양성애자 여성이 진실한 성을 계속 유지할 수 없을 것이라고 생각한다. 그들은 남성들을 적으로 여기기 때문에 양성애 여성들이 아직도 남성들과 잠을 자며 공생하는 것을 신뢰하지 않는다. 양성애 행동을 하는 남성들은 남녀 모두에게서 이보다 더 격렬한 비판을 받는다.

3.2 성매매

3.2.1 성매매의 등장 배경

성매매는 세상에서 가장 역사가 긴 직종이라고 하지만, 얼마나 오래 되었는지는 잘 모른다. 돈을 받고 몸을 파는 사람(특히, 여성)이라는 의미의 영문 단어(prostitute)는 주로 여성을 의미하였기에, 1970년대 후반부터 인권단체에서는 "sex worker"라는 단어로 대체시켜 표현하고 있다. 성매매에 관한 초창기 기록은 대부분 종교와 관련된다. 예를 들어, 기원전 18세기경 바빌로니아의 함무라비 법전에는 모든 여성들이 일생에 한 번은 미리타 신전에서 성직자나 참배자들에게 몸을 바친다고 기록되어 있다. 그들은 신전에 참배하러 온 낯선 사람이 은전을 무릎에 던져 동침할 의사를 밝히면 밖으로 나가 함께 자야 한다. 그 후 그녀는 신전에 대한 봉사의 의무가 없어지고 자유의 몸이 되지만, 신전에서 봉사하는 여성들은 남성을 선택할 권한이 전혀 없었다. 그들은 가장 먼저 자기에게 은전을 던진 남성과 의무적으로 동침을 해야 했고, 그 은전은 자동적으로 신전의 수입이 되었다.

사실, 이러한 종교의식은 여성이 신에게 몸을 바치는 형태부터 발달하기 시작했다. 신을 대신하고 있는 성직자에게 여성들이 왜 몸을 바쳐야 하는가의 가장 보편적인 목적은 신들을 달래서 풍작과 다산 그리고 건강을 기원하는 것이었다. 이러한 이유로 신전에서 일정한 대가를 받고 낯선 남성들과 성행위를 하는 여성들은 그 일 자체를 전혀 수치스럽게 여기지 않았다. 소위 신전에서 이루어진 성매매 관습은 바빌로니아, 이집트, 그리스와 로마, 페르시아, 페니키아, 키프로스, 시리아, 인도, 일본 등 고대사회의 여러 문화권에 존재하였다. 문화가 발전하면서 종교적인 봉사 차원의 신전 성매매 형태가 사라지면서 생활수단의 일부로 돈을 받고 전문적으로 몸을 파는 직업이 등장하게 되었다. 소위 상업적 형태로 전락한 성매매는 남성들의 육체적 욕정을 만족시키는 범세계적인 사회현상으로 등장했다.

3.2.2 성매매의 발달

(1) 고대 그리스와 로마 시대

[그림 3-2] 고대의 성매매.

고대 그리스의 솔론(Solon)은 기원전 6세기 초 아테네에 최초로 공창제도를 개설했다. 당시 아테네 남성들은 히티어리즘(hetaerism)이라는 제도를 열렬히 환영했는데, 나라에서 성매매 업소를 방문하는 가격을 고시함과 동시에 신전의 운영을 위해 성매매 종사자에게 세금을 부과했다. 소위 아레오파거스(Areopagus) 궁전에 기거하는 히티어리즘 구성원들은 원래 자유민이었지만, 가난 때문에 남성들에게 돈을 받고 몸을 팔거나 계급에 따라서 첩이 되었다. 그리스 시대에도 요즈음처럼 교통이 번잡한 곳에서 성매매가 번성했다. 예를 들면, 코린트 등 남부의 항구도시에는 장사꾼이나 뱃사람을 유혹하려는 가난한 여성들이 많았던 곳으로 유명하다. 이처럼 부둣가에서 성매매에 종사했던 여성들은 신전에서 일하던 여성들과 달리 전혀 신성하게 취급되지 않았다. 고대 로마에서도 공창제도를 실시하였다. 그들의 경우에는 몸을 팔겠다고 국가기관에 등록하지 않은 여성이 기혼남성과 성관계를 가지면 처벌됨에 따라서 등록된 여성의 숫자가 급격하게 늘어났는데, 심지어는 귀족 출신의 여성들도 등록할 정도였다(Ploss et al.,1964).

그리스와 로마 문명의 영향으로 고대 및 중세 유럽에서도 성매매가 성행하였다. 고대 독일의 튜튼(Teuton)족은 성매매를 근절시키려고 시도했으나 결과는 그 반대였다. 특히, 오토(Otto) 황제 시대(962-973)에는 성매매가 사회문제로 부각될 정도로 성행하였다. 중세 유럽 지역에서는 엄격한 일부일처제의 유지를 위해 축첩제도를 없애려고 노력했으나 실패했으며, 그 후 십자군운동으로 인해 성매매가 더욱 번성하기도 했다. 예를 들면, 아비뇽에서는 고대의 신전에서처럼 교회 내에 성매매가 가능한 은밀한 업소가 존재하였으며, 이곳의 여성들은 기독교도들에게 몸을 팔았다. 교황 율리우스 2세(재위 1503-1513)도 16세기 초 교회 재정을 위하여 로마에 그 업소를 설치하였다. 이와 같이 유럽에서는 교회의 업소 이외에도 고대 로마 시대와 비슷한 목욕탕에서의 성매매 행위도 유행하였다.

한편, 12~13세기 유럽 지역의 여러 도시에서 공창제도를 정착시키기 위하여 일반 유곽을 규제하려는 시도가 있었다. 이 시기에는 면허를 받은 주인들만이 유곽을 경영할 수 있었으며, 그들에게는 세금도 매우 많이 부과되었다. 또한 여러 지방에서는 유곽에서 일하는 여성이 외출을 할 때에는 일반인들과 다르게 어떤 표시를 하도록 하였다. 예를 들면, 1347년 8월 아비뇽에서는 밖에 나갈 때 몸을 파는 여성임을 알 수 있도록 왼쪽 어깨에 붉은 띠를 두르도록 했다. 그리고 그 당시의 여왕은 매주 토요일 감독관이나 의사에게 유곽에서 일하는 모든 여성을 검사하여 성병에 감염된 자들을 격리시키도록 했다. 그러한 규정에 의하여 1506년에는 라이프치히에서는 몸을 파는 여성들이 청색의 장식이 있는 노란 외투를 입었으며, 비엔나에서는 노란 손수건을 어깨에 걸치고 다녔다.

(2) 동양 문화권

한편, 동양 3국은 어떠했는가? 우선 신도(神道)를 신봉하던 일본인들은 성을 억압했다기보다는 이를 제한시키려고 노력했다. 중세 일본은 유곽을 엄격하게 제한된 구역 내에서만 허용했는데, 그 지역 중 가장 대표적인 곳이 1626년 동경에 건립되어 그로부터 3세기 동안 번영했던 요시와라(吉原) 지역이다. 사실 요시와라 유곽은 도쿠가와 이에야스(1542-1616)가 에도에 막부를 설치하고 정권을 잡은 뒤, 녹을 잃고 떠돌아다니는 무사들과 경제력이 있어도 정치적인 실권이 없는 상인들의 불평을 제어하기 위하여 개간한 곳이었다. 당시에는 몸을 파는 여성을 원래 미인이라는 뜻으로 게이세이(傾城), 그리고 그중 격이 높은 자를 다유(大夫, 太夫)라고 불렀다. 다유들은 자신들의 존재를 외부에 알리기 위하여 2년마다 거리를 행진했다.

또 일본에는 1650년경 터키식 목욕탕도 등장하여 남녀가 함께 목욕을 하고 동일한 목욕

도구를 사용하였다. 목욕탕 내에서는 허리에 간단한 옷을 걸치지만 서로 나체를 접촉할 기회가 많았다. 온탕의 여성들은 남자손님들의 시중을 들고, 음식을 가져다 주며, 노래와 춤을 선사했고, 역시 돈을 받고 성교도 했다. 이처럼 에도(江戸)시대 대중목욕탕에서 일했던 여성을 유나(湯女)라고 불렀는데, 이러한 제도는 요시와라 유곽의 경제 안정을 침해했기 때문에 1657년 금지되었다(Lewis, 1972). 근대에 들어와 일본은 요시와라 유곽에 국한된 성매매를 폐지하려고 노력하였다. 그들은 1872년 마치 새장에 갇힌 것처럼 살던 여성들이 자유롭게 생활할 수 있도록 했는데, 19세기 말기에 이르러서는 몸을 파는 여성들이 돗자리를 왼쪽 어깨에 메고 달빛 거리를 거닐었다. 남성들의 요청이 있을 경우 어디에서나 그 돗자리를 깔고 누울 수 있도록 외출할 때 항상 돗자리를 잊지 않았다(Ploss et al., 1964). 역시 근래의 목욕탕에서는 여성들이 주로 상류층 손님의 시중을 들었는데, 요시와라 유곽은 여성들의 압력으로 1958년 완전히 문을 닫을 때까지 존재했다.

중국에서는 고대로부터 청조 말까지 성매매가 금지되지 않아 다양한 계급의 기녀들이 존재하였다. 춤이나 노래에 뛰어난 기녀가 있었는가 하면 글이나 글씨가 뛰어난 기녀, 또 단순히 몸만 파는 기녀도 있었다. 재주가 뛰어난 고급 기녀들은 손님을 거절할 수 있는 능력도 있었다. 유곽의 예로 광동 지방에는 화선(花船)이라는 배가 있었는데, 화선에서 일하는 여성들은 유곽 주인의 노예가 되어 어려서부터 체계적인 훈련을 받는다. 주인들은 가난한 집에서 태어난 여자를 납치하거나 부모들로부터 사온다. 그들은 6세경부터 나이가 많은 선배 기녀나 손님들의 심부름을 하는 것부터 시작하여 10~11세에 노래, 춤, 그림, 글씨 등을 배우면서 돈을 목적으로 이용되었다. 또한 화류계에 일단 발을 내디딘 여성들은 돈 많은 손님의 첩이 되기 위해 무엇이든지 열심히 배우려고 노력하였다.

이능화(李能和: 1869-1945)에 의하면, 우리나라에서도 이미 신라시대에 몸을 파는 사람이 존재하였다. 신라의 원화 및 화랑제도는 원래 사회교육제도였지만, 성매매의 기능도 가졌다. 고려와 조선 시대에는 축첩 및 기생제도가 유행하였으며, 사대부들은 물론 많은 국왕들도 각기 사랑하는 기생들이 있었다. 원래 기생이란 어떤 특별한 기능을 가진 여성을 뜻하는데, 조선시대에는 의약이나 침술 또는 가무의 기예를 익혀서 나라에서 필요할 때에 봉사하는 여성을 말하였다. 기생들은 신분상으로는 천민에 해당되었지만, 남녀의 상면이 금지된 유교 사회에서 남성들의 접근이 허용된 유일한 계급이었다(이능화, 1927; 이화여대 한국여성사 편찬위원회, 1978).

3.2.3 성매매의 다양성

이능화는 1927년 "조선해어화사"라는 책을 발간했는데, 해어화란 "화(유녀)라는 말을 풀이한다."는 뜻이다. 그는 유녀의 총칭을 창부라고 이르고, 그 책의 마지막 장에서 갈보(喝甫) 종류 총람이라는 주제로 저급한 갈보의 종류를 다음과 같이 들고 있다.

첫째, 기생으로 이들은 각 관청에 소속되어 있으면서 연회가 있을 때에는 관청에 필수적으로 불려가는 여성들이다. 기생들은 가무를 익혀 남성들의 흥을 돋우는 일을 업으로 하는데, 소속 관청에 따라서 기녀들의 지위가 높아지기도 하였다. 그렇지만 이들은 30세가 되면 기계에서 물러나야만 했다.

둘째, 은근자(慇勤子 또는 隱君子)라는 창부들은 남몰래 은밀하게 정조를 파는 여성들로 대부분 기생 출신이지만, 기생보다는 수준이 낮았다.

셋째, 다반모리(搭仰謀利)라는 여성들은 노래와 춤으로 손님을 접대하는 일반 창부로 손님 접대 시 잡가를 부를 수는 있었지만, 기생들처럼 가무를 할 수 없었다.

넷째, 화낭유녀(花娘遊女)라는 창부들은 사찰과 관련이 있는 유녀들이었다.

다섯째, 여사당패라는 형태는 꼭두각시놀이를 하는 창녀들이다. 여사당 자찬가에서는 자기들 스스로 성매매 생활을 하고 있음을 나타내고 있다.

마지막 형태는 남자들의 술시중을 드는 작부로 근자의 술집 아가씨라고 부르는 형태의 여성들이다.

3.2.4 근대 성매매

몸을 파는 사람들은 근대의 성매매 업소에도 역시 다양하게 존재한다. 일반인들은 몸을 파는 사람을 밤거리에 나와 거래를 하는 사람이라고 상투적으로 생각한다. 그러나 하나의 직업으로서 금전과 성 행위를 교환하는 사람들은 다음과 같은 부류로 나눌 수 있다(Nass et al., 1984).

첫째, 비교적 잘 갖춘 아파트에 살면서 전화로 손님과 약속하여 상대하는 콜걸이라는 여성들이다. 이들은 일정한 소식통에 의해서만 손님을 상대하기 때문에 상대자가 그리 많지 않은 것이 특색이다. 이들은 주로 성행위를 목적으로 하지만, 때로는 손님들의 성기능이나 관계 문제를 치료하는 전문가의 역할도 한다. 이는 성매매 종사자 중에서 가장 비싸고 수준이 높다고 여겨진다.

둘째, 일정한 장소에 독립적으로 집단을 이루어 거주하면서 몸을 파는 여성들(house prostitutes)이다. 동양의 유곽이나 화선 등에 소속되어 있는 여성들이 이에 속한다. 우리나라의 유곽은 서구 문화가 영입된 이후 텍사스촌이나 기지촌이라고 부르는데, 이와 같은 곳에서 생활하는 여성들은 함께 기거하는 다른 여성들과 밀접한 접촉을 하며, 콜걸보다 훨씬 값싸게 거래된다.

셋째, 밤거리를 거니는 여인들(streetwalkers)이다. 이들은 콜걸처럼 독립적인 생활을 하고 있지만 사회적 접촉을 할 수 있는 능력이 없어 간혹 낮에도 거리에 나서고 있다. 보통 생활수단으로 거리에 나서기 때문에 교육수준이나 사회 경제적 지위가 낮다. 성매매가 불법인 나라에서는 이들이 성매매로 체포된 자들의 대부분을 차지한다.

넷째, 안마시술소에서 시중을 드는 여성들(massage parlor attendants)이다. 합법적으로 치료적 안마를 제공하면서 손님들의 요구에 따라 성매매를 한다.

다섯째, 술집에서 일하면서 몸도 파는 여성들이다. 단순히 작부의 역할을 하면서 몸을 파는 여성들만이 아니라, 더 많은 매상수익을 올리기 위하여 옷을 벗고 춤을 추는 여성들도 이에 해당된다.

여섯째, 여성을 대상으로 몸을 파는 남성(male prostitutes)이다. 전통사회에서는 몸을 파는 사람을 모두 여성이라고 여겼지만, 근래 수요에 의해 금전을 받고 자신의 육체를 파는 남성들도 생겨났다. 우리나라에서도 문제가 되었던 호스트바도 이러한 성격을 띠고 있는데, 이 분야는 잘 알려져 있지 않아서 사회과학자들에게 연구의 맹점이 되고 있다.

일곱째, 동성애자를 대상으로 몸을 파는 사람(homosexual prostitutes)이다. 남성은 남자 동성애자, 여성은 여자 동성애자를 상대로 하여 돈을 번다. 여성을 상대하는 동성애 성매매는 대체로 은밀히 진행되므로 잘 알려지지 않고 있다. 일반적으로 여성들에게는 남성들이 성교를 위하여 돈을 지불하는 것처럼 성매매 업소를 찾는 행위가 사회화되지 않았다. 동성애자인 남성들이 나이가 많고 매력적이지 못하다면 상대를 구하기 힘들 것이다. 그러한 남성들은 돈은 지불하면서 동성애 성매매에 종사하는 젊은 남성들을 찾는다. 여성들처럼 전화로 접촉하여 돈을 버는 동성애 남성을 콜 보이(call boy)라고 부르는데, 이들도 콜걸처럼 사회 경제적 지위가 비교적 높은 편이다.

성매매 업계의 위계질서에서는 이성의 복장을 하고 성매매에 나서는 자들의 신분이 최하위에 속한다. 즉, 그들은 가장 바람직하지 못한 장소에서 영업을 하며, 소득도 가장 낮고, 이성처럼 변장하지 않는 다른 성매매 종사자나 성매매를 단속하는 경찰, 일반인들로부터 조롱과 멸시를 가장 심하게 당한다. 그들의 대부분은 동성애자이지만, 일부는 양성애자이거나 성전환자들이다. 여장을 한 자들은 자신의 남성 신분을 고객에게 드러나지 않기 하기 위하여 주로 구강섹스를 서비스하는데, 어떤 고객들은 꼭 그들만을 찾기도 한다. 이성복장을 한 사람들 중에서도 자신의 외모를 완전히 여성으로 바꾼 경우 적절한 직업을 구하기 어려워 성매매의 길로 접어든 경우도 있다(Boles & Elifson, 1994).

통신기술이 발달한 요즈음에는 전화나 컴퓨터를 이용한 섹스의 판매도 사회적인 문제로 부각되고 있다. 멀리서 성적 자극을 얻고자 한다면 전화를 이용한 성적인 대화가 가능하다. 과거 다이얼어포른(dial-a-porn)이라는 산업은 수지가 맞는 사업이기도 했다. 왜냐하면, 아동이나 청소년, 또는 이를 원하지 않는 성인들에게도 쉽게 노출될 수 있기 때문이다. 그리고 이와 같은 형태의 성매매는 사회적인 문제를 초래할 가능성이 많다(Allgeier & Allgeier, 1991).

3.2.5 아동 성매매와 회춘의 욕구

중국의 도교에서는 장수 비법으로 소녀와의 동침을 권하였다. 동침하면서 성교를 하더라도 남성이 사정을 하면 여성으로부터 기를 얻을 수 없지만, 사정을 하지 않으면 젊은이의 기를 얻게 되어 장수한다는 논리였다. 반대로 젊은 남성이 나이든 여성과 성교를 하면 자신의 기를 모두 빼앗긴다는 논리도 있었다. 서구에서도 소녀와 동침하면 건강을 되찾는다고 믿는 습속이 있었다. 구약성서 열왕기 상에 다윗왕의 이야기가 바로 그 증거이다. 다윗이 늙고 기운이 쇠하자, 신하들은 정력을 보강하는 방안으로 동녀를 찾아 나섰다. 그들은 슈넴에 살고 있던 아비삭이라는 동녀를 데려와 왕에게 동침을 권유하였다. 이처럼, 동녀와 동침하면서 정기를 되찾으려는 습속을 슈네미티즘(shunammitism)이라고 부르는데, 이는 슈넴의 여자라는 뜻에서 유래하였다. 그러나 슈네미티즘은 동녀와 자더라도 성교를 하지 않고, 나체로 살갗만 대고 자야 정기를 찾는다고 했다.

어떤 남성들은 성매매 업소를 방문해서 성적으로 이미 성숙한 여성에게서는 성적 만족을 얻지 못하므로 미성년 상태의 나이 어린 여성을 요구하기도 하는데, 중세 유럽에서는 슈네미티즘의 영향으로 그런 남성이 많았다. 여기에서 소아를 포함한 미성년자를 이용한 성매매를 아동 성매매라고 부른다. 과거 동양의 유곽에서도 미성년자들을 고용하는 일이 예사였는데, 이는 미성년자에 대한 보호법령이 거의 없었기 때문이었다. 18세기경 프랑스에서는 미성년자를 성매매에 종사시키지 못하도록 제지하는 법률이 엄격했으나, 유럽의 대부분의 나라에서는 14~15세 소녀들을 고용하고 있었다(Gilman, 1981).

3.2.6 성매매의 욕구

일상생활에서 성과 관련된 여러 가지 대상들이 상품화되고 있다. 스포츠 신문이나 주간지 등 잡지에서는 성에 관한 기사나 그림, 사진들이 적지 않은 부분을 차지하고 있다. 거리에 나서면 포르노 영화를 무색하게 하는 영화광고 또는 술집이나 여관의 현란한 간판들이 시야를 벗어나지 않는다. 또한 집에서 시청하는 TV나 영화에서도 불륜을 주제로 한 내용들이 너무나 자주 방영되고 있다. 화장품이나 의류의 광고에서도 선정적인 내용을 최대한 이용하려고 노력하고 있으며, 심지어는 성행위를 위해서 사용되는 기구들도 많이 팔리고 있다. 선정적인 영화나 잡지, 광고 등에서의 성의 상품화는 인간의 건전한 생활에 부정적인 영향을 미치고 있다. 이처럼 성이 상품화된 대표적인 예가 바로 성매매이다. 그렇지만 이러한 성매매 행위를 이해하기 위해서는 사회적 위치가 서로 다른 두 개인들의 관점을 살펴보아야 한다. 그 하나는 성매매에 종사하면서 서비스를 제공하는 자의 입장이고, 다른 하나는 그들을 방문하는 고객의 입장이다.

성매매에 종사하는 길은 다양하다. 가계곤란, 경제공황, 실직, 부당한 대우 등으로 인해 성매매의 생활양식을 선택한다. 또 이미 일하고 있는 친구를 통해서 성매매의 길로 접어드는데, 이 경우는 또래집단의 영향이다. 역시 성매매업자들로부터 유혹이나 강제적인 유인, 약물습관 때문에 돈을 마련하려고 빠져들기도 한다(O'Neill, 1997). 그러나 자본주의 체제에서는 성매매에 종사하는 여성들의 문제를 거의 가족관계로 귀착시키고 있다. 가정파괴, 부모와의 미약한 유대관계, 아동기 시절 성적으로 학대 등의 이유로 가출한 여성들이 성매매에 빠져든다는 분석이 대부분이었다(Weinsberg, 1985). 즉, 그들이 성매매를 선택했던 주된 이유는 가정 및 경제적인 요인에 기인한다고 설명하는데, 예를 들면 몸을 팔고 있는 여성들의 80% 이상이 불행한 아동기의 생활로부터 도피한 사람들이거나, 근친상간이나 강간 또는 성적 학대의 희생자들이었다(Nass et al., 1984).

실질적으로 어떤 사람들은 특정한 기술이 없는 여자들에게 다른 직업보다 돈을 쉽게 벌 수 있는 직업이 성매매라고 생각한다. 그래서 가정이나 직장을 버리고 그 길을 걷는 여성들은 요즘도 다른 여성들이나 남성들에게서도 경멸이나 조롱을 당하고 있다. 이들이 일단 성매매에 빠져들면 여러 가지 어려움과 위험이 뒤따르게 되는데, 성매매 업소에서 몸을 파는 여성들의 상당수가 자기들이 지불받은 금액을 업주나 뚜쟁이(포주, pimp) 등에게 대부분 빼앗기며, 폭행 등 갖은 고초를 겪는다. 또 몸을 파는 여성들의 상당수가 범죄와도 관계하거나 범죄에 연루된 사람들과 접촉을 하므로 사회적 차별을 받고 있다.

어떤 문화권에서는 남편이 금전을 목적으로 부인에게 성매매를 하도록 강요한다. 예를 들어, 수마트라 섬의 람퐁 지역 남성들은 여러 명의 여자와 결혼한 후 부인들에게 몸을 팔도록 하면서 돈을 벌었으며, 아프리카의 거의 모든 적도 지방에서의 남편들도 부인들을 돈을 벌 수 있는 소유물로 간주하였다. 헤로도투스 기록에 의하면 소아시아의 리디아에서는 여성들이 결혼자금을 마련하기 위하여 몸을 팔기도 하였다(Ploss et al., 1964). 그들은 혼수를 마련하여 시집을 갈 수 있을 때까지 몸을 팔았던 것이다. 근래의 북 아프리카 알제리아의 일부 부족들이나 울라드나일(Ulad-Nail)족도 리디아인과 유사한 생활을 하는데, 가정이 부유한 여성일지라도 남편에게 가져갈 결혼지참금을 마련하기 위하여 그들은 성매매에 의존한다.

자본주의적 해석과는 달리 대만에서의 연구는 가족과의 관계가 와해되지 않는 다른 요인으로 성매매에 종사하는 여성들의 입장을 설명한다. 남존여비의 영향으로 대만은 가정경제에 어려움이 있을 때 여성들이 희생을 당하는 경향이 높다. 때로는 학업을 포기하거나 직장생활을 하면서 가정경제에 보탬이 되어야 하므로, 부모들은 가정의 경제 위기를 타파하기 위한 적절한 수단으로 딸이 몸을 파는 것을 용납하기도 하며, 여성들은 할 수 있다면 가족을 보살피는 의무 차원에서 그와 같은 일을 선택하기도 했다. 실제로 성매매에 종사하는 16세에서 49세의 여성 89명과의 면접에서 90%가 성매매에 종사하기 전부터 조사 당일까지 부모와의 관계가 좋았던 것으로 드러났다. 그들이 성매매에 연루된 주요한 요인을 보면, 부모의 빚을 탕감하기 위한 수단이 34%, 자신이나 남편의 빚을 탕감하기 위한 수단이 29%, 자신들의 경제적 지위를 높이거나 개인적 만족을 위한 경우가 17%를 차지했다. 부모나 가족의 학대를 이기지 못하고 가출한 후 생계유지를 위하여 성매매에 종사한 경우는 9%에 불과했다(McKay & Hou, 1994).

성매매 업소의 고객은 거의 대부분 남성들이며, 업소를 방문하는 빈도는 혼자서 살거나 연령이 높은 남성들에게서 더 높았다(Bullough & Bullough, 1995). 수십 년 전에는 대부분의 고객이 하류계층의 젊은 미혼남성들이었으며, 그들의 대다수에게는 몸을 파는 여성하고의 성행위가 그들의 첫 경험이기도 했다. 오늘날에는 보다 많은 사람들이 자기의 연인과 성관계를 갖는 경향이 있으므로 고객의 범위는 젊은 층에 한정되지 않고 늙고 부유한 층에까지 확대되고 있다. 그렇다면, 중년층의 어떤 기혼자들은 왜 돈을 지불하면서까지 성 관계를 원하는가?

그들의 동기는 단순히 성욕 때문만이 아니다. 어떤 남성들은 그들의 남성다움을 튼튼히 하기 위해서, 또는 가정에서 얻을 수 없는 것을 얻을 수 있다고 생각해서, 또는 사랑이 결핍된 냉담한 결혼으로부터 도피처를 찾기 위한 수단으로 성매매 업소를 찾는다. 그러나 대부분의 남성들은 얄팍한 호기심이나 정서적이고 낭만적인 관계에 얽매이지 않은 상태에서의 안전한 성 관계를 원하기 때문에 업소를 방문하다. 역시 자신의 성욕을 표출시킬 상대가 없거나 성욕을 억제할 수 없는 사람들도 홍등가를 찾는다. 어떤 사람은 자신이 너무 매력이 없어 성적 상대자가 생기지 않는다고 생각하기 때문에 성매매 업소를 찾으며, 발기부전과 같은 신체장애가 있거나 성격상의 이유로 다른 여성과는 성관계를 가질 수 없기 때문에 그곳을 찾기도 한다(Gordon & Snyder, 1986).

예전에는 자신들의 욕구를 충족시키기 위하여 성매매업소를 찾는 남성들이 사회적으로 용인되었다. 심지어는 남성의 성욕은 부정되어서는 안 되는 강한 충동이라는 생각에서 이러한 행위를 장려하기도 했다. 반면에 여성에게는 그런 충동이 없다고 가정해 버렸다. 즉, 성매매업소를 방문하는 남성은 젊음을 만끽하는 것이지만, 손님을 접대하는 여성은 음탕한 폐물처럼 여겼던 것이다. 그래서 업소를 찾는 남성들은 그런 곳을 한 번도 방문해 보지 않았던 사람들과는 다른 관심을 표명한다. 그러한 남성들의 위선적 태도 때문에 여성들의 가치는 저하되지만 성매매 업소를 찾았던 남성들은 비도덕적이라고 비난받지 않는다.

3.2.7 성매매의 규제

성매매를 세상에서 가장 오래된 직종으로 언급하는 자체는 성매매의 당위성을 주장하려는 의도와 같다. 성매매에 대한 이중기준의 도덕성은 서구 문화에 깊이 뿌리 박혀 있으며, 성경적으로도 이를 뒷받침한다. 고대의 유태인들은 성매매를 엄격히 금했지만, 이스라엘 남성들은 몸을 파는 이웃 종족의 여성들과 간통하였으며, 나중에는 유태인들의 성매매행위도 억압할 수 없게 되었다. 성매매 문제를 최초로 논한 기독교 신학자는 성 오거스틴(Augustine, 354–430)인데, 그는 386년 "몸을 파는 여성이 아무리 비열하고 부도덕하더라도 필요하다. 그런 여성을 없애면 남성들의 욕정을 채워 주지 못해 강간과 같은 사악한 일들이 발생할 것이다."고 논했다. 6세기 로마의 유스티니아누스(Justinian: 재위기간 527–565) 황제 시절 시민법에도 그런 태도가 반영되었다(Bullough & Bullough, 1995). 성 아퀴나스(Aquinas, 1225–1274)도 나중에 그런 여성을 바닷물 속의 오물로 비유하면서도 성매매가 사회에 유익하다고 평했다.

성매매에 대한 태도는 시대나 지역에 따라서 항상 달라지는데, 동일한 지역이나 시대에서도 차이가 있다. 성매매를 퇴치하려는 지속적인 노력을 한 대표적인 인물로는 프랑스의 왕 루이 9세가 있다. 그는 1254년 몸을 파는 여성들의 의복이나 소지품들까지 모두 빼앗아 버리고 추방시키도록 명령했으며, 1256년 이러한 포고령을 다시 내렸다. 또 십자군운동을 전개하기 전인 1269년에는 성매매 업소들의 촌락을 파괴시키라고 명령하였다. 그러나 그러면 그럴수록 사태가 악화되었는데, 예를 들면, 업소에 종사했던 여성들이 일반인들과 섞여 살게 되었고, 그들의 영향이 더 커지게 되었다. 루이 9세의 성매매 퇴치운동이 실패했음에도, 프랑스의 다른 통치자들도 그의 정책과 비슷하게 전개시켰으며, 그럴 때마다 더욱 악화되었다(Ellis, 1936).

(1) 유럽권의 성매매 규제

14세기 영국을 비롯한 유럽의 나라들에서는 몸을 파는 여성들에게 오명의 상징으로 특별한 옷을 입도록 했다. 이러한 관습은 고대 로마시대에도 있었는데, 당시 성매매 업소에서 일하는 여성들은 특수한 의복에 머리도 금발이나 빨간색으로 염색하고 다녀야 했지만 관대한 취급을 받았다. 역시 특별한 옷을 입힌 14세기 업소의 여성들은 어느 면에서는 전혀 오명의 상징이 아니었다. 그 이유는 손님을 대접할 때 의례적으로 성매매 업소를 방문했기 때문이다(Ellis, 1936).

중세의 유럽에서는 성매매를 법적으로 인정하여 유곽이 발달하기도 했지만 이를 규제하려는 노력 역시 있었다. 1560년에는 찰스 9세도 성매매 업소를 폐지하라는 칙령을 내렸지만, 나중에는 의심하지도 않았던 지역에서 새로운 업소가 탄생하듯이 폐지하기 전보다 더 증가하였다(Ellis, 1936). 각 도시마다 성직자나 결혼한 남성들이 유곽에 출입하지 못하도록 엄격하게 금하였으며, 유태인들에게는 어느 상황에서나 출입할 수 없도록 금하였다. 프랑스에서는 13세기 초에 유곽 폐지를 최초로 선포했으나 1254년에 이를 다시 도입하고 1560년에 다시 폐지하였다. 16세기 종교개혁의 기수들은 성매매가 사라져야 한다고 주장하였고, 16세기 중반 유럽의 여러 도시에서는 유곽의 문을 패쇄하여 업소에서 일하는 여성들을 추방하려고 했다. 그러나 그러한 노력도 쉽게 이루어지지 않았다. 예를 들면, 로마 교황은 1566년 7월 23일 칙령을 내려 몸을 파는 여성 모두가 로마를 떠나도록 명령했지만, 그들과 그 가족들의 수가 수만 명에 달했기에 그 명령을 곧 취소하기도 했다(Bullough & Bullough, 1995).

중세에는 유럽의 여러 도시지역에 성매매가 확산되었다. 예를 들면, 파리의 증기 목욕탕은 남성 고객들이 몸을 파는 여성을 만나는 가장 유명한 장소가 되었다. 이 목욕탕은 국가로부터 허가를 받아 세금을 냈으며, 부활절 1주일 전부터 부활절까지는 영업을 하지 않았다. 그러나 성매매에 대한 태도는 1500년대에 바뀌었는데, 그 이유 중 하나는 종교개혁으로 기독교에서 성매매를 도덕성 위반으로 여겼던 점이었고, 다른 하나는 유럽 지역에 확산된 매독 때문이었다(Bullough & Bullough, 1987). 즉, 16세기 독일을 비롯한 유럽 지역에서 점진적으로 유곽들이 사라진 이유는 목욕탕과 유곽에 매독이 유행했기 때문이다. 20세기 후반 이래 에이즈의 공포에 사로잡힌 것처럼, 중세의 유럽인들은 매독의 위험 때문에 유곽의 출입을 삼가기 시작했다. 18세기 중반 비엔나에서도 벌금, 구금, 태형 등으로 성매매와 간음을 억압하고자 했다. 간음의 원인이라고 생각되는 것들도 심하게 다루었는데, 짧은 옷을 입지 못하게 했고, 당구장이나 카페에서 여 종업원을 고용하지 못하게 했으며, 만일 발견되면 경찰에 의해 수갑을 채워 연행해 갔다. 1751년 소위 정조위원회가 구성되어 이러한 조치를 강력하게 시행되었다가, 요셉 2세 때 조용히 폐지되었다. 조치가 심할수록 효과가 더 낮다는 것이 일반적인 의견으로 조치를 취하기 전보다 더 악화되는 것이 보통이었다(Ellis, 1936).

빅토리아 왕조시대의 영국에서는 순결과 고상함을 내세웠지만 성매매가 번성하였다. 몸을 파는 여성은 사회적으로 천대받는 계층이었지만, 실제로는 남성들에게 정반대였다. 그 이유는 그녀들이 19세기 영국 남편들의 열정을 만족시켜 주는 배출구의 역할을 했기 때문이었다. 빅토리아 시대의 영국 광산이나 정미산업이 발달한 도시의 빈민 지역 여성들은 몸을 파는 일이 생존을 위한 주요한 희망이었다(Finnegan, 1979).

(2) 동양의 성매매 규제

도덕을 중요시하던 조선시대의 유교사회에서도 기녀제도의 폐지에 대한 논의가 초창기부터 활발하게 전개되었다. 예를 들면, 1410년(태종 10년)에 전국의 기녀제도를 폐지하라는 왕명이 있었지만, 하륜(1347-1416)의 반대로 시행되지 못하였다. 세종이 집권하면서 이를 폐지하자는 논의가 있었지만 마찬가지로 실효를 거두지 못하였다. 이처럼 여러 차례의 논의에도 불구하고 기녀제도가 폐지되지 못했던 것은 결국 관리들 스스로의 처신에 직접 관련되어 있었기 때문이다. 오히려 연산군이 집정하던 시기에는 채홍사 또는 채청사라는 관리를 두어 전국에서 기녀들을 서울로 뽑아 올려 원각사의 승려들을 축출시키고 대신 기녀들이 그곳에 거주하도록 만들었다. 매년 기녀의 숫자가 늘어나 궁궐에서 거주하는 기녀만도 거의 300명이나 되었다. 이러한 연산군 시대의 대규모적 기녀제도는 1506년 중종반정으로 해체되었지만 기녀제도가 완전히 사라지지는 않았다. 수많은 지식인들이 기녀제도의 폐지를 외쳤지만, 조선 시대의 기녀제도는 한말까지 존속하였다(이화여대 한국여성사 편찬위원회, 1978).

성매매를 근절시키려는 끊임없는 노력에도 불구하고 성매매가 사라지지 않았다. 그 이유는 인간의 성생활을 단지 규제할 수는 있어도 억압할 수는 없었기 때문이며, 또 항상 몸을 팔려고 하는 사람과 이를 사려고 하는 사람들이 동시에 존재하기 때문이다. 몸을 파는 자들의 대다수는 여성인 반면, 사는 자들은 대다수가 남성이다. 그러나 성매매 행위에 대한 근절의 노력은 일반적으로 몸을 파는 사람들만 법적으로 억압하는 데 초점을 맞추고 있는데, 돈을 주고 몸을 사는 행위도 불법이다. 대다수 문화권에서 그동안 불법으로 체포된 사람들은 대부분 몸을 파는 사람들뿐이다(Gordon & Snyder, 1986).

고급 호텔과 같은 유흥업소에는 외국의 손님들을 상대로 몸을 파는 여성들이 있다. 그러나 어느 나라에서나 그들은 경찰의 단속에서 면제되고 있는 실정이다(McKay & Hou, 1994). 어떤 사람들은 이러한 성매매에 대한 규제나 성매매 업소의 성행이 이중기준을 고취시키는 경향이 있다고 비난한다. 다시 말하면, 몸을 파는 여성만을 단속하고 희생시키는 것은 그들의 인간성을 빼앗는 일이라는 것이다. 그래서 사회는 그들의 복지를 책임져야 하며, 성매매 행위가 문제가 된다면 사회구성원에 대한 보호와 교육이 제대로 되지 못했음을 의미한다(Gordon & Snyder, 1986). 근래 우리나라 문화권에서는 2004년 9월부터 [성매매 방지와 피해자보호에 관한 법률]이 시행되면서 매매 행위를 규제하고 있다.

3.3 포르노

3.3.1 포르노란 무엇인가?

포르노그래피(pornography, '포르노'로 약칭)는 그리스어로 몸을 파는 여성이나 전쟁 도중 적지에서 포로로 생포되어 남성들의 성적 노리개가 되었던 여성을 뜻하는 단어(porne)와 그림이나 묘사를 뜻하는 단어(graphos)의 합성어이다. 그렇다면 포르노는 성을 주제나 부제로 다루었던 예술의 일종으로 해석할 수도 있겠지만, 묘사의 대상을 그런 여성에 한정시켰기 때문에 포르노는 주로 남성 중심의 사회 문화권에서 남성들의 성적 욕구를 충족시키기 위해 발달시켰던 예술 또는 도구로 여겨진다.

포르노가 예술이라면 이를 감상하는 자에게 삶이나 존재의 가치, 미와 매력 등을 제공해줄 수 있어야 한다. 예를 들어, 기원전 3000년경의 메소포타미아 벽화를 비롯하여 페루, 인도, 중국 및 일본 등에서 발견된 벽화에는 여러 가지 성교 자세, 구강섹스, 항문 성교 등 다양한 성교 장면이 묘사되어 있는데, 이와 같은 그림을 통해서 고대인들의 사고나 생활방식 등을 유추할 수 있다면 포르노는 예술로서 가치가 충분하다. 또한, 페루 지역에서 발견된 도자기 술병의 일부에는 남성의 성기가 거대하게 묘사되어 있거나 해부학적으로 매우 상세하게 묘사되어 있는데, 그 작품들로부터 그 당시 성을 이해했던 관점을 찾아낼 수 있다면 이 역시 예술의 가치가 담겨져 있다고 볼 수 있다.

3.3.2 포르노 표현 방법의 변화와 인식 변화

초창기에는 포르노가 벽화와 같은 그림으로 표현되었는데, 시간이 지나면서 도자기 예술로 발달했다. 또 인쇄술의 발달로 책과 잡지 등의 형태로 대중화되고, 사진이나 영상 매체의 발달로 사진이나 영화, 비디오 등으로 대중에게 확산되었으며, 또 최근에는 컴퓨터나 통신 기술의 발달로 전화, 팩스, 사이버 포르노 등도 발달하였다. 일방적으로 받아만 보던 형태에서 정보를 주고받는 것이 가능해짐에 따라 이른바 사이버 성행위까지 시도되고 있다. 그러나 시대가 변하면서 포르노가 지닌 순수한 예술성도 퇴색하였다. 원래의 예술적 가치를 인정받지 못하고 성을 쾌락적으로 표현하다 보니 사회적인 지탄의 대상이 되었다. 이러한 경우 포르노는 음란물이나 외설물(obscenity)이라는 오명을 얻게 된다. 도자기든 그림이든 예술성을 내포한 작품이라면 사실상 성행위가 적나라하게 묘사되었을지라도 이를 음미하는 사람에게 음란한 마음을 심하게 유발시키지 않을 수 있다. 반면에 최근에 발달한 사진, 잡지, 영화, 사이버 포르노 등은 그 본래의 예술적 의미나 가치를 전혀 수반하지 않고 단순히 성욕만을 자극하는 것이 대부분이기 때문에 사회적인 문제로 부각되고 있는 것이다.

그러나 무엇을 근거로 예술성이 내포되었는지를 판단할 수 있는가? 사람마다 판단 기준이나 규정을 다르게 해석될 여지가 있지만, 기준이 없는 것은 아니다. 그 예를 들면, 미국에서는 1957년 대법원의 로스(Roth) 판례에 명시된 세 가지 기준이 근래에도 적용되고 있다. 그 세 가지란 평범한 사람들이 작품의 주된 주제들로부터 성에 대한 음란함을 느끼는 것, 문제의 작품이 성에 대한 동시대의 사회규범을 명백하게 위반하는 것, 그리고 그 작품에서 문학이나 예술, 정치, 또는 과학 등 사회적 가치를 찾아볼 수 없는 것이다(Allgeier & Allgeier, 1991). 우리나라나 일본의 대법원 판례에도 음란이나 외설의 기준이 그와 유사하게 세 가지로 구성되어 있는데, 이들은 함부로 성욕을 흥분 또는 자극시키는 효과가 있는 것, 보통 사람들의 정상적인 성적 수치심을 해치는 것, 그리고 선량한 성적 도덕관념에 위배되는 것이다. 그러나 여기에서도 무엇이 음란인가, 그 평가방법은 무엇인가, 예술과 음란이 혼합되었을 때 어떻게 처리할 것인가의 해답을 찾을 수 없다(김동철, 1985).

또 1970년대 들어와서, 일부 여성운동가들은 인권의 측면에서 포르노(pornography)를 에로티카(erotica)와 구분하기도 했다. 그들은 성적인 장면을 토대로 여성이 비하되거나 굴욕적으로 묘사된 경우를 포르노(즉, 외설) 그리고 그렇지 않는 상황의 묘사는 에로티카, 즉 예술이라고 구분했다(Steinem, 1980). 또 비인간적인 요소가 내포된 작품을 예술에서 제외한다는 설명도 있는데, 그 비인간적 요소란 폭력을 정당화시키고, 생명을 경시하고, 여성을 종속시키고, 유색인을 비하하고, 아동이나 노약자를 학대하는 등 차별적인 내용을 뜻한다(윤가현, 1997). 그렇지만 이러한 구분이나 정의도 개인마다 판단하는 기준이 다양하기 때문에 문제를 분명하게 해결해 주지 못한다.

3.3.3 포르노에 대한 인식 차이

역시 포르노의 외설 시비 판단기준은 문화권마다 다르고, 또한 도덕성이나 윤리관의 변화로 인해 시대에 따라서도 달라진다. 종교적으로 보수적이고 성을 억제하던 가정에서 자랐던 헤프너(Hugh Hefner: 1926–2017)는 1950년대 섹스산업으로 부자가 된 인물이다(Weeks, 1985). 그가 발간한 플레이보이(playboy)는 미국 사회에서 이미 성인용 대중잡지에 불과하지만, 우리 문화권에서는 음란물에 해당된다. 일반적으로 유교의 영향을 받은 나라에서는 윤리적으로 성행동의 표현을 억압하였는데, 예를 들면 대만에서는 적어도 20세기 후반까지만 해도 벽보에서 여성의 나체사진을 볼 수 없었다. 우리나라는 음란물에 대하여 규제하는 법조항이 있지만, 그 내용이 매우 미흡한 실정이다.

한편, 중국에서는 포르노를 서구의 문화적 폭력으로 규정하면서 제한하는데, 1982년 퇴치운동이 전개되면서부터 약 10년 동안 21명이 포르노의 보급, 판매 등의 이유로 사형을 당했다. 그럼에도 불구하고 수많은 중국인들은 실제로 포르노를 감상한 경험이 있으며, 또 이를 희망하고 있다. 법으로 금지하지만, 역시 성 보조기구나 약품도 판매되고 있다(Pan, 1993). 일본은 근래에 서구사회보다 더 개방적인 성적 표현을 허용하기도 한다. 예를 들면, 심야시간의 민간방송 TV 프로그램은 성인의 성기나 음모를 노출시키지 않는다는 조건하에서 성행위나 성과 관계된 내용을 묘사할 수 있다(Abramson & Hayashi, 1982).

이처럼 포르노의 존재가치는 사회마다 다르다. 단 분명한 사실은 순수한 예술성이 결여되어 있거나 인간의 존엄한 가치를 왜곡시켜서, 이를 상품화하는 것을 목적으로 하는 포르노는 거의 모든 사회에서 규제를 받고 있다는 점이다. 유감스럽게도 혹자는 포르노가 외설의 상태까지 발달하게 된 동기는 성을 억압하였던 전통적인 사고방식에 대한 반발 때문이라고 주장한다. 하지만, 규제가 심할수록 더욱 더 외설적으로 표현된 포르노가 발달할 가능성도 있다. 이제부터 본문에서의 포르노라는 용어는 특정한 언급이 없는 한 사회에서 외설로 규정하고 있는 포르노를 의미한다.

3.3.4 포르노 문학

유사 이래로 사랑에 관한 문학은 성적으로 허용된 문화권이든지 억압했던 문화권이든지 상관없이 어느 곳에나 끊임없이 존재해 왔다. 특히, 고대 이집트의 문학작품들은 낭만적인 표현으로 유명했으며, 그리스의 작품들은 외설로 유명했다. 현재까지 전해지는 초창기 작품들로는 로마시인 오비디우스(Publius Ovidius: 43BC–17AD)의 "사랑의 예술(art of love)", 힌두 문화권의 "카마수트라(kama sutra, 원래는 vatsyayana kamasutram으로 알려졌음)" 등이 유명하다. 카마수트라에서 카마는 힌두 문화권의 사랑의 신을 뜻하며, 수트라는 길잡이라는 뜻이다. 카마수트라에는 성교의 감각적 쾌락을 증진시키는 체위나 기술 등이 언급되었는데, 19세기 후반 영어로 번역 · 소개되기도 했다. 또 청나라가 들어서기 전 중국에서는 도교의 영향으로 성행위에 관한 여러 가지 교본(예, 소녀경)이나 문학작품(예, 명나라의 금병매) 등이 유행하였다. 중세의 작품으로는 1172년경에 발표된 인도의 아낭가랑가(Ananga–Ranga), 15세기 이탈리아 극작가 아레띠노(Pietro Aretino: 1492–1556)의 르네상스 소네트(sonnet, 14행시) 등이 대표적이다. 전자는 남녀의 성기와 성감대, 달의 주기에 따른 열정적 색정의 주기, 성교의 체위 등을 백과사전처럼 묘사한 작품이다. 또 아랍 문화권의 작품들 중에서 16세기 향기로운 정원(The perfumed garden of the shaykh nefzawi)이라는 작품이 포르노로 널리 알려졌는데, 19세기 말 영국의 버튼 경(Sir Richard Burton, 1821–1890)이 영어로 번역하였다(Wallechinsky & Wallace, 1978).

서구사회에서는 중세 무렵 성적 쾌락의 추구를 억압했기에 색정적인 표현은 암암리에 성직자의 문란한 생활을 풍자하는 내용에 불과했으며, 아울러 18세기까지는 포르노 문학이 일부 귀족이나 상류층의 전유물이 되어 왔다. 당시 성의 이상향을 추구했던 대표적 문인으로 '가학성 변태성욕(sadism)'의 어원이 된 프랑스의 세이드(Marquis de Sade, 1740–1814)나 호색가의 뜻으로 변한 이태리의 카사노바(Giacome Casanova, 1725–1798) 등이다. 그러나 18세기 후반 서구사회에서는 여러 가지 이유로 포르노의 문제점에 대한 관심이 높아지기 시작했다. 그 이유들은 문맹에서 벗어나면서 도덕성을 지키려고 했고, 중산층의 세력이 신장되면서 상류층의 포르노 독점 문화를 비판하게 되었으며, 성에 대한 태도가 보수적으로 바뀌었고, 사생활이 중요해지면서 가옥 구조도 성인과 자녀들 간의 방이 구분되어 자녀들에게 노출되지 않게 되었으며, 특히 중산층에서 여성과 가족에 대한 개념이 변화했기 때문이다(Bullough & Bullough, 1995).

그렇지만 19세기에 들어서면서부터 인쇄술의 발전과 산업화에 의해 포르노가 중산층에까지 널리 퍼지면서 사회적인 문제로 부각되기 시작하였다. 18세기에서 20세기 초까지 유럽에서 발간된 포르노 소설로는 몸을 파는 여성이나 하층 계급 여성들의 성생활을 자서전적으로 기술했던 것들이 유행했다(Gilman, 1981). 특히 19세기에는 빅토리아 왕조 시대의 영향으로 성교의 체위도 남성 상위의 자세만 가르쳐 왔는데, 포르노 문학은 그러한 고정관념을 깨뜨리는 혁신적 역할을 하였다. 예를 들면, 네덜란드 부인과 의사 밴디벨드(Theodoor H. van de Velde: 1873-1937)가 1929년 런던에서 발표했던 저서 "이상결혼(Ideal marriage: Its physiology and technique)"에는 10가지 체위의 성행위 기법이나 구강섹스 등이 소개되었다. 결과적으로, 당시에는 비도덕적이고 음란한 내용으로 판명되었기 때문에 해당 저서는 카톨릭 교회의 금서(Index librorum prohibitorum)로 지정되기도 했다(Wallechinsky & Wallace, 1978).

3.3.5 포르노 그림

우리나라에서는 예로부터 음탕한 광경(예, 남녀 간의 성행위)을 그린 그림을 춘의도, 춘화도 또는 상사화라고 불러왔지만, 성을 억압했던 유교문화의 영향으로 다른 나라에 비하여 그러한 예술이 성행하지는 못했다. 반면 이웃나라인 일본에서 17세기와 18세기 발달했던 춘화는 세계적으로 명성이 높은 편이다. 일반적으로 일본의 춘화는 중국에서 의학서와 함께 전해진 언식도(偃息圖)의 영향을 받았다. 18세기 초 일본으로 전해진 언식도는 의학 참고서였는데, 이는 아마도 성교체위를 해설하는 그림이라고 생각된다. 도교의 원리를 따른 중국의술에서의 방중술은 불로장수의 의술로서 진지하게 연구되었기 때문에 성교체위에 관한 해설용 그림이 필요했던 것이다. 그러나 그것이 이윽고 본래의 목적을 벗어나 춘화로 발전하게 되었는데(林美一, 1988), 춘화는 언어로 표현하기에는 어색할 정도로 남녀의 성행위를 아주 적나라하게 묘사한 인물화이다.

이러한 춘화는 17세기 초 도쿠가와 막부 시대에 유곽이 개간될 때 편승하여 급속히 발달하였다. 처음에는 일류 화가들이 손수 그렸던 '우키요에(浮世繪)'라는 춘화가 거래되었지만, 그 가격이 너무 비싸 귀족계급들이 춘화를 독차지하였다. 여러 편의 춘화를 한 묶음으로 제작, 판매하기도 했는데, 이는 설명의 글이 곁들여 있는 두루마리 형식을 갖추고 있었고, 한 장면씩 차례로 감상할 수 있도록 고안된 것이었다. 이러한 형태의 물건을 '에마키모노(絵巻物)'라고 한다. 그러나 그동안 공공연하게 묵인되던 춘화가 1722년 법으로 금지되자, 곧바로 선정적 정도가 매우 높아서 '아부나에(위험한 그림의 뜻)'라고 불렀던 춘화로 발달하였다. 즉, 화가들은 위험을 무릅쓰고 춘화를 그렸으며, 이때부터 나체에 가까운 여인들의 모습을 묘사하기 시작하였다. 아부나에는 에도시대의 풍속화였다는 점에서 본질적으로 서민들의 생활과 관계가 깊으며, 당시의 판화기술의 발달은 아부나에가 서민들에게 유행하게 만든 계기가 되었다. 즉, 판화기술이 발달하기 전에는 소수 귀족이나 무사들에게도 친필의 춘화에 대한 수요가 부족했기 때문에 서민의 요구에 응하는 것은 불가능했다.

일본의 춘화는 신혼부부의 교본으로도 이용되었다. 이러한 관습이 언제부터 시작되었는지는 정확히 모르지만 춘화가 발달하던 시기라고 추론할 수 있다. 명치시대까지는 포목점에 혼례의복을 주문하면 신부가 될 여성의 모친이 요구하지 않았는 데도 가게 주인은 옷장의 서랍에 춘화를 넣어 주었던 풍습이 있었다. 춘화들이 그려진 두루마리는 각 화면을 통하여 혼자서 성생활의 기본을 습득할 수 있게 해주는 원시적인 자료였다. 그것들은 귀족계급의 남성들이 약혼녀의 어머니에게 전해 주는 선물이기도 했는데, 그 어머니는 이를 시집갈 딸의 성교육 자료로 이용했다(Abramson & Hayashi, 1982). 사정이 여의치 못한 경우에 어머니는 자신이 결혼할 때 소지했던 것을 딸에게 전해주기도 했다. 일찍이 신혼부부는 이 춘화를 통하여 성생활의 지식이나 예절을 다른 사람으로부터 듣지 않아도 일목요연하게 배울 수 있었다.

일본 춘화의 최대 특색은 소재의 형태를 의식적으로 변형시켰다는 점이다. 일본의 춘화에 표현된 성기의 크기는 서구의 춘화에서보다 그리고 실제의 크기보다 예외 없이 더 크게 과장되어 있다. 에도시대 초기의 춘화 및 원래 중국에서 수입된 춘화에는 성기를 과장시켜 묘사한 것이 매우 드물었는데, 일본인들은 초기의 언식도에 묘사된 성기나 체위에 권태를 느꼈던 모양이다. 결국 그들은 그러한 입장에서 탈피하여 독자적인 작법을 발달시켰는데, 해부학적 정확성을 무시하고 남녀의 성기가 결합하는 모습만을 효과적으로 묘사하기 위해 노력했다. 부자연스럽거나 현실적으로 불가능한 자세로 교합하는 남녀의 모습을 묘사했던 이유는 보는 사람으로 하여금 시각적 관심을 세부로 유혹하기 위한 의도였기 때문이었다(林美一, 1988).

일본 춘화의 또 다른 특색은 나체의 형태가 별로 없다는 것이다. 그리스를 비롯한 중세의 유럽예술은 나체의 표현에 무척 관심이 많았지만, 일본의 춘화는 성교를 묘사하지만 주인공들은 최소한 실오라기일지라도 옷을 걸치고 있다. 혹자들은 한국의 민화에는 일본의 춘화와 같은 유형의 흔적이 전혀 없다고 주장하지만(網野善彦과 川村湊, 1988), 일반인에게 공개되지 않았을 뿐이지 전혀 존재하지 않았다는 주장은 너무 성급한 듯하다. 예를 들면, 조선시대 풍속화가인 혜원 신윤복(1758~?)은 자신의 예술세계에서 남녀의 애정표현을 노골적으로 묘사한 대표 작가였다. 그가 색정을 표출한 풍속화는 우리나라 회화의 역사에서 그 유래를 찾기 어려울 정도로 대담하다(이태호, 1996).

신윤복의 풍속도는 기방 풍속에 두세 쌍의 행락과 남녀의 밀회가 중심이며, 승려가 끼거나 색정을 돋우는 여속 장면, 무속, 주막 등이 포함되어 있다. 계절로는 봄과 가을이 많고 야밤의 풍경이 많은 점은 유흥과 남녀의 정열을 불태우기 좋은 때를 선택했기 때문이었다. 신윤복의 여속도 '단오풍정'은 우리 회화 역사에서 첫 누드 화가의 일면을 보여준다. 신윤복의 작품은 조선시대 사대부적 윤리관에서 볼 때 비도덕적이고 외설적이지만, 당시의 성문화 개방 분위기를 예시한 것으로서 여성이 에로틱 문화의 대상으로 등장해 있다. 19세기 풍속화 가운데 성희를 묘사한 춘화 가운데 일부는 화풍으로 보아 신윤복의 작품으로 추정된다(이태호, 1996).

3.3.6 포르노 영화와 비디오

영화나 비디오가 순수한 예술성을 잃고 성욕을 불러일으키는 내용 위주로 묘사되어 있다면 포르노라고 부른다. 그러나 포르노 영화나 비디오의 목적이 이에 노출된 개인들을 성적으로 자극하는 것이라고 규정하더라도 그 종류도 여러 가지로 구분될 수 있다. 우선 포르노 영화나 비디오는 개인을 자극시키는 노출 정도에 따라서 구분할 수 있는데, 보통 성행위 장면에서의 성기의 세부적 묘사 여부에 따라 크게 이분한다. 하나는 성행위를 성기의 크기나 모양 그리고 움직임까지 세부적으로 묘사한 경우를 '경성 포르노 영화(hardcore pornograph, 소위 XXX급)', 그리고 성행위 장면만을 단순히 묘사하는 경우를 '연성 포르노 영화(softcore pornography, 소위 X급)'라고 부른다.

또한 포르노 영화나 비디오의 제작 목적에 따라서 상업용(commercial)과 교육용(educational) 포르노로 구분할 수 있다. 전자는 영리이윤을 목적으로 성을 상품화시킨 포르노인데, 한 편의 작품을 제작하는 데 소요되는 시간은 경이롭게도 3일 정도에 불과하다(Ziplow, 1977). 반면에 후자는 그 목적이 영리이윤이 아니고 개인들에게 성에 대한 지식이나 정보를 제공하는 기능을 지니는데, 남녀의 신체나 성행위에 대한 묘사가 과학적이고 중립적이다(Stock, 1995). 그러나 문화권에 따라서 교육용 포르노도 상업용 포르노처럼 논란이 되기도 한다.

3.3.7 포르노의 노출로 인한 개인의 변화

자발성 여부에 상관없이 포르노에 노출된 개인들이 어떠한 행동 변화를 보였는지를 연구하게 되면서 포르노 영화나 비디오의 내용이나 성격에 따라서 구분한다. 예를 들면, 폭력성이나 인간의 존엄성을 근거로 '폭력성(violent)'과 '비폭력(nonviolent) 포르노'로 구분하며, 또 '비인간성(degraded or dehumanizing) 포르노'도 한 종류로 구분된다. 고통이나 폭력, 위협 등이 포함되었다면 폭력성 포르노가 되고, 물리적 폭력이 수반되지 않았더라도 언어적 학대나 동물적 묘사 등 인간을 비하시키는 내용이 포함되었다면 비인간성 포르노가 된다. 또한, 여성을 인간의 특성이 결여되었거나 또는 성적으로 도발적인 존재로 묘사한 포르노 그리고 간혹 남성의 성기에 대한 숭배의식을 조장하거나 여성의 가치가 남성에 달려 있다는 내용이 포함된 것도 비인간성 포르노에 해당된다(Stock, 1995).

포르노에 성인이 아닌 어린이나 10대 초중반의 청소년이 주인공으로 등장한 경우를 아동(child) 포르노라고 부르는데, 1970년대 중반까지 서구사회에서 성행하였다. 주로 8~10세 사이의 남녀 아동들을 이용하여 포르노를 제작하거나 심지어는 3세 아이와 성인 간의 성행위도 잡지 등에 싣는 사례까지 발생했다. 이는 비인간성 포르노의 전형으로 아동학대라는 범죄에 해당되기 때문에 대부분의 문화권에서 철저하게 단속하고 있다. 경찰들은 이를 키디포른 또는 치킨포른(kiddie or chicken porn)이라고 불렀는데, 1970년대 후반 이전에는 서구사회에서도 단속이 심하지 않은 편이었다(Byer & Shainsberg, 1994). 그밖에 격렬하고 거친 방법이나 기괴한 방법으로 성적 흥분을 추구하는 행위가 묘사된 경우를 '광적인(frenzy) 포르노'라고 부른다. 또 비디오 기자재가 보급되기 이전에는 남성들만의 모임이 있는 곳에서 10~15분 정도 길이의 8mm 영사기용 포르노 영화의 인기가 높았는데, 보통 이를 '남성용 영화(stag movie)'라고 불렀다(Ziplow, 1977).

3.3.8 포르노 규제

성매매나 포르노는 수요가 줄지 않기 때문에 공급되고 있다. 포르노 제작자들은 다른 직종보다도 더 쉽게 고소득을 올릴 수 있다는 기대에서 사업에 종사하고 있으며, 또 사회적 요구에 따른 서비스를 제공한다는 핑계를 찾고 있다. 그러나 포르노의 노출로 인해 사회의 구성원들이 얻는 것보다 잃는 것이 더 많다면, 포르노에 대한 노출을 규제할 필요가 있다. 이러한 규제는 두 가지 차원에서 이루어지는데, 하나는 개개인에게 그러한 포르노에 노출되지 않도록 하는 방법이고, 다른 하나는 그러한 포르노를 제작하거나 유포하지 못하게 하는 방법이다. 그러나 어떠한 작품이든지 이를 감상하기 이전에는 개인들이 그 작품의 유해성을 찾아내기는 쉽지 않다. 그러므로 개개인으로 하여금 포르노에 노출되지 않도록 요구하는 것은 올바른 방안이 아니다(윤가현, 1997).

작품의 제작이나 유포를 금지하는 방법도 일관성을 찾기 어렵다. 시간이 지나면서 기준이 달라질 수 있으며, 법규를 어기면서 이윤을 추구하는 사람들은 어느 사회에서나 존재하기 때문이다. 그 예로 아일랜드의 작가 조이스(James Joyce) 율리시즈(Ulysses)라는 작품이 어떻게 평가되었는가를 살펴보자. 율리시즈는 한 남성(Leopold Bloom)과 그의 아내(Molly), 그리고 그 남성의 친구이면서 작가인 선생님(Stephen Daedalus) 사이의 이야기이다. 1918년 프랑스에서 최초의 연재소설로 발표된 율리시즈는 성적으로 묘사된 내용 때문에 작품이 미국으로 들어오는 과정에서 세관원들에 의하여 압수당했다. 당시 미국 사회는 우정검열관이던 콤스탁(Anthony Comstock: 1844-1915)의 영향으로 1873년 제정된 법안에 의해 외설물에 관한 우편 배달이 금지되고 있었기 때문이다. 그럼에도 불구하고, 이윤을 추구하려는 한 출판사(Random House)가 1930년대 초반 조이스와 계약을 맺으면서 법원에서 외설을 검증하는 사태로 발전하였다. 시대가 바뀌면서 뉴욕의 지방법원 판사 울시(Leonard Woolsey)는 1933년 출판금지는 불법이라고 판결하였다. 독자를 성적으로 흥분시키기 위하여 외설적 부분을 의도적으로 삽입한 것이 아니라 인간의 의식을 반영한 새로운 문학 장르라고 판단한 판결이었다(Allgeier & Allgeier, 1991).

(1) 서구의 규제

대다수 문화권에서 포르노 노출이 사람들에게 유해할 것이라 믿고서 이를 규제하고 있다. 그런 규제에 앞서 사람들이 왜 포르노에 노출되는지를 생각해 볼 필요가 있다. 가장 쉽게 얻을 수 있는 답변은 초보자에게는 호기심이고, 경험자에게는 성욕을 자극하는 수단으로 이용한다는 것이다. 이러한 답변에 따르면 포르노에 노출된 자들이 모두 자발적인 것 같지만, 실제 상황은 다르다. 본인의 의도와 다르게, 포르노 또는 성적인 자극에 노출될 수 있는 경우가 허다하다. 그렇기 때문에 포르노가 인간에게 어떤 영향을 미치는가를 살펴보고서 만약 문제가 있다면 거기에 맞는 대책을 강구해야 한다. 일반적으로 포르노 노출효과를 설명하는 이론은 세 가지로 나누어진다.

첫째는 사람들이 포르노에서 보았던 행동을 그대로 모방한다는 사회학습 차원의 모방(modelling)이론인데, 성범죄 관련 포르노에 노출된 자가 일상생활에서 그와 같은 범죄를 저지르게 된다는 설명이다. 둘째는 포르노에 대한 노출은 억압된 성욕을 발산시켜 주므로, 반사회적이고 폭력적인 성행동의 가능성을 완화시킨다는 정화(catharsis)이론이다. 정화이론에 따르면, 개인이 지니고 있던 성에 대한 욕구불만이 대리적으로 표출되기 때문에 갈등의 감정이 어느 정도 정화될 수 있다. 셋째는 무효과이론(null theory)으로 포르노가 유해하지도 않으며, 또 아무런 영향을 미치지 않는다는 주장이다.

상기의 세 가지 중에서 범죄 발생 여부와 관련된 설명은 모방이론과 정화이론이다. 만약 정화이론이 옳다면 포르노 노출이 성범죄를 예방해 주는 지름길이라고 할 수 있는 반면, 모방이론이 옳다면 포르노 노출을 억제시켜야 할 것이다. 만약 그들 중에서 설득력이 더 높은 것이 모방이라면 요즘처럼 포르노가 난무한 시대에서는 심각한 사회 문제를 포르노가 초래한다고 말할 수 있다. 대부분의 포르노는 폭력성, 변태성, 반사회적 유형의 성행위를 묘사하고 있기 때문에 긍정적으로든지 부정적으로든지 영향을 미칠 가능성이 높다. 비폭력적 내용을 담고 있다고 하더라도 성차별을 비롯한 인간차별의 내용이 가미되었다면 사고방식에 영향을 주는 것이다. 세 번째 이론처럼 효과가 없을 정도가 되려면 감상자가 비인간적인 내용을 비판할 수 있는 능력이 뛰어나야 하는데, 그런 사람은 그렇게 많지 않은 편이다.

서구사회에서는 1960년대 폭력성이나 비인간성 등을 기저로 한 성에 관련된 포르노가 대중매체에서 판치고 있었다. 미국에서도 문제가 심각해지자 존슨 대통령은 그러한 포르노의 심각성을 경감시키기 위하여 '폭력의 원인 및 예방에 대한 자문위원회(commission on the causes and prevention of violence)'와 '외설물과 포르노에 대한 자문위원회(commission on obscenity and pornography)'를 구성하였다. 그 위원회의 위원들을 임명하고 퇴임했던 존슨 대통령은 포르노의 사회문제를 쉽게 해결할 수 있으리라고 생각했다. 그러나 두 위원회에서는 서로 모순된 결과를 보고하였다.

폭력에 관한 전자의 자문위원회에서는 폭력적인 TV 프로그램을 본 사람은 그렇지 않는 사람보다 더 폭력적으로 행동하게 된다고 결론지었다. 사람들이 포르노에서 본 행동을 그대로 모방한다는 사회학습 또는 모방이론을 지지한 셈이다. 그와 반대로 포르노에 관한 후자의 자문위원회는 포르노에 대한 노출이 청소년이나 성인의 비행 및 범죄에 중요한 영향을 미치지 않는다고 결론지었다. 이것은 오히려 포르노에 장기간 노출되면 성욕이나 성적 흥분이 감소되므로 성폭력을 범할 경향이 있는 사람들을 정화시킬 수 있다는 정화이론에 근거한 결론이었다. 실제 상황을 어느 정도 반영한 결과였는지 의문이 들기도 하지만, 그러한 결과를 보고 받은 닉슨 대통령을 비롯한 많은 사람들은 실망하지 않을 수 없었다.

그 당시 200만 달러 정도의 예산을 들여 2년 간의 연구 끝에 나온 결론을 토대로 후자의 위원회는 성인들에게 적용된 외설에 관한 법률의 폐지를 건의했다. 물론 위원회의 소수(3명)는 반대의견을 표명했으며, 의회 상원에서도 법률의 폐지를 60대 6으로 부결시키기도 했다. 그렇지만 대통령 자문위원회의 결정은 적용될 수밖에 없었다. 이러한 결정에 적극적으로 편승한 사람들은 바로 포르노 제작자들이었다. 또 법률이 폐지되면서 일반인들의 인식도 부모의 보호 아래 어린이들을 포르노 영화에 노출시켜도 무방하다는 식으로 변했다(Gordon & Snyder, 1986). 실제로 그러한 결론이 그대로 적용된 문화권이 바로 덴마크이다. 덴마크에서는 1960년대에 포르노를 법으로 허용한 결과 그 이용도가 급속하게 증가되었다. 그와 같은 결과와 함께 사회학적 연구에서는 포르노 영화의 이용도 증가와 성범죄의 숫자가 반비례하였음이 밝혀졌다.

물론, 포르노의 허용이 덴마크에서의 성범죄를 줄였다고 결론지을 수는 없음에도 성범죄가 줄어든 것은 사실이다(Gordon & Snyder, 1986). 그러나 덴마크의 경우처럼 미국 사회는 변하지 않았다. 사회마다 생활기준이 다르기 때문이었다. 1980년대에 들어서면서 미국 사회는 포르노 제작자들의 파렴치한 태도와 행위로 인하여 포르노를 규제하는 법률이 제정되어야 한다는 목소리가 높아지기 시작했다. 그 이유들 중의 하나는 어린이를 포르노에 출연시켜 성적으로 착취한다는 사실이 세상에 알려졌기 때문이었고, 또 다른 주요한 이유는 일부 여성운동가들이 포르노에 반대하는 소리를 크게 외쳤기 때문이었다. 즉, 그들은 포르노 내용이 여성의 신체적 학대와 성적 억압을 토대로 여성의 가치 저하를 정당화시킨다고 규정했던 것이다. 이처럼 포르노는 반대여론에 부딪쳐 포르노를 정의하는 문제로부터 사회적이고 정치적인 논쟁 대상으로 다시 부상하였다.

레이건 대통령은 1985년 12명의 위원으로 포르노위원회(commission on pornography)를 구성하였다. 검찰총장이던 미즈(Edwin Meese)가 위원장이었기 때문에 미즈위원회라고 불리던 그 위원회는 1년 동안 50만 달러의 예산을 사용하면서 포르노가 유해하다는 결론을 내렸다. 물론 연구가 진행되기 전부터 포르노가 유해하다는 결론이 나와야 한다는 요구가 강하게 반영되었다. 연구 내용은 포르노에 대한 빈번한 노출과 아동학대, 근친상간, 강간 등 반사회적인 문제는 관계가 높으며, 여성에 대한 폭력도 증가시킨다는 것이었다. 그러한 이유로 미즈위원회에서는 포르노의 거래, 방영 등에 더 엄격한 제재를 가해야 한다고 건의했으며, 시민운동을 통하여 포르노 상거래 활동을 비난하도록 촉구하였다(Linz et al., 1987).

미즈위원회의 활동을 좀 더 구체적으로 살펴보면, 그 위원회는 포르노의 가장 심각한 위험성을 포르노에 노출된 개인이 도덕적으로 타락하는 것으로 보고 포르노를 4개 분야로 나누어 유해성을 평가하려고 시도하였다. 당시 포르노를 전문적으로 연구하던 도너스타인(Donnerstein)이나 맬러무스(Malamuth)와 같은 심리학자들이 포르노를 폭력성에 의거하여 구분하려고 노력했던 것을 응용하여, 그 위원회에서는 폭력성과 인간의 존엄성을 기본으로 하여 포르노를 구분하였다. 그 결과 위원회는 도너스타인 등의 연구결과(Donnerstein & Berkowitz, 1981)를 토대로, 성적으로 폭력적인 포르노에 대한 노출은 여성에 대한 지각이나 태도에 있어서 부정적인 변화를 가져온다고 결론지었다. 그러나 혹자들은 도너스타인 등의 연구결과가 실험실에서 얻어진 것이기 때문에 그 결과를 법적으로 적용시키려는 결정은 신중한 검토가 따라야 한다고 주장하였다(Linz et al., 1987).

미즈위원회의 결론에 부응하여 학술적인 연구 결과들도 1980년대 후반 이후 폭력성 포르노가 유해하다는 방향으로 전개되고 있다. 예를 들면, 한 연구에서는 폭력적 요소가 가미된 포르노에 장기간 노출되어도 남녀 모두 폭력적인 포르노에 대한 관용이 증가하고, 성적 평등에 대한 개념을 반대하게 되며, 신문지상에 소개된 강간범의 처벌에 대하여 보다 더 관대한 태도를 보였다고 결론지었다. 또 장기간의 노출은 자기 파트너에 대한 신체 외모 및 성적 수행에 대한 불만을 제기하게 되었고, 결혼의 가치까지도 의심하게 만들었으며, 역시 남성은 여성에 대한 경직적인 태도가 증가하였다(Zillmann & Bryant, 1988). 물론 비폭력적 요소를 지닌 포르노에 대한 장기적 노출의 효과는 이러한 결론과 다를 수 있지만, 폭력성 포르노에 대한 평가는 매우 부정적이다.

현대 사회에서 포르노가 큰 문제로 부각된 근본적인 이유는 날이 갈수록 내용에서 폭력성이 증가한다는 사실 때문이다. 고통이나 고문 등을 주고받으면서 변태적으로 성적 쾌락을 느끼는 것, 아동이 포르노 제작에 이용되는 것, 그리고 강간을 비롯한 여러 가지 성범죄의 내용이 다루어지는 것 등이 문제의 초점이다. 폭력성 포르노 등이 유해하다면 미성년자들을 포함시키거나 여성을 학대하는 성적인 장면을 포르노로 만들어 파는 행위를 규제할 필요가 있다. 수많은 사람들이나 단체들은 이러한 문제의 해결을 위하여 정부 차원에서 이를 금지하는 법률을 제정해야 한다고 주장한다. 특히 여성운동가들은 포르노가 여성의 권리를 침해한 것이라고 여기고 이에 대한 끊임없는 반대의 투쟁을 벌이고 있다. 역시 아동 포르노에 대한 반대운동도 활발하게 전개되고 있다.

아동 포르노는 성인들이 출연하는 포르노와는 달리 어린이들로부터 동의도 받지 않고 그들을 착취하고 학대하는 범죄행위이다. 대부분의 나라에서는 아동 포르노의 제작을 법적으로 규제하는데, 그 예로 영국에서는 1978년에 이를 규제하는 법을 통과시켰다. 또 출연자가 성인일지라도 개인들의 동의 없이 강압적으로 어떤 행동을 하도록 하는 것도 범죄이다. 그러나 성인들의 성행위의 묘사가 폭력적이더라도 공공 영역을 침범하지 않으면 시민권 위반이 아니라고 보는 사람들도 있다. 그렇지만 그것을 원하지 않는 사람들에게 노출되는 것은 명백한 법규위반이다(Gordon & Snyder, 1986).

(2) 국내에서의 포르노 규제

우리나라에서는 형법 제243조에는 음란한 문서, 도화, 기타 물건을 반포, 판매, 또는 임대하거나 공연히 전시한 자, 그리고 제244조에는 제조, 소지, 수입, 또는 수출한 자를 처벌한다고 되어 있다. 근래에 제정된 청소년보호법(시행 2014.9.29)에서는 ① 아동 · 청소년이용음란물을 제작 · 수입 또는 수출한 자는 무기징역 또는 5년 이상의 유기징역에 처하며,

② 영리를 목적으로 아동 · 청소년이용음란물을 판매 · 대여 · 배포 · 제공하거나 이를 목적으로 소지 · 운반하거나 공연히 전시 또는 상영한 자는 10년 이하의 징역에 처하며, ③ 아동 · 청소년이용음란물을 배포 · 제공하거나 공연히 전시 또는 상영한 자는 7년 이하의 징역 또는 5천만 원 이하의 벌금에 처한다고 되어 있다. 우리가 일반적으로 말하는 '청소년 유해매체물'이라 함은 첫째, 청소년에게 성적 욕구를 자극하는 선정적인 것이거나 음란한 것, 둘째, 청소년에게 포악성이나 범죄의 충동을 일으킬 수 있는 것, 셋째, 성폭력을 포함한 각종 형태의 폭력 행사와, 약물 남용을 자극 또는 미화하는 것, 넷째, 청소년의 건전한 인격과 시민의식의 형성을 저해하는 반사회적 비윤리적인 것, 다섯째, 기타 청소년의 정신적, 신체적 건강에 명백히 해를 끼칠 수 있는 것을 의미한다. 즉, 청소년유해매체물은 음란성과 폭력성이 있는 매체물(음반, 비디오물, 신문, 잡지, 전자출판물, 음성정보, 영상정보, 광고 선전물 등을 포함)을 의미한다. 그러나 이러한 제재를 반대하는 사람들은 설사 그것이 포르노라고 하더라도 헌법에 보장된 표현의 자유에 속하는 만큼 이를 원천적으로 제한할 수 없다는 입장을 고수하기도 한다.

그러나 성을 연구하는 과학자들은 포르노에 대한 논쟁을 더 넓은 시각에서 바라볼 필요가 있다고 주장한다. 포르노가 왜 문제가 되고 있는지, 그러한 자극을 원하는 남성들이 왜, 어떻게 생겨났는지 등의 근본적인 문제에 대한 해답을 찾아주어야 한다. 만약 그러한 사람들을 위하여 교육용 포르노 영화를 제작한다면, 그것이 그들의 성적 가치를 증진시킬 수 있는 고려해야 할 하나의 문제이다. 이는 포르노 영화가 성 문제를 지닌 사람들에게 하나의 치료방법으로도 사용되기 때문이다.

(3) 포르노 규제 반대의 이유

대부분의 사람들이 포르노가 교육적이라고 생각하지는 않지만, 포르노의 금지를 반대하는 데에는 최소한 세 가지 이유가 있다. 하나는 어떤 것을 금지하면 사람들의 호기심이 더 커진다는 소위 금단의 열매(forbidden fruit) 효과이다. 또 다른 이유는 성인들이 작품을 감상할 권리가 있다는 점이다. 역시 교육이나 치료를 담당하는 사람들은 포르노 영화에 대해서 긍정적인 입장을 취하기도 하는데, 그 이유는 포르노 영화가 성적인 문제를 가지고 있는 사람들에게는 하나의 치료법으로 이용될 수 있기 때문이다. 그러나 무엇보다도 분명한 것은 만일 포르노를 금지한다면 포르노의 제작과 유포는 하나의 범죄가 되며, 이러한 거래나 유통이 훨씬 비싸게 이루어질 것이라는 점이다. 또한 정부 차원에서 규제와 제한이 심할수록 조직적 범죄행위와 단속의 가능성이 높아지게 된다(Gordon & Snyder, 1986). 음란의 개념은 시대와 문화의 배경에 따라서 그 내용이 달라지는 상대적인 차원의 문제이지만,

연구도 해보지 않고 막연하게 무조건 한 방향으로 결론짓는 것은 해결책을 전혀 찾지 않는 것보다 못하다. 그렇다면 포르노 문제를 제대로 이해하기 위해서는 어떤 대상이 포르노를 원하고 있는지, 왜 포르노를 접하고 싶어 하는지, 본인 의지와 무관하게 노출되었을 때는 어떻게 해야 하는지, 법적인 금지의 한계나 기준이 명확하게 설정되어 있는지 등을 학문적인 상황과 실제적인 상황에서 보다 더 적극적으로 검토해야 한다.

3.3.9 포르노 노출의 영향

킨제이가 성을 연구하던 시대 이래로 남성이 여성보다 성적 자극이나 포르노에 대한 노출이 더 빈번하였다. 포르노와 같은 성적 자극에 노출된 경험을 측정할 때 보통 남성들은 자신의 경험을 거의 정확하지만 약간 과장해서 반응·보고하는 경향(over-estimation)이 있는 반면, 여성들은 거의 정확하지만 사회적으로 바람직한 차원에서 약간 과소해서 반응·보고하는 경향(under-estimation)이 있다. 실제와 조사에서 여성들의 반응 차이는 아마도 사회 문화적 학습효과에 기인한 것이다(Allgeier & Allgeier, 1991). 대부분의 경우 이러한 노출은 자발적이며, 통계적으로는 고등교육을 받은 사람일수록 포르노에 대한 노출이 더 높은 편이다(Gordon & Snyder, 1986).

포르노에 대한 노출경험에서 남녀 차이가 있었지만, 포르노에 대한 태도에서도 마찬가지이다. 예를 들면, 체코에서는 포르노의 생산이나 보급을 범죄로 규정했으나 1989년 공산정권이 붕괴된 이후 자유시장 경제체계로 변하면서 포르노의 생산과 보급이 폭발적으로 증가하였다. 또 1993년 1월 체코와 슬로바키아로 분리되었지만, 양국 국민은 정신건강에 관하여 유사성을 지니고 있다. 여러 연구자들이 지적했듯이, 포르노에 대한 태도에서 남성들이 여성들보다 더 우호적이었다. 물론 강간이나 남성의 우월성, 폭력성을 수반한 포르노에서만 그와 같은 남녀의 차이가 존재하였다. 또 종교성에 따라서도 태도가 변했는데, 종교성이 강한 사람일수록 포르노에 대한 태도가 부정적이었다(Robinson et al., 1996).

포르노에 대한 태도는 문화권에 따라서도 차이를 보인다. 미국, 체코, 슬로바키아의 정신건강전문가(성 연구가, 심리학자, 상담치료가, 정신의학자)들을 대상으로 교육용, 연성, 경성, 폭력성, 그리고 일탈된 성행위에 관한 포르노에 대한 태도를 비교하였다. 그들은 모두 교육용 포르노에 가장 호의적인 태도를 보였으며, 다음으로는 연성, 경성의 포르노 순서였다. 폭력성과 일탈성의 포르노는 부정적인 태도를 나타냈는데, 특히 폭력성 포르노에 대한 태도는 매우 부정적이었다. 또 종교성이 강한 전문가일수록 5가지 포르노에 대해 모두 부정적인 태도를 보였다. 종교성의 영향을 통제한 후 분석했을 때 전문가들 중에서도 성 연구가들은 다른 전문가들보다도 5가지 형태의 포르노에 더 긍정적인 태도를 보였고, 체코와 슬로바키아의 전문가들이 미국 전문가들보다 더 긍정적이었다. 다행히 전문가들 사이에서는 남녀 차이가 없었다(Robinson et al., 1996).

(1) 포르노 노출의 성차

일반적으로 시각자극에 대한 노출에서 남성이 여성보다 더 쉽게 흥분을 일으킨다고 알려졌다. 포르노의 경우 남녀 모두가 시각자극의 대상이 이성일 때 성적으로 더 쉽게 흥분한다. 예를 들면, 남성은 남성이 자위행위를 하고 있는 포르노 장면에 대해서는 별로 흥분하지 않지만 여성은 이에 쉽게 흥분했으며, 여성의 자위행위 장면에 대해서는 남성이 쉽게 흥분하였다(Hatfield et al., 1978). 또한 포르노의 내용에서 색정적 강도가 높을수록 여기에 대한 생리적 반응강도가 높게 나타났다. 예를 들어, 여성을 대상으로 했던 연구에서 평범한 내용의 성 이야기에 노출되었을 때보다 경성 포르노에 노출되었을 때에 혈액 반응의 수준이 더 높았다(Osborn & Pollack, 1977).

(2) 포르노 노출의 영향 - 성에 대한 부정적 인식

포르노 영화가 청중에게 미칠 수 있는 부정적인 영향들 중의 하나는 감각효과 때문이다. 청각적 음향효과는 물론이거니와 흔히 역할을 수행하고 있는 배우들은 시각적으로도 일반인들에게 큰 영향을 끼친다. 여성배우의 관능적 행위나 신체 특성 그리고 남성배우의 초인적인 성행위 수행능력 등은 남성들에게 성기 크기에 대한 열등감 또는 성적 수행능력에 대한 불안감을 조장시킬 수 있고, 여성들에게는 성행위를 단순히 쾌락을 위한 수단으로 받아들이면서 마초(Macho)성 남성만을 기대하게 만들 수 있다. 마초라는 단어는 스페인어로 원래 인생이나 빈곤 그리고 고통의 문제를 해결할 수 있는 아주 강하고 용감한 남성을 의미한다. 그러나 영어에서는 여성을 성적 만족의 대상으로 여기는 남성이면서 매우 강인하고 무감각하며 또한 지배적인 남성을 뜻한다.

여기에서 한 가지 알아야 할 사항은 일반인에게는 잘 알려지지 않은, '플러퍼(fluffer)'라는 배역의 역할이다. 플러퍼는 포르노 영화제작에서 하찮은 일을 하는 여자를 칭하는데, 그녀는 포르노 영화에서 출연하는 남성 배우 성기의 발기상태를 유지시키는 일만을 전문적으로 담당한다. 그녀는 장면이 바뀔 때마다 남성 배우의 성기를 자극시키는 일만 하며 촬영의 대상이 되는 배우로서의 자격은 없다(Ziplow, 1977). 근래에는 남성 배우의 발기상태를 약물로 유지시킬 수 있기 때문에 플러퍼의 역할이 거의 사라졌지만, 그러한 사실을 잘 알지 못하거나 또는 성에 대한 건전한 태도나 지식을 갖추지 못한 상태로 포르노 영화에 노출되면, 성행위의 기술과 인생의 가치를 혼동하는 것을 비롯하여 전반적인 성의 개념이 형성되는 데 부정적일 수 있다.

(3) 포르노 노출의 영향 - 폭력성

초창기 포르노 영화에서 주로 다루었던 폭력의 형태는 강간이나 채찍질 등이었다. 그러나 나중에는 몸을 묶거나 서로 때리고 학대하는 변태적인 형태들이 포함되기 시작하였다. 특히 일본에서 제작된 포르노 영화의 대부분은 폭력의 잔인성으로 유명하였다(Worthley, 1983). 폭력성 포르노 영화의 공통점을 살펴보면, 폭력이나 학대가 성적 만족의 수단이 되고 있으며, 또 폭력이나 학대의 희생자는 거의 모두 여성이다. 또한 영화의 내용에서 여성의 성기나 유방, 엉덩이 부분 등을 세밀하게 묘사하는 장면이 매우 빈번하다. 결과적으로 여성이란 하나의 육신에 불과한 성적 대상이며, 음란하고 위험한 존재라는 개념을 일반인에게 인식시키고 있다. 사실상 포르노 영화 제작자들은 성공을 보장받기 위해서는 젊은 여성을 강간하거나 또는 잔인하게 취급하는 작품을 만들어야 된다고 생각한다(Abramson & Hayashi, 1982). 또한, 많은 남성들이 사춘기 이전의 어린 여성을 주인공으로 등장시킨 포르노에 관심을 갖기 때문에 아동을 이용한 포르노가 제작되고 있다.

앞에서도 언급했지만, 사람들은 포르노 영화의 폭력이나 학대의 장면에 대한 노출이 개인의 일상생활에 미치는 효과를 우려한다. 그들은 흔히 그러한 장면에 대한 빈번한 노출이 개인의 태도 변화를 촉진시켜 실제의 행동에 영향을 줄 수 있다고 생각한다. 여성운동가들은 이러한 이유 때문에 남성이 지배하는 사회가 영속되고 있다고 비판한다. 즉, 러셀은 수많은 남성이 강간을 범할 경향을 지니고 있으며 폭력성 포르노 영화는 폭력적인 충동의 발산을 조장한다고 주장하였다(Russell, 1984). 그래서 미국의 위스콘신 대학교의 도너스타인(Edward Donnerstein)이나 UCLA의 맬러무스(Neil Malamuth) 등의 심리학자들은 과연 폭력성 포르노 영화가 그와 같은 영향을 미치는가를 파헤치기 시작하였다.

그들은 남학생들만을 대상으로 했던 연구에서 그러한 포르노에 대한 노출이 여성에 대한 남성의 공격성을 당연시하는 경향을 증가시키고 강간에 대한 문제를 사소하게 여긴다고 결론지었다. 또한 폭력적인 포르노에 자주 노출되었던 남성들은 강간에 대한 지각에서도 변화가 생겨, 희생자들보다는 강간범들에게 더 많은 동정을 하게 되었다. 예를 들면, 여성이 강간을 제대로 막지 못한 책임이 있다거나 강간범을 너무 심하게 처벌해서는 안 된다는 것 등이었다(Donnerstein & Berkowitz, 1981; Malamuth & Donnerstein, 1982). 이와 같은 결론에 의해 여성운동가들은 폭력성 포르노 영화가 여성에 대한 적개심을 지녔던 남성들에게 여성을 상대로 사려 깊지 못한 행동을 부추길 수 있다고 우려하고 있다. 그러나 연구자들은 폭력 영화를 본 사람들이 실제로 일상생활에서 그와 같은 폭력을 휘두를 것이라는 가설은 증명하지 못했다. 즉, 연구자들은 기본적으로 폭력성이 개인의 태도와 관련이 있다는 상관관계만을 밝혔을 뿐, 이러한 태도가 실제 행동으로 전가된다고 주장하지 않았다. 다시 말하면, 포르노에 대한 노출이 개인의 태도 변화에 관계된다고 하더라도 노출과 태도 변화 간의 인과관계를 설명하지는 못한다.

사회과학의 방법론에서는 상관관계로부터 인과관계를 함부로 추론하는 것을 금하고 있다. 그래서 도너스타인 등은 폭력성 포르노 영화의 효과를 고립시키기 위하여 폭력성과 성에 관한 측면을 정교하게 분리시켰다. 결국 비폭력성 포르노에 노출되는 것은 개인의 태도에 영향을 미치지 않았음이 밝혀졌다. 마찬가지로 포르노에 노출된 모든 남성이 여성을 착취하려는 태도를 취한다는 연구결과도 아직 없다. 이와 같은 이유에서 연구자들은 사회심리학적인 연구결과를 검토 없이 법적으로 어떤 결정을 내리는 데 적용하는 것을 우려하였다(Linz et al., 1987). 혹자는 포르노를 여성에 대한 남성들의 가혹한 태도나 행동의 원인이라기보다는 하나의 증상이라고 본다(Gordon & Snyder, 1986). 또한 포르노 노출에 대한 집착을 보통 신경증의 증상이라고도 여기는데, 예를 들면, 전형적으로 포르노 영화에 정기적으로 노출되는 사람은 성교육을 제대로 받지 못했고, 자신의 성적인 충동에 죄책감을 느끼는 사람이다.

여성은 어떠한가? 여대생들에게 네 가지 상황의 테이프를 들려주고 생리적 반응과 주관성의 흥분성을 측정하였다. 첫째, 한 여성이 술집에 가서 도발적인 행동을 하며, 어느 남성에게 접근하자 그 남자가 남자 화장실로 끌고 가서 강간을 하지만 여성도 이를 즐겼다는 내용의 편지를 읽어주는 것이고, 둘째, 실제로 강간을 당하는 소리를 들려주는데, 그녀가 끝까지 저항하는 테이프이다. 셋째는 남녀가 서로 동의하여 성관계를 하는 상황을 들려주는 테이프이고, 넷째는 남녀가 성과 무관한 이야기를 하는 내용을 들려주는 테이프이다. 여성들의 생리적 및 주관적인 흥분의 정도는 첫째와 셋째 조건에서 가장 높게 나타났다. 실제로 강간당하는 여성의 이야기를 듣는 것은 가상적인 강간의 상태 및 상호 동의하의 성교 상태의 이야기보다 성적 흥분을 제대로 일으키지 못하고 있다(Stock, 1995).

남녀 대학생들에게 2종류의 비폭력적이지만, 비인간성 포르노 영화를 보여 주었다. 하나는 여성이 남성의 성기를 숭배하고 남성만이 성욕에 가득 찬 내용이고, 다른 하나는 여성도 남성처럼 성욕에 가득 차 있는 내용의 포르노였다. 앞의 포르노를 감상한 여성들은 적개심, 불안, 우울증, 혼동 등의 매우 부정적인 느낌을 표현하였다. 나중의 포르노를 감상한 여성들은 다소 성적으로 흥분되었다고 표현했다. 그러나 남학생들은 앞의 포르노 감상에서는 성적 쾌락을 표현했지만, 나중의 포르노에서는 여성이 적극적으로 나서는 점에 불쾌감을 표시하였다(Stock, 1995).

CHAPTER

4 결혼, 임신, 분만 및 낙태

4.1 결혼

결혼이란 남녀가 부부관계를 맺는 행위 또는 부부관계에 있는 상태를 말하며, 사전적 의미로는 '남녀가 정식으로 부부관계를 맺음'이 된다. 현대 사회의 결혼은 성인 남녀가 자유의사에 따른 이성교제를 통해 애정과 신뢰를 확인하고 정신적, 육체적으로 결합하여 이루어지고 있다.

결혼은 배우자와의 성적 · 심리적 · 경제적인 결합을 뜻하는 동시에, 사회적으로 사회를 구성하는 기본 단위인 가정 · 가족을 형성하고, 나아가 종족 보존의 기능을 지닌다. 그러므로 모든 사회는 어떤 형태로든지 혼인을 승인하고 이에 따른 법적 제재장치를 두는데, 그 형태는 각 사회의 경제적 · 종교적 · 민족적 요소에 따라 다르다.

4.1.1 결혼의 실질적 구성요건

1. 우리나라에서 결혼을 하기 위해서는
2. 혼인당사자 간에 의사 합의가 있어야 한다.

3. 남녀 모두 만 18세 이상이어야 한다(807조).
4. 미성년자는 부모의 동의를 얻어야 한다(808조).
5. 8촌 이내의 부계 · 모계 혈족 등 근친 간은 혼인하지 못한다.
6. 중혼이 아니어야 한다(801조).

4.1.2 신혼기의 성생활

신혼기의 성생활은 개인과 남녀에 따라 차이는 있지만, 대체로 질보다 양에 치우치는 경향이 있다. 이때의 성생활은 부부관계를 밀착시키는 도구이며 상대방과의 대화 수단이다. 또한, 부부가 정서적으로 가까워질 수 있는 중요한 동기가 된다. 만약 신혼기부터 솔직한 대화가 이루어지지 않는다면 자칫 성교가 의무나 관례로 여겨져 서로의 애정을 반감시킬 수 있으며, 신혼 초에 겪은 성적 불일치를 방치하면 발기부전과 불감증으로 이어질 수 있다. 특히 여성의 불감증은 성교기피증으로 이어질 경우 아예 성생활이 불가능해지는 최악의 상황을 초래하기도 한다.

여성의 외부 생식기는 질의 입구에 처녀막이라는 구조체와 매우 약한 점막으로 구성되어 있고, 성교 경험이 별로 없는 여성의 경우 성교 시 긴장감으로 인해 질 근육이 수축되고 성교 시 분비되는 특수한 점액이 충분히 분비되지 않아서 외음부와 질 주변에 쉽게 상처가 생기고 감염이 되어 외음부 염증 및 질염 등을 초래할 수 있다. 또한 이러한 손상 및 염증으로 인한 요도 및 방광의 부종은 인접한 요도를 압박하여 소변을 저류시킨다. 이는 외음부 세균의 역류를 초래함으로써 요도염과 방광염을 유발하게 되는데, 이를 일명 신혼여행 방광염(honeymoon cystitis)이라고 한다. 그러므로 신혼기의 성생활에서 꼭 지켜야 할 지침은 서로 청결을 유지하고 충분한 전희시간을 가지며, 일방적이고 과도한 성행위를 하지 않음으로써 상대방을 배려한 성생활을 해야 한다.

4.2 임신

임신이란 수정란이 모체의 자궁 내막에 착상(着床)하여 호르몬이 분비되고, 태반(placenta)을 통한 영양분의 공급과 배설이 지속되어 태아로 발육하는 현상을 말한다. 임신이란 수정에서 출산까지의 과정을 통틀어 말하며, 임신 기간은 최종 월경 시작일을 기점으

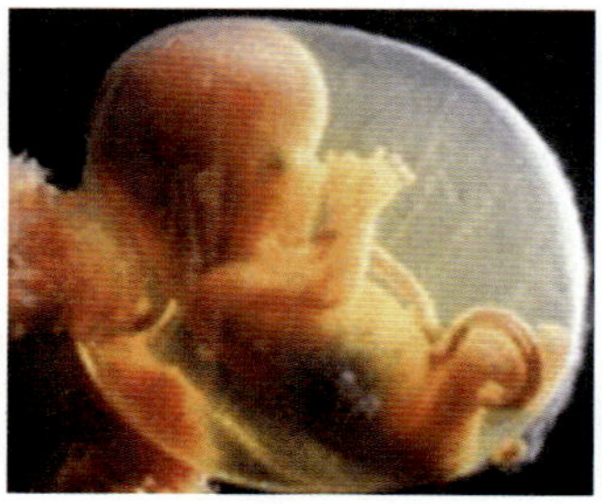

[그림 4-1] 태아의 모습.

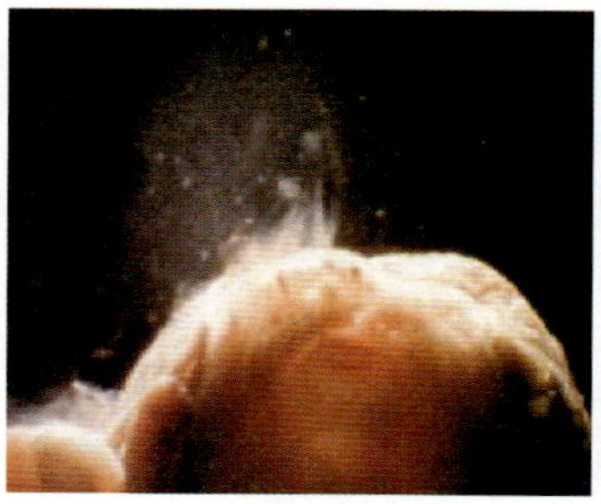

[그림 4-2] 배란되는 난자의 모습.

로 263~293일, 평균 278일이지만 280일을 기준으로 출산예정일을 정하고 있다. 월경주기가 28일 주기가 아닌 불규칙한 여성의 경우는 배란일을 중심(14일째로 환산)으로 266일을 더하면 출산예정일이 된다.

• **임신기간의 편의 계산법**

3개월에 13주를 고려하여 계산하므로, 예를 들어 최종 월경일이 6월 13일이고, 현재 10월 27일인 경우의 임신기간은 9월13일까지의 3개월 (13주), 9월13일부터 10월27일까지의 6주를 합해 19주가 된다.

• **출산예정일 계산법**

=[최종 월경 시작 월 + 9 (또는 – 3)]월 + [최종 월경 시작일 + 7]일. 예를 들면, 마지막 월경 시작일이 9월 15일이었다면, 출산예정일은 다음 해의 6월(9월–3월) 22일(15일+7일)이 되며, 마지막 월경 시작일이 1월 25일이었다면 예측되는 출산예정일은 11월(1월+9월) 1일(25일+7일 = 32일 이기에 1개월 추가)이 된다.

4.2.1 배란(Ovulation)

난소 속의 성숙난포가 터지면서 난자가 난소에서 빠져나오는 것을 배란이라고 하는데, 이는 사춘기부터 자궁 좌우에 있는 난소에서 무작위적으로 한 달에 한 번씩 일어난다. 보통 난포의 성장은 약 3개월에 걸쳐 양측 난소에서 수백 개의 난포가 생성되지만 대부분이 퇴화된다. 월경 수일 전 난포자극호르몬 분비가 증가되면 수많은 난포 가운데 몇 개가 자라기 시작하고, 이 중 혈관이 잘 발달되고 우선적으로 성장한 한 개의 난포만이 배란된다. 배란된 난자는 난포액과 같이 복강 내로 튀어나와 난관 채관부에 부착된다. 이 배란은 생리주기가 28일일 경우 월경주기의 중간일인 월경 14일을 전후하여 일어난다.

배란된 난자는 난관 채관부에서 수정되어 난관의 섬모운동과 연동운동을 통해 나팔관을 타고 자궁으로 내려간다. 배란된 난자는 약 12~24시간 동안만 수정 능력을 갖기 때문에 그 사이에 정자를 만나야만 수정할 수 있다.

4.2.2 사정(Ejaculation)

사정이란 남자의 성기에 주어진 자극으로 성적 흥분이 극도에 달했을 때 나타나는 척수의 사정중추의 반사로, 정액이 정액낭(seminal vesicle)에서 요도를 거쳐 외요도구로 분출되는 현상을 말한다.

사정은 반사운동이기는 하나 의지에 의해 어느 정도 조절할 수 있으며, 성적 흥분은 사정 후 급격하게 소실된다. 사정 시에는 요도내괄약근이 폐쇄되고 정액이 요도구에서 배출된다. 그러나 이 괄약근의 폐쇄 · 개구 기능이 제대로 작동하지 못하면 사정된 정액이 요도구로 나오지 않고 방광으로 역류하는 무정액증을 나타내어 불임의 원인이 되는 경우가 있다.

성교를 할 때 삽입 직후 또는 극히 짧은 시간 내에 사정하는 것을 조기사정, 즉 조루라고 하며, 성행위 없이 일어나는 사정을 유정이라고 한다. 유정은 월 1~2회 정도는 생리적인 것이므로 걱정할 필요는 없다. 그러나 미미한 성적 자극에도 바로 사정하는 것, 특히 발기 없이 사정하는 것은 병적인 증상이라고 봐야 한다.

4.2.3 수정(Fertilization)

수정은 정자와 난자가 난관 내에서 결합하는 것을 말한다. 난자가 난소에서 배출된 후 생존할 수 있는 기간은 약 8~24시간이며, 난자는 난관의 섬모운동으로 생기는 난관 내 액체의 흐름에 의해 자궁 쪽으로 1/4정도 (팽대부)까지 이동한다. 한편, 정자는 생존기간이 약 48시간 정도지만, 매우 드물게는 약 1주일 동안이나 살아 있는 경우도 있다. 정자는 사정 후 2~3시간 만에 난관의 채관부까지 이른다. 이때 정자의 운동속도는 1~4mm/sec이고, 난관의 총 길이는 약 15cm이므로 정자는 사정 후 최소 약 40분이면 난관 끝에 도달할 수 있다.

보통 수백 개의 정자가 난자의 막인 투명대에 부착되는데, 이 중에서 정자 하나만이 난자 내로 들어가서 투명대에 변화를 유발하게 되면, 이후 다른 정자는 투명대를 통과할 수 없게 된다. 난자에 침입한 정자는 두부가 부풀어 올라 남성전핵(male pronucleus)이 되고, 난자 핵은 여성전핵(female pronucleus)이 되어 서로 접합하여 하나의 핵을 이루며 수정란이 된다.

수정란은 스스로 이동할 능력이 없으므로, 난관 상피세포의 섬모운동에 의하여 자궁에

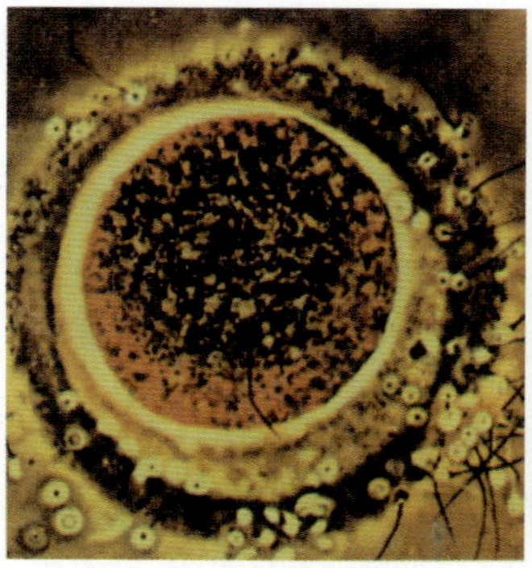

[그림 4-3] 난자 주변에 응집해 있는 정자들.

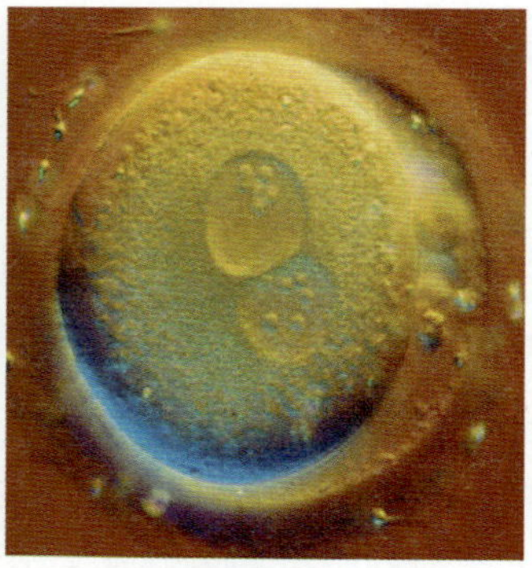

[그림 4-4] 수정란. 남성전핵과 여성전핵의 형성.

도달하게 되는데, 보통 4일 정도가 걸린다.

수정란은 수정 후 약 30시간 만에 2개의 딸세포로 분열되고, 그 후 매 10~15시간마다 분열을 거듭하여 수정란이 자궁에 도달할 무렵에는 세포 수는 16개 또는 32개의 상실기 배아상태이다. 이 시기부터 분열을 거듭하면서 세포의 분화가 일어나며 포배기를 형성하여 착상을 하게 된다.

4.3 난임

4.3.1 난임의 정의, 원인 및 난임 검사

부부가 1년간 피임을 하지 않고, 정상적인 부부관계를 가졌는 데도 임신이 되지 않는 상태를 난임이라 정의한다. 이때 여성의 나이가 만 35세 이상일 경우에는 6개월 기준으로 난임 여부를 진단한다. 과거에는 '불임'이라는 용어를 많이 사용했는데, 불임(不姙)은 한자 표현 그대로 임신을 할 수 없는 불가능 상태를 말하지만 난임(難姙)은 임신하기 어려운 상태, 즉 임신을 할 수 있지만 쉽지 않은 상태를 의미한다.

난임의 가장 큰 원인은 배란장애가 차지하고 있다. 배란은 내분비 기능에 의해 조절되므로 호르몬 분비에 이상이 생긴다면 정상적인 배란은 일어나지 않는다. 이러한 배란 장애는 다낭성 난소 증후군, 갑상샘호르몬, 유즙분비호르몬의 분비 이상, 조기 폐경 등이 원인이며, 반드시 호르몬 검사를 통해 그 원인을 밝혀야 한다. 그 밖에 과도한 스트레스로 인한

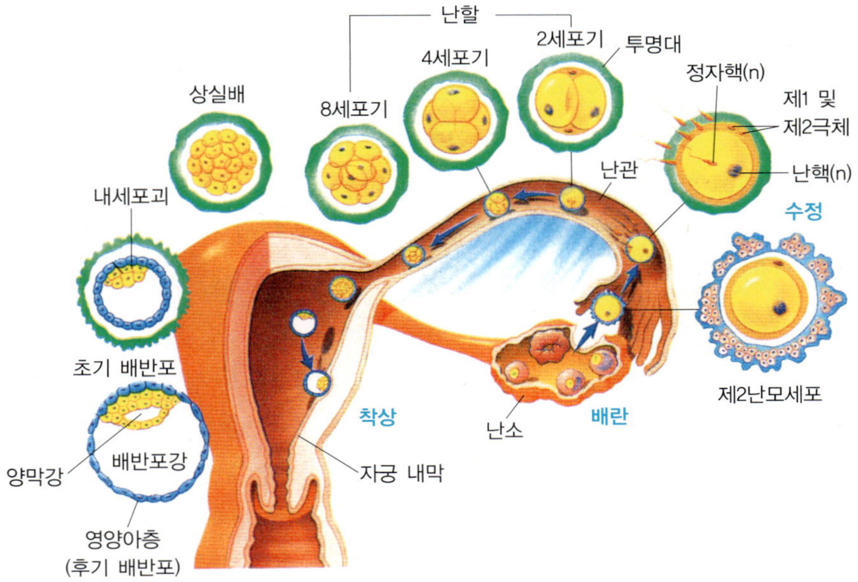

[그림 4-5] 수정 부위, 수정란의 이동과 발생 및 배반포의 착상.

심인성 원인에서 오는 경우도 있고, 최근에는 무리한 다이어트에서 오는 배란 이상도 많아지고 있다.

한편, 난관이 막히거나 수종이 생겨 소통이 되지 않을 때를 포함한 난관, 복막 인자가 원인이 되기도 한다. 난관은 배란된 난자와 정자의 이동 통로이자 이들이 만나 수정하는 곳으로, 보통 나팔관이라고 한다. 난관이 막혀 임신하지 못하는 경우, 대개 난관염이 그 원인이 된다.

자궁외임신 등으로 양측 나팔관을 절제하거나 자궁내막증이나 부인과 수술 후 유착 등으로 인해 나팔관이 주위 조직과 달라붙어 난임을 초래하는 경우도 있다. 그 외에는 자궁경관의 문제, 즉 배란기가 되면 맑고 풍부한 점액이 자궁경부에서 분비되어 정자가 잘 통과 되어야 하는데, 점액 분비가 잘 되지 않아 자궁내강으로 방어벽이 생겨 정자의 이동이 힘든 경우를 말한다. 자궁경관의 수술 및 만성 자궁경부 염증 등이 원인이 되며, 자궁 점액 내에 항정자 항체(anti-sperm antibody)가 존재하여 정자가 자궁으로 들어가지 못하는 경우도 해당된다. 한편, 정자 형성 장애란 건강한 정자를 잘 만들지 못하는 것을 말하며, 남성 난임의 80~90%를 차지하고 있다. 정액의 양과 정자 수가 적거나, 정자의 수는 충분하지만 정자의 질이 나빠서 기형이거나 운동 능력이 좋지 않은 정자가 많으면 임신 가능성은 떨어진다. 이러한 정자 형성 장애는 대개 정자를 만드는 고환 기능에 문제가 있기 때문이다. 또한 고환에서 만들어진 정자는 부고환, 정관을 통해 요도에서 사출되기 때문에 부고환, 정관, 전립선에 장애가 있는 경우 정자가 잘 운반될 수 없다. 그러므로 성병이나 결핵 등에 의해 생식 기관에 염증이 있을 경우도 정자 운반에 장애가 생겨 난임의 한 원인이 된다. 즉, 여러 검사를 모두 마쳤는 데도 원인을 찾지 못하는 경우(즉, 원인 불명)도 있다. 사회적 영향으로 인해 결혼 연령이 높아지고 있고, 여성의 사회 활동 증가와 육아 부담으로 인해서 결혼 후에도 출산을 미루는 경향이 많다. 과거에 비해 식이 습관과 환경 변화로 인해 여성의 경우 배란 장애, 남성의 경우 정자 이상의 빈도가 증가하고 있고 이 또한 난임에 영향을 준다.

모든 난임 검사는 1회 방문에 끝나는 것이 아니며, 아래의 검사를 생리주기에 따라 맞춰서 시행하므로 검사가 끝나는 데는 약 1~2개월 정도 소요될 수 있다. 여성측 검사는 생리 2~3일째 호르몬 검사 즉, 난포의 성장과 배란 기능에 영향을 줄 수 있는 호르몬 수치(황체형성호르몬, 난포자극호르몬, 유즙분비호르몬, 갑상샘자극호르몬)를 혈액으로 검사한다. 월 경 직후부터 9일째까지는 난관 소통 여부 및 자궁 내부 확인을 위해 X선 촬영을 이용한 자궁 난관 조영술을 시행한다. 최근에는 X선 촬영 대신에 실시간 초음파를 이용하여 난관 소통 여부를 확인하기도 하는데, 이를 자궁 난관초음파조영술이라고 한다. 배란 직전에는 배란을 간접적으로 확인하기 위해 초음파 또는 소변을 통해 배란 확인 검사를 시행한다. 배란 초음파 검사는 난포의 성장 및 배란 유무를 가장 저렴하고 쉽게 관찰할 수 있는 방법이다. 이후 실시하는 성교 후 검사는 자궁 입구의 점액이 정자의 운동성에 미치는 영향을 보는 검사로서 당일 새벽이나 전날 밤에 부부관계 후 씻지 않은 상태에서 검사를 시행한다. 배란 직후에는 황체호르몬 검사를 통해 배란이 잘 되었는지 확인할 수 있다. 또한, 자궁내막 조직 검사를 통해 자궁내막이 발달하였는지 확인할 수 있다. 남성 난임 검사는 기본적으로 정액 검사를 통해 가임 능력을 평가한다. 정확한 검사를 위해서는 2~3일 정도 금욕이 필요하고, 가능하면 사정된 후 2시간 이내에 시행하는 것이 좋다. 검사 후 특정 이상이 발견된다면 세부적인 원인 규명을 위해 비뇨기과적 검사나 치료 혹은 인공수정이나 체외수정과 같은 보조생식술 치료를 받을 수 있다.

4.3.2 난임 치료법

특별한 치료 없이 임신을 기다려 보는 방법부터, 배란을 유도하거나 인공수정, 시험관 아기 시술 등을 하기도 하고, 외과적 수술 방법으로 자궁내막증, 유착, 자궁근종, 자궁기형 등을 치료하여 난임의 원인이 되는 것을 제거해 줌으로써 임신이 이뤄지게 한다. 난임의 원인이 되는 질환의 경우, 이로 인하여 건강상의 다른 문제를 유발할 수 있기에 당장 임신을 원하지 않더라도 치료가 진행되어야 하는 경우가 많다.

(1) 인공수정

인공수정(IUI ; Intra-Uterine Insemination)은 배란기에 맞춰 채취한 정액에서 정자만을 분리하여 자궁강 속으로 주입해 주는 시술이다. 남편의 정액을 받아서 특수배양액으로 운동성이 좋은 정자만을 모아, 가느다란 카테터를 사용하여 여성의 배란기에 맞춰 자궁 안에 직접 주입시켜 자연 수정이 일어나도록 하는 시술 방법이다. 인공수정의 임신 과정은 정상 임신 과정과 같은 체내 수정이기 때문에 최소한 한쪽은 난관이 정상이어야 하며, 최소한의 정자 수가 있어야 한다. 대개 인공수정은 3회 이내로 시행한다. 사람의 인공수정은 사용되는 정자에 따라 두 가지로 나뉜다. 즉, 남편의 정액을 사용하는 경우는 배우자 간 인공수정이라 하고, 남편이 무정자증으로 도저히 임신할 수 없는 경우에는 다른 사람의 정액을 사용하는데, 이러한 경우를 비배우자간 인공수정이라고 한다. 모든 과정은 무균 상태에서 처리하고, 경우에 따라서는 냉동보존 정액을 사용하기도 한다.

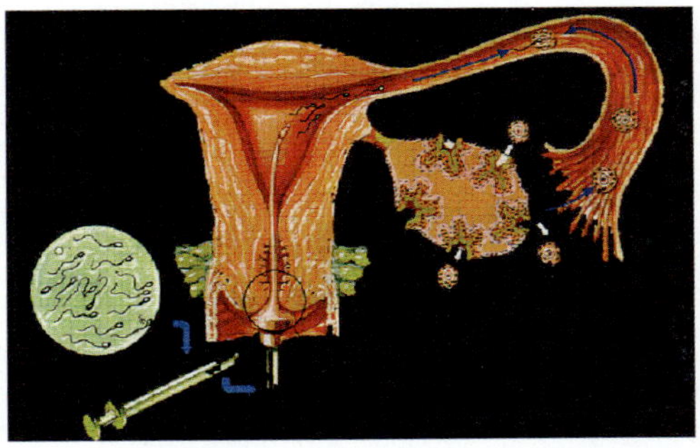

[그림 4-6] **인공수정.** 정액이 제거된 정제 정자를 가는 관을 통해 자궁 강에 넣어주는 과정.

시술 대상은 경증의 남성 난임 즉, 정자 운동성이나 정자 수가 약간 감소되어 있는 경우와 원인 불명의 난임이지만, 난관은 정상 개통이 확인된 경우, 그리고 경증의 자궁내막증, 자궁경관 점액 부족인 경우 마지막으로 성기능 장애가 있어 발기부전이나 사정 장애 등으로 인해 정상적 부부관계가 불가능하거나 어려운 경우에 실시한다. 인공수정의 시술 과정은 배란 유도 방법에 따라 자연배란 인공수정과 과배란 인공수정 방법이 있다. 자연배란 인공수정은 성생활 장애나 자궁경관 점액 문제로 인해 인공수정을 하게 되는 경우에는 자연배란 인공수정을 먼저 시행한다. 과배란 인공수정은 생리 2~4일째, 병원에 방문하여 경구 배란유도제를 5일 정도 복용하고 이후 과배란 유도 주사를 추가로 맞는다. 여러 개의 난자를 배란시키는 방법으로, 난포 성숙이 확인되면 배란일을 정하고, 그날 인공수정을 시행한다. 정액 채취는 수음법(Masturbation)을 통해 채취한 정액을 체내에서 수정 능력을 높이기 위해 특수배양액으로 처리하여 운동성이 좋은 정자만을 분리한다. 시술 3일 전부터 음주, 사우나, 부부관계 등은 피하고 병원 내 정액채취실에서 정액을 채취한다. 건강한 정자들을 가느다란 관을 통해서 아내의 자궁 속으로 직접 주입한다(그림 4-6 인공수정. 정액이 제거된 정제 정자를 가는 관을 통해 자궁 강에 넣어주는 과정). 시술 시간은 평균 1분 이내로 걸리며, 시술 후 10~15분 정도 안정 후 귀가하면 된다. 임신 검사는 인공수정 후 5~7일 정도 지나면 배아가 자궁에 착상하므로 시술 15일 후 혈액 속의 호르몬(β －hCG)을 검사하여 임신 여부를 확인한다.

(2) 시험관아기

시험관아기(Test Tube Baby)란, 체외수정술(IVF ; In Vitro Fertilization)로 난자와 정자를 체외에서 수정시켜, 수정란을 2~6일간 배양하여 자궁 내에 다시 이식해 주는 시술이다. 시술 대상은 난관 이상(난관유착, 난관폐쇄, 난관절제), 골반 내의 유착으로 배란된 난자가 난관 내로의 진입이 힘든 경우, 남성의 정자 수가 부족하거나 운동성이 부족하여 인공수정으로도 임신을 기대하기 어려운 경우, 심한 자궁내막증이 있는 경우, 원인 불명의 난임으로 다른 방법은 모두 실패한 경우에 시행한다. 시험관아기 시술 과정은 난자를 채취하기 전, 과배란 유도를 통해 5~15개 정도의 난자를 배란시키는 방법이 통상적인 방법이고, 임신율이 가장 높다. 환자 상태에 따라 장기요법, 단기요법, 단기 길항제요법, 저자극 과배란유도법, 자연주기 방법 또는 변형 자연주기 방법을 시행한다. 성숙한 난자 채취는 일반적으로 난포가 18mm 내외로 성숙하였을 때 그날 저녁 hCG를 주사하며, 주사 약 35~37시간 후 난자 채취를 시행한다. 난자를 채취하는 방법은 정맥주사를 통해 진정제를 투여한 후, 질 초음파를 통해 난소를 보면서 질을 통해 바늘을 넣어 채취한다. 정자 채취는 난자

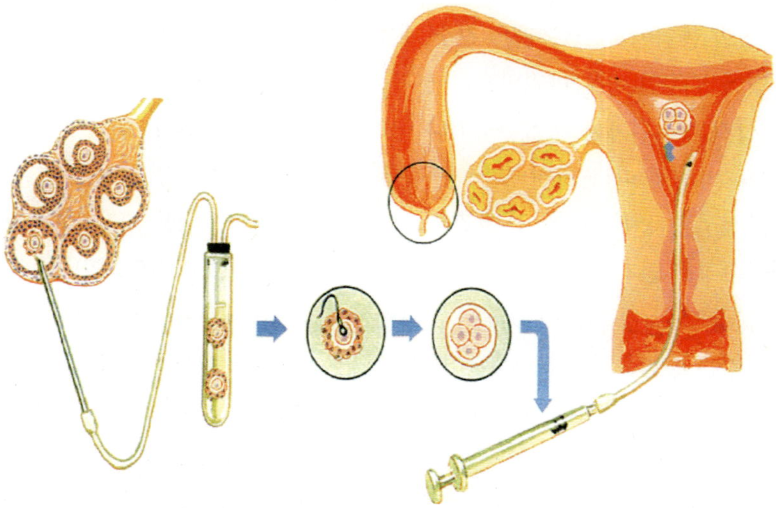

[그림 4-7] **체외수정 및 배아이식술(시험관아기 프로그램).**
배양접시 안에서 정자와 난자를 수정시켜 수일 간 배양한 다음 배아를 자궁 내에 이식하는 과정.

채취의 시기가 정해지면 배란일 2~3일 전부터 금욕을 시작하여, 난자의 채취가 이루어지는 날 정자도 함께 채취한다. 배아이식 과정은 체외수정의 마지막 단계로서 수정된 배아를 자궁 안으로 넣어주는 시술이다. 자궁경부가 잘 보일 수 있도록 질경을 삽입한 후, 초음파를 보면서 가늘고 부드러운 관을 통해 2~5일간 배양한 수정란 1~3개를 자궁 안에 넣어준다. 난자를 채취한 날로부터 착상하기에 적절한 자궁내막 환경을 만들기 위해 황체호르몬(프로게스테론)을 투여한다. 황체호르몬 제제로는 투여 경로에 따라 주사제, 질좌제, 경구용 알약 등이 있고, 배아이식 후 9~12일째 임신 확인을 위하여 혈액 검사를 시행한다.

4.3.3 최신 보조 생식술

(1) 착상전 유전자 검사(PGS)

착상전 유전자 검사를 하는 경우는 정상적인 부부가 오랫동안 임신을 시도하였지만, 임신이 되지 않거나 시험관아기 시술을 받고 착상이 잘 안될 때, 화학적 유산, 계류유산이 될 때, 부모에게 유전질환이 있어 자식에게 유전이 될 우려가 있는 경우 시행한다. 또한, 난자와 정자가 만나 수정될 때 자연적인 염색체 이상이 발생할 수 있고 나이가 많아질수록 염색체 이상이 증가된다. 이렇게 염색체 이상이 있는 배아는 임신이 되지 않거나 유산되는 경우가 많지만, 착상전 유전자 검사를 이용하여 정상 배아만을 선별 후 배아 이식을 진행하면 임신율을 높이고 유산율을 줄일 수 있다. 착상전 유전자 검사는 시험관아기 시술을 통해 얻어진 수정란을 5~6일간 배양하여 배반포까지 키운 후 태반으로 발달될 외배엽의 일부 세포를 떼어내어 태아가 될 세포에는 영향을 주지 않으면서 생검하여 검사한다.

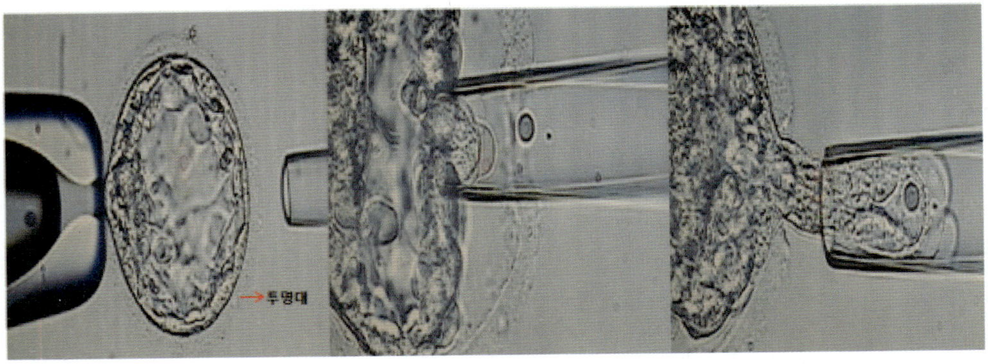

[그림 4-8] 배반포를 생검하는 모습.
레이저를 이용하여 배반포 투명대에 작은 구멍을 만든 후
이 구멍 안으로 생검용 파이펫을 넣어 외배엽 세포의 일부를 떼어 검사한다.

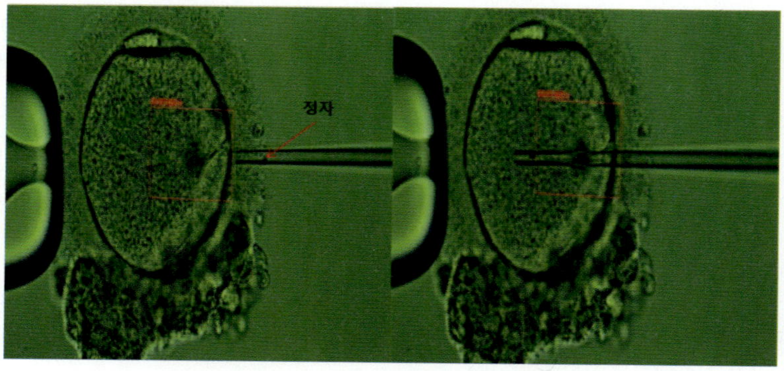

[그림 4-9] 피에조 익시를 하는 모습.
피에조 전용 미세 파이펫에 정자를 넣고 난자에 미세 전기 자극을 준 후 정자를 난자 안으로 주입한다.

(2) 피에조 익시(Piezo ICSI)

일반적인 미세 정자 주입술(ICSI)의 경우 난자 내에 정자를 주입할 때 전기 자극 없이 정자를 주입하는 반면에, 피에조 익시는 정자를 난자 내에 주입할 때 전용 미세 수정 파이펫을 사용하여 난자에 미세한 전기 자극을 줘서 난자를 일시적으로 활성화시킴으로써 난자의 물리적 손상을 최소화하는 미세 수정 방법이다.

(3) 인공지능 기반 실시간 배아 모니터링 배양기(AI Time-lapse incubator)

기존의 배아 선별 방법은 특정 시기에만 배아를 배양기 밖에서 관찰한 후 배아 이식이나 동결을 진행하기 때문에 배아 발달 과정에서 비정상적인 발달을 거친 배아를 이식하는 경우가 있었다. 이러한 단점들을 보완하기 위해 최근에 개발된 것이 인공지능 기반 실시간 배아 모니터링 배양기이다.

이 배양기에서 배양한 배아를 배양기 안에 설치된 카메라를 통해 배양기 밖으로 노출시키지 않고서, 안정적으로 수정부터 배아 이식이나 동결 전까지 배아의 발달 모습을 실시간 형태적으로 관찰한 후 양질의 배아를 선별하여 배아 이식을 함으로써 임신율을 높이고, 건강한 아기의 출산에도 도움을 주고 있다. 이외에도 보조 생식술이 점차 발달되어 냉동 보관된 정자와 난자, 공여난자, 대리모 시술, 동결배아 등도 이용할 수 있게 되었다. 뿐만 아니라, 최근에는 미성숙 난자의 체외성숙을 통한 체외수정, 형태와 운동성만을 고려하여 정자를 주입하는 일반적인 미세조작시술(ICSI)의 한계를 보완하여 성숙도가 완벽한 정자를 선택하여 주입하는 성숙 정자 선별 미세조작 시술법, 특수 편광현미경을 사용하여 난자 안의 방추사를 관찰한 후 정자를 주입하는 방추사 관찰 미세조작 시술법, 고배율 특수 현미

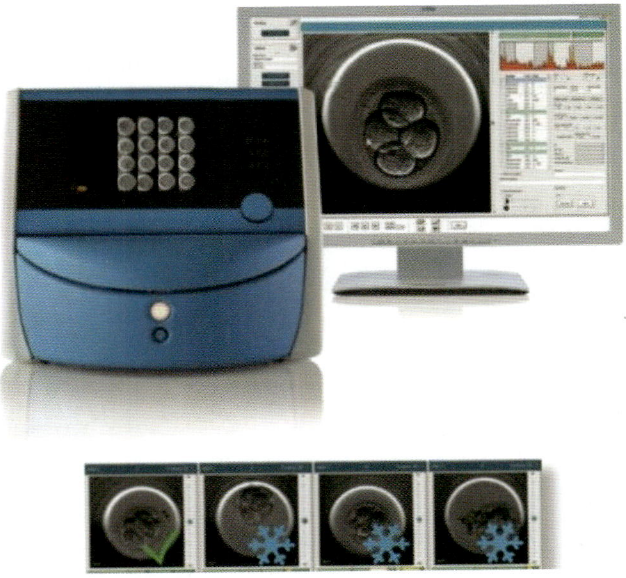

[그림 4-10] 인공지능 기반 실시간 배아 모니터링 배양기
배아를 24시간 관찰할 수 있는 최첨단 배양기로 한 개의 배아를 단독 배양하여
배아의 상태를 분석한 후 양질의 배아를 이식하거나 동결할 수 있도록 도와준다.

경을 이용하여 정자를 6,000배 이상 확대하여 정상적인 형태의 정자만을 선별하여 주입하는 미세조작 시술법, 난자를 둘러싸고 있는 투명대라는 막을 레이저로 일부 깎아 내어 배아가 투명대를 보다 쉽게 뚫고 나오도록 도와주는 레이저 보조 부화 시술법, 자연 임신에서의 외부 자극과 유사한 자극을 배양 중인 배아에 전해 줌으로써 보다 양호한 배아 발생과 높은 착상률 및 임신율을 얻고자 하는 미세 진동 배양법 등이 난임환자의 성공적인 치료를 위해 적용되고 있다.

4.3.4 착상(Implantation)

수정된 수정란은 곧 세포분열을 시작하며, 자궁내막으로 이동하여 모체로부터 산소와 영양을 공급받기 위해 투명대를 벗는 부화 과정을 거쳐 자궁내막에 묻히는데, 이를 착상이라고 한다. 수정에서 착상까지는 약 5~10일이 걸린다. 착상된 수정란은 발육을 본격적으로 시작하여 태아로 발전한다.

[그림 4-11] 배아의 부화 및 착상 과정.

이 시기의 포배낭의 외면에는 영양세포(trophoblasts)라는 세포가 분화되어 나타나는데, 이 세포는 단백질 분해효소를 분비하여 자궁내막 조직의 세포 간

물질을 녹이고, 탈락막 상태로 변형시킨 다음 그 안에 포배낭이 들어가 임신 상태를 유지하게 된다. 이 세포는 증식을 계속하여 자궁내막에 광범위하게 침투 후, 부착하면서 태아의 태반을 이룬다.

4.3.5 임신의 진단

(1) 불확실한 징후

임신의 징후는 있으나 확실하지 않으며, 꼭 임신부가 아니더라도 다른 질환으로 인해 나타날 수 있는 징후이다. 대개는 자각적이며, 생식기 이외에 임신 초기부터 나타나는 증세로는 피곤, 입덧, 유방의 변화, 잦은 배뇨, 태동, 생리불순, 피부 변화 등을 들 수 있다.

(2) 의심스러운 징후

생식기에 나타나는 변화로서, 임신 이외의 상태에서도 있을 수 있지만 대부분 겉으로 드러나는 징후들이다. 일반적으로는 복부 팽창, 자궁이나 질의 점막이 보라색으로 변하는 리비도 착색, 태동감 및 반복적 자궁수축, 복부의 촉진 시 태아의 형태 감지, 임신 반응 양성 등이 있다.

(3) 확실한 징후

태아의 존재를 확인할 수 있는 징후로서 임신 약 5주 이후 가능하다. 최근에는 임신 5주 이후 초음파검사 등을 통해 아기집(임신낭)를 확인할 수 있고, 임신 6주 이후에는 태아 심박동을 확인할 수 있으며, 임신 20주경에는 산모가 태동을 직접 감지할 수 있다.

4.3.6 임신 기간의 3단계

(1) 임신 초기(제1삼분기): 최종 생리 시작일~임신 15주 말

임신 1개월 이전(1~3주 말) 때는 임신 사실을 모르고 지내기 쉽다. 대부분의 산모는 임신 1개월(4~7주 말)부터 월경이 없고 구토를 동반한 입덧 증세가 나타나거나 쉽게 피로해지는 증상을 느끼기 시작하면 비로소 임신임을 알게 되는 경우가 많다. 임신 2개월(8~11주 말)이 되면 자궁이 주먹 크기 정도로 커지고, 태아도 사람 모습을 갖추기 시작한다. 임신 3개월(12~15주 말)에는 태아의 성별을 외관상 알 수 있게 되며, 자궁은 어린아이 머리 만큼

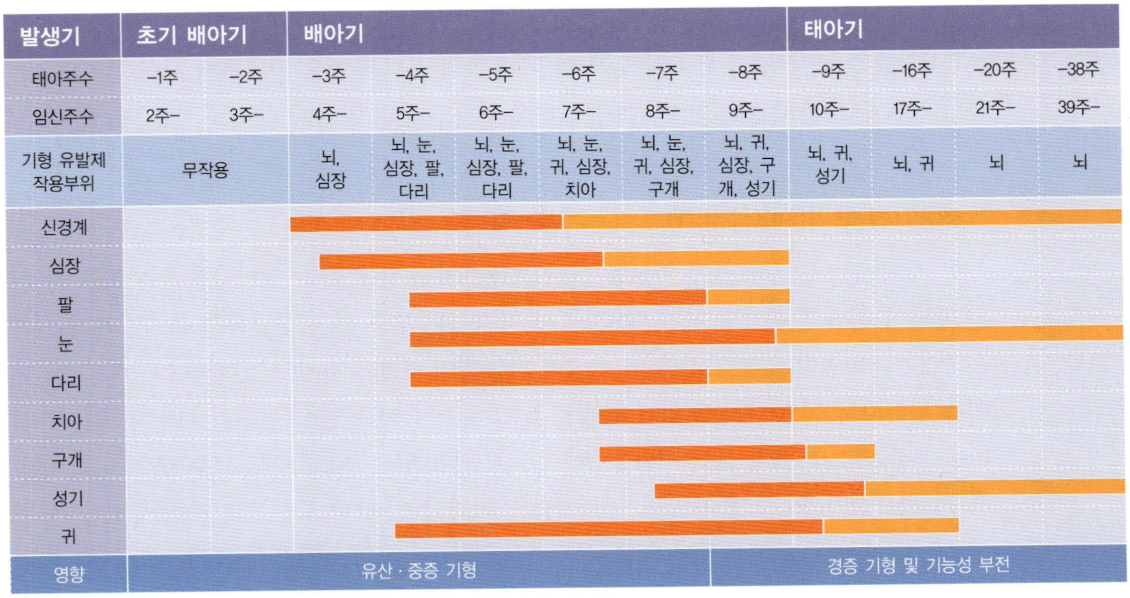

[그림 4-12] 태아의 주요 장기의 발달과 발달 기간별 기형의 발생의 영향.

커지고, 태반과 융모막도 완성된다. 입덧은 대부분 6주부터 시작하여 14주 이전에 가라앉으나 드물게 지속되는 경우도 있을 수 있다.

임신 제1삼분기는 태아의 주요 신체 장기가 형성되고 초기 발달되는 시기이다. 모체의 상태나 환경적 요인이 태아 형성 및 발생에 매우 예민한 영향을 줄 수 있어 대부분의 기형 발생이 이때 시작된다. 또한 이 시기의 과도한 활동과 스트레스는 자궁의 과도한 수축을 유발시켜 절박유산, 융모막하 출혈, 유산 등을 유발하기 매우 쉬우므로 힘이 드는 작업이나 여행 등을 피하고 충분한 수면을 취하며, 부부생활에서도 성기를 깊이 삽입하는 것을 피하고 질내 사정은 피하는 것이 좋다.

(2) 임신 중기(제2삼분기): 임신 16~27주 말

임신 중기는 임신 기간 중 가장 안정된 기간으로 하복부의 팽창이 배꼽 주위까지 도달하게 된다. 임신 4개월(16~19주 말)이 되면 태아는 얼굴이 형성되고 손, 발을 움직이기 시작하기 때문에 모체는 태동을 느낄 수 있다. 초임부는 20주, 경산부는 18주경이면 태동을 느낄 수 있고, 산모가 태아의 상태를 평가하는 중요한 표지가 된다. 이러한 태동은 태아의 근육과 신경계, 골격계의 발달에 매우 중요한데, 충분한 안정과 평안은 태동을 증가시키고 모체 활동의 증가 및 스트레스는 태동을 감소시킨다. 임신 5개월(20~23주 말)이 되면 하복부도 불룩해져서 눈에 띄고, 임신 6개월(24~27주 말)경부터는 유방이 커지고 초유가 나오는 일도 있다. 이 무렵에 태아는 모체 및 모체 밖의 소리와 빛을 감지하기 시작하며 모체를 통한 산모 음성의 특색을 인지하여 각인하게 된다고 알려져 있다.

(3) 임신 후기(제3삼분기): 임신 29주~40주

이 시기에는 산모가 쉽게 피로를 느끼고 태아의 성장에 따라 압박감을 느끼기도 하며, 손과 발이 심하게 붓기도 한다. 따라서 이 시기에는 부종 등 임신중독증 조기발견에 신경을 쓰고, 규칙적인 운동으로 근력 및 심폐 기능을 유지 향상시키는 것이 좋으며, 충분한 휴식을 취하고 휴식 시에는 누워서 다리를 높게 하거나 좌측 옆으로 누워 쉬는 자세를 유지하면 부종예방 및 골반 근육 이완을 방지할 수 있다. 임신 8개월 (32~35주 말)이 되면 태아의 피부는 장미색으로 붉어지고, 머리카락도 자라나며, 남녀 모두 성기가 완성된다. 한편 산모는 태아의 하강을 느끼게 되고, 분비물이 늘며, 자궁이 방광을 누르게 됨에 따라 소변을 자주 보고 잔뇨 느낌을 받지만 상복부 및 가슴 부위가 편안해진다. 조산 및 세균 감염의 예방을 위해 이 시기부터는 부부생활이나 여행을 피하는 것이 좋다. 임신 9개월 (36~39주 말)이 되면 태아는 피부의 주름살과 솜털이 줄어들고, 언제 출산되더라도 정상적으로 활기차게 생활할 수 있도록 준비를 갖추게 된다.

임신 후기는 일생 중 태아의 성장이 최고조에 달하는 시기로 뇌를 포함한 장기 및 근골격계가 성장과 동시에 기능상으로 완성이 되는 시기로서 영양 섭취 및 산모의 신체 상황은 태아에 많은 영향을 미치게 된다. 따라서 산모는 스트레스를 피하고 안정을 취하며 균형잡힌 식단과 꾸준한 운동이 매우 중요하다.

이때가 되면, 2주마다 하던 정기검진을 매주 받고 내진(內診)도 받아야 한다. 특히 조기 양막파수를 주의하고, 출산 준비에 빠진 것이 있는지 확인해야 한다.

4.3.7 임신 기간 중 산모의 일반 관리

일상생활에서는 특수한 상황(임신성 고혈압, 다태 임신, 자궁내 태아발육 부전)을 제외하고서는 가벼운 운동을 규칙적으로 시행하는 것을 허용하지만 충분한 휴식을 취하는 것이 더욱 중요하고, 수면부족, 스트레스를 유발하는 환경과 불규칙한 작업 등은 피해야 한다. 가벼운 휴양을 목적으로 한 여행은 임신 합병증이 없는 한 허용되며, 이동 중에는 최소 2시간마다 자세를 바꾸고 가볍게 보행하여 산모와 태아의 혈액순환을 도와주어야 한다.

목욕은 무방하지만 가능한 열탕 입욕은 피해야 하며, 의복은 통풍이 잘되는 편한 의복을 사용하고, 굽 낮은 신발 사용하여 척추의 무리와 사고를 예방하여야 한다.

임신 중에도 감기나 가벼운 통증이 있을 경우에는 적합한 약물의 사용이 가능하므로 증상이 있을 경우 담당의와 상의하여 치료를 받아야 한다. 치아관리는 영양섭취 및 조산예방을 위해 주기적으로 하는 것이 좋고, 치료는 임신 초기를 제외하고는 특별히 금지할 필요가 없다. 또한 예방접종도 콜레라, 독감, 광견병 등은 제한할 필요가 없으며, 페스트, 소아마비, 디프테리아, 황열, 파상풍, 장티푸스 등은 상황에 따라 허용할 수 있다. 그러나 홍역, 볼거리, 풍진 등은 절대 허용되지 않으므로 주의해야 하며, 흡연, 음주, 마약 등의 사용은 절대 금지해야 한다.

임신 기간에는 태아의 발달과 건강을 고려한 규칙적이고 균형 잡힌 식사가 매우 중요하다. 임신 초기의 영양상태는 태아 형성에 영향을 주므로, 입덧이 심해 식사가 불가능할 경우에는 반드시 적절한 치료를 해서 영양공급을 해 주어야 한다. 임신 전반에 걸쳐 단백질과 비타민, 무기질이 풍부한 음식, 다양한 종류의 음식, 유기농 식품을 선택하여 섭취하는 것이 매우 중요하다. 맵고 짠 음식, 오염되거나 방부제 등이 든 식품, 인스턴트, 패스트푸드 등의 식품은 피해야 한다.

[표 4-1] 임신 중 주요 영양 섭취의 요약.

임신 중 영양 섭취	
칼로리	100~300Kcal/day 추가가 필요하나 분기별로 다름
	1분기: 0Kcal/day, 2분기: 340Kcal/day, 3분기: 452Kcal/day 추가
단백질	전 임신 기간 중 1000g을 보충 (주로 임신 후반기)
	대략적으로 1g/kg/day 섭취권장
무기질	중기 이후부터 30mg/day 보충 권유, 산모가 크거나 다태아인 경우 60~100mg/day Iodine 부족시 cretinism 발생 220 μg/day 보충
	최근에는 과도한 영양제 섭취가 오히려 독성작용을 일으키는 경우가 있음(Iron, Zinc, Selenium, Vitamin A, B6,C,D).
비타민	엽산 이외의 대부분의 비타민은 동물성 단백을 포함한 적당량의 단백질 식사를 할 경우 보충할 필요가 없음
엽산	신경관결손예방에 매우 중요
	임신전 3개월~임신1삼분기까지 400~800 μg/day. 신경관결손과거력 또는 다태아임신의 경우 4mg/day 보충
Vit B12	동물성 식품에만 함유되어 있어 채식주의자에서 임신 시나 수유 시에 부족할 수 있음

4.3.8 임신 중 성관계

특별한 이유가 없을 경우에는 임신 중의 성생활을 제한하지 않는 것이 좋다는 견해가 일반화되어 있으나, 임신 중 성관계는 산모의 신체적, 심리적 상태에 따라 다르다. 임신 초기에는 구토와 피로 때문에 성욕이 감소하지만, 대부분의 경우 임신 말기까지 정상적인 성교가 가능하다. 임신 중의 성행위는 과격하지 않게 복부와 자궁에 과도한 압박 및 질 속 깊이 삽입하는 것을 피하는 것이 좋고, 사정된 정액으로 인해 자궁이 수축하므로 필요에 따라 콘돔이나 질외 사정을 하는 것이 좋다. 임신 3개월까지는 성교를 가능한 한 피하고 가벼운 애무 정도로 그치는 것이 좋다. 임신 5~8개월에는 비교적 안전한 시기로 성 관계의 횟수를 늘려도 좋다. 임신 8개월 이후는 성교 횟수와 분만주수의 상관관계가 없는 것으로 되어 있다. 유방과 유두를 심하게 자극하면, 자궁을 수축시킬 수 있으므로 과도한 자극은 피해야 한다. 임신 중에는 상처나 세균 감염에 대한 저항력이 약해지기 때문에 성행위 전에 반드시 청결을 유지해야 한다. 손톱은 잘 다듬어 질 부위에 상처를 내지 않도록 주의한다.

임신 중에는 심한 압박이나 자궁을 자극하는 체위를 삼가하고, 유산이나 조산 증상, 전치태반 또는 자궁 아래쪽으로 내려온 태반, 자궁경관 무력증, 다태아 임신, 양막 파수 의심, 성교 시 통증, 질에서 원인 모를 액체 분비물이나 출혈이 있을 경우, 남편의 생식기에 치료되지 않은 헤르페스 감염증, 진통의 시작 등의 경우에는 절대로 성행위를 해서는 안 된다.

4.3.9 임신 중 검사

임신 중에는 태아와 산모 모두에게 해부학적, 생리학적 변화가 유발되므로 임신 기간 동안 이들의 건강상태를 주기적으로 관찰해야 한다. 임신 중 진찰은 임신 3개월까지는 월 2회, 이후 7개월까지는 월 1회, 8~9개월에는 월 2회, 마지막 10개월에는 매주 1회 받는 것이 적당하다. 검사의 종류는 초음파, 혈액검사, 소변검사, 양수검사 등이 있다(표 4.2).

[표 4-2] 임신 주수에 따른 임산부의 진찰 및 일반, 특수 산전검사 종류.

임신시기	내원	일반검사	일반 산전검사	특수 산전검사
12주 이전	2주 간격	① 문진 ② 혈압 ③ 몸무게 ④ 내진 ⑤ 태아심음 ⑥ 복부진찰	① 자궁경부암 검사 ② 초기 산전 검사 • 혈색소, 헤마토크리트, 적혈구, 백혈구, 혈소판 • 간 및 신장 기능 검사 뇨 검사(당, 단백, 케톤, 세균) • 혈액형, 풍진 항체 매독 혈청 검사 • B형 간염 항원, 항체 ③ 질식 초음파로 태아상태 확인	① 정밀 초음파검사 (12주) ② 융모막 샘플링법에 의한 염색체 검사 ③ 갑상샘 검사
12주~ 27주	4주 간격		① 기형아 예측 혈청 검사 (16~18주) ② 정밀 초음파 검사 (20주 전후) ③ 입체 초음파 검사 (25~27주) ④ 당 부하 검사 (24주~26주)	① 양수천자에 의한 염색체 검사 ② 풍진 검사 재검
28주~ 36주	2주 간격		① 초음파검사 (32~34 주) ② 임신 후기 검사 (32~34주경) • 혈색소, 헤마토크리트 • 임질과 매독 재검 ③ 뇨의 당/단백	① 흉부 방사선 촬영 ② B형 간염 재검
37주~ 분만	1주 간격		① 내진에 의한 골반 계측: 분만 방법 ② 입원 시 분만 준비 검사 • 초음파검사	

4.3.10 태아의 발생

(1) 임신시기에 따른 신체의 변화 및 태아의 성장

1) 배아(Embryo): 임신 4주~9주

① 마지막 월경 시작일로부터 4주가 되면 배아기가 시작되고, 신체의 형태, 내장 및 장기의 기본적 발생이 완료된다.

② 6주가 되면 태아의 길이는 4~5mm 정도에 이른다. 심장이 형성되고, 심박동이 시작된다.

③ 8주가 되면 태아의 길이는 22~24mm에 이른다. 머리와 몸통이 발달되고, 손가락과 발가락이 나타나며, 귀의 외이가 머리 양쪽에 나타난다.

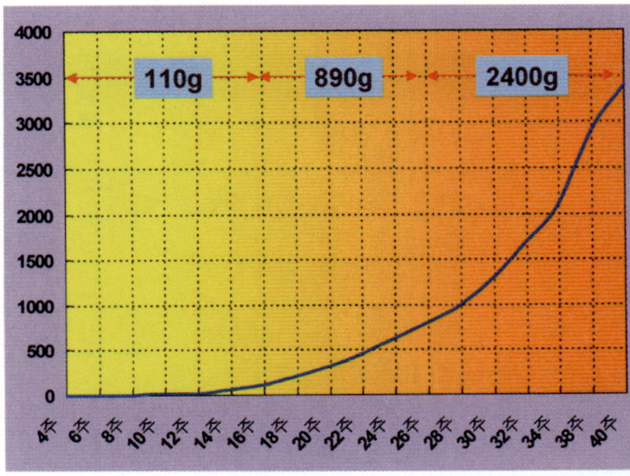

주수	WT.(g)
12주	14
16주	110
20주	320
24주	630
28주	1000
30주	1300
32주	1700
34주	2100
38주	2900
40주	3400

[그림 4-13] 태아의 분기별 체중 증가.

2) 태아(Fetus):

마지막 월경 시작일로부터 10주 이후에서 분만 시기까지를 지칭한다. 임신 10주에 태아의 크기는 약 4cm 정도이고, 이 시기 이후에는 배아기에 발생한 주요한 장기들을 기반으로 성숙과 성장을 하게 된다.

① 임신 3개월

마지막 월경 시작일부터 12주가 되면, 태아의 머리에서 엉덩이까지 (태아두둔) 6~7cm 정도된다. 이 시기에는 태아의 손톱과 발톱이 형성되고, 외음부가 분화되므로 성감별이 가능하게 된다.

② 임신 4개월

임신 16주가 되면 태아두둔의 길이가 12cm, 태아의 체중은 100g 정도가 된다.

③ 임신 5개월

임신 20주가 되면 태아두둔의 길이가 16cm, 태아의 체중은 약 300g 정도가 된다. 태아의 피부는 투명도가 줄어들고, 솜털과 같은 체모가 온몸을 덮고, 머리에는 모발이 나타난다. 이때부터 대부분의 임산부는 태동을 느낄 수 있게 된다.

④ 임신 6개월

임신 24주가 되면 태아두둔의 길이는 21cm, 태아의 체중은 630g 정도에 이른다. 태아의 피부는 주름이 잡히고 하부에 지방조직이 축적되며 눈썹과 속눈썹이 생긴다. 내이의 형성으로 태아는 소리를 감지하게 된다.

이때 태어난 아기는 스스로 호흡을 시도하며 불가피하게 태어날 경우 집중치료를 받으면 합병증이 발생할 수는 있으나 생존가능성이 50% 정도를 보이는 시기이다.

⑤ 임신 7개월

임신 28주가 되면 태아두둔의 길이가 25cm, 태아의 체중은 1.1kg 정도된다. 태아의 피부는 붉은 색깔을 나타내며, 태아의 눈에 있는 동공막이 사라진다. 이때 태어난 아기는 전문적인 처치를 하면 생존할 수 있으며, 제법 활발하게 사지를 움직이며 약하게 울기도 한다.

⑥ 임신 8개월

임신 32주가 되면 태아두둔의 길이는 28cm, 태아의 체중은 1.8kg 정도에 이른다.

태아의 피부 표면은 아직 붉은 빛을 띠고 주름이 있다. 이때 태어난 아기는 적절한 조치를 해주면 대부분 생존할 수 있다.

⑦ 임신 9개월

임신 36주가 되면 태아두둔의 길이가 32cm, 태아의 체중은 2.5kg이 된다.

피하 지방조직이 축적되어 살이 찌며 얼굴의 주름이 사라진다. 이 시기에 태어난 아기는 생존 가능성이 아주 높다.

⑧ 임신 10개월

임신 40주가 되면 태아두둔의 길이는 36cm, 신장은 50cm, 체중은 3.4kg 정도에 이른다.

태아는 완전히 발육한 상태로, 신생아의 모습을 갖춘다.

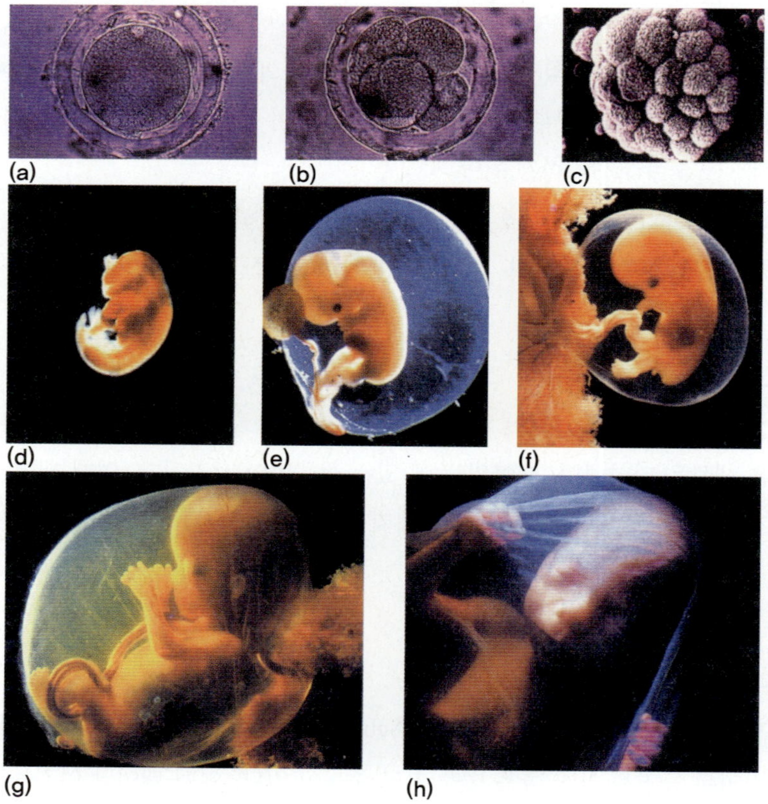

[그림 4-14] 태아의 발생 과정.

(a) 제1감수분열 직전의 수정란
(b) 제2감수분열 시기로, 이때의 배아는 난관을 따라 움직이고 있는 상태이다.
(c) 배낭이 형성되어 자궁 내막에 착상한다.
(d) 4~6주 사이의 배. 주요 기관들이 형성되기 시작하며 선명한 붉은색이 심장이다.
(e) 6~7주째의 배. 눈과 손가락이 형성되기 시작하며 두뇌가 큰 것이 특징이다.
(f) 9주째의 태아. 이때 비로소 사람의 구별이 가능하며 사지가 길어지고 귀가 뚜렷이 보인다.
(g) 3개월째의 태아. 길이가 8cm이며 몸무게는 약 28g이다. 몸과 사지를 움직일 수 있다.
(h) 4개월째의 태아. 키는 약 16cm, 몸무게는 200g 정도이다. 이때부터 출산 때까지 급속히 자란다.

(2) 쌍생아(Twins)의 발생

사람의 쌍생아 발생은 크게 2가지의 경우, 즉 이란성 쌍생아(dizygotic twins)와 일란성 쌍생아(monozygotic twins)로 나눌 수 있다. 이란성 쌍생아는 서로 다른 2개의 난자가 각각 수정되어 2개의 배가 발생되는 경우이고, 일란성 쌍생아는 수정된 1개의 난자가 난할 과정 중 초기 난할 단계에서 분리되거나 내세포괴 단계에서 둘로 이분되어 2개의 배가 성장하는 경우를 말한다.

여기서는 일란성 쌍생아의 발생 과정을 설명하기로 한다. 일란성 쌍생아의 출생률은

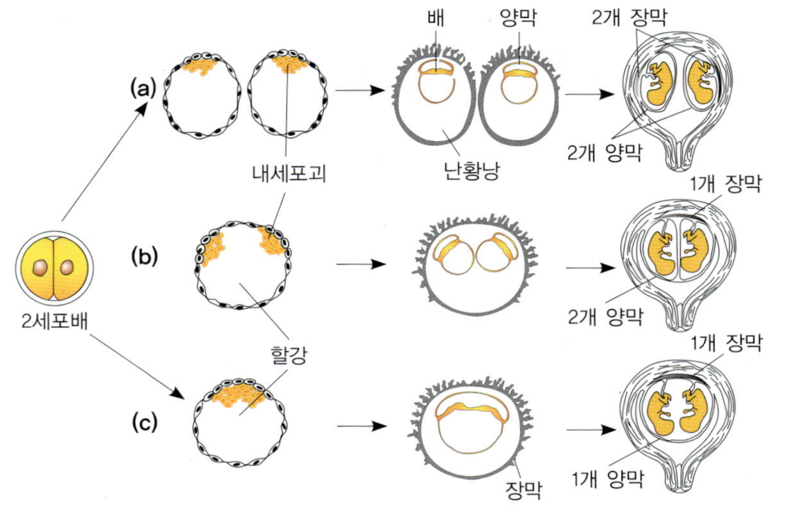

[그림 4-15] 사람의 일란성 쌍생아 발생의 3가지 경우를 배외막인 장막과 양막의 형성 차이 비교.
(a) 영양외배엽 이전에 배가 이분되어 쌍생아가 각각 장막과 양막 안에서 성장
(b) 영양외배엽 형성 직후에 양분되어 1개의 장막 내에서 각각의 양막 내에서 성장
(c) 양막이 형성된 후에 양분되어 1개의 장막과 1개의 양막 내에서 함께 성장하는 배

약 0.25% 정도인데, 일란성 쌍생아의 약 33%는 수정 후 5일경 배의 영양외배엽이 형성되기 전에 분리되어 서로 다른 2개의 장막(chorion) 내에서 각각 성장하는 경우이다(그림 4-12a).

나머지 67%의 일란성 쌍생아는 영양배엽이 만들어진 후 내세포괴가 양분되어 1개의 장막 내에서 2개의 배가 성장하는 경우이다. 수정 후 9일째 되는 배는 양막(amnion)이 만들어진다. 이 양막에 의해 배를 보호하는 양수를 가지는 양막강(amniotic cavity)이 형성되는데, 이를 양수주머니(amniotic sac)라 한다. 만약 장막이 형성되는 수정 후 5일에서 양막이 형성되는 9일 사이에 배가 분리되면 하나의 장막 내에 2개의 양막을 갖는 경우(그림 4-12b)가 되는데, 일란성 쌍생아의 2/3가 이런 경우이다. 일란성 쌍생아의 극히 일부는 장막과 양막이 1개, 즉 2개체의 배가 한 양막강 속에서 성장하는 경우가 있는데(그림 4-12c), 이는 배 발생 9일 이후에 배가 분리되기 때문이다. 이런 경우의 신생아는 결합 기형체의 일종인 샴쌍둥이(siamese twins)로 출생할 위험이 크다.

4.3.11 자궁외임신(Extrauterine Pregnancy)

자궁내막에 착상하는 정상적인 임신과는 다르게 자궁내막 이외의 곳에 착상하는 임신

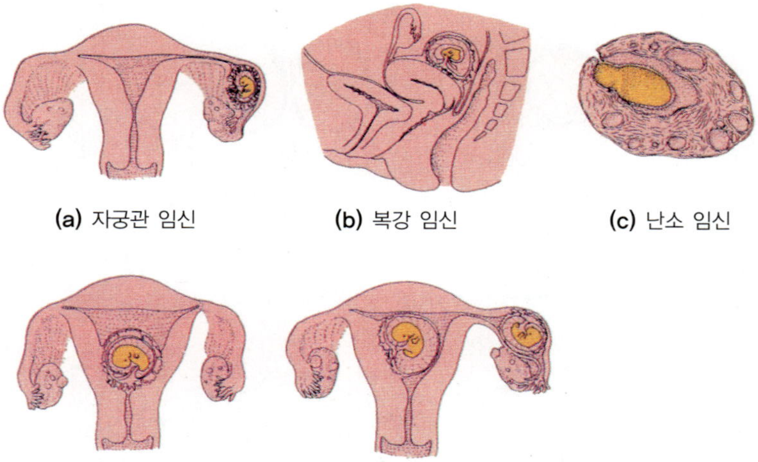

(a) 자궁관 임신 (b) 복강 임신 (c) 난소 임신

(d) 자궁목 임신 (e) 자궁내외 동시 임신

[그림 4-16] **자궁외 임신.**

을 자궁외임신 또는 이소 임신(ectopic pregnancy)이라고 하는데, 이는 전체 임신의 1~2%에 이른다. 자궁외 임신의 대부분은 난관 임신이지만, 드물게 난소 임신, 복강 임신, 자궁목 임신이 일어난다. 자궁외 임신은 난관의 염증, 자궁내막증, 선천적이거나 임신중절수술로 인한 난관의 유착이나 협착, 충수염이나 결핵성 복막염의 영향 등으로 수정란이 난관을 통과하기가 어려울 때에 일어난다. 자궁외 임신의 약 1/3은 유산되어 약간의 복통과 골반 유착을 남기고서 자연치유가 되지만, 2/3는 자궁외 착상 부위가 파열되어 심한 통증과 출혈을 유발시키므로, 발견된 임신 주수와 태낭의 크기, 혈액 융모막성선 호르몬 수치에 따라 관찰, 약물치료, 수술적 치료를 하여야 한다.

(1) 나팔관(자궁관) 임신

자궁외 임신의 90% 이상은 난관 임신(tubal pregnancy)이다. 난관 임신의 가장 큰 원인은 수정란의 이동장애 및 통과 지연, 난관내 수정란의 착상에 대한 수용력의 항진 그리고 수정란 자체의 이상이다. 난관 임신 초기에는 정상 임신과 징후가 같지만, 난관의 팽창과 난관벽 및 인접조직의 출혈로 인한 골반 복막의 자극으로 인해서 복통과 압통을 느끼며 질 출혈도 있을 수 있다. 또한 불완전한 태반 형성으로 태아에 대한 영양공급 장애와 영양배엽의 발달장애로 대부분의 경우 6~8주 이내에 태아가 유산된다. 착상 부위에서 출혈이 있거나 난관이 파열되면 복통이 심하고, 파열 부위를 통해 다량의 복강 내 출혈이 나타날 수 있으므로, 발견 즉시 적절한 치료를 해야 한다.

(2) 복강 임신

복강 임신(abdominal pregnancy)은 수정란이 복막에 착상하는 아주 희귀한 자궁외 임신으로 전체 임신의 1/1,500~1/15,000의 빈도로 출현한다. 복강 임신은 발생 형태도 다른 종류의 자궁외 임신과는 다르게 자궁관 및 난소 임신이 되었다가 분리되어 2차적으로 복강에 부착되어 발생하는 경우가 많으며, 원발성 복강 임신은 매우 드문 편이다. 복강 임신은 X-선 촬영, 초음파 촬영으로 비교적 쉽게 진단할 수 있다. 복강 임신의 경우 태반이 복강내 주요 기관에 부착되어 있으므로, 태아와 그 부속기를 제거하기 위해서는 수술이 불가피하다. 복강 임신이 유지되면 될수록 태반의 조기 박리와 같은 합병증으로 인해 산모와 태아 모두 위험하므로, 태아가 살아 있다고 하더라도 진단 즉시 수술 등의 조속한 처치를 해야 한다. 드물게 복강 임신으로 확인되지 않은 상태에서 태아가 사망하여 석회화되기도 한다.

수정란이 난소의 지질에 착상되는 난소 임신(ovarian pregnancy)은 발생 빈도가 매우 드문 편으로, 정상 임신의 1/25,000~1/40,000 정도로 나타난다. 난소 임신의 원인은 아직 규명된 바 없지만, 골반내 염증에 의한 난소 주위염, 난소 기능부전 및 난소 자궁내막증 등이 원인인 것으로 알려져 있다.

(3) 자궁목 임신

자궁목 임신(cervical pregnancy)은 극히 드물며, 때로는 산모가 임신 사실조차 깨닫지 못하는 경우도 있다. 간혹 태반이 자궁목에 단단히 부착되어 임신 중 또는 출산 시에 출혈을 일으키기도 하는데, 이때는 자궁을 절제해야 하기도 한다. 또한 전치태반(placenta previa)이 형성되면, 출산할 때에 위험하므로 제왕절개 수술을 해야 한다.

드물게는 자궁내임신과 자궁외임신이 동시에 일어나기도 하는데, 초기에는 정상 임신으로 인해 자궁외 임신이 되었는지 모를 수 있다. 이러한 임신은 일반 자궁외 임신과 같이 파열되거나 자연스럽게 유산되어 흡수되기도 하는데, 모든 경우에서 정상 임신에 지장을 주지 않으면서 치료가 가능하다.

4.3.12 자연유산(Spontaneous Abortion)

자연유산은 임신 20주 이전 태아 몸무게 500g 이하에서 일어나는 현상으로 사망된 태아가 잔류하는 계류유산, 태아 관련 조직 전부가 자궁에서 완전 배출되는 완전유산, 불완전하게 일부 조직만이 빠져나가는 불완전 유산 및 자궁경관이 완전 열리거나 양수가 파막

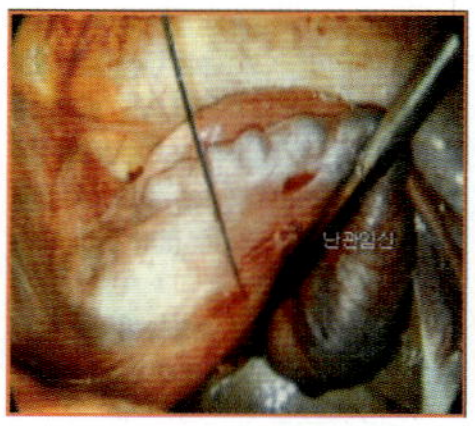

[그림 4-17] **파열되지 않은 난관 임신.** 난관의 팽대부에 임신이 되어 난관의 내부에 혈액이 고여 팽창되어 있음.

된 불가피 유산 등이 있다. 이러한 자연유산은 전체 임신의 약 30%에서 발생하며 환자가 인지하는 경우는 15~20%에 이른다. 태아의 염색체 이상, 유전체 변이, 환경적 요인, 모체의 연령, 세균 감염, 결핵, 당뇨, 고혈압 등의 만성 질환, 마약, 흡연, 커피, 방사선, 독성물질 등에 노출, 자궁질환 및 선천성 기형, 면역질환 등이 유산을 일으키는 주요한 원인이 된다. 이러한 유산은 임신 12주 이전에 80%가 발생하는데, 이 중 50%가 염색체 상의 변이를 동반하고 있다.

이외에 특수한 형태의 유산으로 연속 3회 이상의 자연유산이 일어나는 경우를 습관성유산이라 하는데, 면역적 이상 현상 및 거부 반응이 주요 원인이다. 임신 20주 이전에 자궁출혈이 있으면서 실제 유산된 상태가 아닌 경우를 절박유산이라 한다. 전체 임신의 30~40% 에서 경험을 하게 되는데, 적절한 안정과 치료를 하지 않으면 자연유산이 될 수 있다.

4.4 분만

분만이란 아기를 낳는 일로, 의학적으로는 모체의 자궁에서 자라던 태아와 태반을 모체 밖으로 만출하는 현상을 말하며, 출산, 해산이라고도 한다. 산모와 태아가 건강하고 그 밖의 이상이 없으면 안산(安産:정상분만), 어느 한쪽에 이상이 있으면 난산(難産:이상분만)이라 한다. 출산은 규칙적인 자궁의 수축인 분만 진통으로 시작하며 폐쇄되어 있는 자궁 입구가 열리고 태아와 태반이 만출되면 분만 과정이 끝난다. 이 과정은 분만 제1기(분만진통~자궁경관 개대), 분만 제2기(자궁경관 개대~분만), 분만 제3기(분만~태반분리), 분만 제4기(태반분리 이후 자궁의 수축기)로 나눌 수 있다.

[표 4-3] **분만진통과 가진통의 감별.**

분만 진통 (진진통)	가진통
규칙적 간격	불규칙한 간격
간격의 단축	간격이 단축되지 않음
강도의 증가	강도가 동일하거나 완화
배부와 복부의 통증	주로 하복부의 통증
자궁경관 개대 동반	자궁경관 변화 없음
진정제로 완화되지 않음	진정제로 완화

4.4.1 분만의 징후

(1) 분만 전 출혈(이슬)

분만이 시작되기 며칠 전부터 질에서는 분비물의 양이 눈에 띄게 많아지기 시작하는데, 이는 자궁경관이 숙화되고 부분적으로 개방되면서 그 동안 자궁 입구를 막고 있던 두터운 점액성 물질이 배출되면서 일어나는 현상이다. 이 분비물은 대부분 연분홍색이거나 피가 섞여 나오는데, 흔히 이것을 '이슬' 이라고 부른다. 이슬이 보인 것은 곧 진통이 시작될 것이라는 신호이다.

(2) 양막의 파열

양수가 터졌다는 것은 임신 기간 동안 아기를 둘러싸고 있었던 양수 주머니가 찢어졌다는 사실을 의미한다. 양수주머니의 찢어진 정도에 따라서 액체가 세차게 흘러나올 수도 있고, 천천히 흘러나올 수도 있다. 때문에 출산 예정일이 아니더라도 만약 산모의 하복부에서 물 같은 액체가 흘러나올 때는 빨리 병원을 찾아야 한다. 아기는 나오지 않은 채 양수만 터졌을 경우에 분만되지 않고서 오래 방치하면 질 내의 세균이 자궁으로 올라가 산모와 아기 모두를 감염시켜 위험할 수 있기 때문이다.

(3) 자궁의 수축

대부분의 임산부들은 자궁이 수축되는 것으로 출산이 가까워지는 것을 알게 된다. 자궁이 수축하면, 주기적인 복통처럼, 복부가 팽팽하게 당겨진 느낌이 들면서 허벅지가 끌어당겨지는 듯한 느낌이 든다. 자궁 수축은 수주 전부터 불규칙하게 반복되다가 (가진통) 점점 빨라져서 규칙적으로 10분에 한 번 이상 (진진통, 분만 진통) 느껴지면 출산이 가까워 온 것으로, 흔히 이때를 가리켜 분만 진통이 왔다고 말한다. 분만 진통이 오면 빨리 병원으로 가야 한다.

4.4.2 분만 과정

(1) 분만 제1기

자궁의 수축이 격렬해지면서 진통 시간이 길어지고, 진통이 잠깐씩 멈추는 시간이 짧아지면서 자궁 입구가 점점 더 크게 열려 양막이 터지고 양수주머니 내의 양수가 유출되는

[표 4-4] 분만 과정의 특징.

분만기	정의	평균시간		평균시간
		초임부	경산부	
분만 제1기	분만진통~자궁경관 개대	8시간	5시간	15~30분 간격: 태아 심음과 자궁수축 감시
분만 제2기	자궁경관 개대~분만	50분	20분	분만실 이동과 회음부 절개
분만 제3기	분만~태반분리	10~15분	10~15분	태반 만출 및 회음부 봉합
분만 제4기	태반분리 이후	수시간	수시간	자궁수축 및 자궁반전 감시. 질, 경부, 항문 열상 확인

데, 이것을 파수라고 한다. 대부분의 경우 자궁 입구가 완전히 열리는데, 이때를 분만 제1기 또는 확장기라고 한다(그림 4-18b). 초산부는 약 8시간, 경산부는 5시간이 소요된다. 이 과정에서 태반의 상태가 좋지 않거나 자궁의 혈류장애가 있을 경우 태아에게 산소가 공급되지 않아 태아에게 매우 위험한 태아곤란증이 초래될 수 있으므로 진통 중 태아의 심박동의 변화를 주의 깊게 살펴야 한다.

(2) 분만 제2기

파수 및 자궁 입구가 완전히 열린 후 태아를 만출할 때까지를 만출기 또는 분만 제2기라고 하며, 분만 진통이 가장 심한 때이다(그림 4-18c). 태아의 신체 중 가장 먼저 나오는 부분(선진부; 정상 분만에서는 머리)은 골반 강 내에 깊이 내려와 있으며, 파수 후에는 태아의 선진부가 직접 산도를 열어 가기 때문에 산모는 무의식적으로 배에 힘을 준다. 산모가 숨을 모아 배출하려는 힘을 줌으로써 태아의 만출이 촉진된다. 정상 분만에서는 먼저 머리가 만출되고, 이어 좌우 어깨가 나타나며, 사지가 만출됨과 동시에 다소의 혈액이 섞인 후양수가 유출된다. 여기까지가 분만 제2기이다. 후양수가 유출되면 산모는 편안해지고 진통도 한동안 멈추게 된다. 이 과정에서 태아의 만출을 쉽게 하고 산도 및 회음부의 열상을 막기 위해 회음부 절개를 시행한다. 주로 분만 제2기에 태아의 머리 회전 방향이 모체의 복부 쪽으로 오거나 머리 혹은 몸체 크기가 지나치게 크면 태아의 하강이 진행되지 않는 아두 골반 불균형이 초래되어 제왕절개 수술을 하게 되기도 한다.

(3) 분만 제3기

태아가 만출된 후부터 태반이 양막 및 탯줄과 함께 만출될 때까지를 태반기 또는 분만 제3기라고 하며, 잠시 멎었던 분만 진통이 태아 만출 후 10~15분 경과하면 새로이 나타나기 시작한다(그림 4-18d). 이를 후산 진통이라 하며, 가벼운 통증과 함께 태반이 만출된다.

(4) 분만 제4기

태반과 양막이 탯줄과 함께 만출되고 나면, 태반이 떨어진 부위에서 많은 양의 출혈이 발생되지만 자궁이 곧바로 주기적으로 강하게 수축하면서 출혈이 멈추게 된다. 이러한 강한 자궁 수축은 수 시간 지속되어 태반 박리 부위의 지혈을 유발시킨다.

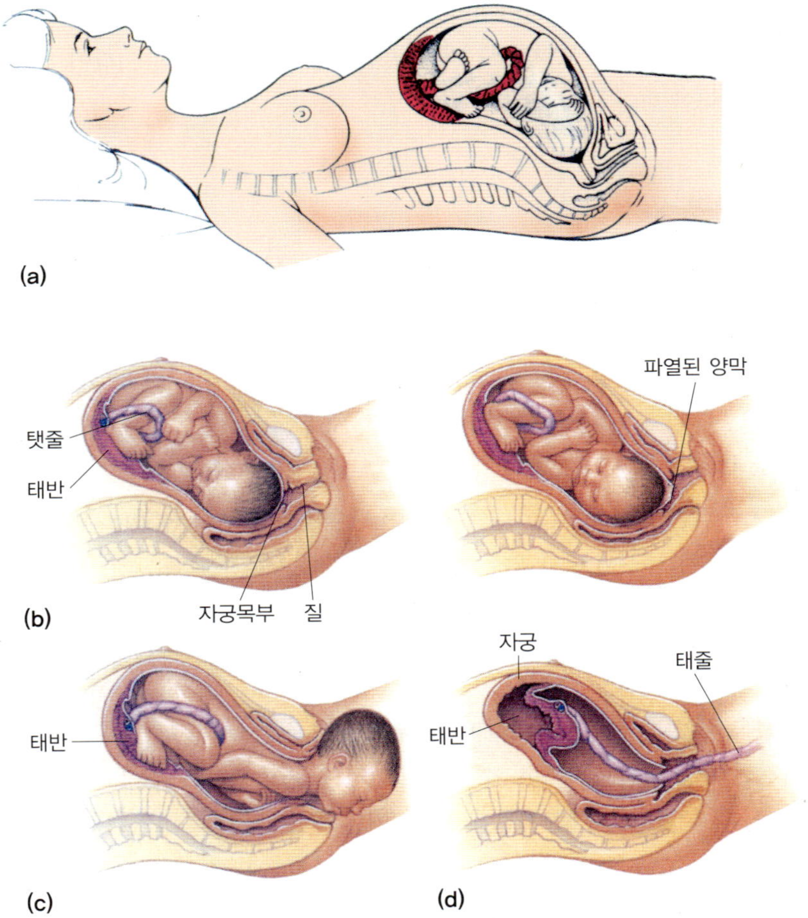

[그림 4-18] 진통과 분만시 태아의 이동.
(a) 분만시 태아의 위치 (b) 확장기 (c) 만출기 (d) 태반기

4.4.3 산욕기와 모유

(1) 산욕기(Puerperium)

산욕기란 분만이 끝난 후 임신과 분만으로 인한 신체적 변화가 임신 전의 상태로 돌아가는 과정으로 보통 산후 약 6주 정도에 해당한다.

1) 자궁의 수축

분만 후 2~3일은 자궁이 배꼽부터 아랫배에서 딱딱하게 만져진다. 수축이 심할 경우에는 산후통을 유발하므로 심한 경우에는 진통제를 써야 하지만, 3~4일 후에는 느끼지 못한다. 약 10여 일 후에는 자궁이 작아져서 골반 안으로 들어가 만져지지 않고 약 6주 후에는 정상 크기가 된다. 10여 일이 지나도 자궁이 하복부에서 만져지면 이상이 있는 것이므로 즉시 진찰을 받아야 한다.

2) 질 및 외음부 상처

산후 약 10일이면, 질이 정상 크기로 줄어들고 분만 시 생긴 열상이나 절개 상처도 염증이 생기지 않는 한 치유된다. 상처 부위의 통증이 심할 때는 진통제를 써야 하고, 계속 아프거나 쑤시거나 붓고 굳어지면, 즉시 병원을 방문해야 한다.

3) 외음부 관리

실로 꿰맨 자리는 산후 5~7일 내에 통증이 없어지고 불편함도 없어진다. 상처 부위는 소독수나 끓인 물로 깨끗이 닦아내며 샤워기를 사용해도 무방하다.

4) 대소변

산후 며칠 동안은 소변량이 증가하며, 방광이 차는 것을 느끼지 못할 때가 있다. 그러나 방광이 커지면 자궁 수축을 방해하여 산후 출혈의 원인이 되므로 주기적으로 소변을 보는 것이 좋다. 산후에는 변비가 생기기 쉬우므로 매일 변을 보도록 하고, 대소변 후에는 꼭 상처를 깨끗이 닦아 내고, 분비물이 자궁 속으로 들어가지 않도록 해야 한다.

5) 오로

산욕기의 처음 몇 시간은 혈액성 분비물이 나오고 4~5일 후부터는 갈색의 혈장성 분비물이, 10일 후에는 차차 누런 크림 모양의 분비물이 4~6주간 흐르게 되는데, 계속 혈액성이거나 냄새가 심하게 나고 양이 많은 경우에는 염증의 가능성이 있으므로 진찰을 받아야 한다.

6) 유방과 젖 분비

분만 직후부터 젖이 갑자기 커지고 젖 멍울이 생길 뿐 아니라, 통증이 있으며 2~4일 후부터 젖이 나온다. 이때 찜질과 맛사지로 젖 멍울을 풀어주고 아기에게 젖을 빨게 하거나 손이나 기계로 짜내지 않으면, 전신에 열이 심하게 나는 젖몸살을 하게 된다. 젖의 불결한 처리는 후에 유두염증, 유선염을 발생시킬 수 있으므로 통증이 심할 때는 의사의 진찰을 받아야 한다. 처음 나오는 초유는 영양가가 높을 뿐 아니라, 면역체가 함유되어 있으므로 아기에게 먹이는 것이 좋다. 산후 수유를 원치 않는 경우는 즉시 의사와 상의하여 젖을 말리도록 해야 하며, 수유하는 경우 며칠이 경과해도 젖의 분비가 적을 때는 분유를 같이 주도록 해야 한다.

7) 식생활

산모는 하루 4끼를 먹어야 하고, 양보다도 질이 높은 단백질을 많이 섭취해야 하며, 산후 24~48시간 이내에 조금씩 걷기 시작하고, 가벼운 샤워 및 칫솔질을 시작하는 것이 좋다. 장시간 누워 있는 것은 혈전증을 유발할 수 있으므로 좋지 않으며, 요통의 원인이 될 수 있다. 산욕기 체조를 하여 배의 군살을 빼는 것이 미용에도 좋다.

8) 산후의 성생활

성생활은 상처가 다 아물고 통증과 분비물이 그친 산후 4~6주가 지난 다음부터 가능하다. 상처의 통증이 있을 때 하는 성관계는 여성에게 불감증을 유발할 수 있으며, 남성 또한 출산으로 넓어진 여성의 질로 인해 성감이 감소될 수 있고 성생활에 흥미를 잃을 수도 있어, 서로 상대방에 대한 깊은 이해와 배려가 필요하다고 하겠다. 출산 후 생리는 수유하지 않는 산모의 경우는 2~3개월 내에, 수유하는 산모의 경우는 평균 6~7개월 후에 재개된다. 그러나 출산 후 생리의 시작은 개인차가 크므로 피임을 원할 경우에는 의사와 상의해야 한다.

(2) 모유

모유 수유는 모체의 자궁 수축을 유발하여 분만 후 출혈을 방지하고, 분만 후 이완되고 변형된 골반장기를 정상화시켜 줄 뿐만 아니라, 모체와 신생아 간의 정신적 유대감을 유발시켜서 분만 후 산모의 불안정한 신체와 정신적 스트레스를 해소하는 장점이 있다. 또한, 신생아에서도 산모와 신체 접촉을 통한 정신적 안정감 외에 영양학적으로 우수한 장점이 많으므로 권장되고 있다. 모유의 장점은 다음과 같다.

1. 모유는 무균 상태이며 태아에게 신선하고 저렴하며 쉽게 영양을 공급하는 최상의 영양원이다.
2. 출산 후 7~10일 동안 분비되는 노르스름한 초유(colostrum)에는 대변을 묽게 하는 성분이 함유되어 있어 태아의 탈수를 방지하고, 대변을 쉽게 보게 하며, 각종 면역 성분과 영양분이 농축되어 있다.
3. 초유 속의 면역물질은 질병으로부터 태아를 보호한다. 모유 속에는 각종 면역체와 영양분이 골고루 들어 있어 태아의 성장을 도와주며, 항 감염 인자가 들어 있다.
4. 모유를 먹이면 소아 알레르기 질환이 줄어든다. 왜냐하면, 소아 알레르기의 주원인은 우유 속에 있는 베타락토글로불린인데, 모유에는 들어 있지 않기 때문이다.
5. 모유 속에는 뇌를 비롯한 중추신경계 발달에 관계되는 DHA, 타우린(taurine), 유당이 풍부해서 모유 먹는 아이가 우유를 먹는 아이의 IQ보다 10 정도 더 높다고 한다.
6. 모유는 빈혈과 성인병을 예방하고, 치아를 튼튼하게 한다.
7. 모유는 산모의 산후 자궁 수축과 체중 조절에도 좋다. 아기가 젖을 빨면 산모의 뇌에서 옥시토신이란 호르몬이 분비되어 자궁 수축을 촉진시키고, 산후 출혈을 예방해 주며, 산욕기 신진대사를 도와 산후 회복이 빨라진다.

4.4.4 새로운 출산 방법

(1) 자연분만(Natural Childbirth)

1) 라마즈 분만, 르봐이에 분만

라마즈 분만법은 원래 파블로프(Pavlov)의 조건 반사에 근거하여 러시아 의사들에 의하여 고안된 것이나, 1951년 프랑스의 의사인 라마즈(Lamaze)에 의하여 정리되고 전파되어 그 후 라마즈 호흡법 또는 분만법으로 알려졌다.

러시아의 산부인과 의사 니콜라에브(Nicholaev)는 그의 환자들에게 부정적인 자극인 '진통'을 호흡법, 이완법, 연상 등의 긍정적인 생각의 신호로 여기게 하는 방법으로 산모의 통증을 완화시키는 데 상당히 좋은 효과를 보았고, 이는 러시아 의사들에 의하여 임산부들에게 이용되었다. 그러다가 1950년 프랑스에서 열렸던 학회에서 라마즈가 이러한 방법을 알게 되어, 러시아에서 보고 익힌 것과 자신의 생각을 첨가한 것이 지금의 라마즈 분만법이다. 라마즈 분만은 기존의 일반적 침와(寢臥)분만 방법에 진통 시 환자가 능동적 호흡, 근육이완, 연상을 함으로써 진통의 고통을 극복하는 방법으로 진통 및 분만 시 산모 및 태아의 위험이 있을 경우 대처 능력이 높고 산도의 손상과 태아의 감염을 최소화할 수 있다.

최근에는 진통 초기부터 가족과 분리되고 지루한 분만 과정을 겪어야 하는 과정을 회피할 목적으로, 누워있음으로써 진통의 진행이 지연되는 것을 방지하면서 가족과 함께 자연스러운 자세로 지내는 초기 진통실, 본격적인 진통 중에도 가족과 함께하는 가족분만실, 분만 시 남편이 참여하며, 분만 전 후에도 아기에게 유익한 환경을 제공하는 르봐이에 분만이 접목되어 전 세계적으로 보편적인 분만 방법으로 인정되고 있다.

2) 소프롤로지 분만

소프롤로지 분만법은 1960년대 유럽에서부터 시작되었으며, 서양의 근육이완법과 동양의 요가 및 불교적 요소들을 혼합한 무통분만법의 하나이다. 소프롤로지 분만은 임신 기간의 조화로운 생활을 임신부 스스로 조절할 수 있게 하는 분만으로, 모성애를 고취시켜 아기에 대한 고마움과 자신감을 갖게 해 준다.

이 분만은 영상훈련, 이완훈련 호흡법, 소프롤로지 훈련 등의 세 과정을 통해 이루어지며, 임신 14주부터 시작하는 영상훈련은 임신부가 임신과 출산에 대한 자신감과 밝은 사고를 가질 수 있도록 도와주어 정신건강에도 매우 좋다. 임신 7~8개월이 되면 실시하는 이완훈련 호흡법은 산모의 호흡 상태를 좋아지게 하기 때문에 태아에게 충분한 산소를 공급할 수 있다. 이러한 훈련으로 산모는 정신적으로 여유와 안정을 찾을 수 있고 태아의 긴장도 완화시킬 수 있다.

[그림 4-19] 소프롤로지 훈련의 기본자세.

① 그네분만

그네분만에 사용되는 분만대(roma birth wheel)는 충격을 완충할 수 있는 굵은 고리 모양의 철봉에 그네처럼 매달려 있는데, 몸의 자세에 따라 의자 모양의 받침대가 변형되어 산모의 자세 변형이 자유롭고, 허리 부분에는 찜질기구가 있으며, 뒤로 눕거나 의자처럼 앉을 수 있다. 이 기구는 마치 편안한 안락의자와 같아서 진통을 줄이고 출산 시간도 줄일 수 있다.

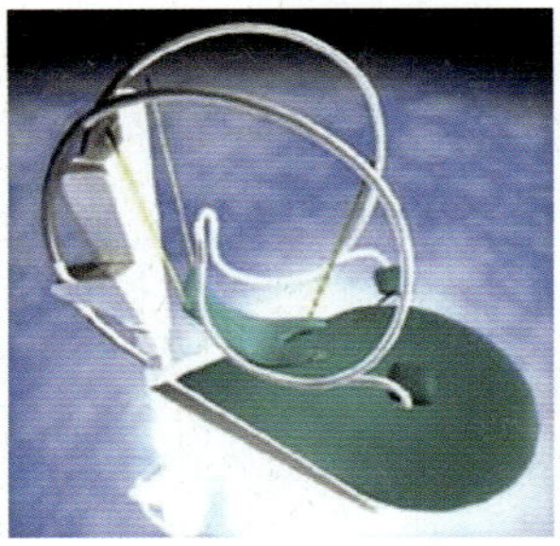
[그림 4-20] 그네분만에 사용되는 분만대.

그네분만은 제왕절개율을 다소 줄인다고 보고되고 있으나 큰 차이가 없고 진통 과정에서 태아의 상태를 확인하는 것이 용이하지 않으며, 분만 시 질부 및 회음부 손상 발생이 일반 분만에 비해 클 수 있으므로 장·단점에 대해서는 검증되고 연구될 필요가 있다(그림 4-20).

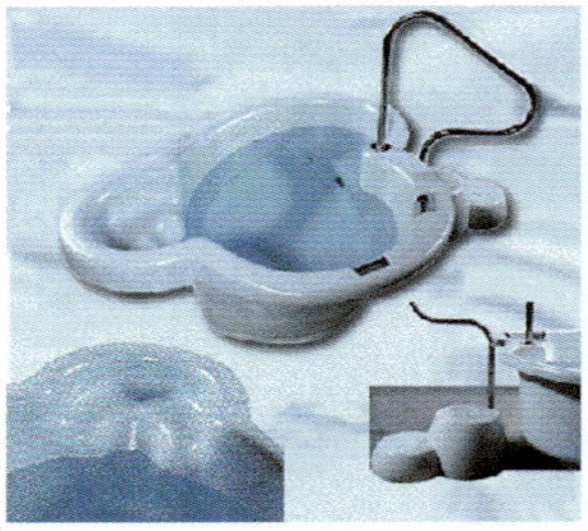
[그림 4-21] 수중분만에 사용되는 수조.

② **수중분만**(waterbirth)

수중분만은 양수와 동일한 조건의 물 속에서 아기를 낳는 방법으로, 산모가 양수와 같은 온도의 깨끗한 물을 담은 수조에서 회음절개나 진통제, 촉진제 주사 등 의료적 처치 없이 자연 상태로 분만한다. 모든 과정은 여성이 원하는 대로 이루어지는데, 수중분만에서는 의사의 역할보다도 남편이나 가족의 역할이 훨씬 중요하다. 산모는 진통에서 분만에 이르기까지 남편의 격려와 도움을 받으며 분만한다. 수중분만은 앉는 자세의 분만법으로, 중력을 이용하기 때문에 골반이 가장 잘 벌어지며 힘을 주기도 쉬운 분만 자세이다. 실제로 옛날에는 밭을 매다가 아기를 낳거나 화장실에서 아기를 낳는 경우가 적지 않았고, 외국에서는 특수의자에 앉아서 아기를 낳는 좌식분만도 이루어지고 있다. 그러나 진통 중에 태아의 상태를 확인하기 힘들고, 분만 시 질부 및 회음부 손상 발생이 일반 분만에 비해 클 수 있으며, 산모의 대변에 의한 태아의 감염이 다른 분만에 비해 크다는 것이 문제점으로 지적되고 있다.

(2) 제왕절개

제왕절개 수술(Cesarean section)은 자연분만에 대응되는 것으로 임신부의 복부를 절개하여 태아를 출산하는 것이다. 최근에는 의료 기술과 장비, 항생제의 발전으로 제왕절개 수술의 사망률은 매우 낮아졌지만, 자연분만에 비해 산모와 태아에게 미치는 위험은 다소 큰 것으로 알려졌다. 따라서 가급적 자연분만으로 유도하되 부득이 제왕절개 수술을 해야만 하는 경우는 산모와 태아에게 다음과 같은 원인이 있을 때이다.

[표 4-5] 정상 분만, 좌식 분만, 수중 분만의 비교.

		정상 분만	좌식 분만	수중 분만
방법		일반적인 침대에서 진통을 겪고 분만대에서 분만함	공, 띠, 그네 등의 기구를 이용하여 좌식으로 진통을 겪고 분만시에는 분만대나 특수한 좌식분만대에서 분만	체온에 가까운 물에서 좌식으로 진통을 겪고 수중에서 분만을 시행
편리성	의료 측면	현대 의료적 방식으로 익숙하고 편리하며 의료적 개입이 매우 쉬움	과거의 자연스런 분만 방식이지만 의료인 개입이 어려움	별도의 공간과 복잡한 준비로 인해 번거롭고 의료인 개입이 어려우며 환자의 배설물 처리가 문제
	환자 측면	안정감은 있으나 피동적, 의존적이며 역동적이지 못하여 지루함	매우 능동적이고 적극적 분만법이지만 안정감이 없고 통증이 심할때 지속하기 매우 곤란	안정감이 있고 통증을 경감시키며 지속성이 매우 좋으며 근육이완 효과로 진통시간을 단축
	가족 분만 가족 입회	제한 없이 가능하지만, 진통과 분만에 부분적 개입 가능	제한 없이 가능하지만, 진통과 분만에 부분적 개입 가능	제한 없이 가능하지만, 진통과 분만에 부분적 개입 가능
	무통 분만	시술 가능	시술 불가능	시술 불가능
	VBAC	시술 가능	시술 불가능	시술 불가능
	분만직후 수유	가능	가능	가능
	남편의 탯줄 절단	가능	불가능	불가능
안전성	태아와 산모 상태 지속적 감시	가능	불가능	불가능
	분만 1기, 2기의 단축효과	분만 1기에는 영향이 없으나 분만 2기 단축효과 있음	분만 1기, 2기 단축효과 있음	분만 1기 단축효과는 있으나 2기에 대한 효과는 의문시
	태아의 부작용	거의 없음	거의 없음	태아의 질식, 가사상태, 감염 등이 발생 가능함
	질 및 산도 손상	거의 없음	발생 가능	발생 가능
	태아와 산모의 위기 상황시 대처 능력	매우 우수함	보통	매우 좋지 않음

1) 산모 쪽의 원인

① 골반이 좁아 태아의 머리보다 골반 크기가 작을 때

② 전치태반인 경우

③ 과거 근종제거 등 자궁을 절개하는 수술 기왕력

④ 과거 자궁경부 제거 수술 받은 경우

⑤ 출산 전에 양수가 터져 탯줄이 밖으로 나왔을 때

⑥ 영구적인 자궁경관 봉축술

⑦ 제왕절개 수술을 한 경험이 있는 산모일 때

⑧ 성병으로 인해 자궁 경부나 질에 균이 있을 때 (헤르페스 또는 HIV)

⑨ 유도분만에 실패했을 때

⑨ 산모에게 당뇨, 심장병, 고혈압이 있어 자연분만이 어려울 때

⑪ 과거 골반골절이나 재건술을 받은 경우

⑫ 뇌혈관 꽈리 기형 등 혈관 기형

2) 태아 쪽의 원인

① 태아가 거꾸로 서 있거나 옆으로 누워 있을 때

② 분만 전이나 분만 중에 태아의 맥박이 정상이 아니거나, 태아의 상태가 나빠져서 사산의 위험이 있을 때

③ 태아가 너무 커 골반을 빠져나올 수 없을 때

④ 태아 혈소판 감소증

(3) 제왕절개 수술 후 자연분만법(Vaginal Birth after Cesaean Section, VBAC)

제왕절개 수술 후 자연분만법(VBAC)은 제왕절개 수술을 시행했던 산모에서 조건이 맞고 특별한 위험이 없으며 모체 및 태아가 위험할 경우 충분한 대비를 한 상황에서 정상 분만을 시행하는 경우를 지칭한다.

이 경우 분만 진행 중에 자궁의 수술자리가 파열될 경우 파열된 자리로부터 심한 출혈이 일어나고, 태아가 복강 속으로 빠져나가면서 자궁의 수축이 와서 태반이 박리되어 산모와 태아 모두 심각하게 위험한 상황에 빠질 수 있다. 그러므로 충분한 혈액을 준비하고 태아의 전자 태아 감시를 통해 태아의 상태를 계속 감시해야 하며 산모의 복부 진찰 및 복부 초음파를 통해서 자궁의 체부 및 태아의 몸체 위치를 확인하여 만일 태아의 상태 및 자궁의 파열 등의 이상 소견이 있는 것이 발견되면 5분 안에 수술을 할 수 있는 모든 준비가 전제되어있어야 시도할 수 있다.

4) 제왕절개 수술 후 자연분만법의 적응증

① 전에 자궁체부의 수술을 하지 않았고 수술 부위의 이상이 없을 경우

② 전의 제왕절개 수술이 아두 골반 불균형이 아니고, 이전에 정상 분만을 한 경험이 있

는 경우

③ 모체 및 태아의 위치와 상태가 정상 분만의 장애가 되지 않는 경우

④ 경질 초음파상 자궁체부의 하단 두께가 1.5cm 이상인 경우

⑤ 결정 당시 자궁경부가 3cm 이상이 열렸을 경우

⑥ 전의 진통시간이 24시간 이내일 경우

2) 다음의 상태가 있을 때는 제외하여야 함

① 제왕절개 수술 경험 2회 이상

② 전의 제왕절개 수술시 자궁 체부의 상단부 절개가 포함된 경우

[표 4-6] 정상 분만, 제왕절개 수술, 제왕절개 수술 후 정상 분만법 (VBAC).

	정상 분만	제왕절개 수술	VBAC
방법	진통을 겪고 질을 통해 분만	복부와 자궁절개를 통해 분만	과거에 제왕절개 수술을 한 사람에서 진통을 겪고 질을 통해 정상 분만
조건	① 시설: 분만실, 아기방, 회복실 ② 인력: 분만팀	① 시설: 수술실, 마취기, 아기방, 회복실 ② 인력: 수술, 마취팀	① 시설: 분만실, 수술실, 마취기, 아기방, 회복실 ② 인력: 분만, 수술, 마취팀 ③ 전자태아 감시를 계속하고 이상 시 5분 안에 수술을 하여 태아 구출을 할 수 있는 시스템 구축
장점	① 진통 시 통증은 있으나 분만 후 통증이 급격히 완화 ② 분만 즉시 활동이 가능하므로 입원기간이 짧음 ③ 수유가 바로 가능함 ④ 수술에 비해 출혈이 적어 산후 건강관리에 장점	① 질과 자궁의 변형을 초래하지 않음으로 방광, 직장의 기능 이상을 초래하지 않으며 자궁의 외번을 초래하지 않음	① 정상 분만과 같음
단점	① 질이 늘어지고 자궁이 하강하여 방광과 직장의 기능에 이상 초래함 ② 자궁경부의 외번을 초래하여 냉이 증가함	① 수술 후에 통증이 수일 지속됨 ② 수술 후에도 입원 및 통원 치료기간이 연장됨 ③ 많은 경우 수유가 지연되면서 젖의 양이 줄어들 수 있음 ④ 분만에 비해 출혈량이 많고 감염의 기회도 많음	① 제왕절개 수술자리가 벌어져서 생기는 합병증을 막기 위한 시설과 인력이 필요함 ② 통증 제거와 가족 분만 등의 제한 ③ 그 외는 정상 분만과 같음
위험성	① 비교적 매우 적음	① 수술과 마취에 따른 출혈, 감염, 혈전, 양수 색전증 등	① 매우 드물지만 일단 제왕절개 수술자리가 벌어지고 태아가 복강으로 만출되면 산모와 태아 모두 매우 위험

③ 다태 임신

④ 태아의 위치 이상, 아두 골반 불균형, 전치태반, 지연진통

4.5 낙태

자궁에서 발육 중인 태아를 인공적으로 제거하는 일을 낙태(termination)라 하는데, 여기에는 의사의 지시에 따른 적법한 인공유산도 포함되지만, 대개의 경우 낙태는 불법적인 임신중절을 뜻한다. 이것은 임신부 스스로 행하는 것이든, 타의에 의하여 시행되는 것이든 간에 모두 해당된다.

4.5.1 낙태에 관한 견해

의사에 의한 합법적 임신중절이란, 임신의 지속으로 인해 모체의 건강이 현저하게 나빠질 우려가 있거나, 질병을 유발하는 유전적 소인을 없애야 할 필요가 있는 경우, 또는 태아가 모체 밖에 나와도 생명을 유지할 수 없을 때 행하는 것을 말한다. 이외의 경우는 의사가 시술한 경우라도 형법상 낙태죄에 해당된다. 형법상 낙태죄는 2019년 4월 11일 헌재의 헌법불합치 결정으로 폐지되었으나, 낙태에 관한 허용범위, 규정, 절차등에 관한 법이 입법되지 않아 아직까지 뚜렷한 법체계가 정립되지 않고 있으며, 행정당국와 시민단체, 종교단체, 의료단체가 의견을 조율 중이다. 낙태에는 수술과 약물을 사용하는 방법이 있는데, 어느 쪽이든 모체의 건강을 해칠 수 있고, 위험이 따르므로 신중히 해야 한다. 가톨릭 등에서는 낙태를 적극 반대하여 1995년 로마 교황청에서 발표한 새 「교황회칙」에 '낙태는 윤리적인 무질서이며, 안락사와 더불어 어떠한 인간의 법도 그것을 정당화할 수 있다고 주장할 수 없는 범죄'라고 규정한 바 있다.

명확한 규정은 없으나 약 임신 24주를 넘어서면 법적으로나 의학적으로 태아를 하나의 생명체로 간주하므로 이 시기 이후에 이루어지는 낙태 시술은 일종의 살인행위라고 볼 수 있다.

4.5.2 낙태의 허용 범위(모자보건법 제 14조)

(1) 성폭력(강간 혹은 준강간) 또는 친족간에 이루어진 임신일 때

(2) 산모 혹은 배우자가 태아에게 유전되는 유전 질환 혹은 전염성 질환을 가지고 있을 때

(3) 태아가 치명적인 선천성 기형을 가지고 있거나 심각한 정신박약을 동반하는 염색체 이상을 가지고 있을 때

(4) 산모가 임신을 지속할 경우 생명을 위협할 정도의 심각한 질환을 가지고 있을 때

(5) 위의 사항에 대해서도 임신 28주 이내에 치료적 유산을 시술할 수 있다

4.5.3 낙태 방법

(1) 진공흡인술(Vacuum Aspiration)

진공흡인술은 임신 초기에 가장 일반적으로 이루어지는 인공유산 방법으로 흔히 소파수술이라고도 한다. 이는 각종 기구를 사용하여 자궁 입구를 넓힌 다음 흡인 튜브를 삽입시켜 자궁 속의 태아와 태반 조직들을 긁고 흡인해낸다.

이 방법은 비교적 간단하고 후유증이 적어 임신 10주까지 사용되는데, 자궁천공, 자궁경부 열상, 출혈, 감염 등의 합병증이 발생할 수 있고, 불완전한 유산으로 재수술이 필요할 경우도 있다. 또한 이러한 수술을 많이 받은 여성은 자궁내 유착으로 불임이 될 수도 있다.

(2) 자궁경관 개대 및 제거술(Dilation and Curettage)

임신 10~16주가 되면 태아가 커서 흡인술로 시술하기가 힘들기 때문에 자궁경부를 인위적으로 확장시킨 후에 태아와 태반을 잘라서 끄집어낸다. 수술 8~12시간 전에 수분을 흡수하면 부풀어지는 약인 '라미나리아'를 자궁 경부에 끼워 넣어 자궁을 연 다음, 열려진 자궁경부에 집게를 넣어 태아와 태반을 뜯어내고 흡입기로 뽑아낸다. 그리고 절단된 몸체를 맞추어 보아 혹시 자궁 내에 남아 있는 부분이 없는가를 확인한다. 이 방법은 치명적인 손상을 입혀 자궁에 구멍이 나는 자궁 천공과 같은 부작용을 초래하기도 한다.

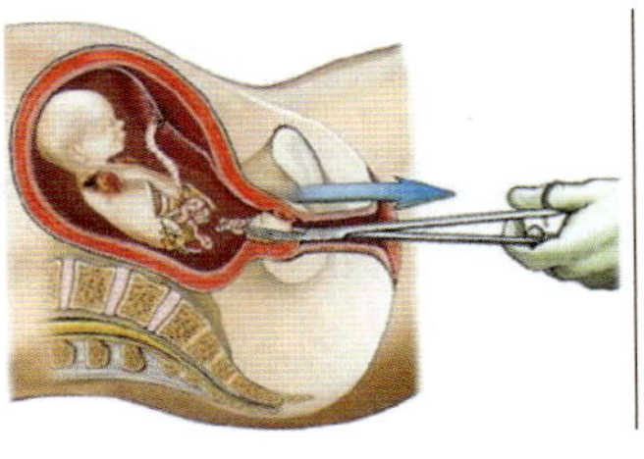

[그림 4-22] 자궁경관 개대 및 제거술.

(3) 유도분만술(자궁수축 유발법)

임신 20주가 넘어서면 태아가 너무 커서 뜯어내기가 힘들기 때문에, '라미나리아'와 같은 약을 사용하여 자궁 경부를 5cm 이상 벌어지게 한 후 프로스타글란딘(prostaglandin)이라는 호르몬을 투여한다. 이 호르몬은 자궁을 수축시켜 분만을 촉진하는 작용을 하기 때문에 분만을 임의적으로 유도할 수 있다. 이 방법은 요소나 소금물 등을 주사하여 태아를 먼저 죽인 후에 사용하는 경우가 많은데, 소금물 주입은 심각한 후유증을 유발하므로 대부분 나라에서 사용을 금하고 있다. 유도분만술은 억지로 분만을 유도하는 방법이므로 시간이 오래 걸리기도 한다.

(4) 자궁절개법(Hysterotomy Abortion)

이는 제왕절개술과 마찬가지로 마취를 한 다음 자궁을 절개하여 태아를 꺼내는 방법으로, 일반적인 인공유산 방법은 아니며, 자궁이 기형이거나 다른 방법들을 사용한 인공유산에 실패한 경우에 사용한다. 수술에 따른 부작용이 발생할 수 있으며, 산모에게 육체적인 고통이 따름은 물론이고 경제적으로도 큰 부담을 안겨주는 방법이다.

(5) 약물유산 약

1) 옥시토신 정맥주사

임신 중기 이후에 자궁수축제인 옥시토신(oxytocin)을 지속적으로 정맥에 주입하여 진통을 유발시키고 자연분만과 같은 과정을 거쳐 태아를 분만하는 방법이다. 정상적인 분만을 한 산모와 같은 회복 과정을 거쳐야 하며 저혈압과 수분 저류와 같은 부작용이 발생할 수 있다.

2) 프로스타글란딘제

임신 중기 이후에 프로스타글라딘 제제의 먹는 약이나 주사제, 질정제, 질크림 등을 사용하여 자궁 수축을 유발시켜 태아를 분만시키는 방법으로서, 발열, 구토, 설사, 기관지 수축에 의한 호흡곤란, 부정맥, 폐부종 등의 부작용이 심각하여 의사만이 처방할 수 있다.

3) 항프로제스테론제(RU 486)

임신 초기에 사용되는 방법으로, 현재의 수술법 대신 먹는 약으로 인공유산이 가능하다.

우리나라에서는 현재 수입을 둘러싸고 찬반 논란이 활발하게 논의되고 있는 약물로서, 임신중절이 불가피한 경우 기존의 수술보다 훨씬 편리한 방법인 것은 사실이지만, 손쉽게 인공유산할 수 있어 문제가 되고 있으며, 위장관 장애, 심한 자궁 출혈 등의 부작용이 있다.

[표 4-7] 인공유산의 합병증

인공유산의 합병증
· 자궁 천공
· 폐혈성 유산
· 양수 색전증
· 불완전 유산에 의한 출혈
· 감염: 자궁내막염, 골반염, 복막염
· 자궁경관 협착, 자궁 유착, 골반 유착
· 자궁경관 무력증
· 습관성 유산, 2차성 불임

CHAPTER

5 | 피임

5.1 피임의 정의

수태(受胎) 조절을 위한 하나의 수단으로서, 난자와 정자가 수정되지 않도록 하거나 수정란이 자궁에 착상되지 못하도록 하는 등의 방법을 통해 인위적으로 임신이 되지 않게 하는 예방 조치를 피임(避妊: contraception)이라고 한다. 현대의 사회구조에서는 세계 인구의 증가와 식량문제 등으로 인해 산아제한을 위한 피임의 필요성이 강조되고 있다.

특히, 여성들의 사회적인 활동이 활발해지면서 피임은 중요한 사회적인 문제가 되었다. 또한 무분별하고 책임 없는 성행위에 의해 생기는 임신 등은 사생아를 비롯하여 낙태를 유발하기 때문에 피임은 남녀 모두에게 일생 동안 해결해야 할 과제가 되고 있다.

5.2 피임의 역사

피임에 관한 의학적 기록으로는 기원전 1850년 이집트의 Petri Papyrus에서 발견된 것이 가장 오래된 것으로 알려져 있다. 그 기록에 의하면 기원전 1650년경 이집트에서는 아카시아 나무를 가루로 만들어 헝겊에 싸서 자궁 속에 집어넣어 피임하였는데, 아카시아에 함유된 약산성 아라비아 고무(gum)가 정자를 죽이는 역할을 하였다고 한다. 또한 악어 똥과 아교 같은 물질을 배합하여 쓰기도 했고, 질을 자극하는 모종의 물질과 함께 벌꿀로 만든 질 연고를 배합하여 성교 전에 질 내에 삽입하였으며, 6세기 쯤 그리스에서는 피임을 위해 노새의 자궁이나 정소, 발굽 등을 먹었다는 기록이 남아 있다. 고대의 책을 보면 주술적인 방법으로 피임을 유도하려고 했던 기록이 있다. 예를 들면, 겨자씨를 갈아 참기름에 녹여 월경 중인 3일 동안 복용한다든가 삽입 직후에 뒤로 일곱이나 아홉 걸음을 팔짝 뛰면 임신을 피할 수 있다는 내용 이외에도 유산을 유도하는 방법으로 아랫배를 마사지하거나, 여러 가지 식물성 제재를 만들어 먹이거나 질 내에 삽입시킨 기록이 있다.

근대적인 피임법으로는 1879년 영국인 약사인 렌델(Rendell)에 의해 질좌약식 피임제가 최초로 만들어졌으며, 1906년 살정 젤리의 생산과 질 좌약식 피임제가 생산되었고, 독일의 의학자인 Hasse에 의해 pessary가 개발되어 유럽과 미국에서 널리 통용되기 시작하였으며, 제2차 세계대전을 계기로 여성의 지위가 크게 변화하고, 전쟁의 불확실성과 외국인들과의 빈번한 접촉에 의해 혼외정사와 국제결혼이 늘어나게 됨에 따라서, 피임에 관한 관심도 높아지게 되었다.

1960년대에는 피임약과 자궁내장치(loop), 수술적 단산법이 주로 이용되었으며, 1960년 미국 FDA에서 공식 승인된 경구 피임약 '에노비드10'은 여성 스스로가 임신을 조절할 수 있게 만들었다. 초기의 경구 피임약은 부작용이 컸지만 현재 이용되고 있는 피임약은 초기보다 용량이 크게 감소되었고, 우리나라에는 1968년에 처음으로 경구 피임약이 들어왔다.

19세기에 접어들면서 의학의 급속한 진보로, 전염병의 예방 및 치료가 광범위하게 행해졌고, 생활수준의 상승, 위생법의 개선 등으로 인간의 사망률이 급격하게 감소되었다. 이로 인해 인구는 급격히 증가되었고, 대다수의 사람들은 사회적, 경제적 측면을 고려하여 이전보다 아이를 적게 낳으려는 경향을 보여 피임법이 더욱 발달하게 되었다. 피임법의 발달은 여성이 성교 중에 갖는 임신에 대한 두려움으로부터 완전히 벗어나게 했을 뿐만 아니라 성적인 즐거움을 제공하게 되었다.

20세기에 들어와서는 종족 번식이 목적이던 성교가 쾌락의 수단으로 바뀌었고, 종교의 그늘을 벗어나 다양한 연령층이 과감하게 성의 즐거움을 누리게 되었다. 또한, 출산율이 높은 이슬람권이 아닌 국가나 세속주의적인 사회, 성문화에 개방적인 사회의 경우에는 피임이 권장되지만, 아직까지도 이슬람 근본주의와 일부 그리스도교 교파에서는 피임을 금기시하거나 매우 제한적인 형태의 피임만을 허용한다. 교황청은 공식적으로 피임기구 사용을 원칙적으로 금지하고 있다. 우리나라에서는 과거 5.16 군사정변 이후 산업사회 시절의 산아 제한 정책에 따라 국가에서 무료로 불임 수술을 해줬지만, 현대 사회의 저출산 문제로 인해 2004년부터는 불임 수술 시 건강보험 적용이 안 된다.

5.3 피임의 종류

피임 방법에는, 여성의 생리주기를 이용하여 배란기간 동안 성교를 피하는 등의 자연 피임법, 정자가 질의 내부로 들어가는 것을 방지하기 위해 콘돔이나 피임용 격막을 사용하는 기구 피임법 그리고 배출된 정자를 죽이기 위해 피임용 거품, 젤리 등을 사용하거나 호르몬 조절을 통해 배란을 막아 난자가 생성되지 않게 하는 호르몬 및 약물 피임법, 수술에 의한 영구 피임법 등 여러 가지가 있다.

각 피임 방법마다 나름대로의 장단점이 있고, 피임 실패율이 있기 때문에 개인의 특수한 사정에 맞춰 선택해야 한다.

피임의 이상적인 조건으로는 확실한 피임 효과와 간편한 사용법, 적은 비용, 부작용이 없고, 재임신이 가능한 방법이어야 하며, 수용성이 좋고 부부생활과 건강에 나쁜 영향을 주지 않아야 한다. 많은 피임 방법들이 개발되어 있으나 아직까지 이 모든 조건을 갖춘 이상적인 방법이라 할 수 있는 것은 없다.

5.3.1 자연 피임법

자연 피임법은 어떠한 인공적인 제재도 가하지 않은 상태에서 몸에 특별한 변화를 주지 않고 할 수 있는 피임법을 말하며, 행동을 통해 피임을 한다고 해서 다른 말로는 행동 피임법(behavioral methods)라고도 불린다. 자연 피임법에는 크게 주기적 금욕법(periodic

[표 5-1] 피임의 종류

비호르몬 피임법	호르몬 피임법	사후(응급) 피임법	영구 피임법
 콘돔	 피임약	 피임약	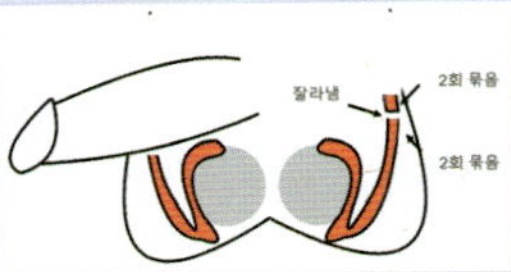 정관수술
 구리 IUD	 자궁 내 장치(IUD)		
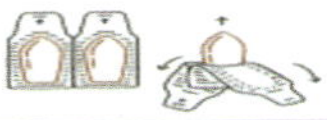 살정제	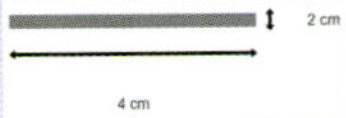 임플란트		
 피임 격막	 피임 패치	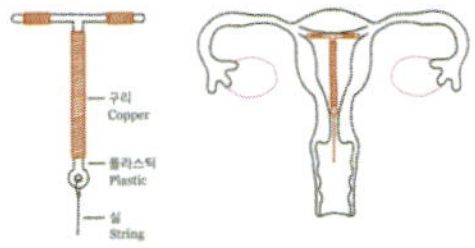 구리 IUD	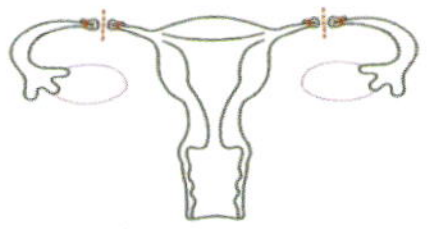 난관수술
 자궁 경부 캡	 피임 주사		
 피임 스펀지	 피임 링		한국에서는 구할 수 없음.

abstinence)과 성교 중단법(coitus interruptus)이 있다. 주기적 금욕법은 여성의 가임 기간을 알아내어 그 기간에 주기적으로 금욕하는 방법으로, 그 종류로는 날짜 피임법, 기초체온 측정법, 자궁경부의 점액 변화를 기초체온과 함께 고려하는 증상 · 체온법 등이 있다.

(1) 성교 중단법(Coitus Interruptus, 질외사정법)

보통 질외 사정법이라고 하는데, 정상적인 성교를 하다가 사정하기 전에 남성이 성교를 중단한다는 뜻이며, 사정 직전에 질로부터 음경을 빼내어 질 밖에서 사정하는 방법으로 남성이 사정을 조절할 수 있어야 이용 가능하다. 자연 피임법으로서 인류가 알고 있는 가장 오래된 피임법으로 전 세계적으로 널리 사용하는 방법이다. 그러나 사정 전의 요로 분비물로부터도 정자가 배출될 수 있으며, 여성의 외음부에 사정한 정액이 질 내로 흘러갈 수 있어 원하지 않는 임신을 하게 될 가능성이 높다.

1) 장점

① 별도의 피임기구가 필요 없다.

② 아무런 피임 준비가 되어있지 않았을 때 주로 사용하는 방법이다.

③ 피임의 금전적인 부담이 전혀 없다.

2) 단점

① 남성의 자제력과 실천의지가 필요하며, 성교 시 쾌감을 다소 저해시킬 수도 있다.

② 만약 성기를 빼는 동작이 늦거나 또는 정액이 조금이라도 질 속에 남아 있으면, 이것만으로도 임신이 되는 경우가 있기 때문에 완벽하다고 할 수 없다.

③ 사정 전의 흥분으로 분비되는 쿠퍼선(Cowper's gland)을 통해 활발한 정자가 소량 방출될 수도 있어 임신될 가능성이 크다.

④ 오랫동안 이 방법을 사용할 경우, 남성에게는 조루와 같은 성기능 장애가 나타나기도 하고 여성에게도 성적 장애가 올 수 있다.

(2) 리듬 조절법(Rhythm Control, 생리주기법)

리듬 조절법과 표준일 피임법을 통틀어서 날짜 피임법이라고 부른다. 이러한 피임법은 배란이 일어나는 시기를 직접적으로 관찰하지 않는다는 점에서 증상 피임법과는 다르다. 대신, 과거 생리 주기의 길이를 통계적으로 분석해 가임기가 언제부터 언제까지인지를 추정하는 방법이다. 리듬 조절법은 여성의 생리주기에 따라 배란기간 동안 성교를 피하는 자연 조절법이기 때문에 로마 가톨릭교가 공식적으로 인정하는 유일한 피임법이다. 배란은 다음 생리 시작 예정일로부터 14±1일 전에 일어나기 때문에 생리주기가 규칙적인 여성에게서는 비교적 효과적인 방법이다.

또한 미수정란의 수명은 약 하루이고, 여성의 내부 생식기 안에서 정자의 수명은 약 이틀 정도가 되므로, 예측되는 배란일과 정자와 난자의 수명을 포함한 2~3일 또는 28일 생리 주기의 경우 생리주기의 9~18일 사이에는 금욕 또는 성교를 피하는 방법이다.

체온이나 소변검사 기록(소변에 들어있는 에스트로겐과 황체형성호르몬의 양)을 주기적으로 기록하거나 생리통이 일어나는 주기를 관찰하면서 생리주기법을 병행하면 효과를 높일 수 있다.

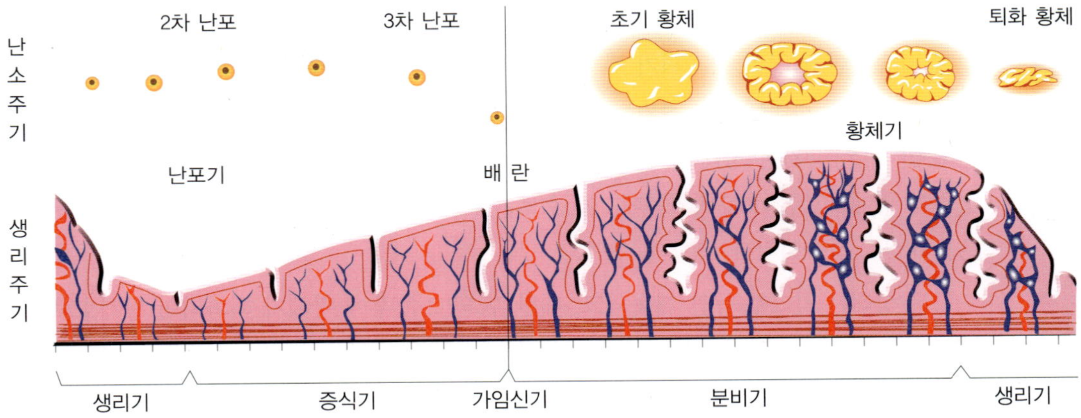

[그림 5-1] 여성의 난소주기를 이용한 리듬 조절법.

1) 장점

① 자연 피임법으로서 약물이나 기구를 사용하지 않으므로 부작용이 없다.

2) 단점

① 여성에 따라 생리주기가 달라 일정하지 않으며, 정확한 배란일을 계산해 내는 것이 쉽지 않아 비효과적이다.

② 여성의 자궁이나 난관에서 5~6일 혹은 그 이상 생존 가능한 정자가 있을 수 있다.

③ 생리주기를 6개월~1년 정도 꾸준히 관찰하여 정확한 주기를 파악해야 하며, 생리주기가 일정하지 않은 여성은 사용하기 어렵다.

④ 스트레스, 급성질환, 발열, 여행 등일 때 배란일이 바뀔 수 있다.

⑤ 피임 실패 확률이 매우 높다.

(3) 기초 체온법(Basal Body Temperature : BBT)

배란 후 황체호르몬 분비로 인해 기초체온이 상승하는 것을 이용하여 배란일을 보다 정확히 추정한 후 배란일 동안 성교를 자제함으로써 임신을 피하는 방법이다.

기초 체온이란, 정상 상태에서 하루 중 가장 안정된 때의 체온을 말하며, 아침에 눈 뜬 직후에 체온계를 혀 밑에 넣고서 입을 다물고 누운 채로 측정하는데, 보통 36.5℃ 내외이다. 단, 체온 측정 시 말을 하거나 화장실을 다녀와도 안 된다.

기초 체온은 배란이 일어나기 1~2일 전에 약간 상승하다가 배란기 동안 약 1℃ 정도 급격히 상승하여 월경이 시작되기 전까지 체온이 상승한 상태로 유지되는데, 월경주기 동안에는 뇌하수체 전엽에서 분비되는 난포자극호르몬(FSH)의 작용으로 난포호르몬이 분비되는 동안 체온이 저온 상태(약 0.3℃ 감소)로 된다. 난포가 성숙하여 배란이 되면 황체가 형성되어 황체호르몬이 분비되는데, 이 호르몬이 시상하부의 체온 조절중추에 작용하여 체온을 0.5℃ 상승시킨다.

고온 상태는 약 2주 동안 계속되고, 배란 후 약 2주 후에 황체가 퇴화되면 황체호르몬의 분비가 중지되어 체온은 다시 저온 상태로 내려가는 동시에 생리가 시작된다. 그리고 또 다시 난포호르몬의 분비가 시작되고 저온기와 고온기는 반복된다. 보통 저온 상태의 최종일과 고온 상태의 경계에서 체온이 저온 상태보다 더 떨어지는데, 이 날을 저온 함락일이라고 한다. 일반적으로 배란은 저온 함락을 기점으로 전후 이틀 사이에 일어난다. 기초 체온법에 의한 피임은 배란일을 정확히 알아내어 난자의 수정 능력(배란 후 약 24시간)과 여성 내로 진입한 정자의 수정 능력 기간(3~4일간)을 제외한 안정일을 산출할 수 있는 방법이다. 따라서 고온기를 맞이한 4일 이후부터 다음 생리가 시작되기 전까지의 약 10일 간이 안정일이라 할 수 있다.

1) 장점

① 자연피임법으로 약물이나 기구를 사용하지 않으므로 부작용이 없다.

② 정확하게 저온 함락일 등을 알게 될 경우에는 높은 피임률이 보장된다.

2) 단점

① 온도 차이가 0.5℃에 불과하므로 소수점 첫째 자리까지 측정 가능한 온도계를 준비하여 정확하게 체크하지 않으면 안 된다.

② 기초 체온을 매일 측정해야 하므로 인내심이 요구된다.

③ 감기와 같은 발열성 질병에 걸렸을 때에는 기초 체온 측정이 불가능하다.

④ 배란 전의 안전기간을 미리 예측하기 힘들다.

⑤ 정자는 72시간을 살아남을 수 있으므로 배란일 전에 성관계를 가졌더라도 임신 가능성이 있다.

⑥ 배란 후 전형적인 체온 상승을 보이지 않는 경우도 많아 실패할 수도 있다.

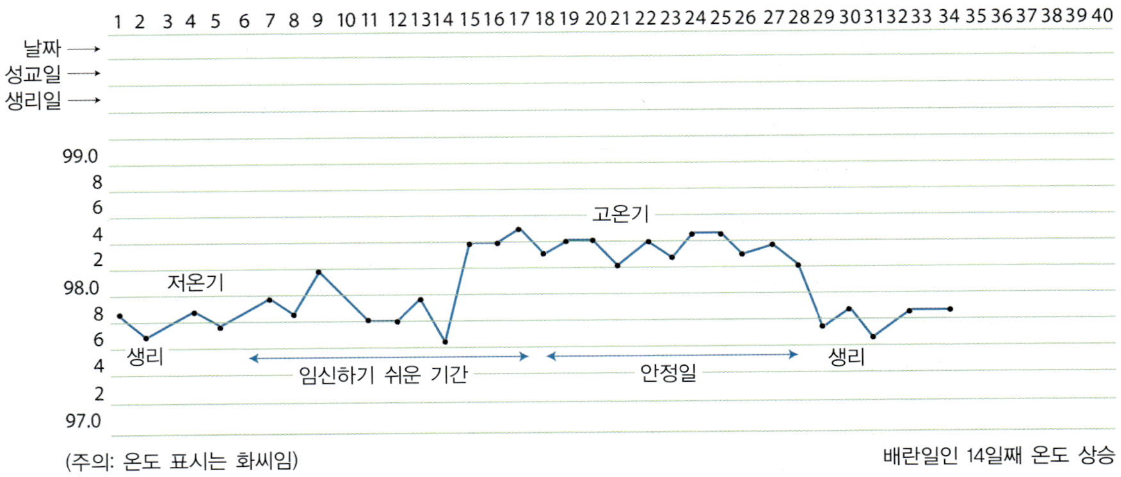

[그림 5-2] 기초 체온법에 의한 그래프.

(4) 경부 점액법(Billings Ovulation Method, 점액 관찰법)

1974년 Billings 박사가 제안한 방법으로, 배란주기에 따라 자궁경부에서 분비되는 점액의 탁도와 점도를 관찰하여 배란일을 예측하는 피임방법이다. 신뢰도가 큰 자연 피임법으로 인식되고 있다. 모든 여성은 생리가 끝난 후부터 며칠 동안은 점액이 거의 분비되지 않아 질 내부가 비교적 건조한 상태를 유지하고, 배란되기 며칠 전부터 점액이 분비되기 시작한다. 초기 점액은 흰색을 띤 끈끈한 점착성의 물질이나 점차 색깔이 엷어지다가 배란 24시간 전에는 달걀 흰자와 같이 거의 투명하고 미끈거리는 점액으로 변한다. 배란 후에는 다시 흰색으로 변하거나 더 이상 점액이 분비되지 않기 때문에 점액이 분비되기 시작하는 날부터 시작하여 투명한 점액이 분비되고 난 후 3일까지 성교를 피하면 임신을 막을 수 있다.

1) 장점

① 실제 몸의 변화를 보는 방법이므로 가장 정확성이 높다.

2) 단점

① 어느 정도의 경험이 필요하다.

1. 가임기, 비가임기 알아보기

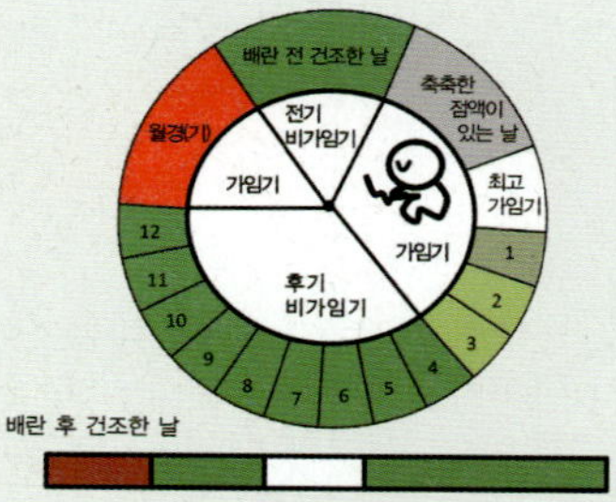

2. 주기에 따른 호르몬 변화

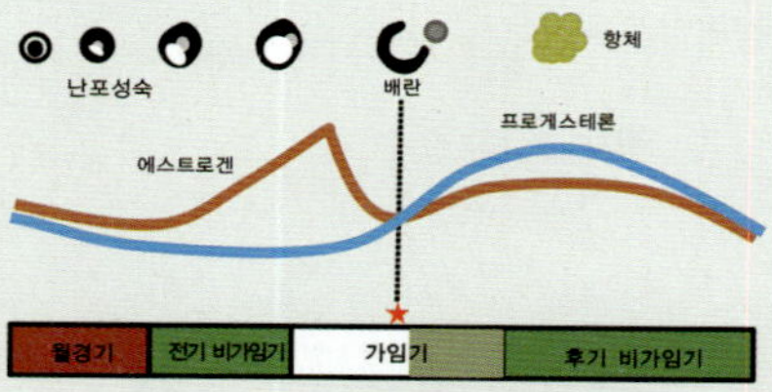

3. 점액 변화와 기록 방법

시기		점액상태(밀도/색/모양)	느낌	기록 예시
월경기		출혈, 피 비침	촉촉한 미끄러움, 끈적함, 건조함	
전기 비가임기		점액이 보이지 않음	건조함, 외음부에서 별다른 느낌이 없음	
가임기	점액이 변화하는 시기	점액이 보이기 시작됨(혼탁함, 덩어리짐) 노란빛에서 점차 우윳빛으로 변화함.	눅눅함, 촉촉한 느낌이 시작됨	
	배란의 확률이 높은 최고 가임기(피크업)	투명하고 길게 잘 늘어나는 점액이 나타남	촉촉함, 미끄러움, 외음부가 부은 듯한 느낌이 듬	
	배란 가능성이 있는 최고 가임기 후 1,2,3일	혼탁한 점액, 메마른 점액	끈적함,건조함	
후기 비가임기		혼탁함, 건조함, 점액이 보이지 않음	건조함	

4. 점액 모양

	가임기	비 가임기
밀도	길게 늘어나는	끈적한
색	투명한	혼탁한
모양	쫀득한	크림 같은

[그림 5-3] 경부 점액법 사진.

(5) 질에 삽입하지 않는 성교

비삽입 성교, 항문 성교, 구강 성교는 임신의 가능성이 매우 낮다. 약간의 가능성은 있는데, 항문 성교 시 정액이 질로 흘러들어가거나 남성의 성기가 아닌, 손 같은 다른 곳을 통해 정액이 유입될 수도 있다.

(6) 모유 무월경 방법(Lactational amenorrhea method, LAM)

모유 수유를 하는 여성은 수유할 때 나오는 프로락틴이라는 호르몬에 의해 배란이 억제된다는 점을 이용한 피임 방법이다. 그러나 일부 모유 수유 중에서 배란이 되는 경우가 있으며, 몇몇 임산부 동호회에서 모유 수유 중에도 성관계를 하면 임신이 가능하다는 일부의 경험담이 있다. 전문가에 의하면, 아기가 태어난지 6개월 이내여야 하며, 출산 후에 생리가 아직 시작하지 않아야 하고, 밤중 자주 수유하며 완모(완전 모유 수유 : 아기에게 분유나 우유 등을 전혀 먹이지 않고 2~3시간마다 한 번씩 수유하여 아기가 모유만으로 배를 채우는 경우)하는 것이 모유 수유의 피임의 전제 조건이라고 한다.

5.3.2 기구 피임법

기구 피임법은 자연 피임이 아닌 물리적인 기구 등을 이용하여 피임하는 강제적인 방법으로, 정자의 이동 차단, 호르몬을 통한 배란 리듬 변경, 화학물질 등을 이용하여 정자가 질의 내부로 들어가는 것을 방지하는 방법이다.

대표적으로 콘돔이나 피임용 격막 등을 사용하는 방법 등이 있다.

(1) 콘돔(Condom)

남성들이 가장 흔하게 사용하는 피임 기구로 아주 얇은 주머니(콘돔, 고무)를 남자의 음경에 씌워 정자가 질 내로 들어가는 것을 막는 방법이다. 콘돔의 역사는 18세기 이탈리아의 해부학자 팔로피우스가 사용한 것으로부터 시작되는데, 본래의 목적은 피임보다는 임질과 같은 성병을 예방하기 위해서였다. 초기의 콘돔은 어피나 양의 창자로 만들었으나 현재 사용되는 것은 1843년 미국 화학자인 찰스 굿이어 (Goodyear)의 혁명적인 공법(고무가황법)이 개발된 이후 매우 얇고 질긴 라텍스 고무로 만들어지고 있으며, 라텍스 콘돔이 에이즈를 비롯한 각종 성병에 대한 보호 효과가 있다는 사실이 알려지며 최근에 사용이 점차 증가하고 있다. 다만, 천연소재의 콘돔이나 양가죽으로 만든 콘돔은 성매개 질환을 예방하지 못할 수도 있다.

콘돔에는 재질 및 색깔에 따라, 두께와 윤활제의 유무에 따라 매우 다양한 종류가 있고, 크게 2종류로 나눌 수 있다. 하나는 끝에 돌출부가 없는 둥근형이고, 다른 하나는 끝부분에 정액을 모을 수 있도록 작은 돌출부가 있는 돌출형이다. 콘돔을 사용할 때는 반드시 음경이 발기한 뒤 콘돔을 꺼내 안과 밖을 뒤집어서 정액받이를 손가락으로 쥐고 비틀어 공기를 없앤 후, 정액받이를 성기의 끝 쪽에 닿은 상태로 천천히 펴서 전체를 덮어준다. 이때 공기가 들어가지 않도록 조심해야 하며 손톱이나 반지 등에 찢기지 않도록 한다. 끝에 돌출부가 없는 콘돔의 경우, 콘돔의 끝을 2cm 정도 손으로 잡아당겨 사정액을 위한 여분의 공간을 마련하는 것이 좋다. 또, 사정 후에는 콘돔이 헐거워져 정액이 새어나올 위험이 있으므로 콘돔의 아랫부분을 손으로 잡고 정액이 새어나오지 않도록 한 상태에서 질로부터 빼낸다. 만일 콘돔이 찢어졌으면 즉각 살정제 거품이나 젤리를 사용하여 질 내에 남아 있는 정자를 죽이거나, 다량의 에스트로겐이 함유된 알약을 약 5일간 복용하면 임신을 막을 수 있다.

콘돔은 어디서나 쉽게 구할 수 있고, 의사의 특별한 지시 없이 사용할 수 있다는 것이 큰 장점이다. 콘돔의 사용은 신뢰도가 큰 피임법이며, 특히 AIDS를 비롯한 성병의 예방 효과가 크다.

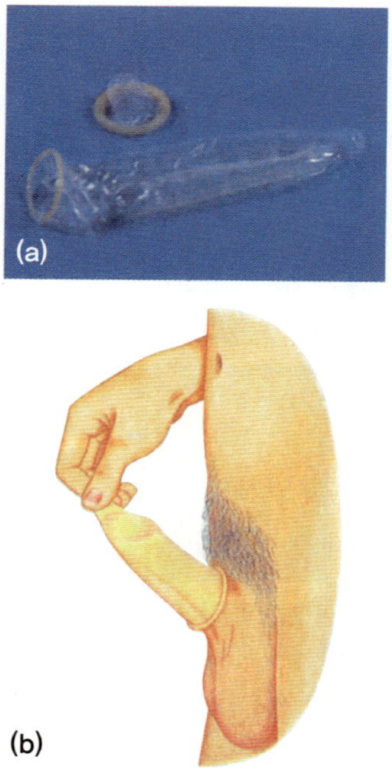

[그림 5-4] 남성용 콘돔의 형태 (a)와 사용법(b)

1) 장점

① 크기가 작아 휴대와 사용이 간편하다.

② 피임 성공률이 높다.(약 85~98%)

③ 성병의 확산과 여성 질병(골반염, 자궁암 등)을 예방할 수 있다.

2) 단점

① 성교 시 찢어지거나 벗겨지면, 정자가 질 속으로 들어갈 수 있어서 피임에 실패할 수 있다.

② 성감의 감소로 성교의 자연스러움을 방해할 수 있다.

③ 제대로 사용하지 않을 경우에는 실패율이 높다.

④ 매번 사용해야 하는 번거로움이 있고, 손상된 콘돔을 사용했을 때 피임 효과가 없다.

⑤ 콘돔의 재질이 변할 수 있으므로 제조 일자를 자주 확인해야 한다.

⑥ 여성의 질 윤활액의 분비가 극히 적을 때는 콘돔 사용이 어려워질 수 있다.

(2) 페미돔(Femidom)

1993년 미국 FDA에서 여성용 콘돔인 Reality에 대하여 시판을 허가한 뒤 등장한 여성용 콘돔으로, 여성의 질 내부를 감싸서 정자를 차단하여 임신 및 성병으로부터 보호하는 방법이다. 일반 남성용 콘돔과는 달리 라텍스 고무가 아닌 원통형의 폴리우레탄으로 만들어져 재질이 강하고 부드러우며, 수용성 윤활액으로 처리되어 있다. 남성용 콘돔보다 훨씬 크고 양끝에 둥근 플라스틱 링이 달려 있어 여성의 외음부 및 질 내부를 감싸 (한쪽은 치골 뒤에 고정시키고, 반대쪽 링은 질 바깥으로 위치하도록 고정시킴) 정자의 침입과 여성의 피임법으로는 최초로 AIDS나 성병 확산을 차단시켜 준다. 남성용 콘돔은 음경이 발기되어야 사용 가능하지만 여성용 콘돔은 성교 전에 탐폰처럼 삽입하면 된다. 일회용이므로 성교 때마다 새로운 것을 사용해야 한다.

페미돔은 남성들이 콘돔 사용을 기피하는 원인인 조임 현상과 사정 직후 성교를 중단해야 하는 단점을 보완한 것으로, 페미돔을 사용한 남녀의 성 만족도를 조사한 결과 약 70%

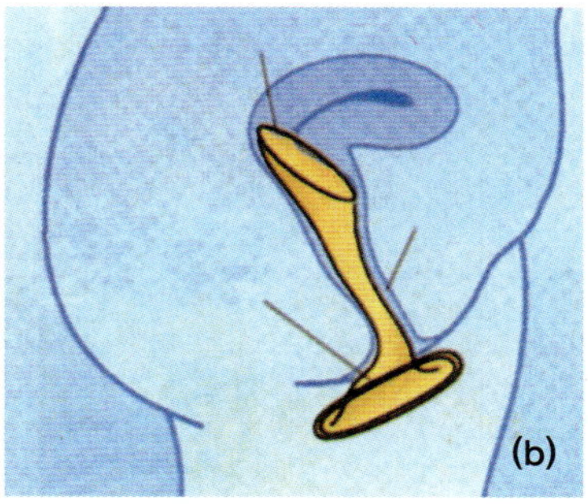

[그림 5-5] 여성용 콘돔의 형태(a)와 사용법(b).

이상이 평상시와 다름없었다고 대답했다. 1995년 첫 시판 이후 그 수요가 날로 확산되고 있다. 이는 여성 자신의 성적 의지가 반영된 것으로 남성이 성교를 주도한다는 기존의 관념에서 벗어나고 있음을 보여 준다.

1) 장점

① 페미돔의 사이즈가 맞으면, 사용감과 위화감이 없고 피임 효과가 높다(99%).

② 건강에 아무런 해를 주지 않으며, 성병과 자궁경부암 예방에 효과적이다.

2) 단점

① 사용 방법을 숙지하여 정확하게 삽입해야 하는 번거로움이 있다.

② 한 방울의 정액 속에도 수백만 마리의 정자가 있어 임신할 가능성이 있으므로 제거 시에 정액 유출이 없도록 주의한다.

③ 질 속에 이물질을 넣는다는 심리적인 위화감이 있다.

④ 산부인과 의사의 진찰이 필요하여 젊은 여성에게 저항감이 있다.

⑤ 청결 유지와 보관이 약간 불편하다.

⑥ 다른 여성용 피임기구와 달리 일회용이다.

(3) 피임용 격막(Diaphragm, Pessary)

1882년 독일의 해부학 교수인 Wilhelm Mensinga 박사가 고안한 것으로 19세기에 특히 유럽지방에서 유행하였다. 1960년까지는 대부분의 서구 여성들이 사용하던 피임 도구였으나 다양한 피임약의 개발 이후 차츰 그 사용 빈도가 줄었다. 유연성이 강한 금속 테에 얇은 고무막을 둘러 돔 모양의 구조된 라텍스 컵으로 자궁경부나 질을 막아 정자가 들어가는 것을 방지한다. 사용하는 격막은 개인에 따라 의사가 그 크기를 선정해 주고 성교를 갖기 몇 시간 전에 삽입한다. 성교 후 최소한 6시간 이후에 빼내야 한다.

삽입 시에는 링의 가장자리에 살정제를 바른 뒤, 엄지와 검지로 양끝을 눌러서 깊숙이 밀어 넣는다. 사용 후에는 비누를 사용하여 물로 씻고, 건조시킨 뒤에 보관한다. 자궁경부 캡의 경우에는 성교 전 질 내에 48시간까지 두어도 무방하다.

격막이 자궁경부나 질을 덮고 있어 격막 테두리를 통해 정자가 자궁 쪽으로 들어갈 가능성이 있으므로 살정제(spermicide) 크림이나 젤리를 함께 사용할 것을 권장하고 있다.

이전의 피임용 격막은 의사가 끼워 주었으나 최근 개발된 SILCS 질 격막은 의사가 끼워 주지 않아도 되는 단일 크기의 격막으로서, 임상실험 중에 있다.

1) 장점

① 올바르게 사용하면 여성의 피임 방법 중 경구 피임약 다음으로 정확한 피임 방법이 된다.

② 사용한 후에는 세척하여 여러 번 사용할 수 있다.

③ 값이 싸고 부작용이 없으며 오랫동안 반복 사용할 수 있다.

2) 단점

① 질의 길이와 자궁경부 구조가 개인 혹은 출산 유무에 따라 달라지므로 산부인과 전문의의 진찰과 사용법에 관한 정확한 숙지가 필요하다.

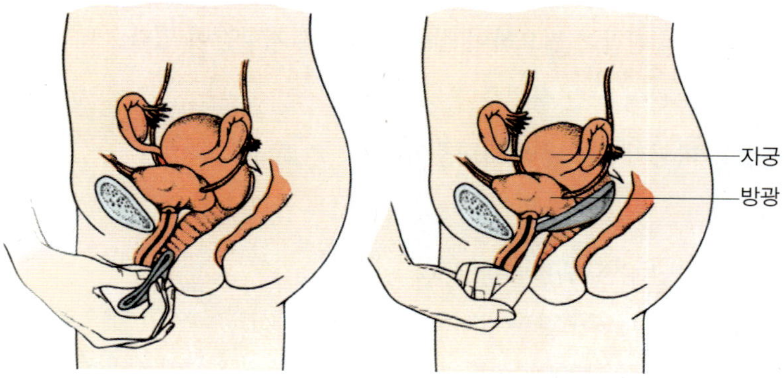

[그림 5-6] 격막 삽입장치법.

② 질은 성적 자극으로 변형 및 확대되고, 음경의 운동이나 여성의 오르가즘 반응에 따라 격막이 빠질 수도 있다.

③ 생리기간에는 사용할 수 없다.

④ 요로 염증이 생길 수 있다.

⑤ 고무에 대한 알레르기 반응이 나타날 수 있다.

(4) 자궁 내 삽입장치(Intrauterine Device, IUD)

흔히 루프(loop)라 불리는 것으로 자궁 내에 작은 장치를 삽입하여 자궁강 내에 이물질로 인한 염증 반응을 일으켜서 프로스타글란딘 방출을 유도하는데, 이로 인하여 자궁의 활성도 및 난관의 운동성이 저해되고, 자궁경관 점액을 끈끈하게 만들어 정자가 통과하지 못하게 한다. 자궁강 내에 백혈구의 이동이 일어나 정자에 대한 식작용이 일어나고, 정자를 파괴하며, 구리 역시 정자에 직접적인 독성을 나타낸다. 따라서 IUD는 수정란의 착상을 방해하여 임신을 방지하는 피임 장치이다. 자궁 내에만 작용하고, 몸의 다른 곳에는 영향을 미치지 않는다. 그래서 뇌하수체호르몬에 의한 배란은 정상적으로 일어나게 된다. Hippocrates에 의하면, 이미 2,500년 전부터 의학적 목적으로 어떤 이물질을 여자의 자궁 속에 넣었다고 한다. 그리고 카라반(caravan)들은 사막을 여행할 때 낙타의 임신을 막기 위한 방법으로 수세기에 걸쳐 낙타의 자궁 속에 돌, 뼈, 금속, 풀 뭉치를 넣어 왔다. 사람에게 처음으로 시도된 것은 1920년대 독일의 의사 그라펜베르그(Grafenberg)에 의해서이다.

자궁 내 피임장치는 보통 T자 모양으로 생겨 양쪽 팔을 자궁벽에 걸치게 되어 있다. 또한, 구리와 플라스틱의 형상기억 합금이나 플라스틱으로 제작되어서 2.5cm 정도로 작고 납작하며 잘 구부려진다. 짧고 부드러운 플라스틱 줄이 달려 있어서 제거할 때 사용하기 편하며, 자궁경부에 나와 있으므로 손가락 끝으로 느낄 수 있다.

구리로 만들어진 자궁 내 피임장치인 루프는 호르몬을 함유하고 있지 않은 대신 구리 이온이 존재하는데, 구리 이온은 자궁에 강제로 염증을 일으켜 정자를 죽이는 효과가 있다. 플라스틱만으로 된 IUD는 프로게스테론의 한 종류인 프로게스틴 호르몬을 체내에 방출해서 정자와 난자가 만나지 못하게 하며, 자궁경부의 점액을 끈적하게 만들어서 정자가 자궁 안으로 들어가지 못하게 하고, 배란을 막는 방법이다.

구리 루프는 구리 이온의 작용 때문에 응급피임법으로도 사용이 가능하다.

현재 미국에서 허용되는 IUD의 종류는 하나이지만, 영국에서 쓰이는 것은 7종류가 있다. 한번 삽입하면 5년간 피임 효과가 지속된다.

1) 장점

① 플라스틱 루프는 파손되지 않는 한 영구적이나, 구리 루프는 2년 후에 교체해야 한다.

② 자궁 내에서 빠지지 않는 한 98%의 피임률이 보장된다.

③ 사용하는 순간부터 피임과 성교에 방해가 되지 않는다.

④ 호르몬 균형에도 영향이 없다.

⑤ 한번 삽입으로 장기간 피임이 가능하므로 경제적이다.

⑥ 임신을 원할 때는 장치만 제거하면 된다.

2) 단점

① 삽입된 장치가 저절로 빠져서 임신될 가능성이 있다.

② 전문의가 삽입하고 빼야 하며, 정기적인 검진이 필요하다.

③ 골반강 내에 염증을 일으킬 우려가 있다.

④ 불규칙적인 하혈이나 하복부 통증 등의 부작용으로 인해서 미국에서는 사용이 거의 중단되었다.

⑤ 자궁외 임신이 될 가능성이 있다.

(5) 미래나(Mirena)

미래나는 루프 + 호르몬(프로제스테론)이 합쳐진 기구로써, 자궁 내 삽입장치인 루프와 모양은 비슷하지만, 루프의 재료인 구리에 의한 자궁 내 염증을 보완한 장치로 그 속에 황체호르몬이 5년간 일정하게 흘러나오도록 만들어져 있다. 자궁 내 삽입장치인 IUD와 달리 난소에서 배란은 계속 이루어진다. 호르몬이 흘러나오는 기간이 사람마다 편차가 있지만 최소 3년에서 최대 5년이며, 호르몬이 자궁경부 내 점액의 점도를 증가시켜 정자의 이동을 억제하고 자궁 내막을 얇게 만들어 수정을 막는 방법이다. 루프와 가장 큰 차이점은 루프는 구리를 이용하여 자궁에 강제로 염증을 일으키는 원리로 수정을 막지만, 미래나는 호르몬을 방출하여 수정을 막기 때문에 이론적으로는 염증의 위험성이 루프보다 적은 편이다. 또한 장기간의 확실한 피임을 원하는 여성이나 피임과 함께 생리량과 생리기간의 감소를 원하는 여성, 생리과다 또는 생리통의 치료를 원하는 여성에게 적합한 피임 방법이다.

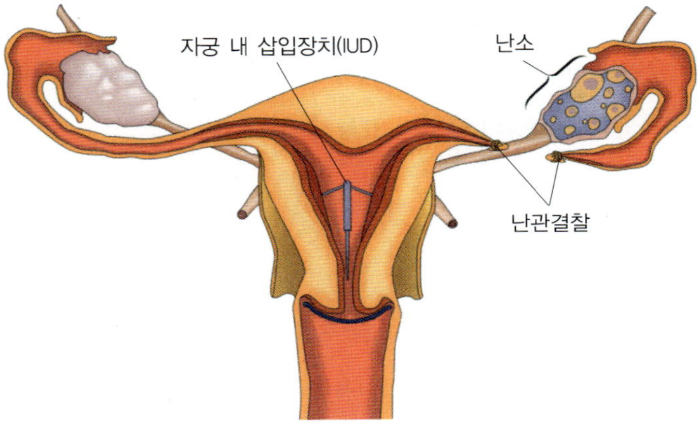

[그림 5-7] 자궁 내 삽입장치(IUD).

[표 5-2] 자궁 내 장치와 미래나 장단점 비교.

구분	구리 루프	미래나
이미지		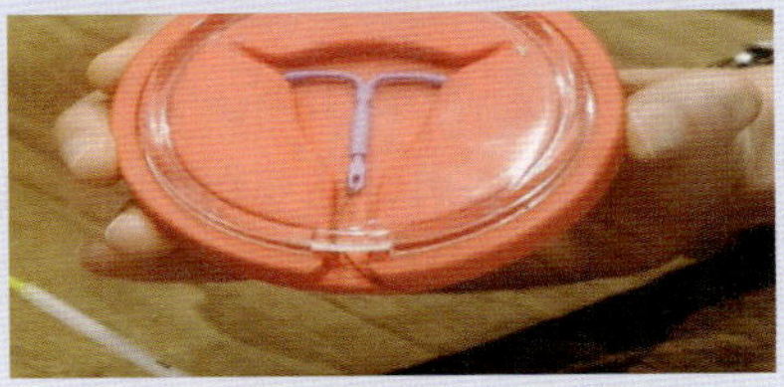
피임 성공률	99%	99%
필수사항	의사의 시술을 받아야 한다.	의사의 시술을 받아야 한다.
장점	• 5년까지 장기간 효과를 나타낸다. • 에스트로겐이 포함되어 있지 않다. • 성교에 지장을 주지 않는다.	• 5년까지 높은 피임 효과(99.8%)를 나타낸다. • 성교에 지장을 주지 않는다. • 생리 중 출혈과 생리통을 줄여준다. • 2~30% 여성들은 생리를 하지 않게 된다.
단점	• 장치 삽입 후 당분간은 불규칙한 출혈이나 점형같은 증상이 나타날 수 있다. • 생리 중 출혈이나 생리통을 증가시킬 수 있다. • 성교를 통해 전염되는 질병을 막아주지 않는다. • 매우 드물게 시술된 장치가 몸 밖으로 배출될 수 있다.	• 미래나 삽입 후 3~6개월 간 불규칙한 출혈이나 점혈같은 증상이 나타날 수 있다. • 매우 드물게 미래나가 몸 밖으로 배출될 수도 있다.

1) 장점

① 피임 효과도 우수하고 생리량과 생리기간을 단축시킨다.

② 생리통을 감소시켜 준다.

2) 단점

① 전문가의 시술이 필요하며, 드문 현상이지만 사용 중 빠지거나 이동될 수 있다.

② 사용 후 첫 6개월간은 소량의 출혈이 있을 수 있다.

③ 이물감이 느껴질 수 있다.

(6) 비-호르몬 피임젤(Phexxi)

최근 미국식품의학약국(FDA)에서는 젤 형태의 새로운 피임약을 정식으로 승인했다. 성관계 직전에 탐폰과 비슷하게 생긴 기구를 이용해서 피임 효과가 있는 젤을 주입하는 방법으로 사용한다. 정자 활동을 느리게 하는 원리의 살정제와 달리, 질 내부의 pH 농도에 변화(pH 3.5~4.5)를 주는 원리로 살정제보다 높은 피임 효과를 가졌다. 성관계 1시간 전까지 질에 도포하면 된다. 단, 국내에는 아직 출시되지 않았다.

1) 장점

① 호르몬 제제가 아니므로 호르몬에 의한 부작용이 없다.

② 임질, 클라미디아 등의 성병 감염을 줄여주는 효과도 있다.

2) 단점

① 국내에는 아직 출시되지 않았다.

② 외음질에 작열감, 가려움, 진균감염, 통증 및 세균질증, 요로감염, 질분미물, 생식기 불편감, 배뇨통이 있을 수 있다.

5.3.3 약물 피임법

호르몬 및 화학 약품을 이용한 피임 방법들로, 보통 호르몬은 에스트로겐과 프로게스틴(인공적인 프로게스테론)을 잘 섞어서 사용한다. 이러한 약물 피임법의 종류에는 먹는 피임약(경구 피임약), 피임 패치, 질 링(누바링) 등이 있다.

(1) 살정제(Spermicide)

살정제는 일종의 화학적 차단법으로 정자를 죽일 수 있는 살정제가 함유된 거품, 젤리,

크림, 정제, 좌약을 성교 직전에 질 내로 주입하면 정자의 세포막 투과성을 높이게 되고, 정자의 세포막이 분해되어 세포 대사를 저해시켜 정자를 죽여서 피임하는 방법이다.

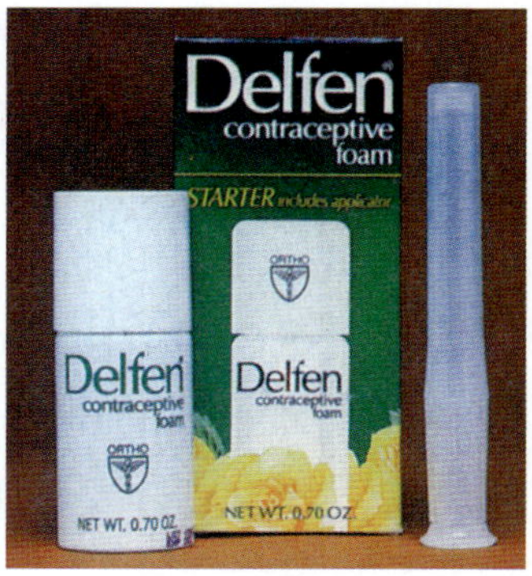

[그림 5-8] 질 살정제

이것은 단독보다는 자궁 내 피임장치들과 함께 사용하는 경우에 높은 피임 효과를 나타낸다. 국내에서는 좌약 형태의 노원, 질좌제가 시판되고 있다. 좌약이 질 내에서 완전히 녹는 데 10~15분이 소요되고, 완전히 녹았을 때 피임 효과가 높아지므로 성교를 시작하기 10분~1시간 전에 질 내에 좌약을 넣어둔다. 단, 성교 1시간 이상 전에 넣을 경우 효과가 떨어지며, 성교 후 외음부를 세척하는 것은 무방하지만 질 세척은 적어도 성교 후 8시간 이상 지나서 해야 한다. 또한, 정해진 시간 내에 사정이 일어나지 않거나 성교를 반복할 경우에는 질 세정제를 다시 삽입해야 한다.

1) 장점

① 이물감과 위화감이 적고 건강에 미치는 해가 적다.

② 처방전 없이 구입이 가능하다.

2) 단점

① 효과 지속시간과 시간을 맞추지 않으면 실패율이 높다.

② 성교를 반복적으로 가질 때, 10분 이상의 시간적 여유를 갖고 다시 넣어야 하는 번거로움이 있다.

③ 피임 실패율이 약 20% 정도이다.

④ 질 점막에 부작용으로 드물게 피부염을 일으키는 사람도 있다.

⑤ 임신 시 기형아 출산 가능에 대한 불안감이 있다.

⑥ 좌약 삽입 후 앉거나 일어서면 약액이 흘러나올 수도 있다.

⑦ 질 내 윤활액이 부족하면 발포성 살정제는 발포되지 않을 수 있다.

⑧ 다습한 여름이나 열대성 기후에서는 살정제 보존에 문제가 있다.

⑨ 질정제가 녹으면 질 밖으로 흘러내릴 수 있으므로 체위에 약간의 제약이 있다.

(2) 먹는 피임약(경구 피임약, Oral Contraceptive Pill)

흔히 필(pill)이라 부르는 먹는 피임약은 인공적으로 합성된 에스트로겐과 프로게스테론을 혼합시킨 여성호르몬 복합제로서 호르몬 조절을 통해 인위적으로 몸이 임신한 것으로 착각하게 하여 여성의 배란을 억제함으로서 피임하는 방법이다. 이 합성 호르몬의 작용 기전은 시상하부의 GnRH 분비 억제에 의한 배란 억제 효과이다. GnRH 분비 저하는 뇌하수체의 FSH, LH의 분비를 저하시켜 난포의 성장, 에스트로겐 생산, 및 LH surge를 억제하여 배란을 방지한다. 배란 억제 작용 외에도 자궁내막의 위축을 초래하여 착상이 적합하지 않은 상태로 변화시키고, 난관의 운동성을 변화시키며, 자궁경부의 점액을 끈끈하게 만들어 정자의 통과를 막는다. 따라서 여성의 체내에서 배란을 억제시킬 뿐만 아니라 자궁경부의 점액이 건조해져 정자가 통과하지 못하게 하며 수정란이 자궁내막에 착상하는 과정을 차단시킨다. 처음 나온 먹는 피임약의 이름이 필(pill)이다. 필은 복합 필과 미니 필(단일 호르몬) 2가지로 분류되며 한국에서는 주로 복합 필이 사용된다. 복합 필의 경우 프로게스테론 성분이 무엇인지에 따라 크게 4세대로 분류된다. 또한, 단순히 피임뿐 아니라 여성의 생리주기를 규칙적으로 만들기 위해 복용하기도 한다.

이 약은 요일이나 날짜별로 포장되어 있으며, 21일형과 28일형의 2가지가 있다. 21일형은 생리가 시작한 날부터 5일 이내에 시작하여 매일 한 알씩 복용하며, 하루에 1정씩 21일간 복용하고 7일간 휴약한다. 휴약 후 2~4일 이내에 생리가 시작된다. 28일형은 매일 순서에 따라 한 알씩 복용하는데, 대개 복용기간의 끝 무렵에 생리가 시작되므로 다음 주기 복용은 28정을 다 먹고 난 다음날부터 새로 시작해야 한다.

과거에는 경구 피임약을 처음 복용할 때 월경 시작일부터 먹기 시작하는 것이 안전하다고 하였으나, 최근에는 임신이 아닌 것이 확인되면 월경주기에 상관없이 즉시 복용하도록 권하고 있다. 이처럼 임신이 아닌 것을 확인하자마자 경구피임제, 패치, 질내 링 삽입 등의 호르몬 피임법을 즉시 시작하는 것을 "빠른 시작(Quick start)" 방법이라 하는데, 월경 시작일까지 기다렸다가 투약을 시작하는 전통적인 방법에 비해 투약 지속률이 더 높다고 알려졌다.

1) 장점

① 피임 효과가 90~95% 정도로 확실하다.

② 생리주기가 규칙적으로 변화되므로 생리주기 조절에도 사용 가능하다.

③ 피임 효과 이외에 여러 가지 이득(자궁내막암, 난소암, 자궁외 임신, 기능성 난소 낭종, 양

성 유발질환 등)이 있다.

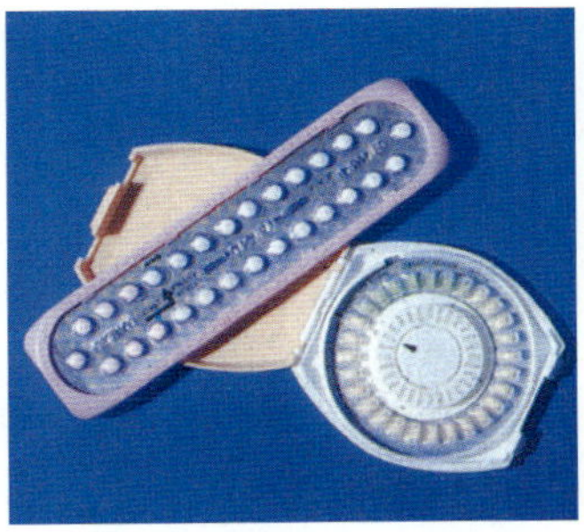

[그림 5-9] 먹는 피임약.

2) 단점

① 규칙적으로 매일 복용해야 하는 번거로움이 있다.

② 당뇨병이나 고혈압 증세가 있는 여성은 피하는 것이 바람직하다.

③ 구토증, 두통, 기미, 피로감, 자궁출혈이나 체중 증가 등의 부작용이 나타나는 경우가 있다.

④ 흡연은 경구 피임약으로 인한 심혈 관계 부작용을 증가시키므로 흡연자는 투약을 삼가 해야 한다.

⑤ 유방암, 간 기능 장애나 황달에 걸릴 수 있다.

(3) 임플라논(Implanon)

피임약제 성분이 들어있는 성냥개비 크기의 작고 가는 봉(임플라논, implanon)을 외과적 수술을 통하여 팔의 위쪽 피부 밑에 이식시키는 방법이다. 임플라논에서 황체형성호르몬이 꾸준히 배출되어 배란을 억제시키며, 자궁경부 점액의 성상을 변화시켜 정자의 통과를 어렵게 하는 방법으로 지속적인 피임이 유지된다. 임상시험 결과 혈중 호르몬 농도는 체중에 반비례하는 것으로 나타남에 따라 비만한 여성의 경우에는 2년 뒤에 교체하는 것이 안전하다. 미국에서 시판되는 노어플랜트(Norplant)가 그 중 하나이다.

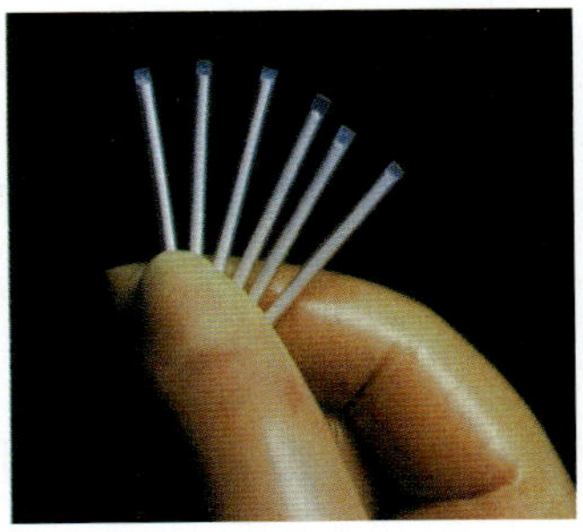

[그림 5-10] 노어플랜트.

이식 시기는 월경 후 5일 이내이며, 이식한 날부터 바로 피임 효과가 생긴다. 이식 위치는 자주 사용하지 않는 상완의 팔꿈치가 접히는 선 6~8cm 위, 이두박근과 삼두박근 사이의 홈에 이식한다. 이식 및 제거 방법은 비교적 간단하여 평균 2~3분 정도 소요되며, 하루 정도 샤워를 피해야 한다는 것 외에는 바로 일상생활이 가능하다.

1) 장점

① 간단한 시술로 이식 후 첫날부터 약 3년~5년 동안 피임 효과가 지속된다.

② 부작용이 거의 없다.

③ 제거와 동시에 임신이 가능하다.

④ 임상실험에서 거의 완벽에 가까운 피임 효과(약99.5%)가 확인되었다.

2) 단점

① 시술 후 생리량이 불규칙할 수 있다.

② 시술비용이 많이 든다.

③ 비만인 여성의 경우에는 교체 주기가 짧다.

④ 질 출혈 양상의 변화가 생길 수 있으며, 질 출혈이 더욱 빈번해지거나 장기화될 수 있다.

(4) 응급 피임법(사후 피임법, 데스)

성교를 가진 후, 원치 않는 임신을 방지하기 위하여 정자와 결합된 수정된 난자가 자궁에 착상해서 태아가 되는 것을 막는 원리로 72시간 내에 복용하는 피임약으로서 강간이나 성폭력과 같은 위급한 상황으로 인한 임신을 방지하는 목적으로만 사용할 수 있다. 1회 복용량은 일반 피임약의 10개월분에 해당하며, 12시간 간격으로 2회 복용한다. 단, 수정이 되어 자궁에 착상된 뒤에는 효과가 전혀 없다.

2012년 8월 배란조절형 피임약(사전 피임약)은 일반 의약품으로, 사후 피임약은 전문 의약품으로 유지되어 반드시 의사의 처방전이 있어야만 구입할 수 있으며, 사후 피임약은 배란을 억제 또는 지연시키는 방법, 정자의 이동 능력을 방해하는 방법 등으로 구분된다.

또한 피임 성공률이 75% 정도로 낮으므로 복용 후 2~3주 이내에 정상적인 생리를 하는지 반드시 확인해야 한다. 만약 이 피임약을 사용하고 임신이 되었을 경우에는 반드시 낙태해야 할 정도로 위험한 방법이다. 부작용으로는 격렬한 구토증과 구역질, 유방의 극단적인 과민 반응, 두통, 현기증, 생리 불순 등을 들 수 있다.

응급 피임법 종류에는 고용량 에스트로겐-프로제스테론 경구 투여, 프로제스테론 단독 경구 투여, 자궁 내 장치 삽입 및 항 프로제스틴 제제 경구 투여 등이 있다. 현재, 국내에서 시판되는 경구 응급피임제는 모두 프로제스테론 단독제제이며, 항 프로제스틴 제제는 유산제로 분류되어 국내에 소개되지 않았다.

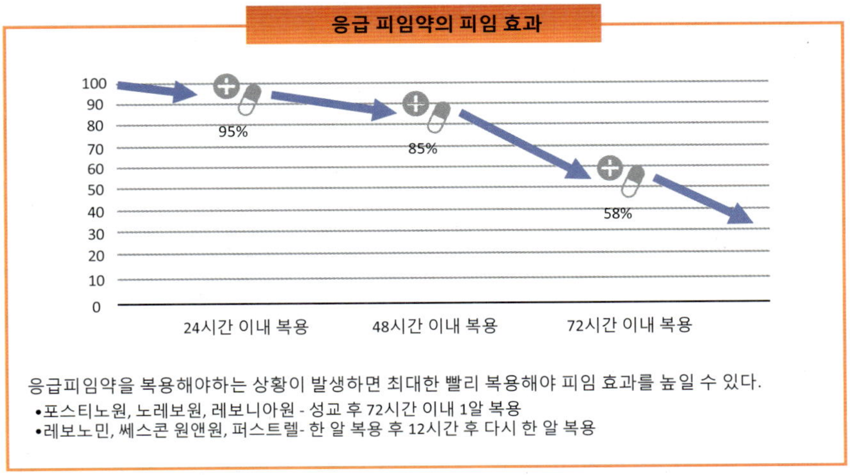

[그림 5-11] **응급피임약 효과**(출처: www.wisewoman.co.kr,이즈우먼 피임 생리 이야기).

1) 고용량 프로제스테론 경구 투여

현재 주로 이용되고 있는 것은 고용량 프로제스테론 제제이다. 국내에서는 2001년에 고용량 프로제스테론 단독 제제인 노레보(Norlevo)가 시판되기 시작하였으며, 지금은 다수의 프로제스테론 단독제제들이 시판되고 있다. 한 팩에 1~2알로 구성되어져 있으며, 성교 후 12시간 이내, 늦어도 72시간 이내에 한 번에 복용해야 한다.

2) 항 프로제스틴 제제 투여

항 프로제스틴 제제인 Mifepristone (RU486)은 매우 뛰어난 피임 효과를 보이며 성교 후 72시간 이내에 1회 투여하면 거의 100%에 가까운 피임 효과를 보았다고 보고되었다. 주된 작용 기전은 배란 억제와 자궁내막의 성숙을 지연시켜 수정란의 착상을 방해하는 것이다. 착상을 방해하는 특성으로 인하여 유산제(abortifacent)로 취급을 받으며, 미국 식약청(FDA)에서도 먹는 유산제로 공인 받았으나 국내에는 아직까지 소개되지 않았다. 단점은 40%의 여성에서 3일 이상 월경이 지연되는 것이다.

(5) 질 세정

성교 시 남성의 사정 직후 콘돔이 찢어지거나 피임용 격막이 이동했을 때 즉시 세정하여 피임하는 방법이다. 이때 미지근한 물 1리터당 식초 2스푼을 타서 세정한다. 세정에는 관장기나 특수 주사기에 세정액을 담아 질 입구에서 밀어 넣고 세정액이 넉넉히 흘러나오도록 한다. 그러나 그 효과에 있어서는 의심이 가는 피임법이다.

(6) 붙이는 피임약(이브라, Contraceptive Patch)

국내에서 2004년부터 시판되기 시작한 패치제인 이브라는 기존의 경구 피임약과는 달리 전문 의약품으로 분류되어 있으며, 경피 투여 피임약인 이브라 패치를 일주일에 한 번씩 교환하며, 3주 연속으로 피부에 붙인 다음 4주째는 휴약하는 피임 방법이다. 흔히 먹는 피임약에 함유된 에스트로겐 및 프로게스테론과 유사한 작용을 하는 합성 호르몬(에티닐 에스트라디올, 노랄게스트로민)을 4×4cm의 베이지 색 패치로 만들어 일정한 양의 호르몬을 피부로 흡수하여 지속적으로 난소의 난자 방출을 막는 방법으로 경구 피임약과 비슷한 효과를 나타낸다. 붙이는 곳은 엉덩이, 복부, 몸통(유방 제외), 팔뚝 등으로 매주 다른 곳에 붙일 수 있으며, 샤워나 수영 등으로 인해 부착력이 약화되지 않으므로 일상 활동에 지장을 받지 않고 피임 효과가 매우 높다.

1) 장점

① 임상실험으로 거의 완벽에 가까운 피임 효과(약99%)가 확인되었다.

② 먹는 피임약이 간을 거치는 것과 달리 바로 혈관으로 흡수되므로 간 독성물질이 생길 확률이 낮다.

③ 패치 사용을 중단하면 여성의 몸은 즉시 패치를 붙이기 이전 상태로 회복된다.

④ 월경전 증후군(premenstrual syndrome)이 적고, 자궁내막암(endometrial cancer)와 난소암(ovarian cancer)의 위험을 줄여주며, 양성의 난소 낭종(ovarian cysts) 발생을 줄여준다.

⑤ 생리주기가 4주로 고정되므로 생리불순 등의 장애를 어느정도 개선할 수 있다.

2) 단점

① 90kg 이상 몸무게가 나가는 사람에서는 효과가 줄어든다.

② 구토증, 두통, 피부자극성, 유방통, 비생리기 자궁출혈(breakingthrough bleeding) 등이 발생할 수 있다.

③ 성병을 막지 못한다.

④ 의사의 처방전이 필요한 전문의약품이기 때문에 쉽게 구할 수 없다.

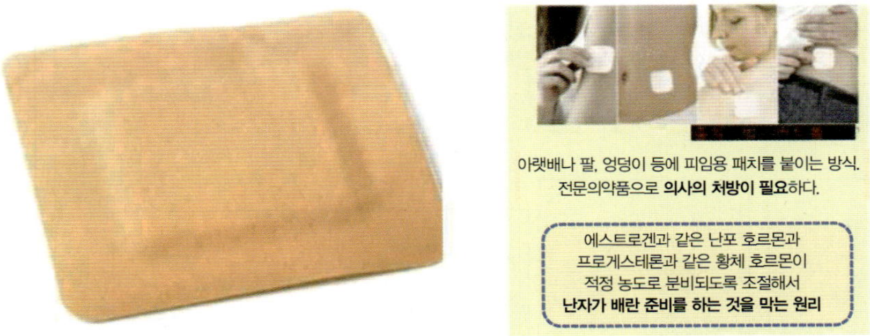

[그림 5-12] **붙이는 피임약**(출처: 벌스컨트롤)

⑤ 패치가 약간만 떼어져도 혈관에 흡수되는 호르몬의 농도가 일정치 않아 피임에 실패할 가능성이 있다.

⑥ 겉에서 보이는 피임법이어서 편히 입을 수 있는 옷에 제약이 있을 수 있다.

(7) 질 링(Vaginal Ring)

국내에서 2006년 1월부터 미국의 MSD사에서 생산되는 누바링이라는 제품이 출시 되었으며, 전문 의약품으로 분류되었다. 누바링은 직경 5.4cm, 두께 4mm의 부드러운 플라스틱 링이며, 28일 동안 여성 호르몬의 성분이 일정하게 나와 피임 효과가 지속된다. 에스트로겐과 프로게스테론을 함유하고 있으며 복합제재 경구 피임약과 비슷하며, 여성의 난소에서 난자가 매월 방출되는 것을 막아서 피임하는 방법이다. 사용자가 엄지와 검지로 오므려서 질내로 손쉽게 삽입할 수 있으며, 일단 삽입되면 호르몬이 질속에서 몸으로 흡수되어 3주간 매일 일정량의 호르몬을 방출한다. 월경시작일로부터 5일 이내에 삽입하고서 3주간 유지한 뒤 제거한다. 제거 후 1주간의 휴약기를 가진다.

다만 누바링의 경우 2014년경 심장마비 혹은 뇌졸중을 유발할 수 있는 혈전 발생 위험률을 축소하여 판매하는 등의 안전성 논란이 일어난 적 있으며, 2017년 이후 현재까지 시중에서 구할 수 없다.

1) 장점

① 임상실험으로 거의 완벽에 가까운 피임 효과(약 99%)가 확인되었다.

② 삽입된 위치에 상관없이 피임 효과가 유지된다.

그림 1과 같이 링을 파우치에서 꺼내어 오른손으로 잡는다.
그림 2와 같이 엄지와 검지로 링의 앞부분을 눌러 길쭉하게 만든다.

그림 3

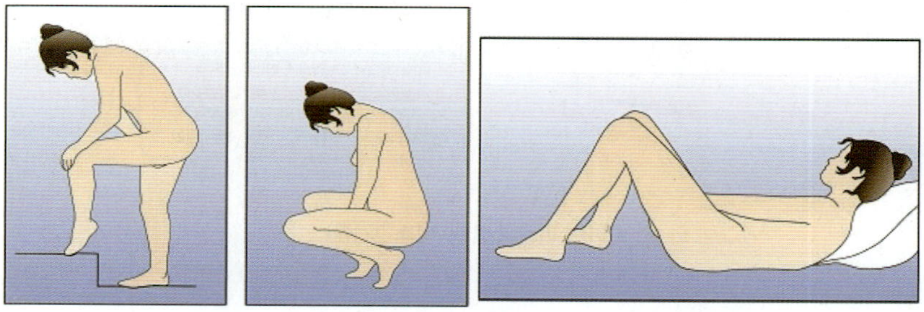

그림 3과 같이 링을 삽입하기 편리한 자세를 잡는다.

그림 4A / 그림 4B / 그림 4C

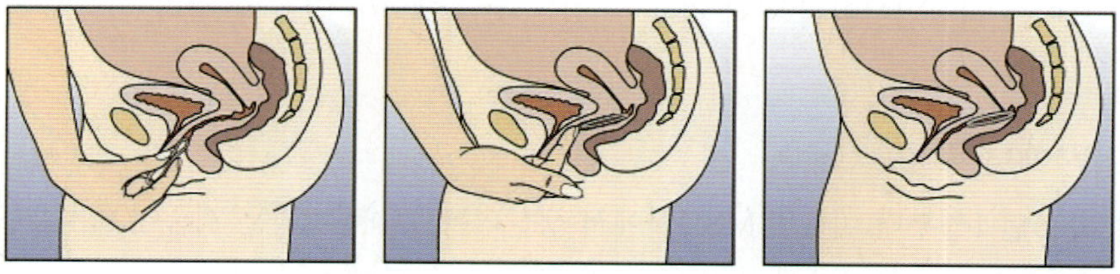

그림 4A와 같이 한 손으로 링을 질 내로 삽입을 한다. 필요하면 다른 손으로 질 입구를 벌려준다. 질 내로 안착이 될 수 있도록 깊숙이 밀어 넣는다. 그림 4C과 같이 삽입이 되었으면 3주 간 삽입을 하고 있는다.

[그림 5-13] **누비링 삽입 및 제거 방법**(출처: http://consultaremedios.com.br/nuvaring/bula).

③ 한달 단 2번만 관리(삽입 및 제거)하면 되는 편리한 피임법이다.

④ 먹는 피임약에 비해 적은 양의 호르몬이 사용되어 부작용이 적다.

2) 단점

① 정기적으로 링의 존재 여부를 확인해야 한다.

② 링을 제거 후 소퇴성 출혈이 2~3일 후에 발생할 수 있다.

③ 의사의 처방전이 필요한 전문의약품이기 때문에 쉽게 구할 수 없다.

④ 일부 남성의 경우 관계 도중 질 링을 느낄 수도 있다.

(8) 피임주사(DMPA)

피임주사는 상품명인 사야나 또는 데포(DMPA = Depot medroxy-progesterone acetate)라는 약물 이름으로 알려져 있으며, 합성 황체호르몬을 함유하고 있는 주사제이다. 한 번 주사를 맞으면 약 3개월 간 피임 효과가 있는데, 프로게스테론틴 성분이 GnRH 호르몬 분비를 억제하여 뇌하수체에서 난포자극호르몬(FSH)과 황체형성호르몬(LH)의 분비를 저해시켜서 배란을 억제하고, 자궁경관 점액을 끈끈하게 해서 정자가 통과하기 어렵게 만드는 원리로 피임이 된다. 대부분의 산부인과에 방문하여 임신 여부를 확인한 후, 주사를 맞을 수 있다. 12주(최대 14주 이내)가 지나면 다시 주사를 맞아야 한다. 단, 주사를 맞아야 하는 날로부터 2주 이상 지나면 피임 효과가 떨어져 임신이 가능하다.

1) 장점

① 아무도 모르게 피임을 할 수 있다.

② 한 번 주사를 맞고 나면 최대 3개월 간 전혀 피임에 신경쓰지 않아도 된다.

③ 생리량이 줄어들 수 있다.

④ 에스트로겐을 사용하면 안되는 여성이나 에스트로겐으로 인한 피임약 부작용이 싫은 여성에도 사용 할 수 있다.

⑤ 출산 직후, 수유 중에도 시술이 가능하다.

2) 단점

① 피임을 중단하고 임신이 가능해지는 시기까지의 기간이 길 수 있다.

② 주사를 맞은 첫 6~12개월 간 부정출혈이 발생할 수 있다.

③ 진료와 주사에 대한 건강보험이 적용되지 않으므로 비용 전액을 시술자가 부담해야 된다.

④ 골다공증 위험이 있다.

5.3.4 수술에 의한 영구 피임법

(1) 정관수술(Vasectomy)

정관절제술이라고도 불리며, 정자의 이동 경로인 정관의 일부분을 자르거나 묶는 방법

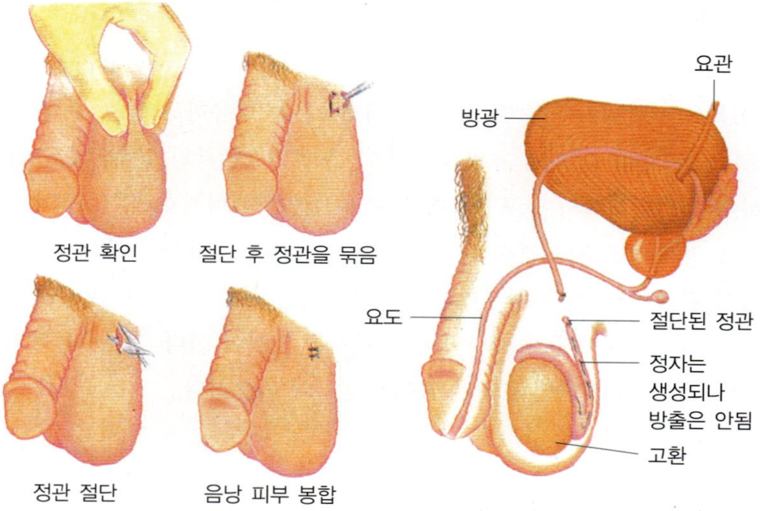

[그림 5-14] 정관 절단법.

으로, 정자의 생산은 계속되지만 정자의 체외 배출을 막는 방법이다. 성교 자체에는 큰 지장이 없으며, 다만 정자가 부고환에 일시적으로 고여 있다가 시간이 지나면서 자연스럽게 사멸하고, 단백질과 물, 당 등의 여러 가지 성분으로 분해되어 체내로 다시 흡수된다. 정관수술은 부작용이 거의 없고, 다른 피임법들보다 효과가 확실한 편이며, 한 번의 수술을 통해 피임이 영구적으로 지속된다. 또한 다시 임신을 원하는 경우에는 정관복원수술을 통하여 복원이 가능하다.

1) 장점

① 한번 시술로 피임효과가 매우 높으며(99.9%), 다른 피임법과 달리 성교 시마다 피임에 신경 쓸 필요가 없다.

② 시술이 간단하고(10분 정도), 복원도 가능하다.

2) 단점

① 수술비가 많이 든다.

② 정관 복원 가능 성공률은 28~40% 정도이다.

③ 복원수술 후 임신율이 떨어진다.

④ 간혹 합병증을 유발할 수 있다.

(2) 난관 결찰(Tubal Ligation)

난자를 자궁으로 전달하는 난관을 묶거나 절단하여 난자와 정자의 만남을 차단하는 방법이다. 최근에는 기술이 발전되어 하복부를 절개하지 않고 복강경을 이용해 난관 절개수술을 할 수 있다. 더 이상의 아이를 원치 않는 기혼 여성들이 선호하는 확실한 피임법으로 수술 후 성감, 생리, 호르몬 분비 등에 영향을 미치지 않는다. 복원수술 후 임신 확률이 매우 낮다는 단점이 있다.

1) 장점

① 더 이상 아이를 원치 않는 여성에게는 가장 이상적인 영구 피임방법이다.

② 입원할 필요가 없고, 다음날 활동이 가능하며 부작용이 적다.

2) 단점

① 수술의 실패로 인한 임신, 또는 임신된 것을 모르고 지나가는 경우 자궁외 임신 등을 할 수 있다.

② 수술 후 골반강 내의 불편함 혹은 난소에 종양이 생기거나, 생리가 많아지는 난관결찰 증후군이 생길 수 있다.

③ 복원수술이 가능하나 임신 확률이 매우 낮다.

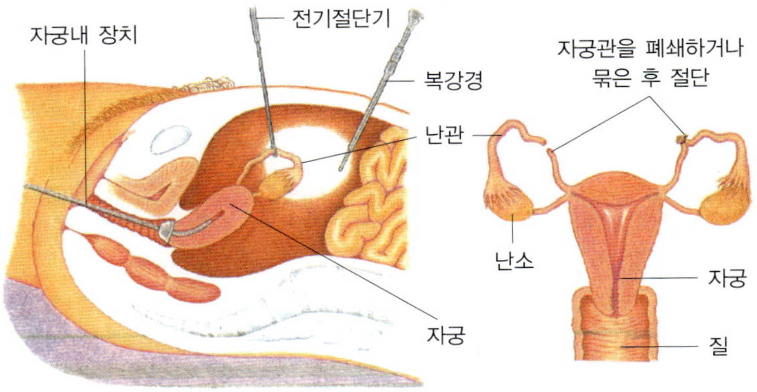

[그림 5-15] 난관 결찰법.

(3) 비외과수술적 피임(Essure System)

2002년 11월 미국의 식품의약국(FDA)는 여성에게 사용될 수 있는 난관결찰의 대안으로 비외과수술적 피임법(Essure System)을 처음 승인했다. 이것은 작은 금속 코일을 각각의 나팔관 속에 삽입하는 것으로, 여기서 만들어진 반흔조직(scar tissue)이 나팔관을 막아 난자가 수정되지 않게 하는 원리이다. 시술 이후, 약 3개월 동안은 다른 피임방법을 사용하여 피임을 해야 하며, 3개월이 지나면 X-ray 검사를 통해 제자리에 반흔조직이 잘 자랐는지 확인 후, 나팔관이 완전히 막혔다는 것이 확인 되면 더 이상 다른 피임법은 사용하지 않아도 된다.

Essure System은 2017년 이후 지속적인 통증 및 자궁이나 나팔관에 구멍이 생기는 것, 나팔관에서 골반이나 복부로 장치가 움직이는 등 장치의 심각한 부작용이 보고되어 현재 모든 국가에서 시술이 중지되었다.

1) 장점

① 더 이상 아이를 원치 않는 여성에게는 가장 이상적인 영구 피임방법이다.

② 입원할 필요가 없고, 다음날 활동이 가능하다.

③ 국소마취 하에서 15~30분이면 시술이 끝난다.

2) 단점

① 지속적인 통증 및 자궁과 나팔관의 천공, 코일이 골반이나 복부로 이동할 수 있다.

② 경련, 메스꺼움, 구토, 어지러움 출혈이 생길 수 있다.

5.3.5 피임법 한눈에 보기

구분	호르몬 루프	구리 루프	임플라논	피임주사	경구피임약	콘돔	주기법	질외사정	영구피임법	응급피임약
성공률	99%	99%	99%	94-99%	91-99%	82-98%	76-99%	78-96%	99%	?
부작용	★★★ 부정출혈	★★ 생리량 증가	★★ 부정출혈	★★ 부정출혈, 식욕증가, 체중증가	★★ 메슥거림, 성욕감소, 부정출혈, 유방통	★★★ 알러지	★★★	★★★	★★★ 드물게 수술 후 통증	★ 메슥거림, 구토
성병 예방이 가능한가요?	☆	☆	☆	☆	☆	★★★	☆	☆	☆	☆
남몰래 피임할 수 있나요?	★★★	★★★	★★★	★★★	★★	★	★★	★	★★★	★★
비용이 저렴한 가요?	★	★	★	★	★★	★★	★★★	★★★	★	★★
신경 안 쓸 수 있나요?	★★★	★★★	★★★	★★★	★	★	★	★	★★★	★★
건강에 다른 도움이 되나요?	★★★ 자궁내막종 호전, 생리양 생리통 완화	★	★★★ 자궁내막종 호전, PMS 완화	★★★ 자궁내막종 호전, PMS 완화, 자궁내막염과 난소암 위험성 감소	★★★ 자궁내막염과 난소암 위험성 감소, 생리양 감소	★★★ 성병 예방	★ 자신 몸의 주기적인 변화에 대해 잘 알 수 있다	☆	★★ 난소암 감소, 골반염 감소	☆

본 내용은 Bedsider의 'compare methods : side-by-side view'를 한국 상황에 맞추어 수정 및 번역한 것입니다. 원 자료는 다음 URL에서 볼 수 있습니다.
URL : http://besider.org/methods/matrix
자료 출처 : https://drive.google.com/file/d/1RPs8UQcja6zZEXUsEHKkaKrbQ-oNx4AJ/view 피임사전 2판 인쇄 인용

[그림 5–16] 피임법 한눈에 보기.

CHAPTER

6 성매개 감염

성병(Venereal disease)은 인류가 존재하면서부터 발생한 질환이라 볼 수 있으며 성적 접촉을 통해 전염이 되어 개인 위생은 물론이고 보건 및 사회경제적 문제와도 맞닿아 있는 질병이다.

성병은 대부분 성교나 성적인 접촉에 의해 감염되는 모든 전염성 질환을 통칭해서 말한다. 제2차 세계대전 전에는 임질, 매독, 연성하감 등을 대표적 성병이라 했으나, 전쟁 후 페니실린을 비롯한 항생물질의 개발로 이들 성병은 거의 사라지는 듯했다. 그러나 내성균의 출현 및 성 개방 풍조에 따라 1950년대에 들어와서 임질과 매독이 다시 주요 성병으로 대두되었고, 1980년대에 이르러서는 음부 허피스(herpes)와 AIDS가 새로운 성병으로 등장하였다. 이 외에도 비임균성 요도염(성기 클라미디아 감염증; genital chlamydial infection)이나 트리코모나스, 클라미디아 등에 의한 감염도 증가하였는데, 이를 전부 통틀어 성전염성 질환(sexually transmitted disease: STD)이라 한다. 최근에는 전파와 감염의 의미가 강조되면서 의학적으로는 성매개 감염(sexually transmitted infection)이라 칭하는 경향이다.

1968년 헤어토프트는 고학력자보다는 저학력자에게 성병 발생 빈도가 높다고 하였다. 이는 저학력자가 상대적으로 성 경험이 빠르기 때문인데, 성병 감염자 대부분은 우연한 관계나 매춘부로부터 감염된 것이었다. 그러나 우리나라 같이 고학력 국가에서는 학력의 문제이기 보다는 개인위생에 신경을 쓸 수 있는 경제 사회적 환경에 좌우되지 않을까 생각된다. 최근 우리나라에서도 성적 개방화가 진행되면서 성매개 감염에 감염되는 연령이 낮아지고 있으며, 또한 독신 노인의 증가와 더불어 그들의 건강상태가 양호해지고 성기능 강화 치료가 소개되면서 회춘형 성매개 감염 또한 늘어나고 있다. 성적소수자와 관련된 문제 또한 세심하게 살펴보아야 할 부분이다.

사회적, 행동학적 요인들은 성매개 감염의 위험집단과 밀접한 관계가 있으며, 남성으로부터 여성으로의 전파가 일반적이다. 그러나 이는 궁극적으로 들어가면 “닭이 먼저냐 알이 먼저냐”의 논쟁이다. 단, 여성은 무증상 감염, 경미한 증상, 그리고 비특이적인 증세를 보이는 경우가 많아 자각증상을 통해 예측함으로써 진단이 늦어지는 경우가 상대적으로 더 많다.

최근 전 세계적으로 성병이 지속적으로 증가하고 있다. 사회가 개방화되고 또한 세계화되면서 성병의 견고한 통제가 어려워지고 있다. 환자가 성병에 대한 수치심을 가질 수 있어 이에 대한 즉각적인 대처가 늦어지기 쉽고, 성관계에는 특별한 경우를 제외하고는 파트너가 반드시 존재하므로 개인의 건강문제에 국한되지 않는다는 점이 매우 중요하다.

많은 경우에서, 성매개 감염이 발생하면 원인균에 따라 특이적 증상이 발생하므로 진료를 통하여 대처할 기회를 가질 수 있다. 그러나 간과하지 말아야 할 것은 무증상인 경우도 많다는 점이다. 성매개 감염은 은밀함을 특성으로 하므로 치료 보다는 예방이 중요하다 할 수 있다. 아직까지 예방백신의 개발은 이루어지지 않고 있어 성행위 시 안전한 기구를 사용하고 “밝은 개념”의 성 모델이 확립되어야 하겠다.

6.1 세균 감염에 의한 성병

6.1.1 임질(Gonorrhea)

1879년 나이셀에 의해 처음 발견된 임질균은 그의 이름을 따서 *Neisseria gonorrheae* 라 부르는데, 고전적인 성병으로 제2차 세계대전 이전까지는 가장 흔한 성병이었다. 1940~1950년대에 이르러 페니실린과 같은 효과적인 치료 방법이 발견됨에 따라 많이 줄었으나 최근 20년간 내성균의 출현으로 발병률이 급격히 늘어나고 있는 추세이다.

모든 성 접촉, 즉 구강 성교, 키스, 성기 접촉, 항문 성교 등에 의해 전염된다. 환자 및 보

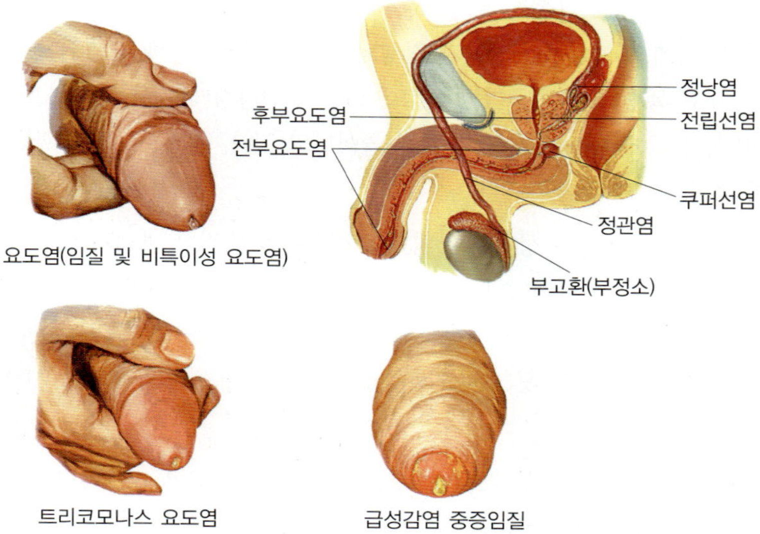

[그림 6-1] 남성의 요도염과 임질의 증상.

균자와의 성교 후 1~14일(대부분 2~3일)이면 초기 증상이 나타나는데, 남성은 10%, 여성은 90%가 증상이 나타나지 않아 성병 만연의 주요 원인이 되고 있다.

남자의 경우 초기 증세로 요도에서 고름이 나오고 빈뇨현상, 배뇨 시 작열감, 배뇨시 통증이 수반된다. 이 균은 치료하지 않으면 요도를 타고 이동하여 전립선, 고환으로 전염되며 심한 통증과 고열뿐만 아니라 심한 경우 불임 및 류마티스 관절염을 일으키기도 한다(그림 6-1).

여성의 경우 질 분비물 증가, 배뇨 곤란, 요통, 비정상적인 생리 등의 증상과 환자의 반 이상이 질 트리코모나스 감염이 수반된다. 감염자의 90% 이상에서 자궁경부가 감염되며, 방치했을 경우 자궁경부, 자궁, 난관, 난소로 전이되고, 골반 장기염증 및 류마티스 관절염을 일으키기도 한다. 난관을 막아 여성 불임을 유발하는 가장 큰 원인 중의 하나로, 출산 시 감염되어 신생아 안염(neonatal conjuntivitis)을 초래하여 시각장애를 일으키기도 한다(그림 6-2).

또한 심한 형태의 전신감염증 증후가 일어나기도 하는데, 이를 파종성 임균감염이라고 하고, 관절염, 피부염, 심내막염, 수막염, 근염, 골수염 등을 일으키기도 한다. 이는 여성에서 더 많이 나타나는 것으로 알려져 있다.

비임균성 요도염에 이어 빈도가 많은 성매개 감염으로 여겨지고 있다. 국내의 임질환자 수는 정확히 보고되어 있지 않으나 미국의 경우 년 100만~300만 명이 발생하는 것으로 추

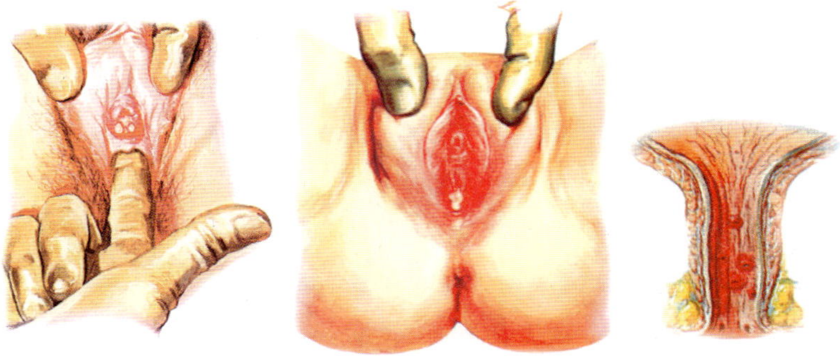

[그림 6-2] 여성의 요도염과 임질의 증상.

산되고 남자가 여자보다 약 20% 정도 많다. 주로 성적으로 활동적인 10~20에서 많이 발병하는 것으로 알려져 있으며, 비임균성 요도염이 동반되거나 HIV의 전파 가능성이 있으므로 주의해야 한다. 또한 항생제 내성이 많이 보고되어 있으므로, 반드시 치료 완료가 되었음을 확인해야 한다. 파트너도 반드시 검사하여 무증상 감염이 없는지 확인하여야 한다.

6.1.2 매독(Syphilis)

매독은 1905년 독일의 동물학자 샤딘이 발견한 나선균인 트레포네마(treponema pallidum)에 의해 유발된다. 인간의 체외에서는 즉시 사멸되며, 피부접촉, 입맞춤, 성교와 같은 직접적인 접촉에 의해서만 전파된다. 예외적으로 간혹 감염된 유리컵이나 손수건, 주사바늘을 통해서 전파되기도 한다. 또한 수혈, 태반을 통해 자궁 내의 태아에게 전파되기도 한다. 매독은 선천성 매독과 후천성 매독으로 나뉘는데, 후천성 매독의 1기와 2기 매독이 가장 전염성이 강해 1회 접촉만으로 약 50~60%가 발병한다. 매독의 원인균은 인공배양이 어려워 임상 상황에 따라 다양한 혈액검사를 시행하게 된다. 뇌척수액 검사가 필요할 수 있다. 치료 또한 임상 양상에 따라서 다른 치료가 적용되어야 한다. 잠복 매독으로 넘어가면 파트너에 대한 감염 위험은 없어진다.

(1) 후천성 매독

1) 1기 매독

성 접촉 후 평균 3주 뒤, 성기나 항문에 1개의 단단한 궤양(hard chancroid)이 통증 없이 생긴다. 궤양의 모양은 처음에는 약간 붉은색의 반점처럼 보이다가 나중에는 돌기처럼 돋

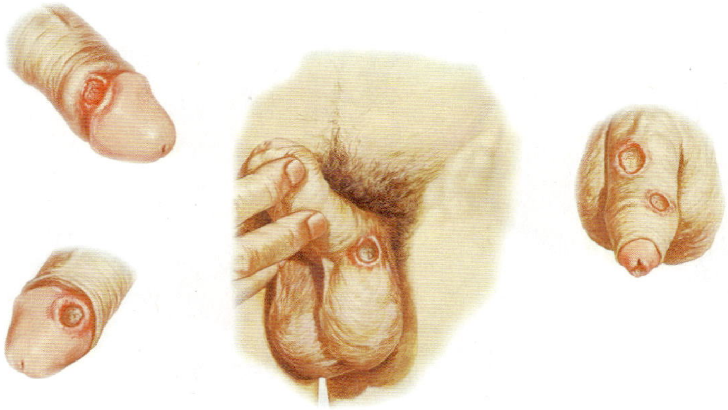

[그림 6-3] 남성 매독의 다양한 증상.

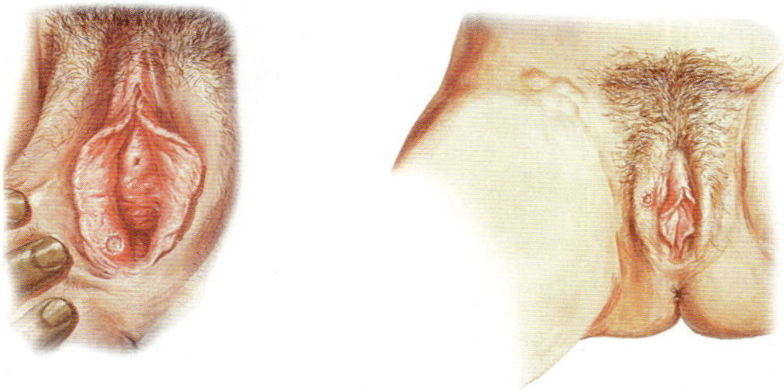

[그림 6-4] 매독균에 의한 음순부 증상.

아난다. 궤양 발생 후 7~10일이 지나면 양측 서혜부에 통증이 없는 림프선 종창이 생긴다. 궤양을 치료하지 않아도 3~8주 후에 자연 소실되어 2기 매독으로 진행되므로, 환자는 다 나은 것으로 착각하기 쉽다.

2) 2기 매독

보통 1기 매독 증세가 없어지고서 3~6주 후에 자각 증상 없이 나타난다. 가장 먼저 나타나는 증상은 반상 매독진으로 경계가 확실하지 않은 홍색 반점이 전신, 손바닥, 발바닥 등에 돋아난다. 홍색 구진이 전신에 발생하는 진상 매독진, 좀이 먹은 것처럼 머리가 빠지는 매독성 탈모증이 2기 매독의 대표적인 증상이다. 성기 주위에 표면이 편평한 편평습우(condyloma latum)들이 생기며, 전염성이 매우 강하다.

3~6개월간 지속되던 2기 매독 증상이 사라지면 잠복기에 들어가는데, 이를 잠복 매독

(latent syphilis)이라 한다. 잠복 매독은 매독 혈청검사에서만 양성 반응을 보이고 이상증세를 보이지 않는 시기이지만, 세균은 계속해서 각 기관에 침투해 뇌, 척추, 혈관, 뼈를 감염시키는데, 그 기간은 수개월 혹은 수년 간 지속될 수 있다.

3) 3기 매독

매독균에 의한 과민반응으로 발생하며, 치료받지 않고 방치한 감염자의 30~50%가 3기 매독으로 접어들게 된다. 중증 심장병, 안과 질환, 뇌 및 척수 손상을 가져와 졸도, 발광, 실명, 정신이상이 되기도 하고 심하면 생명을 잃게 된다.

4) 선천성 매독

산모가 매독에 감염되었을 경우 임신 16주부터 매독균이 태반을 통하여 태아에 감염된다. 따라서 임신이 의심되면 산부인과 병원에서 꼭 산전 검사를 받아야 한다. 생후 2년 이내에 매독 증세를 보이면 조기 선천성 매독이라 하는데, 생후 7일 이내에 콧물과 입 주위, 팔, 다리에 홍반성 인설과 후천성 매독의 2기 매독 증세가 나타날 수 있다(그림 6-5). 만기 선천성 매독에는 허친슨 치아, 간질성 각막염, 제8신경 난청 등의 3가지 특징적 증상이 나타난다.

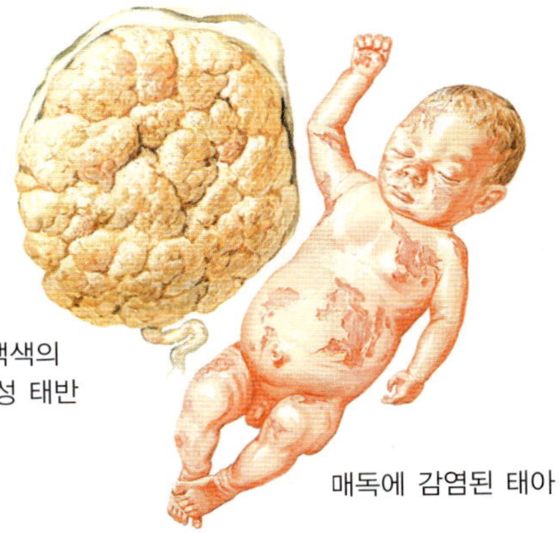

[그림 6-5] 태아와 태반의 매독증.

6.1.3 클라미디아 감염증(Chlamydial Infections)

클라미디아(chlamydia trachomatis)라는 아주 작은 세균에 의해 유발되는 것으로 최근에 와서야 성병의 일종임이 밝혀졌다. 이 균은 숙주의 세포 내에서만 증식하는 절대 기생성을 갖고 있다. 많은 질병이 이 균의 감염에 의해 2차적으로 생기는데, 남성에게서 발생하는 비임균성 요도염(nongonoccal urethritis : NGU)의 절반이 모두 이 세균에 의해서 일어난다. 남성보다 여성에서 빈도가 높은 것으로 알려져 있다. 비임균성 요도염은 남성의 경우 성 접촉 2~3주 후에 증상이 나타나며, 간혹 6주 후에 발생할 수도 있다.

감염자의 많은 수에서 무증상이므로 진단으로 확인되는 경우가 상대적으로 적다. 치료받지 않으면 증상 없는 잠복감염 상태로 있다가 파트너에게 전파될 수 있다. 임질이 있는 환자의 반수에서 클라미디아 복합감염이 있다는 보고도 있다.

남성의 반수에서 무증상 감염이 있을 수 있으며, 요도 분비물, 요도 가려움, 배뇨통, 고환통, 결막염, 무증상 직장염 등이 있을 수 있다. 임질에 비해서, 일반적으로 분비물의 양이 적다. 요도 끝에서 무색의 끈적끈적한 분비물이 나오고 치료를 게을리 하면 전립선염이나 부고환염을 일으킬 수 있다.

여성의 경우 대부분 무증상이며, 질분비물, 배뇨통, 하복부 통증, 질출혈, 성교통, 결막염, 직장염 등이 있을 수 있다. 자궁외 임신이 되면 이 세균의 감염을 일단 의심해 볼 필요가 있다. 그 외에 불임 난관염, 골반염, 자궁내막염도 일으킨다. 임신 여성에 감염이 있을 경우 신생아 결막염이나 폐렴의 원인이 될 수 있다.

6.1.4 연성하감(Chancroid)

세균인 헤모필루스 듀크레이(haemophilus ducreyi)에 의해서 발병하며, 2~4일의 잠복기를 갖는다. 여성인 경우, 질 입구나 항문 주위에 작은 농포나 돌기가 생기고, 2~3일 이내에 통증을 수반한 궤양이 생기면서 간혹 대음순이 심하게 붓기도 한다. 황백색 혹은 회백색의 분비물이 나오면서 불쾌한 냄새가 나고 대체로 통증과 가려움증을 유발한다. 초기에 통증이 있으므로 다른 성병과 구별된다. 남성의 경우, 음경이나 항문 주위에 통증을 수

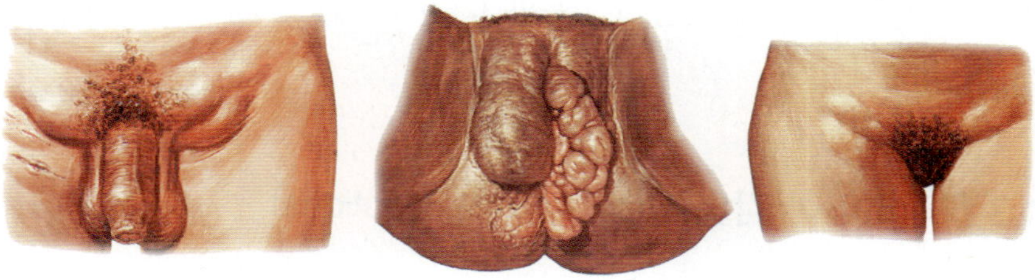

[그림 6-6] 성병성 림프육아종.

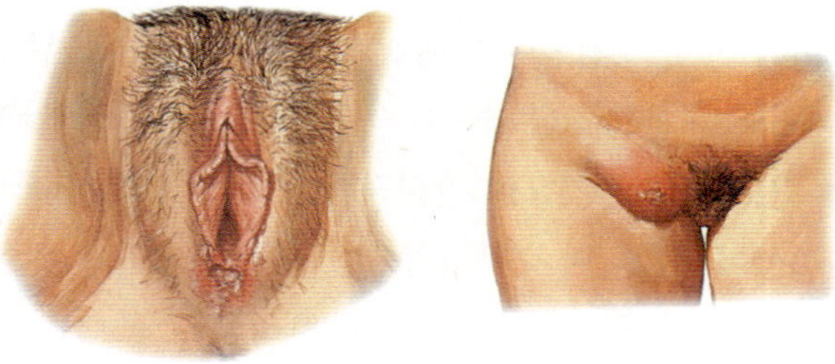

[그림 6-7] 연성하감.

반한 궤양이 생기면서 배뇨 시 아랫배가 아프거나 사타구니가 붓기도 하고, 직장에 출혈이 생기기도 한다(그림 6-7).

궤양이 있는 경우에만 전염이 되는 것으로 알려져 있으며, 저개발 국가에서 유행하므로 여행 중 감염될 가능성이 높다. 단순 포진 바이러스와 동시에 감염되는 경우가 드물게 있으며, HIV 환자와 접촉하면 전파 위험이 매우 많이 증가한다.

6.2 바이러스에 의한 성병

6.2.1 성기 단순포진(성기 허피스, Herpes Progenitalis)

2종류의 단순 허피스 바이러스(herpes simplex virus : HSV), 즉 단순 허피스 바이러스 I과 단순 허피스 바이러스 II에 의해서 발병한다. type I은 주로 입 주위에만 포진을 유발시키고, Type 2는 성기 허피스를 유발한다. 10~20%에서 type I 이 검출되고 있으며, 일본의 경우에도 성기 허피스의 35%가 type I에 의해 생기는 등 발병 형태가 달라지고 있다. 최근에는 여성 허피스 환자의 경우 임신을 했을 때 태반을 통해 태아에 감염되어 유산이나 전신성 및 중추신경성 기형을 유발할 수도 있음이 밝혀졌다. 따라서 입 주위에 허피스성 물집이 있으면 키스를 하거나 구강성교를 해서는 안 된다(그림 6-8). 성교를 할 때는 수포가 상대방의 몸에 닿지 않도록 콘돔을 착용해야 한다.

[그림 6-8] 입 주위의 허피스(포진).

성기 허피스에 감염되면 4~7일의 잠복기를 거친 후 따갑고 화끈거리는 통증과 더불어 성기 주변에 포진이 생긴다(그림 6-9). 남성의 경우 음경, 여성의 경우는 대음순에 흔히 생긴다. 이 포진이 터진 후 그 자리에 궤양이 남으며 신열과 두통, 근육통, 배뇨 시 통증 등이 있다. 감염 후 일주일 정도 지나면 저절로 증상이 사라지고 포진과 궤양은 1~3주 후 없어지지만, 바이러스가 척추신경절에 살아 남아 신체 상태가 나쁠 때 신경 섬유를 타고 피부로 이동하여 재발 감염을 일으킬 수 있다. 잠복감염과 재활성화가 평생 반복되기도 한다.

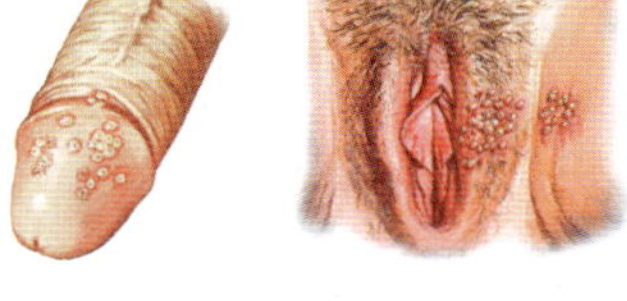

[그림 6-9] 음부포진.

허피스를 치료하기 위해서는 증상 완화를 위해 진통소염제, 항바이러스제를 사용할 수 있다. 하지만, 치료를 위해 항바이러스제를 사용하면 현재 발생한 병변을 완화시킬 수는 있지만, 재발을 완전히 막아 줄 수는 없다. 바르는 항바이러스제는 큰 도움이 안 된다. 잠복감염을 퇴치하는 근본적인 치료법이 없으며, 재발을 예방하기 위해서는 좋은 면역 상태, 즉 몸의 건강한 상태를 유지하는 것이 가장 중요하다.

꽉 조이는 팬티를 피하고, 더운 물과 비누로 성기를 씻는 것이 좋다. 씻은 후에는 피부를 깨끗한 수건으로 잘 말려야 하며, 성기에 마른 딱지가 생기기 전까지는 성관계를 피해야 한다.

잔단 시 파트너도 검사를 받아야 하며, 복합 감염이 있을 수 있으므로 HIV 검사나 다른 성매개 감염 여부를 확인할 필요가 있는 경우도 있다.

6.2.2 첨규콘딜롬(콘딜로마, Condyloma acuminata)

인간유두종 바이러스(human papilloma acuminata virus : HPV)에 의해 성기 주변에 딱딱하고 닭 벼슬 모양의 사마귀가 생기는데, 이를 콘디로마(속칭 곤지름)라 한다(그림 6-10). 가장 흔한 성매개 감염 중 하나이다. 인간유두종 바이러스는 매우 많은 유전자형이 존재하며, 일부는 항문, 음경, 자궁경부암의 원인이 된다. 그러나 돌출되는 형태의 감염을 일으키는 유전자형은 상대적으로 암발생 위험도는 낮은 것으로 알려져 있다.

대개 이 바이러스를 가진 사람과 성관계하면, 2~3개월 후에 감염 부위에 분홍색이나 회백색을 띠는 딱딱하고 통증이 없는 사마귀가 생겨난다.

항문 주위에 사마귀가 있으면 항문 내시경 검사가 필요하고 여성의 경우에는 질 내시경 검사를 시행해야 한다. 조직검사가 필요한 경우도 있다. 크기나 위치에 따라 바르는 약물 치료, 태워 없애는 치료, 수술적 제거로 치료하게 된다. 성교 시 콘돔을 사용해 감염 위험

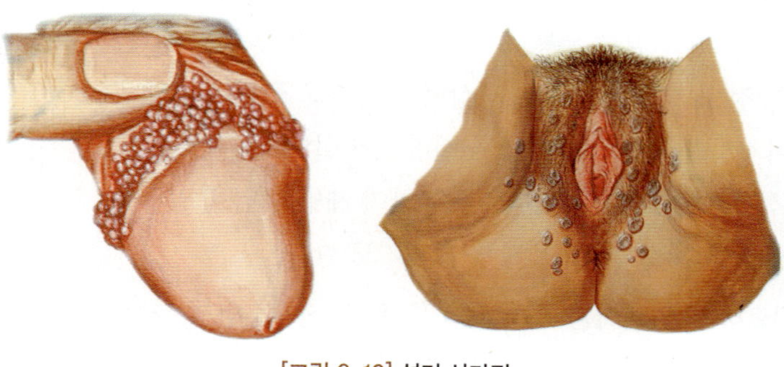

[그림 6-10] 성기 사마귀.

성을 줄여야 한다. 일부 아형에 대해서는 자궁경부암 예방을 주표적으로 하여 개발되어 있지만, 모든 형을 아우르지는 못한다.

6.2.3 바이러스성 간염(Viral Hepatitis)

동성애나 남녀 간의 성행위를 통해 감염되며, A형, B형, 그리고 비(非) A형-비(非) B형, 3가지가 있다. C형도 있으나 성매개 감염은 거의 없다.

(1) A형 간염

음식을 통해서 주로 전염이 되는데, 최근 보고에 의하면 동성애를 하는 사람들의 감염률이 훨씬 높다고 한다.

(2) B형 간염

혈액에 의해 전염되어 '혈청 간염'이라 했지만, 타액이나 정액, 질분비액에 의해서도 전염된다. 실제로 많은 사람들이 성행위 경로에 의해 전염된 것으로 보고되어 있는데, 동성애 뿐만 아니라 이성애자들의 성행위로도 전염되고 있다. 잠복기간이 50~180일로 비교적 길며, 발열, 황달이 주 증상으로 시작하여 2~3주간 지속되고, 간 기능이 저하된다. 만성으로 진전되어 간 경변이나 간 농양으로 발달한다.

(3) 비(非) A형-비(非) B형 간염

수혈로 전염되는 경우가 가장 흔하다. 성행위에 의해서는 전염되지 않는 것으로 여겨지며, 현재 백신이 나와 있어 예방이 가능하다.

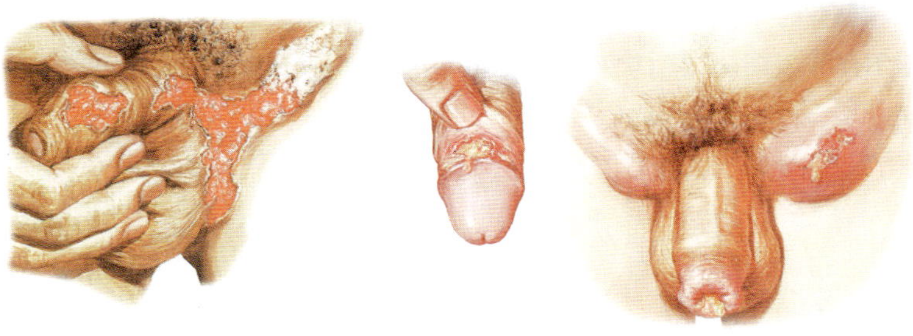

[그림 6-11] 연속종의 증상.

6.2.4 전염성연속종(Mollusum Contagiosum)

폭스 바이러스(pox virus : PV)에 의해 생긴 전염성연속종은 지름 1~10mm 정도의 다양한 크기의 종기가 성기, 넙적다리, 엉덩이 등에 생긴다(그림 6-11). 분홍색과 오렌지색을 겸한 색깔을 띠며 진주알 같은 모양을 하고 있어 터뜨리면 치즈 같은 점액성 물질이 나온다. 열대지역에서 흔한 성병이므로 이 지역을 여행할 때에 지역주민과의 성 접촉을 피하는 것이 좋다. 어린아이에게는 타액을 매개로 얼굴에 전염될 수 있다.

6.2.5 후천성면역결핍증후군(Acquired Immunodeficiency Syndrome, AIDS)

면역결핍이란 생체에는 본래 식세포나 림프구 작용으로 체내에 침입한 병원균을 처리를 하는데 그 기능이 약화되었거나 결핍되었을 때 병원균의 증식을 허용하는 현상을 말하며, 증후군이란 그로 인해 일어나는 일련의 증상을 총칭한다.

AIDS는 인체의 세포성면역 체계의 중심인 T 림파구(T4 cell)를 파괴시키는 HTLVIII의 감염으로 생기는데 환자는 면역기능이 심히 저하되어 사소한 감염에도 생명을 잃게 된다.

1981년 최초로 UCLA의 고트리프박사가 남성동성연애환자 5명으로부터 정상인에게는 발병하지 않는 뉴모카리니 원충이 폐염을 일으키는 것을 관찰하고 면역결핍환자로 진단하고 후에 카포시육종이라는 노인성 피부악성종양이 공통으로 발생함을 알게 되었다. 역학조사의 결과 동성연애자, 마약상용자, 혈액응고제를 상용하는 혈우병환자 등을 위험한 집단(risk group)으로 분류하였다.

(1) 기원

기원은 잘 알려져 있지 않으나, 중앙아프리카의 야생 그린원숭이가 AIDS 바이러스(simian virus III)에 감염된 후 1970년대 중반, 인체로 전염되면서 전 세계로 퍼져 나간 것으로 보고 있다.

(2) 증상

최초 감염되어도 아무런 증상을 나타내지 않으나 2~5주 후에는 신열, 오한, 근육통, 림프절의 부어오름, 가벼운 발진 등의 증상이 나타난다. 초기 감염 후 2달 이내에 이 바이러

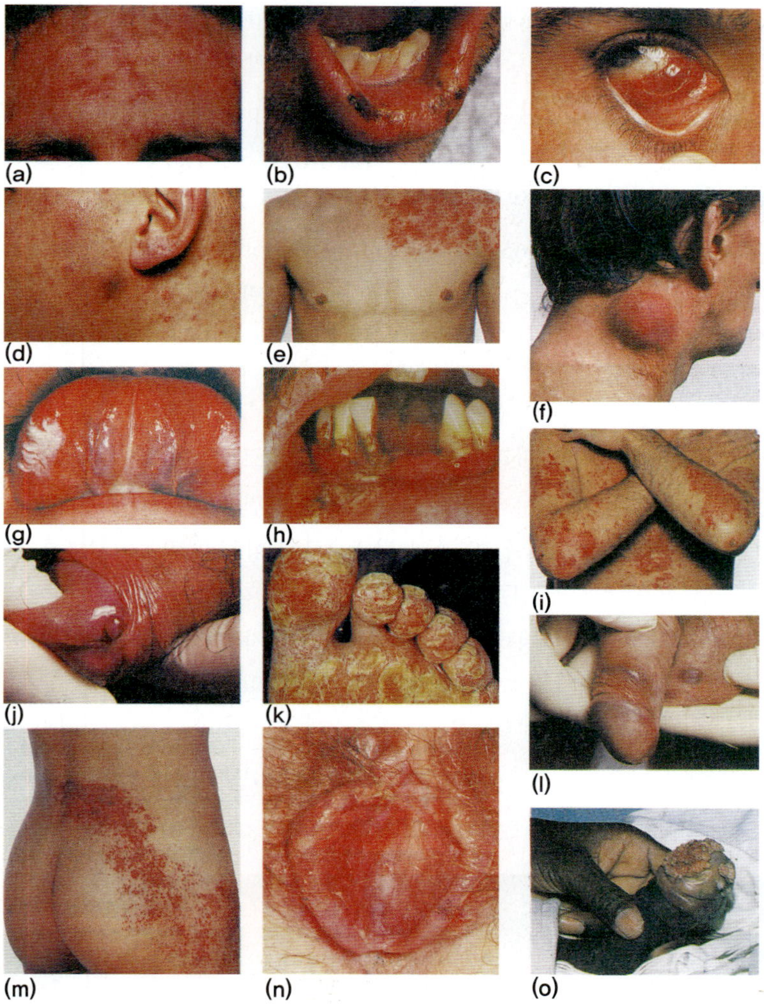

[그림 6-12] 에이즈 감염환자의 다양한 증상들.

(a) 이마에 나타난 종창된 구진 발진
(b) 카포시 육종의 심한 접막염
(c) 안구의 결막에 발생한 카포시 육종
(d) 귀 밑에 나타난 종창된 구진 발진
(e) ARC환자의 C4 부위 대상 포진
(f) 에이즈 환자의 목뒤에 난림프종
(g) ARC 및 에이즈 환자의 구강내 백반증
(h) ARC환자의 급성 부식성 치은염증
(i) 에이즈환자의 원판상 진홍색 습진
(j) 음낭의 카포시 육종
(k) 에이즈 환자의 발에 난 백선
(l) 음낭에 난 카포시 육종
(m) 에이즈 환자의 L3부위 대상포진
(n) 젊은 여성 에이즈 환자의 외음부
(o) 남성 음경 귀두의 카포시 육종

스에 대한 항체가 생기는데, 때로는 항체가 생기지 않는 경우도 있다. 감염자는 그 후에 무증후성 잠복 상태(asymtomatic carries state)의 시기를 지내는데, 이 잠복기는 대개 3~5년으로 이 기간 동안 보균자는 자신도 모르는 상태에서 타인에게 바이러스를 전염시키기도 한다.

AIDS 관련 합병증이라는 ARC(AIDS-related complex)는 몸의 여러 부위에서 나타나는 림프절의 종창 및 합병증을 말하는 것으로 가장 흔하게 나타나는 합병증은 설사, 신열, 체중 감소, 피로 등이다. 이외에 대상포진(herpes-zoster), 아구창칸디다(candida albicans)라는 아구창의 원인이 되는 균류에 의해 감염이 자주 생기는데 생명에는 지장이 없다. ARC 환자의 20%는 2년 후에, 30%가 5년 후에는 AIDS 환자로 진전된다.

AIDS는 환자마다 다양한 증상이 나타나는데 체중 감소, 신열(때로 취침 중 발한을 수반), 림프절의 붓기, 홍자색 반점들이 나타난다. 이러한 피부염은 말초혈관암인 카포시 육종(Kaposi's sarcoma)으로 발전하기도 한다. 이 외에 카리니 원충(pneumocystis carinii)에 의해 발병하는 원충성 폐렴 증상, 결핵 등이 있다. 이러한 미생물들은 건강한 숙주세포에서는 정상 세균총으로 공생하고 있지만, 면역능이 떨어진 숙주에 기회감염(opportunistic infection)을 일으킨다. AIDS 환자의 30~65%는 뇌, 신경계통 손상으로 인한 기억 상실, 정신 분열, 정서 불안, 보행 곤란, 발작, 혼수상태 등이 나타난다(그림 6-12).

(3) 감염 경로

AIDS는 성행위나 바이러스에 감염된 혈관 주사바늘을 통해 주로 전염된다. 그리고 피부 상처를 통해 체내로 쉽게 침투할 수 있는데 일단 체내에 들어가면 이 바이러스는 Th 세포(T-helper cell)를 공격하게 된다. Th세포는 일종의 림프구로서 항체가 만들어지도록 항체생성세포(B cell-plasma cell)에 화학적 신호를 보내는 세포이다. 감염된 Th 세포 내에서 AIDS 바이러스는 자신의 유전 정보를 이용하여 새로운 바이러스 자손을 많이 증식시키고 이들이 Th 세포를 터뜨리고 나와 더욱 더 많은 바이러스가 만들어진다(그림 6-13).

HIV(human immunodeficiency virus)가 한 차례의 성기 접촉으로 전염되는 확률은 여성의 경우 1/1000, 남성의 경우 1/2000이지만, 1번의 항문 성교로 감염되는 가능성은

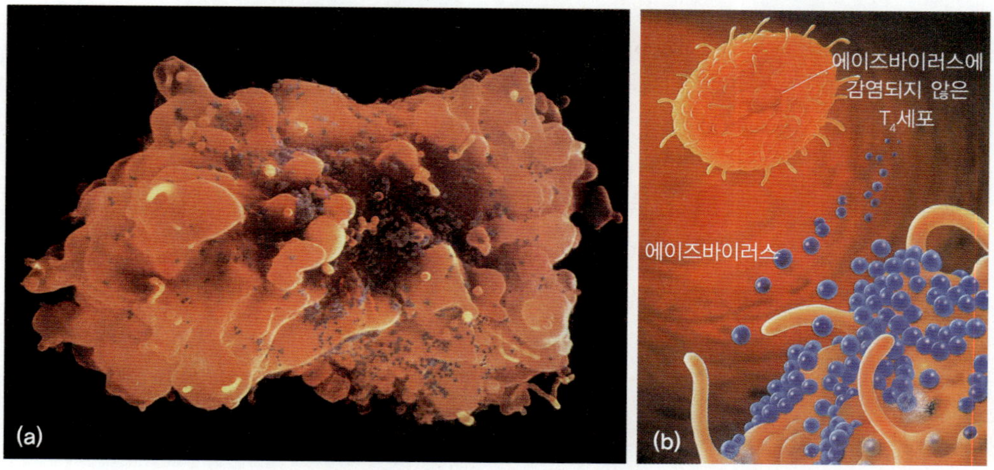

[그림 6-13] 에이즈 바이러스에 침해 감염된 T_4세포.

(a) 세포에 침입한 에이즈바이러스는 빠른속도로 증식하며, 마지막에는 세포자체를 파괴해 버린다. 세포주위의 검푸른 알갱이가 에이즈바이러스이다.

(b) 세포 내에 침입하여 많은 에이즈바이러스를 번식시키고 T_4세포를 죽인 후 새로운 세포에 침입한다.

1/50~1/100로 훨씬 높다. 항문 성교로 인한 감염 확률이 높은 이유는 항문의 점막이 매우 얇아 성교 중에 상처가 나기 쉽고 이 상처를 통해 사정 시 정액에 섞여 있던 HIV가 혈액으로 잘 침투하기 때문이다. 수혈에 의해서도 전염되는 에이즈 바이러스는 혈액 외에 눈물, 오줌, 침, 정액, 질 분비물 등 모든 체액에서 발견되기는 하지만 체액 교환이 없는 한 바이러스 감염은 일어나지 않는다.

우리나라에서도 2006년 상반기에 발표한 국립보건원 조사를 보면 동성연애 등 성접촉을 통한 경우가 가장 많았고, 수혈, 혈액제제, 수직 감염 등이 주요 감염 경로인 것으로 밝혀졌다.

이 중 피할 수 없는 AIDS 바이러스의 전염은 보균자인 임산부로부터 분만 시 감염되는 태아의 수직감염으로 발병확률은 20~50%에 이른다. 우리나라에서도 1995년 처음 수직감염 사례가 보고된 이래 1999년 6월말 생후 22개월 된 여아가 두 번째로 수직 감염된 사실이 알려졌다. 미국의 경우는 65%가 동성애를 통하여 감염되고, 17%는 동성애자이면서 마약사용자, 8%가 동성 또는 이성애자이면서 마약사용자, 7%가 에이즈 보균자들의 이성 성교 상대자, 나머지 2%가 바이러스에 감염된 혈액의 수혈로 발병한다고 한다.

(4) 감염자의 분포

1981년, 처음 미국에 AIDS 환자가 보고된 이래 해마다 환자가 늘어나고 있다. 연령별 분포를 보면 미국의 에이즈 환자의 대부분이 25~45세 사이의 연령층이며 90% 이상이 남성인데 반해, 아프리카에서는 남성과 여성의 분포가 비슷하게 나타나고 있다. 종족별 분포로는 흑인과 히스패닉계의 발병률이 가장 높다. 태국의 경우 1988년에 놀라운 HIV 감염률을 나타내고 있다. 즉, 1986년에는 0%, 1987년 1%, 1988년 초에는 16%의 감염률로 놀라운 증가 추세를 보이고 있다. 유럽의 경우에는 동성애 남자와 마약 주사자가 에이즈환자의 90%를 차지하고 있으며, 라틴 아메리카 지역은 에이즈환자의 분포가 주로 도시지역에 집중되어 있다. 에이즈치료제의 개발 노력에 힘입어 에이즈는 몇 년 전부터 당뇨처럼 관리가 가능한 만성질환이 되었다. 예전 AZT와 ddC처럼 심각한 부작용을 유발하는 치료제도 현재는 찾아볼 수 없다. 그런데 역설적이게도 국내 에이즈 환자 수는 계속해서 증가하고 있다.

질병관리청에 따르면, 2013년 국내 신규 에이즈 감염자 수는 1000명을 넘어 1114명을 기록했다. 2006년 796명, 2007년 828명, 2008년 900명에 이어 2012년 953명까지 증가했다가 결국 2013년부터 1000명을 넘어선 것으로 추정하고 있다.

(5) 예방

가장 안전한 방법은 부부 이외의 어떤 사람과도 성행위를 하지 않는 것이 최선이지만 그렇지 못할 경우 반드시 지켜야 할 지침은 다음과 같다.

1. 성행위는 체액이 교환되지 않는 방법으로 한다.
2. AIDS 바이러스는 콘돔을 통과할 수 없으므로 콘돔을 사용한다.
3. 살정제(spermicides)같은 약제를 콘돔과 병행해서 사용한다.
4. 성교 상대를 신중히 골라야 한다.
5. 혈액이나 혈액제제를 사용할 때 공여자의 보균상태를 정밀하게 검사 한다.
6. 오염된 의료 기구의 사용을 피한다.
7. 예방교육을 강화 한다.

(6) 사회적 문제

AIDS 환자들에 대한 사회의 경멸과 박대가 사회적 문제로 대두되고 있다. AIDS 환자와 그 가족들이 학교와 직장, 심지어는 아파트에서 쫓겨나고 있다. 때로는 의사들도 공포 때문에 환자들에게 당연한 서비스를 거절하고 진료를 거부한 경우도 있었다. 1998년 전 세계 AIDS 사망자 250만 명 중 200만 명 이상이 아프리카인이었다. 짐바브웨나 보츠와나 등에서는 AIDS와 높은 출산율로 인해 평균 수명이 44세로 낮아지고 아프리카 중간 연령을 세계 평균의 절반도 안 되는 18세로 저하되어 어른은 없고 아이만 있는 대륙으로 만들어 버렸다. 이 문제를 해결할 수 있는 유일한 방법은 인류가 당면하고 있는 이 저주스러운 질병에서 파생되는 어려운 문제를 직시하여 환자들을 외면하지 말고 정면으로 AIDS에 도전하여 연구해 나가는 방법 밖에 없다. 특히 유엔과 국제적십자사에 의해 AIDS 박멸 활동이 활발하게 이루어지고 있어 무척 고무적이다.

6.3 곰팡이나 원생동물 등에 의한 성병

6.3.1 질감염(Vaginal Infection)

질염은 세균, 진균, 원충류 등에 의해서 질에 생기는 질병의 통칭이다. 정상적인 질에는 많은 종류의 공생 미생물이 있어 질의 적당한 산도를 맞추어 준다. 그러나 정상적 세균무리의 균형이 깨지면 병리 증세를 가져온다. 캔디다(candida)에 의한 진균감염증은 당뇨병이 있는 임산부, 피임약의 장기 사용, 항생제 남용 등과 AIDS의 기회감염 등에 의해 면역력이 감소되어 발생이 증가 되기도 한다.

세균성 질염 칸디다 질염은 일반적으로 성병으로 분류되지 않는다. 단지 질염이 있으면 HIV 감염 감수성이 증가한다. 그러나 트리코모나스 질염은 성관계로 파트너에 전파될 수 있다. 질트리코모나스 바지날리스(richomonas vaginalist)라는 편모충에 의해서 발병하는데, 이는 정상적인 여성의 질 내에 상주하는 원충이다. 그러나 이 편모충이 갑자기 늘거나 성교에 의해 타인으로부터 감염이 되면 엷은 녹백색 혹은 황갈색의 냄새가 나는 분비물이 나오고, 질과 외음부에 통증과 가려움 증상을 느끼게 된다(그림 6-14).

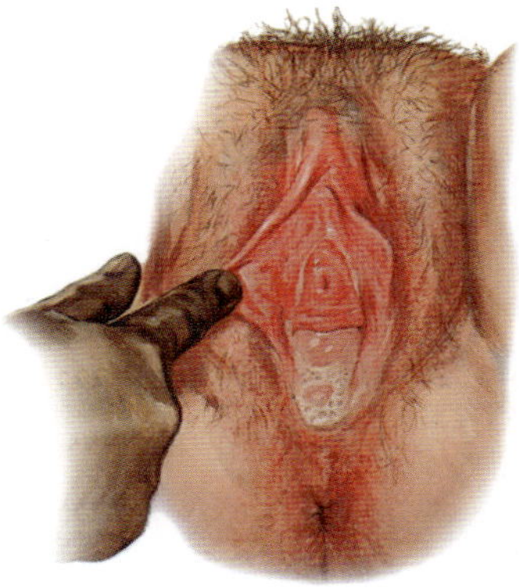

[그림 6-14] 여성의 트리코 모나스 질염.

임신 중에 질염이 있으면 조산, 저체중아, 양막 조기 파열 등의 원인이 될 수 있다.

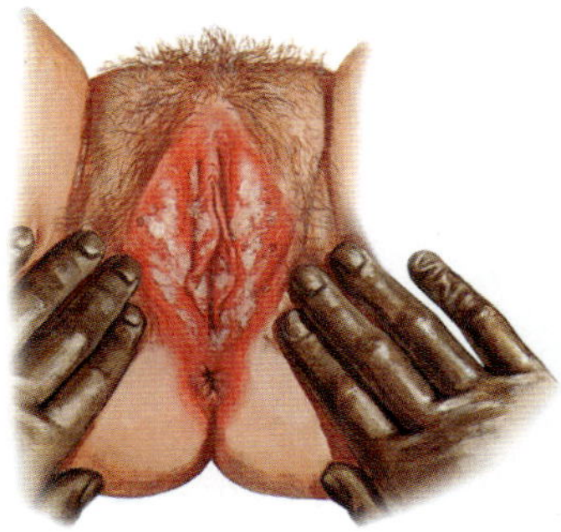

[그림 6-15] 여성의 마닐리아 질염.

질염의 예방하는 방법은 다음과 같다.

1. 면 팬티를 입는다.
2. 부드러운 비누와 물로 성기와 항문을 규칙적으로 닦는 습관을 갖는다. 그러나 너무 자주 질 내부를 세척하는 것을 피한다.
3. 대변 후 뒷처리를 할 때에는 항상 앞에서 뒤쪽으로 닦는다.
4. 항생제를 과용하지 않는다.
5. 항문 성교 후 바로 질에 성교하는 것은 피한다.

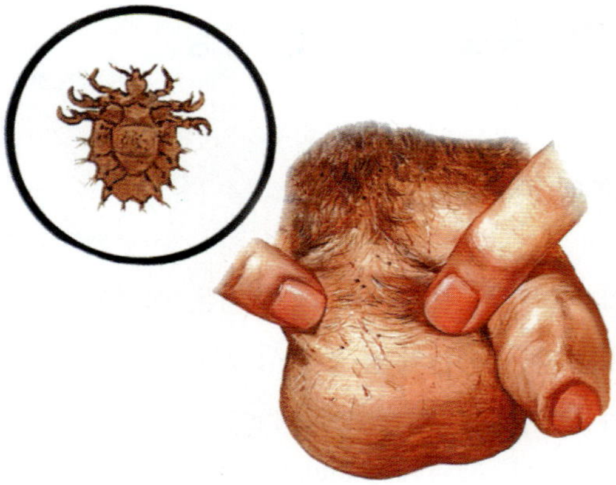

[그림 6-16] 사면발이(Pediculosis pubis).

6. 질에 불쾌감을 주거나 통증을 유발하는 어떠한 성행위를 피한다.

6.3.2 체외기생충성 감염증(Extoparasitic Infection)

일명 음모슬증이라고 하며, 성교를 통하여 몸에 기생하는 이의 일종인 사면발이(pubic lice)가 음모에 기생하는데, 특히 야간에 심한 가려움증을 수반한다(그림 6-16). 성접촉 외에 신체 접촉, 이불이나 수건 등의 간접 접촉에 의해서도 생긴다.

옴진드기에 속하는 개선충(sarcoptes scaviei)에 의해서 전파되는 개선은 성접촉이나 어린이의 피부접촉으로 발생하며 감염국소부위에 산란과 배설물이 쌓여 과민증인 가려움증을 일으키고 구진성 발진이 발생하여 심한 소양증으로 자주 긁게 되어 이차적인 세균감염을 일으킨다.

6.4 결언 및 성병의 예방

성병(성매개감염, STI)은 보호되지 않은 성적 접촉에 의해 주로 전염된다. 일부 성병은 임신과 출산 중 그리고 감염된 혈액이나 혈액 제제를 통해서도 전염될 수 있다. 성병은 건강에 중대한 영향을 미친다. 치료하지 않으면 신경 및 심혈관 질환, 불임, 자궁외 임신, 사산, 인간면역결핍 바이러스(HIV) 위험 증가 등 심각한 결과를 초래할 수 있다. 그들은 또한 성폭력, 가정 폭력과 관련이 있을 수 있으며 삶의 질에 중대한 영향을 초래할 수도 있다.

대부분의 성병은 증상이 없다. 성병의 일반적인 증상은 질 또는 요도 분비물, 생식기 궤양 및 하복부 통증이다. 가장 흔하고 치료 가능한 성병은 트리코모나스, 클라미디아, 임질 및 매독이다. 빠르게 증가하는 항균제 내성은 치료 불가능한 임질에 증가로 이어질 수 있다. 그러나 무증상이라고 간과하게 되면 뼈아픈 결과를 초래할 수 있으니 성생활 패턴이나 난잡한 이성 사귐 등에 유의해야 한다.

HIV, 생식기 단순포진 바이러스(HSV), 바이러스성 B형 및 C형 간염, 인유두종 바이러스(HPV) 및 HIV를 포함한 바이러스성 성병은 치료 옵션이 부족하거나 제한적이다. B형 간염은 간암으로 이어질 수 있고, HPV는 자궁경부암을 예방하기 위한 백신을 사용할 수 있다. HIV, HSV는 감염되면 평생 감염 상태가 유지된다. HIV 및 HSV의 경우 바이러스를 억제할 수 있는 치료법이 있어 관리 가능한 정도까지 발전했지만, 현재 이 3가지 성병에 대한 근본적 치료법은 없다.

또한 임신 시에 성병이 감염되면, 임신 여성은 물론 태아나 신생아에게 중대한 영향을 미칠수 있으므로 주의가 필요하다.

예방을 위해서는 사회적 접근을 통하여 상담을 통한 교육 및 및 행동 변화를 유도할 기회가 많아져야 한다. 종합적인 성교육, 진료 상담을 적극적으로 받아 정확한 성적 지식을 축적하는 것이 좋다. 성노동자, 남성과 성관계를 갖는 남성, 약물을 주사하는 사람과 같은 주요 인구를 대상으로 하는 사람들은 더욱 주의할 필요가 있다.

성병 예방 교육 및 상담을 통하여 성병의 증상을 인식하는 능력을 향상시키고, 그들이 치료를 받거나 성 파트너가 그렇게 하도록 격려할 필요가 있다. 불행히도, 대중의 인식 부족, 의료 종사자 훈련 부족, 성병에 대한 오랜 기간 널리 퍼진 그릇된 인식은 효과적인 예방을 가로막는 주된 요인이다.

콘돔을 올바르고 일관되게 사용하는 경우, HIV를 포함한 성병에 대한 가장 효과적인 보호 방법 중 하나이다. 여성용 콘돔은 효과적이고 안전하지만, 국가 프로그램에서 남성용 콘돔 만큼 널리 사용되지는 않는다.

성교 상대는 신중하게 고르고, 오랫동안 관계를 유지한 사랑하는 사람과의 지속되는 성 접촉만이 가장 안전한 방법이다. 성병에 감염되었으면, 지체하지 말고 상대에게 감염 사실을 알린다. 또한 상대의 감염 여부가 의심스러울 때에도 사실을 알려 달라고 요구해야 한다. 신속히 검진하여 치료해야 한다. 성교 상대도 검진과 치료를 받게 하고, 재감염되지 않도록 반드시 주의해야 한다.

CHAPTER

7 성적 발달의 정신적, 사회적 환경

7.1 성적 성숙과 발달

성인들의 성행동 범위는 매우 다양하며, 대다수의 경우 사망하기 직전까지 삶의 일부로 성적 활동을 지속시키고 있다. 남성들과 달리 여성들은 50대에 접어들어 폐경을 경험하면서 에스트로겐 분비가 감소하고 더 이상 난자를 성숙시키지 못하는 등의 신체적 변화가 나타나지만, 그들은 여전히 여생 동안 성관계를 통해서 만족이나 오르가즘을 경험할 수 있다. 남성들도 장년기가 되면 노화 과정에 의해 생리적 차원의 성기능 약화를 경험하지만, 여성의 폐경과 같이 변화가 두드러진 것은 아니다. 남녀 모두 나이가 들어가면서 성기능에서의 변화를 경험하지만, 성적 표현의 능력이 상실되거나 감소된 것은 아니다. 노인이 되어서도 젊은 시절처럼 성교를 할 수 있는 능력이 약간 줄더라도 친교나 촉감 등의 욕구는 그대로 유지된다.

많은 사람들이 유아나 아동, 심지어는 청소년이나 노인 등을 성적인 존재라고 인식하지 못한다. 성인들은 성행위를 할 수 있는 연령을 성년이 된 이후부터 장년기까지라고만 생각하는 반면, 십대를 비롯한 청소년들은 장년기를 지나면 성행위를 시도하기에는 나이가 너무 많지 않을까라고 생각하기도 한다. 그러나 성의 개념은 성행위보다 더 폭넓은 것이며,

누구든지 평생 동안 성적인 존재에 해당된다. 이와 같은 차원에서 아동이나 청소년들을 상대하는 사람들은 성적 발달에 관련된 기초지식을 정확히 파악한 상태에서 아동과 청소년들을 상대해야 한다. 성인의 입장에서 볼 때, 아동들과 대다수 청소년들은 성적인 활동을 하지 않는 존재로 인식되지만, 건강과 관련된 성적 발달이 이루어지는 시기, 즉 아동기와 청소년기 초기의 발달 특성을 토대로 이해하려고 노력해야 한다.

모든 아동들이 직면하고 있는 발달 과업들(developmental tasks) 중의 하나는 다른 사람들과 원만하게 상호작용을 할 수 있는 사회적 기술을 습득하는 것이다. 이러한 기술은 선천적으로 타고나는 것이 아니라 성장 과정에서 자기 성별에 관련된 정체성이나 역할 등을 습득하는 것과도 관련이 깊다. 아동들 역시 타인들과의 관계 및 인간의 존재가치 등을 이해하는 능력도 발달시키는데, 이러한 능력은 청소년기나 성인기에 타인과 성적인 상호작용을 할 때 매우 중요한 부분이 된다. 양육자를 비롯한 어른들은 유아나 아동들에게 사고나 행동의 모델이 되고 있기 때문에 기본적인 성교육자라고 할 수 있다. 예를 들면, 엄마가 아이를 안아주거나 놀아주는 것도 아이에게는 타인과의 상호작용을 하는 데 필요한 능력을 신장시키는 것이다. 아동들이 성장 과정에서 가족이나 친구들과의 상호작용을 직접 경험하면서 또는 다른 사람들의 상호작용을 단순히 관찰하면서 성에 관한 것을 지속적으로 배우게 된다. 이에 출생에서부터 성인기에 이르기 전까지 몇 가지 연령 단계로 구분하여 성적 발달의 특성을 살펴보고자 한다.

7.1.1 유아기와 아동기 초기

아동은 태어나기 전부터 성적인 존재이다. 남아들은 자궁 내에서도 발기를 할 수 있으며, 어떤 아이는 발기된 상태로 태어나기도 한다. 인간은 남녀 모두 태어나자마자 성적으로 반응할 수 있는 능력을 소지하고 있다. 예를 들면, 남아는 생식기를 만질 경우 발기가 이루어질 수 있으며, 여아도 출생한 지 하루 밖에 되지 않았어도 질에서 분비하는 것이 가능하다(Masters, Johnson, & Kolodny, 1982).

(1) 3세 이전

유아들도 쾌락을 가져다 준다는 것을 알아차리고서 자신의 생식기를 만지거나 문지르면서 노는 것을 관찰할 수 있으며, 아동들이 청소년이나 성인의 자위행위처럼 성기를 반복적으로 자극하는 행동도 최소 3세 이전에 관찰할 수 있다. 만 3세가 지나면서 자신의 생식기와 다르게 생긴 사람, 즉 이성의 존재 및 이성의 생식기가 다름을 알아차리게 되고, 또 소변을 보는 방법도 다름을 알게 된다.

아동들은 이미 초등학교 입학하기 전부터 세상의 모든 것에 관심을 가지고 있는데, 그 중 대표적인 것이 바로 성이라고 할 수 있다. 그 내용들을 일일이 열거하기 힘들지만, 여아들이 남아처럼 자세를 취한 상태로 소변보기를 시도하기도 하며, 다른 아동이나 성인을 껴안아 보는 것을 즐기고, 그들에게 매우 정감어린 표현을 해보이기도 하며, 손을 잡거나 입을 맞추는 등의 성인들의 사회행동이나 성행동을 모방하기도 하며, 병원놀이와 같은 소꿉장난 등을 통해서 이성의 성기를 관찰하기도 하며, 또 소꿉놀이 친구들에게 자신의 성기를 보여주기도 한다. 이러한 행위들은 그 나이 또래에게는 호기심에서 비롯된 정상적인 것으로 간주된다.

(2) 만 3~6세

만 3～6세 정도에서부터 옷을 갈아입을 때나 목욕을 할 때 부모를 비롯한 어른들에게 신체 노출을 꺼려하면서 사적인 상태 유지를 원하게 되는 경향이 나타난다. 이 시기에는 초보적 수준이지만, 결혼이 무엇인지, 함께 사는 것이 무엇인지 등을 가족의 경험을 통해서 알아차리게 된다. 그러면서 소꿉장난에서는 결혼한 사람들의 역할놀이를 하는데, 대부분의 아동은 나이가 들어서 사랑하는 사람과 결혼하여 함께 살 것임을 말하곤 한다.

(3) 6세 이상

아동들은 어린 나이에도 형제자매나 또래들과 성기를 보여주거나 만지거나 관찰하는 등 다양한 유형의 성적 놀이(sexual play)를 경험하는데, 적어도 6세 이상이 되면 자신이 소속해 있는 사회 문화적 규범 등을 어느 정도 이해하고 있기 때문에 그러한 놀이가 은밀하게 진행된다. 유아나 아동들은 여러 가지 다양한 감각적인 경험을 하는데, 손가락이나 장난감을 빠는 행동 등도 이러한 경험의 일부가 된다. 이러한 경험은 나중에 자라면서 자신이 좋아하는 자극을 선택할 때 영향을 주기도 한다. 부모와의 관계의 질 역시 나중에 성적 및 정서적 관계를 형성하는 아동의 능력에 중요한 요소가 된다. 소위 부모와 자녀 간의 긍정적인 신체적 접촉을 경험할 경우 나중에 성인이 되어서도 타인들과의 안정적이고 만족스러운 애착관계를 유지하게 해준다.

아동기 초기는 역시 남성이나 여성으로서의 정체성을 형성하는 중요한 시기가 된다. 이러한 정체성은 전형적으로 3세 정도부터 형성되기 시작하는데, 이는 아동이 사회에서의 성역할 기준 등을 배우는 사회화 과정의 결과에 해당된다. 성역할 규준을 배우기 시작한 3세에서부터 성적인 관심이나 활동이 두드러지게 증가하는데, 이러한 관심과 활동의 증가는 6~7세까지 지속된다.

아동들은 결혼이 무엇인지 또 남녀의 장기적 관계가 무엇인지의 개념들이 발달하게 되는데, 소꿉놀이를 통해서 성인들의 역할을 연습하게 된다. 또한, 남녀의 생식기가 다르게 생겼음을 인식하기 시작하면서 다른 아동들이나 성인들의 생식기에 대한 관심을 보이는데, 이러한 관심은 자신의 주변 세계에 대한 호기심에서 비롯된 자연스러운 현상이다. 아동기의 성적인 소꿉놀이가 십대에서의 성적 적응이나 부적응과는 전혀 관련이 없다. 그러한 놀이에 대해서 어떤 부모들은 타인의 신체를 함부로 만져서는 안 된다고 가르치거나 성에 관련된 대화를 금지시키지만, 그럴수록 아동들은 또래들로부터 성에 관한 정보를 얻고자 하는 호기심이 커진다.

여기에서 아동들의 성적 호기심이나 관심에 관련된 두 가지 사항을 다시 생각해 보면, 그 하나는 자신의 자녀가 병원놀이를 하면서 다른 아동에게 사적인 신체 부위를 보여주거나 보고 있는 것을 목격했다면 어떻게 해야 할까에 대한 것이다. 아동들이 병원놀이를 하는 나이는 대부분 3~ 6세 사이이다.

상당수 부모들은 자녀들이 그런 놀이를 하는 것을 목격하거나 알아차렸을 때 과잉 반응을 보이는 경향이 있다. 병원놀이를 한다고 그들을 야단치는 것도, 그들의 행위를 성적으로 난잡하다고 여기는 것도, 또 그런 놀이를 하거나 자주 할 경우 자라서 난잡한 성행위를 할 것이라고 생각하는 것도 잘못이다. 아이들의 입장에서는 소꿉놀이를 할 때 부모가 나타나는 것 자체가 방해가 된다. 부모는 부적절한 신체 노출 등이 수반된 병원놀이를 목격했을 때 아이의 주의집중을 자연스럽게 다른 것으로 유도한 다음 나중에 차분히 아이와 이야기를 나눌 수 있어야 한다. 그러면서 아이에게 친구가 자기 신체에 대해서 가지고 있는 관심을 이해시키고, 나중에 더 자라서는 자신의 신체가 타인에게 함부로 노출되지 않도록 자신이 잘 지켜야 하는 중요한 부위임을 이해시키며, 또 남의 신체 부위는 함부로 만지거나 보려고 해서는 안 된다는 것을 이해시킨다. 그 대신 현재 상황에 대한 죄의식을 느끼지 않도록 해주는 것도 중요하다.

성적 호기심이나 관심에 대한 다른 하나는 어린 자녀가 아이는 어디서 생겼는가를 물어왔을 때 대처하는 것이다. 아동이 그런 질문을 할 때 상당수 부모들은 아이의 관심을 다른 것으로 돌리려고 하거나, 못 들은 척 하거나, 말도 되지 않는 답을 해 버리기도 한다. 답변을 회피하더라도 호기심이 사라지는 것이 아니며, 제대로 답을 해주지 않으면 나중에 성 개념을 왜곡시켜 버릴 가능성도 커지게 됨을 잊지 않아야 한다. 그러나 대답의 내용은 아동의 연령에 따라서 다를 수 있어야 한다. 즉, 아동의 연령이나 이해 정도에 따라서 아이가 어떻게 생겼는가를 설명하는 수준이 달라야 한다. 배를 가리키면서 엄마의 몸속에 있는 아기집에서 자라다가 바깥에 나와서 살게 됨을 설명할 때는 어린아이가 이해하기 어려운 성관계를 갖는 내용까지 설명할 필요는 없다. 만약 아동이 남녀의 사랑의 개념을 이해하는 수준이라면 아빠의 세포와 엄마의 세포가 만난 후 엄마 몸속에서 자라는 과정도 말해 주는 것이 더 좋다. 만 6세 정도는 되어야 그런 내용의 설명을 이해하기 시작한다는 것을 잊지 않아야 하는데, 부모가 아동의 이해 수준이 어느 정도인지를 잘 모를 경우 아이에게 되묻

[표 7-1] 연령의 따른 성적 발달의 특성(출생~만 6세).

연령	성적 발달의 특성
출생 시	남아는 발기를 할 수 있는 능력을 가짐. 여아는 질에서 분비할 수 있는 능력을 가짐.
만 1세 전후	자신의 생식기를 보호하는 반응을 보임. 자신의 생식기를 비롯하여 신체 부위를 탐색함. 남아는 3개월 또 여아는 4개월 정도부터 생식기로부터 쾌락을 경험함. 부모와 보호자와의 따뜻한 관계로부터 사랑과 신뢰를 배움.
만 2세 전후	반항적이고, 비협조적이고, 매우 독립적이며, 자신의 마음도 알게 됨. 남녀를 구분할 수 있으며, 소변볼 때 남녀의 자세 차이에 관심을 가짐. 남녀의 신체적 차이에 관심을 보이며, 신체 부위의 이름을 이해함. 환상을 할 수 있는 능력이 생김. 식사나 목욕, 취침 때에 부모가 의례적으로 해주는 행위를 좋아함. 자신의 엉덩이 등 신체 부위를 누군가 함부로 만지면 싫어함. 배변훈련을 토대로 긍정 또는 부정적인 태도를 발달시킴. 자존심이나 타인에 대한 신뢰감 등이 형성됨. 남자와 여자 그리고 아동과 어른의 신체 차이를 감지하기 시작함.
만 3세 전후	신체 부위나 남녀의 신체적 차이에 대해서 호기심이 커짐. 남녀의 소변보는 자세의 차이를 언어적으로 표현하면서 관심을 보임. 여아는 서서 소변보는 행동을 시도함. 성인 남녀의 역할놀이를 하고, 자위행위도 나타남.
만 4세 전후	성기를 비롯한 성 기관에 대한 속어나 비속어 등을 배워서 사용함. 배꼽의 존재를 알아차리는 등 신체 부위나 기능에 대해서 배우거나 이야기하는 것에 관심이 큼. 다른 사람들이 소변보는 것을 엿보고, 소변을 볼 때 다른 사람들에게 생식기가 노출되는 것에 대한 사회적 스트레스를 경험함. 타인(특히, 어른)의 목욕에 대한 관심이 커지고, 목욕을 할 때 혼자서 하겠다고 요구하기도 함. 자신이 어떻게 태어났는지 등의 출생이나 임신에 관한 질문을 함. 소꿉놀이(예 : 병원놀이)를 통해서 신체를 탐색하고 또 성적 놀이도 함. 성역할을 이해하고, 남아들은 어른들의 영향으로 남성우월주의 태도 형성. 성기를 자극하는 형태의 자위행위도 지속됨. 나체 상태를 즐기고, 성인들의 성행동을 모방하려고 함.
만 5~6세 무렵	양성의 신체 구조의 차이를 알아차리면서 큰 관심은 사라짐. 성적인 놀이가 감소하며, 목욕탕 놀이도 감소함. 몸가짐도 단정해지면서 남에게 자신의 신체 노출을 꺼림. 자신의 성 정체성을 발달시키면서 지속적인 강화를 받음. 동성 부모에 대한 동일시가 강화되고, 동성의 상호 신체 탐색이 나타남. 성적인 내용의 꿈이나 환상이 시작됨. 이성에 대한 감정이 양가적으로 등장함.

는 방법을 통해서 적절한 답을 찾을 수 있다. 다시 강조하자면, 그와 같은 질문에 답을 회피하거나 전혀 근거가 없는 이야기로 상황을 모면하는 것은 별로 좋지 않다.

7.1.2 아동기 후기

초등학교 저학년부터는 건강한 신체상, 자신의 몸을 안전하게 보호하는 일, 아울러 타인의 몸에 대한 소중함, 남녀의 기본적인 해부학적 차이 등을 배우게 되며, 고학년부터는 사춘기에서 나타나는 신체적인 변화, 종족보존의 원리, 질병 감염에 대한 예방, 또래들과의 인간관계의 의미 기술 등을 배우게 된다. 또 이와 같은 교육이 효과적이기 위해서는 가정에서 부모가 학교 성교육을 긍정적으로 이해해 주는 일이 필요하고, 역시 학교에서는 성교육 내용을 매번 가정에 알려주는 것이 매우 중요하다.

학교를 다니게 되는 나이에서는 동성의 상대와 성적인 놀이를 시도한다. 예를 들면, 상대방의 성기를 만지거나 함께 자위행위도 시도하는데, 이러한 행동은 호기심에서 나타난 발달 과정의 일부에 해당된다. 이 시기의 아동들은 남녀가 각각 분리된 상태로 동성끼리의 사회적 집단을 형성하고 지낸다. 이를 계기로 동성과의 관계에서 성적인 탐색이나 학습이 이루어진다. 이 시기의 아동들 상당수가 성기를 자극하는 형태의 자위행위를 경험하기도 한다. 대학생들을 상대로 한 조사에 의하면 남녀 모두 그 시기에 자위행위 경험이 거의 40%에 가까울 정도이다. 역시 청소년들을 상대로 한 조사에 의하면 성적으로 이성에게 끌리는 경험을 처음으로 시도한 나이가 10대 초반이었던 것으로 나타나며, 그 시기에 역시 성적 환상 등도 경험한 것으로 보고된다.

(1) 사춘기 이전

사춘기 이전의 아동들은 성교 행위를 실제로 시도하지는 않는다. 일반적으로 그 행위의 본질을 성인처럼 이해하지 못할 뿐만 아니라, 설령 이를 시도하는 생각을 했을 때 쾌감보다도 불쾌감을 경험하기 때문이다. 이 시기에는 성적인 행동이 나타나더라도 동성하고의 관계에서 이루어지는 것이 보통이지만, 이는 성적인 탐색이나 실험과 관계되는 행동으로 동성애 정체성이 발달하는 것과는 차원이 다르다.

(2) 사춘기 직전

사춘기 직전의 남아나 여아들은 직접적인 성적 경험을 하지 않지만, 호기심 때문에 알고 싶은 것들이 많은 편이다. 그들은 이미 성교나 애무, 구강 성교, 항문 성교, 동성애, 강간, 근친상간 등의 용어를 여러 차례 들어보았을 가능성이 높으며, 이러한 것들이 과연 무엇인지 더 정확하게 알고 싶어 한다. 사춘기 직전에는 성적인 탐색이나 실험에 관계되는 행동으로 동성의 또래 친구들과 함께 자위행위를 하거나 상대방의 성기를 관찰하거나 애무하는 것도 일반적이다. 어떤 경우 이 시기에 데이트도 시작하며, 상당히 드문 편이지만 간혹 성기 삽입과 같은 성행위를 시도해 보는 경우도 있다. 자발적인 성행위를 하는 경우 대부분 여아가 남아보다 나이가 더 많은 편인데, 이는 성적 성숙의 시기와도 관련이 깊다. 그러나 10대 초반의 여아들이 성행동을 시도할 경우 성기 삽입의 성행위가 아니라 대부분 손이나 입으로 성기를 자극하는 경우에 해당된다.

[표 7-2] 연령의 따른 성적 발달의 특성(만 6세~12세).

연령	성적 발달의 특성
만 6세 전후	남녀의 신체 구조의 차이를 확연히 이해하며, 관심이나 의문도 생김. 학교 화장실에서 또는 놀이를 하면서 성적인 관심을 보임. 병원놀이도 하며, 성이나 신체 부위에 대한 비어를 사용하는 것에 흥미.
만 7세 전후	성에 대한 관심이 전보다 약간 줄어듦. 상호 탐색적인 활동이나 성적 실험, 성적 놀이 등이 전보다 감소함. 남성이나 여성의 역할 차이에 대한 이해가 분명해짐. 동성의 친구와 강한 우정을 형성하기 시작. 매체에서 들은 성에 관련된 이야기(성폭력, 에이즈 등)에 영향을 받음.
만 8세 전후	성에 대한 관심이 있지만, 6세경보다 덜 나타남. 성적인 농담이나 상대방을 기분 나쁘게 하면서 놀림. 상대방을 훔쳐보는 행동들이 나타남. 성기를 자극하는 형태의 자위행위 지속. 성적 정체성이나 성적 지향에 대한 초보적 성향을 보임. 또래들과 같아지고 싶어 하며, 성적 놀이가 지속적으로 나타남.
만 9세 전후	성에 대한 정보를 동성의 친구들과 나눔. 성기의 세부적인 모습이나 기능 등에 대한 관심으로 서적 등의 그림을 찾아봄. 성적인 욕설이나 글쓰기 등을 시작함. 성적인 농담 등에 관심이 커짐.
만 10~12세 정도	사춘기의 변화가 시작됨. 성적인 면에서 보다 정숙해지고 사적이기를 원함. 동성과의 우정에 대한 가치가 지속됨. 성적 감정이나 환상 등이 증가함. 친구들과의 짝패를 발달시킴. 낭만적인 감정이 동성 또는 이성에게 향함. 또래들과 성적 탐색에 참여함. 단짝친구가 생기고, 정체성을 찾을 때 또래집단의 영향을 받음. 부모들과 함께 다니는 것을 싫어하게 됨. 일부 여아들은 생리가 나타나면서 이차적인 성징이 발달함.

7.1.3 사춘기와 청소년기 초기

인간의 신체는 탄생의 순간부터 사망에 이르는 시기까지 변화한다. 대부분의 아동들이

10대 초반을 넘어서부터 사춘기(puberty)를 맞이하는데, 사춘기란 성선을 비롯해 외부 생식기가 발달하여 생식세포를 생산할 수 있는 시기를 이른다. 이를 계기로 아동은 심리적, 신체적, 사회적, 인지적으로 성숙하기 시작하는데, 최소한 이때부터 신체적으로는 성인의 역할을 할 수 있기 때문에 아동이라고 부르지 않고 청소년이라고 한다.

사춘기를 맞이하는 시기는 여아의 경우 생리가 나타나면서 쉽게 알아차릴 수 있는 반면, 남성의 경우 언제부터 정자세포를 생성하기 시작했는가를 정확히 알아차리는 것이 쉽지 않다. 이 시기의 특성은 신체적인 급성장인데, 사춘기 초기에 이차적인 성징이 다양하게 보인다. 보통 남성은 발기가 자발적으로 나타나는 것을 경험하면서 당황하기도 하고, 수면 도중에 사정을 경험하기도 하는데, 이들 모두가 성적으로 성숙했음을 알려주는 신호가 된다. 대다수가 그와 같은 변화를 10대 초반을 넘어서면서 경험하게 되지만, 성적인 성숙이 10세 이전에 나타나는 경우도 드물지 않다. 그와 같은 개인차 때문에 절대다수의 여아들은 일반적으로 8세~14세 그리고 남아들은 9세~16세 사이에 사춘기를 맞이한다고 설명하기도 한다.

사춘기를 전후로 신체적인 면에서 성인으로 성장하는 데 걸리는 기간이 단지 1년 정도에 불과한 사례들도 있지만, 일반적으로 6년 이상 지속되기도 한다. 사춘기에 접어들면서 청소년이 되는데, 청소년기는 급격한 변화 때문에 적응이 쉽지 않은 시기에 해당된다. 이와 같은 변화를 일으키는 주요한 근원은 호르몬인데, 두뇌는 신체적으로 성숙해야 하는 시기가 가까웠음을 알아차리고서 호르몬을 생성하고 방출시키는 명령을 내린다. 호르몬도 그 종류가 다르면 몸에서 나타나는 변화도 다르다. 사춘기에 가까워지면서부터 두뇌의 명령에 의해 성선을 자극하는 호르몬을 방출시켜 성적인 성숙이 이루어질 수 있게 해준다. 또 청소년기에는 성장호르몬의 분비로 인하여 신체적 변화가 매우 빠르게 나타나는데, 팔이나 다리도 길어지고, 내부 장기도 커진다. 호르몬의 영향 등으로 신체적인 급성장이 나타나는 기간은 사춘기 개시 전후로부터 보통 2~3년 정도이다.

사춘기 개시 이후의 청소년들은 남녀 모두 신체적인 변화와 함께 정서적인 변화를 경험한다. 신체적인 변화가 정서적인 변화보다 먼저 나타나는 게 보통이지만, 그 반대일 수도 있으며, 또 둘이 거의 동시에 이루어지기도 한다.

사춘기를 맞이하면서 나타나는 신체적 변화의 구체적인 내용으로 여아는 젖가슴이나 음모 등이 발달하기 시작하고, 남아는 음모 발달 등을 경험한다. 호르몬의 영향으로 인해서 여드름(acne)이 생기거나 겨드랑이 등에서 암내(body odor)가 나기도 한다. 이러한 현상은 누구에게나 나타나는 정상적인 것이지만, 다른 연령층에 비하여 청소년기에는 남에게 신경을 더 쓰이게 한다. 물론 개인차가 있기는 하지만, 상당수의 청소년들은 호르몬의 영향으로 인한 신체적 변화 때문에 불안정하고, 사소한 것에 흥분하고, 기분이 상하는 등 기분의 변화를 심하게 경험하는 편이다.

청소년기의 신체적 변화와 정서적 변화의 관련성은 또래들과 비교하여 발달의 시기나 양상의 차이에 따라 다르다. 사춘기에 접어들면 누구나 자신의 신체적인 변화를 쉽게 감지하는데, 또래들에 비하여 성숙이 너무 일찍 나타난 경우 다른 사람 앞에서, 심지어는 동성의 부모 앞에서 옷을 벗는 것도 어색하거나 불편하게 느껴진다. 특히 또래들이 성적 성숙의 개념을 아직 이해하지 못할 시기에 사춘기를 맞이한 청소년은 또래들로 놀림을 당하기도 한다. 역시 사춘기를 늦게 경험하는 경우에도 정서적으로 적응하기가 쉽지 않다. 흔히 여아의 성적 발달의 지체는 13세가 지났는 데도 가슴이 발달하지 않는 경우나 가슴이 발육하기 시작한 이후 5년 정도가 지났음에도 생리가 나타나지 않는 경우 등을 들 수 있다. 남아의 성적 발달 지체는 14세가 되었음에도 고환이 확대되지 않거나 발육이 시작한 이후 5년이 경과했음에도 성기관이 완전히 발달하지 않는 경우 등을 성적 발달의 지체라고 부른다. 성적 발달의 지체는 만성적인 질환이나 염색체 이상 또는 기타 요인에 의한다. 또 별다른 이유가 없더라도 또래들에 비해 더 늦게 나타나는 경우도 있는데, 시간이 지나면서 또래들과 비슷한 수준으로 발달한다. 그러나 발달 지체를 경험할 때 자신에게 병리적인 문제가 있는 것 같다는 걱정 등이 사라지지 않아 불안정한 생활을 하게 되며, 발달 지체가 아니더라도 생리가 나타나지 않거나 임신이 아닌데도 불구하고 생리가 중단되는 등의 병리학적 조건에 해당되는 경우에도 적응상의 어려움을 경험한다.

이 시기는 다른 사람들이 자신을 어떻게 생각하는지에 대하여 관심이 큰 편이다. 다른 사람들이 자신의 생각이나 모습을 받아들여 주고 좋아해 주기를 바란다. 또 이 시기에는 다른 사람들과의 관계가 변하기 시작하는데, 어떤 사람은 자신에게 매우 중요한 사람으로 부각되는 반면, 어떤 사람은 별로 중요하지 않은 사람으로 여겨지기도 한다. 또 부모와 함께 있는 시간보다도 따로 있기를 더 좋아하게 되며, 또래의 다른 사람들을 준거집단으로 설정한 상태에서 자신의 위치를 확인하고 싶어 하며, 또 자신의 미래에 영향을 줄 수 있는 결정을 내리기 시작한다. 성적으로 성숙하면서 어떤 사람을 보거나 만지거나 생각하는 것도 가슴을 뛰게 만들고 따뜻한 감정을 느끼게 한다. 다른 사람과 교제나 데이트를 해도 좋은 것인지, 데이트 관계에서 상대방과의 키스나 신체적 접촉은 괜찮은 것인지, 그런 경험이 데이트 상대와의 관계에 도움이 되는지, 성행위를 하고 싶을 때 어떻게 해야 하는지 등의 질문을 스스로에게 하고 답해 보면서 사회적인 성숙을 하게 된다.

7.1.4 청소년기 후기

인간 발달은 신체적, 행동적, 인지적, 정서적 등 여러 측면에서의 변화와 성장으로 평생에 걸쳐서 나타난다. 유아에서 아동, 아동에서 청소년, 청소년에서 성인으로 발달하는 동안 수많은 변화가 발생한다. 그와 같은 발달 과정에서 태도를 발달시키고, 인간관계에서의 선택이나 이해 등에 관련된 가치나 능력을 발달시킨다. 어린 세대들의 신체적, 정서적 및 인지적 성장은 그들의 성적 성장의 중요한 기초가 되며, 성인들에게는 어린 세대들의 특성을 이해하고 그들의 성적 개념 등을 수용하는 책임이 있다. 여기에서 10대 중반에서 후반에 해당되는 청소년의 특성을 살펴보자.

우선 아동에서 성인으로의 신체적 변화가 나타나는 사춘기를 겪게 된다. 사춘기로 인한 신체적 변화 중 생리는 거의 모든 여성들이 17세가 지나기 전에 경험하고, 초경 후 1~2년 이내에 배란현상이 규칙적으로 정착된다. 또 여성의 경우 거의 성인의 신장으로 발달하지만, 남성은 20대 초반까지 신장이 지속적으로 발달한다. 사춘기와 함께 생물학적 변화를 경험하는데, 외부 생식기의 크기나 모양의 변화, 이차성징 등이 나타나면서 성적인 관심이 커지게 된다. 신체적인 변화를 경험함과 동시에 성인들처럼 성적 상호작용의 가능성도 생기는데, 이는 사회 문화적 환경의 영향을 크게 받는다.

신체적 성숙이 이루어지는 시기에는 그 무렵까지 축적한 지식을 토대로 의사결정을 할 수 있는 인지적 성숙도 이루어지지만, 10대 중반이나 후반까지는 아직도 또래집단의 영향을 받고 살아간다. 또한, 친구나 가족들과의 성숙한 관계를 발달시키고, 독립적인 생활을 추구하고자 노력하며, 신뢰감이나 긍정적인 과거 경험, 사랑 등을 토대로 건강하면서도 상호주의 차원의 장기적인 인간관계를 발달시키는 능력을 갖게 된다. 자신의 감정을 이해하게 되며, 외모에 대한 가치가 전보다 감소하는 반면, 성격에 대한 가치가 더 커지게 된다.

성적 발달의 단계는 생물학적 및 행동적 요소가 포함된 인간 발달의 과정이다. 청소년기 후기의 성적인 면의 발달을 보면, 스스로를 성적인 존재로 인식하면서 성적 표현의 선택이나 결과를 이해하고, 건강한 관계와 그렇지 못한 관계를 구분하며, 임신이나 질병 감염을 분명하게 알고 있으며, 장기적인 친교 관계를 배우게 되고, 또 자신의 성적 정체성도 이해하고 있다.

자위행위나 성적 환상 등이 남성에게서 특히 더 두드러지고, 이성이나 동성에 대한 성적 매력을 강하게 느끼며, 외모나 의복에 대해서 신경을 더 많이 쓰는 편이다. 문화적인 규준에 따라서 차이가 있겠지만, 데이트에서 이성과의 성적 상호작용이 나타난다. 일반적으로 성행동에 대한 허용적인 태도를 지녔거나 아버지가 없는 여자아이의 경우 자위행위나 이성하고의 성교 경험 비율이 높은 편인 반면, 교회를 다니고 있거나 자신의 진로에 대해서 장기적인 계획을 세워서 생활하는 경우 성행동의 비율이 낮은 편이다.

일단 사춘기에 접어든 시기부터 누구나 낭만적인 관계나 성관계에 대한 관심이 증대하며, 성기 접촉에 의한 성행동에 관심도 커지게 된다. 성숙과 함께 교제 중인 파트너에 대한 강한 정서적 애착도 경험하며, 그러한 경험을 실제의 성행위와 연결시키고 싶은 마음도 생기게 된다. 어떠한 방법으로 성적인 활동을 하는가를 정확하게 예측할 수는 없지만, 대부분의 청소년은 서로에 대한 관계를 탐색하고 사랑에 빠지기도 하고, 실제로 성행위에 연루되기도 하며, 이와 반대로 상대방에 대한 관심이 사라지기도 한다.

서구사회에서는 1960년대부터 청소년들의 성적 활동이 두드러지게 높아지는 경향을 보이는데, 20세기 말의 자료에 의하면, 15세의 약 50%와 19세의 약 75%가 이미 성교행위를 경험했던 것으로 드러났다. 성적 활동에 관심이 많은 청소년들의 상당수는 피임이나 질병 감염 등에 관한 관심이 높지 않을 뿐만 아니라 지식도 매우 부족한 편이었으며, 그 결과 사생아의 출산 비율이나 질병 감염의 빈도가 증가하고 있다.

그렇다면 청소년기의 자녀가 성적으로 건강하게 성장하도록 하려면 부모를 비롯한 가족들은 자녀를 어떻게 상대해야 하는가? 성욕을 발산시키는 것이 쾌락을 가져다 줄지라도 가능하면 좀 더 성숙하고, 사랑스럽고, 책임감 있는 관계를 형성할 수 있을 때까지 성교행위 시도를 자제할 것을 요청할 수 있다. 아울러 친교나 사랑을 표현할 수 있는 방안은 여러 가지임을 이해시킨다. 또 연령이나 상호 동의하는 상태, 임신이나 질병 감염으로부터의 보호, 사랑이나 친교관계의 유지 등이 성교행위 개시에 매우 중요한 요소임을 이해시킨다. 마찬가지로, 성행동에 대한 책임감을 고취시켜 주는 것이 중요한데, 이를 위해서는 자녀와 함께 피임 등도 논의해야 하며, 비합법적이거나 안전하지 못한 상태에서 성욕을 발산하는 것은 바람직하지 않음을 주지시켜 준다.

7.1.5 청소년기 성적 건강

청소년기란 아동기에서 성인기로의 과도기적 성숙 단계로서, 사춘기부터 성적 성숙이 완료되는 시점까지를 말한다.

(1) 청소년기의 특성

청소년기의 특성을 개략적으로 정리하면, 사춘기 이래 신체적 변화가 거의 완료되고, 의존의 상태에서 벗어나고 싶어 하면서 독립성에 큰 가치를 두며, 성적 감정이 증가하면서 파트너와 신체적 접촉을 원하고, 가까운 친구관계를 낭만적인 관계로 발달시키며, 임신이나 질병 감염과 같은 결과를 초래하는 것들을 분별하게 되고, 또 인간관계에서 폭력(성폭력 포함) 등에 직면하게 된다. 그러므로 이 시기의 성적 건강은 청소년들뿐만 아니라 성인들에게도 매우 중요한 분야에 해당된다.

성적 발달은 청소년기의 자연스러운 변화에 해당된다. 대부분의 청소년들이 별다른 문제 없이 그와 같은 변화를 경험함에도 불구하고, 그들은 성인으로 발달하는 과정에서 성인들로부터의 지지와 보호를 필요로 한다. 청소년들은 그들이 필요로 하는 정보나 기술, 건강 서비스, 지지 등이 없을 경우 성적 발달 과정에서 위험스러운 경험을 할 수가 있는데, 청소년들의 성적 건강과 관련이 가장 깊은 분야는 정상적인 성적 발달, 성적 상호작용으로 인해 전파된 질병, 그리고 원하지 않은 임신이나 안전하지 못한 성행위 등이다.

(2) 청소년이 위험에 직면하는 이유

먼저 사회 경제적 환경으로 수많은 청소년들의 성이 강압, 폭력, 학대 등과 관계되는데, 간혹 그러한 관계가 가족의 구성원이나 청소년들과 가까운 사람들에 연루되기도 한다. 여러 문화권에서 여성은 아직도 남성과 종속적인 관계에 연루되어 있기 때문에 여성이 어린 나이에 불가피하게 결혼해야 하는 경우도 생기고, 아이를 무조건 낳아야 하는 경우도 있으며, 자신의 배우자나 파트너가 아닌 사람과의 성관계도 거절하기가 힘든 경우를 겪는다. 경우에 따라서는 사회적인 환경이 건강한 성 발달에 결정적인 영향을 미치기도 하는데, 청소년들이 위험에 처할 가능성을 줄이기 위해서는 부모와 학교와의 관계가 깊어야 하며, 성적인 면에서는 파트너와 분명하고 정확한 의사소통을 할 수 있어야 한다.

대부분의 나라들에서 청소년들을 위한 성교육이 충분하지 못한 편이다. 흔히 정책을 입안하는 사람들이나 여론을 주도하고 형성하는 사람들은 청소년들에게 정보제공을 해주지 않는 것이 성적인 관심을 아예 갖지 않게 만드는 방법이라고 생각하지만, 이는 옳은 생각이 아님을 여러 연구들이 입증하고 있다. 정확한 정보를 발달 수준에 맞추어 제대로 전달해주는 성교육이 오히려 어린 나이에 책임감이 부족한 상태로 성관계 등에 연루되는 것을 막아줄 수 있기 때문이다. 또 청소년들은 추후 성년기에도 경험하게 될 여러 가지 문제들을 스스로 직면하고 대처할 수 있는 기술을 필요로 한다. 기술 습득에서는 직접적인 경험이 아니더라도 간접적인 경험도 매우 필요하며, 그러한 기술이 습득되었을 때에는 성적인 학대나 착취의 희생자가 될 가능성이 낮아진다.

7.2 프로이드의 성욕발달이론

빅토리아 왕조시대의 영향으로 19세기 중반에서 후반까지의 구미지역, 그 중에서도 특히 유럽지역에서 살았던 여성들은 성적 에너지를 제대로 발산시키지 못한 불운한 세대였다. 성적인 욕구불만으로 인하여 수많은 여성들이 히스테리나 우울증, 불안 등의 정서장애를 겪었다. 오스트리아에서 의과대학을 졸업하고 1885년 인턴생활을 위해 프랑스로 건너갔던 프로이드는 최면기법을 응용하여 정서장애 환자의 치료로 명성을 얻은 샤르꼬(Jean-Martin Charcot, 1825~1893) 밑에서 일을 배우기 시작했다. 그렇지만 시간이 지나갈수록 최면기법이 환자의 정서적 갈등의 근본적인 문제를 해결해 주지 못하는 데 실망하였다. 최면기법에 의한 심리치료는 정서적 갈등 상태를 경감시켜 줄 수는 있었지만, 완치가 불가능할 뿐만 아니라 치료 후에도 재발하게 될 가능성이 높았다. 게다가 어떤 환자들은 최면에 걸리지 않기 위해서 의도적으로 노력하기도 했다.

이러한 이유로 프로이드는 최면기법의 사용을 포기하고, 그 대신 정서적 갈등을 겪는 환자들을 편안한 상태로 유도하여 과거에 관한 이야기를 주고받으면서 환자도 잊고서 지냈던 기억 내용을 되살려 주는 방법을 선택하였다. 우선 환자에게 편안하게 드러누울 수 있는 의자(couch)에 눕히고서 눈을 감을 때 떠오르는 생각이 무엇인지를 물어보았다. 방금 머릿속에 떠오른 생각을 말하면, 이를 토대로 과거 경험을 묻고, 그 경험을 이야기하는 도중에 연상되는 또 다른 과거의 이야기를 유도하였으며, 그 과거사로부터 더 오래된 또 다른 예전의 이야기를 끄집어내었다. 이러한 식으로 현재의 생각을 토대로 여러 가지 과거의 기억들을 찾아내는 방법을 자유연상(free association)이라고 하며, 그 기법을 이용하여 개인의 성격이나 심리 구조를 살펴보는 것을 정신분석이라고 부른다.

정서적 갈등을 겪었던 19세기 후반의 유럽 여성들은 프로이드의 자유연상 기법에 의하여 어린 시절 자신에게 의미가 컸었던 기억 내용들을 찾아냈고, 그 기억 내용들을 종합적으로 살펴본 프로이드는 몇 가지 중요한 사실을 발견했다. 하나는 그 기억 내용들이 대부분 성욕의 표출과 관련이 있다는 점이었고, 다른 하나는 아동기 시절의 욕구 표출에서 정신적인 상처를 경험했다는 점이었다. 프로이드는 그 어린 시절의 상처가 아직까지 치유되지 못했던 탓에 정서적 갈등 문제의 씨앗이 되고, 그 상처를 이제라도 어루만져 주는 것이 현재의 문제를 치유하는 방법이라고 믿었다. 또 그는 성욕 표출 과정에서 상처를 받는 시기 및 내용에 따라서 나중에 정서적 갈등을 비롯한 여러 가지 문제가 나타난다는 점을 설명하기 위하여 발달단계이론을 정립시켰는데, 이를 성욕발달이론(psychosexual developmental theory)이라고 부른다.

7.2.1 성욕발달이론

(1) 구순기

성욕발달이론의 첫 단계는 출생의 순간부터 만 1세경까지이며, 이 시기를 구순기(oral stage) 또는 구강기라고 한다. 이 시기 아이의 관심은 구강에 몰려 성적 만족이 입이나 입술, 혀 등에 우선적으로 작용하는데, 이러한 작용은 생존의 본능과 관계가 깊다. 즉, 유아는 태어나서 본능적으로 젖을 찾아 빨고 삼키게 된다. 신체의 여러 부위 중에서도 유아에게 입처럼 중요한 부위는 없는데, 이는 생존과 직결되기 때문이다. 말을 못하는 아기는 몸이 불편할 때 울지만, 젖을 입에 대주면 울음을 그친다. 아기가 울었던 이유는 배가 고팠기 때문이 아닌 경우가 허다하다. 몸이 가려워도, 기저귀가 젖어 있어도, 너무 더워도, 시끄러워도, 뭔가가 몸을 물고 있어도 울지만, 모든 울음은 무언가를 입에 물리거나 젖을 먹이는 행동으로 중단된다. 그 정도로 입이나 입술 부위는 유아에게 최대의 쾌락을 가져다주는 곳이다. 또 이 시기의 유아들이 단순히 음식을 섭취하는 시간보다 우유병이나 엄마 젖을 물고 있는 것을 즐기기도 하는데, 만약 부모가 젖을 빨고 있는 행위를 중단시키려고 하면 유아는 손가락이나 천 조각 등의 대체물을 찾으려고 한다.

시간이 지나 치아가 생기면 이빨로 물고, 씹는 행동을 할 수 있는데, 이러한 행동들도 역시 유아에게 만족을 가져다준다. 젖을 빨던 아이가 어머니의 젖꼭지를 깨무는 순간, 어머니가 놀라는 표정을 지으면 아이는 깔깔대면서 재미있는 표정을 짓는다. 이 경우 본능적으로 상대방을 괴롭히면서 만족을 얻는 것도 인간의 한 모습임을 짐작하게 한다. 프로이드는 어린이가 젖을 빨거나 삼키거나, 무는 행위 등을 자신의 에너지를 배출하는 행위라고 설명했으며, 에너지를 배출하는 그러한 행위에서 만족이나 불만족을 경험할 수도 있다. 또 그러한 불만이나 불만족이 기대 이상으로 심한 경우 어린이에게는 정신적인 상처가 된다.

그러한 상처를 받았을 경우 당장은 큰 문제가 생기지 않지만, 사춘기 이후에 그 상처에 대한 후유증이 나타난다. 예를 들면, 사춘기가 지난 어떤 사람이 연필이나 성냥개비 등을 자꾸 물어뜯고 있다면, 구순기 무렵에 정신적인 상처가 될 수 있었던 불만족을 경험하였을 것으로 해석한다. 이러한 경우 그 개인이 드러낸 성격이나 행동유형을 구순기에 고착(fixation)되었다고 표현한다. 자라서 과식이나 과음 등을 즐기는 행위 역시 구순기에 고착된 행동이라 해석한다. 고착이라는 용어는 정신적인 상처를 받았던 시절의 연령층의 행동이나 성격을 보인다는 의미도 포함된다.

(2) 항문기

두 번째 단계는 1~3세경까지의 항문기(anal stage)이다. 흔히 아이들은 항문의 근육을 통제할 수 있는 근육들이 발달하게 되는 18개월을 전후로 배변훈련을 받는다. 프로이드는 대변을 통제할 때 항문 괄약근의 조임과 같은 움직임이 성인들이 성교할 때에도 유사하게 나타난다고 보았다. 그러한 이유로 여러 가지 신체 부위 중에서 항문이 쾌락을 불러일으키는 가장 중요한 부위라고 생각하여 이 단계를 항문기라고 명명하였다. 배변훈련을 받는 시기에 즈음하여 어린이들은 어느 정도 자신의 의사를 언어로 표현하게 된다. 배변의 충동을 어머니에게 전달하면, 어머니는 곧바로 어린이에게 "잠깐만!" 이라는 주문을 하게 된다.

어머니의 주문에 따라서 어린이는 10~20초에 불과할지라도 일시적인 기간 동안 배변 충동을 항문의 근육으로 통제하고 기다려야 한다. 곧 어머니가 변기를 가져다주거나 자신을 변기에 앉힐 때까지 배변의 충동을 억제시켜야 된다. 일반적으로 배변을 보면서 시원한 만족감(이를 gratification이라 함)을 얻을 수 있지만, 어린아이는 사실상 어머니가 잠깐이라고 주문하는 시기로부터 막 배변을 시작한 순간까지 그 만족감을 맛보아서는 안 된다. 이를 만족지연(delay of gratification)이라고 하는데, 그 만족을 지연시키는 과정에서도 어린이는 에너지를 발산(또는 투자)하게 된다. 구순기에서처럼 그 에너지 발산에 대한 결과, 즉 만족지연의 결과가 자신의 기대에서 벗어나게 되면 정신적인 상처를 입게 된다. 예를 들면, 별로 힘들지 않게 만족을 지연시켰지만, 자신의 행동에 대하여 어머니가 극찬해 주었다면, 어린이는 어머니가 시키는 대로만 하면 칭찬을 받게 된다고 생각할 것이다. 어떤 사람이 매우 의존적이거나 강박적이고, 고집이 셀 경우 항문기에 고착된 성격의 소유자라고 평가받게 된다. 훈련 과정에서 기대를 벗어난 칭찬이 상처로 작용했기 때문일 것이다. 반대로 정말로 힘들게 배변의 충동을 참으려고 노력했지만, 어머니가 변기를 가져다 주기 전에 배변을 시작했다고 하자. 매우 짧은 시간이었지만 만족지연을 제대로 이루어내지 못한 대가로 어린이는 어머니로부터 핀잔이나 불평, 처벌을 받게 될지도 모른다. 그 처벌이 어린이가 기대한 수준 이상의 것이었다면 나중에 상처로 작용한다. 사춘기 이후 성장하여 항상 단정하지 못한 옷차림, 성격이 잔인하고 비열한 경우, 반발심이 너무 센 경우를 모두 항문기에 고착되었다고 말한다.

항문기의 아동은 성적 쾌감이 항문 기능에 집중되지만, 항문 자체보다도 항문에 결부된 기능, 즉 배변 행위나 배변을 참고 있는 행위 등에서 만족감을 얻는다. 또 이 무렵의 아동은 자신이나 다른 아이의 배변 행위에도 관심을 보이면서 만져 보고 싶어 하고, 그러한 반응에 부모가 야단을 치면 격렬하게 저항하기도 한다. 부모는 청결이라는 명분 아래 배설물에 대한 어린이의 관심을 다른 것으로 돌리려고 하지만, 이와 같은 부모의 태도는 오히려 어린이가 항문 기능에 더 집착하게 만든다. 어린이의 경험이 부모의 청결 기준에 의해 부분적으로 왜곡되는 것처럼, 엄격한 청결 훈육을 하는 부모와 어린이가 충돌함으로써 아이는 정신적 혼란을 겪을 수도 있다. 그렇지만 대부분의 경우 그러한 대립 과정에서 만족할 만한 해결책을 발견하게 되고, 아이는 다음 단계로 넘어갈 수 있을 만큼 성숙하게 된다.

이 단계의 어린이에게 있어서 생물학적 성의 차이는 큰 의미가 없는데, 예를 들면 남자와 여자 어린이의 구분은 의복이나 머리 모양 등의 외적인 기준에 의해 이루어진다. 단지 자신이 속한 사회의 사람들의 태도나 기대를 통해 자신을 남자 또는 여자로 경험하며, 다음 단계로 발달했을 때 비로소 생식기가 가지는 의미를 이해하기 시작한다.

(3) 남근기

세 번째 단계는 3세~6세 정도까지의 남근기(phallic stage)이다. 이 시기의 어린이들은 자신의 신체적인 특성에 관심이 커지면서 이성과 다르다는 점을 발견한다. 곧 남녀의 차이는 남근의 존재 여부이며, 남아들은 남근을 만지작거리면서 쾌감을 경험하기도 한다. 이 시기의 성적 만족은 생식기 부근에 집중되어 남아는 남근 그리고 여아는 음핵(clitoris)에 관심을 쏟는데, 프로이드가 생존하던 시절만 해도 모든 상황을 남성 위주로 논리를 전개했던 탓에 남근기라고 부른다. 다시 말하면, 누구나 남성처럼 남근이 있었지만, 여성은 남근이 거세 또는 절단된 상태로 태어났거나 또는 살아가고 있다는 당시의 관점 때문에 생긴 명칭이다. 이와 비슷한 명칭이 다섯 번째 단계에도 있는데, 그 명칭은 성기기이다.

남근기와 성기기의 기본적인 차이는 남근기에는 주로 자신의 생식기에 관심을 집중하는 반면, 성기기에는 생식기 자체보다도 다른 사람과의 성행위 등을 통해 만족을 얻는 것에 관심을 집중하는 것이다.

남근기의 어린이는 성적 관심이 생식기로 향하고 있지만, 이와 동시에 자신의 것과 다른 모양의 생식기를 가진 사람이 있다는 것에 관심을 기울인다. 그러면서 왜 자신과 다른지, 다른 모양의 생식기는 과연 어떻게 생겼는지 등에 호기심을 가진다. 이러한 호기심은 유치원 생활 등과 같은 사회적인 교류가 넓어지면서 충족되는데, 그 대표적인 사례가 병원놀이와 같은 소꿉장난을 통해 어른들의 역할놀이를 해보면서 다른 생식기도 관찰하거나 만져보거나 하는 것 등이다.

자신과 이성의 차이점을 알아차리는 순간부터 자신에게 가장 가까운 이성, 즉 어머니나 아버지에게 성적인 관심을 가진다. 정신분석에서는 대상관계라는 개념으로 아동의 발달과정을 설명하기도 하는데, 이 개념은 자신과 주변 환경과의 관계를 구별할 수 있는 시기의 남근기 아동에게 가장 적절하게 응용되고 있다.

대상(object)이란 개인의 생활 영역에서 심리적으로 중요한 영향을 미치는 타인이나 물건을 의미하며, 대상관계란 그 대상에 대한 개인, 즉 아동의 태도나 행동을 이른다. 남근기의 어린이들에게는 부모가 그 대상으로 가장 쉽게 부각되며, 이성과 생식기가 다름을 인식한 어린이가 보이는 부모에 대한 태도나 행동은 바로 애착이나 사랑과 같은 근친상간의 욕망이다. 그러나 그 시기의 아동들은 그와 같은 욕망이 생기면서 죄의식을 느끼게 된다. 남아에게 어머니는 배고픔이나 안정의 욕구를 충족시켜 주는 근원이므로 어머니에게 애착을 보이는 것이 당연하다.

그러나 남근기에 와서 남자 어린이는 어머니를 독점하여 유일한 애정의 대상이 되고 싶은 열망과 동시에 아버지를 경쟁자로 여기면서 괴롭히고 싶다는 열망이 나타난다. 아버지에 대한 질투나 공격성 때문에 어린이는 부모가 자신을 벌하지 않을까 하는 생각에 불안을 경험한다. 이 시기의 남아는 상세하게는 모르더라도 이미 아버지가 어머니와 생식기로 관련이 있음을 어느 정도 알고 있다. 남아의 어머니에 대한 감정이 성적인 의미를 내포하고 있어 사회 문화적으로 금기된 근친상간의 욕망이나 관심에 해당되며, 또 어머니는 아버지와 관계된 사람이기 때문에 그러한 감정이 아버지로부터의 처벌과 관련될 것으로 생각하면서 착잡한 심정에 사로잡히게 된다. 그 처벌이 바로 거세불안(castration anxiety)이라는 복잡한 심정이며, 그러한 갈등을 겪는 모습을 오이디푸스 콤플렉스(Oedipus complex)이라고도 표현한다.

아버지가 어머니의 사랑의 대상자임을 알게 됨에 따라 아버지에 대한 적개심이나 경쟁심이 생기지만, 어머니를 곁에 두고자 하면서 그녀에게 연결된 의식 및 무의식적 환상이나 욕망이 아버지에 의해서 자신의 남근이 잘릴지도 모른다는 거세불안을 유발시킨다. 결국 남근기를 벗어나면서 남아는 어머니에 대한 관심을 다른 여성에게 돌리면서 적절한 이성애를 성숙시켜야 한다. 이러한 성숙 과정에서 아버지의 존재는 남아에게 중재적인 역할을 하므로 필수적이다.

이 시기에 있어 남근은 남아에게 자신의 정체성의 상징이라서 아이는 남근의 손상을 두려워 한다. 남아의 이와 같은 무의식적 거세불안은 자신이 여자와 다름을 인식하면서 드러나게 된다. 자신과 성별이 같은 아버지가 주요한 경쟁자로 인식되면서 손상에 대한 불안이 생기는 것이다. 결국 남아는 어머니에 대한 관심을 버리고서 욕망을 억누르는 대신 아버지에게 관심을 가져 그와 동일시하지 않으면 안 된다.

이러한 걱정을 하면서 살아가는 시기에 남아가 자꾸 주변에서 "고추를 잘라버린다"는 이야기를 들으면 큰 충격으로 남을 수 있다. 예를 들면, 4세의 남아가 엄마의 젖을 만지는 것을 관찰한 아빠가 "이 녀석이 아직도 엄마 젖을 만지고 있네! 이제부터 한 번만 더 만지는 것을 보면, 고추를 잘라버리겠다."고 엄포를 하면, 남아는 이미 자신이 엄마를 사랑하는 것을 아빠가 알고 계셨지만 모른 척 하셨다고 판단한다. 어머니에 대한 관심을 가진 대가(처벌)로 남근이 잘릴지 모른다는 불안을 구체화시키는 것이다. 보통 노출 증상이 있는 남성들은 남근기에 고착된 성격의 소유자로 해석한다. 그들은 자신의 남근이 잘리지 않았는가 하는 불안이 생길 때마다 여성들이 볼 수 있는 곳에서 성기를 노출시켜, 이를 본 여성들의 놀라는 반응을 확인하게 되면 '아직 잘리지 않았구나!'하면서 안심을 한다. 그러나 시간이 지나면서 다른 자극을 받고서 불안해지면 노출을 함으로써 확인한다.

그렇다면, 여아들은 어떻게 그 시기를 보내는가? 남아에게 거세는 현실성이 있기 때문에 어머니에 대한 갈망을 단념하거나 열망을 누르면서 살아갈 수 있지만, 여아는 남자처럼 남근이 없다. 남아들과 달리 처벌에 의해 잘릴 남근이 없기 때문에 불안이 크지 않지만, 주변에서 남근을 잘라버리겠다는 얘기가 들릴 때마다 오히려 자신은 이미 다른 잘못을 저질렀고, 그 처벌로 잘린 것이라 이해하면서 열등감이나 수치심에 사로잡힐 수 있다. 아울러 그 남근이 잘리는 상황을 상상하면, 피가 흐르면서 고통이 수반된다. 이러한 점에 기반하여, 프로이드는 여성들의 생리통을 설명하기도 한다. 결국 남근기의 여아들은 혹시 다시 원상태로 복구될 수 있으면 좋겠다는 남근선망(penis envy)을 하지만, 남아들처럼 불안이 심하게 수반되지는 않는다고 설명한다.

즉, 여아들은 이성의 부모인 아버지에 대한 애착을 보이면서 어머니로부터 처벌을 당할 것에 대한 불안이 남아처럼 크지 않다. 이러한 이유로 여아는 남근기에 별로 복잡한 심정에 사로잡히지 않으며, 상처를 받지 않는 편이다. 이와 같은 남녀차이로 인하여 나중에 이 시기에 고착된 성격의 소유자, 즉 성행동의 일탈자는 대부분 남성들이다. 이 시기의 여아들의 심리적 상태를 오이디푸스 콤플렉스와 비교하기 위하여 엘렉트라 콤플렉스(Electra complex)라고 부르고 있다.

프로이드 이론에서 남근기의 설명은 부모가 모두 생존한 아동에게는 적절할 수 있지만, 부모 중 한쪽이 없거나 있더라도 정상적인 부모 역할을 제대로 하지 못하는 경우에는 그렇지 못하다. 예를 들면, 아버지가 없는 어린이의 자아 발달은 유년기 어린이의 요구를 만족시켜 주는 어머니에 달려 있는 것이다. 감정적으로 복잡한 오이디푸스 콤플렉스를 순조롭게 벗어나기 위해서는 남아는 공상이 아닌 현실적으로 양쪽 부모로부터 자극을 받아야 하는데, 아버지가 없다면 어린이에게는 자신의 느낌을 표현할 수 있는 현실적인 상황을 경험하지 못하게 된다. 존재하지 않는 한쪽 부모가 어린이의 공상 속에서 욕구를 만족시키거나 어린이를 처벌하는 등 마법의 힘을 발휘하는 경우도 드물지 않다.

그럼에도 불구하고, 아버지 혹은 어머니와 개별적으로 맺는 상호작용이나 부모 간의 상호 관계로부터 받는 일상적인 오이디푸스 자극이 없을 때, 한쪽 부모가 없는 어린이는 불균형 상태를 경험한다. 한쪽 부모 아래서 성장하는 어린이는 부모가 있는 어린이가 부모 간의 상호작용을 날마다 관찰하고 끊임없이 습득해 가는 일련의 경험을 놓칠 수밖에 없다. 또한, 부모 특히 아버지에게 주어진 강력한 권력이나 절대적인 힘은, 아버지가 어린이의 일상적 양육에 직접 관여하는 친근한 사람으로 여기는 환경에서는 프로이드가 설명한 것처럼 지지받지 못하고 있다.

(4) 잠재기

네 번째 단계는 6세 이후부터 사춘기 이전까지로 초등학교에 재학하는 시기이다. 프로이드는 이 시기에는 성적인 에너지가 직접적으로 표출되지 않고 잠재(잠복)되어 있다고 하여 잠재기간(latency period)이라고 불렀다.

반면, 성적인 에너지는 간접적인 형태로 사회생활에 필요한 지식이나 기술을 습득하는 데 승화(sublimation)시켜서 표출된다고 했다. 그러한 맥락에서 이 단계의 명칭을 잠재기(latency stage)라 표현하지 않고 잠재기간이라고 했다. 그러나 나중에 프로이드 이론을 연구하던 추종자들이 이 시기에도 성적 에너지를 직접적으로 표현한다고 주장하면서 잠재기라고 정정하였다. 사실상 '잠재'라는 용어가 암시하듯이, 이 시기의 어린이들이 성적인 에너지를 표출하면서 받는 상처가 심하지 않는 것 같다. 이 시기에 고착된 성격 또는 행동유형은 다른 단계에 비하여 드문 편이다.

(5) 성기기

다섯 번째 단계는 사춘기 이후부터 성인에 이르기까지인 성기기(genital stage)이다. 신체 성숙으로 종족 보존의 능력이 생긴 이후의 남녀에게는 성기를 자극하여 얻는 감각이 쾌락으로 이어진다. 이성애적 틀에서 설명할 때 이 시기는 이성을 향하여 에너지를 발산하고자 하는 욕구가 강하다. 성적인 자극이나 만족을 추구하는 행위가 사회 문화적인 여건상 어느 정도 제한되어 있지만, 극히 자연스럽고 정상적인 것이다.

빅토리아 왕조 시대의 여성들은 특히 결혼 후에도 성욕 표출의 심한 제한 속에서 살아왔다. 욕구불만이 곧 정신적인 상처가 되는데, 이러한 상처는 정서적인갈등에 의해 여러 가지 문제를 일으키는 것이다. 다른 예로 사춘기에 접어든 청소년들이 이성에 관심을 가지는 것을 억압받을 때 그들은 다른 생활 장면에도 잘 적응하지 못하게 된다. 학교생활도 어려워지고 부모와의 관계도 질적으로 변한다. 간혹 그러한 청소년들 가운데 가출을 해 버리거나 또는 학교성적이나 대학입시 등의 사회제도를 비판하면서 자살을 하는 경우가 있다. 그러나 자살의 원래 동기는 이성에 대한 관심을 이해해주지 못한 가족이나 주변인들로부터 받은 상처 때문일 가능성이 높다. 그렇다고 청소년들의 성적 에너지 표출에 너무 방임적인 태도를 취해도 그들에게 상처가 된다. 예를 들면, 너무 자유분방한 상태로 이성과의 교제를 경험했을 때 결혼 후에도 자신의 의지와는 상관없이 성기기의 상처로 인하여 배우자가 아닌 다른 이성에게 눈을 자주 돌리게 된다.

또한, 구순기로부터 받은 상처들의 후유증이 나타나는 시기이다. 다시 말하면, 구순기나 항문기, 남근기 등에서 상처를 받았어도 그 후유증은 잠재기까지 나타나지 않는다. 물론 성기기에서 받은 상처도 이 단계에서 바로 문제로 드러난다.

프로이드의 발달단계에서 남성이 가장 심하게 상처를 받을 수 있는 시기는 남근기와 성기기이고, 여성에게는 성기기이다. 물론 프로이드의 주장은 이론적인 뼈대가 모호하고 성욕을 억압하던 시대의 환자들을 대상으로 설명하려던 것이지만, 그렇지 않은 시대나 대상에게도 폭넓게 적용되고 있다.

7.3 성적 관심의 성차

개인이 성적 자극에 반응할 때 긍정적 또는 부정적으로 보이는 양상은 아동기나 청소년기에 어떠한 경험을 했었는가에 따른 조건형성(conditioning)의 결과이다.

성적인 반응 양식을 긍정적으로 발달시킨 사람들은 그렇지 못한 사람들에 비하여 자위행위를 더 자주 하는 편이며, 성적인 관심이나 만족도가 더 높으며, 성적인 파트너의 수도 더 많고, 또 임신 중에도 성적인 관심이 더 높은 편이다. 그 반면에 반응 양식을 부정적으로 발달시킨 사람들은 부모로부터 엄격하게 제한을 받고 성장했을 가능성이 높고, 성을 불결하거나 옳지 못한 것으로 배웠을 가능성이 더 크며, 또 사회 문화적 환경 때문에 여성들이 남성들보다 더 부정적인 방향으로 발달시켰을 가능성이 더 크다.

개인마다 차이가 심하게 나타나고 있지만, 성차의 일반성을 밝혀낸 수많은 연구들에 의하면, 남성들은 육체적인 쾌락 차원의 성관계에 대한 관심이 여성보다 더 큰 반면, 여성들은 정서적 애착관계가 수반되지 않는 성교를 원하지 않는 경향이 남성보다 더 강하다. 또 남성들은 성교를 통하여 성적 긴장이나 욕구불만을 해소하려고 하는 반면, 여성들은 상대방과의 정서적 친근감을 확인하거나 높이려고 한다.

성인기 이전부터 남성들이 여성들보다 성적 쾌락의 추구에 더 관심을 갖게 되는 이유가 몇 가지 있는데, 그중 일부는 생물학적 요인 때문이고, 다른 것은 사회적인 요인, 또 다른 것은 복합적인 이유 때문이다(Baldwin & Baldwin, 1997). 그중 생물학적 요인과 사회적 요인을 간략하게 살펴보면 다음과 같다.

7.3.1 생물학적 차원

우선 노출된 외부 생식기 크기의 남녀 차이를 들 수 있다. 남아의 성기는 여아의 음핵보다 외부로 더 노출되어 있어서 쉽게 눈에 띈다. 유아들은 자신의 손을 이용하여 신체의 여러 부분에 대한 탐색을 시도하는데, 남아들이 어린 시절부터 성기 부분을 만지면서 쾌락이라는 긍정적인 강화를 더 많이 얻는다. 남아들은 일반적으로 6~7개월부터 성기를 만지는 놀이를 하는데, 이는 여아들보다 적어도 4개월은 빠른 편이다. 성기의 자극으로부터 긍정적 강화를 얻은 남아는 성기를 자극하는 형태의 자위행위를 여아보다 더 어린 시절에 시작하게 된다. 자라서도 마찬가지인데, 보통 남아들은 10~12세 사이 그리고 여아들은 약 2~3년 늦게 성적 자극이나 흥분을 경험하기 시작한다. 청소년기에도 나타난 성차의 이유는 테스토스테론과 같은 호르몬의 수준이나 생식기 구조의 해부학적 차이로 설명될 수 있다. 후자는 남아들의 발기에 비하여 여아에서의 음핵의 발기나 질의 윤활작용이 눈에 두드러지지 않기 때문에 잘 알아차리지 못함을 의미한다.

7.3.2 사회적 차원

사회적인 요인으로 성차를 설명할 수 있다. 전통사회의 틀을 따르는 상당수 부모들은 자녀가 자신의 성기를 탐색하는 행동을 발견할 때 성별에 따라서 이중적인 기준을 적용하는 경향을 보인다. 여아들이 그런 행동을 했을 때에는 남아들의 행동보다 더 심하게 처벌하는 편이다. 남아들은 해부학적 구조상 자신의 생식기를 잡고 소변을 본다. 그러한 이유로 부모들은 남아들이 성기를 만지고 노는 행위를 다소 묵인하고 있으며, 그 결과 남아들은 자극에 대한 성적 반응에 익숙해진다.

그러나 여아들이 성기를 만질 경우 쉽게 용납하지 않는다. 여아의 행위가 성적이라고 판단될 경우 부모들은 직접적인 처벌을 하지 않는다고 하더라도 그녀의 관심을 다른 데로 돌리기 위한 노력을 하는데, 결국 여아들은 남아들에 비하여 성에 대한 감각을 제대로 발달시키지 못한다. 사회적으로 존재하는 이중기준 때문에 여아들은 사춘기에 접어들어서도 남아들보다 성에 대한 관심을 보이지 않으려고 더 노력하게 되는데, 그 결과 초경을 맞이한 여아들은 기쁨보다도 혐오감을 경험하기도 한다. 또한 남성은 첫 성교에서 약간 당황하더라도 쾌감을 경험하는 편이지만, 대부분의 여성은 첫 성교에서 오르가즘과 같은 쾌감을 얻지 못한다.

성에 대한 죄의식을 연구한 보고서들은 거의 대부분 남성보다도 여성에게서 죄의식이 더 높게 나타남을 지적한다. 그 이유를 여성들이 생물학적으로 죄의식이나 불안에 더 민감하기 때문이라고 생각할 수 있지만, 그렇지 않다. 일반적으로 부모들이 아들보다도 딸에게 더 제한적인 교육을 시켰기 때문에 죄의식이 더 큰 것이다. 여아들은 그런 행동을 했을 때 자신에 기쁨을 가져다 주는 자극이나 행동을 억제하며, 또 그런 행동으로부터 죄의식을 보다 더 심하게 느낀다. 그러한 이유로 남성들이 성에 대하여 더 적극적으로 반응하고, 관심도 더 높다. 그러나 실험실 연구에서는 성적인 흥분을 불러일으킬 수 있는 자극에 대한 생리학적 반응에서 남녀 차이가 나타나지 않았다. 흔히 성적으로 흥분하더라도 눈에 쉽게 띄는 남성의 발기와 달리 여성들의 윤활작용은 쉽게 감지되지 못한다. 그러므로 여성들은 자신의 생리적 변화를 무시하고 성적 흥분을 과소평가해 버린다(Allgeier & Allgeier, 1991).

7.4 신체적 특성과 성적 매력

누구나 데이트 상대를 선택하거나 또 그 상대에게 다음 데이트를 신청할 때 나름대로의 기준을 적용한다. 기준의 적용은 성행위나 결혼 상대자를 선택할 때에도 마찬가지이다. 인간관계에서 상대방으로부터 매력을 강하게 느낄 때 대부분 파트너로 선택하고 싶은 욕구에 사로잡힌다. 그렇지만 파트너를 선택하는 기준이나 전략은 개인마다 또 상황마다 다르다. 결혼상대자를 고를 때만 기준을 까다롭게 적용시키는 사람이 있는가 하면, 어떤 사람은 데이트 상대를 고를 때부터 기준을 엄격하게 적용시키기도 한다. 그와 같은 개인들의 차이 중에서도 남녀의 차이는 매우 심하다. 파트너를 고를 때 개인들의 기준이나 전략의 차이가 왜, 어떻게 다른가를 진화론적인 입장에서 살펴보자.

사람들은 다른 정보도 중요하지만, 가장 기본적으로 시각 정보를 토대로 상대방이 어느 정도 매력적인가를 판단한다. 프로이드는 진화 과정에서 인간이 직립보행을 할 수 있었던 시기부터 시각적인 정보가 중요한 기능을 발휘하기 시작했다고 주장하였다. 직립보행 이전에는 사족보행 동물들처럼 사람들도 서로 만나면 상대방의 둔부에 코를 들이대고 상대방이 자신의 짝이 될 수 있는가를 확인할 필요가 있었기 때문에 후각 기능이 발달하였다. 그러나 직립보행과 함께 여성의 골반의 위치가 이동하게 되었고, 이로 인하여 더 이상 코를 상대방의 둔부에 들이댈 필요가 없이 시각적으로도 상대방의 성별을 구별할 수 있었다. 결과적으로 후각 기능이 자연적으로 쇠퇴하고, 시각 기능이 발달하게 되었다.

그렇지만 신체의 어디 부위가 매력을 결정하는 가장 중요한 부위인가는 시대나 문화권마다 동일하지는 않다. 얼굴을 가장 중요하게 여기는 문화권도 있고, 가슴을 중요하게 여기는 문화권, 다리나 성기를 중요하게 여기는 문화권 등 매우 다양하다. 1940년대에 190여 문화권을 돌아보고 비교분석한 연구자들에 의하면, 신체 부위에 따른 매력의 결정요소는 너무나 다양하여 일정한 기준을 찾을 수 없을 정도라고 한다(Ford & Beach, 1950). 그럼에도 불구하고, 대부분의 현대 문화권에서는 얼굴, 성기, 그리고 허리나 가슴과 같은 체격 등이 매력을 결정한다고 여기는 분위기이며, 이와 같이 외모(외형)를 중시하는 경향은 여성들보다 남성들이 더 강한 편이다. 다시 말하면, 남성들의 신체적 특성에 대한 여성의 관심보다도 여성들의 신체적 특성에 대한 남성의 관심이 훨씬 더 높은 편이다.

우선 얼굴은 옷으로 가리고 다닐 수 있는 다른 부위들보다 더 일차적으로 관심을 갖게 되는 신체 부위이다. 얼굴에 대한 관심은 특히 성적으로 성숙하기 시작하는 사춘기 무렵에 큰 편이다. 얼굴에 여드름이 하나만 생겨도 매력이 감소할까 봐 거울을 자주 들여다보면서 고민하는 게 청소년기의 특성이다. 과거의 남성 위주의 문화권에서도 유사했지만, 근래에도 여성의 외형적인 미모가 명예와 부를 얻는 재산으로 여겨지고 있다. 그 예가 바로 매년 국내외에서 끊임없이 개최되고 있는 수많은 미인 선발대회이다. 또 미모의 여성을 선호하는 사회일수록 성형기술이 발달한 편인데, 여성의 외모를 중요시한 남성 위주의 문화권에서는 기혼여성들도 한없이 자신의 미모에 신경을 쓰면서 살아가야 한다. 그렇지만 여성들은 남성의 외모를 그렇게 중요하게 여기지 않는다.

남성들은 일반적으로 자신의 성기가 여성들을 성적으로 흥분시키는 매력의 부위라고 생각한다. 상당수의 남성들은 그 크기가 클수록 더 매력적이라고 여겨서, 자신의 성기가 여성을 성적으로 흥분시킬 정도로 충분한가에 대해서 고민한다. 이러한 고민은 특히 청소년기에 심하며, 성인이 되어서도 사라지지 않는 경우가 허다하다. 공중목욕탕이나 탈의실에서 남성들이 수줍어 하는 태도는 자신의 성기 크기나 모양에 대한 걱정에서 기인한다. 그러한 고민이나 걱정에서 벗어나기 위하여 남성들은 그러한 장소에서 다른 남성들의 성기의 크기를 자신의 것과 비교해 보고 자신의 성기보다 더 작은지를 확인하려는 경향이 있다.

남성 성기의 크기에 대한 관심은 여성들보다도 사실 남성 자신들에게서 더 높다. 그러나 자기 자신의 상(image)을 성기의 크기에서 찾으려고 하는 남성들일수록 열등감이나 부적응 증상을 보일 가능성이 높다. 그와 같은 열등감을 지닌 남성들의 일부는 자신의 성기를 확장시킬 수 있는 방법들에 관심이 매우 크며, 실제로 성기를 확장시키는 성형수술을 택하기도 한다. 그러나 발기된 남성 성기의 크기는 남녀 모두에게 생리학적으로 성적 흥분을 좌우하는 요인이 되지 못한다(Masters & Johnson, 1966). 그렇다면 성기의 크기가 아마도 심리적으로만 흥분시키는 역할을 할 것으로 밖에 볼 수 없다. 또 발기 상태에서 성기의 크기는 발기되지 않았을 때의 크기와 비교할 때 개인마다 차이가 심하다. 그러므로 남성들이 보다 큰 성기를 선망하는 의식은 바람직하지 못하다. 이러한 남성들의 심리를 이용해서 성기 크기를 확대시켜 줄 수 있다고 현혹시키는 물리기구 등이 불법으로 판매되고 있으며, 성적 쾌감을 얻지 못하는 여성의 일부도 그 이유가 남성들의 성기가 너무 작아서라고 잘못 해석하기도 한다.

7.4.1 문화권과 시대상에 따른 해석

지금까지 발굴된 구석기 시대의 여인상들은 거의 모두가 풍만하고 축 늘어진 유방이나 둥글고 주름진 허리에 중점을 두고 묘사된 것들이다. 그 당시에는 추운 날씨에 잘 적응할 수 있도록 몸에 지방질이 풍부한 사람들이 아름답고 매력적인 여인으로 여겨졌을 것이다. 동물의 세계에서도 지방질을 많이 비축할수록 생존에 더 유리하다. 철새들은 장기간 여행을 위하여 몸속에 미리 충분한 지방을 비축해야 하며, 겨울잠을 자는 동물들도 장기간 먹지 않고 살아가려면 역시 지방의 비축이 절대적이다. 바다표범도 교미시기가 돌아오기 전 지방을 비축하여 수태에 대비한다. 우리 문화권에서도 20세기 초반까지만 해도 몸매가 날씬한 경우 아들을 낳지 못하는 여성으로 평가했던 반면, 뚱뚱한 몸매를 부의 상징으로 여기었다. 서구사회도 중세 이후의 역사에서 어머니의 역할에 비중을 두었던 1400년대부터 1700년대까지는 뚱뚱한 몸매가 유행했으며, 날씬한 몸매에 비중을 둔 시기는 1920년대 이후라고 한다(Freeman, 1986).

오늘날 대부분의 문화권에서는 젊음과 건강을 지향하는 사회로 변화했기 때문에 날씬한 몸매에 큰 비중을 두고 있다. 특히, 남성들은 성교나 결혼상대자를 선택할 때 여성들의 얼굴 이외에도 허리 등의 신체적 특성에 비중을 크게 둔다. 여성의 신체적인 속성을 주관적으로 평가하더라도 남성들의 일치도가 꽤 높게 나타날 정도로 현대 남성들의 기준은 매우 유사하다(Townsend & Wasserman, 1997).

7.4.2 남성과 여성 매력에 대한 시각차

누구든지 자신이나 이성의 외모에 강한 관심을 보이지만, 특히 남성은 자신보다도 여성의 외모에 관심이 더 큰 편이다. 예를 들면, 남성들은 곡선미의 둔부를 지닌 여성, 풍만하지만 너무 크지 않는 가슴을 지닌 여성을 매력적으로 평가한다.

그렇다면 남성들은 왜 여성의 몸매를 매력의 기준으로 설정하고 있는가? 사회생물학적인 설명에 따르면, 남성들이 매력적인 몸매를 갖춘 여성을 추구하는 이유는 씨앗을 뿌리는 비옥한 근거의 지표가 되기 때문이다. 우선 젊고 건강한 여성은 난자가 건강하여 아이를 많이 낳을 수 있는 가능성이 더 높다고 여겨진다. 그렇기에 건강을 나타내는 맑은 눈과 밝은 안색을 지닌 여성이 더 매력적으로 평가되는 것이다. 균형이 잡힌 큰 가슴과 엉덩이를 지닌 여성이 아이를 낳기에 좋으므로 그렇지 못한 여성보다 더 바람직한 여성으로, 그리고 허리가 가느다란 여성은 임신을 해 본 흔적이 없다는 표시이므로 더욱 매력적인 여성으로 여겨진다(Wilson, 1979).

그러한 이유로 현대인들은 남성들보다는 여성들이 몸매의 균형을 갖추기 위한 시간과 에너지를 더 많이 투자하고 있으며, 아울러 몸매를 가꾸는 사업이나 성형수술이 유행하게 되고, 심지어는 성적 매력과 전혀 상관이 없는 상품들이 마치 성적 매력을 향상시킬 수 있는 것처럼 부상하기도 한다. 또 가슴의 크기나 모양을 성적 매력의 결정적인 요소로 이해한 사춘기 초기의 여자아이들은 친구들에 비하여 너무 빨리 또는 너무 늦게 가슴이 발달하게 되면 고민에 빠지게 된다. 그러한 고민은 다른 사람에 비하여 너무 크거나 작아버릴지 모른다는 우려에서 비롯된다. 과거 우리 문화권에서는 가슴이 너무 큰 여성을 별로 바람직하게 여기지 않았는데, 그 이유는 여성들의 성을 억압했던 유교 문화권에서는 가슴이 큰 여성을 성적 관심이나 호기심만 있고 두뇌가 명석하지 못해 매력이 없다고 평가했기 때문이었다. 그래서 큰 유방을 지닌 여성은 작은 여성보다 일반적으로 타인들 앞에 나서기를 꺼려했었다.

그러나 20세기 중반에 들어서면서 서구문화권에서는 유방이 큰 여성이 작은 여성보다 성적으로 더 매력적이라고 여기기 시작했다. 그 결과 실리콘을 주입하여 유방을 확대하는 성형수술이 1950년대 이후 성행하였다. 1980년 후반부터 실리콘 유방성형수술의 부작용이 보고되면서 유행이 주춤거렸지만, 작은 가슴보다 풍만한 가슴을 더 선호하고 있다. 근자의 우리 문화권도 그런 영향을 많이 받고 있다. 여성들의 심리에서 유방은 남성들의 남근과 같은 중요한 기능을 지닌다. 그러므로 여성이 툭 튀어나온 풍만한 모양의 유방을 선호하는 심리는 남근선망에 대한 보상에 해당된다. 역시 남성들에게 심리적으로 종속된 여성들일수록 남성들의 시각적 욕구나 기대를 충족시켜 주려고 노력한다.

7.5 청소년의 데이트 기능

청소년들의 사회생활 중에서 가장 중요한 일은 연애(romance) 상대를 구하는 것이다. 청소년이라면 누구든지 자신의 잠재적인 파트너가 될 수 있으며, 자신도 다른 청소년의 파트너가 될 수 있다는 가능성을 갖고서 스스로를 바라본다. 청소년이나 미혼자들이 파트너와 형성하는 친교관계는 대부분 데이트 과정을 거쳐서 이루어진다. 개별적이든지 집단으로든지 상대방과 특정한 시간과 장소에서 만나는 데이트를 통하여 상대방과의 친교형성에 필요한 시간과 에너지, 금전 등을 투자한다. 마음에 드는 상대와의 데이트에 성공하게 되면 쾌감을 얻거나 만족감이 높지만, 그렇지 못하면 투자했던 시간과 에너지의 비효율성 및 기대의 상실감에서 자존심이 상하게 된다. 또 청소년들은 데이트의 경험으로 인해 또래집단에 대한 소속감을 얻을 수 있지만, 그러한 기회를 경험하지 못할 경우 열등감이 생겨버릴 수도 있다. 전통적인 남성 문화권에서는 여성이 데이트를 신청하는 경우보다도 남성이 데이트를 신청하는 경우를 더 적절하고 당연하다고 여겼다.

청소년들은 여러 가지 경로로 데이트를 경험하는데, 데이트는 청소년들에게 다음과 같은 기능을 지닌다.

첫째, 데이트로 인하여 여가활동을 즐기는 기회가 생긴다. 예를 들면, 평소에는 혼자서 음악회에 참석하지 않더라도 데이트 상대가 있을 때에는 함께 참석하는 기회를 자주 갖게 된다.

둘째, 데이트는 이성의 구성원들과 함께 사회생활을 하는 데 필요한 대인관계 기술을 습득시켜 준다. 즉, 데이트는 이성과의 인간관계를 형성시키는 요령이나 원하지 않는 관계를 종식시키는 기술을 습득하고 연마하는 좋은 기회가 된다.

셋째, 데이트 기회가 누적될수록 상호 만족스러운 친교관계로 발전시키고 또 그 관계를 유지시킬 수 있게 해준다.

넷째, 데이트를 통하여 상호 용납되는 범위 내에서 성행동을 실험하는 기회가 생길 수 있다. 그러나 대부분의 성행동은 우연히 만난 데이트 상대보다도 오랫동안 사귀던 상대와의 데이트 관계에서 더 많이 이루어지고 있다.

다섯째, 데이트는 나중에 배우자를 선택하는 데 귀중한 경험이 되고 있다(Atwater, 1992).

우리 문화권에서 데이트를 통하여 결혼상대자를 고르는 현상이 20세기 후반부터 유행하고 있는데, 이는 서구에서 1920년대부터 유행하기 시작한 것이다. 또 데이트 과정에서 여러 가지 성행동을 경험하거나 또는 이를 기대하는 경향이 있다. 예를 들면, 우리 문화권에서도 청소년들은 데이트를 시작한지 100일째 되는 날 서로 키스를 한다는 기대를 하고 있다. 그러나 그러한 기대나 실제의 성행동은 데이트 관계의 발달 단계 및 성역할 고정관념에 달려 있다. 한 연구자는 데이트 관계의 진행 과정을 다음의 5가지로 개념화시켰다(Roche, 1986).

데이트의 첫 단계는 사랑이나 애착이 발달하지 않는 상태이지만, 둘째 단계에서는 애착이나 사랑이 싹트기 시작하고, 셋째는 데이트 상대와 서로 사랑에 빠지는 단계이며, 넷째는 오직 사랑하는 사람하고만 데이트를 하는 단계이고, 마지막은 서로 결혼하기로 약속을 하는 단계라고 했다. 결혼을 하면 더 이상 데이트를 하는 사이가 아니기 때문에 결혼 약속이 마지막 단계에 해당된다. 그런데 데이트 상대와의 성행동은 그 5가지 단계 중 어느 단계에서든지 결혼 약속의 여부와 무관하게 나타날 수 있는데, 그 가능성은 개인마다 다르다.

상기의 연구자는 약 300명의 젊은 남녀에게 그 5가지 단계 동안 신체적 접촉이 없는 상태로부터 성교에 이르기까지 어떠한 성행동이 가장 적절한가를 기술하도록 요청하였다. 그 결과, 처음 세 단계 동안의 반응에서 남녀의 차이가 두드러졌다. 남성들은 애무 이상의 단계까지 허용하고 있었으나 여성들은 그렇지 않았다. 반면 마지막 두 단계에서는 이러한 남녀의 차이가 거의 사라졌다. 남녀 모두 넷째나 다섯째 단계에서의 애무와 성교가 적절하다고 동의하면서 자신들도 경험했다고 보고했다. 그 단계들에서 나타난 유일한 남녀의 차이는 구강섹스였다. 남성들의 86%가 4단계에서의 구강 성교도 무방하다고 반응한 반면, 여성들은 71%가 그렇다고 대답했다. 또 여성들의 20%는 구강 성교를 결혼 후에나 가능하다고 적극적으로 부인하였다. 남녀 모두 적절한 행동이라고 정의하는 태도보다도 실제로 성행동을 허용한 비율이 더 높게 나타났다(Roche, 1986).

그러나 데이트 관계의 진행 과정을 5가지로 나누었다고 하더라도 관계의 진행 속도는 개인마다 다르다. 미국 동부 보스톤 지역에 거주하는 231쌍의 대학생들을 상대로 데이트와 혼전 성교에 대한 관계를 살핀 연구가 있다. 연구대상자들 가운데 거의 41%가 데이트가 시작된 지 1개월이 지나기 전에 성교를 했다고 답했다. 그들의 일부는 사랑을 하지 않은 사람과의 성행위도 가능하고, 또 성교가 정서적 친교에 의해서만 이루어지지는 않는다고 생각하였다(Peplau et al., 1977). 이는 성행위가 깊은 사랑의 표시라는 전통적인 개념에 도전하는 관점이다.

이와는 반대로 연구대상자의 18%는 데이트 관계가 지속되어도 결혼의 약속이 있기 전에는 절대로 성교를 하지 않는다는 입장을 고수하고 있었다. 그들은 성교를 하더라도 그들의 관계가 더 발전하게 된다고 생각하지 않았다. 개인의 종교성도 혼전 성교에 영향을 미쳤는데, 여기에는 남녀의 차이가 존재했다. 남학생들은 금욕과 종교 간의 관계가 거의 없었지만, 가톨릭교도 여성들의 27%는 혼전 성교를 적극적으로 반대하는 입장이었다(Peplau et al.,1977).

7.6 십대의 성행동

과거에 비하여 십대들의 성경험으로 인한 문제가 왜 더 자주 발생하는가? 그 이유는 바로 피임기구의 사용 실패에 있다. 이 사용 실패로 인하여 혼전임신의 발생이나 질병의 감염빈도가 높다(Atwater, 1991). 10대 임신(teenager pregnancy)의 비율이 증가한다는 사실은 십대들의 성행동이 더활발하게 이루어지고 있다는 의미인데, 십대 임신 비율의 증가는 20세기 후반에 접어들어 우리나라의 경우도 예외는 아니다. 10대들의 성행동 비율은 유럽의 몇 나라가 세계에서 가장 높지만, 10대 임신 비율이 가장 높은 나라는 미국이다. 미국 10대 청소년들의 임신 비율은 스웨덴, 프랑스, 캐나다, 영국, 네덜란드 등에서 보다 거의 2배에 가깝다. 아이를 낳는 십대의 경우도 마찬가지이다. 예를 들면 미국의 경우 1,000명당 52명, 영국에서는 32명이 10대 미혼모가 되었다(Goodman, 1983).

세계보건기구에 의하면 미혼 상태의 10대 여성 임신 비율은 지난 30여 년 동안 조금씩 낮아지고 있지만, 세계적으로 아직도 매년 2천만 명 이상의 10대들이 임신을 하며, 그중 절반 정도는 출산하고, 다른 일부는 낙태를 선택한다. 10대들이 임신할 경우, 특히 만 16세 미만일 경우, 아직도 자신의 신체도 성장이나 성숙이 덜 이루어진 상태이기 때문에 20대 이상의 여성에 비해 임신 관련 건강 문제의 위험성이 훨씬 더 높다. 임신에 의한 고혈압 등에 관련된 임신중독증, 빈혈, 출산에 의한 자궁내막증 등 다양한 건강 문제를 가질 가능성이 높으며, 아이가 조산이나 저체중 상태로 출산할 가능성도 높다. 실제로 개발도상국가에서 10대 여성들이 사망하는 주원인이 바로 임신이나 출산으로 인한 합병증이다. 또 출산 이후에도 10대들은 부모로서의 사회적 역할 준비 부족 등으로 정서적으로 불안정 상태에서 살아가게 된다.

그렇다면 10대들은 왜 피임기구를 사용하지 못한 채 임신의 결과를 초래하는가? 일반적으로 인종이나 사회계층의 차이에 상관없이 발생하는데, 10대들이 피임을 하지 못하는 이유는 여러 가지이다(Atwater, 1992; Brooks-Gunn & Furstenberg, 1989; Marecek, 1987).

7.6.1 피임법에 대한 무지

어떤 피임법을 사용해야 하는지를 잘 모르며, 또 어디서 그 기구를 구해야 하는지도 잘 모른다. 특히 남아들이 여아들보다 피임기구에 대한 지식이나 관심이 더 부족하다. 상당수의 성인들도 피임에 대한 지식이 부족하다는 점을 감안하면, 청소년들이 피임 사용을 제대로 하지 못하고 있음을 짐작할 수 있다.

7.6.2 피임법에 대한 불안

피임법 이용에 대한 공포나 불안도 피임의 실패에 대한 이유가 된다. 예를 들면, 피임약이나 피임기구 등을 소지하고 다니다가 다른 사람들에게 노출되는 것을 두려워한다.

7.6.3 임신에 대한 무지

언제 임신이 되는가에 대한 지식이 부족하다. 원하지 않는 임신을 했던 여자 청소년들의 상당수가 자기가 임신한 사실에 대해 놀란다. 그들은 생리주기를 토대로 안전하다고 여기는 기간을 잘못 판단했거나, 성행위를 했더라도 오르가즘을 느끼지 않았으니 임신되지 않았을 것이라고 생각하거나, 남성이 질 바깥에서 사정했기 때문에 안전하다고 생각했거나, 또는 임신할 만큼 섹스를 자주 하지 않았다고 생각하는 등 임신이 이루어지는 원리 이해가 부족한 편이다.

7.6.4 성역할의 문화규범의 영향

성역할에 대한 문화규범이 10대들의 임신에 영향을 준다. 많은 10대들은 성욕을 제대로 발산시키지 못하면 신체적으로나 심리적으로 해롭다고 믿는다. 이러한 믿음 때문에 남아들은 여아들에게 강요하는 성행위를 정당하다고 생각한다. 또한 임신 예방에 대한 책임은 주로 여성에게 있다고 믿으며, 그 결과로 남아들은 임신을 방지하는 것에 대한 의식이나 관심이 별로 없다. 또 그러한 믿음이 강할수록 10대들은 피임법을 고집하거나 성교 이외의 다른 성행동을 추구하는 행위는 일종의 규정 위반이라고 본다. 즉, 10대들은 성교가 아닌 다른 방식의 성적인 표현을 오히려 도착이나 변태, 별난 행위 등으로 여기며, 이러한 점이 부분적으로 여성들에게도 성관계에서 피임법을 사용하기 어렵게 만든다.

7.6.5 피임에 대한 준비 부족

10대들의 성관계는 보통 기대하거나 계획되지 않는 상황에서 발생한다. 대부분 전혀 피임에 대한 준비를 하지 않은 상태에서 우연히 성교가 이루어진다.

7.6.6 기타

위험한 줄 알면서도 설마 임신이 될까 하는 경우도 있으며, 피임을 했지만 너무 늦게 시도했거나 또는 피임기구의 사용을 아예 잊어버린 경우도 있다. 10대들은 너무 어리기 때문에 또는 성행위를 빈번하게 갖지 않으므로 임신하게 될 것이라고 생각하지 않는다. 이러한 이유로 인한 피임법 이용의 실패는 넓은 의미에서 그들의 인지 및 정서 발달과 관계가 깊다. 대부분 성교의 과정이나 결과에 대한 책임감이 부족하거나 이를 판단할 능력이 부족한 상태에서 임신이 이루어지기 때문이다. 곧 자신의 행동에 대한 책임을 인식하지 못한 상태에서 피임기구를 효과적으로 이용할 수 있는 지식을 전달해 주는 것은 필수적인 요소이지만 충분한 요소가 되지 못한다(Atwater, 1992; Brooks-Gunn & Furstenberg, 1989; Marecek, 1987).

10대가 원하지 않는 임신을 했다면, 여러 가지 차원에서 위기를 초래한다. 우선, 10대에게 있어서 임신이라는 사실은 자기의 비밀스러운 사생활이 폭로되었다는 것을 의미한다. 만약 그녀가 10대들의 임신이나 출산이 드문 사회적인 배경에서 자랐다면, 임신했다는 사실의 발견은 그녀에게 매우 큰 상처를 안겨다 준다. 왜냐하면, 사람들이 그녀가 임신하기에는 너무 어려 이를 전혀 의심하지도 않고, 또 임신 사실에 대해서 그녀를 너무 미숙한 아이로 보기 때문이다(Marecek, 1987). 우리나라에서도 중·고등학교에 다니는 여학생들이 임신하여 출산한 경우를 사회적인 큰 골칫거리로 여기는 분위기이기 때문에 임신을 한 10대들의 일부는 자살이나 가출 등의 극단적인 방법을 선택함으로써 문제 상황을 회피하기도 한다.

보통 정서적으로나 경제적으로 부모에게 의존하는 10대들은 임신 사실을 부모에게 알리기를 두려워 한다. 그러나 대부분의 미성년자들은 낙태 문제를 부모와 의논하는데, 나이가 어릴수록 혼자서 판단·결정하기가 쉽지 않아 부모와 의논하는 비율이 더 높다(Lewis, 1987).

그런데 낙태를 원하는 여성들은 보통 양가감정을 지니고 있다. 즉, 아이를 가지고 싶은 욕망과 그 반대의 욕망이 함께 존재하고 있다. 일반적으로 낙태를 원하는 여성들이 원하지 않는 여성들보다 성격검사에서 불안이나 우울증상을 더 심하게 보이고 있었다. 낙태는 법적으로, 종교적으로, 사회적으로 용납되는 범위가 다르므로 낙태에 대한 심리학적 관점을 이해하기 위해서는 어느 상황에서 낙태가 발생했는가를 고려할 필요가 있다(Handy, 1982).

낙태를 하지 않고 아이를 출산한 10대들은 낙태를 한 10대들과는 다르다. 그들은 대부분 임신을 하기 전에 이미 학교를 포기해 버린다. 그러한 10대들은 학교를 다녀도 성적이 좋지 않거나 다른 학사문제를 지닌다. 그들의 남자친구 역시 10대들인데, 그 남성들도 부양을 위해 학업을 중단하거나 임신의 문제를 일으키기 훨씬 이전부터 다른 문제로 대부분 학교를 그만 두었던 경우가 많다. 여성을 임신시킨 10대의 남성들에 대한 연구는 많지 않지만, 그들의 나이는 임신한 여자들보다 2~3세 정도 많은 편이다. 10대의 산모들처럼 그들도 대부분 교육 수준이나 사회 경제적 지위가 낮은 가정의 출신이다.

혼전 성교에 의한 임신 때문에 어린 나이에 결혼을 하는 것은 성적인 결합이나 임신을 합법화시키려는 욕망으로 볼 수 있다. 그들의 대부분이 부부가 된다고 하더라도 정서적으로나 사회, 경제적으로 독립하지 못하는 경우가 허다하다. 그들이 다른 사람에게 의존하는 부부가 되면 또래들이 쉽게 경험하지 않을 다양한 문제에 연루될 가능성이 높다. 예를 들면, 아버지의 역할을 하기 위하여 남보다 일하는 시간이 많다 보니 학업을 포기하게 될 가능성이 높고, 자연적으로 사회 경제적인 수준이 낮은 악순환의 고리에 빠지게 된다(Coley & Chase-Lansdale, 1998). 일반적으로 어려서 결혼 생활을 시작하면 그들의 사회 문화적 차원의 성적인 정체성(gender identity)이 제대로 성숙하기 어려워진다. 임신을 한 10대들의 대부분은 정서적으로나 사회적으로 부부가 될 준비를 갖추지 못한 상태에 해당되는데, 이러한 사실은 그들을 대상으로 한 성교육이나 가정교육이 적절하지 못했음을 암시해 준다. 연령에 관계없이 출산이란 부모가 되고 싶은 희망과 함께 사회, 경제, 정서, 인지적인 측면 등에서 부모의 역할 또는 책임감을 갖춘 상태에서 결정되어야 할 문제이다.

7.7 혼전성교(Premarital Sex)

7.7.1 문화권에 따라 달라지는 요인과 태도

아프리카 우간다 북동 지역의 쏘(So)족은 결혼 전에 임신하더라도 사회적인 비난의 대상이 되지 않았다. 오히려 혼전에 아이를 낳은 여성이 신부로서의 가치가 더 높아 아버지가 시아버지가 될 사람과 협상을 할 때 훨씬 유리했다. 그녀의 가치가 높을수록 아버지는 신랑이 될 가족에게 더 많은 소나 염소 등을 요구할 수 있었기 때문이다. 혼전의 성행위나 결혼이 경제적 가치와 연결되어 있기 때문에 쏘족의 미혼여성들은 성교를 하는 도중에도 "아이를 낳기 위해서 성교를 하는 거야. 소를 얻어내려면 아이를 낳아야 해." 하면서 고통을 참았다고 전해진다(Allgeier & Allgeier, 1991).

혼전 임신에 대한 태도는 달랐지만, 폴리네시아 군도의 망가이아(Mangaia)족이나 트로브리안드 섬의 부족들도 사춘기에 이르러 아무런 제약을 받지 않고 남녀 모두 성교를 시작하였다(Ford & Beach, 1951). 오히려 망가이아족 소녀들은 혼전의 성교에서도 성적 만족을 기대하였고, 소년들은 나이든 여성들과의 관계에서 어떻게 여성을 만족시키는가의 기술을 배웠다. 그렇기 때문에 남녀 모두 혼전에 성적 파트너를 수 없이 상대하였다(Nass et al., 1984). 쏘족이나 폴리네시아 군도 등의 미개사회에 보이는 혼전성교의 기준을 다른 문화권에 그대로 적용시킬 수는 없지만, 혼전성교를 금하는 대부분의 문화권에서도 이에 대한 태도가 여러 가지 요인에 따라서 다르다.

우선, 우리 문화권의 입장을 보자. 삼국유사 제1권(기이 제1)을 보면, 신라 29대왕인 태종 김춘추는 젊은 시절 김유신의 여동생 문희를 임신시킨 후에 결혼을 하였다는 기록이 나온다. 단편적인 예에 불과하지만, 이러한 기록을 토대로 당시에는 혼전 성행위를 심하게 제한하지 않았으리라고 추측된다. 또 1427년도의 세종실록에 "남자는 16세부터 30세, 여자는 14세부터 20세 사이에 본인이나 혼인 주선자가 1년 이상의 상(喪)이 없으면 성혼을 해야 한다. 만일 사연이 있어서 그 나이를 넘게 되면 관에 신고해야 한다. 또 그 사연이 아닐 경우 혼인을 주선해야 할 사람은 처벌하리라."는 내용이 적혀 있다. 사춘기를 지나 정조를 잃는, 즉 혼전 성교를 하는 이유가 바로 혼기를 놓쳤기 때문이라고 여기고 혼인 연령을 설정한 예가 된다(박경휘, 1992).

우리의 전통적인 가족제도와 유사한 중국에서는 1950년 혼인에 관한 법이 바뀌기 전까지 젊은 남성들은 술이나 도박, 성교와 같은 성인들의 문화를 결혼하기 전부터 즐겼다. 그들의 첫 성교의 파트너는 전형적으로 하녀나 창부들과 이루어졌는데, 부유층 남성은 자신의 하녀와 별다른 정서적 관계가 형성되지 않은 상태에서도 성행위를 할 수 있었다. 오히려 그들 사이에 어떤 낭만적 관계가 이루어졌다고 판단될 때에는 남성의 부모들은 가족체제의 안정에 위협을 느껴 그 해결책으로 곧바로 아들을 장가보내 버렸다. 그 이유는 일반적으로 사랑과 결혼이 서로 다른 영역이라고 간주되었기 때문이었다(Engel, 1982). 우리나라 남성들도 이와 마찬가지로 혼전 성행위 경험이 예사였다.

여아들이 남아들보다 1~2년 정도 더 빨리 사춘기를 경험하기 시작한다. 그러나 앞에서 예로 든 동양 문화권도 예외가 아니며, 과거 남성위주의 문화를 형성했던 사회에서는 대부분 남아들이 여아들보다 십대에서 성경험을 더 먼저 시도하는 경향이 있다. 그들의 성행동의 개시 시기는 특히 자기 또래들의 규준을 어떻게 지각하는가에 따라서 달라진다. 또 성행동의 개시는 부모와의 관계에서도 크게 영향을 받는다. 부모와 절친한 관계를 유지하면서 부모로부터 지지를 받는 청소년들의 성행동 개시 시기는 비교적 늦은 편이다. 그러나 부모와의 의사소통이 잘되지 않는다고 지각하는 청소년들은 성행동 개시 시기도 다른 또래들에 비해 매우 이른 편이었다. 또 부모와의 상호작용에서 의사결정이나 도덕적 판단 등의 사회생활에 필요한 인지능력도 달라진다. 그렇지만 대부분의 십대들은 성교를 시도하겠다는 계획을 세우고 다니지 않는다. 그렇기 때문에 청소년들이 언제 첫 성교를 경험할 것인가에 대한 예측은 쉽지 않다(Brooks-Gunn & Furstenberg, 1989).

7.7.2 교육 수준이나 사회구조 등에 따라 달라지는 요인과 태도

혼전성교를 바라보는 눈은 개인의 교육 수준에 따라서도 다르다. 킨제이 등이 성을 연구하던 1940년대와 50년대의 자료를 분석한 바에 의하면, 교육 수준의 고저에 따라서 성행동의 양상이 약간 다르게 나타났다. 예를 들면, 교육 수준이 낮은 남성들일수록 성적 파트너의 수도 많았고, 성교 개시의 연령도 낮은 편이었던 반면, 교육 수준이 높았던 여성들은 낮은 여성들에 비하여 결혼연령이 높았던 탓인지 성교 개시의 연령도 높았지만, 자위행위나 구강섹스 등의 빈도가 더 높은 편이었다. 전반적으로 교육 수준이 높은 사람들이 성에 대한 태도가 더 진보적이었으며, 이러한 경향은 최소한 1970년대까지 지속되었다. 또 1990년대의 조사에서도 교육 수준이 높을수록 자위행위나 구강 성교를 더 많이 즐기고 있었는데, 이러한 경향은 남녀 모두에게서 보편적이었다. 그러나 부모의 사회적 신분에 따라서 대학생들의 성에 관한 태도나 반응을 살폈을 때에는 별로 차이가 없었다. 곧 예전에 비하여 사회 구조가 전문화되면서 계층 사이의 격차가 줄어들었고, 여성의 사회 활동도 증가하였으며, 대중매체에서 전달되는 성에 관한 정보가 늘어났고, 피임법이 더 정교하게 발달하는 등 전반적으로 성에 관한 허용도가 높아진 것이다(Weinberg et al., 1997).

청소년들의 성행동 연구결과들에 의하면, 성에 대한 태도가 매우 빠르게 개방화되고 있음을 알 수 있다. 대부분의 문화권에서 최소한 20세기 후반의 청소년들은 전통적인 사고 등에 구애받지 않고 사회성을 발달시키고 있었다. 예를 들면, 사회주의 체제를 고수하던 중국에서조차도 여성은 자녀생산을 위해서만 성교를 해야 하며, 쾌락을 위한 성행위를 위험으로 간주하던 전통사회의 고정관념이 1980년대 중반 이후부터 도시의 젊은 여성들을 중심으로 서서히 깨지고 있었다. 1989년 중국 남부의 한 도시에 거주하는 기혼여성을 상대로 조사했던 어느 산부인과 의사는 처녀성을 유지한 상태에서 결혼하는 여성이 절반을 넘지 못한다는 혼전 성교의 실태를 보고했으며, 또 남성들은 여성 파트너들이 자신의 성적 수행에 불만을 가지고 있다고 보고했다(Pan, 1993).

서독에서는 1960년대 후반 사회적으로 성 개방 풍조가 나타났는데, 이로 인하여 청소년들도 그동안의 금기를 깨고 성행동에 보다 적극적이었다. 그리하여 1970년 16세와 17세 청소년들을 상대로 조사할 때 남성의 37%와 여성의 36%가 성교의 경험이 있다고 반응할 정도가 되었다. 이러한 상황에서 많은 사람들은 시간이 지날수록 청소년들이 성교를 경험한 비율이 높아져 거의 모든 청소년들이 성교를 경험하게 될 것으로 생각하였다. 그러나 1990년도의 조사에서 이러한 기대는 증명되지 못했다. 20년 전과 비교하여 성교 경험의 빈도는 거의 변하지 않았다. 오히려 남자 청소년들은 예전보다 성적 충동이 더 낮게 평가되었으며, 또 사랑과 성교의 연관성이 더 높게 나타났다. 여자 청소년의 경우 20년 전보다 남성에게 먼저 데이트를 신청하는 비율이 높아졌으며, 또 남성과의 관계를 여자가 좌우하는 비율이 더 높아졌을 뿐이었다(Schmidt et al., 1994). 이러한 현상은 미국 문화권에서도 유사하게 나타났다. 10대 후반의 청소년들을 상대로 성교 경험 비율을 측정한 결과, 남성의 경우 1979년에는 66%에서 1988년 76%로 증가했지만, 1995년에는 다시 68%로 낮아진 것으로 드러났다(Ku et al., 1998).

혼전성교를 허용하는 태도는 상대방하고 형성된 관계의 질이나 단계에도 달려 있다. 대부분의 남녀는 교제 기간이 길었거나 약혼한 관계에서는 혼전성교를 허용하는 정도가 높았지만, 교제의 초기나 우연히 만난 상대와의 성행위는 그렇지 않는 편이었다. 문화권을 비교한 자료에 의하면, 미국의 대학생들은 러시아 및 일본의 대학생들보다 혼전성교를 수용하는 태도가 더 높은 편이었다. 특히 약혼을 했거나 교제 기간이 길었던 남녀관계에서는 문화 간의 차이가 심했다. 즉, 미국이나 러시아의 남자 대학생들은 여학생들보다 더 허용하는 태도를 보였지만, 일본의 대학생은 그 차이가 그리 심하지 않았다(Sprecher & Hatfield, 1996).

미혼인 대학생들을 상대로 우연한 기회에 이루어지는 성행위와 성적 흥분 간의 관계를 살펴보았다. 우연히 만난 상대와의 성교 경험의 빈도가 높은 학생들일수록 자신들은 친구들과 좀 다르다고 지각하며, 종교에도 관심이 없고, 음주행위나 약물복용의 빈도가 더 높으며, 그와 같은 만남에 의한 성행위에 대한 죄의식도 더 낮고, 또 그러한 성관계에 대한 만족도가 더 높았다. 특히 남학생들 가운데 우연히 만난 상대와의 성교 빈도가 높을수록 사교성이 강하고, 책임감이 낮고, 전통에 덜 얽매이고 있었다. 우연한 상대와의 성경험이 없고 오직 서로를 잘 아는 상대와의 성교만을 경험한 학생들은 우연한 상대와의 성관계가 공허감, 죄의식, 후회를 불러일으킬 것이라고 답했다. 우연한 상대와의 성교빈도에 따른 성적 흥분의 차이는 없었지만, 남학생들이 여학생들보다 그 빈도가 더 높고 더 쉽게 흥분되는 편이었다(Kilmann et al., 1993).

서구의 문화권들 중에서 노르웨이는 다른 나라들보다 성욕 표출을 더 수용하는 편이다. 1990년대 노르웨이 청소년들이 대부분 18세 이전에 성교를 경험했을 정도이다. 혹자는 노르웨이가 다른 서구의 나라들에 비하여 기독교가 더 늦게 전래되어 보수적인 영향을 덜 받았기 때문에 성을 더 관대하게 여기고 있다고 해석한다(Traeen & Kvalem, 1996). 그렇지만 그 주장은 기독교가 더 늦게 전래된 동양 문화권이 서양보다 더 보수적이라는 사실을 설명하지 못한다. 예를 들면, 캐나다에 거주하는 대학생들을 아시아계와 비아시아계로 나누어 성행동의 차이를 조사하였다. 아시아계 학생들이 비아시아계의 학생들보다 대부분의 성행동 측면에서 남녀 모두 보수적으로 나타났다. 즉, 키스, 애무, 성교, 자위행위 등을 경험한 비율이나 빈도가 더 낮았으며, 첫 성교를 경험한 연령도 더 높았고, 또 성교 상대자의 수도 더 적었다(Meston et al., 1996).

서구의 문화권보다는 좀 늦게 변하고 있지만, 20세기 후반 이후 우리 문화권에서도 젊은 이들의 혼전 순결에 대한 관념이 빠른 속도로 달라지고 있다. 여성의 혼전 순결을 고집하던 과거 남성들의 사고방식이 "한 여성이 이전에 다른 남자와 성경험을 했든지 동거생활을 했든지 상관없이 현재 나만을 사랑한다면 나는 그녀를 배우자로 받아들이겠다."는 식으로 변하고 있다. 이는 여성의 혼전 순결을 고집하던 과거의 한국 남성들로부터는 들어보기 힘든 표현이다. 결혼 약속과 무관하게 사랑하는 사이라면 혼전 성교가 가능하다는 개방적인 태도를 보이고 있는데, 여러 연구결과들을 토대로 볼 때 학력이 높을수록, 젊은 세대일수록 혼전 성교에 대하여 전통적이고 보수적인 태도에 집착하지 않는 편이다. 그러나 앞에서 언급한 서독이나 미국의 1970년대 청소년들의 성경험 비율이 1990년대와 다를 바가 없었다는 연구결과는 태도 변화가 한 방향으로만 전개되지 않을 것임을 시사한다.

요즘 젊은이들은 과거의 젊은이들보다 혼전 성행위를 더 허용하고 있는 태도를 지니고 있다. 낙태를 더 쉽게 선택할 수 있고, 피임기구도 더 쉽게 구할 수 있기 때문에 별다른 책임감이나 죄의식 없이 성행위를 시도하기도 한다. 여러 가지 연구결과들을 종합해 보면, 혼전 성행위는 나중에 결혼 생활에 다소나마 영향을 미칠 가능성이 존재하는데, 이들을 다음과 같이 열거할 수 있다.

첫째, 다른 사람과의 혼전 성행위 경험 자체가 결혼 관계를 깨버리기도 한다. 요즈음은 드문 일이지만, 과거에는, 특히 남성 중심의 사회 문화적 풍토에서는 아내가 다른 남성과 혼전에 성행위를 경험했다는 사실 때문에 결혼관계에서 남편으로부터 구박을 받으면서 결혼 관계가 종식되어 버리기도 한다.

둘째, 결혼 상대자를 선택할 때 남녀 모두 상대방이 다른 사람과 이미 성관계를 가진 경험 여부에 따라서 선택의 가능성이 달라진다. 이 경우도 앞의 내용과 유사하게 특히 남성이 여성을 선택할 때 더 결정적으로 작용했다.

셋째, 혼전에 성관계를 경험한 사람들이 결혼하고 나서 배우자 이외의 다른 사람과 성행위를 할 가능성이 더 높은 편이다. 이는 남녀 모두에게 해당되는데, 킨제이 보고서를 비롯한 수많은 조사에서 그와 같은 관련성이 드러나고 있다.

7.8 성교 동기의 차이

7.8.1 문화권에 따라 달라지는 요인과 태도

폴리네시아 문화권의 망가이아(Mangaia)족은 적어도 1960년대까지만 해도 여러 여자들과 성관계를 경험했던 남성일수록 훌륭하고 능력이 뛰어난 사람으로 추앙받았다. 그렇기 때문에 사춘기에 접어들자마자 남자아이들은 서로 자기 마을의 여자들을 소유하려고 또 다른 마을의 여자들까지 애인으로 만들기 위하여 싸웠다. 남자들은 여자들을 유혹하기 위하여 선물이나 음식을 주거나, 노래를 부르면서 설득하거나 또는 자신이 최강의 남성임을 보여주었다. 예를 들면, 허벅지에 남근을 또는 남근에까지 여성의 생식기 모양의 문신을 하고 다니기도 했다. 그들의 문화에서는 성관계를 토대로 수많은 여성들을 정복했다고 자랑하거나, 자신의 여성편력의 공적을 기록하기도 한다. 남자들은 또래들과 자신의 무용담,

성에 관한 지식이나 기술을 이야기하고, 상대해 본 여성들의 특성을 비교하기도 하였다. 그들에게 여성을 많이 상대한 남성은 황소처럼 강한 남성으로 취급되었지만, 여성들은 그렇지 않았다. 만약 여성이 수많은 남성을 상대했다고 자랑을 하면 오히려 어리석은 여자라는 핀잔을 받았다.

미개사회가 아닌 대부분의 근대 문화권에서도 여러 여성을 성적으로 상대해 본 남성일수록 부러움의 대상이 되었던 반면, 여성은 여러 남성을 상대할수록 비난을 더 많이 받았다. 아직도 이러한 사고방식이 사라지지 않았기 때문에 혼전에 남성들은 성교의 기회를 한 번이라도 더 가지고 싶어 한다. 결국 남성들은 결혼 가능성이나 정서적 관계를 고려하지 않은 상태에서 구애를 한다. 그러한 구애 과정에서 다른 경쟁자가 있을 때 남성들은 심한 갈등을 겪게 된다. 남성은 여성에게 접근하는 동안 다른 경쟁자가 그녀의 안중에서 멀어지도록 해야 하며, 여성들은 구애하는 남성을 자신에게 위협적인 존재로 인식시킬지 아니면 안정을 제공하는 존재로 인식시킬지를 결정해야 한다. 경쟁의 상황에서 거부 반응을 보이지 않는 여성이나 나이가 어린 여성은 남성들에게는 호감을 가지고 있는 사람으로 해석된다(Medicus & Hopf, 1990).

이러한 이유로 남성들은 속임수의 전략을 구사한다. 남자 대학생들을 상대로 조사한 보고서에 따르면, 성관계를 가지기 위하여 여성을 협박한 비율이 24~48%에 이르렀다. 또 성교를 원하지 않는 여성에게 사랑한다고 거짓말을 하거나, 위협적인 요소가 가미된 상태로 장래에 대한 약속을 거짓으로 하는 경우도 흔했다. 이러한 사실을 인정한 남자 대학생들은 4명의 응답자 중 1명꼴이었으며, 그들의 70% 이상은 술을 마신 상태에서 그러한 거짓말을 했다고 밝혔다. 거짓말의 유형은 두 가지로 나타났는데, 하나는 사랑한다거나 미래를 약속하는 형태의 거짓말이고, 다른 하나는 하룻밤의 관계가 아니라는 식의 거짓말이었다. 거짓말을 했다고 응답자들 중에서 실제로 협박이나 폭력을 이용하여 성관계를 가졌다고 인정한 비율은 0.2%로 매우 낮았다(Fischer, 1996).

7.8.2 남녀의 차이로 인해 달라지는 요인과 태도

킨제이 등의 보고서가 발간된 이래로 성에 관한 행동이나 태도에서 남녀의 차이가 점점 줄어들고 있지만, 수많은 연구들에서는 성교의 동기를 비롯하여 정서관계와 성교를 분리시키는 경향 등에서는 아직도 남녀 차이가 큰 편이다. 예를 들면, 여성들은 남성들보다 사랑이나 장래의 약속에 대한 동기가 크게 나타났는데, 특히 지속적인 관계를 유지한 여성들일수록 자기의 파트너와 결혼을 계획한 상태라고 답한 경우가 많았다. 반면 남성들은 사랑이나 약속 등을 주요한 동기로 여기고 있지만, 사랑이 수반되지 않은 성행위도 쉽게 수용하는 등 단순한 쾌락추구 역시 중요한 동기로 드러났다. 상당수 남성들은 정서적 관계 유지를 성교의 필수조건으로 여기지 않는 반면, 대다수 여성들은 필수조건으로 여겼다. 실제로 15~18세 영국의 청소년들을 상대로 조사한 결과에 따르면, 여성들이 성교의 전제조건으로 정서적 관계나 약속의 중요성을 더 높게 평가하였다. 또 사랑의 동기가 남성들에게는 구애전략에서 매우 민감한 요소였지만, 여성들에게는 성 경험에 직접 영향을 주는 요소였다(Taris & Semin, 1997).

7.9 원하지 않는 임신

7.9.1 원하지 않는 임신으로 인해 갖게 되는 경험

일반적으로 원하지 않는 임신(unwanted pregnancy)은 임신에 대한 무지 때문에 발생했을 수 있고, 종교적 이유로 피임법을 거부했을 경우에도 발생이 가능하며, 또는 피임법을 이행하지 못했을 경우에도 발생할 수 있다. 보통 미혼의 상태에서 원하지 않는 임신이 발생했을 경우 기혼자들보다 낙태를 시도해 버릴 가능성이 더 높다. 낙태수술을 받은 미혼여성들은 심리적으로 위안을 받고 싶어 한다. 그러나 낙태가 발생하는 사회적 맥락이나 정서적 지지 여부에 따라서 낙태를 경험한 여성의 느낌은 다르다. 낙태를 불법으로 간주하고 있는 사회적 환경에서는 낙태 선택을 결정하거나 시도하는 것 자체로부터 고독이나 고립감, 죄의식, 슬픔, 후회를 경험한다.

또 부모나 친구로부터 지지를 받지 못하거나 의료진들이 우호적인 태도로 나오지 않았다면 낙태를 경험한 여성은 정서적으로 위험한 상태에 빠질 수 있다. 낙태 후의 고독감과 의미 있는 사람에게서 받은 위안의 관계를 밝힌 연구에 의하면, 낙태수술을 전후하여 남자친구로부터 위안을 지속적으로 받은 여성들은 별로 고독감을 경험하지 않았다. 그러나 부모로부터 받은 위안은 여성이 낙태 이후 고독감을 경험하는 것과 별다른 관련이 없었다. 단지 여성이 어머니와의 관계가 친밀해질 경우 고독을 덜 느끼는 것으로 나타났다. 그렇기 때문에 낙태를 경험한 여성들을 대상으로 상담할 때에는 그러한 면을 고려해야 한다(Robbins & DeLamater, 1985).

미혼 상태에서 여성을 임신시킨 남성들은 어떤 심리상태인가? 한 연구에서 그러한 경험이 있는 140명의 남성 자원자들을 광고를 통하여 모집했는데, 그들이 여성을 임신시킨 사례는 모두 176건이었다. 조사 결과, 그들 중 71%는 부주의나 어리석음의 결과로 그리고 15%는 도덕적인 차원에서 실수로 임신이 발생했다고 표현했다. 그들 대부분은 여자 친구를 임신시켰기 때문에 타인이나 가족들로부터 부정적인 반응이 있을 것이라고 기대하고 있었는데, 부모로부터 실망에 찬 비난이나 잔소리를 듣는 것, 가족들로부터 경제적 지원이 일시적으로 중단되는 것, 학교생활에서 일시적으로 멀어지는 것 등이 그 예들이었다. 이러한 반응을 기대했기 때문에 그들의 반 정도가 가족에게 임신한 사실을 감추었으며, 막상 임신한 사실을 가족에게 알린 남성들은 부정적 반응이 그렇게 오래 가지 않았다고 답했다. 대다수는 임신한 파트너에게 걱정이나 관심을 보였으며, 낙태 또는 출산에 필요한 경비 전부 또는 일부를 부담하겠다고 했다. 단지 5% 정도의 남성들은 여성이 임신하자 곧 헤어졌다고 응답했는데, 그들 중 몇 명은 여자가 별로 바람직하지 못한 관계의 유지를 위해서, 억지로 결혼하기 위해서, 또는 화목하지 못한 가정환경으로부터 벗어나기 위한 수단으로 고의적으로 임신했다고 믿었다 (Pfuhl, 1978).

피임을 꾸준히 그리고 규칙적으로 사용하지 않는 상태에서 성생활을 지속한다면, 건강 상태가 양호한 부부라면 누구나 언젠가 임신 사실을 확인하게 될 것이다. 그러나 지난 반세기 이상 동안 거의 완벽에 가까운 피임법들이 개발되었다. 그럼에도 불구하고 어떤 사람들은 피임법의 사용에 실패한다. 지적 수준이 높은 부부라고 하더라도 간혹 피임법의 사용에 실패하는 경우가 생긴다. 즉, 자신들의 가족계획을 성공적으로 이끄는 부부는 그렇게 많지 않다. 그에 따라, 그들은 원하지 않던 임신에 의해 자녀를 출산하는 경우를 경험하게 된다.

피임의 실패로 인한 원하지 않는 임신은 정신분석학적으로 자기처벌이나 도박, 피학성의 충동에 의한 고의적인 행위로 해석된다. 피임을 하지 않은 상태에서 성행위를 시도하는 것 자체가 무의식적으로 임신에 대한 욕망을 드러내는 행위이며, 우발적이 아닌 의도적인 행위라는 것이다(Lehfeldt, 1971). 역시 고의적으로 피임을 하지 않고서 임신을 해버리는 행위는 배우자나 부모, 연인 등을 보복, 처벌하려는 무기가 되거나 또는 두 사람의 악화된 관계를 구제하려는 시도로도 해석된다(Gordon & Snyder, 1986).

7.9.2 서양과 우리나라의 낙태법

체코에서는 과거에 낙태를 금지했으나 현재는 허용하고 있다. 낙태를 금지했던 시절 아이들의 일부는 원하지 않은 임신의 결과로 태어났는데, 그들이 사회생활에 적응하지 못하고 있음을 약 25년간의 연구 끝에 확인하였다. 즉, 1961년에서 1963년 사이 낙태를 거부당하고 태어난 남자 110명, 여자 110명을 추적하여 조사하였다. 그들이 9세였을 때까지만 해도 일반 아동과 비교하여 큰 차이가 드러나지 않았지만, 그들의 98%를 14~16세경에 추적하여 조사했을 때에는 일반 아동에 비하여 심리적 문제로 임상치료를 받았던 비율이 훨씬 더 높다는 사실이 드러났다. 또 그들이 21~23세경일 때 약 70%를 추적하였는데, 일반 아동들보다 더 심각한 문제들이 드러났다. 즉, 직장이나 직업에 대한 불만 때문에 이직하거나, 결혼 후 이혼하거나, 문란한 성생활을 하거나, 술이나 약물중독 등에 빠져드는 경우가 그 예들이었다. 그 연구결과를 토대로 체코 정부는 1987년 1월 낙태에 대한 정책을 변경시켜, 여성의 요구에 의한 낙태가 가능하게 되었다.

우리나라는 낙태에 관련된 죄를 1953년 제정했는데, 구체적으로 형법 제269조에 임신한 여성이 원하여 행하는 자기낙태를 처벌하는 자기낙태죄 및 그녀의 촉탁이나 승낙을 받아 낙태하는 동의낙태죄, 그리고 형법 270조에 그녀의 촉탁이나 승낙을 받아 낙태하는 의료인을 처벌하는 업무상동의낙태죄 등이었다. 그러나 1973년도에 제정된 모자보건법은 제14조에 의거하여 ① 본인 또는 배우자가 유전학적 신체장애나 정신장애인 경우 ② 전염성 질환이 있는 경우 ③ 강간에 의한 임신 ④ 천인척 간의 임신 ⑤ 임신이 임산부의 건강을 해칠 경우 등 다섯 가지로 한정해서 허용하였다. 이것도 제한이 따랐는데, 임신 24주 이내만 가능하고 본인과 배우자가 동의한 경우만 해당되었다. 그러나 최근에 변화가 생겼다. 그동안 형법에서는 낙태를 전면 금지하면서도 모자보건법을 통해 여러 가지 이유로 형법상의 낙태죄의 적용을 배제하는 모순이 오랫동안 지속되어 실제로 사문화된 조항이라는 평가를 받았다. 이와 더불어 2020년 4월 헌법재판소는 낙태죄를 처벌하는 형법 제269조의 자기낙태죄, 제270조 업무상동의낙태죄가 헌법불일치라는 결정을 내렸으며, 국회에서 2020년 말까지 낙태죄 조항을 개정하지 못함에 따라 2021년 1월 1일을 기준으로 형법상의 낙태죄는 폐지된 상태이다.

7.10 파트너의 선택 전략

부모가 되기 위한 노력의 정도에서 성차가 심하게 존재한다. 남성은 단 1회의 성교에 필요한 에너지만을 제공하고서 아버지가 될 수 있지만, 여성은 남성과 비교될 수 없을 정도의 에너지를 투자해야 어머니가 될 수 있다. 곧 남성은 수많은 여성들을 단기간에 임신시킬 수 있지만, 여성은 수많은 남성들을 상대하더라도 한 번에 한 남성의 아이 밖에 낳지 못한다(Daly & Wilson, 1983). 또 여성이 평생 동안 가질 수 있는 출산의 기회는 불과 몇 차례 밖에 되지 않는다. 그리고 여성은 태어날 아이의 양육에 관심을 가지고 있으므로 육아에 관심을 둔 여성은 자신과 성관계를 가지는 남성의 질(예: 아이와 아내 등 가족을 보살필 수 있는 역량)을 고려하는 경향이 있다. 즉, 여성들도 역시 진화론적 개념의 전략을 구사하면서 어떠한 남성이 다른 남성들보다 더 우세하게 번식될 수 있는 사람인가의 증거를 찾으려고 한다.

7.10.1 과거의 성역할 특성

과거에는 여성들이 강인한 체력과 뛰어난 기술을 소유한 남성을 선호했는데, 그 이유는 그런 남성으로부터 방어나 보호, 지속적인 양식의 제공을 확신했기 때문이었다. 그러나 인류가 진화하면서 여성들의 선택기준은 단순히 강인한 야수성을 지닌 남성으로부터 지성을 갖추거나 사회 경제적 지위가 높은 남성으로 바뀌었다. 그렇다고 해서 강인한 체력 등의 조건이 여성들에게 전혀 무시되고 있는 것은 아니다. 우선적으로 지성을 갖춘 상태에서 강한 체력을 겸비한 남성이라면 여성에게는 금상첨화의 대상이다. 건장한 체격을 갖춘 남성이 착하고 성실하여 자녀들을 잘 보살펴 준다면 여성에게는 최적의 상대가 된다.

7.10.2 최근의 성역할 특성

근자에 발표된 여러 연구들은 그러한 점을 증명해 주고 있다. 전통적인 성역할 특성과 체형의 관계를 살핀 연구에 따르면, 전통적 성역할 태도를 지닌 남성들은 전통사회의 틀을 지닌 여성스러운 여자를, 그리고 진보적 성역할 태도를 지닌 남성들은 양성적인 특질을 보이는 여자를 더 매력적으로 평가하였다. 그러나 전통적인 성역할 태도를 지녔든지 그렇지 않든지 상관없이 여성들은 양성적인 성격 특성을 공유한 남성을 매력적인 남자로 평가하였다. 또 여성들은 남성의 체형에서 근육형의 남성을 가장 선호하고 있었다. 그 이유는 진화론적으로 건강한 체격을 갖춘 남성이 훌륭한 보호자가 될 수 있다고 믿기 때문일 것이다(Linder et al., 1995).

또 여성들은 성행위나 결혼 상대자를 고를 때 파트너의 사회 경제적 지위에 대하여 비중을 두고 있다. 이러한 경향은 사회적 신분이 높은 여성에게서도 나타날 정도로 중요한 요인이다. 즉, 여성들은 남성의 사회적 지위, 하위문화, 성격, 자신에게 투자해 줄 의향 등의 요인들도 중요하다고 여기는데, 특히 사회 경제적 지위가 비교적 높은 여성들은 자신들보다 사회 경제적 지위가 더 높은 남성을 원하고 있다. 그렇기 때문인지 상당수 남성들은 자신의 사회적 지위 등이 다른 남성들에 비해 더 높음을 알리고 싶어 한다(Townsend & Wasserman, 1997).

물론 젊은 여성들이 단순히 남성의 소득 수준이나 신분이 높은 남성을 선호하는 것은 아니다. 사회적으로 바람직한 성격 특성을 지닌 남성이라면 그중에서도 소득 수준이 높은 남성을 바라고 있었다. 그러나 바람직한 성격 특성은 구애기간 동안 위장되었을 가능성도 높기 때문에 현실적으로 사회 경제적 지위라는 요소가 더 중요하게 여겨질 수밖에 없다. 이러한 이유로 남성들은 여성들에게 자신의 권력, 지위, 재원 등을 직접 및 간접적인 방법으로 과시하는데, 이는 다른 척추동물들도 사용하는 전략이다. 한 남성이 그러한 전략을 구사할 때 다른 남성들에게는 위협적일 수도 있지만, 남성의 보호 능력을 중요시하는 여성들은 지위가 높은 남성의 특성들에 긍정적으로 반응한다. 그렇지만 여성들은 남성들이 그러한 전략을 이용하여 구애를 시도할 때 직접적으로 반응하지 않는다. 어떤 경우에는 고의적으로 무시하면서 상호작용의 발달을 조정하는데, 이와 같은 조정 작업에서 여성들은 여러 가지 비언어적 신호를 이용한다.

(1) 투자이론

동물의 세계에서 구애행동은 생물학적으로 종족을 보존시키는 최적의 기능을 지니고 있지만, 종족 보존을 위한 노력에서 암수가 서로 다르다.

우선 부모투자(parental investment)이론에 따르면, 종족 보존에 에너지의 대부분을 투자해야 하는 암컷은 보다 더 나은 조건의 수컷을 선택적으로 찾아 나서는 반면에, 종족 보존에 별다른 투자를 하지 않고 살아가는 수컷은 기존의 암컷을 버리고 다른 상대를 찾아 나설 가능성이 높다. 여러 종에서 암컷들은 수컷이 자신들에게 구애해 주기를 바라는, 즉 수컷들이 자신들에게 시간과 노력을 절대적으로 투자해 주기를 바라는 식으로 진화되었다. 그 결과 사람의 경우도 한 여성에게만 시간과 노력의 투자를 많이 하고 있는 남성은 그녀를 버리고서 다른 여성들을 찾아 나설 경향이 높지 않다.

보통 남성은 종족 보존의 과정에서 여성 만큼 시간이나 에너지를 소비할 필요가 없으므로 성행위 파트너를 더 적극적이고 정열적으로 추구하며, 성적 요구도 더 분명하게 한다. 그러나 단기가 아닌 장기적 관계를 유지할 여성을 선택할 때에는 남성도 여성들처럼 신중해진다. 이를 극단적으로 표현하면, 장기적 관계를 유지하고 있는 상태에서도 남성은 상황에 따라서 더 나은 상대가 나타날 경우 원래의 결혼 상대를 버릴 수도 있다.

남녀 사이의 친교관계를 형성하고 유지하는 데는 어떤 결정적인 시기가 존재한다. 서로 진실을 기반으로 하는 의사소통이 이루어질 때가 바로 그 시기이다. 흔히 이 시점에는 정직성 자체가 친교관계를 지속시키는 절대적인 조건이라고 생각할 수 있으나 불행하게도 많은 사람들이 과거의 비밀을 솔직하게 털어 놓았던 것을 후회하게 된다. 상대방이 아마도 그 과거사를 받아들일 준비가 되지 않아서 적대적인 행위로 받아들였기 때문이다. 또 상대방이 현재는 그 과거사를 용납하였더라도 성관계를 가진 후 또는 결혼해서 살다가 권태를 느껴질 때 이 문제가 두 사람의 관계에서 바람직하지 않은 결과의 씨앗으로 작용하게 된다. 보통 남성들은 여성과 성관계를 가지기 위하여 그녀의 과거사를 모두 수용할 수 있는 남성인 양 행동하기도 한다. 구체적으로 설명하면, 남성들은 결혼 상대자를 선정할 때는 여성들의 외모에 까다롭게 신경을 쓰더라도 단순히 성행위 상대만을 고를 때에는 그렇게 까다롭지 않는 편이다.

추후 두 사람 간의 관계에서 갈등이 생겼을 때 솔직하게 털어 놓았던 과거사가 그 갈등과 연관되어 커다란 문제로 확대되어 버린 경우가 허다하다. 사람은 상대방이 과거에 경험했던 타인과의 사랑이나 성관계 등을 모두 알고 싶어 하는 질투와 같은 욕망을 지닌다. 이러한 욕망에 대한 강도에는 개인차가 있는데, 특히 문화권이나 남녀 간에 차이가 심하다. 파트너에게 자신의 과거에 대해서 완벽하게 솔직히 알려주는 것은 나중에 파트너가 아직도 은연 중에 다른 사람을 사랑하고 있을지 모른다는 불안을 유발하여 서로 간의 갈등 상태로 이끄는 경우가 적지 않다.

(2) 사회교환이론

자신의 파트너가 과거에 다른 사람과 사귈 때 구체적인 성관계가 없었더라도 혹시라도 관계의 불씨가 아직까지 남아 있지 않을까 생각하면서 그 흔적을 찾으려는 것이 보통 사람들의 심리이다. 특히 한국인들은 그러한 경향이 강한 편이다. 따라서 가까운 연인관계라도 정직하게 자신의 과거에 대해서 알려주거나 또는 상대방의 과거를 알려고 노력하는 것은 두 사람의 관계를 악화시키는 길이다. 이와 같은 상황은 사회교환(social exchange)이론으로도 설명된다.

사회교환이론은 친교관계의 형성과 발달을 설명하는 비교적 최근에 정립된 이론인데, 모든 관계의 형성이나 지속성의 여부는 수반된 보상(reward)과 손실(cost)의 정도에 따라서 결정된다고 설명한다. 인간관계에서 각 파트너는 한 면에서는 보상이나 기쁨을 얻지만, 다른 면에서는 불쾌감을 얻기도 한다.

보상이 손실보다 크면 결국은 득을 보는 셈이므로, 자신의 입장에서는 상대방과의 관계는 더욱 가까워지는 방향으로 발전한다. 반면 손실이 보상보다 크면 그 관계에 연루된 파트너들은 실망하게 된다. 데이트에 돈이나 시간, 정신적 에너지를 많이 투자한 남성일수록 그 대가로 여성에게 성 관계를 요구하는 것을 당연하게 생각한다. 만약 여성이 그 요구에 응하지 않으면 손해를 본 느낌이 드는 것도 이러한 맥락에서 해석된다.

이 교환이론의 원리들은 관계발전의 여러 단계에서 작용한다. 매력적인 파트너를 찾는 상황, 다시 만나자고 요청하는 상황, 관계를 지속시키려는 상황, 또는 결혼하게 되는 상황 등에 작용한다. 게다가 보상과 손실의 교환은 시간경과에 따라서도 변할 수 있다. 한때 보상이 크게 따랐던 관계가 나중에 손실을 초래하는 관계로 발전하여, 결국 관계가 와해되는 경우도 발생한다.

신문이나 잡지에서 독신자가 데이트 상대를 비롯하여 결혼 상대자를 구하는 광고들이 흔하다. 광고를 하는 독신자의 연령과 그 독신자가 원하는 파트너의 연령을 조사한 연구들에 따르면, 남녀 차이가 존재한다. 일반적으로 여성들은 그들이 20대든지 60대든지 자신과 연령이 별로 차이가 나지 않는 남성을 찾고 있었다. 그러나 남성들의 경우는 약간 다르게 반응했다. 20대 남성들은 자기와 별로 연령 차이가 없는 여성을 찾고 있었지만, 나이가 많은 남성들은 자신보다 훨씬 더 젊은 여성을 원하고 있었다. 남성들이 나이가 들어갈수록 젊은 상대를 원하는 경향은 바로 종족 보존에서 최적의 상대를 원하기 때문이지만, 여성이 나이든 남성을 원하지 않는 것은 보상보다도 손실이 더 크기 때문일 것이다.

파트너를 선택할 때 파트너로 받아들일 수 있는 최소의 지능이 어느 수준인가를 조사한 연구가 있다. 남녀 모두 결혼상대자는 자신의 지능 수준과 비교할 때 최소한 70%가 되어야 한다고 답했다. 또 남녀 모두 데이트를 해야 하는 상대라면 자신의 지능 수준과 비교하여 60% 정도까지 괜찮다고 답했다. 반면 데이트나 결혼 상대자가 아닌 단순한 성교의 상대자에 대한 지능 수준을 물었을 때 남녀의 차이가 나타났다. 여성은 성관계를 가질 수 있는 남성의 지능이 최소한 자신의 55% 수준이어야 한다고 답했으나, 남성들은 40% 수준도 괜찮다고 답했다. 또 남성들은 하루 저녁만 즐기는 상대라면 자신의 지능과 비교해서 35% 수준의 여성이라도 좋다고 답했다(Kendrik et al., 1993). 이러한 남녀 차이도 바로 손실과 보상의 차이로 설명된다. 남성들은 하루만 즐기는 상대에 대하여 별다른 책임을 질 필요가 없지만, 여성은 하루를 성적으로 즐기는 상대이더라도 임신의 가능성이 있기 때문에 상대방의 특성을 고려한 것이다.

그러한 맥락에서 대다수 사람들은 배우자를 선택할 때 그 조건으로 자신의 나이나 지능,

교육 수준 등에서 차이가 크지 않은 사람을 원한다. 실제로 여러 연구에서 부부간의 나이나 교육 수준의 상관이 매우 높게 보고되고 있다. 지능의 경우 수리나 운동 수행 능력과 같은 특정한 영역의 인지 능력보다 일반 지능에서 부부간의 일치도가 더 높은 편이다. 또 지능보다도 정도가 낮은 편이지만, 성격 특성에서도 부부간의 관련성이 다소 높은 편으로 나타난다. 여러 가지 특질이나 능력에서 부부간의 상관이 높은 이유들을 몇 가지 방향으로 설명할 수 있다. 우선 결혼할 당시 서로 유사한 특성을 지닌 상대를 선택했다는 점을 들 수 있는데, 이는 서로 다른 특성의 남녀가 만날 때 보상보다도 손실의 정도가 더 크기 때문에 결혼 가능성이 낮다는 설명이 된다.

또 생활하는 환경을 공유하는 기간이 길어지면서 어떤 능력이나 특질에 대한 부부간의 기능 수준이 한 방향으로 수렴한다는, 즉 닮아간다는 설명도 가능하다. 이러한 설명의 타당성은 미국 시애틀에서 1956년도부터 실시된 종단적(longitudinal: 동일한 연구대상자를 수년간에 걸쳐서 추적 조사하는 방법) 연구결과에서 찾아볼 수 있다. 자료를 분석한 결과 여러 영역의 지적 능력이나 사회적 책임감, 태도의 유동성 등의 변인들에서 결혼 초기에 부부간의 상관이 높았는데, 그 유사성이 결혼기간이 길어질수록 더욱 커지게 되었던 것이다. 결혼 초기에 지적 능력의 차이가 다소 있었더라도 결혼 7년째에는 결혼 초기에 비해 차이가 없어질 정도로 유사해졌고, 14년째에는 더 유사해졌으며, 결혼 21년째에는 결혼 초기에 비하여 성격의 유동성 분야도 부부간의 유사성이 의미 있게 드러났다(Gruber-Baldini et al., 1995). 이러한 현상도 역시 사회교환이론으로 설명이 가능한데, 부부는 시간이 지날수록 상대방의 성격을 수용하면서 갈등을 줄이려고 노력하기 때문일 것이다.

CHAPTER

8 성교육

8.1 성교육의 필요성

모든 인간은 성(性)적인 존재로서 성(性)을 떠나서는 존재할 수 없다. 그러므로 행복한 삶을 살아가기 위해서는 인간이 가지고 있는 고유한 성이 일상생활과 조화를 잘 이룰 수 있어야 한다. 만약 그렇지 못하다면, 삶은 힘들어지고 불행한 삶으로 이어지게 될 것이다. 이런 성은 오늘날의 청소년들과 더욱 밀접한 관계에 놓여 있으므로, 가정, 학교, 사회에서는 청소년들의 성에 대해 깊은 관심을 갖고서 생활 속에서의 건강한 성교육을 실시해야 할 것이다. 청소년 시기에는 남녀 사이에 정신적, 신체적. 심리적 차이가 확실할 뿐 아니라 선호하는 대상도 다르며 성격과 사고방식에서도 서로 다름이 있다. 따라서 남녀 사이에 서로 이해하고 존중하는 조화를 이룰 수 있는 성교육을 시행해야 할 것이다. 우리 사회가 성교육에 대해 소극적일수록 청소년들은 왜곡된 성지식을 받아들이게 되어 잘못된 성의식을 형성하게 된다.

오늘날 성에 대해 무방비 상태로 노출되어 있는 청소년들은 언제든 마음만 먹으면 인터넷, 영화, 비디오, 잡지, 소설, 만화, 사진 등을 통해서 성적 매체를 쉽게 접할 수 있는 세상에 살고 있다. 여성가족부의 '2019 청소년 통계'에 의하면, 초중고생의 성인용 영상물 이용

경험은 39.4%에 이르고 있으며, 최근 사회적으로 공분을 샀던 디지털 성범죄인 'n번방 사건'은 2018년 하반기부터 2020년 3월까지 메신저 앱을 이용하여 피해자들을 유인한 뒤 협박해 성착취물을 찍게 한 후, 이를 유포한 성 착취 사건이다. 확인된 피해자만 총 1,154명이며, 그중 20대 이하가 60.7%였다. 디지털 성범죄 가해자는 박사방 운영자 조○○(25), n번방 운영자 문○○(25) 등 총 1,414명이었으며, 이들의 연령은 20대가 42%로 가장 많았고, 10대도 31%나 되어 우리 사회를 큰 충격에 빠뜨렸다. 이러한 사회 환경 속에서 성장하고 있는 청소년들에게 건강하고 올바른 성지식과 성 정보를 제공하는 것이 무엇보다 중요하다. 더불어 청소년들이 살아가면서 직면하게 될 성문제를 미리 예견하게 하고 성에 대한 자신의 의사결정에 대한 자신감의 중요성 또한 가르쳐야 할 것이다. 아울러 청소년들이 살아가야 할 가정과 학교 그리고 사회생활에서 사람들이 서로 이해하고 존중하며 배려를 통한 조화를 이룰 수 있도록 튼튼하고 건강한 성문화를 만들어야 할 것이다. 청소년기에는 신체적으로나 정신적, 심리적으로 성장해가면서 자신의 세계에 대한 긍정적인 사고와 생각에 기반을 마련하여 사회에 적응해 나가는 준비를 하는 시기이다. 이 시기에는 내가 아닌 다른 사람에 대한 동경과 호기심이 많고, 특히 이성에 대한 강렬한 호기심을 갖고서 동경하게 되며 성적인 충동 때문에 갈등과 고민에 빠지기도 한다. 이 시기에는 신체적인 것에 관심과 호기심이 집중되는 시기이기 때문이다. 만약 이와 같은 신체적 성숙과 이에 수반되는 감정적 변화들에 대해 미처 대처하지 못한다면 정서적 통합성에 문제를 가져오기도 하며, 이 시기에 증대된 성적 충동과 성 생리반응에 대하여 어떠한 개인적 학습경험을 가지느냐에 따라 개인의 성적인 행동양상이 달라지는 것은 매우 중요한 사실이다. 이에 청소년들은 자신의 성행동의 역할 모델을 다양한 방법으로 찾고 있으며, 가정, 학교, 대중매체 등을 통해서도 지속적인 영향을 받고 있음에도 불구하고, 우리의 성교육은 학교 교육이 전반적인 상황으로 그것도 미비한 영향만 미치며 나아가고 있다. 이제는 사회와 가정에서 올바른 표현을 사용하는 생활 습관과 자세를 길러 줌이 우선되어야 한다. 이 시기에 형성되는 성 가치관은 이후에 삶 속에서의 성 습관을 지배할 수 있는 가장 포괄적이고 확실한 영역이므로 가치관 교육이 체계적이고 지속적으로 이루어져야 하는 것이다. 성교육은 자연스럽게 생활 속에서 일어나는 문제들에 접근할 수 있는 가치 교육으로 승화시키는 것이 가장 바람직하다. 이를 위해 1차적으로 가정에서 부모, 형제와의 관계에서 그때그때 소통을 통한 궁금증 해결 및 건강한 성적 관계를 수립하는 분위기가 조성되어지고, 2차적으로 학교에서 더욱 민감하고 체계적인 교육이 실시되어야 하며, 또래 관계 안에서만 주로 이루어지는 성교육의 상황을 벗어나야 하겠다. 마지막으로, 사회전체를 통해 더 많은 어른들이 청소년의 건강한 성문화 및 성교육의 멘토가 된다는 심정으로 함께 만들어갈 때 우리 사회의 청소년들은 좀 더 안정되어지고 행복해 질 것이다. 가장 강조하고 싶은 점은 효과적인 성교육이 전문가 몇 사람으로는 가능하지 않으므로, 사회구성원 모두가 받아들이고 참여를 통해 이루어져야 한다는 점이다.

8.2 성교육의 시기와 방법

매슬로우(Maslow)에 의하면, 성욕은 배고픔, 수면, 갈증에 대한 욕구와 더불어 인간에게 가장 기본적인 1차적 욕구에 속한다고 한다. 이처럼, 성적 욕구와 충족은 식욕, 갈증욕, 수면욕 등과 같이 지극히 자연스러운 욕구인 것이다. 또한 심리학자들도, 인간은 본래 출생할 때부터 성적 본능을 나타내려 한다고 하였다. 성교육의 시작 시기는 대개 성에 대한 호기심이 생기는 만 3~4세가 되지만, 성교육을 시작하는 시기는 없다고 보는 편이 옳다. 엄마 젖을 먹으면서 자신의 성기를 만지는 등의 모든 것이 성교육과 관련이 있기 때문이다. 모든 교육이 그러하듯, 견고한 돌담을 쌓으려면 주춧돌부터 차곡차곡 쌓아 올려야 하는 것과 마찬가지로, 유아기 성교육의 주춧돌이 튼튼하게 놓아져야 초등학교, 중학교, 고등학교, 대학교 및 일반인의 성교육도 원활히 진행되어 효과를 거둘 수 있다. 따라서 성교육은 일시적인 것이어서는 안 되며, 유아기, 아동기, 청소년기의 발달 단계에 알맞게 지속적이며 장기적인 교육과정을 거쳐 진행되어야 한다. 즉, 실시 대상자의 연령, 이해력의 정도, 개인의식의 정도, 생활환경 등에 따라 지도 내용을 조정할 필요가 있지만, 여기서는 시대가 필요로 하는 가장 합리적이고 효과적인 성교육의 기본적 내용 구성과 방법을 제시하고자 한다.

8.2.1 성에 관계되는 행동교정

유아기와 아동기에 꼭 필요한 교육으로, 그릇된 성행동이 습관화되지 않도록 사전에 방지한다.

8.2.2 올바른 성개념 확립

여러 가지 음란문화와 다양한 성문화의 개방에 대해 한 개인이 올바른 성개념을 갖는 것이 가장 바람직한 일이라 여겨진다. 그러나 오늘날은 올바른 성개념이 무엇인지 매우 막연하다는 것이 문제이다. 흔히 성이라 하면 sex를 생각한다. 남녀의 성행위 장면만이 연상되는 것은 아닐까? 성기와 행위를 중심으로 한 성개념이 사회에 만연되어 있는 것도 사실이다.

생식기가 다른 남녀가 이런 저런 관계를 맺고 살고 있는데, 남녀가 관계를 맺을 때 만들어 내는 모든 내용이 바로 총체적인 개념의 '성'인 것이다. sexuality라는 총체적인 개념의 성의 요소로는 크게 세 가지가 있는데, 생명, 사랑, 쾌락이 바로 그것이다. 이 3요소는 인간이 오랜 세월 터득하고 발전시키고 개발하여 온 것이다. 생명은 남녀가 생긴 이래 제일 먼저 만들어 온 것으로, 생물학적인 측면에서는 자손을 낳게 함으로써 생명활동은 아직까지 굳건하게 이어져 내려와 인류 사회를 유지, 발전시키는 기초가 되고 있다. 그러한 종족 보존의 역할과 더불어 개인의 성적 욕구 충족과 삶의 질을 높이기 위하여, 남녀가 서로 사랑하고 존중하면서 동등한 위치에서 성적 교제를 나누는 것은 지극히 아름다운 즐거움이다. 현대에 와서는 성적인 즐거움이 행복의 큰 요건이 될 정도이다. 그런데 문제는 생명, 사랑, 쾌락은 오래 전부터 함께 있어 온 것인데, 이 3요소가 함께 있지 못하고 따로따로 분리되어 제멋대로 사용되는 데에 있다. 생명이 무시된 성은 낙태와 미혼모를 발생시키고, 사랑이 빠진 성은 야타족을 등장하게 하며, 왜곡된 쾌락은 변태를 가져온다. 생명, 사랑, 쾌락은 함께 있어야 하고, 서로가 서로를 부추기며 함께 조화를 이룰 때라야 성은 밝아지고 건강해 질 것이다. 따라서 sex 그 자체만을 추구하는 것이 아니라 sexuality를 추구하는 성의 개념을 갖출 수 있도록 교육시켜야 된다.

성지식이란 건강한 성에 관한 광범위한 내용으로 생리적 현상을 포함한 성에 대한 기본적인 지식을 말한다. 성지식에는 성에 대한 기본적인 지식과 사춘기의 신체 발달 및 건강 영역, 특히 성인성 질환 및 성의 생리적 현상과 관련된 전문적 내용이 포함되는데, 이러한 성에 대한 정확한 지식은 개인의 의식과 태도, 가치관을 변화시키는 데 중요한 역할을 한다.

성태도는 성행동을 지배하는 주요 요소로서, 그 나라의 사회문화적인 영향을 받아 형성되며, 가정에서 출생과 더불어 개인이 속해 있는 사회 제도적 환경과 발달 단계에 따라 변화된다.

최근 성과 관련된 인식을 개선하기 위해 새롭게 등장한 개념인 '성인지 감수성(gender sensitization)'은 남성과 여성의 다름에서 발생하는 성차별로 인해 생기는 문제들을 인지하고 그 안에서 성차별적 요소를 감지해 내는 민감성을 말하는데, 여기에는 그것의 변화를 위해 노력하는 태도를 포함한다. 즉, 성인지 감수성이 높을수록 성폭력 상황에 대한 바른 이해로 피해자 고통을 높은 수준에서 인지하며 공감할 수 있다. 성인지 감수성은 젠더 의식과 남녀 성 평등의식으로 구성되는데, 젠더 의식은 성 역할, 가치, 관계에 대한 인식으로서 사회적 성별 분업이 나타나면서 발생했다. 양성평등 의식은 남성과 여성이라는 성별에 따르는 고정관념에 얽매이지 않으면서, 자유롭게 자신의 능력을 개발시키고 자신이 원하는 삶을 선택할 수 있도록 남녀가 동등하게 대우받아야 한다고 믿는 의식이다.

8.2.3 성발육 현상과 특징 설명

성의 결정은 언제 시작되는지, 성적 발육과 성숙은 언제, 어떻게 일어나는지, 남녀 성기의 구조와 기능, 생리적 특징 등에 대하여 교육한다.

8.2.4 올바른 이성관과 성윤리 확립

외형과 행동양식, 사고방식에서 남녀의 차이점, 남자의 역할과 여자의 역할의 상이점을 이해시킨다. 성평등의 이념을 바탕으로 하여 남성과 여성이 서로를 존중하면서 조화로운 인간 관계를 발전시켜 나가는 방향으로 확립되어야 하고, 부부 이외의 성행위에 대해서는 왜 옳지 않은지를 인식시켜야 한다.

성행위는 개인 간의 자유에 그치는 것이 아니라, 사회적인 역할과 책임이 따를 수 있다는 것을 알아야 하며, 또한 자극적인 음란물 등에 묘사된 성에는 많은 오류가 있다는 것을 기억하고 명심해야 한다.

8.2.5 판단 기준을 세워 주어야 한다

유아기, 아동기, 청소년기에는 쏟아져 나오는 각종 음란물에 대하여 옳고 그름의 판단이 서지 않는 시기이다. 음란물에서 묘사된 자극적인 성행위 등은 정상적인 성행위가 아니라 각본에 따른 행위이고, 성을 상품화한 것임을 인식시켜야 한다.

8.2.6 성폭력을 예방할 수 있는 방법과 성피해 후의 조치법을 주지시킨다

학교 및 가정에서는 다양하고 지속적인 방법으로 성폭력 예방 교육을 받도록 하여 주의를 환기시키고, 가해자로부터 자기의 성을 지키는 용기와 지혜를 길러 준다. 성폭력 피해가 발생하였을 경우를 대비하여 취해야 할 현명하고, 적절한 조치를 가르친다.

8.3 성교육의 실태

외국의 경우에는 학교에서의 성교육이 점차 강화되고 있는 추세이다. 북유럽의 스웨덴, 덴마크, 네덜란드, 핀란드 등에서는 정규 교과목에 성교육이 포함되어 있다. 다음에서 각 나라별 성교육 실태를 살펴보기로 하자.

8.3.1 스웨덴

가장 오래되고 가장 성공적인 학교 내 성교육의 역사를 자랑하고 있는 스웨덴에서는 1942년 성교육을 학교 교육 과정에 포함시킨 데 이어 1956년 이를 의무화시켰다. 1970년대부터는 취학 전 어린이를 위해 정부 차원에서 프로그램을 개발하여 보급하였다. 물론 다른 나라들과 마찬가지로 스웨덴에서도 학교에서 성교육을 실시하는 것에 대하여 상당한 거부감이 있었다. 1897년 이를 위한 첫 시도를 하고 나서 1921년 교육위원회에서 중등학교에 한해 성교육을 허락하였으나, 정식 교육 과정에 포함시키기까지 약 20년이 걸렸다.

학년에 따른 스웨덴의 성교육 주제

- 초등학교 저학년(7~10세) : 남녀 양성의 차이, 수정과 임신, 출산, 태아의 발달, 부모 및 가족의 보살핌 등
- 초등학교 고학년(11~13세) : 남녀의 차이, 성기의 구조와 기능, 2차 성징, 자위행위, 수정의 과정, 임신과 태아의 발달, 출산, 성의 결정, 쌍생아, 임신 중의 태교 등
- 중학교(14~16세) : 성기의 구조와 기능, 임신과 태아의 발달, 출산에 관한 내용을 중복해서 자세히 다루며, 청소년기의 성 에너지의 승화, 혼인 외의 자(사생아), 자연유산과 인공조산, 성병, 피임법, 단종(불임수술), 갱년기, 성적 이상 등에 관한 구체적인 성 전반의 내용
- 고등학교(17~19세) : 성도덕과 성의 사회성, 새 가정의 탄생을 위한 복지정책, 임신·출산·육아에 관한 복지정책, 생리와 호르몬, 불능과 불감증, 가정에서의 성교육 등에 관한 내용

1995년부터는 성교육이 의무화되어 어느 초등학교, 중학교에서도 배울 수 있도록 교과과정을 새롭게 만들었다. 현재 스웨덴에서는 성에 관한 내용은 「가정」, 「생물」, 「스포츠와 건강」, 「종교」 등 다수의 교과가 합쳐진 종합적 성격의 교과과정을 가르친다.

스웨덴의 성교육은 성문화가 개방적인 서유럽 중에서도 가장 파격적이고 구체적으로 진행된다. 학생들은 중학교에 입학하면서부터 실제 피임기술을 배우고 무료로 배포되는 콘돔을 쉽게 구할 수 있다. 의사 처방 없이 피임약을 구입할 수도 있다. 다만 성에 대한 올바른 윤리관 교육을 병행해 도덕적 타락을 막도록 지도한다. 따라서 스웨덴 학생들은 성을 생명의 산실로 받아들이고, 남성과 여성이 동등한 조건으로 남에게 폐를 끼치지 않는 한 성을 자유로이 표현해야 한다고 생각한다.

8.3.2 덴마크

현재 덴마크는 초등학교부터 학교에서 성교육을 의무화하고 있다. 학교의 담임교사가 성교육을 담당하여 학생들의 눈높이에 맞는 커리큘럼을 토대로 맞춤형 성교육을 실시할 뿐만 아니라, 성교육 전문의사가 배치되어 있을 정도로 성교육에 대한 열의가 대단하다. 성교육의 목표가 확실하고 그에 따른 예방도 확실하게 하고 있는데, 무엇보다도 성범죄에 대한 처벌을 강력하게 함으로써 다시는 성범죄에 유혹에 빠지지 않도록 예방하는 것이 무엇보다 중요한 부분이라는 것을 강조하고 있다. 덴마크 성교육의 장점 중 하나는 성교에 따르는 책임부터 피임기구 사용법까지도 구체적이면서도 실질적인 내용을 가르치고, 성교육 전문의사가 주의치가 되어 학생들에게 불임 치료 시술도 해 줄 정도로 국가차원에서 성교육을 의무화하고 있다. 고등학교때까지 성교육을 받는 학생들은 보건교과서를 통해 주 3일, 1년이면 무려 4주간을 집중교육하고 있다. 덴마크는 1971년 공립학교의 성교육에 관한 법률이 제정되었는데, 그 내용을 발췌하면 다음과 같다.

1971년 공립학교의 성교육에 관한 법률

공립학교의 성교육 목적은 학생이 성생활에 관한 지식을 습득하고, 자신의 신체를 소중히 여기며, 다른 사람을 배려할 수 있도록 하는 것이다.

나중에 자신 또는 다른 사람을 난처하게 만드는 일이 없도록, 학교는 학생에게 적어도 생식기의 해부학적 구조, 임신이나 피임, 성병에 관한 교육을 시켜야 한다.

성교육은 늦어도 3학년부터 시작하여, 주로 덴마크어, 기독교, 생물, 역사, 가정과 같은 일반 과목의 교육 과목처럼 실시한다. 또한 6학년이나 7학년, 9학년 시기에는 성교육에 해당되는 가장 본질적인 문제를 일괄해서 설명해야 한다.

성교육의 더욱 상세한 계획이나 범위는 교육 과정에서 또는 이것에 준하여 설정한다. 제1조

제3항에 따라서 특별한 교육을 실시하려면, 그 때까지의 수업은 해당 연도까지 연기한다.
성교육은 해당 학년의 과목의 교사와 교장이 한층 더 신중하게 지도한다. 각각의 교육 제목과 과목의 관계가 교육 과정으로부터 밝혀지지 않으면, PTA(parent-teacher association : 사친회)의 인가를 받은 교사협의회의 권고에 따라, 각 학년의 교사들 사이에서 필요에 따라 직무를 분담한다.
교사의 희망과 반대로 제1조 제3항에 의한 특별 교육을 하도록 명령할 수는 없으며, 교사의 희망과 반대로 성기교에 관한 교육을 하거나 또는 에로틱한 상황을 나타내는 사진 삽화를 이용하도록 명령할 수는 없다.
부모는 학교장에게 신청하여 제1조 제3항에 명시된 특별 교육을 자녀가 받지 않도록 할 수 있다.

덴마크의 성교육은 초등학교 7~9학년(우리나라의 중학교 1~3학년)부터 본격적으로 이루어진다. 성교육 전담 교사가 따로 있는 것이 아니라 담임교사가 자기 학급의 성교육을 담당하는 시스템으로, 다른 나라에 비해 교사의 비중이 상당히 높은 편이다. 연간 3~4주에 걸쳐 주당 3시간씩 진행되는 성교육 시간에는 성교에 따르는 책임, 피임법의 종류와 피임기구 사용법 등 구체적이고 실질적인 내용을 다룬다. 학교 주치의와 청소년 피임클리닉도 눈에 띄는 프로그램이다. 의사 한 명이 10~20개 학교의 성교육과 건강검진을 담당하고 있으며 덴마크 가족계획협회가 운영하고 있는 피임클리닉에서는 초등학생 이상을 대상으로 피임법을 상담하고 불임시술도 해준다.

8.3.3 독일

현재 독일의 성교육은 성에 대한 책임감과 올바른 판단력을 심어주고 성적 대상으로부터 무시, 경멸, 성적 이용이나 성폭력에 대응하도록 하는 예방교육이 주를 이루는데, 나이에 따른 적절한 교육을 통해 청소년에게 성에 관한 생물학적, 사회문화적, 도덕적인 궁금증을 풀어주고 믿음을 심어주는 것을 목표로 하고 있다. 독일 성교육의 특징을 요약하면 다음과 같다. 1) 성교육은 각 주 학교법에 규정되어 있을 뿐 아니라 국민 공통 교육과정 속에 포함되어 있는 필수과목이다. 2) 사회와 과학 통합교과의 한 부분에 성교육이 포함되어 있어서 초등학교 교육에서 주제별 수업으로 진행되는 생물 과목의 한 부분이며 독립적인 특징이 있다. 3) 한 번 배울 때마다 3분의 1학기에 걸쳐서 일주일에 2시간씩 8~9주에 걸쳐

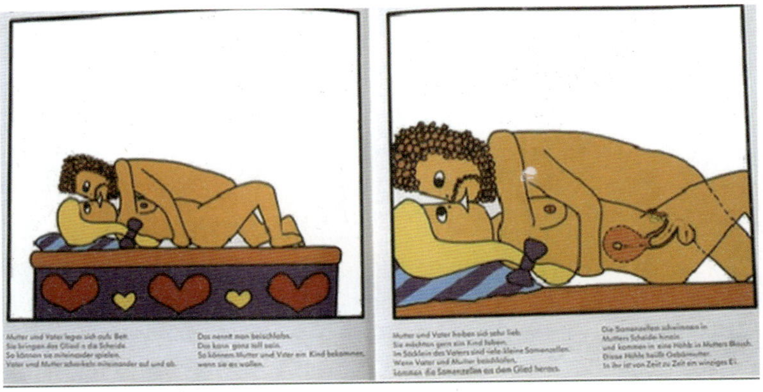

[그림 8-1] 독일의 성교육 도서 중 일부.

서 배운다. 4) 김나지움과 레알슐레 등 상급학년에서는 5, 6학년 생물시간과 8, 9학년 생물 시간에 성교육을 실시한다. 5) 교사에 따라 성교육의 범위와 정도가 달라져서 어떤 교사는 아주 구체적으로 가르치지만, 어떤 교사는 정신적인 부분의 교육을 더 많이 하는 경우도 있다. 그러나 전체적으로 매우 현실적은 성지식을 가르쳐 주는 것은 공통점이다. 6) 실질적인 성교육을 위해 성을 터부시하지 않으며 청소년기의 성관계에 대해 부정적인 서술을 하지 않고 성경험이 부족한 청소년들이 어떻게 하면 에이즈 등의 질병이나 원하지 않는 임신으로부터 안전할 수 있을지에 대한 교육을 주로 실시한다. 7) 초등학교 6학년 학생들을 대상으로 콘돔 사용법이나 이성친구와 성관계를 할 때 준비해야 하는 것에 대해 토론 등의 교육을 실시한다. 이를 통해 아직 성에 본격적으로 눈뜨지 않았지만 호기심이 많고 사춘기가 되면 바로 성 관련 사고로 이어질 가능성을 가지고 있는 학생들에게 사춘기를 대비하는 예방교육에 비중을 둔다. 8) 모양만 갖춘 형식적인 교육이 아니라 실제 성관계를 다루는 수업이 주를 이루는데, 순결 교육은 하지 않고 청소년기에 성관계를 금지시키는 것이 교육의 목적이 아니라 책임감과 성에 대한 바른 행동요령을 가르치는 데 중점을 두고 있다.

8.3.4 미국

미국의 성교육은 10대의 임신과 자살, 후천성면역결핍증(AIDS) 등 사회문제가 크게 부각되기 시작한 1980년대에 들어서야 학교 교육 과정에 통합되었다. 여기에 이르기까지는 가정, 종교계 및 문화계의 보수적인 태도가 가장 큰 걸림돌이었다.

1980년대 이후 성교 억제 등 금욕적 내용만으로 10대의 성문제에 대처하기 어렵다라는 여론에 따라 청소년의 성교육을 강화, 전문화하고 있다. 성교육은 1989년부터 45개주 공

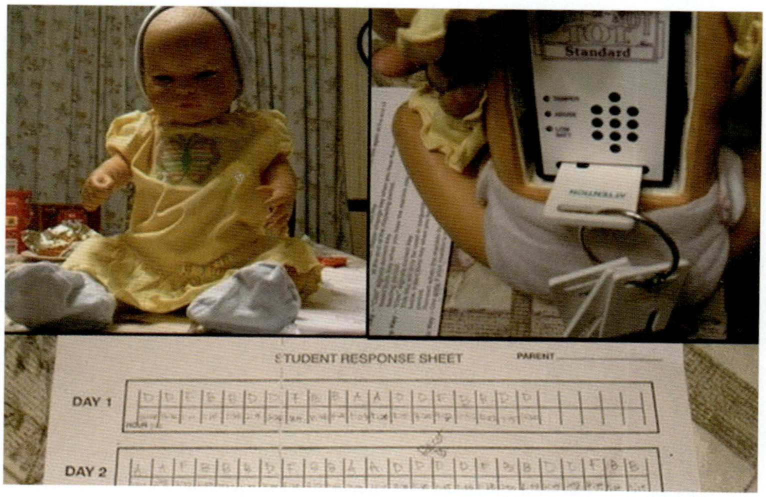

[그림 8-2] 미국의 성교육 인형

립학교에서 의무화되기 시작하였고, 성과 관련된 사회문제가 자주 일어나는 플로리다 주에서는 1991년 유치원에서 12학년까지 종합 보건교육을 의무적으로 실시하는 법을 제정하였다. 이에 따라 초등학교(5년제)의 경우 학년별로 교재와 비디오가 만들어지는데, 1학년은 인간 · 동물 · 식물이 제각각 자기 부모를 닮은 이유, 5학년에게는 사춘기 동안의 심리, 신체 및 생리적 변화 등에 관한 내용을 가르치고 있다. 보건교육 이외에 생물 과목에서 남녀의 차이, 성기 해부도 등을 다루고 있다. 다만 에이즈 교육, 피임, 낙태 등의 주제는 부모의 동의를 얻은 학생들을 대상으로 가르치고 있다.

2004년에는 미국의학협회와 학교 연합회, 성교육 교사 등으로 구성된 태스크포스팀(TFT)에서 종합적인 성교육을 위한 가이드라인을 발표하였다. 이에 따라 초등학교 저학년부터 고교생까지 연령에 맞는 성교육을 실시하고 있다. 또한 성교육 프로그램을 이원화해 전체 청소년을 위한 1차 예방 프로그램과 10대 모자를 위한 2차 예방 프로그램을 구분하여 적용하고 있다. 주목할 만한 성교육 프로그램은 '성교육 인형 키우기 실습'이 있다. 여학생들에게 신생아와 똑같은 아기인형을 1주일 동안 직접 키우게 하는 것으로, 인형 뒤에 부착되어 있는 센서가 작동하여 신생아처럼 1시간에도 몇 번씩 운다. 학생들은 인형이 울 때마다 그 원인을 찾아서 놀아주기, 밥 주기, 트림시켜주기, 기저귀 갈아주기 카드 중 하나를 꽂아 울음을 멈추게 해야 한다. 실습 시간 내내 항상 아기인형과 육아일지를 가지고 다니면서 육아일지를 꼬박꼬박 기록해야 한다. '성교육용 인형 키우기'를 경험한 여학생은 피임의 중요성과 양육의 책임감을 스스로 깨닫게 된다.

이와 같은 성교육의 결과로, 10대 출산의 경우 최근 6년간 계속 하락세를 유지했는데,

지난 2003년 15~17세 소녀의 출산율이 1,000명당 22명 꼴이었이다. 이는 91년 1,000명당 39명과 2002년 1,000명당 23명에 비해 각각 떨어진 것으로 조사되었다. 그 후 지속적인 미국식 순결 교육의 성공으로 2005년에 들어 미국 내 10~14세 청소년 출산율은 1946년 이래 최저를 기록했다. 또 1995년 15~18세 여학생 중 35%가 성관계를 갖고 있는 것으로 조사됐지만 2004년 말경에는 30%로 떨어졌졌고, 같은 기간 동안 남학생의 경우에서도 85%에서 65%로 하락했다

전문가들은 성관계를 갖는 10대의 숫자가 줄어들고 효과가 오래 가는 삽입식 피임기구나 주사 등 신뢰도가 높은 산아 제한법을 사용하기 때문이라고 분석하였다. 또한, 에이즈에 대한 공포로 인해 콘돔 사용이 늘어난 것도 10대 소녀들의 출산율 감소에 기여한 것으로 지적하였다. 하지만 일각에서는 피임기구의 보급화 및 피임 위주의 교육이 오히려 성경험을 부추길 수 있다고 우려하고 있다.

8.3.5 일본

일본은 1950년대까지 제2차 성징, 유전, 남녀 관계 등을 담은 중학교 보건계획 실시 요령 시안이 과격하다는 이유로 적용되지 못하였다. 1960년대 이후 성을 인간 삶의 문제로 인식하기 시작한 일부 교육자들 사이에서 성을 과학적으로 해명하여 오해와 편견으로부터 해방시키자는 주장이 제기되기도 하였다. 1960년대부터 초등학생 이상의 보건 교육에서 성교육을 의무화하고 있다. 정서적 측면을 배제하고 과학적 관점에서 독일식 성교육 모델의 영향을 많이 받았다. 1978년 2종류의 초등학교 성교육 교과서가 처음으로 발간되어 오사카, 관서지방에서 보급되었지만, 실제적인 성교육은 1992년부터 시작되었다. 이러한 지속적인 성교육에도 불구하고 2001년에 조사한 자료에 따르면 90% 정도의 일본 청소년들이 학교나 외부기관에서 실시하는 성교육에 불만족하고 있는 것으로 조사되었다. 이 설문조사는 14세에서 17세의 여성, 13세에서 27세의 남성을 대상으로 조사했으며 응답자 중 87%가 성 이야기를 기피하는 어른들에 대해 참지 못한다고 답했다. 응답자 중 62.6%는 중고등학생들이 순결을 지켜야 한다는 어른들의 생각에 대해 한 마디로 웃기는 일이라고 답했다. 응답 여성의 77% 이상이 10대에 성경험을 하였다고 답했다. 또 2006년 일본 후생노동성이 발표한 조사에 의하면 2005년 새롭게 확인된 AIDS 감염자와 환자가 모두 1,100명씩으로 2004년에 이어 2년 연속 1,000명을 넘었는데, 특히 감염자가 젊은 층을 중심으로 집중적으로 확대되고 있는 것으로 나타났다. 일본 교육관계자들은 중고등학생들이 다양한 성관계를 경험하기 때문에 성교육을 보다 적극적으로 실시해야 한다고 입을 모으고 있다.

그래서 초등학교 4학년이면 체육시간에 생리와 사정, 신체의 발육, 마음의 발달, 임신과 출산에 관한 내용을 가르치고, 5학년 때는 왜 성충동이 일어나는지, 이성교제 시 무엇에 유의해야 하는지, 그리고 6학년 때는 에이즈 예방법 등과 같이, 과거보다 적극적인 성교육을 실시하고 있다. 현재 일본 중 · 고교가 법으로 규정한 보건교육 수업은 연간 70시간 이상으로,실용적이고 구체적인 내용을 담고 있는 것이 특징이다.

최근에는 성행위 관련 내용을 교과서에 싣느냐 마느냐를 둘러싸고 논란을 빚기도 하는 등 우리나라보다 한걸음 앞서가고 있다. 그러나 이런 내용들이 단순히 호기심 충족과 자극적인 내용 그리고 거부감을 갖지 않게 성교육 시간을 따로 정하여 놓지 않고 교과 수업이나 학급활동 시간에 성교육 프로그램을 적절히 섞어 놓고 있다. 한 중학교가 도쿄시 교육청에 제출한 수업 실제 보고서에도 성교육 시간이 따로 있는 것이 아니라, 여러 과목의 정규 수업 시간에 포함되어 있다. 교육 방식은 일방적인 강의보다 학생들 스스로가 조사하고 토론하는 방식이며, 이 과정에서 교사의 개입은 거의 없다.

8.3.6 홍콩

1997년 홍콩 가족계획협회는 자녀들의 성교육에 적절히 사용할 수 있도록 성기와 음모(pubic hair)를 실제처럼 모두 갖춘 인형을 생산 공급하였다. 「탁-탁」과 「카-카」로 이름 지은 이 남녀 인형은 얌전한 흰색 및 청색 옷을 입고 있으나 성기를 드러내고 있으며, 또한 출산 교육을 위해 탯줄이 달린 쌍둥이를 별도로 생산하여, 부모와 자녀 간에 성문제를 솔직하고 진실하게 이야기할 수 있도록 돕고 있다.

8.3.7 중국

2002년 9월 1일에 중국의 계획 출산에 관한 최초의 국법이라 불리우는 「중화인민공화국 인구 및 계획 생육법」이 시행되었고 그 법률의 제13조에 학교 성교육의 추진이 법적으로 공인되었다.

중국의 경우 AIDS를 예로 들어 살펴보자. 1999년 중국에 AIDS 환자가 크게 늘자 상하이의 15개 대학이 AIDS 예방을 위해 학생들에게 강의뿐만 아니라 독서, 강좌 및 세미나 참석, AIDS 예방 비디오 시청을 권장하고, 'AIDS 예방'을 필수과목으로 정하여 학생들에게 성교육을 집중적으로 시켰다. 하지만 2001년 유엔기구와 중국 정부산하 가족계획위원회에서 공동으로 조사한 연구보고서에 따르면, 중국의 일반인(특히, 지방 사람들)의 AIDS

에 대한 인식이 거의 없는 것으로 밝혀졌고, 7,000명의 연구 대상자 중 20%가 AIDS에 대해 들어본 적이 없다고 답했으며, 22.7%만이 바이러스가 AIDS를 일으킨다는 올바른 답을 했을 정도이다. 이러한 후진적 질병관리와 폭발적인 인구수로 인해 2006년 중국위생부 조사에 따르면 중국 내 AIDS 환자수가 2005년 14만 4089명에서 2006년 18만 3733명으로 늘어났다고 발표했다. 이 같은 급증이 별도의 감염 증가 요인이 발생했기 때문이 아니라 위생부와 환자들의 에이즈 감염 신고율이 높아졌기 때문이라고 설명했다. 즉, 위생부 직원들과 환자들의 인식 변화로 인해 신고 건수가 늘어났다는 분석이다. 올해 신규 발생한 중국 내 AIDS 환자 중 37%가 약물 복용을 통해 그리고 28%가 안전하지 못한 성교 행위로 인해 AIDS에 감염된 것으로 확인됐으며, 특히 5.1%는 불법 매혈 행위나 AIDS 바이러스가 포함된 피를 수혈 받는 과정에서 AIDS에 감염되었다. 베이징시 당국의 조사에 따르면 고교생 가운데 30% 가량은 두 사람 다 원할 경우 성관계를 가질 수 있다고 생각하고 있으며, 절반 이상은 '하룻밤 풋사랑'을 반대하지 않는 것으로 나타났다. 베이징뿐만 아니라 중국 전역에서 전문적인 성교육 교재가 없어 청소년기 성교육 지식을 생리·보건 과목에 포함해 가르치는 등 체계적인 성교육이 되지 못하고 있는 것을 주된 원인으로 보고 있다.

2008년 초등학교 5학년 이상 및 중·고등학교에서 체육과 건강 과목에 학교 성교육이 정규 교과로 포함되어 학교 성교육이 학기당 6~7시간으로 의무화되었다.

또한, 중국에서 성교육 전공이 생겨나고 성교육 예산 등이 증가하는 등 교육 당국이 점점 증가 추세인 성 문제 예방을 위해 많은 노력을 기울이고 있다. 쓰촨(四川)성 청두(成都)의 청두대학은 2010년 9월부터 성교육 전공이 새로 개설됐다. 이 과의 학생들은 성과 관련해 성 심리학, 상담학, 사회학, 윤리학 등을 공부하게 된다. 또한, 산시(陝西)성 교육당국은 지난 4년 간 8억 6,000만 위안(약 1,485억 원)의 성교육 비용을 투입했다. 장쑤(江蘇)성에서는 교사들의 섹시한 옷차림을 규제하는 조례가 나오는 등 중국 교육당국은 성과 관련해 많은 노력을 기울이고 있다. 성교육 관련 관심이 커지고 있는 것은 최근 중국 청소년들의 성 개방화가 확산되면서 사회문제로까지 대두되고 있기 때문이다. 2010년 중국 국무원 부녀아동 공작위원회와 베이징(北京)대 인구연구소가 발표한 연구 결과에 따르면 중국 내 15~19세 여성의 성경험 비율은 8%에 이르는 것으로 알려졌다. 2010년 9월 새학기부터 중국 일부 학교에서 혼전 순결을 내용으로 한 과목이 필수과목으로 지정되었다. 강의 교재의 주제는 주로 생명과 사랑, 성을 테마로 낯선 사람과의 하룻밤 성관계에 대한 의견과 혼전 성경험, 유산, 미혼모 등에 관한 내용으로 구성되어 있다. 또 결혼 전 순결을 지켜야 하는가라는 주제로 학생들의 다양한 의견을 수업 시간 토론을 통해 수렴, 결론 내리는 데 참고가 되게 하였다.

그러나 일각에서는 중국 교육당국이 제시한 성교육 지침에는 피임법, 성병, 동성애 등이 포함되지 않는 등 미흡한 점이 많다고 지적하고 있다.

8.3.8 유네스코 : 포괄적 성교육(CSE)

세계보건기구(World Health Organization, WHO)는 성교육이란 성에 관계된 행위에 있어 정서적, 감정적, 지적, 사회적인 모든 면에서 긍정적인 측면으로 풍부해지고, 개인의 인격과 의사소통 및 사랑을 증진시키는 데 도움이 되도록 하는 것이라고 했다(1975).

유네스코에서는 지난 2009년 '국제 성교육 가이드(International technical guidance on sexuality education)'를 공개하였는데, 2018년 개정판이 나오고 2020년 7월 개정판의 한글 번역본이 소개되었다. 이 가이드에는 포괄적 성교육을 담고 있다. '포괄적 성교육(CSE)'이란 sexuality에 대한 인지적, 정서적, 신체적, 사회적 측면에 대해 배우는 커리큘럼을 기반으로 한 교육 과정으로, 아동과 청소년들로 하여금 자신의 능력, 즉 자신의 건강과 복지, 존엄성에 대한 인식 능력, 존중에 기반한 사회적, 성적(Sexual) 관계 형성 능력, 자신 및 타인의 복지에 미치는 영향을 고려한 선택 능력, 자신의 권리에 대한 이해와 보호 능력을 높일 수 있는 지식, 기술, 태도, 가치를 갖추도록 하는 데 목적이 있다. CSE는 아동 청소년이 성장함에 따라 변화되는 요구 그리고 능력에 따라 내용을 구성하였으며, 학습자의 연령과 발달 단계에 가장 밀접한 건강과 복지 관련 주제를 다룬다. 또한 CSE는 sexuality에 대한 포괄적이고 풍부한 자료 및 연령에 맞는 정보를 제공하며, 성 및 생식 해부학, 생리학, 사춘기 및 월경, 현대적 피임, 임신 및 출산, HIV(Human immunodeficiency virus 후천성 면역 결핍증) 및 에이즈를 포함한 성매개 감염병(STIs)에 대한 내용을 포함한다.

[그림 8-3] 유네스코에서 발행한 '국제 성교육 가이드'

또한 건강 및 복지, 의사소통 및 생활 기술 능력을 향상시킴으로써 학습자의 역량을 높일 수 있도록 지원하는데, sexuality, 인권, 건강하고 존중받는 가정생활 및 대인관계, 개인 및 공동의 가치, 문화 및 사회 규범, 젠더 평등, 차별 금지, 성적 행동, 폭력과 젠더 기반 폭력(GBV), 동의 및 신체 통합성, 성적 학대, 아동 조기 강제 결혼과 여성할례 등 유해한 관행에 대한 내용도 포함하고 있다.

이처럼 포괄적 성교육은 청소년 복지에 심각한 위험을 초래하는 HIV 및 에이즈, 성병(STIs), 의도하지 않은 임신, 젠더 기반 폭력(GBV) 및 젠더 불평등이 존재하는 세상에서, 청소년들이 안전하고 생산적이며 충만한 삶을 준비할 수 있도록 하는 데 핵심적 역할을 한다. 또한 CSE는 청소년들로 하여금 사회적 규범, 문화적 가치, 전통적 신념에 대해 다시 생각해보도록 함으로써, 또래, 부모, 교사, 다른 성인과 지역사회와의 관계를 더 잘 이해하고 다룰 수 있도록 돕기 때문에 중요하다. 특히, 인터넷이나 다른 매체를 통해 성적으로 노골적인 자료에 더 많이 노출되는 상황에서 청소년들이 자신의 삶에서 책임 있는 선택을 할 수 있는 지식과 기술을 갖추는 것의 중요성을 점점 더 인식하고 있다.

8.3.9 한국

우리나라의 경우, 2013년 '서울시 청소년 성문화 연구 조사'에서 서울시 소재 고등학교 2학년 및 특수집단 청소년 1,250명을 대상으로 조사를 실시하였으며, 그중 남자 고등학생은 623명(50.7%), 여자 고등학생은 606명(48.5%), 무응답 21명이었다.

응답한 학생들 대부분의 연령은 17세가 64.8%로 가장 많았다. 청소년의 성경험 실태조사에 의하면 성교육 받았던 시기는 '중학교' 85.7%, '초등학교 4~6학년' 77.5%, '고등학교' 37.8% 등의 순으로 나타났고 '전혀 받지 못했다'가 0.7%로 응답해 거의 모든 청소년들이 성교육을 받은 경험이 있는 것으로 나타났다. 또 가장 도움이 되었던 시기로는 '중학교'가 44.5%로 가장 많았고, 그 다음으로는 '초등학교 4~6학년' 24.4%, '고등학교' 7.2%의 순이었다. 한편 '도움이 되었던 시기가 없다'고 한 경우도 20.9%에 이를 만큼, 향후 성교육의 내용이나 방법 등 질적인 측면에서의 평가와 분석이 필요한 것으로 보인다.

성교육 시간에 받았던 내용은 전체적으로 '사춘기와 이차성징' 19.0%, '성폭력 예방' 18.0%, '임신과 출산' 11.0%, '피임' 10.8%, '성병 예방' 10.4% 등의 순이었다. 알고 싶은 내용을 묻는 문항에 남학생은 '성관계 준비' 14.1%, '사랑/데이트' 13.9%, '성평등' 11.3% 등의 순으로 응답한 반면, 여학생은 '성폭력 예방' 14.7%, '사랑/데이트' 12.7%, '임신과 출산' 10.4% 등의 순으로 나타났다. 특히 여학생 경우 '성폭력 예방', '임신과 출산'은 실제로 받고 있는 내용임에도 불구하고 알고 싶은 내용으로 꼽고 있어 그 이유에 대한 통찰을 할 필요가 있다.

성에 대한 지식을 얻는 통로로 '성교육' 43.4%, '인터넷' 32.3%, '친구와의 대화' 14.7%의 순으로 나타나 '성교육'을 통해 지식을 얻는 비중이 더욱 커진 것으로 나타났다. 성에 대한 고민을 주로 의논하는 대상으로는 '동성 친구'가 33.8%로 가장 많았고, 그 다음으로 '부모' 8.6%, '이성 친구' 3.4%의 순이었다. 한편, 남학생의 경우 의논한 적이 없다고 한 경우가 51.4%였다.

성 표현물 접촉 경험에 대하여 가장 처음 접했던 성표현물은 '야동'이 25.6%로 가장 높게 나타났고, '야사' 18.7% 순으로 나타났다. 2010년 연구와 비교하여 '경험한 적 없다'가 절반 정도로 줄어들어 성 표현물을 이용하는 청소년이 점차 늘어나고 있다는 것을 알 수 있다. 처음 접했던 시기로는 남학생은 '초 6', 여학생은 '중 1'이 가장 많다. 고등학생의 경우 '중 1'인 것에 비해 중학생의 경우 '초 6'으로 응답하여 그 시기가 점점 빨라지는 것을 알 수 있다.

가장 많이 접해 본 것은 '야동'으로 남학생의 47.3%, 여학생의 17.5%로 나타났다. 얼마나 자주 이용하는지에 대해 여학생은 '거의 안 봄'이 38.9%로 가장 많았고, 그 다음이 '접한 적 없다' 27.7%, '월 1회'가 12.4% 순이었다. 남학생은 '주 1~2회' 27.7%, '거의 안봄' 17.6%, '주 3회 이상' 16.5% 순이었다.

성 표현물을 보고 난 후 느낌에 대해 남학생은 '성충동 해소' 29.9%, '별다른 느낌 없음' 19.2%, '성충동 자극' 9.9% 등의 순으로 응답한 반면에, 여학생은 '별다른 느낌이 없음' 29.6%, '더럽고 추하다고 생각했다' 17.6%의 순으로 응답했다.

보고 난 후 반응에 대해서는 중학생만 응답했는데, 남녀 모두 '없다'(남 29.9%, 여 43.6%)는 응답이 가장 높았으며, 그 다음으로 여자 중학생은 '기타' 20.0%, '장면 떠오름' 18.4%, '다양한 것 원함' 6.3% 등의 순이었고, 남자 중학생은 '장면 떠오름' 17.7%, '기타' 15.5%, '자위' 12.7% 등의 순이었다.

주로 접한 방법을 묻는 문항에 남학생의 38.1%가 파일 공유 사이트인 'P2P'를 선택했고, '인터넷 커뮤니티' 12.7%, '스마트폰 앱' 10.5%의 순으로 응답했다. 여학생은 '인터넷 커뮤니티' 18.0%, '소셜미디어' 16.2%, '기타' 7.8%의 순으로 응답했다.

성관계 실태에 대하여는 중학생의 1.2%, 고등학생의 12.9%가 성관계 경험이 있는 것으로 응답했다. 처음 성관계를 한 대상으로는 '선배'가 6.1%, '친구' 4.9%로 나타났다. 성관계를 맺은 사람을 모두 선택하게 한 결과 성관계 경험이 있는 경우에는 '친구'가 8.9%, '선배' 8.1%로 나타났다.

처음 성관계를 가진 나이는 '중 3'이 3.5%로 가장 높고 '중 2'가 2.7%의 순이었다. 한편 '초 1~3'이 1.2%로 나타났는데, 이는 어렸을 때 했던 성적 놀이를 '성관계'로 인식하고 응답한 것은 아닌지 정확한 분석이 필요한 것으로 보인다.

첫 성관계의 동기에 대해 묻는 문항에 남학생은 '둘 다 원해서'가 11.0%로 가장 높은 반면 여학생은 '상대방이 원해서'가 5.7%로 가장 높게 나타났다. 처음 성관계가 이루어진 상태에 대해서는 '서로 원해서'가 5.1%, '술 마신 상태' 3.7% 등으로 나타났다. 첫 성관계 장소는 '상대방 집'이 5.0%로 가장 높았다. 성관계를 하는 주된 이유는 '호기심'과 '사랑 확인'이 가장 높았다. 성관계 이후 가장 걱정되는 부분은 남녀 모두 '임신'을 가장 높게 응답했다. 성관계 후에 얻게 된 점은 '별로 없다'가 4.1%로 가장 높았고, 다음으로 '성적 쾌감'이 3.5%로 나타났다.

대가성 성관계 실태에 대하여는 성관계 한 중고생의 전체 응답율의 1.6%가 돈이나 대가를 받은 적이 있다고 응답했으며, 이 중 남자가 여자보다 더 많다고 응답하였다. 돈이나 대가를 받고 처음으로 성관계를 한 시기로는 남학생이 '초, 중, 고'에 모두 분포되어 있는 반면 여학생은 '초, 중'으로 응답하였다. 상대방을 만난 경로는 '친구 소개'가 0.7%로 가장 높았다.

상대방에게 돈이나 대가를 주고 성관계를 한 적이 있는지에 대해 묻는 문항에 전체 응답율의 1.3%가 경험이 있다고 응답했으며, 남자가 여자보다 더 많다. 돈이나 대가를 주고 처음으로 성관계를 한 시기로 '초, 중, 고'에 모두 분포 되어 있고, 상대방을 만난 경로는 '친구 소개'가 0.7%로 상대적으로 많았는데, 대가를 받고 성관계를 한 장소와 거의 일치하는 것으로 나타났다.

성폭력 피해 및 가해 경험에 대하여는 누군가에게 성적 행동을 받은 경험에 대해서는 전체적으로 '없음'이 73.7%로 가장 많았다. 남학생은 '내 앞에서 성관계나 자위 등을 흉내냄'이 8.7%로 가장 높은 응답률을 보였고, 여학생은 '성적으로 외모 놀리기'가 11.6%로 가장 높은 것으로 나타났다. 성적 행동을 한 사람은 남학생의 경우 '동성 친구' 18.9%, '이성 친구' 2.7%의 순으로 나타났고, 여학생은 '모르는 사람' 14.4%, '동성 친구' 11.7%, '이성 친구' 11.5%의 순으로 나타났다. 성적 피해 후 누구와 의논하는지를 살펴본 결과 여학생은 '친구' 12.2%, '기타' 6.2%의 순으로 나타났고, 남학생은 '그냥 혼자 고민했다' 5.3%, '기타' 5.2%의 순으로 나타났다.

누군가에게 성적 행동을 한 적이 있는가에 대한 문항에 전체적으로 '없음'이 85.2%로 가장 많았다. 남학생의 경우 '성적으로 외모 놀리기' 9.1%, '다른 사람 앞에서 성관계나 자위 등을 흉내냄' 6.2%의 순으로 응답했고, 여학생의 경우 '성적으로 외모 놀리기' 8.1%, '일부러 성기, 가슴 등 신체 부위 만지기' 3.1%의 순으로 응답했다.

2009년 3월 보건복지가족부가 전국 중 · 고생 14,716명을 대상으로 조사해 발표한 2008년도 '청소년 유해환경 접촉 종합 실태 조사 보고서'에 따르면 성교육이 '성적 위험을 예방하는 데 도움이 되느냐'는 질문에 도움이 '안 된다', '잘 모르겠다'가 각각 20.9%, 31.8%로 나타났다. '도움이 된다'는 32.8%에 그쳤다. 도움이 안 되는 이유에 대해 '학년별 내용이 다르지 않다'가 25.6%로 가장 높게 나타났으며, '교재가 재미 없다', '교사가 전문적이지 않다'가 각각 18.1%, 6.2%로 뒤를 이었다. 우리나라 성교육은 교사의 전문성 부족으로 성교육용 비디오 테이프 등에 의존한다거나 자율학습시간이나 학급 활동시간을 일부 활용하여 남녀의 생식기 구조, 생식주기, 피임법, 낙태의 실상 등에 관한 단편적인 교육에 그쳐, 학생들의 성교육 기피현상까지 초래하고 있다. 이처럼, 우리나라는 본질적이고 올바른 성교육의 과학화가 현장에서 이루어지지 않고 있는 실정이다. 한편 학생들의 성교육에 대한 요구는 강하게 나타나고 있어 학생 중 99.5%가 실질적(이성과의 예절, 피임, 임신중절, 성폭력 예방법 등)이고, 현재 자신들이 당면한 성적 문제를 해결 또는 대처할 수 있는 더 나아가 성을 올바르게 이해할 수 있는 성교육을 요구하고 있으며, 따라서 남녀 청소년 모두 양성 평등의 관점에서 성을 바라볼 수 있도록 차별화된 성교육을 구성해야 할 것이다.

8.4 가정에서의 성교육

최근 경찰청 통계에 따르면 영아유기가 2010년 69건에서 2013년 225건으로 3년 사이에 3배 이상 증가했다. 언론에 보도된 10대 소녀들의 출산 실태를 보면' PC방 화장실에서 아기를 낳고 살해한 20대 女 영장(2013.12.19)' 등 매우 심각한 추세이다.

여기서 문제가 되는 것은 주변의 부모와 교사들은 이들이 출산할 때까지 임신 사실을 전혀 모르고 있었다는 것이다. '문제 아이 뒤엔 문제 부모가 있다'는 사실을 다시 한번 확인시킨 일이다. 성범죄를 일으킨 아이의 대부분이 부모와 대화를 나누지 않았다고 한다. 급변하는 현대사회에서 부모와 자녀 간에 대화(특히 성에 대한)가 많지 않다는 것은 주지할 만한 사실이다. 또한 성에 대한 인식도 세대 간에 많은 차이를 보이고 있다. 엄격하고 보수적인 유교 가정에서 성장하고 교육 받아온 부모들은, 성에 대하여 자녀와 대화하는 것을 금기시하여 왔다. 몇 가지 예를 들어보자. 어머니에게 성에 대하여 궁금증을 물어보면 어머니는 '왜 그런 것을 묻는냐?'라고 '무엇 때문에 알려고 하느냐?'라고 하며 다그치기도 하고, 또한 '나중에 시집(장가)가면 자연히 알 것을, 무엇이 그렇게 궁금하느냐'라고 하며 핀잔을 주거나, '아직도 어린 것이 별 것을 다 알려고 한다'는 식으로 답변을 한다. 그러나 오늘날의 청소년들은 조숙할 뿐만 아니라 음란 비디오 테이프, 음란만화, 비디오방, 영화, 컴퓨터 음란물 등을 통하여 불건전한 성지식을 습득하고 있다. 일단 잘못된 성지식을 습득하게 되면 이를 교정하기란 매우 어려운 일이다. 불건전하거나 잘못된 성지식에 빠져들기 전에 부모들은 자녀들의 연령에 맞고, 이해하기 쉽게 대화를 나누는 것이 바람직하다.

8.4.1 유아기

아이들은 자라면서 아기는 어디로 태어나며, 엄마는 왜 고추가 없고, 여자는 앉아서 소변을 보고, 남자는 서서 소변을 보는지 궁금해 하기 시작한다. 성장 과정 중 성에 대한 의문을 가지고 기회있을 때마다 질문하는 것은 자연스러운 일이다. '엄마 아기는 어디서 나와?'라는 아이의 느닷없는 질문에 당황하는 부모들은, '하늘에서 뚝 떨어졌지', '다리 밑에서 주워 왔어', '배꼽으로 나온단다' 등의 얼렁뚱땅 얼버무리고 만다. 그러나 영악한 아이들은 '그렇게 조그만 배꼽에서 어떻게 아기가 나와?'라고 곧 반문한다.

이런 질문을 자연스럽게 받아들이고 솔직하게 가르쳐 주지 않고 '넌 아직 몰라도 돼'라고 하면서 오히려 아이를 나무란다. 이러한 것은 잘못된 방식이며, 이는 곧 어린이가 성에 대하여 잘못 이해하게 만드는 결과를 초래한다. 아이가 출생에 대한 질문을 할 때가 성에 관해 가르쳐 주기에 가장 알맞은 시기이므로, 아이의 질문을 나무라지 말고 아이가 이해할 수 있는 범위 안에서 알기 쉬우면서도 진실되게 가르쳐 주어야 한다. 정신분석학자들에 따르면 아이가 태어나 자라나는 동안 정신적으로 여러 단계의 성장 과정을 거친다고 한다. 즉 출생 직후에는 어머니의 젖을 빨며 입 주위의 강한 자극을 받으면서 쾌감을 얻는데, 이 시기를 구순기(oral phase)라 한다. 젖을 먹는 시기가 지나면 쾌락의 근원이 항문으로 옮겨지는데, 이 시기를 항문기(anal phase)라 한다. 그 후 3~7세가 되면 생식기로 옮겨지는데, 이를 남근기(phallic phase)라 한다. 이 시기부터 아이들은 남녀의 성적 차이나 성기에 본격적으로 관심을 기울이기 시작한다. 이 시기에 음경이나 음순 등을 만지거나 보고 묻는 아이들의 질문에 대하여, 부모들은 그림을 그려가면서 남녀의 신체적 차이점을 이해시켜야 한다. 생식기를 만지거나 성행위를 흉내내는 놀이에 대해 야단치지 말고, 평범하게 대하면서 지나치게 만지지 말라고 하거나, 성행위는 나중에 어른이 되어 결혼한 후에 하는 것이라고 자연스럽게 말해 주어야 한다. 그리고 이성 간에 서로 존중하며 배타심과 편견을 없애고, 서로 믿고 돕는 자세를 키워 주어야 한다. 성추행과 성폭력에 대처하는 방법도 가르쳐주어야 한다. 실제로 어린이 성추행과 폭행은 엘리베이터, 놀이터, 학원의 공중화장실 등 장소를 가리지 않고 발생하고 있다. 특히 엘리베이터 안에서의 추행은 그것으로 그치지 않고 옥상이나 지하실로 끌고가 성폭행으로까지 이어지는 사례가 많다. 게다가 유아나 아동들이 다니는 학원이 유흥음식점 등과 함께 있는 복합상가에 입주해 있는 경우가 많으므로 학원 화장실도 안전지대는 아니다. 성추행과 성폭행에서 자녀를 보호하자면 우선적으로 평소에 자연스런 성교육이 필요하다. 유아기 때부터 싫은 느낌이 무엇인지를 가르쳐 주고, 인형 등을 통해 내 몸의 소중한 곳은 아무나 만질 수 없다는 것을 가르쳐 주어야 한다.

특히 어린이, 유아의 성추행과 폭행은 다른 연령대보다도 친족, 동네사람 등 아는 사람에 의해 가장 많이 발생하는 만큼 잘 아는 사람이라도 싫은 느낌으로 접근하면 '싫어요'라고 분명히 말하도록 교육시킨다. 폭력이나 폭행은 어린이를 위협하여 유인하는 경우도 있지만, 상당수의 성추행, 성폭행 가해자들은 어린이가 저항하지 않을 것이라는 전제 하에 회유한다. 이때 어린이가 거부의 태도를 보이면 포기하는 사례가 많으므로 분명한 거절을 가르치는 것이 도움이 된다. 위험을 피하는 방법으로, 잘 모르는 사람과는 단 둘이서 차를 타는 것도 거절해라, 낯선 사람이 있을 때는 엘리베이터를 혼자 타지 말고 여러 사람과 함께 타라, 공중화장실을 이용할 때는 친구들이나 어른과 함께 가라, 모르는 사람이 과자나 아이스크림을 사주면 성폭력범이나 유괴범이기 때문에 따라가면 안 된다와 같이 구체적으로 일러 주어야 한다. 단, 모든 사람을 의심하는 습관은 갖지 않도록 지도해야 한다.

8.4.2 아동기

이 기간에는 신체 성장과 정신 발달의 폭이 넓어 생활주변에서 일어나는 여러 가지 사물이나 현상에 호기심을 느끼고, 주위 사람들의 행위에 대해서 관심을 가진다. 따라서 자기 자신의 신체적, 정신적 변화를 이해할 수 있는 지식과 거기에 적응할 수 있는 힘을 길러 주어야 한다. 저학년일 경우는 유아기의 연장선상에서 지도하고, 교육을 길게 할 필요는 없다. 왜냐하면 남는 것은 개념과 단어뿐이기 때문이다.

고학년이 되면 어른이라는 전제를 두고 교육에 들어간다. 이때부터 부모와 대화가 이루어지지 않으면 나중에 성에 대한 이야기를 할 수 없게 된다. 제2차 성징의 발현으로 오는 갑작스런 신체적 변화에 대한 불안과 두려움을 갖지 않도록 이해시킨다. 또한 생리적 현상(초등학교 때부터 초경이 있는 경우가 많으며 빠른 경우는 2학년 때부터 있고, 남자 아이의 경우 몽정이 5~6학년에 나타난다)에 대해서도 당황하지 않도록 설명을 해준다. 그와 같은 신체적, 생리적 변화는 건강하게 잘 자란 증거이고, 성장 과정 중에 나타나는 자연스런 현상이며, 부모 자신도 똑같은 현상을 경험했다는 사실을 말해 줌으로써 일체감을 갖게 한다. 그림이나 성교육 비디오 테이프 등을 활용하여 남녀의 신체적 차이를 확실하게 알려주며, 이성친구와의 교제와 결혼했을 때의 부부 관계는 어떻게 다른가를 알려준다. 여성에게 성폭행이나 장난을 치면 안 되는 이유를 설명해 주고, 남성에게는 재미있는 일일 수 있지만 여성에게는 고통이 될 수 있다는 점을 인식시켜 상대방을 존중하는 교육을 시켜야 한다. 여자 아이의 경우, 임신 중에 태아의 성장 과정이나 출산 과정도 이야기해 주며 여성으로써 보람 있는 일이라는 자부심을 느끼게 해 주어야 한다. 또한 성폭행이 무엇이며, 어떤 장소에서 어떻게 일어나고, 어떻게 피하는지와 평소의 몸가짐에 대해서도 교육을 시켜야 한다.

8.4.3 청소년기

흔히들 사춘기, 10대, 청소년 또는 틴에이저(teenager)라고 불리우는 이 시기의 청소년들은 새로운 고민, 즉 성과 관련된 고민을 하게 된다. 성에 대한 고민은 사춘기의 청소년들이 가지고 있는 가장 심각한 고민거리이다. 그럼에도 불구하고, 이런 고민에 대한 예방적 차원의 정책은 현재 매우 미비한 상태에 있다.

청소년들에게 성에 대한 정확한 지식을 제공하여 줄 수 있는 지식원이 매우 제한되어 있는데, 1997년 국내 한 기관에 의해 실시된 청소년의 성의식 실태조사 결과, 학교나 가정에서의 체계적인 성교육이 부족으로 인해 성에 대한 지식을 가장 많이 얻는 대상이 친구 및 선후배(36.6%), 잡지 등 성인용 매체(27%), 대중매체(19.1%) 등으로 나타났지만, 최근 몇 년동안 인터넷의 광범위한 보급 이후 중고생들의 성 지식 습득 통로로 인터넷이 가장 높은 비중을 차지하는 것으로 나타났다. 2006년 지방의 한 가정폭력상담소가 중고생 200명을 대상으로 조사한 결과에 따르면, 성 지식 습득 통로에 대해 인터넷이 37.5%(75명)으로 가장 많았고, 교육 33.5%(67명), 친구 17.5%(35명) 순으로 분석됐다. 인터넷은 무분별하고 왜곡된 성지식을 접하게 될 가능성이 많기 때문에 학교 내에서 구체적이고 체계적인 교육프로그램의 마련이 절실히 요구된다. 또한 성에 대한 호기심 많은 사춘기 청소년들이 성 정보를 또래로부터 얻는다는 것은 많은 문제점을 갖고 있는데, 그 이유는 또래끼리의 성정보는 대개 사실과 다르거나 과대 포장되어 호기심을 충족시키는 경우가 많기 때문이다. 대부분의 청소년들이 체계적인 성교육을 받지 못한 상태에서는, 또래끼리로부터 성정보를 제공받고 있는 청소년들이 과연 성에 관한 정확한 지식을 가질 수 있는지의 문제와, 또래끼리에게 성 정보를 제공하고 있는 청소년들은 과연 어디에서, 어떻게 얻었는가 하는 것이 문제로 등장하게 된다.

한국의 가족 문화와 학교 교육에서 실시되고 있는 성교육의 실태를 감안할 때, 또래에게 성 정보를 제공하고 있는 청소년들이 성에 관한 지식을 부모나 교사로부터 제공받았다고 보기는 힘들며, 주로 음성적인 방법, 즉 음란 서적, 음란 비디오 테이프, 컴퓨터 음란물 등을 통해 얻었다는 쉽게 짐작할 수 있다. 이와 같은 음란물들의 대부분은 여성을 색녀형으로 묘사하고 있다는 것에 또 다른 문제점이 내포되어 있다. 즉, 이러한 자료원으로부터 성 정보를 얻을 경우 성에 관련된 부분 중 특히 여성에 관한 잘못된 인식을 갖게 될 가능성이 매우 높을 뿐만 아니라, 이렇게 습득한 성지식이 또래집단에 유포될 경우, 다수의 청소년들이 왜곡된 성지식을 갖게 될 위험성은 더욱 커질 수 있다. 따라서 가능한 한 학교나 공인된 사회단체에서 발행되는 인쇄물이나 시청각 자료를 통하여 부모와 함께 진지하게 토론하고 대화하는 것이 바람직하다고 할 수 있다.

아직까지도 기성세대들은 청소년들이 가지고 있는 성에 관한 고민이 어느 정도 심각한지 인식하지 못하고 있으며, 게다가 그 사실을 무시하려 노력하고 있기도 하다. 그러나 청소년기는 생리적으로 성에 대한 욕구와 호기심, 모험심이 강한 데다 음란 비디오 테이프, 음란 서적, 컴퓨터 음란물 등을 통하여 성적자극을 쉽게 받는 환경에 놓여 있기 때문에 대안 없이 절대금욕 만을 요구하는 것은 현실성이 없다. 청소년기의 성교육은 광범위한 성지식을 과학적 차원에서 이해를 시킴과 동시에 윤리적 가치관과 인간적 생활관을 정립시키는 데 중점을 두고 교육시켜야 한다. 학교, 교회, 기타 양성화된 장소에서 어떤 활동을 통해 자연스럽게 건전한 이성교제를 할 수 있도록 해서 이성에 대한 호기심을 충족시켜 줌으로써, 성에 대한 정신적, 신체적 불안과 고민을 해소시킬 수 있도록 해야 한다. 그러기 위해서는 가정에서부터 성교육이 활성화되어야 한다. 올바른 성교육이 가정에서 이루어지기 위해서는 우선 부모 자신부터 정확한 성지식과 성에 대한 올바른 태도를 가져야 하며, 자녀와의 대화 방법과 성교육 기법 등도 습득할 필요가 있다. 성교육을 체계적으로 받지 못한 부모를 위한 다양한 성교육 프로그램이 각종 사회단체에서 실시되고 있으며, 관련 서적도 많이 출간되고 있다. 바람직한 부부의 애정 표현을 통하여 자연스럽게 자녀에게 남녀관계를 보여 주어야 한다. 사람은 태어나면서 성가치관, 성윤리관, 성행동, 성역할 등을 비롯하여 모든 언어, 습관, 행동을 부모로부터 배우게 된다. 매일 같이 부부싸움을 하거나 서로 존경하지 않는 가정에서 자라는 자녀는 성에 대하여 부정적인 생각을 가지게 되어 올바른 성교육이 이루어질 수가 없다. 부부가 서로 존중하며, 친밀감을 주고받는 모습, 인격적으로 동등하다는 것을 보여 주는 가정이야 말로 사춘기 청소년을 위한 가장 중요한 가정 성교육이 된다. 이런 모습이 자녀들에게 자연스럽게 보여질 때 그들은 성문제를 포함한 모든 고민을 부모와 상의할 것이다.

8.5 학교에서의 성교육

앞에서 언급한 각 나라의 학교 성교육과 비교하여 우리나라는 어떤 실정인가?

교과부가 발행한 제7차 중 교육 과정의 편성과 운영란에 보면, '국민공통기본교과 이외에도 다변화하는 시대적 변화와 물밀듯 밀려오는 지식정보와 사회적 요구는 이미 개설된 교과로는 모두 담아낼 수 없을 것이다. 이러한 내용들을 학교 교육에 적합하게 프로그램화하여 학생들이 배울 수 있도록 한 것이다. 민주 시민 교육, 인성 교육, 환경 교육, 경제 교육, 에너지 교육, 근로정신 함양 교육, 보건 교육, 안전 교육, 성교육, 소비자 교육, 진로 교육, 통일 교육, 한국 문화 정체성 교육, 국제 이해 교육, 해양 교육, 정보화 및 정보 윤리 교육 등과 같은 내용의 범교과적인 학습의 필요성이 꾸준히 요구되어 재량 활동을 통하여 중점적으로 지도하도록 한 것이다.'라고 되어 있다. 즉, 학교 교육에 대한 사회적 요구를 수용하기 위한 것이다.

제6차 교육 과정에서 성교육을 가정과 학교, 사회에 포괄적인 책임을 돌리는 정책이었지만, 제7차 교육 과정에 들어서 사회적 요구에 따라 학교 교육에서 집중 지도하는 방향으로 바뀌었다. 하지만 아직도 학교 성교육은 학교와 지역에 따라 많은 차이가 있다. 연간 15시간 정도의 성교육을 실시하도록 시달하는 교육청이 있는가 하면, 주당 6시간 이상씩 보건교육을 통하여 성교육을 실시하도록 되어 있는 곳도 있으며, 이런 규정이 아예 없는 곳도 있다.

이와 같이 성교육은 대개 학교의 재량에 맡겨져 있으므로, 각 학교는 대학 입시를 위한 지식교육에 급급한 나머지 정규 수업시간에 성교육을 배정하지 않고, 일반 교과 시간이 결강될 때 보건교사 등에 의하여 보충하는 정도로만 성교육이 진행되고 있다. 이런 상황에서 체계적인 성교육이 충실하게 실시되고 있는지, 그리고 과연 그와 같은 성교육의 효과가 기대한 수준에 미치고 있는지는 의문일 수밖에 없다.

또 다른 문제점은 성교육을 담당할 전공 교사가 턱없이 부족하다는 점이다. 보건교사는 아무리 규모가 큰 학교라도 1명뿐이고, 보건교사가 없는 학교도 35% 정도나 되어 교과부의 대책이 시급한 실정이다. 따라서 체계적이고 지속적인 성교육은 기대할 수 없다. 성교육의 내용도 학생들이 원하는 내용이 아니라 일반적인 성관련 지식(예로 생식기 구조, 생리현상, 임신, 낙태 등)에 그치고 있다. 교육 수요자인 청소년들은 성교육 시간에 성에 관한 지식보다는 건전한 이성교제에 관한 내용이 다루어지기를 요구하고 있으며, '학교 성교육은 너무 시시해요', '정자와 난자가 수정을 통하여 아이가 나온다는 것을 모르는 사람이 어디 있나요?', '좀 더 구체적으로 가르쳐 주었으면 좋겠습니다', '매일 그림으로만 설명하는데 사진으로 생생하게 보여 주면 안 됩니까?' 등 학교에서 가르쳐 주는 것은 이미 다 알고 있는 내용이라며 학교 성교육에 대한 불만이 많다. 비록 유럽이나 미국 등에는 미치지 못하지만 우리나라의 학교 성교육도 최근 몇 년 사이에 비약적으로 발전하고 있다.

1997년 3월 서울시 교육청은 국내 최초로 중학생용 성교육 교과서 『성과 행복』을 발간하여 서울시 내 모든 중학교에 배포하였는데, 이 서적은 시교육청 연구진을 비롯하여 의학,

사회학, 심리학 전문가와 여성계, 언론계 인사 18명이 1년에 걸쳐 심사숙고하여 제작한 성교육 지침서이다. 좀 과장하면 남녀칠세부동석의 수준을 벗어나지 못하던 보수적인 학교교육이 피임과 인공 임신중절, 몽정(wet dream)과 유정(spermatorrhea) 등의 개념을 그림까지 곁들여 교육할 수 있게 된 것이다. 비록 어린 여학생들의 출산이 잇따라 나타나는 현실을 타개하기 위하여 만든 책이기는 하지만, 이 책은 나이 많은 어른들이 보기에도 충격적일 정도로 솔직하게 꾸며져 있다. 110여 쪽 분량인 이 책은 1장 성의 개념, 2장 청소년기의 성, 3장 결혼·이혼·순결, 4장 임신·출산·피임, 5장 성문화와 성폭력, 성병 등 모두 5장으로 구성되어 있으며, 단원마다 연구문제를 제시하여 토론식 수업을 겸하도록 하였다. 이 책은 남녀의 생식기관이나 성충동 등 생물학적 문제뿐만 아니라 남녀간 성적 차이의 사회, 문화적 요인까지 보여주고 있다. 또한 미혼모 문제나 직장 내 성추행, 성도착증, 임신중절 등과 같이 지금까지 교육현장에서 알게 모르게 금기시되어 온 사안까지 다루고 있다. 그리고 유교적 성문화는 성을 금기시하면서도 남성들에게는 성적 방종까지 허용하는 이중적 성윤리관이라고 지적하는 등 잘못된 성의식과 성문화를 비판하고 있다. 50여 장의 원색 그림까지 활용한 이 책은 중학생을 대상으로 한 것이지만, 지도교사들의 활용 정도에 따라 초등학교부터 고등학교까지도 사용 가능하도록 만들어졌다. 또 정규 교과시간 이외에 학교 재량시간이나 수련활동 및 생활관 교육 프로그램을 통하여 연간 10시간 이상 학생들의 성교육을 담당할 수 있었다.

1997년 8월 교과부는 초중고학생들을 성폭력으로부터 보호하고 올바른 성윤리관을 확립하기 위하여 1998년부터 성교육 연구학교를 지정하였고, 교육방송(EBS)에서는 본격적인 성교육 프로그램을 방영하는 등 성교육을 강화하였다. 교과부는 이에 따라 초중고등학교별로 각각 1개교씩 총 3개교를 성교육 연구학교로 지정하여 운영하고 있으며, 15개 시도 교육청에도 연구학교를 지정하도록 권장하였다. 또한 모든 초중고학교는 성교육 전담부서 담당자를 지정하고, 교과, 특별활동, 학교재량시간 등을 이용해 집중적인 성교육을 실시하였다. 교과부는 체계적이고 지속적인 성교육을 위하여 1998년부터 매년 3백 명씩 성교육 담당교사를 선발하여, 성교육 및 성폭력 예방 등을 교육할 계획이라고 하였으나 현재까지 그 효과는 미비하다. 청소년들이 손쉽게 올바른 성교육을 받을 수 있도록 1998년부터 교육방송에서도 본격적인 성교육 프로그램이 신설되어 방송되고 있다. 또한 교과부는 매년 5월과 12월에 대대적인 성폭력 예방 캠페인을 벌이는 한편, 교육청, 교육연구원, 학교 등에서 자체적으로 다양한 성교육 교재를 개발하도록 권장하였다.

또한 1998년 3월 서울시 교육청은 자체 발간한 고등학교용 성교육 교과서『성과 행복』을 일선 고교에 배포, 수련활동 등의 시간을 활용해 연간 5~10시간의 체계적인 성교육을 실시하도록 하였다. '성충동은 창조적인 에너지의 일종이며, 마치 불과 같아서 선택에 따라 삶을 행복 또는 불행하게 할 수 있습니다', '순결은 여성에게만 요구되는 것이 아니며, 누구나 지켜야 할 보편적 당위입니다' 등은 이 책의 일부분이다. 이 고교생용 교과서는 1997년 3월 중학생용으로 만든『성과 행복』의 수준을 고교생에 맞게 한 단계 높인 것으로 일종의 속편인 셈이다. 이 책은 성의 개념, 성의 역할, 생식기관의 구조 및 기능, 성적 욕구, 임신 · 출산 · 임신중절 · 피임, 성폭력, 성병, 결혼, 올바른 성문화 등을 소재로 110여 쪽에 걸쳐 모두 5장으로 구성되어 있어 중학교용과 전체적인 틀은 유사하나 그 내용은 한층 더 구체적이며 파격적이었다. 예를 들어 '성기가 크거나 작다고 고민할 필요가 없다'며 생식기에 대한 올바른 생각을 심어주는가 하면, 콘돔 사용법을 알기 쉽게 그림으로 묘사하기도 하였다. 특히 성폭행 문제와 관련해서는 '먼저 현장에서 범인의 머리카락, 체모 등을 잘 보관하고, 24시간 이내에 몸을 씻지 않은 상태로 병원에 가서 정액 등의 증거 채취와 함께 임신 가능성에 대한 검사도 해야 한다' 등의 자세한 대처 방법을 서술하고 있다. 출산, 성병, 피임법 등에 대한 설명부터 성폭력 피해상담기관 소개에 이르기까지 성에 대한 정보가 자세히 기술되어 있으며, 성병과 임신 가능성 등에 대한 검사, 신체 부상에 대한 치료에 대해서도 언급하고 있다. 또한 각 단원마다 처녀막에 대한 잘못된 통념, 지나친 자위행위의 문제점, 동성 친구에 대해 신체적 접촉 욕구를 느낄 때의 조치법, 성폭력 피해자에게 제공될 수 있는 임신 예방법 등의 연구 문제를 제시하여 토론식 수업이 가능하게 하였다.

교과부는 1998년 11월 체계적인 학교 성교육 계획을 확립하기 위하여 자문기구로 성교육자문위원회를 발족시켰다. 이 위원회에서는 성교육 활성화를 위한 프로그램과 자료를 개발하고, 성교육이나 성폭력 예방교육 등의 실태 파악과 함께 학교 성교육 기본 정책을 세워 교과부에 건의하는 역할을 한다. 교과부는 이 위원회가 제시한 건의안을 토대로 초중고학교의 성교육과 성폭력 예방교육을 활성화시키는 동시에 교과부 홈페이지에 관련단체가 자료나 정보를 공유할 수 있도록 성교육 네트워크를 구축하여 보다 효율적인 성교육 시스템 구축에 힘쓰고 있다. 그 동안 성교육을 주도해 온 대한가족보건복지협회 부설 한국성문화연구소에서는 성전문가를 약 1,200여 명 정도 양성시켰고, 지금도 매년 약 500명의 현직교사에게 성교육 연수(일반연수과정 : 60시간)를 시키고 있는 중이다. 앞에서 소개한『성과 행복』은 여성의 순결을 강조하던 기존의 성교육에서 벗어나 피임법까지 소개함에 따라 일부에서는 파격적이란 평가를 듣기도 하였지만, 이는 어디까지나 기성세대의 반응이다. 과연 학생들도 그렇게 생각할까? 최근 한국여성민우회 부설 가족과 성 상담소가 남녀 중고등학생 1,000여 명을 대상으로, 학교 성교육에 대한 만족도를 조사한 결과, 불만족(79.9%), 만족(8%), 특히 여고생의 만족율은 가장 저조하여 전체 여고생의 3.4%만이 성교육 내용에 만족한다고 응답하였으며, 대부분의 학생들 반응은 '다 아는 이야기이고 시시한 이야기'였다. 만족하지 않는다고 응답한 이유에 대해서는, '뻔한 이야기(45.6%)', '성교육이 거의 이루어지지 않는다(27.4%)', '정말 궁금한 것은 가르쳐 주지 않는다(12.2%)', '구체적으로 가르치지 않는 채 뜬구름만 잡는다(11.7%)' 등으로 나타났다. 이쯤 되고 보면, 유아원, 유치원 및 각 학교에서는 어떻게 성교육을 할 것인가가 현실적인 문제로 대두된다. 2014년 '충청북도 중·고등학교 성평등교육 실태 및 활성화 방안 연구'에 의하면, 도내 212곳 중·고등학교에서 양성평등교육과 성폭력예방교육, 성매매예방교육, 성교육 등 4가지 교육 실태를 파악하기 위해 성 관련 교육담당의 교사를 상대로 벌인 설문조사 결과에서, 중·고교의 성관련 교육 60% 이상이 교과 수업과 연계하거나 특별수업으로 진행하는 것으로 나타났으며, 양성평등교육 담당자의 70% 이상이 성교육을 자신의 업무가 아니라고 생각하고 있었다. 성교육 담당교사의 절반 가량은 보건 과목 교사였고, 나머지는 과학과 수학 등 성교육과 무관한 과목 교사가 대부분이었다. 또한 설문조사 결과 양성평등교육 교사 44%는 성역할에 대해 고정관념을 갖고 있고, 성폭력 예방교육 교사의 13%는 성폭력 피해자도 책임이 있다고 인식하고 있다는 것에서 알 수 있듯이, 성 관련 교육을 담당하는 교사들의 전문성이 매우 부족한 실정이다. 이는 비단 충청북도만의 문제가 아니라 우리나라 성교육의 전반적인 실태라고 보여진다. 따라서 지금부터라도 성교육을 정규 과목으로 편성하고, 전문 인력을 확보해야 체계적인 교육이 가능할 것으로 보인다. 이와 더불어 관할 도청과 시·군 교육청이 연계 시스템을 구축하여 성 교육을 강화해야 된다고 본다.

8.5.1 유아기

이 연령기의 아동들은 모든 사물에 대해 궁금해 한다. 특히 인간의 출생이나 신체 상의 성적 차이, 성기 등에 관심을 보인다. 따라서 유아원 및 유치원의 성교육은 남자와 여자의 성적 차이를 설명하고, 이성 또는 동성간에 서로를 존중하는 습관을 길러 주어야 한다. 비슷한 연령 집단이지만 사고력이나 이해력, 신체적 발달이나 성적 발달에는 상당한 차이가 있을 수 있다. 교사들은 학생 수준에 맞게 개인 또는 집단적 교육을 실시해야 한다. 또한 성추행 및 성폭행에 대처하는 방법도 교육시켜야 한다. 한국성폭력상담소가 2009년에 조사한 결과에 따르면, 성폭력 피해자의 성별 분포로는 여성이 1,296건(96.9%), 남성이 42건(3.1%), 연령별 분포로는 성인 896건(66.9%), 청소년 216건(16.2%), 어린이 163건(12.2%), 유아 62건(4.6%), 미상 4건(0.1%)으로 나타났다. 성추행 및 성폭행에 대처하는 방법은 가정에서의 성교육에서도 언급한 바 있다.

8.5.2 초등학교

저학년에서는 남녀의 성별 의식이 분명해지고 성역할도 습득된다. 성이나 성적 차이점에 대한 관심도 높아지므로 남자 아이들은 여자 아이들의 치마 들추기 등 성적놀이를 하기도 하며, 남자는 남자끼리, 여자는 여자끼리 놀기도 하고 싸우기도 한다. 대한가족보건복지협회 부설 성문화연구소의 자료를 보면 초등학생 어린이 고민의 40.1%가 성 관련 문제였다. 또한 남자 어린이의 성상담 내용 중 가장 많은 것이 자위행위(25.8%)였으며, 이차성징에 따른 신체 변화(13.4%), 성충동(12.4%), 이성의 신체에 대한 궁금증(11.2%) 등으로 나타났다. 이처럼, 아이들은 이미 인터넷, 음란 서적 등을 통해 음란물을 본 경험이 있을 정도로 매우 앞서가는 데 비해 학교 교육은 아직도 기어가는 상태에 머물러 있는 실정이다. 불건전한 성지식이 음란물을 통해 그들에게 각인되기 전에 올바른 성지식이 자리잡도록 교육시켜야 한다. 고학년에서는 일반적으로 이차성징 나타나기 시작하므로 남녀의 성징과 심리적, 신체적 특성을 이해시켜야 한다. 성교육이라는 독립된 과목이 없는 현재의 교육과정 하에서는 각 교과목별로 성 관련 사항을 체계적으로 교육시킬 필요가 있다. 물론 초등학교에서도 성추행과 성폭력으로부터 벗어날 수 있는 방법과 사후에 취해야 할 태도를 지도시켜야 한다.

8.5.3 중 · 고등학교

10대 청소년기는 신체적 정신적으로 급변하는 시기이다. 신체적으로는 키가 갑자기 크고, 여드름이 생기거나 목소리가 변하며, 체모와 음모가 자라나며 체형도 바뀐다. 정신적으로는 이성에 대한 관심도가 커짐에 따라서, 이성과의 인간관계가 우정에서 이성애로 발전되고 행동면에서도 적극성을 띠게 된다. 그리고 주관의식이 강해져서 사물에 대한 비판력도 강하게 나타난다. 이와 같이 성인을 닮아 가는 현상을 교사와 기성세대는 잘 인정하지 않으려고 한다. 교사와 부모는 '학생은 공부만 해야지, 무슨 딴 생각을 하며, 그럴 시간이 어디 있느냐'는 생각인 데 비하여, 학생의 관심도는 의외로 다른 곳에 있다. 세대간 문제점의 출발점은 바로 여기에 있다. 청소년들의 가장 큰 고민은 학업 및 진로 문제가 아니라 성문제이며, 성고민의 내용도 아주 다양하다.

2002년 1~8월 한 지역의 청소년종합상담실 사이버 상담실적 결과 분석자료에 따르면, 총 626건 중 273건(43.6%)을 성문제인 것으로 조사됐다. 상담 2순위는 대인관계(93건.14.9%), 3순위는 성격문제(79건.12.6%)였다. 또 성상담의 경우 1순위는 성충동 및 자위행위(75건.27.5%), 2순위는 임신문제(45건.16.5%), 3위는 성기능 장애 및 성질환 문제(37건.13.6%)로 나타났다. 이와 같은 청소년의 고민을 외면한 채, 남학생과 여학생 간의 교제가 학생 신분에 어긋난다는 이유로 남녀교제를 문제로 삼는다면, 교사와 학생 간에는 성에 대한 문제뿐만 아니라, 교사와 부모들이 중요하다고 생각하는 학업 및 진로 문제에 대해서도 대화가 단절될 수 있다. 교사들은 학생들의 고민이 어디에 있으며, 문제점은 무엇인지를 잘 파악하여 상담하여야 할 것이다. 성교육의 내용도 생식기의 구조나 생리적 현상 및 이차성징은 물론 다음에서 언급할 학생들의 질문 유형을 참고로 하여 좀 더 구체적인 사항을 다루어야 한다. 성교육의 방법도 집단적인 방법, 소그룹별, 개인별 등으로 다양한 교육을 실시하는 것이 좋다.

집단적인 성교육 방법은 다수의 학생을 대상으로 강당이나 교실 같은 장소에서 성의 가치관, 윤리관 등에 대한 교육을 실시해야 하며, 성교육용 비디오 테이프 등 시청각 자료를 이용하여 청소년의 임신과 낙태에 대한 사례와 그 후유증, 낙태로 인한 본인의 신체적 위험성과 생명 경시 풍조 등을 교육시킨다. 성병의 사례와 후유증, 성폭력의 유형, 예방법 및 사후 조치 등에 대한 교육도 집단 교육에 필요한 사항이다. 4~5명의 소그룹별 성교육 방법은 학생들로 하여금 스스로 발표와 질문을 할 수 있도록 하는 방법이다. 여기서는 하나의 주제를 선택할 수도 있고, 자유 주제를 선택할 수도 있다. 교사는 학생들의 토론을 지켜보면서 다양한 자료를 토대로 분야별로 정확하게 설명하여 준다. 또한 소그룹별로 스포츠나 문화생활, 취미활동을 하게 함으로써, 성욕구에 대한 불만을 발산할 수 있도록 지도하는 것도 바람직한 방법이다.

개인별 성교육 방법은 주로 '상담 형식'이 좋다. 다른 사람에게 알리고 싶지 않은 개인의 성고민, 성문제일 경우가 많으므로 교사는 상황별로 사례별(case by case) 형태로 교육을 하는 것이 바람직하다. 우선 교사는 사제지간의 일체감을 학생에게 인식시켜 주어야 하며, 개인의 비밀은 절대적으로 지켜 주어야 한다. 그래야만 학생은 교사를 믿고 자신의 고민을 털어 놓으려 할 것이며, 교사를 통해 해결책을 찾으려 할 것이다. 위와 같은 성교육이 각급 학교에서 제대로 실시되려면, 우선 성교육 전공 교사의 확보와 독립된 정규 교과목으로 인정되어야 한다. 성교육 시간이 따로 정해져 있지 않아 여기저기서 '시간 동냥'을 해야 하고, 보건 과목이 1963년 폐지됐기 때문에 재량활동 시간이나 체육 등 관련 과목 시간을 빌어 더부살이하는 형편이다. 성교육이 제자리걸음만 하는 근본 원인은 성교육 시간 확보의 어려움인데, 정규 시간이 없어 다른 교사가 출장 가는 빈 시간 또는 관련 과목 시간을 활용하거나, 한 해 1~2회 정도 강당에 모여 진행하는 이벤트성 수업이 전부인 것이다. 또한 서울시 교육청에서 중학생용 성교육 교과서에 이어 고등학생용 성교육 교과서를 발간하여 성교육에 이용하고 있으나, 학생들은 만족하지 못하고 있기 때문에 학생의 요구 수준에 적합한 현실적 성교육 내용으로 수정, 보완할 필요가 있다. 즉, 앞에서 언급한 성교육 교과서가 다루는 내용보다 훨씬 더 구체적이고 다양한 사실을 알고 있는 청소년들을 지도할 수 있는 성교육 방법과 교재가 개발되어야 한다. 또한 유아용, 유치원용 및 초등학교의 성교육 교재도 국가 기관에서 개발, 발간하여 일선 교육기관에 배포할 필요가 있다. 아울러 학교에서는 각 가정과 연계하여 성교육을 실시할 수 있는 방법도 세워야 할 것이며, 부모들을 위한 성교육도 중요하다. 성교육을 체계적으로 받지 못한 학부모의 교육은 사회 교육기관에서 실시하여야 한다.

8.5.4 성에 대한 학생들의 질문 유형

학생들의 성의식은 이미 어른의 상상을 초월한 정도로 개방되어 있다. 부모와 교사는 그들이 고민하고 궁금해 하는 사항을 먼저 알아야만 적절한 답변과 대응을 할 수 있을 것이다. 성과 관련된 학생들의 다양한 질문 유형을 정리한 것이 표 8-1이다.

[표 8-1] 성에 대한 학생들의 질문 유형

고환이 한 개 뿐이예요
남성 생식기의 구조와 기능에 대하여 알고 싶어요
대하가 많고 심한 악취가 나는데…
뚱뚱해서 신경이 쓰여요
몽정과 유정에 대하여 궁금해요
무모증이어서 고민
배란주기를 몰라요
성전환수술을 하고 싶은데…
소음순이 대음순보다 길어요
여성의 외부 생식기와 내부 생식기의 구조와 기능은?
여고생인데 성경험 후 육체 변화가 나타나서 걱정
생리기에 출혈 아닌 다른 분비물이 나와서 고민
생리할 때 주의할 점은?
생리전증후군에 대하여 알고 싶어요
생리주기가 아닌데 출혈이 있어요
유두가 함몰되어 있어 걱정
유방이 거의 절벽이어서 고민
유방이 너무 커요
유방이 늘어나면…

유방이 짝짝이어서 고민
음경이 너무 작아서 고민
음모가 너무 길고 많아 걱정
응급 피임약의 사용법은?
자위를 심하게 하면 처녀막이 손상될 수 있나요
친구가 반음양인데 어떻게 하나요
친구도 애인도 못생겼다고 저를 버려요
자위를 하면 성기가 커지나요
자위를 하면 왜 성기가 아플까요
자위를 하면 정말 키가 크지 않나요
종아리가 굵어서 몹시 고민
남자친구를 어머니가 반대해요
내가 사귀고 있는 오빠에게 친구가 관심을 보여서 걱정
담임 선생님을 사랑해도 되나요
성적과 이성교제를 병행할 수는 없을까요
연정을 품고 있는 동성의 여선생님이 저를 멀리하는데…
남자 친구가 다른 사람과 사귀면 어떻게 해야 되나요
좋아하는 사람에게서 응답이 없어요
좋아하는 오빠가 동시에 다른 친구와 사귀고 있어요
후배 남학생이 이성으로 다가와 고민
교제 중 임신을 하였는데 어떻게 해야 되나요
근친상간은 무엇인지요
동성연애에 대하여 알고 싶어요
사귀는 이성과 신체적 접촉을 하고 싶은데…
성적 요구에 대처하는 방법은?
사귀던 오빠에게 순결을 주었는데 갑자기 변심하여 고민
생리가 없는데 임신이 아닐까요?
피임방법을 알려 주세요
성관계 사후에 따를 수 있는 아픔은?
성폭력을 당해 처녀성을 상실한 것 때문에 고민
오랄 섹스는 어떻게 하나요
이성교제 시 성관계를 해도 되나요
인공 유산을 시키는 방법과 절차 및 후유증은?

8.6 대학생의 성 실태

8.6.1 대학생의 성태도 및 성평등의식

2011년 이화여자대학교와 한국건강증진재단에서 발간한「대학생 성태도 실태조사」에 의하면, 지역별, 대학별, 남녀 대학생 6,000명을 선정하여 대학생의 성태도 및 성적 자율성을 조사한 결과, 그리고 성지식을 측정한 결과에서 성병의 전파경로와 증상에 대한 내용과 임신생리, 성폭력에 대한 정답률이 다른 항목에 비해 현저하게 낮았다. 일반적인 특성에 따른 성지식은 성별, 지역, 대학 종류, 전공, 병역 여부에 따라 차이가 있었다. 성 관련 태도는 성의식, 성행위, 순결, 이중적 성 가치관, 음란 매체, 성에 대한 미신에 대한 항목을 조사하였으며, 성별, 지역, 대학 종류, 전공에 따라 차이가 있었다. 성행동은 이성교제, 키스나 포옹, 포르노 잡지/비디오 접촉, 자위행위, 패팅, 구강성교, 음란대화, 항문성교, 동성성교 순으로 빈도가 높게 나타났다. 대학생의 성경험을 조사한 결과, 남학생은 50.8%, 여학생은 19.0%가 성교 경험이 있었으며, 빈도는 남녀 모두 '비정기적으로 총 5회 이상 10회 미만'이 가장 많았다. 성적욕구는 남녀 모두 '취미나 운동으로 해소'하고 있었다. 성교를 하게 된 동기는 '사랑하기 때문에'가 가장 많았고, 성교를 주로 하는 곳은 남학생은 '여관', 여학생은 '본인(상대방)집'이 가장 많았다. 피임 실천 비율은 '항상 한다'가 57.9%였으며, 남녀 모두 가장 많이 사용하는 방법은 콘돔이었다. 성교통 등 성교 시의 불편감은 남학생의 경우 11.9%, 여학생의 경우 24.4%로 남학생에 비해 여학생이 현저히 높았으며, 성병 경험자는 남학생의 4.4%, 여학생의 2.2%였다. 방광염 경험자는 남학생의 2.5%, 여학생의 4.9%였으며, 생식기 피부질환 경험자는 남학생의 7.0%, 여학생의 7.3%였다. 성행위 보조기구 사용경험자는 남학생은 12.1%, 여학생은 5.9%였다. 성교 경험자 중 낙태경험자는 8.6%이었다. 낙태로 인한 합병증 발생 빈도는 32.7%였고, 가장 많이 발생한 합병증은 출혈(30.3%)이었다.

대학생의 성교육 관련 실태 및 요구도를 조사한 결과, 초등학교, 중학교, 고등학교 때는 대부분 성교육을 받은 경험이 있었으나 대학교 때의 성교육 경험은 20.3%로 비교적 저조한 편이었다. 성관련 강좌 참여 희망도에 대해서는 33.6%의 대학생이 참여하겠다고 하였다. 가장 희망하는 성교육 실시 방법은 '특별강의(30.3%)'였다. 마지막으로 생식건강 위해요인에 대한 조사 결과, 25.8%가 흡연을 하고 있었으며, 72.2%는 음주를 하고 있었다. 대학생의 사이버섹스 중독 실태를 조사한 결과, 비교적 중증이라고 판단되는 중독집단은 전체의 14.3%, 초기 중독집단은 20.0%로 중독 상태인 학생이 34.3%로 나타났다. 대학생의 혼전동거에 대한 태도 실태를 조사한 결과, 전체 응답자 중 10.6%가 허용적인 태도를 가진 것으로 나타났고, 동거 경험 집단과 비경험 집단 간의 성태도는 유의한 차이가 없었다.

8.6.2 대학 내 성희롱·성폭력 실태

대학 내 성희롱은 교수와 제자 간, 선후배 간의 성희롱은 사업주와 근로자 간의 직장 내 성희롱이 아니기 때문에 성희롱 관련법의 적용대상이 아닐 수 있다. 그러므로 대학생으로서 성희롱 가해자를 처벌하고자 한다면 교내 인권센터나 성희롱·성폭력상담소를 이용하는 것이 좋다. 각 학교에서는 성희롱에 대한 학내 규정을 별도로 마련해 징계의 근거로 두고 있다.

국내에서 캠퍼스 성희롱이 부각된 계기는 1993년 서울대 신 모 교수의 조교 성희롱 사건이었다. 이 사건은 우리 사회에 성희롱이라는 개념에 대한 경각심을 일깨운 우리나라 최초의 성희롱 민사소송사건이었다. 우 모 조교는 화학과에서 기기 담당 조교로 일하며 지속적으로 신 모 교수로부터 업무상 불필요한 고의적 신체접촉을 당했다. 우 조교는 불쾌감을 드러내자 신 교수는 우 조교를 재임용에서 탈락시켰다. 우 조교가 학교 당국에 진정서를 제기하고 대자보를 붙였지만 아무런 조치도 없자 사건은 법정으로 가게 됐고 신 교수가 우 조교에게 5백만 원을 배상하라는 판결로 마무리됐다. 2011년 5월 '고려대 의대생 성추행 사건'에 이어 2013년에는 '고려대 19명 성추행 사건', '육사생도 성폭행 사건' 등이 알려져 대학 내 성희롱·성폭력이 사회문제로 떠올랐다.

지금도 전국의 대학에서 성희롱 · 성폭력은 여전하며 오히려 증가하고 있다. 2019년 국가인권위원회가 발간한 '대학교 성희롱 · 성폭력 실태조사'에 따르면 각 대학 성희롱·성폭력 상담 사건은 2016년에는 평균 1.2건에서 2018년 평균 2.3건으로 상승했으며, 대학에서 접수 · 처리된 성희롱 · 성폭력 사건 또한 2016년 0.6건에서 2018년 평균 1.4건으로 지속적으로 상승했다.

2018년 서울시 여성가족재단에서 실시한 서울시 소재 대학에 재학 중인 남녀 대학생 1,000명을 대상으로 조사한 「대학생 성평등의식 및 성평등교육 실태조사」에 의하면, 대학생들이 경험하는 성차별 경험은 모든 분야에서 여성이 남성보다 높게 나타나고 있으며, 여자 대학생의 45.2%는 성희롱을 경험하였고 남성은 응답자의 11.7%가 성희롱 경험이 있다고 응답하였다. 또한 성폭력 피해 경험으로는 지난 1년 동안 전체 응답자의 30.3%가 대학

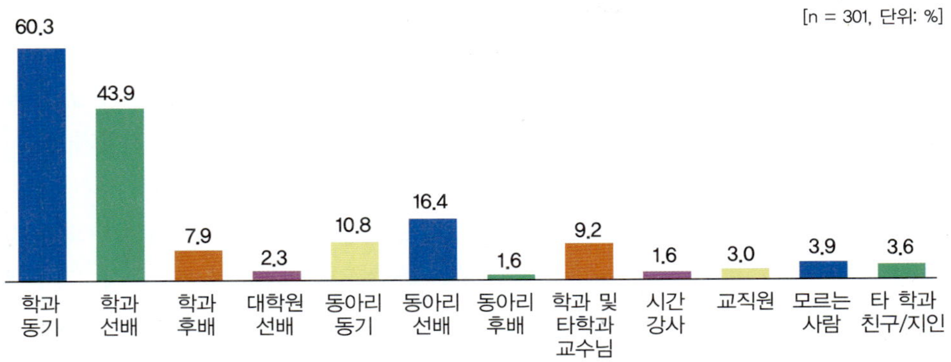

[그림 8-4] 성폭력 가해자 유형(중복응답)

출처 : 대학생 성평등의식 및 성평등교육 실태조사 (2018, 서울시 여성가족재단)

내에서 한 번 이상 성폭력 피해를 경험하였으며, 평균 피해 횟수는 2.5회였다. 성폭력 피해 유형은 가벼운 신체 접촉(18.8%), 외모에 대한 성적 비유나 품평·별명 사용(18.6%), 가벼운 성적 농담(18.2%)이 높은 비중을 보이고 있으며, 본인이 원하지 않는 성관계 요구도 1.6%를 차지하고 있다.

성폭력 가해자는 학과 동기(60.3%), 학과 선배(43.9%), 동아리 선배(16.4%), 동아리 동기(10.8%), 학과 및 타학과 교수(9.2%), 학과 후배(7.9%) 순이었다.

한편, 성폭력 피해 시 행위자에게 거부의사를 분명히 밝힌 응답자는 42.6%에 그쳤고, '당황하여 가만히 있었고 이후에도 문제 제기를 하지 않았다'는 응답자가 48.9%로 높았다. 성별 대응 유형을 살펴보면, 행위자에게 거부의사를 밝힌 응답자는 여성이 46.0%, 남성은 35.1%였다. 반면, '당황하여 가만히 있었고 이후에도 문제 제기를 하지 않았다'는 응답자는 여성이 44.5%, 남성은 58.5%로 남성이 여성 보다 적극적으로 대응하지 못했다. 성폭력 피해 시 적극적으로 대응하지 못하는 이유는 어떤 행동을 해도 소용이 없을 것 같아서(32.0%)가 가장 많았으며, 당시에는 성폭력인지 몰라서(21.1%), 어떻게 해야 할지 알지 못해서(17.1%) 순이었다. 이러한 피해를 당했을 때 대학 내에 있는 성폭력상담소를 이용한 경험이 있는 학생은 1.3%에 불과하여, 대부분 학생들이 성폭력상담소를 이용한 경험이 없는 것으로 나타났다. 이처럼 대학내 성희롱·성폭력은 교수, 직원, 조교, 학생 간의 모든 인간관계에서 발생할 수 있지만, 이를 외부에 알려 실질적인 절차를 밟는 경우는 드물다.

8.6.3 대학 성희롱 · 성폭력의 특성

대학에서 발생하는 성희롱 · 성폭력 양상의 특성을 살펴보면 다음과 같다. 첫째, 대학의 성희롱 · 성폭력은 권력관계에 기반하여 일어나는 경우가 많기에 문제제기 자체가 힘든 경우가 많다. 대학 내 구성원은 교원, 직원, 학생 등 다양하며 성희롱 · 성폭력 사건 양상 또한 복잡한데, 노동권과 교육권, 즉 교육할 권리와 교육받을 권리의 침해가 동반되는 경우가 많다. 대학 내 사제 간, 선 · 후배 간, 동급생 간 다양한 관계에서 발생하는 성희롱 · 성폭력은 관계 내 존재하는 위계와 힘의 영향력 또는 친밀함으로 인해 공식적으로 문제제기하기 어려운 경우가 많다.

둘째, 2차 피해가 발생하기 쉽다. 행위 당사자의 영향으로 인해 피해자가 학업과 진로에서 불이익 또는 불편함을 겪는 경우가 있고, 대학 전공 분야 내 대인관계가 매우 한정적이고 긴밀하게 연결되어 있기 때문에 학업과 진로, 즉 학위 취득 및 취업, 연구 활동 등에서 오랜 기간 큰 영향을 받을 수 있다. 사건 발생 및 당사자 개인 신상이 주변에 알려지거나 소문이 나게 되는 경우, 피해자가 받게 되는 심리적 압박감과 대인관계의 어려움 그리고 학업 및 진로에서 상당한 고충을 겪게 되는 2차 피해 발생 가능성이 있다. 2차 피해는 주변인들이 사건 발생에 대해 부정적인 입장을 보이면서 은폐 · 축소하려 하거나 피해자를 탓하거나 피해호소 자체를 의심하며, 가해 행위자를 옹호하거나 사건 자체를 근본적으로 해결하려 하기보다 피해자에게 화해를 종용하는 것과 같은 형태로 발생하는 경우가 많다.

8.6.4 대학 성희롱 · 성폭력의 동향

대학에서 발생하는 성희롱 · 성폭력의 최근 동향은 첫째, 미투 운동의 영향으로 성희롱 · 성폭력 사건 신고가 증가하고 있다. 2018년 초 미투(#MeToo) 운동의 시작으로 인해 우리나라 각계각층에서 성희롱 · 성폭력 피해를 경험한 당사자들이 자신의 피해 경험을 공개적으로 직접 이야기하기 시작했다. 대학에서도 미투 운동이 활발히 전개되었고, 피해자를 지지하는 의미를 담은 위드유(#WithYou)의 일환으로 피해자와 연대하는 적극적인 지지 활동이 이어졌다. 특히, 위계관계의 교수–학생 간 성희롱 · 성폭력 사건에 대해 학생들이 연대하면서 가해 행위자를 규탄하는 것은 물론, 대학 내 성평등한 문화 조성의 필요성을 강조하는 실천적 활동을 위해 이어가고 있다.

둘째, 피해자가 다수인 사건이 증가하고 있다. 미투 이전, 대학에 신고되는 성희롱 · 성폭력 사건의 양상은 1:1 관계에서 발생하는 개인 간의 피해자 1인 사건으로 특정되는 경우가 많았으나, 미투 이후에는 피해자가 다수이고, 비교적 오래전에 발생한 사건의 신고 건수가 늘어나는 추세이다.

셋째, 온라인 커뮤니티 SNS에 공론화하는 경우가 많다. 미투 운동은 소셜 네트워크의 전파력이 기폭제가 되어 짧은 시간 안에 많은 사람들에게 문제의식을 불러 일으키고, 개선을 위한 뜻을 모을 수 있었다. 학생들은 수업시간 중 교수가 발언한 내용이 성차별 · 성희롱에 해당된다고 여겨지는 경우, 이를 즉각적으로 SNS에 공론화하고, 대학 내 익명 커뮤니티를 통해 해당 사실의 문제점을 공유하는 경우가 많아졌다.

넷째, 성희롱 · 성폭력 사건 신고접수 경로가 다양해졌다. 사법기관, 국가인권위원회, 여성가족부 및 고용노동부 등 국가기관은 물론, 교육부 온라인 성희롱 · 성폭력 신고센터에 진정하는 등 교내 성희롱 · 성폭력 업무 전담 기구가 아닌 외부기관으로 신고접수하는 경우도 증가했다. 그와 동시에 성폭력 범죄행위에 대한 형사고소와 손해배상을 위한 민사소송이나 가해 행위자의 무고 주장에 따른 맞고소와 명예훼손 형사 소송, 가해 행위자가 사법처리 과정에서 증거 불충분으로 인하여 혐의 없음 처분을 받는 경우 학교를 상대로 징계처분에 대한 가처분 및 취소 소송을 제기하는 등 법적 소송이 증가하는 추세이다.

다섯째, 디지털 성폭력이 증가하고 있다. 디지털 성폭력이란 디지털 기기 및 정보통신기술을 매개로 온 · 오프라인 상에서 발생하는 젠더 기반 폭력을 말한다. 대학 내 화장실, 도서관, 강의실, 기숙사, 학교 주변 공공장소, 등 · 하교 시 대중교통 등에서 불특정 다수에 대한 불법촬영이 증가하고 있다. 또한 SNS 단체 대화방에서 외모 평가, 음담패설, 성적인 함의가 담긴 컨텐츠, 즉 불법촬영 사진 또는 동영상 등을 공유하는 경우도 증가하고 있으며, 연인 사이에 동의하거나 혹은 동의 없이 촬영한 성적인 내용의 사진 및 영상물을 이별 후에 상대방의 동의 없이 해당 촬영물을 온라인에 유포하겠다고 협박하는 등 다양한 형태의 디지털 성폭력이 증가하고 있다.

8.6.5 성희롱 · 성폭력 처리 규정과 상담소에 대한 인식

성희롱 · 성폭력을 당했다면 피해자는 세 가지 방법으로 대처할 수 있다. 첫 번째는 개인적으로 가해자를 만나 해결하는 방법이다. 한국성폭력상담소는 가해자를 만나기 전 가해자에게 물질적 보상, 사과 등 무엇을 요구할 것인지 미리 생각해 두기를 권한다. 동아리나 학과에서 발생한 일이라면 소속 집단 내에서의 징계를 요구할 수도 있다. 가해자를 만날 때는 대화를 녹음하는 것이 좋다. 성폭력의 경우 목격자나 증거를 확보하기 어렵기 때문에 가해자가 가해를 시인하는 내용이나 당시 정황을 설명하는 말을 잘 수집해 두어야 한다.

민형사상 소송 없이 가해자와 합의서를 작성한다면, 1) 피해자와 가해자의 인적사항, 2) 육하원칙에 따른 구체적인 피해 사실, 3) 피해자 요구 사항, 4) 요구를 이행하지 않았을 때의 조치, 5) 날짜 등을 적은 후 서명하면 된다. 만약 가해자를 개인적으로 만나는 것이 싫어 외부의 도움을 얻고 싶은 경우, 대학생이 취할 수 있는 가장 좋은 방법은 각 대학에 설치되어 있는 성희롱·성폭력 상담소를 이용하는 것이다. 2019년 '대학 성희롱 · 성폭력 실태조사'에 따르면 전국 381개 대학 중 거의 대부분(98%)의 대학이 성희롱·성폭력 관련 규정을 제정하여 절차를 운영하고 있으므로, 대학 내 인권센터나 성희롱·성폭력 상담기구 및 학생상담센터 부설 성폭력상담실에 도움을 요청한다.

CHAPTER

9 성폭력 및 성희롱

9.1 성폭력

9.1.1 개념

“성폭력(性暴力)”이란 개인의 성적 자율권을 침해하는 정신적, 언어적, 신체적 폭력으로 상대방의 동의 없이 강제적으로 성적인 행위를 하도록 강요하는 폭력행위를 말한다. 영어로는 sexual assault, rape, sexual harassment 등의 용어를 사용하는데, sexual assault(성폭력)는 성희롱이나 성추행, 성폭행 등을 모두 포괄하는 개념으로 ‘성을 매개로 상대방의 의사에 반해 이뤄지는 모든 가해행위’를 뜻한다. rape(성폭행)는 강간과 강간미수를 포함하는 행위로 상대의 동의 없이 성관계를 강요하는 것을 말한다. sexual harassment는 성희롱과 성추행을 포함하는 성적 괴롭힘을 뜻하며, 좀 더 포괄적으로 사용된다.

우리나라에서도 성폭력과 성희롱을 구분하지 않고 성폭력을 넓은 의미로 사용하여 성희롱이 성폭력에 포함되어 정의하기도 한다. 즉, ‘성폭력’을 ‘성범죄행위를 구성하는 여부와 관계없이 상대방의 성적 자기결정권을 침해하거나 성적 수치심 또는 혐오감을 일으키는 일체의 행위’를 지칭하기도 한다.

반면, 성폭력 범죄는 형법 및 「성폭력범죄의 처벌 등에 관한 특례법(약칭: 성폭력처벌법)」과 「아동·청소년의 성보호에 관한 법률」에 의해 형사 처벌되며 폭행이나 협박, 위계, 위력 등을 사용하여 상대방의 자기결정권을 침해하는 모든 성적 행위로서 강간, 강제추행, 공중밀집장소에서의 추행, 카메라 등을 이용한 촬영 등을 말한다.

한편, 성폭력 범죄의 피해자가 미성년자일 경우 「아동·청소년의 성보호에 관한 법률(약칭: 청소년성보호법)」에 의거, 기관장과 그 종사자는 직무상 19세 미만의 미성년자를 대상으로 한 성범죄의 발생 사실을 알게 된 때에는 즉시 수사기관에 신고해야 하는 의무가 있다. 청소년성보호법은 대상 피해자가 19세 미만일 경우 적용되며 단, 19세에 도달하는 연도의 1월 1일을 맞이한 자는 제외대상이나 대학 1학년은 본 법령의 적용대상자가 될 수 있다.

9.1.2 성폭력의 종류와 개념

(1) 강간

강간이란 상대방의 반항을 불가능하게 하고 상대방을 현저히 곤란하게 할 수 있는 폭행과 협박으로 상대방을 간음하는 행위와 13세 미만의 아동을 간음했을 때는 폭력을 수단으로 하지 않았어도 강간죄가 성립한다. '성폭력범죄의 처벌 등에 관한 특례법'의 적용을 받는 모든 성폭력 범죄들은 비친고죄로서, 피해자의 고소가 없어도 처벌이 가능하다.

(2) 특수강간

특정범죄 가중처벌법상의 범죄로, 흉기를 휴대한 가해자나 2인 이상의 가해자가 강간죄나 강제추행죄, 준강간죄, 준강제추행죄를 범하거나 범하려 시도(미수)하는 경우를 가리킨다. 이와 같은 경우 피해자를 치사 혹은 치상한 경우 무기 또는 5년 이상의 징역에 처한다.

(3) 강제추행

폭행, 협박으로 사람을 추행하여 개인의 성적 자기결정의 자유를 침해하는 행위로서 10년 이하의 징역 또는 1500만 원 이하의 벌금에 처한다. 행위 객체는 남녀노소·혼인 여부를 묻지 않으며 행위주체는 남녀 모두가 될 수 있다.

(4) 성희롱

직장 등에서 상대방의 의사에 반하는 성과 관련된 언동으로 불쾌하고 굴욕적인 느낌을 주거나 고용상의 불이익 등 유무형의 피해를 주는 행위가 여기에 해당된다. 직접적인 신체 접촉뿐만 아니라 음란한 농담이나 음담패설, 성적 관계를 강요하거나 회유하는 행위, 외설적인 사진이나 그림·낙서·출판물 등을 직접 보여주거나 통신 매체를 통해 보내는 행위 등도 포함되며 처벌은 행위의 정도에 따라 매우 다양하다.

9.1.3 성폭력의 발생 원인

(1) 성차별적인 사회 구조

우리 사회는 여성이나 어린이를 남성이나 어른보다 약하고 낮은 존재라고 여기고 있다. 가정이나 직장, 학교 등등 수많은 공간에서 여성–남성, 어린이–어른 간에 지배–복종의 위계관계가 발생한다. 이는 보다 낮은 위치에 놓인 사람을 함부로 대해도 괜찮다는 잘못된 생각을 낳으며, 이로 인해 여성들은 남성들의 성적 폭력에 쉽게 노출된다. 이렇듯 성차별적인 사회 분위기는 남성의 성폭력을 방관하고 허용할 뿐만 아니라 부추기기까지 하며, 성폭력을 한 가해자에게 면죄부를 주기까지 한다.

(2) 왜곡된 성문화

한 살이라도 더 어린 여성을 옆에 앉히고 술을 마시려는 남자들과 그것을 부추기는 향락 · 퇴폐 문화, 건전한 성관계보다 변태적인 성행위를 더 좋은 것처럼 보여주는 음란물, 여성의 가치를 오직 '성'으로만 다루는 광고와 영화 등 왜곡된 성문화는 여성을 성적 대상, 성폭력의 대상으로 만든다.

(3) 의사소통의 불일치

우리 사회에는 여성과 남성의 성에 대한 태도를 서로 다른 잣대로 평가한다. 여성은 성에 무지하고 소극적이어야 하지만, 남성은 성에 적극적이고 과장된 표현을 해도 괜찮다고 (혹은 그래야 더 '남성답다'고) 생각한다. 이와 같은 문화 속에서는 여성과 남성이 성에 대해 원활한 의사소통을 할 수 없다. 성폭력이라는 극심한 위기 상황에서 여성이 "싫다"거나 "안된다"고 의사표현을 해도 이를 긍정적 대답의 완곡한 표현으로 받아들여 성폭력을 행하는 남성들이 생겨나는 것이다.

(4) 성교육의 부재

온 가족이 함께 텔레비전을 보다가 조금만 야한 장면이 나오면 얼굴을 붉히고 쑥스러워하고, 학교에서는 남녀의 신체 구조나 생리적 현상 등 생물학적 성지식을 전달하는 것을 성교육이라는 이름으로 실시하고 있는 것이 우리의 현실이다. 이런 현실 속에서는 성에 대한 가치나 성적 행동에 대해 생각하고 고민해 보는 열린 교육이 이루어질 수 없다. 제대로 된 성교육 대신 포르노 비디오나 잡지 등에서 보여주는 과장되고 가학적인 성적 표현과 또래 집단 사이의 잘못된 성지식을 여과 없이 받아들인 많은 청소년들은 죄의식조차 느끼지 못한 채 성폭력을 저지르게 된다.

(5) 성폭력에 대한 사법계의 인식 부족

많은 피해자들이 경찰이나 검찰의 조사 과정에서 남성의 입장에서 사건을 바라보고 처리하는 형사나 경찰로 인해 자신이 죄인인 것 같은 느낌을 받는다. 사법계에서는 여전히 성폭력에 대한 잘못된 통념들을 수용하고 있어서 그들이 주는 2차 피해로 인해 많은 피해자들이 고소를 아예 하지 못하거나, 고소를 해 놓고도 취하하는 경우가 많다. 결국 이러한 사법계의 인식 부족 때문에 피해자들이 피해 사실을 은폐하거나 법정 과정을 포기하게 됨에 따라, 가해자는 아무런 처벌도 받지 않게 된다. 오히려 재범을 저지르는 가해자가 늘어나게 되는 것이다.

9.1.4 성폭력의 실태 및 유형

(1) 어린이 성폭력

어린이 성폭력이란 만 13세 미만의 어린이에게 가해지는 성폭력을 말하며 '아동 성학대(child sexual abuse)'라는 전문 용어로 정의되기도 한다. 어린이 성폭력의 약 80%는 아는 사람에 의해서 발생한다. 아는 사람은 두 가지 유형으로 나눌 수 있는데, 첫 번째는 친부나 의부, 삼촌, 이모부, 할아버지 등 혈족 혹은 인척에 의해 일어나는 것으로 친족 성폭력이라고 한다. 또 다른 유형은 교사나 교직원, 유치원 원장, 통학버스 기사, 이웃 사람, 아파트 경비 등 일상생활에서 접촉하기 쉬운 사람들에 의해 일어난다. 많은 가해자들은 자신의 성폭력 사실을 비밀로 지키라며 회유하거나 과장된 협박을 한다. 또한 어린이들은 자신이 당한 피해가 성폭력이라는 것을 곧바로 인식하는 데 어려움을 겪는다. 그런 까닭에 어린이 성폭력은 금방 드러나지 않는 경우가 많으므로 어린이가 공포심을 갖는다거나, 혼자 자는 것을 두려워한다거나, 성기 등에서 아파하는 일이 생기면 주의깊게 관찰하고 성폭력 피해가 있는 것은 아닌지 의심해 보아야 한다.

(2) 청소년 성폭력

청소년 성폭력이란 만 13세 이상 19세 이하의 청소년에게 발생하는 성폭력을 의미한다. 청소년 성폭력의 경우, 어린이나 성인의 성폭력 피해에 비해 윤간이나 강도강간 등 특수강간의 비율이 높다. 남성 피해자도 상당수 있는 것으로 보고되고 있다. 이는 청소년들이 학교 폭력배나 불량배 등의 집단 폭행, 강도, 흉기 사용, 침입 등의 주요 표적이 되고 있기 때문이다. 또한 다른 연령층과 비교하여 친족 내의 피해, 선배나 동급생에 의한 피해, 교사나 강사 등에 의한 피해의 비율이 높게 나타나고 있다. 어린이 성폭력은 폭력 사용 여부, 동의 여부, 저항 여부와 무관하게 범죄로 취급되어 엄한 처벌을 받지만 청소년 성폭력의 경우에는 때때로 동의된 성관계로 오인받기도 하고, 피해자에 대한 비난 여론이 형성되기도 한다. 이는 현재의 청소년들이 성에 대해 개방적이고, 자발적이며, 어느 정도의 판단 능력과 방어 능력이 있다는 이중적 통념이 있기 때문이다.

(3) 남성 성폭력

남성들은 성폭력 피해를 입었을 때, 그로 인한 분노와 고통에도 불구하고 '남성인 자신이 성폭력 피해를 입었다'는 사실에 대한 수치심으로 힘들어 한다. 그러나 한편으로는 "내가 여자도 아닌데, 별일 아니다"라는 식으로 자신의 힘든 감정을 외면하려고 하는 경우도 많다. 그렇지만 어떤 피해자도 수치스러워하고 부끄러워할 이유는 없다. 또한 자신이 입은 피해에 대해 정당하게 문제를 제기하는 것을 부적절하거나 남자답지 못한 것이라고 생각하지 않아야 할 것이다. 자신의 잘못으로, 자신에게 문제가 있어서 피해를 입는 것이 아니므로 스스로를 책망하기보다는 자신의 감정을 솔직하게 인정하고, 피해로 인한 감정과 고통을 극복할 힘이 자신에게 존재한다는 것을 믿는 것은 큰 도움이 될 수 있다.

(4) 동성 간 성폭력

대부분의 성폭력 가해는 남성이 여성에게, 상급자가 하급자에게, 연장자가 연하에게 가하는 등 지배적 권력 구조와 깊은 관련을 맺고 있기 때문에 동성 간에는 성폭력이 일어나지 않을 것이라고 생각한다. 성폭력이냐 아니냐를 판단하는 기준은 상대반의 의사에 반했는지의 여부이지 성별과 성정체성이 아니라는 사실을 먼저 이해해야 한다. 성별과 성정체성은 구체적으로 사건을 이해하고 지원하는 데 도움을 줄 수 있는 것이지 성폭력 여부를 판단하는 기준이 되지는 않는다. 또한 피해자가 동성애자이고 그것을 빌미로 가해자가 협박할 경우, 피해자는 경찰이나 가족의 도움을 요청하기가 더욱 어려워지기도 한다. 또한 법률적으로도 일례로 남성에서 여성으로 성 전환한 여성이 강간피해를 입었지만 폭행 등의 혐의만 인정된 판례가 있는 등 성소수자에 대한 강간 피해를 인정하는 규정이 마련되어 있지 않아 피해 구제가 더욱 어려운 실정이다.

(5) 장애인 성폭력

피해자가 장애인인 경우, 피해 당시에 저항할 수 있는 정도가 제한되어 있고 상대적으로 더 취약한 위치에 놓여 있기 때문에 현행법상 더 엄중히 처벌하도록 되어 있다. 그러나 최근 들어 1, 2급 정신지체 장애인의 경우에 저항하지 않았다는 이유로 가해자에게 무죄를 선고한 판례가 있는 등 장애인에 대한 사회적 이해는 매우 미약하다. 정신지체 장애인은 정신지체라는 조건만으로도 항거불능의 상태에 있다고 간주해야 함에도 불구하고, 소위 "정상성"의 기준에서 판단하고 있는 것이다. 또한 장애인은 흔히 성별과 성욕이 없는 존재로 인식되는 경향이 있기도 하다. 그러나 장애인 역시 성적 자기결정권이 있으며, 이를 존중하기 위해서는 다양한 몸의 차이를 인정해야 한다.

(6) 데이트 성폭력

데이트 성폭력이란 데이트 중 상대의 명백한 동의가 없는 상태에서 한쪽의 일방적인 강요에 의해 일어나는 성폭력을 말한다. 데이트 성폭력은 가해자와 피해자가 이것을 성폭력으로 인식하지 못하고 윤리적인 잘못(혹은 난폭한 성관계)으로 간주하는 경우가 많아, 데이트 강간이더라도 고소를 하는 경우는 많지 않다. 그러나 간혹 고소를 하는 경우에 가해자가 자신의 성폭력을 동의된 성관계라고 주장하면서 피해자를 무고죄나 명예훼손죄로 맞고소하는 일도 있다.

(7) 친족 성폭력

친족 성폭력은 가까운 가족이나 친척에게 피해가 있어 배신감과 상실감이 크지만, 주변에 알려 도움을 받는 것이 어려워 그 피해가 지속적인 경우가 많다. 또한 피해 특성상 피해 사실을 알게 된 가까운 가족이나 친척 등이 충격과 혼란으로 인해 사실을 믿으려 하지 않거나 회피하고 거부하는 경우가 많다. 주위 사람들은 분노하거나 두려워하기도 하고, 피해자를 도와주거나 보호하지 못했다는 죄책감에 시달리기도 한다. 그러나 이런 감정들은 피해자와의 관계에 부정적인 영향을 주고 피해자를 이해하는 데 방해를 줄 수 있으며, 피해자의 치유를 지연시킬 수 있다. 따라서 주위 사람들은 피해자가 가장 필요로 하는 것이 무엇인지 파악하고 피해자의 이야기를 열심히 듣고 지지해 주며, 피해를 극복할 수 있을 것이라는 믿음을 주어야 한다. 가해자와 피해자에 대한 감정이 엇갈려 혼란스럽더라도 주위 상황이나 가정 형편에 따라 가해 행위를 축소하거나 합리화해서는 안 되며, 잘못은 가해자에게 있는 것임을 확신해야 할 것이다.

(8) 직장내 성폭력 / 성희롱

직장내 성폭력/성희롱의 경우 가해자가 피해자보다 높은 사회적 위치와 많은 권력을 가지고 있어 어려움을 겪는 경우가 많다. 그러나 가해자보다 위치가 낮고 권력이 적다고 해서 성폭력/성희롱의 피해를 당해야 할 이유는 전혀 없다. 자신이 이러한 어려움에 대하여 도움을 받을 권리가 있음을 기억하고, 신뢰할만한 주변인이나 성폭력 전문 상담소와 상담하여 심리적인 지지와 적절한 지원을 받아야 할 것이다. 이러한 직장내 성폭력/성희롱의 문제점을 해결하기 위해서 정부에서는 직장 내 성희롱 예방을 위한 교육을 연 1회 이상으로 의무화하고 있다.

(9) 디지털 성폭력

대검찰청 통계자료(2019)에 의하면, 디지털 성폭력 범죄는 지난 10년간 가장 급격하게 증가한 성폭력 범죄 중의 하나이다. 디지털 성폭력이란 디지털 기기 및 정보통신 기술을 매개로 온·오프라인 상에서 발생하는 젠더 기반 폭력을 말한다. 즉, 카메라 등의 매체를 이용하여 상대의 동의 없이 신체를 촬영하여 사이버 공간, 미디어, SNS 등에서 유포하거나 유포 협박, 저장 및 전시 등의 성적 괴롭힘을 의미한다. 일반적으로 '온라인 성폭력', '사이버 성폭력', '디지털 성폭력' 등이 혼용되어 사용되고 있는데, 사이버 성폭력이 불법 도촬과 비동의 성적 촬영물 등 디지털 촬영기기로 촬영한 촬영물을 사이버 공간에 유포하는 성범죄를 대표로 한다면, 디지털 성폭력은 디지털 기기 사용에 초점이 맞춰져 유포가 이뤄지지 않은 불법 도촬도 포함하여 현행 성폭력처벌법상 카메라등이용촬영죄에 맞닿아 있다.

경찰청에 따르면, 카메라 등 이용촬영죄를 위반한 불법 촬영 신고 건수는 2011년 1,523건에서 2016년 5,185건으로 약 3.4배 증가하였고, 대검찰청 범죄분석에 따르면 카메라 등 이용촬영죄가 2007년 전체 성폭력 범죄에서 차지하는 비율이 3.9%(564건)에서 2015년 24.9%(7,730건), 2016년 17,9%(5,249건)로 보고 되고 있다. 성폭력처벌법 제13조 통신

매체 이용 음란에 해당하는 범죄의 신고 건수도 2007년 240건(1.7%)에서 2017년 1,115건(3.8%)으로 약 2배 증가했다.

여성이 성적 도구 또는 성적 이미지로 소비되는 디지털 성폭력은 데이트 폭력, 스토킹, 성매매, 강간과 같은 오프라인 공간에서의 성폭력과 연장선상에 있다고 볼 수 있는데, 이러한 디지털 성폭력의 특징은 피해자가 자신의 피해를 당장 알아차리기 어렵고, 불법촬영물이 인터넷의 공연성과 전파성으로 인해 유포 및 재유포될 가능성이 크며, 인터넷에 유포된 불법촬영물은 삭제 및 회수가 거의 불가능하여 피해 회복이 어려운 점 등이다. 한편, 디지털 성폭력의 피해와 가해 양상이 저연령층으로 확산되고 가시화되고 있는 것도 심각한 사회문제의 하나라고 할 수 있다.

(10) 대학교 내 성폭력

국가인권위원회에서 전국 381개 대학을 대상으로 성희롱·성폭력 실태를 조사한 「2019 대학 성희롱·성폭력 실태조사 보고서」에 의하면, 미투운동 이후 전체 대학교의 34.4%에서 성희롱·성폭력 피해 상담건수가 늘었다고 응답하였고, 최근 3년간 대학에서 처리한 성희롱·성폭력 사건은 총 1,164건으로 조사되었으며, 연도별로는 2016년 245건, 2107년 368건, 2018년 551건으로 보고되었다. 최근 3년간 대학교에서 접수·처리한 성희롱·성폭력 사건에서, 신고인–피신고인의 관계 유형은 학생–학생 간 유형이 61.8%로 가장 많고, 학생–교원 관계가 16.5%, 그 외 관계 유형은 5% 미만에 이르는 것으로 나타났다. 또한 성희롱·성폭력 사건의 신고인(피해자) 성별은 여성이 91.9%, 피신고인(행위자)의 성별은 남성이 91.4%를 차지하여 젠더 격차가 큰 편이지만, 2016년, 2017년에 비하여 2018년도에 신고인 중 여성의 비율이 다소 감소하였다. '신고인 여성, 피신고인 남성'인 사건이 88.5%로 가장 많고, '신고인 남성, 피신고인 여성'의 경우는 2.5%였다. '신고인과 피신고인 모두 남성'인 경우는 5.6%, '신고인과 피신고인 모두 여성'인 경우는 3.4%로 나타났다. 최근 3년간 대학 내 성희롱·성폭력 사건의 피해양상은 언어적 성희롱이 34.3%로 가장 높았으며, 강제추행(27.7%), 신체적 성희롱(24.1%) 순으로 나타났다. 강간 혹은 준강간도 약 2% 발생하는 것으로 확인되었다.

최근 3년간 발생한 성희롱·성폭력 사건 유형 중 사건 중재 혹은 조사 처리에 있어 어려움이 많은 관계유형은 교직원–학생, 학생–학생, 교직원–교직원 순으로 나타났으며, 최근 3년간 발생한 성희롱·성폭력 사건을 중재하고 조사 처리가 어려운 이유로 '사실 관계 확인의 어려움'이라는 응답의 비율이 54.5%로 가장 높았으며, '사건 성격의 모호성', '신고인의 신분 노출이나 불이익에 대한 두려움'도 각각 39.5%, 33.8%로 사건을 중재하고 조사하는 것을 어렵게 하는 것으로 나타났다.

대학교 내에서 발생하는 성희롱·성폭력 사건은 가해 행위자와 피해자 개인 간의 문제일 뿐만 아니라 대학 공동체 전체의 문제인데, 사건 발생의 주요 원인은 대학 공동체 문화에서 비롯된다. 대학 성희롱·성폭력 사건 해결에서 최우선적으로 고려해야 할 점은 피해자 보호와 2차 피해 예방을 위한 조치이며, 사건의 내용과 당사자 신상에 대한 비밀 유지를 일차적으로 해야 한다. 공정하고 신속한 사건처리를 진행함으로써 당사자 간 권리침해에 따른 문제를 해결함은 물론, 재발방지 대책수립과 공동체 문화개선을 통해 피해자가 이전과 마찬가지로 대학 공동체 내에서 일상생활을 유지할 수 있도록 보호하고 안전한 캠퍼스를 조성하는 것이 목적이 되어야 한다.

(11) 스토킹

스토킹은 지금까지는 낭만적 구애행위의 일종으로 취급되어 왔으나, 스토킹으로 인한 납치 살인 등의 사건이 일어나면서 이에 대한 사회적 인식도 변화되고 있는 범죄이다. 스토킹은 보통 상대방이 원치 않는 데도 불구하고 지속적으로 만남을 요구하거나 따라다니며 행적을 쫓거나 통신 수단을 이용하여 일방적인 연락을 지속적으로 하는 등의 행위로 나타난다. 스토킹은 피해자의 사생활이 침해되는 것은 물론 일상적인 생활도 영위하기 어려울 만큼의 불안과 공포를 느끼는 등 심각한 피해를 야기하는 범죄이다.

9.1.5 성폭력 대처방안

성폭력 피해를 입었다면 가장 먼저 안전한 곳으로 피한 후 친구나 가족의 도움을 구하고, 될 수 있으면 빨리 의료적인 처치를 받도록 해야 한다. 신고나 고소를 위해서, 사소한 증거라도 수집해 두는 것이 중요하다. 그리고 전문 상담기관에 가면 심리적, 의료적, 법적 도움을 받을 수 있다. 이러한 과정들은 두려움과 혼란한 마음을 정리하고 심리적 안정을 찾아가는 데 도움이 되며, 피해를 최소화하여 후유증을 조기에 치유하는 방법이기도 하다.

국가 차원에서의 대처방안으로 박근혜는 성폭력을 '4대 사회악'중 하나로 규정하면서 대통령 후보 당시 4대 사회악 근절을 선거 공약 중 하나로 제시하였고, 대통령 취임 첫 해인 2013년 2월 27일에 경찰청은 4대 사회악 근절을 위한 컨트롤타워 '4대 사회악 근절 추진본부'를 발족시켰다.

(1) 안전한 장소로 피한다

피해 직후엔 아무것도 생각할 수 없을 정도로 혼란스럽고 힘든 상황이겠지만, 일단은 피해 장소를 벗어나 마음을 진정시켜야 한다. 무엇보다 가해자와 '성관계'를 한 것이 아니라 '폭력'을 당한 것임을 인식해야 하며, 어느 누구도, 어떤 상황에서도 성폭력을 당하도록 취급되어질 수 없는 인간으로서의 존엄성을 갖고 있으므로 "왜 거기에 갔을까?", "왜 끝까지 반항하지 못했을까?" 등의 자책감에서 벗어날 필요가 있다. 따라서 수치심이나 순결 상실감에 괴로워 할 것이 아니라 상해를 입은 몸과 마음을 추스르고 돌보는 것이 무엇보다 중요하다.

(2) 믿고 의지하는 친구나 가족에게 도움을 요청한다

물론 자신에 관한 일은 스스로 결정하고 행동하겠지만, 때로는 주변의 도움을 요청하는 것도 필요하다. 피해 이후 모든 것이 다 싫어지고 부정적으로만 생각될 수 있지만, 피해자의 말을 전적으로 신뢰하고 힘든 상황을 가슴으로 이해하며 심리적 안정을 도와줄 수 있는 사람을 찾는 것도 중요하다. 가까운 친구나 믿을 수 있는 가족, 전문 상담원 등은 문제를 객관적으로 볼 수 있도록 조언을 해 줄 것이며, 병원 등을 갈 때도 동행하면 큰 힘이 된다.

(3) 병원(산부인과)에 꼭 간다

어떤 상처를 입었는지 알아보기 위해서는 병원에 가는 것은 필수적이다. 병원에 가는 시기는 피해 직후가 가장 바람직하고 빠를수록 좋다. 피해 직후에는 정신적인 충격 때문에 몸의 상처를 미처 느끼지 못하는 경우도 있지만 외상의 치료가 필요하고, 나아가 임신이나 성병을 미리 예방하는 조처를 취해야 한다. 또한 신고나 고소를 위해 증거들을 모아야 한다. 지금 당장 고소할 의사가 없다고 하더라도 나중에 고소를 결심하게 되는 경우도 있으므로 되도록 증거를 수집해 두는 것이 좋으며, 특히 정액 채취 등은 48시간 이내에 신속하게 해야 한다. 안타깝게도 성폭력 피해는 다른 피해와 달리 피해자 자신이 가장 많이 그 증거를 스스로 인멸해 버리곤 한다. 가령 피해 후 샤워를 하거나, 입었던 속옷을 세탁하거나 버려 버리는 것은 가해자를 식별하고 유죄를 증명할 수 있는 중요한 증거를 없애는 일이다. 전문가들은 목욕이나 질 세척은 물론 심지어 손도 씻지 말고, 화장실도 가지 말고 바로 병원으로 가서 의료조치를 받으라고 권한다. 그리고 성폭력 피해를 당했다고 미리 의료진에게 이야기를 해 협조를 요청하면 각종 검사에 대한 자세한 설명을 들어가면서 편안한 분위기에서 필요한 조처를 받을 수 있다. 의사는 피해 당시의 시각, 피해 장소, 피해 유형, 병원에 오기 전에 목욕을 했는지, 새 옷으로 갈아 있었는지, 피해 전 성 경험이 있는지, 마지막 생리일은 언제였는지, 피해 외에 가장 최근에 성 관계를 가진 때는 언제였는지를 묻는다. 그리고 평소 피임 여부와 피임 방법, 이전에 임신을 한 경험이 있는지, 성병에 감염되었던 적이 있는지 등을 체크하는데, 이와 같은 의료검사와 더불어 몸의 상처를 살피고, 손톱 밑 검사와 외음부 검진, 질 내 검사, 혈액 채취, 소변검사, 임신 여부 검사 등을 하기도 한다. 그러나 아직 성폭력에 대한 올바른 인식과 생존자에 대한 배려와 적절한 의료 조치를 할 수 있도록 훈련받은 의료진은 소수이고, 전국적으로 성폭력 피해자가 이용할 수 있는 지정병원이 있지만 실제 연계할 수 있는 의료기관이 절대적으로 부족한 상황이다. 그러므로 상담기관에 먼저 연계된 의료기관이 어디인지를 안내받고 가는 것이 좋다.

(4) 고소여부를 결정한다

성폭력 피해를 입었을 경우, 피해자는 너무 놀라고 충격을 받거나 무력하게 느껴질 수도 있다. 성폭력 행위는 피해자의 동의나 선택에 따르지 않은 폭력행위라는 것을 인식하고 수사기관에 고소 여부를 결정할 수 있다. 특히 성폭력 범죄는 본인 및 제3자에 의해서도 신고가 가능하다. 2013년 6월 19일자로 성범죄 친고죄 규정이 폐지됨으로써 피해자의 고소와 고발이 없어도 수사를 시작할 수 있다. 혼자 해결하기 어렵거나 가해자에 대한 처벌을 원한다면 수사기관에 신고하여 법적인 도움을 요청할 수 있다.

(5) 성폭력상담소 등 전문기관에 상담을 한다

성폭력으로 인한 정신적, 신체적 상처를 치유하기 위해서 전문 상담기관의 상담이 필요하다. 보통 성폭력으로 인하여 대인에 대한 두려움과 적개심, 정신적 공황 등의 여러 가지 후유증이 나타날 수 있으므로 성폭력상담소를 찾아 심리적, 의료적, 법적 도움을 받아 함께 심리적 안정을 찾고 피해를 최소화하는 것이 중요하다.

9.1.6 성폭력 사례

(1) 사례 1

제주지방법원 제2형사부는 2009년 4월 23일 상습적으로 여성 혼자 있는 집에 침입해 금품을 빼앗고 성폭행한 혐의(성폭력 범죄의 처벌 및 피해자 보호 등에 관한 법률 위반)로 기소된 M씨(31)에게 징역 12년을 선고하고 위치추적 장치 부착을 명령했다. 재판부는 "계획적으로 야간에 침입해 범죄를 저질렀으며, 신고시 보복하겠다고 협박을 하는 등 죄질이 불량하며, 반성의 모습이 보이지 않는 등 사회적인 격리가 필요하다"고 밝혔다. 한편, M씨는 지난 2007년 10월 15일 오전 8시 50분께 제주시 소재 A씨(34)의 집에 침입해 A씨를 폭행하고 7만원을 훔치는 등 총 7회에 결쳐 235만원 상당의 물품을 훔치고 피해자들을 폭행 및 성폭행한 혐의로 기소됐다. M씨는 지난 26일 오전 0시 50분에 제주시 노형동 인근에서 범행을 저지르다 인근지역에서 작업을 하던 환경미화원들에 의해 붙잡혔다.

(2) 사례 2

전주지방법원 2009년 11월 26일 주택가를 돌며 부녀자 100여 명을 성폭행하고 금품을 빼앗아, '발바리'란 별칭까지 얻었던 연쇄성폭행범 이 모씨에 대해 무기징역을 구형했다. 재판부는 "검찰이 사형을 구형할 정도로 중대한 사건으로, 성폭행 횟수에 있어서도 전대미문이라 할 만큼 엄청나다"며 "연쇄성폭행범에 대해서는 엄벌을 선고하고 있는 최근 법원 판례 등을 감안할 때 영원히 사회로부터 격리해야 할 것"이라고 판결 이유를 밝혔다. '발바리'는 지난 98년부터 지난해 1월 경찰에 잡히기 전까지 대전 청주를 비롯한 전국 각지의 주택가를 돌면서 부녀자를 성폭행하고 금품을 빼앗았다. 대담한 범행과 날렵함으로 범죄 흔적을 남기지 않아 부녀자들을 두려움에 떨게 했다. 사법부는 이처럼 죄질이 나쁜 성폭행범에 대해 잇따라 무거운 판결을 내리고 있다.

(3) 사례 3

2010년 3월 아파트 엘리베이터에서 성폭행과 성추행을 일삼아 온 남성이 징역 12년 확정판결을 받았다. 대법원1부(주심 민일영 대법관)는 심야에 아파트 엘리베이터를 타는 여성들을 모두 20여 차례에 걸쳐 성폭행 또는 성추행 한 혐의로 기소된 오모(32)씨에게 징역 12년을 선고한 원심 판결을 확정했다고 8일 밝혔다. 오씨는 2005~2008년 경기도 성남시 등지에서 밤늦게 아파트 엘리베이터를 타는 여성들을 뒤따라가 2명을 성폭행하고, 엘리베이터 안에서 자위행위를 하며 15명을 추행한 혐의로 기소됐다.

(4) 사례 4

남자친구와 성관계 사실을 추궁하던 중 친딸을 성폭행한 아버지에게 법원이 징역 5년에 신상정보 공개 10년을 선고했다. 2010년 5월 15일 서울고법 형사7부는, 지난 5월 새벽 경기도 부천 자신의 집에서 남자친구와 성관계를 맺은 사실을 추궁하던 중 자신의 친딸(16)

을 성폭행한 혐의(성폭력범죄의 처벌 및 피해자보호 등에 관한 법률상 친족관계에 의한 강간)로 기소된 A씨에게 이 같이 판결했다. 재판부는 판결문에서 "A씨는 남자친구와 성관계를 가졌다는 친딸을 성폭행해 죄질이 매우 나쁘다"면서 "양형기준에 따른 권고형의 범위도 징역 3~6년인 점 등을 고려해 원심을 확정했다"고 판시했다. 이에 앞서 A씨는 범행 당시 술에 "만취해 심신미약 상태였다"는 이유로 감형을 요구하는 항소를 제기했으나 재판부는 이를 받아들이지 않았다.

(5) 사례 5

2010년 8월 부하 병사들을 성추행한 육군 최전방 초소 대대장에게 실형 2년의 중형이 선고됐다. 지난달 운전병을 성추행한 혐의로 해병대 오 모 대령이 구속된 데 이어, 영관급 장교들이 잇따라 성추행 혐의로 형사처벌을 받게 돼, 현장 지휘관의 '성 군기'가 논란의 도마에 올랐다. 육군은 3일 강원도 화천 중부전선의 한 사단 대대장인 박 모 중령이 지난해 9월 이후 부하 병사들을 상습적으로 성폭행한 혐의(군인 강제 추행 · 강요 등)로 지난 3월 30일 구속돼, 지난달 중순 보통군사법원에서 실형 2년을 선고받았다고 밝혔다. 최전방 초소(GOP)를 책임지는 대대장인 박 중령은 지난해 8월부터 부하 장병들을 성추행한 것으로 알려졌다. 육군 관계자는 이날 "피해 병사들이 처음에는 가볍게 생각하다가 성추행이 반복적으로 이루어지고 정도가 심해지자 한 병사가 대대 행정보급관에게 애로사항을 밝혔고, 대대 행정보급관이 연대장에게 알리게 됐다"며 "피해 병사 5~6명은 심한 피해를 당했고 특정 부위를 툭툭 치는 등 가벼운 추행까지 포함하면 피해자가 더 많다"고 밝혔다. 피해 장병들은 수십 명에 이르는 것으로 알려졌다.

9.2 성희롱

9.2.1 개념

(1) 성희롱이란?

성희롱이란 업무, 고용 등의 관계에서 지위를 이용하거나 업무 등과 관련하여 성적 언동 또는 성적 요구 등으로 상대방에게 성적 굴욕감이나 혐오감을 느끼게 하는 행위를 말하며, 성적 언동 또는 그 밖의 요구 등에 불응했다는 이유로 불이익을 주거나 그에 따르는 것을 조건으로 이익 공여의 의사표시를 하는 행위 등도 포함된다. 성희롱은 「형법」 등에서 형사 처벌 대상인 범죄로 구성되어 있지 않지만, 성희롱 행위가 곧 강제추행 등 성폭력 범죄에 해당되는 경우 성폭력 범죄로 처벌받을 수도 있다. 반대로 어떤 행위가 성폭력 범죄로 인정되지 않더라도 그 행위는 성희롱으로 인정될 수 있다.

9.2.2 성희롱의 대표적 유형

(1) 육체적 행위

1. 입맞춤, 포옹 또는 뒤에서 껴안는 등의 신체적 접촉 행위
2. 가슴·엉덩이 등 특정 신체 부위를 만지는 행위
3. 안마나 애무를 강요하는 행위

(2) 언어적 행위

1. 음란한 농담을 하거나 음탕하고 상스러운 이야기를 하는 행위(전화통화를 포함)
2. 외모에 대한 성적인 비유나 평가를 한 행위
3. 성적인 사실관계를 묻거나 성적인 내용의 정보를 의도적으로 유포하는 행위
4. 성적인 관계를 강요하거나 회유하는 행위
5. 회식자리 등에서 무리하게 옆에 앉혀 술을 따르도록 강요하는 행위

(3) 시각적 행위

1. 음란한 사진·그림·낙서·출판물 등을 게시하거나 보여주는 행위(컴퓨터나 팩시밀리 등을 이용하는 경우를 포함)
2. 성과 관련된 자신의 특정 신체 부위를 고의적으로 노출하거나 만지는 행위
3. 성과 관련된 상대방의 특정 신체 부위를 음란한 시선으로 쳐다보는 행위
4. 그 밖에 사회통념상 성적 굴욕감 또는 혐오감을 느끼게 하는 것으로 인정되는 언어나 행동

9.2.3 성희롱의 판단 기준

어떠한 말과 행동이 위법인가 아닌가를 법원에서 판단할 때에는 보통 '합리적인 사람'을 기준으로 하여 객관적으로 판단한다. 성희롱의 경우, 성적 언동에 대한 반응이 개인마다 또는 남녀 간에 다른 경우가 많다는 점을 고려하여 같은 처지의 일반적이고 평균적인 사람에게도 성적 굴욕감이나 혐오감을 주는 '성적 언동'인지를 두고 판단한다. 성희롱 행위자에게 성적인 동기나 의도가 있어야만 하는 것은 아니며, 특히 피해자가 여성이라면 일반적인 여성의 관점에서 보았을 때 그 언동에 대해 어떻게 반응했을 것인가를 기준으로 판단하는 것이 국내외 추세이다.

행위 사실이 인정되면 해당 행위가 성희롱인지 여부를 판단하는데, 성희롱이 성립되려면 피해자가 성적 굴욕감 또는 혐오감을 느끼는 행위여야 한다. 그러나 피해자의 주관적 느낌만으로 성희롱인지 여부를 판단하기 어렵기 때문에, 국가인권위원회에서는 '합리적인 일반인의 관점', '일반 여성의 합리적 관점', '사회 통념상 합리적인 보통 사람이 피해자의 입장이라면 문제가 되는 행동'인지를 고려해서 성희롱 여부를 판단하고 있다.

성희롱의 당사자가 반드시 이성 간이어야 할 필요는 없으며, 동성 간에도 성적 함의가 담긴 언동으로 인해 성적 굴욕감이나 혐오감을 느꼈을 경우 성희롱에 해당된다.

성폭력과 성희롱은 성적인 성질을 가지는 말과 행동을 수단으로 하여 피해자에 대해 성적 수치감과 정신적 · 육체적 손상이나 고통을 주고 피해자의 인격권 등 인권을 침해하는 폭력행위라는 점에서 공통점을 가진다. 다만, 성희롱은 과거에는 법적 규제대상이 되지 않았던 경미한 성적 언동이라 하더라도 그 피해가 큰 점을 감안하여, 현재에 이르러서 법적으로 예방하고 규제하기 위해 생성된 개념이다. 그러므로 성희롱은 성폭력보다 범위가 넓다.

성희롱과 성폭력 중에서 형사처벌의 대상이 되는 성적 언동은 '성폭력 범죄'라 하며, 이에 관해서는 「성폭력범죄의 처벌 및 피해자보호 등에 관한 법률」에서 열거하고 있다(부록 참조). 성폭력 범죄에는 업무상 위력 또는 위계에 의한 간음죄와 추행죄, 통신 매체 이용 음란죄도 포함된다.

그런데 성희롱과 성폭력의 피해자는 여성인 경우가 많으므로 여성에 대한 폭력 문제의 일종이라고 할 수 있다.

9.2.4 성희롱과 성차별

성차별이란 '성별 등을 사유로' 합리적 이유 없이 남성 또는 여성에 대하여 불이익을 주는 행위를 말하며, 성별이 해당 불이익이 발생하는 데 영향을 미쳤거나 역할을 했다는 것을 뜻한다. 특히 교육이나 고용 등에서 기회의 제한으로 나타나는데, 성별로 교육대상 인원을 재정하거나, 각종 교육의 대상자 선정에 있어서 객관적인 기준에 의하지 아니하고 특정 성(性)을 제외하거나, 합리적인 이유 없이 성별에 따라 구별·배제·제한하는 경우를 말하는데, 모집이나 채용 등과 같은 취업 기회를 포함한 배치, 승진, 교육기회 등을 포함한다.

성희롱은 주로 남녀 간에 합리적 이유 없이 상호 동등한 인격을 가진 인간으로서 존중하지 아니하고, 성적 대상화하여 육체적·심리적으로 또는 고용상 불이익을 주므로 직접적인 성차별에 해당된다. 국가인권위원회법은 성희롱을 평등권 침해의 차별행위로 명시하였다.

9.2.5 2차 피해

2차 피해란 성희롱·성폭력 사건으로 인하여 신체적·정신적 피해 및 일상·학업·업무·대인관계 곤란 등의 피해를 겪고 있는 피해자가 주변인·행위 당사자의 말이나 소문 또는 기타 다른 방법 등으로 신체적 또는 정신적으로 추가 피해를 입는 것을 말한다. 성희롱·성폭력 피해자들이 사건처리 과정에서 지지나 지원을 받아야 할 가족 또는 동료 등 가까운 지인으로부터 오히려 불신과 비난을 경험하고 상당한 심리적 고통을 경험하기도 하는데, 이는 성희롱·성폭력에 대한 그릇된 사회통념으로 인해 가해자보다 오히려 피해자가 비난받는 경우가 많다는 점에서 다른 범죄 피해와 달리 복잡한 양상을 띤다.

2차 피해는 주변인에 의한 2차 피해와 가해자에 의한 2차 피해가 있는데, 피해자의 주변인이 피해자의 평소 행실 등에 대해 험담하는 행위, 피해자를 비난하거나 사건에 대한 섣부른 판단 또는 피해자에게 사건을 덮으라고 종용하는 행위, 피해자에게 행위자를 용서하라고 강권하는 행위 및 사건을 단지 개인 간 갈등으로 보고 피해자와 행위자를 화해시키려 하는 행위 등이 해당된다. 또한, 가해자가 피해자에게 사건 후 화를 내거나 야단치기, 사건과 관련하여 피해자에게 점수를 낮게 주거나 부정적인 평가하기, 가해자가 주변 사람들에게 피해자를 험담하거나 탓하기, 가해자가 지도교수 등 관리자에게 사건을 피해자보다 먼저 보고하면서 자기에게 유리하게 설명하기, 피해자나 피해자의 가족이 원치 않는 데 연락하거나 찾아가서 사전 합의를 집요하게 요청하는 행위 등은 가해자에 의한 2차 피해에 해당된다.

9.2.6 성희롱 예방교육의 실시

각 기관장의 책임하에 성희롱 방지 조치·성매매·성폭력·가정폭력 예방교육을 각 연 1회 이상 실시하여야 하며, 성평등 관점에서 통합하여 실시할 수 있다. 통합교육 내용은 성희롱·성매매·성폭력·가정폭력 예방교육을 비롯, 성을 기반으로 한 데이트 폭력, 온라인 폭력 등 신종 성폭력을 포함할 수 있다. 예방교육의 방법은 한국양성평등교육진흥원에서 등록·위촉한 전문강사, 일반강사, 사이버 교육, 시청각 교육, 내부 직원 강의 등 다양한 방법을 기관 특성에 맞게 실시하는데, 효과적인 교육을 위해서는 소규모 집합교육을 권장한다.

(1) 성희롱 예방교육의 내용

- 성희롱 예방에 관한 법령
- 성희롱 발생 시 처리 절차 및 조치 기준
- 성희롱 피해자에 대한 고충상담 및 구제 절차
- 성희롱을 한 자에 대한 징계 등 제재 조치
- 그 밖에 성희롱 예방에 필요한 사항

(2) 성희롱 예방교육의 방법

성희롱 예방교육의 실시 시기·내용·방법 등에 관한 세부 실시계획을 매년 수립하여 이를 이행해야 하며, 전문가 강의, 시청각 교육, 사이버 교육 등 다양한 교육방법을 활용하되, 연 1회는 가능한 한 집합교육 등 대면교육을 실시하고, 시청각 자료를 활용할 때에는 해설이 가능한 자가 진행하여야 한다.

(3) 성희롱 예방교육의 관리와 보고

교육일시 및 방법, 교육참석자 명단, 교육내용 등이 명시된 교육 실시 관련 자료를 작성·관리하여야 하며, 공공기관의 장은 매년 성희롱 예방교육의 실시 결과를 여성가족부장관에게 보고해야 한다.

9.2.7 성희롱 방지 조치

성희롱 방지 조치의 목적은 공공기관의 성희롱 방지 조치에 대한 실효성을 확보하고 성희롱 방지 체계를 구축하기 위함이며, 「양성평등기본법」 제31조(성희롱 예방교육 등 방지조치) 및 동법 시행령 제20조(성희롱 방지조치 등)를 법적 근거로 하고 있다.

(1) 성희롱 방지 조치의 필수적인 사항

- 성희롱 관련 상담·고충의 처리를 위한 전담창구 마련
- 성희롱 고충 담당자 지정 및 교육훈련 지원
- 성희롱 고충 전담창구 운영에 대한 정기 점검
- 성희롱 예방 교육 · 홍보용 자료 게시 또는 비치
- 자체 성희롱 예방지침 마련

(2) 공공기관 내 성희롱 예방지침에 포함되어야 할 내용

- 성희롱 관련 상담 및 고충 처리를 위한 공식 창구 운영에 관한 사항
- 성희롱 고충 처리 절차 및 매뉴얼에 관한 사항
- 성희롱 행위자에 대한 징계 등 제재 조치에 관한 사항
- 성희롱과 관련된 피해자에 대한 불이익 조치 금지에 관한 사항
- 성희롱 관련 상담 및 고충 처리와 관련된 비밀 보장에 관한 사항
- 성희롱 사건 발생 시 피해자 치료 지원, 가해자에 대한 인사 조치 등을 통한 피해자의 근로권·학습권 등을 보호하기 위한 조치에 관한 사항
- 성희롱 관련 상담 및 고충 처리 업무 종사자에 대한 교육·훈련 지원에 관한 사항
- 그 밖에 성희롱 예방 및 재발 방지를 위하여 필요한 사항

(3) 공공기관의 장은 고충 접수 및 처리대장을 작성 · 비치하여야 하고, 성희롱 방지 조치의 실시 결과를 매년 여성가족부장관에게 보고하여야 한다.

9.2.8 성희롱 예방을 위한 행동지침 및 대처 방안

(1) 성희롱을 예방하기 위한 노력

1. 성희롱 예방은 공공기관 종사자의 의무이자 권리이므로 만일 공공기관에서 형식적으로 예방교육을 진행할 경우, 종사자들은 보다 적극적으로 내용 있는 교육을 받을 수 있도록 요구한다.
2. 성차별적인 대우와 상대방을 비하하는 말을 하지 않으며, 위계적인 조직문화를 바꾸어 상사와 부하직원이 서로 존중한다.
3. 모두가 즐거운 회식 문화를 만든다. 회식자리나 야유회에서 술을 따르게 하거나 기타 성적 서비스를 강요하지 않고, 그 외에도 상대방이 원하지 않은 행동을 강요하지 않는다. 음담패설, 성차별적 발언을 농담 삼아 하지 않는다.
4. 성희롱에 대한 올바른 인식 필요. 성희롱은 행하는 사람이 반성하고 책임져야 할 일임을 인식한다. 성희롱을 사소한 일로 간주하거나 무마하려는 태도가 오히려 성희롱을 지속시킨다는 것을 유의해야 한다.

(2) 성희롱 가해자가 되지 않기 위하여 노력

1. 성희롱을 하는 것은 곧 자기 자신이 존중받지 못하게 될 '함정'을 스스로 파는 행위다.
2. 말과 행동을 할 때 다른 사람의 인권이나 감정을 배려해야 한다. 상대가 괜찮을 거라는 생각은 나만의 착각일 수 있다. 표현의 자유는 무제한적으로 인정되지 않으며, 공공복리와 사회질서 유지를 위해 제한될 수 있고 타인의 인권을 본질적으로 침해해서는 안 됨을 유의한다.
3. 의사표현 하는 법이 서투르다는 것은 변명이 될 수 없다. 평소에 소통하는 법을 배운다.
4. 술을 마셔서 실수했다는 핑계를 대지 않는다. 술 때문에 실수할 것이 염려되면, 술을 마시지 않는다.

9.2.9 성희롱 피해를 겪게 될 경우

(1) 거부 의사의 표시와 전달

가해자에게 가해자가 하는 성적 언동으로 인해 성적 수치감을 느낀다는 점을 표현하고

하지 말라는 요구를 분명히 한다. 또한 가해자의 성적 요구도 분명히 거부한다.

가해자를 직접 대면하기 어려우면, 서면이나 이메일, 휴대폰의 메시지 등으로 의견을 전달해도 된다. 이때 발송한 서면의 사본을 보관하고, 발송 일시와 발송 방법도 기록해 둔다(내용증명 활용). 메일이나 메시지로 보내는 경우도 발송에 관한 기록을 저장한다.

거부 의사를 전달하는 것이 도움이 되기도 하지만, 기관 내의 위계적 상하 관계나 차별적 성별 관계 등의 이유로 가해자에게 거부 의사를 전달하는 것이 어려운 경우가 많다. 그런 경우에는 무리하게 거부 의사를 전달하기보다는 다른 방안(공식적인 해결 절차 이용 등)에 대해서 생각해 볼 수 있다.

(2) 증거자료 확보

가해자가 성희롱을 한 날짜, 시간, 장소, 방법, 목격자나 증인, 그때의 감정과 느낌 등 구체적인 내용을 세밀하게 기록한다. 가해자에게 받은 서면, 메일, 메시지, 전화, 대화도 보관한다.

(3) 주변에 도움 청하기

성희롱의 피해를 내 탓으로 돌려 자책감에 빠지거나 해결할 방법이 없을 것이므로 참을 수 밖에 없다고 생각하여 자포자기하지 말고, 신뢰할 수 있는 동료나 상사, 고충상담원, 노동조합, 주변 친구 또는 상담기관(한국성폭력상담소, 고용평등상담실, 국가인권위원회의 인권상담센터 등)에 도움을 청한다.

(4) 기관 내의 공식적 처리 절차를 이용하거나 국가인권위원회 등 법적 구제 절차를 활용한다.

9.2.10 성희롱 가해를 했을 경우

자신의 의도가 어떠하였든 상대방이 불쾌감이나 거부 의사를 표현하면, 이를 받아들이고 진심으로 사과한다. 자신이 한 행위에 대해 책임을 부인하거나 모면하려고 하지 말자. 행위에 대한 책임은 본인에게 있다.

성희롱을 인정하고 사과하는 일은 생각 만큼 두려운 것이 아니다. 지적을 받았다면, 진심으로 사과하고 평소 언동에 대해 반성의 기회로 삼는다. 많은 피해자가 가장 원하는 것은 가해자가 진심으로 사과하는 것임을 명심한다.

9.2.11 성희롱 사례

(1) 사례 1

장애인재활시설의 원장인 피신고인이 회식 후 2차로 간 노래방에서 공익요원인 신고인의 손을 잡아 노래방 도우미의 가슴을 만지게 하였다. 피신고인은 신고인이 잘 어울리지 못해 놀 때는 즐겁게 놀자는 뜻으로 신고인의 손을 가져가 노래방 도우미의 가슴을 만져보도록 하였다고 주장하지만, 신고인의 의사와는 상관없이 강제로 신고인에게 도우미의 가슴을 만지도록 한 피신고인의 행위는 당시 신고인의 연령 및 지위, 피신고인과 신고인의 관계 등을 고려할 때, 합리적, 객관적 피해자의 관점에서 신고인에게 성적 굴욕감 또는 혐오감을 느끼게 하기에 충분한 행위로, 국가인권위원회에서는 성희롱 행위에 해당하는 것으로 판단하여 사회복지법인 이사장에게 피신고인 주의 조치를 권고하고 피신고인에게 특별인권교육 수강을 권고하였다. 피해자에게 직접적인 신체접촉을 한 행위뿐만 아니라 제3자에게 원치 않는 신체접촉을 하도록 강요한 행위 역시 성희롱에 해당한다.

(2) 사례 2

초등학교 교감인 피신고인이 여성 교사인 신고인에게 둘만 있는 자동차 안에서 "섹스리스 부부가 많다"는 이야기를 하였다. 또한 피신고인은 23:00가 넘은 시간에 신고인의 거주지 앞에서 '커피 한잔 달라'며 혼자 사는 신고인의 집에 들어가려 하고, 거절하는 신고인에게 "뽀뽀"라고 말하며 신고인의 쪽으로 몸을 들이밀었다. 피신고인이 이혼 후 혼자 생활하고 있는 하급직 여성 교사인 신고인에게 둘만 있는 자동차 안에서 '섹스리스 부부가 많다'고 이야기한 것은 성적 언동에 해당하고, 당시 특별히 이와 같은 발언이 필요한 상황이었다는 사정이 인정되지도 않으며, 또한 늦은 시간에 혼자 사는 신고인의 집에 들어가려 하거나 "뽀뽀"라고 말하며 몸을 들이민 행위는 합리적인 여성의 관점에서 성적 수치심이나 혐오감, 굴욕감을 느끼기에 충분하기에, 국가인권위원회에서는 성희롱에 해당한다고 판단하여 교육감에게 피신고인 징계를 권고하고 피신고인에게는 특별인권교육 수강을 권고하였다. 피신고인은 문제되는 언행을 한 사실을 부인하였으나, 피해자가 사건 직후에 신고 내용과 동일한 내용으로 상담하였고, 참고인들에게도 전한 사실, 사건 이후에 피신고인과 대화한 녹취록에 '섹스리스' 관련 대화를 한 것으로 추정할 수 있는 내용이 담겨 있는 점을 종합적으로 고려하여 사실을 인정하였다. 피신고인이 행위를 부인할 때, 신고인의 주장 이외에도 신고 내용을 직접 듣거나 목격한 참고인의 진술, 신고인으로부터 전해 들었다는 사실 등도 행위가 있었는지 여부를 판단할 때 참고할 수 있다.

(3) 사례 3

피신고인은 신고인의 직장 상사이며, 신고인의 남자친구와 고등학교 선후배 사이였다. 피신고인은 인터넷으로 펜션을 검색하고 있는 신고인에게 "남자친구와 가냐"고 묻고, 아니라고 하자, "같이 갈 거면서 거짓말 말라"고 말하였다. 또한 야근을 하고 있는 신고인에게 다가와 신고인의 남자친구와 거래처 직원이 여성 접대부가 있는 노래방에 가서 접대부들에게 술을 먹이고 옷을 찢었다고 언급하며, "ㅇㅇ씨(신고인) 옷도 찢었겠네"라고 말하며 웃었다. 피신고인이 신고인에게 펜션에 누구과 가려는지 수차례 묻고, 남자친구의 이름을 거론하며 함께 펜션에 놀러 가려는 것 아니냐고 말한 행위는 신고인과 그 남자친구의 관계에 대해 노골적으로 물음으로써 신고인의 사적 영역을 중대하게 침해한 행위이다. 비록 피신고인이 신고인의 남자친구와 친분이 있더라도, 피신고인의 위와 같은 언행은 이성의 직장 동료에게 할 수 있는 대화로 부적절할 뿐 아니라, 합리적인 여성의 관점에서 볼 때 성적 굴욕감이나 혐오감을 야기하는 성희롱 행위로 판단된다. 또한 "ㅇㅇ씨(신고인) 옷도 찢었겠네"라고 말한 행위는 여성인 신고인을 동등한 인격체의 직장동료로 존중하지 않고, 성적 대상화하여 여성 접대부에 비유한 것이며, 이러한 발언이 장난이었다고 주장하나, 피신고인의 언동이 있은 직후 신고인이 울면서 사무실을 나갔고 그 이튿날 회사를 퇴사한 점을 고려할 때, 신고인이 피신고인의 언동으로 인해 성적 굴욕감과 혐오감을 느꼈으며, 이와 같은 언동은 합리적인 여성의 관점에서도 성적 굴욕감을 느끼기에 충분한 성희롱 행위로 판단된다. 이처럼 연인과의 관계에 대한 노골적인 질문과 발언은 성희롱이 될 수 있으며, 국가인권위원회에서는 피신고인에게 특별인권교육 수강을 권고하였다.

(3) 사례 4

피신고인은 기관의 5급 직원이고, 신고인은 6급 직원이며, 피신고인은 점심시간에 신고인에게 "여자친구 생일선물을 샀는데 보여줄까?"라고 말하고 음식점에서 피신고인의 휴대폰에 저장되어 있는 마네킹이 티팬티를 입고 있는 사진을 보여주었다. 이를 본 피해자는 당황하며 "왜 이런 걸 보여주냐?", "성희롱이다."라고 하며 항의하였다. 피신고인은 피해자의 의사를 확인한 후 티팬티 사진을 보여 주었다고 주장하나, 피해자가 "왜 이런 걸 보여

주냐?”고 항의한 점에 비추어 보면 피해자가 피신고인이 보여준 사진에 당황하고 수치스러운 감정을 느꼈던 것으로 인정된다. 티팬티 사진 그 자체에 성적 함의가 있는지에 대해서는 관점에 따라 이견이 있을 수 있겠으나 엉덩이 전면을 드러내는 형태에서 선정적인 속옷으로 인식되는 측면이 있고, 직장에서 상위직급이고 연장자인 남성 직원이 10년 이상 나이가 어린 여성 직원에게 일반적으로 보여줄 수 있는 사진이라고 보기는 어려워, 당시 피해자가 느꼈을 성적 수치심이나 굴욕감, 혐오감 등은 합리적인 여성의 관점에서도 달리 해석될 여지가 없다. 설사 피신고인이 피해자의 의사를 먼저 확인하였다고 할지라도, 사진의 내용을 이미 알고 있는 피신고인은 피해자가 성적 굴욕감 등을 느낄 수 있다는 점을 인식할 수 있었음에도 성희롱에 대한 문제의식을 느끼지 않고 피해자의 입장에 주의를 기울이지 않은 채 티팬티 사진을 피해자에게 제시한 점에 비춰, 국가인권위원회에서는 성희롱에 해당된다고 판단하여 이사장에게 피신고인에 대한 징계 등을 조치 권고하였다. 마네킹이 속옷을 입고 있는 쇼핑몰 사진이라 하더라도, 당사자 간 직급의 차이와 관계 등을 고려하여 성희롱으로 판단할 수 있다. 사전에 피해자 의사를 확인했다 하더라도 피해자는 ‘선물사진’을 보겠다는 동의였으며, 사진 내용을 미리 알지 못하였다.

CHAPTER

10 성범죄 및 성법률

최근 우리나라 성범죄의 증가율은 다른 모든 강력범죄의 증가율을 크게 웃돌고 있다고 한다. 이를 뒷받침이라도 하듯이, 뉴스에서는 연일 강간을 포함한 각종 성범죄 사건이 보도되고 있으며, 특히 강간 후 잔인한 방법으로 살해하거나 어린이들을 대상으로 하는 극악무도한 성범죄 또한 심심치 않게 보도되고 있다. 성범죄의 정의와 원인을 설명하는 이론 그리고 성범죄 피해자의 심리적 특성과 유형을 살펴본 후, 마지막으로 성범죄의 예방 및 대책 방안에 대하여 자세히 알아보기로 하자.

10.1 성범죄란 무엇인가?

우리가 다루고자 하는 성범죄의 예방과 대책을 논하기 전에 우선 성범죄가 무엇인지 정도는 알아 둘 필요가 있다. 그러면 성범죄의 정의, 유형과 특성에 대해 알아보도록 하자.

10.1.1 성범죄의 정의

성범죄는 성과 관련된 범죄를 뜻하는데, 타인의 자유의사와는 관계없이 가해지는 모든 신체적·정신적·언어적 폭력 등 일체의 행위를 함으로써 성립되는 범죄를 말한다. 성범죄의 피해자는 대부분 여성이다. 물론 최근 들어 남성들도 성범죄의 피해자로 등장하고 있는 것도 사실이다. 하지만 사회적 약자로서의 여성이 성적 약자로서 성범죄의 표적이 되어 왔음은 부인할 수 없고, 현재에도 여성이 성범죄 피해자의 대부분을 차지하고 있는 것도 무시할 수 없는 실정이다. 형법상 성범죄는 강간과 추행의 죄와 성 풍속에 관한 죄로 구성하고 있다. 강간과 추행의 죄는 개인의 성적 자기결정의 자유를 보호하기 위한 것으로서, 이는 개인의 자유를 보장하는 개인적 법익에 속한다. 성 풍속에 관한 죄는 사회 일반의 건전한 성도덕 또는 성 풍속을 보호하기 위한 것으로써 사회 전체의 성적 풍속을 보호하기 위한 법이다. 기타 특별법에도 성범죄들을 규정하고 있다. 성폭력 범죄의 처벌 및 피해자 보호 등에 관한 법률, 성매매 방지 및 피해자 보호에 관한 법률, 풍속 및 영업의 규제에 관한 법률 등에서 성범죄를 다루고 있다.

10.1.2 성범죄의 유형 및 특성

(1) 성범죄의 유형

정상적인 성적 충동이 억제되지 않고, 대상에 반응하는 공격적 행위를 하는 정상형(일반형)과 성적 도착에 근거한 범죄 또는 비사회적인 이상 행위인 이상형(도착형)이 있다.

(2) 성범죄자의 특성

신체 · 성기능의 특징으로는 성충동이 강하고 과잉성욕을 가진다. 성의식·정신적 측면의 특징으로는 성의 윤리적 가치를 부정하고, 사회의 의미를 무시하며, 여성을 성욕의 방출 대상으로 본다. 또한, 그리고 사회·문화적 측면의 특징으로는 경제적 빈곤과 교육이 불충분하다는 점을 들 수 있다.

10.2 성범죄의 원인

어떠한 일이든 사전에 예방하고 대책을 세우기 위해서는 그 일의 원인 분석이 가장 먼저 이루어져야 한다. 마찬가지로, 성범죄의 예방과 대책을 세우기 전에도 그 원인 분석이 이루어져야 하는데, 이 절에서 성범죄의 원인에 대해서 알아본다.

10.2.1 개인적 원인

성범죄에 있어서, 성적욕구에 따른 개인의 자제력 부족을 원인으로 하여 순간적인 충동을 억제하지 못한 채 자신의 성적욕구를 충족시키기 위해 범죄를 자행하게 된다. 강간범죄자의 연령분포를 보면 20대 초반까지가 상당히 많은 부분을 차지하고 있는데, 이는 신체적으로 성욕이 왕성하며 순간적 충동이 강간으로까지 이어질 수 있는 가능성도 높은 시기이기 때문이다. 또 다른 원인으로 순간적인 충동의 저변에 깔려 있는 복합적인 개인의 감정상태를 들 수 있다. 즉, 성범죄를 저지를 당시 쉽게 분류하기 어려운 여러 가지 감정이 엉켜져 있다는 것이다. 예를 들어, 그로쓰(Groth)는 강간의 유형으로, 분노의 표출로서의 강간, 힘을 행사하기 위한 강간 그리고 가학증적인 강간을 제시하고 있는데, 이러한 강간 유형의 분류는 강간이 분노의 감정, 힘을 행사하고 싶은 욕구, 가학증 등의 복합적인 감정들에 의해 일어나고 있음을 말해 준다.

10.2.2 사회·환경적 원인

사회적 측면에서도 사회가 발전함에 따라서 경제가 비약적으로 발전하게 되고, 금전 만능주의가 만연됨에 따라 성을 자유롭게 사고 팔 수 있다는 사고가 사회 저변에 자리 잡았다. 이에 따라 상업주의와 더불어 향락산업이 급속도로 발달하였고, 성범죄는 증가하게 되었다. 역사상 뿌리 깊게 내려오는 가부장적 문화는 남성이 여성을 우월적으로 지배할 수 있다는 사고를 낳았고, 여성의 성을 남성이 지배할 수 있다는 의식이 만연하게 된 것도 주요한 이유이다. 여기에 돈이면 무엇이든 할 수 있다는 금전 만능주의가 가세하여 돈으로 성을 사고 팔 수 있다는 사고 또한 성을 가볍게 여기고 성범죄를 촉진시키는 계기가 되었다. 또한, 매스미디어를 통한 왜곡된 성의식도 성범죄를 부추기는 원인이 된다. 특히나 청소년기의 성에 대한 왜곡된 의식은 사회적 존재로 성장해 나가는 과정에서 여성이 피해자라는 인식을 약하게 만들고, 그들의 행동을 당연스럽게 생각하는 의식으로 고착되게 된다.

10.2.3 성범죄를 바라보는 시각의 남녀별 차이

남성들은 성범죄의 원인을 주로 성적 충동을 자제하지 못한다는 개인적 원인에 있다고 생각하는 데 반해서, 여성들은 '남성 위주의 문화'와 '성교육의 부재' 등의 사회 · 환경적 원인에 있다고 생각하고 있다.

10.3 성범죄 피해자의 특징

성폭력 피해자들은 여러 면에서 성폭력에 대한 후유증을 보인다. 다음에 기술할 후유증은 피해자의 현재 연령, 피해자의 피해 당시의 연령, 피해자와 가해자와의 관계, 가해의 형태 및 동기, 피해 기간, 피해자가 지닌 개인적인 자원과 피해 후의 대처 방안 등에 따라서 성적인 피해가 심할 수도 있고 경미할 수도 있다.

10.3.1 피해자의 정서적인 반응

(1) 불안과 강박

성적인 피해를 당한 피해 여성은 가해자와 비슷한 남성뿐만 아니라, 경우에 따라서는 모든 남자가 혐오스럽기도 해서 기피하는 증세를 보인다. 남성에 대한 혐오스런 감정 때문에 남성과의 교제를 피해서 혼자 지내는 여성도 많다. 또한, 성적인 피해 장면을 연상하게 하는 사건이나 장면 또한 장소 등에 대해서 민감한 반응을 보이기도 하고, 성 피해에 관련된 사소한 일에도 심하게 놀라고 과잉반응하는 것을 볼 수 있다. 또한, 이들은 피해 당한 기억을 회피하기 위한 방어기제로 강박적인 관념이나 행동에 빠지기도 한다. 예를 들면, 자신의 아이를 죽이고 싶다는 생각에 사로잡히거나, 자신의 신체가 더럽다고 느껴져서 하루에도 수십 번 이상 목욕을 하기도 한다. 또한, 어떤 성 피해자는 집안의 문단속을 수십 번씩 하기도 한다. 성폭력자나 이에 비슷한 사람에 대해서 피해자들이 보이는 불안 반응은 자신을 피해 상황으로부터 보호해 주고 미리 대비할 수 있도록 경계를 해주는 긍정적인 측면도 있지만, 불안이나 강박감이 지나치면 개인의 사생활에 침해를 받아서 여러 면에서 문제를 일으키기도 한다.

(2) 무력감, 우울증

우리나라 성폭력 피해자들은 성폭력의 결과로 자신의 순결이 상실되었다고 믿기 때문에, 이제는 자신의 몸이 더럽혀졌고 무가치한 존재라고 느껴서 더 이상 살 희망이 없다고 느끼는 경우가 많다. 이러한 피해자들은 대체로 신체적인 처녀막 중심의 전통적인 순결관을 가지고 있기에 성적인 폭행을 당한 일차적인 피해를 겪고 나면 자신이 자신을 학대하고 비하하는 이차적인 피해를 스스로에게 가한다.

또한, 친부모에 의해서 어린 시절에 성폭행을 당한 경우는 자연스럽게 자라나야 할 어린 시절을 상실했다는 상실감을 경험하게 된다. 다른 또래의 아이들은 성에 대해서 호기심도 있고 그 나이에 적절한 성 지식과 경험을 하게 되지만, 성 피해자들은 자신이 감당할 수 없는 정도의 성에 대한 비정상적인 경험 때문에 힘들어 한다. 예를 들면, 성 피해자는 자신의 또래 아동들은 학교에서 성 교육을 받았을 때 자신은 이미 성에 대해서 다 알고 있음에도 모른 체하면서 친구들과 어울리는 경우도 있다고 한다. 피해자 자신은 성폭력의 결과로 남과 다르다는 느낌에 의해 자신에게 결함이 있다고 생각하면서 심한 우울감을 느끼는데, 이러한 사건은 돌이킬 수 없다고 여기게 되어 여기에서 오는 무력감이 매우 심하다. 또한, 성폭력을 강제로 힘없이 당했다는 데서 오는 무력감 역시 심하게 느끼는데, 특히 서구의 여성들은 순결을 잃었다는 데서 오는 수치감 보다는 자신의 의사에 반해서 강제적으로 자신의 인권을 짓밟혔다는 생각에서 오는 무력감과 분노감 및 절망감이 심하다.

(3) 수치심과 죄책감

우리나라 여성은 성폭력으로 자신의 몸이 더럽혀졌다고 믿기 때문에, 이를 수치심으로 여기고 강간을 당한 경우에도 경찰에 신고하지 않는 경우가 대부분이다. 심지어는 가족에게도 알리지 않는 경우가 많으며, 가족은 알게 되어도 쉬쉬하면서 숨기고 피해를 당한 여성을 가문의 수치라고 해서 나무라거나 쫓아내는 경우도 있었다. 피해 여성은 성폭행이 자신의 부주의나 옷차림 때문에 생겼다고 해서 스스로 죄책감이나 자책감을 느끼기도 했다.

성폭력 피해자가 느끼는 다른 면에서 죄책감은 성폭행이 오랜 기간에 걸쳐서 일어난 경우 또는 성관계 시에 자신이 성적으로 느낀 흥분이나 감정 때문에 자신도 능동적으로 성폭력에 가담했다는 데서 오는 죄책감이 심하다.

(4) 분노감, 배신감, 적개심, 복수심

성적 피해 여성이 누구나 느끼는 강한 감정 중의 하나는 가해자에 대한 적개심, 분노감, 복수심이다. 피해자 중에는 가해자를 직접 찾아내서 복수하는 경우도 있었고, 분노감을 가슴 속으로 품고 살다가 오히려 심인성 질환을 앓고 있는 경우도 있었다. 특히, 아동기에 성이 무엇인지 잘 모르는 상태에서 성적인 피해를 친부모나 친척에게 당한 근친 강간의 경우는 나중에 자신이 당한 것이 가장 신뢰했던 가까운 사람한테서 성적으로 이용당했다는 생각에 허탈해지고 배신감과 강한 분노감을 느끼게 된다. 한 예로 어린 여아가 성인에게 강간을 당한 후 가해자 성인을 잡아서 경찰에게 인도하겠다고 동네에서 사람들을 살핀 경우도 있다. 피해자들이 느끼는 분노감은 곧장 우울감으로 이어지는데, 이는 분노감에서 오는 강한 공격적인 감정을 내적으로 돌려서 자신을 공격하기 때문이다. 자신에 대한 우울감이 깊어져서 공격이 심해지면 자살을 시도할 수도 있다.

(5) 낮은 자아 존중감

성적인 피해자들의 치명적인 피해 중의 하나는 자신에 대한 낮은 자아 존중감이다. 이들은 자신이 이미 더럽혀졌고 아무에게도 떳떳하지 못하다는 생각과 이제는 한 남자의 사랑을 받을 만큼 떳떳하지 못하고 무가치하다는 생각 때문에 낮은 자존감을 가지고 있는 경우가 많다. 자신에 대해서 자포자기하는 생각을 가지고 때로는 사창가를 자청해서 들어가는 경우도 있다. 인간은 누구나 나름대로의 자존심을 가지고 살아가고 자존심이 낮을 때는 불행감을 느낀다. 성폭력 피해자들은 자신의 무능력 또는 강제로 당했다는 데서 오는 굴욕감 때문에 자존감이 땅에 떨어지게 되어 성피해를 치료하지 않으면 일생을 불행하게 살 수 있다.

(6) 양가감정

피해자들은 흔히 가해자가 평소에 다정한 태도를 보여주던 사람인 경우 가해자에 대한 분노감정과 더불어 그에 대한 애정의 감정도 동시에 느끼는데, 이러한 자신에 대해 혼란스러워 한다. 분노감정만 있다면 오히려 해결책은 쉬울텐데, 가해자에 대한 긍정적인 감정들도 함께 있기 때문에 이를 어떻게 처리해야 할지 혼란스러운 것이다.

그들은 만일 가해자에 대한 분노감정을 느끼게 되면 가해자에 대한 좋은 감정이 없어지게 될 것이라고 생각한다. 이에 따라 분노감정을 직면하지 못하고 두 가지 감정을 모두 억압해 버림으로써 이를 해결하려 하지만, 이러한 해결되지 않은 양가감정은 내적인 갈등의 원천이 된다. 만일 이러한 양가감정이 해결되지 않으면 피해자는 가해자에 대한 분노감정의 해결을 하지 못하는 것은 물론이고, 긍정적인 감정조차도 보존할 수 없게 된다. 심리치료에서는 피해자의 가해자에 대한 두 가지 감정을 모두 인정하고 수용하여 두 감정을 차례로 자각하고 표현함으로써 통합을 이룰 수 있게 된다. 이때 긍정적 감정을 먼저 인정하고 표현하도록 해줌으로써 부정적 감정을 쉽게 자각하고 표현할 수 있게 된다 (Hunter, 1995).

10.3.2 사고영역

(1) 해리(Dissociation)

피해자들은 피해 상황과 피해의 심한 정도에 따라서 사고의 영역에도 영향을 끼친다. 피해자가 생명을 위협을 느끼는 상황에서 강간을 당한 경우 자신이 성적인 폭행을 당하는 상황이 자신의 현실이 아니고 마치 남의 일을 관찰하는 듯한 느낌을 갖는 경우가 있는데, 이러한 생각과 증상이 심해지면 다중인격적인 소유자가 될 가능성이 있다. 한 예로 어떤 여성 피해자는 자신의 내부에 10가지 이상의 다른 인격이 존재한다면서, 자신이 다른 인격의 소유자가 되면 표정과 행동도 변하는 것을 목격하였다고 보고하였다. 해리의 증상을 보이는 피해자들은 눈빛이 변하는 순간 현실을 떠나가는 듯한 느낌이 들면서 자신이 말한 것을 기억하지 못하는 경우도 있다.

(2) 왜곡된 사고

예) • 성적인 피해를 당한 것은 자신의 책임이었다.

- 가해자가 나를 사랑했기에 성관계를 가졌지 나를 성폭행한 것이 아니다.
- 모든 남성은 도둑놈들이다.
- 나는 순결을 잃었으니 살만한 가치가 없다.
- 이 세상에는 아무도 나를 도와주는 사람은 없다.

예와 같이 왜곡된 사고가 심한 경우 정신과적으로 발전해서 때로는 실제 물체가 없는 데도 있는 것처럼 보이는 환각과 아이의 울음소리 등의 환청을 들을 수도 있다. 또한, 피해여성이 정신 이상이 되어서 지나가는 남자를 붙들고 성관계를 요청하면서 무분별한 성관계에 빠지는 경우도 있다.

(3) 부정

이는 피해자가 자신이 처한 고통스런 현실을 직면하지 않고 외면함으로써 문제를 해결하려는 행동을 의미한다. 예컨대, 성폭행 당한 사실이 별 것 아닌 것처럼 생각하거나 그 사건에 대해 생각하기 싫어하는 태도를 들 수 있다. 흔히 피해자들은 자신의 성폭력 피해 사실을 대수롭지 않게 생각하여 넘기려 하고, 다른 심리적 문제가 발생하여 치료를 받으러 와서도 성폭행 당한 사실에 대해서는 잘 말하려고 하지 않는다. 이러한 심리는 자신의 부정적 감정상태를 외면함으로써 문제를 해결하려는 시도이지만, 이는 근원적인 해결책이 못되므로 점점 문제가 커지게 된다. 이들은 치료자가 성폭행 당한 사실과 현재의 정서적 어려움 사이의 연관성을 물어도 둘 사이의 관련성을 부인해 버린다(Hunter,1995).

(4) 감정 억압

피해자들은 불쾌한 감정을 억압하여 고통을 경감시킬 수 있기 때문에 분노나 적개심을 누름으로써 외상을 잊어버릴 수 있다. 그래서 흔히 성폭력 피해자들은 별로 감정이 없이 무덤덤한 태도를 보이는 경우가 많다. 특히, 치료 초기의 피해자들은 신체 증상만 열거할 뿐 자신의 감정에 대해서는 전혀 알지도 못하고 말하지도 않는 경우가 많다.

또한, 부정적인 감정뿐만 아니라 긍정적인 감정을 억압하는 수도 있다. 즉, 행복한 감정이 느껴질 때 이를 눌러버림으로써 행복감을 못 느끼는 것이다. 흔히 피해자들은 행복한 순간 뒤에 불행이 뒤따랐던 경험이 있기 때문에 행복감을 두려워하여 이를 억압한다. 따라서 행복감은 불쾌감을 불러일으키는 단서가 된다. 행복은 언제 끝날지 모르기 때문에 오히려 불안하다(Hunter,1995).

(5) 환각

피해자들은 환각을 경험하기도 하는데, 특히 어린 시절 성폭행 피해자의 경우 흔히 어린 아이의 울음소리를 들으며, 누가 집으로 침입해 들어오는 소리, 문을 쾅 닫는 소리를 듣는가 하면, 주변 시야에 물체가 움직이는 것이 보이기도 한다. 특히 밤에 침대에 누워있을 때 형체 없는 그림자가 보이기도 한다. 누가 자신의 몸을 만지는 착각이 들기도 하고, 때로는 가볍게 때로는 무겁게 짓누르는 느낌이 든다(Finkelhor & Browne, 1985).

10.3.3 대인 관계

(1) 대인 관계 기피

성적인 피해자들은 자신의 수치심과 낮은 자존감 등과 같은 부정적인 태도 때문에 대인 관계를 포함한 이성 관계를 기피하고 고립해서 지내는 경우가 많다. 피해 여성의 경우 남자가 자신에게 접근해 오면 성적인 목적으로 접근하지 않아도 지나치게 의심하여 기피하기도 하며, 같은 사무실에서 남자들과 같이 일을 하지만 항상 거리를 두고 있기도 한다. 성 피해의 문제를 치료하지 않을 경우에는 결혼 적령기를 넘기는 경우가 많다.

(2) 친밀감 형성의 어려움

성 피해자들은 친밀한 관계에서 이용을 당하고서 배신을 당했기 때문에 이성과 친밀한 관계를 맺는 데 어려움을 보인다. 친밀한 관계를 맺으려면 자신을 개방할 수 있어야 하는데, 자신의 과거를 개방하면 상대방이 자신을 멀리하고 거절할 것이라는 데서 오는 두려움이 크다. 또한, 과거에 친밀한 관계를 가졌을 때 상대방에게 이용당한 경험 때문에 항상 사람들과 거리를 두며, 상대방에게 마음을 주지 않는다.

(3) 과잉책임

피해자들은 대개 자신이 책임질 필요가 없고, 또한 책임질 수도 없는 부분에 대해서까지 책임 의식을 느끼는 경우가 많다. 어린 시절 아버지에게 성폭행 당한 사실을 혼자 비밀에 부침으로써 어머니를 보호하려고 노력하는 가련한 모습이 그 전형적인 예이다. 아이는 어머니가 놀라거나 걱정할까봐 혼자 감추고서 끙끙대며 모든 짐을 떠맡는 행동을 하는 것이다. 어머니가 남편의 그러한 행위를 알고도 모른척 하는 경우에도 아이들은 혼자 해결해 보려고 피나는 노력을 하는 것을 관찰할 수 있는데, 이는 어린이의 선한 동기를 어른이 무책임하게 악이용하는 것이라 하겠다. 이런 아이는 성장하면서 계속 타인의 짐을 대신 떠맡는 과잉책임 행동을 보이는데, 성폭력 피해자들 중에는 사회봉사 직업을 선택하는 경우가 많다. 그들의 이러한 행동은 자신의 상처를 치료 받지도 못하는 상황에서 타인의 몫까지 짊어지고 사는 힘들고 불행한 삶을 초래한다.

(4) 통제 행동

피해자들은 늘 자신에게 일어나는 일들을 통제해야 한다고 생각하여 긴장하며 산다. 만약, 자기 주변에 일어나는 일을 모두 파악하고 있지 않으면 끔찍한 일이 발생할지도 모른다고 생각하기 때문에 항상 일을 계획하고 준비하고 통제한다. 특히, 남자와의 관계에서 방심하지 않으려고 노력한다. 만일 조금만 틈을 보이면 상대가 자기를 성폭행해도 좋다는 증거로 간주할 것이기 때문에 상황을 통제해야 한다고 생각한다. 또한, 자신을 통제하는 다른 이유는 자신이 행동을 통제하지 않으면 자신의 죄악이 밖으로 드러날 것이라고 생각하기 때문이다(Horowitz,1986).

(5) 희생 반복

피해자들은 흔히 성폭행을 당할 수 있는 상황에서 적절히 대항하는 행동을 학습하지 못했기 때문에 이들은 나중에도 성폭행 당할 확률이 매우 높다. 예컨대, 상대가 불쾌한 행동을 해 올 때 그러한 행위를 중지해 줄 것을 자신 있게 요구하지 못한다. Rusell(1986)에 의하면, 930명의 피해자 중에서 33~68%까지가 다시 성폭행을 당했다고 한다. 피해자의 48%가 폭력적인 남성과 결혼했고, 그중 28%는 남편에게 매를 맞으면서도 참으며 살았다. 그들은 흔히 자기가 맞을 짓을 했다고 생각한다. 또한, 남편이 딸을 성폭행하는 것을 말리지 못한 경우도 있다.

이들이 적절한 자기 보호 행동을 하지 못하는 것은 많은 경우에 있어서 폭력적인 아버지에게 수동적으로 복종하는 어머니의 행동을 학습한 반면에 적절한 대응행동에 대한 학습은 결여되어 있기 때문이다. 또한, 그들은 흔히 학대와 애정을 쉽게 혼동하여 가학하는 사람에게 정서적으로 연대감을 느낀다고 한다. 이는 그들이 체험한 현실은 항상 모든 것이 학대와 함께 있었기 때문에 애정은 학대를 포함한다고 생각한다.

심한 경우에는 피해자들이 무의식적으로 학대를 추구하는 경우도 있다고 한다. 가령 무의식적으로 위험한 장소에 자신을 노출시킴으로써 성폭행을 당하거나 또는 폭력적인 남자를 만나 결혼하거나 성적으로 학대받는 상황에 쉽게 연루되기도 한다. 나중에는 자포자기 심정에서 몸을 함부로 하거나 알콜 중독, 마약 중독자가 되거나 자신의 아이들에게 폭력을 행사하기도 한다. 이는 외상 경험을 무의식적으로 반복하는 현상인데, 나중에 자신도 타인에게 상처를 주었다는 생각에 자신의 가해자에 대해 분노할 수 없는 이중구속에 놓이게 되기도 한다.

(6) 불명확한 자아경계

어린 시절의 성폭력 피해자들은 주변으로부터 자신의 영역을 보호받고 지지받지 못했기 때문에 명확한 자아경계의 형성에 손상을 입는다. 그들은 대개 자신의 욕구와 감정을 명확히 지각하지 못하며 타인과 자신의 경계가 불명확하다. 이들이 만일 결혼해서 아이를 갖게 되면 자신과 아이의 경계를 명확히 하지 못하고 아이를 과보호하기도 한다. 이들은 간혹 자기 어머니가 자신에게 했던 것과 무조건 반대로 행동하기도 하는데, 어떤 여성은 자신의 해소되지 않은 울음을 투사하여 아이가 우는 것을 매우 두려워 하며, 만일 아이가 울면 즉시 달려가 울음을 그치게 함으로써 아이가 슬픔을 충분히 느끼지 못하게 만들기도 한다(Finkelhor & Browne, 1985). 어떤 여성은 아이의 욕구와 무관하게 자신의 욕구를 투사하여 아이에게 해 주거나 혹은 반대로 자신이 누리지 못했던 것을 아이가 갖는 것에 대해 분노감을 느끼기도 한다. 두 경우 모두 아이와 자신을 잘 구분하지 못하여 아이를 독립된 개체로 성장시키지 못한다고 볼 수 있다.

10.3.4 신체 반응

(1) 자해

성폭력을 당한 피해자들의 약 39%는 자해적인 신체 반응을 보인다고 한다. 일례로, 자신의 신체에 여러 번 상처를 낸 여성이 있었는데, 이유는 상처를 내서 아픔을 느낄 때 자신이 살아 있음을 느낄 수 있었다고 진술하였다. 특히, 어린 시절에 성폭행을 당한 피해자들은 자신이 성폭행을 당할 시에 고통이 느껴졌지만, 동시에 긍정적인 사랑과 관심도 느껴졌다는 생각 때문에 고통을 재현하는 장면에서 자해하는 신체적인 반응을 보이기도 한다.

(2) 섭식 장애

성폭력 피해자들에게 자주 보이는 행동 중의 하나는 음식을 거부하는 거식증과 음식을 먹고 나서 살찔까 봐 토해 내는 섭식 장애를 가진 사람들이 많다. 음식을 거부하는 데는 성폭력에 대한 죄책감, 자기 비난 등 자신을 스스로 처벌하려는 무의식적인 욕구와도 상관이 있다. 한 예로 미모의 20대 여성이 섭식 장애로 상담을 받으러 온 경우에서, 이 여성은 강간을 당한 후에 비만증에 걸려있었는데, 이는 자신이 비만해지면 성적인 매력이 없어져서 자신을 남자가 강간하지 않을 것이라는 믿음에서 몸무게를 늘였다고 진술하였다.

(3) 심인성 통증

많은 피해자들은 감정을 직면하는 것이 두렵고 고통스럽기 때문에 이를 억압하거나 해리시키는 대신에 자신의 고통을 표현할 수 있는 유일한 통로로서 신체를 사용한다. 흔히 호소하는 증상들은 만성 두통, 복통, 방광염, 경련, 목통증, 후두염, 피부질환, 골반이나 질의 통증이다. 그리고 지나치게 긴장하여 근육통을 호소하기도 한다. 심리적 문제로 다루는 것보다는 신체적인 문제로 다루는 것이 안전하고 덜 두렵기 때문에 피해자들은 이러한 증상을 개발하여 약물 복용으로 신체 증상을 처리하려고 한다. 그러나 신체 증상은 어디까지나 해결되지 않은 마음의 상처로 만들어지는 것이기 때문에 약물로 치유될 수 없다. 오히려 약물 부작용, 약물중독 등의 추가적인 문제를 일으키게 된다 (Hunter,1995).

(4) 수면 장애

피해자들이 많이 보이는 증상으로 불면증을 들 수 있다. 잠을 잘 못 드는 경우와 악몽을 꾸어 편안한 잠을 못 자는 경우, 잠이 일찍 깨는 경우 혹은 그 반대로 지나치게 많이 자는 경우 등 다양한 수면 장애가 나타난다. 성폭력 피해자들의 70% 이상이 후유증으로서 수면 장애를 호소한다고 알려져 있다.

(5) 신체 이미지

자신의 신체를 더럽고 추한 것으로 생각하기 때문에 자신의 신체를 쳐다보지 않거나 만지지 않는 경우도 있으며, 아예 목 이하의 신체는 없는 것으로 생각하는 사람도 있다. 정확히 자신의 신체 이미지가 그려지지 않고 몸이라는 것에 대한 개념이 잘 형성되지 않는 경우도 있다. 따라서 자신의 신체 감각을 잘못 느끼며 자신의 욕구나 감정을 잘 파악하지 못한다. 신체는 항상 긴장되어 있으며 주로 불안을 방어하는 쪽으로 사용된다. 임신을 계기로 자신의 신체를 처음으로 느끼는 경우도 있다(Horowitz, 1986; Hunter,1995).

(6) 공격행동

흔히 피해자들은 억압된 분노 감정을 자신보다 약한 대상을 골라 발산하기도 하는데, 이때 내적으로 작용하는 심리기제는 Anna Freud(1946)가 말한 '공격자와의 동일시' 현상이다. 이들은 다른 대상을 골라 성폭력을 행사하기도 한다. 이러한 행동은 특히 어린이나 자신의 아이를 대상으로 할 때 파괴적인 결과를 초래한다. 또한, 이러한 공격성을 자기 자신에게 향하게 하면 우울증을 앓거나 자살할 수도 있다. 많은 성폭력 피해자들은 이러한 충동을 느끼고서 불안해하거나 통제하기 위해 강박증상을 개발하기도 한다. 그들은 만일 자신의 분노감정을 자각하게 되면 폭발할 것이고, 그렇게 되면 통제 불가능할 것이라고 생각하기 때문이다. 하지만, 실제로는 분노감정을 억압함으로써 이들을 파괴적으로 사용하게 될 가능성이 높아진다. 여기서 분노감정과 폭력을 구분하는 것이 중요하다. 분노는 정상적인 감정이며, 그것이 자각되고 언어적으로 표현될 때, 건설적이고 창조적으로 발산됨으로써 폭력으로 가는 것을 막아준다.

10.3.5 기타 성폭력 피해의 후유증

(1) 왜곡된 성정체감

여성 피해자들은 여성은 약한 존재라는 생각을 갖게 되어 여성으로서의 정체감 형성에 어려움을 겪는다. 특히, 어머니가 아버지의 폭력에 대해 복종적인 태도를 보이는 경우에서는 동일시 모델이 약함으로 인해 성정체감 형성에 더욱 어려움을 겪는다. 이들은 남자들에 대해 공포감을 느끼고 같은 여성에 대해서도 쉽게 친밀감을 느끼지 못한다(Finkelhor & Browne, 1985).

피해자가 남자 아이인 경우에는 자신이 남자 성인에게 성적인 대상이 되었다는 사실 때문에 자신의 남성성에 대한 정체감 혼란을 겪는다. 그들은 자신이 혹시 동성애자가 아닌지 불안한 생각이 든다. 이러한 혼란은 동성에게 성적 자극을 받음으로써 더욱 가중되기도 한다. 그들은 때로는 이러한 자신의 공포를 지우기 위해 지나치게 남성적으로 보이려고 애쓰기도 한다. 흔히 그들은 남성성이 공격성과 동일한 것으로, 혹은 성폭력과 동일한 것으로 생각하고 스스로 성폭력 가해자가 되기도 한다(Briere, 1988).

(2) 성기능 장애

대부분의 피해자들은 성행동에서 어려움을 호소한다. 예를 들어, 성욕구 저하, 성혐오감, 성불만족, 발기불능, 오르가즘 등을 호소한다. 많은 피해자들이 성행위가 트라우마를 재생시키므로 성행위를 기피한다. 성행위를 하더라도 마지못해 의무적으로 하거나 상대편에 대한 서비스 차원에서 하는 경우가 많다. 이들은 사랑하는 사람과의 성관계에서도 과거를 연상시키는 자극이 있으면 극도의 혐오감을 나타내기도 한다. 예를 들어, 특정 냄새나 행동, 신체 특정 부위를 접촉하는 것에 대해 과민 반응을 보인다. 그들은 성행위 도중에 갑자기 매우 불안해지고 흥분되어 맥박이 빨라지고 땀이 나며 구역질을 하거나 토하며 설사를 하기도 한다. 이러한 반응은 성행위를 즐기기 못하게 만들고 기피하게 만들어 배우자를 좌절시키기도 한다.

또한, 성행위 시에 쾌감을 느끼는 순간 죄책감에 빠져들기도 한다. 성행위를 더러운 것으로 생각하기 때문에 그러한 행위를 즐기는 자신이 혐오스러워지는 것이다. 그래서 오르가즘을 느끼지 않도록 자신을 통제하기도 하는데, 그 결과 불감증에 걸리기도 한다 (Finkelhor & Browne, 1985).

(3) 섹스와 애정의 혼란

흔히 성폭력 피해자들은 자기에게 관심을 보여주는 사람에게 섹스를 제공해야 한다는 생각을 한다. 만일 상대의 요구를 거절하면 외면당할 것이라고 생각하기 때문에 거절을 하지 못한다. 더욱이 근친상간 피해자들은 흔히 애정표현과 성폭행을 동시에 체험함으로써 혼란스런 성개념을 형성하기 때문에 상대의 성 관계 요구를 애정표현으로 착각하는 경향이 있다. 심지어는 폭력까지도 애정과 혼동함으로써 맞으면서도 상대의 통제를 벗어나지 못하는 경우도 있다(Finkelhor & Browne, 1985).

(4) 과잉 성행동

상당수의 성폭력 피해자들은 복잡한 이성관계를 보이는데, 깊은 애정 관계가 아닌데도 쉽게 성행위에 응하는 행동을 보인다. 이는 그들이 애정을 추구하는 것과 관계가 있다. 그들은 성행위를 통해서만 애정을 체험할 수 있다고 생각하기 때문이다. 즉, 이러한 행동은 그들이 애정을 얻기 위해 학습한 행동방법이라고 볼 수 있다. Meyerding(1977) 연구에 따르면 136명의 매춘녀들 중에 55%가 어릴 때 성폭행을 당한 경험이 있는 것으로 보고되었다. Faria & Belohlavek(1984) 연구에서는 매춘녀의 75%가 어린시절 성폭력 피해자였다.

(5) 알콜 중독 및 약물 남용

흔히 피해자들은 고통스런 감정을 달래기 위해 알콜이나 약물을 복용한다. 성폭력 피해자들은 자신의 문제를 타인과 대화하면서 풀기보다는 혼자 생각하거나 억압하는 경향이 많은데, 알콜이나 약물은 바로 그러한 사람들에게 가장 쉬운 유혹이 된다. 이는 일시적이기는 하지만 고통과 불쾌감을 직접적으로 완화시켜 주기 때문에 손쉽게 접근하게 된다. 이런 현상은 동물실험에서도 밝혀졌는데, 어릴 때 스트레스를 많이 겪은 레수스 원숭이는 알콜이 주어졌을 때 다른 원숭이에 비해 과음을 하였다(Peters,1984). Jehu(1985) 등의 연구에 따르면 성폭력 피해자의 27-41%가 알콜중독을 보였고, 뉴욕의 여성 마약중독자 집단의 44%가 성폭력 피해자였다.

10.4 성범죄의 처벌

특히, 성범죄의 경우 다른 범죄보다 재범의 가능성이 높기 때문에 이를 차단해야 하며, 성범죄 전과를 가진 범죄자에 대한 관리와 대책이 필요하다.

10.4.1 각국 성범죄자에 대한 처벌 현황

(1) 우리나라

1) 강간(형법 297조)

폭행 또는 협박으로 사람을 강간한 자는 3년 이상의 유기징역에 처한다.

2) 강제추행(형법 298조)

폭행 또는 협박으로 사람에 대하여 추행을 한 자는 10년 이하의 징역 또는 1,500만 원 이하의 벌금에 처한다.

3) 준강간, 준강제추행(형법 299조)

사람의 심신상실 또는 항거불능의 상태를 이용하여 간음 또는 추행을 한 자는 전2조의 예에 의한다. 강간 등 살인 · 치사 제297조 내지 제300조의 죄를 범한 자가 사람을 살해한 때에는 사형 또는 무기징역에 처한다. 사망에 이르게 한 때에는 무기 또는 10년 이상의 징역에 처한다(형법 301조의 2).

4) 강도강간(형법 339조)

강도가 사람을 강간한 때에는 무기 또는 10년 이상의 징역에 처한다. 특수강도강간의 경우 사형, 무기 또는 10년 이상의 징역에 처한다.

5) 미성년자등에 대한 간음(형법 302조)

미성년자 또는 심신미약자에 대하여 위계 또는 위력으로써 간음의 죄를 범한 자는 5년 이하의 징역에 처한다.

6) 업무상 위력 등에 의한 간음(형법 303조)

업무, 고용 기타 관계로 인하여 자기의 보호 또는 감독을 받는 사람에 대하여 위계 또는 위력으로써 간음한 자는 7년 이하의 징역 또는 3천만 원 이하의 벌금에 처한다.

(2) 외국

1) 미국

각 주마다 조금씩 다르지만, 주거지 제한 및 전자 발찌 착용으로 범죄자의 위치 파악한다. 또한, 성범죄자가 거주지 이동 시 당국의 허락을 맡고 1년에 두 번씩 당국에 거주지를 등록해야 한다. 사람들은 자신의 주거지 주변에 어떤 범죄자가 살고 있는지 인터넷으로 확인 가능하고, 그들의 신상정보 및 사진까지 공개되어 있다. 또한, 미국 내에서는 더 성범죄자에 대한 처벌을 가중시키자는 여론이 점차적으로 늘고 있으며, 미국의 플로리다 주에서는 12세 이하 아동 대상 성범죄자에게는 무조건 종신형을 선고한다.

- **텍사스 주**

  성범죄자가 사는 집 마당에 차 유리창과 '성범죄 전과자가 사니 조심해라'는 표시판을 붙임

- **플로리다 주**

  11세 이하 어린이 대상 성폭행범일 경우, 최저 형량을 25년으로 높이고 출소 후에도 전자팔찌를 채움.

- **8개 주**

  거세수술까지 합법화하는 추세

- **4개 주**

  어린이 대상 성범죄자에게 출소 직전 거세 약물을 투여

- **콜로라도 주**

  1998년부터 성범죄자의 성욕을 저하시키는 약을 정기적으로 투여

- **아이오와 주, 뉴저지 주**

  성범죄자들의 주거지역을 엄격하게 제한

2) 중국

14세 이하 미성년자와 성관계를 가질 경우 합의 여부나 기타 상황에 상관없이 무조건 법정 최고형인 사형에 처해진다.

3) 대만

1999년 아동복지법을 강화해 16세 이하 미성년자와의 성관계로 유죄가 인정될 경우 최고 징역 20년에 처하고, 이름과 사진을 주요 지방신문을 통해 공표한다.

4) 영국

지난해 13세 이하의 어린이에 대해 성범죄를 저지르면 무기징역에 처하는 법안 초안을 마련했으며, 이 법안은 유사성행위도 성폭행으로 간주하고 성관계 장면을 16세 이하 미성년자에게 강제로 보이기만 해도 10년형에 처할 수 있도록 했다. 성범죄자는 경찰에 의무적으로 거주지 신고를 해야 하고, 경찰은 해당 지역의 학교에 성범죄자의 정보를 제공해야 한다.

5) 뉴질랜드

형기를 마치고 사회에 복귀한 아동 성범죄 전과자들을 위성추적장치를 동원해 감시한다.

6) 독일

성범죄자들은 정기적으로 경찰에 거주지를 알려야 하는 의무신고 제도가 운영된다. 또한, 재범자에 한해 DNA 중앙 데이터베이스 구축. 극히 드물게 외과적 거세를 실시한다.

7) 캐나다

성범죄자의 신원을 공개할 수 있고, 필요시 화학적 거세도 실시한다. 일주일에 한번 '데포 프로베라'라는 여성 호르몬 복합물을 주입한다.

8) 스위스

국민투표를 통해 위험한 성범죄자를 평생 사회에서 격리하는 법안을 채택했다. 새 법안은 2인 이상의 전문가가 위험하거나 갱생의 여지가 없다고 판단한 성범죄자의 경우 연령이나 건강상태에 관계없이 종신 구속할 수 있고, 재감정이나 가석방을 불허하는 내용이 골자다. 스위스가 국제적으로 전례가 드문 강도 높은 성범죄 처벌 법안을 마련한 것은 성폭력 범죄 전과자들이 석방된 후 다시 범죄를 저지르는 사례가 늘어 났고, 시민 사이에 사회격리를 주장하는 목소리가 고조됐기 때문이다.

10.4.2 재범의 방지

재범 방지에 있어서는 우선 범죄 피해 발생 후 피해자 보호 정책과 함께 가해자 재범 방지를 위한 프로그램 개발이 시급하다. 사후의 성범죄 피해자가 겪게 되는 2차 피해에 대한 방지와 성범죄자의 재범을 예방하는 것은 피해의 연쇄화를 막는 데 중요한 요소라 할 수 있다.

(1) 피해자 보호정책

1) 사후지원적 측면

성범죄의 충격과 성범죄로부터 얻은 상처를 치유하는 과정에서 당시 상황을 상기하는 데서 오는 충격을 막기 위한 전문적 시설과 지원의 강화가 요청된다. 다음과 같은 방법이 있다.

첫째. 전문 상담소 및 보호시설의 활성화

둘째. 재정적 지원

셋째. 전문 경찰 제도

넷째. 의료 제도적 연계망

다섯째. 장기보호 시설의 필요성

2) 고소 및 수사 절차

수사 절차에 있어서 낮은 피해자의 존중은 피해자의 2차 피해를 불러오게 된다. 따라서 고소와 수사 절차에 있어서 피해자에 대해 고려하는 필요성이 심각하다 할 수 있다.

첫째. 고소장 작성 및 심문 과정의 축소

둘째. 가해자 심문시 대질 심문은 피함

셋째. 재판시 비공개 심문과 재판 요구, 가해자와의 대면 접촉 방지

3) 피해 대상의 확대

현재 남성에 대한 여성의 성폭력보다는 여성에 대한 남성의 성폭력이 훨씬 많고, 동성 간의 성폭력 역시 사회적으로 뚜렷하게 드러나지 않고 있는 단계이다. 그러나 사회 여타 부분의 변화와 더불어 그 증가 추세가 예견되는 상황에서 이에 대한 법적 무관심은 더욱 급격한 증가를 불러올 우려가 있다. 따라서 '성폭력 방지를 위한 특별법'에서는 '가해자'나 '피해자'를 정의함에 있어서 '성(性)'에 따른 차별을 두지 않고 타인에 대한 성적 폭행을 가한 사람은 누구나 법적 처벌을 받도록 하여야 할 것이다.

(2) 재범 방지 프로그램

1) 성범죄자 치료 프로그램

성범죄자에 대한 치료서비스는 형벌만으로는 이미 고착 또는 형성 과정에 있는 가해자의 성폭력 행위가 쉽게 종식되지 않고, 경우에 따라서는 더 악화되기 때문에 이를 예방하기 위한 목적을 갖는다.

성폭력 가해자에 대한 치료는 특히 성폭력 행위가 아직 고착되지 않은 가해자(비상습범)나 청소년 가해자에게 긴급히 요구되며, 조기에 개입할 수록 치료의 효과도 높다고 평가되고 있다. 성폭력 가해자를 치료하는 방법은 가해자의 성폭력의 유형, 연령, 가해 시작 시기, 성장 과정에서의 성폭력 피해 경험력 등을 고려하여 가해자마다 다른 기법과 기술을 요구한다. 이는 크게 행동수정 모델, 중독치료 모델, 발달치료 모델 등의 세 가지로 대별된다.

첫째. 가해자 치료를 위한 보호관찰 및 보호처분의 내실화

둘째. 전문 교화시설의 설치 및 전문 치료 프로그램의 개발

셋째. 가해자의 정상적인 사회복귀를 돕는 각종 지원제도 마련

2) 성범죄자 신상 공개

현재 우리나라에서 사용되고 있는 재범 방지 프로그램에는 청소년 성범죄에 있어서 성범죄자 명단 공개가 있다. 그러나 이 방법을 전체 성범죄의 재범 방지 프로그램으로 이용하기에는 범죄자의 인권보호 차원에 있어서 크게 논란이 있을 것으로 예상된다.

3) 주민 알림 프로그램

성범죄자가 같은 동네에 살 경우 인근 주민들의 커뮤니티를 통해 이를 알리고, 주의를

하도록 하는 방법이다. 이는 미국에서 실례가 있었고, 특히 아동 성범죄자의 경우 이 방법을 활발히 이용하고 있다. 그러나 국가인권위원회에서는 이 방법 역시 인권보호에 있다는 점에서 부정적인 입장을 취하고 있다.

4) 화학적 거세

재범 방지에 있어서 가장 극단적인 대안이다. 성범죄자의 재범률이 높은 것을 감안하여 성범죄를 할 욕구 자체를 없애자는 것이 화학적 거세의 목적이다. 이는 앞의 세 가지 방법보다도 범죄자의 인권보호에 큰 상처를 입히므로 긍정적인 대안으로 볼 수 없다.

5) 전자팔찌 프로그램

성범죄자에게 전자팔찌를 착용하게 하여 위치를 알 수 있게 함으로써 경찰의 집중 감시를 돕고 재범을 방지하려는 것이 전자팔찌 도입의 배경이다. 이는 인권문제에 있어서 타인에게 성범죄자임을 공개하는 것이 아니라는 점과 효과적인 관리가 가능하다는 점에 있어서 가장 적절한 방법이라는 것이 현재 여론 및 입법자의 입장이다.

10.5 성범죄의 예방과 대책

우리는 이제껏 성범죄의 개념 및 원인과 처벌에 대해서 알아보았다. 그러면 이제부터 성범죄의 예방과 대책에 대해 자세히 알아보도록 하자. 크게 3가지 차원으로 나누어서 설명하도록 하겠는데, 첫째는 법적 차원에서, 둘째는 복지정책의 차원에서, 셋째로는 개인적 및 사회문화적 차원에서이다.

10.5.1 법적 차원에서의 성범죄에 대한 예방과 대책

(1) 목적과 필요성

법은 사회 변동의 반영이기도 하지만 사회 변동을 불러오는 데 중요한 역할을 하기도 한다. 특히 우리나라처럼, 오랜 관행이 법으로 정착하기보다 법을 만듦으로써 관행을 바꾸는 경향이 큰 사회에서는 법의 중요성이 더욱 크다. 20여 년 간에 걸친 가족법 개정운동, 성폭력 특별법 제정운동, 간통죄 존폐 문제 논의 등이 그것이다. 그러나 이런 법 개정을 위한 여성주의의 노력들은 단편적으로 이루어져 왔으며, 체계적인 논리나 이론적 기반이 빈약했던 것이 사실이다.

법은 추상적으로는 만인 앞에 평등하다고 하지만, 실질적으로는 여성에게 불평등한 것으로 나타난다. 특히 성 문제의 경우에는 남녀간의 신체적 성의 차이를 가정하고 들어가기 때문에 형평이나 평등을 가정하고 들어가기가 더욱 어렵고 보다 복잡하다.

그렇다면 이제부터 성 관련 현행법 제도상의 문제점들을 살펴보고 그 대안을 모색해 보기로 한다. 이와 관련하여 이 글에서 던지는 질문들은 다음과 같다.

첫째, 성과 관련하여 여성의 사회에서의 위치는 어떠하며, 이는 무엇 때문인가? 특히 성의 영역에 작동하는 권력은 무엇이고, 성과 어떤 관계에 있으며, 어떻게 작동하고 있는가?

둘째, 현행 성 관련법에 성과 권력의 관계가 어떻게 반영되어 있는가? 남성주의의 가정, 고정관념, 시각이 있는가? 있다면 무엇인가? 또한, 법 집행상에서는 어떠한가? 양성평등을 위해 법은 그 내용, 실제 적용에 있어서 구체적으로 어떻게 변화해야 하는가? 어떤 모습을 취해야 하는가?

셋째, 현실적인 문제점 지적과 개선안 제시를 넘어서서, 보다 장기적인 관점에서 본다면 양성평등을 위해 법을 보는 기본관점은 어떠해야 하고, 기본원칙은 어떠해야 하는가?

(2) 성권력과 여성의 위치

보통 성범죄에서 여성이 하는 범죄는 별로 없고, 당하는 범죄가 주종을 이루고 있다. 성폭력·성희롱·포르노의 경우 대부분이 남성 가해·여성 피해를 특징으로 하는데, 그 성격을 보다 자세히 보자면 남성 지배·여성 종속을 근간으로 하고 있다는 것을 알 수 있다. 그 반대는 찾아보기가 어렵다.

이와는 달리, 여성이 하는 범죄로 알려져 있는 매춘, 낙태의 경우 이른바 '피해자 없는 범죄'로 알려져 있지만, 실상은 이들 자신이 다른 면에서 피해자인 경우가 많다. 또한, 이런 성 관련 범죄에서 남성과 여성이 받는 영향이 다르다.

이처럼 성관련 범죄의 양에서 성별로 차이가 크고, 또한 그 영향의 심각성에도 차이가 크다는 것은 남자와 여자가 사회에서 기본적으로 다른 위치에 있고, 권력에 있어서 다른 위치에 있다는 것을 의미한다.

(3) 현행 법제도상의 문제점과 개선안

현행법 안에서 여성은 어떤 위치에 있고, 남성 위주의 가정, 고정관념, 시각, 가부장적 이데올로기 등과 같은 일상적 권력이 현행법에 어떻게 반영되었는지 알아보자.

1) 법의 목적과 시각의 문제

성폭력은 남성의 성의 표현이자 권력의 남용이라고 할 수 있다. 성폭력이야 말로 남성의 성적 공격과 여성의 성적 굴복이 적나라하게 드러나는 예라고 할 수 있다. 그러나 법이 성폭력을 인간의 성적 자유라는 관점이 아니라, 남성의 시각에서 보호되어야 할 정조의 보호라는 측면에서 바라본 적이 있었다.

2) 법의 내용상 문제

① 저항을 통한 비동의의 증명

먼저 '폭행이나 협박'에 대한 해석은 "피해자가 처음부터 끝까지 저항으로 극복될 수 없을 정도의 폭력이 있어야"하는 것으로 대법원 판례에 나와 있는데, 이것은 문제가 많다. 즉, 피해자가 동의하지 않았다는 것을 저항을 통해서 증명해야 한다는 것인데, 이것은 법에서 성관계에서 저항이 없으면 동의한 것으로 가정한다는 것이다. 그러나 이것은 논리의 비약이다. 동의하지 않음에도, 너무 무서워서 저항하지 못할 수도 있기 때문이다. 따라서 피해자의 저항이 있었느냐가 아니라, 피해자의 동의가 있었느냐에 초점을 두어야 하며 가해자의 범의(犯意)와 행동에 초점을 두어야 할 것이다.

② 성기 중심적 사고

다음으로 '간음'의 규정을 '여성 성기에 남성 성기가 삽입된 것'이라고 정의하고 있는데, 이것 역시 남성 중심적 시각이라는 문제가 있다. 이것은 기본적으로 남성 성기에 의한 임신 가능성과 그것이 피해 여성과 피해 여성의 아버지나 남편에게 미칠 영향에 더 관심이 있다는 것을 나타낸다. 즉, 가부장적 사회에서 여성이 남성의 소유물이라는 것을 가정하고 있는 조항이라고 할 수 있다. 따라서 성폭력에 성기 삽입뿐만 아니라 이보다 더 나쁠 수 있는 구강 성교, 항문 성교, 이물질 삽입 및 성적 접촉 또한 성적 자유의 침해행위로서 성교와 마찬가지로 포함시켜서 취급되어야 할 것이다(형법 제297조의 2, 유사강간 신설).

③ 부부 강간 배제

부부간에 폭력, 협박 등으로 위협해서, 강제로 가진 성관계를 강간으로 보는 것을 말한다. 부부 강간죄의 인정 여부에 대해서는 논란이 있는데, 부부 강간죄를 인정하는 측면에서 폭력이나 흉기 등을 사용한 강간은 인간의 존엄성을 침해하는 행위이고, 아내가 강간죄 대상에서 제외된다는 법률상 이유가 없다는 입장이다. 또한, 폭력이나 협박은 부부간의 사생활이 아니며 부부의 동거 의무에 강간이 포함되지 않는다고 주장한다. 반면에, 부부 강간죄가 성립할 수 없다는 측에서는 부부간의 강간죄를 인정하는 국가는 소수이고, 부부생활은 부부간의 사생활이기 때문에 실질적 혼인관계에 있는 부부에게 강간죄를 인정하기 어렵다고 주장한다. 우리나라에서는 재판에 회부된 부부 강간 사건 중 대법원으로 올라온 2건의 경우 1970년에는 무죄, 2009년에는 유죄가 각각 선고되었지만, 2009년 사건은 부부가 이미 이혼에 합의한 상태였다. 2013년 5월 16일에는 부부간 강간죄가 성립될 수 있다는 대법원의 전원합의체 판단이 나온 바 있다. 한편, 2015년에는 이혼소송 중인 남편을 감금하고 성관계를 맺은 아내가 부부 강간죄로 기소됐는데, 법원은 "폭력이나 유형력 등을 행사해 상대방 의사에 반하는 성관계를 맺었다고 보기 어렵다"며 무죄를 선고했다.

3) 성폭력 관련법의 절차 및 집행상의 문제

성폭력 관련법 문제는 신고, 수사 및 기소 과정의 문제, 재판 과정의 문제, 양형의 문제로 나누어서 살펴본다.

① 신고, 수사 및 기소 과정의 문제

성폭력의 신고율이 너무 낮은데, 이는 피해 여성의 수치심과 수사 및 기소 과정에서의 피해 여성에 대한 곱지 않은 시선 때문이다. 따라서 성폭력 범죄의 경우에는 여성 경찰, 여성 검찰 제도를 도입하여 피해자의 입장에서 사건을 해결해야 한다. 장기적으로 볼 때 통제기관의 연수 교육 프로그램이나 성폭력 관련 교육을 의무화하는 것도 좋은 방법이다.

② 재판 과정의 문제

재판 과정에서의 문제 역시 판사의 통념 문제가 가장 중요한 문제인데, 구체적으로 드러나는 문제점은 다음과 같다.

첫째, 재판 대상자가 가해자인지 피해자인지 불분명할 정도로 피해자에 대한 추궁이 많다는 것이다. 여성이 강간당하기 전의 성생활에 대해 의문을 제기하고, 극단적으로는 피해자인 여성이 피고인처럼 되어 버리는 결과를 낳기도 한다. 특히, 가해자가 범행을 부인할 경우 피해자의 법정에서의 증언은 공소유지를 위한 필수적인 절차인데, 그런 경우 피해자는 정신적으로 또 한 번의 강간을 당하는 경험을 하게 된다.

둘째, 공개재판에서 피해자의 증언을 청취한다는 점도 문제이다. 이것은 피해자에게 두 번 강간당하는 괴로움을 주는 것이 될 뿐만 아니라, 여러 사람 앞에서 수치스러운 장면을 진술한다는 것은 대단한 고통이다. 따라서 피해자의 증언을 비공개로 청취하는 방안을 마련하는 것이 신고율을 높이는 데 도움이 될 것 같다.

③ 양형의 문제

현행 강간범죄의 양형은 5년 이상의 징역으로 되어 있고, 강도 강간, 특히 가정파괴범의 경우에는 사형까지도 가능하게 되어 있다. 그러나 실제 선고에 있어서는 형사사법기관 담당자들이 무거운 형량 적용을 기피하고 있다. 즉, 양형의 실효성과 적용상의 문제점이 나타나고 있는 것이다. 따라서 성폭력을 등급화하여 형량을 조절하고, 징역형에만 국한된 지금까지의 처벌 유형을 확대시켜 거세형과 징역형을 부과하거나 재발 방지 프로그램을 만드는 등의 방법도 생각해 보아야 할 것이다.

10.5.2 복지정책의 차원

(1) 목표 대상의 확대

성피해 후유증의 심각성은 성폭력, 성희롱, 성추행 등의 유형이나 정도에 따라 연속선상에서 등급화하기 어려울 정도로 심각하다는 것을 고려하여 목표 대상과 자격요건을 심각한 성피해뿐만 아니라 모든 종류의 성피해로 확대하고, 인력 및 재원을 확충할 필요가 있다.

(2) 공급되는 서비스 내용의 다양화

성피해 상담 및 보호시설은 주로 제공하는 심리상담 외에 다음과 같은 서비스도 공급하도록 노력해야 할 것이며, 여기에는 행정조직의 협조가 필요하다.

(3) 법집행기관과의 연계

성폭력 상담소는 성폭력 피해 문제를 다루는 곳으로, 범죄문제와 직접적으로 연결되어 있다. 따라서 문제의 효과적인 해결을 위해서는 이러한 범죄문제의 가해자 및 이를 다루는 법집행부서(경찰, 검찰 등)와의 연계가 필수적이다. 법적으로 사회복지기관과 법집행부서에서 각각 상대방 기관에 담당자를 파견함으로써, 이 두 기관들을 직접적으로 연계시키거나, 행정 시가 중간에서 이 두 기관을 연계시켜 주는 역할을 해 주는 등 어떤 식으로든 연계를 시키는 것이 큰 도움이 될 것이다.

(4) 의료지원 확대

성폭력 피해자의 의료처치를 위해서 앞으로는 개인적 관심을 가진 사립병원만이 아니라, 국공립병원 응급처치 의료요양기관 등과 병원을 연계하는 방향으로 나아가야 할 것이다. 예컨대, 성폭력 피해자를 치료하는 병원은 '성폭력 피해자 치료기관'으로 공식 인정하여 표시하게 하고, 이들 병원에 대해서 세제 혜택 등을 주는 것이 한 방법이다. 그렇게 된다면 피해자 치료를 원하는 병원이 늘어나 보다 많은 병원들이 피해자 치료에 적극적으로 임하게 될 것이고, 궁극적으로 피해자가 보다 나은 대우와 치료를 받을 수 있게 될 것이다.

(5) 전달체계의 개선

① 행정조직의 개선

행정조직을 목표 대상별로 또는 기능별로 세분화하고, 성피해를 전담하는 부서를 만드는 것이 일을 보다 효율적으로 수행하는 데 도움이 될 것이다. 또한, 담당부서, 전문가와의 연계 등을 원활하게 하기 위해 위원회나 특별 조직을 두는 것이 도움이 될 것이다.

② 서비스 수행자의 자질 및 능력 향상

양질의 상담 서비스를 제공하기 위해서는 자격증을 부여하는 상담원 교육기관을 늘려서 보다 많은 전문 상담인력을 생산해내는 것이 필요하다. 또한 기존의 자격증을 가진 상담원에게도 지속적인 재교육을 의무화하고, 기회를 제공하며, 이에 따른 재정지원을 한다.

③ 접근가능성 증대

성폭력 피해자가 많음에도 상담소나 피난처는 너무 적다는 문제와 관련해서 정부는 보다 많은 상담소 및 보호시설을 만들도록 노력해야 한다. 또한 기존의 상담소나 시설에 대한 지원을 통해 보다 양질의 서비스를 제공하도록 노력해야 할 것이다. 이외에도, 상담소가 있어도 이를 모르거나 고정관념에 젖어서 이용하지 못하는 피해자가 매우 많으므로, 이러한 고정관념을 깨는 의식교육을 할 필요가 있고, 상담소의 존재를 널리 알리는 홍보활동을 통해 피해자들이 쉽게 이용할 수 있도록 하는 것도 중요하다.

④ 재원조달 및 이전양식의 개선

자격증을 가진 상담원이 있는 상담소에 대한 재정을 지원함으로써 상담소 설립을 용이하게 한다. 그러기 위해서는 여성을 위한 예산을 보다 많이 확보할 필요가 있다. 그리고 보다 현실적인 문제로서 상담소 집세를 줄이는 방안을 강구해야 한다.

10.5.3 개인적 및 사회문화적 차원

(1) 개인적 차원에서의 대응 방법

1) 피해자의 저항 여부와 저항 방식

① 피해자의 저항 여부와 강간 모면 여부

여성이 강간을 피하기 위해 저항을 하는 것이 좋은가 안하는 것이 좋은가? 우선 강간 및 강간 미수의 성폭력 위기상황에 처했던 여성들이 어떻게 대응했는지를 보면, 약 20% 정도의 여성들이 강간당할 위기에서 아무런 말이나 행동도 못한 것으로 나타났다.

저항을 하는 것이 강간을 피하는 데 도움이 되는가를 알아보기 위해 응답자가 강간 모면에 실패한 비율을 보았을 때 저항을 한 응답자들이 저항을 하지 않은 응답자보다 강간을 피한 비율이 높음을 알 수 있다. 외국의 연구에서도 여성들이 저항하는 경우에 저항하지 않는 경우보다 강간을 피할 수 있는 확률이 더 높다고 나타났다.

② 효과적인 저항 방식

통계자료를 보면, 애원하는 것이 강간을 성공적으로 피하는 데 효과가 가장 적은 방법이고, 도망가거나 힘으로 대항하는 것이 보다 효과적인 방법이라는 것을 알 수 있다. 그런데 문제는 여성들이 문제해결을 위해 평소에 많이 쓰는 방법이 애원이라는 것이다. 따라서 애원하기처럼 말로 하는 방법보다는 소리 지르면서 도망가거나, 소리 지르면서 신체적으로 저항하거나, 아니면 이들이 실패할 경우 말로 설득하거나 하는 방법이 효과적인 저항 방식이 될 것이다.

③ 상황별 강간 모면 방법

바트와 오브라이언의 연구에 의하면 상황변수의 효과가 상당한 것으로 나타났는데, 예를 들어 갑자기 사이렌이 울렸다든지 아니면 누군가 나타났든지, 장소가 실내인지 실외인지, 시간이 낮인지 밤인지, 무기를 소유했는지 안 했는지 등의 상황에 따라 여성이 강간을 모면할 수 있는가 없는가에 상당한 영향을 준다는 것이다.

대체로 성폭력 위기를 모면한 여성들은 낮에 실외에 있었고, 가해자가 신체적 힘으로 공격하지 않았으며, 무기도 없었던 경우가 많은 것으로 나타난다.

2) 가해자 유형별 대응방법

가해자의 표출적 공격은 가해자 유형별로, 그리고 피해자의 저항 방식에 따라 다르게 나타나므로, 피해자가 가해자 유형을 파악하여 그에 맞게 대응하는 것이 무엇보다 중요하다. 그러나 피해자는 가해자와 상호작용을 해보지 않고서는 그가 어떤 유형의 강간범인지 알 수 없으므로, 단계별로 대응을 해나가는 게 보다 현실적일 것이다.

성폭력 상황에서 권장하는 대응 방법은 기본적으로 네 가지인데, 일반적으로 다음과 같은 순서로 사용되어야 한다고 한다. 즉, 말로서 대결, 신체적 대결, 비대결적 말로서 대응, 폭력적 대결의 순이다.

여기서 중요한 것은 여성들이 주위의 상황과 가해자 유형을 재빨리 파악하고 나서 대응하는 것이다. 그러나 이 모든 지침들을 외울 수는 없으므로 평소에 스포츠나 호신술 등의 훈련을 통해 적극 대처할 수 있는 마음의 준비와 위기관리 능력을 고양시켜 놓는 것이 필요하다.

(2) 사회문화적 차원의 대응

성적 피해를 예방하기 위해서는 앞서 보았듯이, 여성 개개인의 자세와 준비도 중요하지만 보다 더 근본적으로 중요한 것은 사회문화적 차원의 문제점을 지적하고 이에 대응하는 것이다.

1) 강간의 의미에 대한 교육

강간의 의미에 대한 교육이 필수적이다. 강간은 쾌락을 줄 수 있는 성표현의 형태가 아니라는 구체적인 정보를 가르치고, 강간이 피해자에게 심각하고 오래 지속되는 후유증을 준다는 것도 가르쳐야 한다. 또한, 동의에 의하지 않은 성은 성이 아니라는 것의 의미를 보다 구체화하여 여성들뿐 아니라 남성들에게 특히 더 가르쳐야 한다. 강간위기센터가 얼마 동안 이 기능을 수행해 왔지만, 대분분 사람들은 아직 이에 대한 교육을 받지 못한 상태이다. 그러한 의식 고양은 데이트하는 남성, 피해자의 신고를 접수하는 경찰, 기소를 결정하는 검찰, 유죄 여부를 결정하는 판사 등에게 영향을 미칠 수 있다. 이러한 교육은 심리학개론, 사회학개론, 의과대학 강의, 성범죄 담당경찰의 훈련, 보건 및 체육 시간에 공식적으로 가르칠 수 있을 것이다.

2) 사회적 메커니즘에 대한 평가

여성에 대한 공격이 배워지는 사회적 메커니즘에 대한 평가가 필요하다. 매스미디어에 나타나는 강간과 성폭력의 묘사는 여성에 대한 공격이 배워지는 하나의 메커니즘이다. 이제까지의 연구에 의하면 이러한 것에 노출되면 부정적 결과가 나타나는 것으로 보고되고 있다. 다른 메커니즘으로서 가정 내에서의 폭력에 대한 사회의 관용적 태도를 들 수 있다. 아내 학대 및 아동 학대가 자주 일어나는 사건임이 드러났지만, 이러한 폭력을 다루려는 사회의 시도는 비효과적일 때가 많다. 그래서 아동은 개인 상호간의 갈등을 폭력적 수단으로 해결하는 것이 허용되는 것이라고 배운다.

텔레비전의 성폭력은 그것이 아동과 청소년에게 매우 빈번하게 노출된다는 점에서 특별한 점검을 할 필요가 있다. 확실히 텔레비전 프로그램들은 남자가 여자로부터 성을 얻기 위해 힘을 사용하는 것을 보여줄 때가 많다. 텔레비전 폭력의 효과는 많이 연구되었지만, 성폭력의 효과는 그 이상의 조심스러운 평가가 필요하다.

10.6 결론

성범죄의 일반적 특성으로는, 성적인 형태를 띠고, 대부분이 어린이와 여성을 그 대상으로하며(97% 이상), 피해 당사자는 물론 그 가족이나 주변의 친지, 심지어는 대부분의 여성을 포함한 우리 사회의 구성원 전체에도 공포와 위협으로 다가와 개인 활동을 위축시킴은 물론, 사회적 파급 효과 또한 심각하다는 점이다. 따라서 성범죄자 피해자들이 당하는 정신적, 신체적 고통이 결코 개인의 고통일 수 없으며, 더이상 피해자 개인의 나쁜 운이나 불행으로만 치부될 수는 없다.

성폭력에 대한 막연한 불안과 조심이라는 소극적 방법이 아니라 보다 자유롭고 인간적인 삶을 위한 건설을 위해서는 그 실태와 문제의 본질을 이해하고, 그 해결책을 찾아야 할 때이다. 앞서 논의되었던 대책 중 일반적 예방의 경우는 현재 시급히 수행되어야 할 과제이며, 인식의 변화와 인간의 존엄성에 대한 교육에 초점을 맞추어 시행되어야 할 것이다.

재범 방지는 제도적 뒷받침 없이는 이루어질 수 없으며, 또한 프로그램의 입법화를 통하여 처벌의 강화를 통한 일반적 예방의 효과도 무시할 수 없다. 따라서 성범죄 예방은 더이상 피해 대상의 문제만이 아니라 사회 전체가 신경 써야 할 국가적인 문제라 할 수 있다.

가정폭력방지 및 피해자보호 등에 관한 법률 (약칭:가정폭력방지법)

[시행 2020. 6. 9] [법률 제17437호, 2020. 6. 9, 일부개정]

여성가족부(권익보호과) 02-2100-6422

제1조(목적) 이 법은 가정폭력을 예방하고 가정폭력의 피해자를 보호 · 지원함을 목적으로 한다.

[전문개정 2006. 4. 28.]

제1조의2(기본이념) 가정폭력 피해자는 피해 상황에서 신속하게 벗어나 인간으로서의 존엄성과 안전을 보장받을 권리가 있다.

[본조신설 2017. 12. 12.]

제2조(정의) 이 법에서 사용하는 용어의 뜻은 다음과 같다.

1. "가정폭력"이란 「가정폭력범죄의 처벌 등에 관한 특례법」 제2조제1호의 행위를 말한다.
2. "가정폭력행위자"란 「가정폭력범죄의 처벌 등에 관한 특례법」 제2조제4호의 자를 말한다.
3. "피해자"란 가정폭력으로 인하여 직접적으로 피해를 입은 자를 말한다.
4. "아동"이란 18세 미만인 자를 말한다.

[전문개정 2007. 10. 17.]

제3조 삭제 〈2006. 4. 28.〉

제4조(국가 등의 책무) ① 국가와 지방자치단체는 가정폭력의 예방 · 방지와 피해자의 보호 · 지원을 위하여 다음 각 호의 조치를 취하여야 한다. 〈개정 2009. 5. 8., 2013. 7. 30., 2015. 6. 22., 2017. 12. 12., 2020. 6. 9.〉

1. 가정폭력 신고체계의 구축 및 운영
2. 가정폭력의 예방과 방지를 위한 조사 · 연구 · 교육 및 홍보
3. 피해자를 보호 · 지원하기 위한 시설의 설치 · 운영
4. 임대주택의 우선 입주권 부여, 직업훈련 등 자립 · 자활을 위한 지원서비스 제공
5. 법률구조 및 그 밖에 피해자에 대한 지원서비스 제공
6. 피해자의 보호와 지원을 원활히 하기 위한 관련 기관 간의 협력 체계 구축 및 운영
7. 가정폭력의 예방 · 방지와 피해자의 보호 · 지원을 위한 관계 법령의 정비와 각종 정책의 수립 · 시행 및 평가
8. 피해자와 제4조의6에 따른 긴급전화센터, 제5조에 따른 가정폭력 관련 상담소, 제7조에 따른 가정폭력피해자 보호시설의 상담원 등 종사자의 신변보호를 위한 안전대책 마련
9. 가정폭력 피해의 특성을 고려한 피해자 신변노출 방지 및 보호 · 지원체계 구축
10. 가정폭력을 목격하거나 피해를 당한 아동의 신체적 · 정신적 회복을 위하여 필요한 상담 · 치료프로그램 제공

② 국가와 지방자치단체는 제1항에 따른 책무를 다하기 위하여 이에 필요한 재원을 확보하는 등 예산상의 조치를

취하여야 한다. 〈개정 2017. 12. 12.〉

③ 특별시 · 광역시 · 특별자치시 · 도 · 특별자치도 및 시 · 군 · 구(자치구를 말한다. 이하 같다)에 가정폭력의 예방 · 방지 및 피해자의 보호 · 지원을 담당할 기구와 공무원을 두어야 한다. 〈개정 2018. 3. 13.〉

④ 국가와 지방자치단체는 제5조제2항과 제7조제2항에 따라 설치 · 운영하는 가정폭력 관련 상담소와 가정폭력피해자 보호시설에 대하여 경비(經費)를 보조하는 등 이를 육성 · 지원하여야 한다.

[전문개정 2007. 10. 17.]

제4조의2(가정폭력 실태조사) ① 여성가족부장관은 3년마다 가정폭력에 대한 실태조사를 실시하여 그 결과를 발표하고, 이를 가정폭력을 예방하기 위한 정책수립의 기초자료로 활용하여야 한다. 〈개정 2008. 2. 29., 2010. 1. 18.〉

② 제1항에 따른 가정폭력 실태조사의 방법과 내용 등에 필요한 사항은 여성가족부령으로 정한다. 〈개정 2008. 2. 29., 2010. 1. 18.〉

[전문개정 2007. 10. 17.]

제4조의3(가정폭력 예방교육의 실시) ① 국가기관, 지방자치단체 및 「초 · 중등교육법」에 따른 각급 학교의 장, 그 밖에 대통령령으로 정하는 공공단체의 장은 가정폭력의 예방과 방지를 위하여 필요한 교육을 실시하고, 그 결과를 여성가족부장관에게 제출하여야 한다. 〈개정 2010. 5. 17., 2013. 7. 30.〉

② 제1항에 따른 예방교육을 실시하는 경우 「성폭력방지 및 피해자보호 등에 관한 법률」 제5조에 따른 성교육 및 성폭력 예방교육, 「양성평등기본법」 제31조에 따른 성희롱 예방교육 및 「성매매방지 및 피해자보호 등에 관한 법률」 제4조에 따른 성매매 예방교육 등을 성평등 관점에서 통합하여 실시할 수 있다. 〈신설 2010. 5. 17., 2014. 1. 21., 2014. 5. 28.〉

③ 여성가족부장관 또는 특별시장 · 광역시장 · 특별자치시장 · 도지사 · 특별자치도지사(이하 "시 · 도지사"라 한다)는 제1항에 따른 교육의 대상이 아닌 국민에게 가정폭력의 예방과 방지를 위하여 필요한 교육을 실시할 수 있다. 이 경우 여성가족부장관 또는 시 · 도지사는 교육에 관한 업무를 제5조에 따른 가정폭력 관련 상담소 또는 대통령령으로 정하는 교육기관에 위탁할 수 있다. 〈개정 2018. 3. 27.〉

④ 여성가족부장관은 제1항에 따른 교육을 위하여 전문강사를 양성하고, 교육 프로그램을 개발 · 보급하여야 한다. 〈신설 2013. 7. 30.〉

⑤ 여성가족부장관은 제1항에 따른 가정폭력 예방교육 실시 결과에 대한 점검을 대통령령으로 정하는 바에 따라 매년 실시하여야 한다. 〈신설 2014. 1. 21.〉

⑥ 여성가족부장관은 제5항에 따른 점검결과 교육이 부실하다고 인정되는 기관 · 단체에 대하여 대통령령으로 정하는 바에 따라 관리자 특별교육 등 필요한 조치를 취하여야 한다. 〈신설 2014. 1. 21.〉

⑦ 여성가족부장관은 제5항에 따른 점검결과를 다음 각 호의 평가에 반영하도록 해당 기관 · 단체의 장에게 요구할 수 있다. 〈신설 2014. 1. 21.〉

1. 「정부업무평가 기본법」 제14조제1항 및 제18조제1항에 따른 중앙행정기관 및 지방자치단체의 자체평가
2. 「공공기관의 운영에 관한 법률」 제48조제1항에 따른 공기업 · 준정부기관의 경영실적평가
3. 「지방공기업법」 제78조제1항에 따른 지방공기업의 경영평가

4. 「초 · 중등교육법」 제9조제2항에 따른 학교 평가

⑧ 여성가족부장관은 제5항에 따른 점검결과를 대통령령으로 정하는 바에 따라 언론 등에 공표하여야 한다. 다만, 다른 법률에서 공표를 제한하고 있는 경우에는 그러하지 아니하다. 〈신설 2014. 1. 21.〉

⑨ 제1항에 따른 교육의 내용과 방법, 결과 제출 등에 필요한 사항은 대통령령으로 정한다. 〈신설 2013. 7. 30., 2014. 1. 21.〉

[전문개정 2007. 10. 17.]

제4조의4(아동의 취학 지원) ① 국가나 지방자치단체는 피해자나 피해자가 동반한 가정구성원(「가정폭력범죄의 처벌 등에 관한 특례법」 제2조제2호의 자 중 피해자의 보호나 양육을 받고 있는 자를 말한다. 이하 같다)이 아동인 경우 주소지 외의 지역에서 취학(입학 · 재입학 · 전학 및 편입학을 포함한다. 이하 같다)할 필요가 있을 때에는 그 취학이 원활히 이루어지도록 지원하여야 한다.

② 제1항에 따른 취학에 필요한 사항은 대통령령으로 정한다.

[전문개정 2007. 10. 17.]

제4조의5(피해자에 대한 불이익처분의 금지) 피해자를 고용하고 있는 자는 누구든지 「가정폭력범죄의 처벌 등에 관한 특례법」에 따른 가정폭력범죄와 관련하여 피해자를 해고(解雇)하거나 그 밖의 불이익을 주어서는 아니 된다.

[전문개정 2007. 10. 17.]

제4조의6(긴급전화센터의 설치 · 운영 등) ① 여성가족부장관 또는 시 · 도지사는 다음 각 호의 업무 등을 수행하기 위하여 긴급전화센터를 설치 · 운영하여야 한다. 이 경우 외국어 서비스를 제공하는 긴급전화센터를 따로 설치 · 운영할 수 있다. 〈개정 2010. 1. 18., 2015. 6. 22., 2018. 3. 13., 2018. 3. 27.〉

1. 피해자의 신고접수 및 상담
2. 관련 기관 · 시설과의 연계
3. 피해자에 대한 긴급한 구조의 지원
4. 경찰관서 등으로부터 인도받은 피해자 및 피해자가 동반한 가정구성원(이하 "피해자등"이라 한다)의 임시 보호

② 여성가족부장관 또는 시 · 도지사는 제1항에 따른 긴급전화센터의 설치 · 운영을 대통령령으로 정하는 기관 또는 단체에 위탁할 수 있다. 〈개정 2010. 1. 18.〉

③ 여성가족부장관 또는 시 · 도지사는 제2항에 따라 긴급전화센터의 설치 · 운영을 위탁할 경우 그에 필요한 경비를 지원하여야 한다. 〈개정 2010. 1. 18.〉

④ 제1항에 따른 긴급전화센터의 설치 · 운영에 필요한 사항은 여성가족부령으로 정한다. 〈개정 2010. 1. 18.〉

[본조신설 2009. 5. 8.]

제4조의7(가정폭력 추방 주간) ① 가정폭력에 대한 사회적 경각심을 높이고 가정폭력을 예방하기 위하여 대통령령으로 정하는 바에 따라 1년 중 1주간을 가정폭력 추방 주간으로 한다.

② 국가와 지방자치단체는 가정폭력 추방 주간의 취지에 맞는 행사 등 사업을 시행하여야 한다. 이 경우 「성폭력방지 및 피해자보호 등에 관한 법률」 제6조에 따른 성폭력 추방 주간의 행사와 통합하여 시행할 수 있다.

[본조신설 2015. 6. 22.]

제5조(상담소의 설치 · 운영) ① 국가나 지방자치단체는 가정폭력 관련 상담소(이하 "상담소"라 한다)를 설치 · 운영할 수 있다.

② 국가나 지방자치단체 외의 자가 상담소를 설치 · 운영하려면 특별자치시장 · 특별자치도지사 · 시장 · 군수 · 구청장(구청장은 자치구의 구청장을 말하며, 이하 "시장 · 군수 · 구청장"이라 한다)에게 신고하여야 한다. 신고한 사항 중 여성가족부령으로 정하는 중요 사항을 변경하려는 경우에도 또한 같다. 〈개정 2018. 3. 13.〉

③ 시장 · 군수 · 구청장은 제2항에 따른 신고를 받은 날부터 10일 이내(변경신고의 경우 5일 이내)에 신고수리 여부 또는 민원 처리 관련 법령에 따른 처리기간의 연장을 신고인에게 통지하여야 한다. 〈신설 2018. 3. 13.〉

④ 상담소는 외국인, 장애인 등 대상별로 특화하여 운영할 수 있다. 〈신설 2017. 12. 12., 2018. 3. 13.〉

⑤ 상담소의 설치 · 운영기준, 상담소에 두는 상담원의 수와 신고절차 등에 필요한 사항은 여성가족부령으로 정한다. 〈개정 2008. 2. 29., 2010. 1. 18., 2017. 12. 12., 2018. 3. 13.〉

[전문개정 2007. 10. 17.]

제6조(상담소의 업무) 상담소의 업무는 다음 각 호와 같다. 〈개정 2013. 7. 30., 2015. 6. 22.〉

1. 가정폭력을 신고받거나 이에 관한 상담에 응하는 일

1의2. 가정폭력을 신고하거나 이에 관한 상담을 요청한 사람과 그 가족에 대한 상담

2. 가정폭력으로 정상적인 가정생활과 사회생활이 어렵거나 그 밖에 긴급히 보호를 필요로 하는 피해자등을 임시로 보호하거나 의료기관 또는 제7조제1항에 따른 가정폭력피해자 보호시설로 인도(引渡)하는 일

3. 행위자에 대한 고발 등 법률적 사항에 관하여 자문하기 위한 대한변호사협회 또는 지방변호사회 및 「법률구조법」에 따른 법률 구조법인(이하 "법률구조법인"이라 한다) 등에 대한 필요한 협조와 지원의 요청

4. 경찰관서 등으로부터 인도받은 피해자등의 임시 보호

5. 가정폭력의 예방과 방지에 관한 교육 및 홍보

6. 그 밖에 가정폭력과 그 피해에 관한 조사 · 연구

[전문개정 2007. 10. 17.]

제7조(보호시설의 설치) ① 국가나 지방자치단체는 가정폭력피해자 보호시설(이하 "보호시설"이라 한다)을 설치 · 운영할 수 있다.

② 「사회복지사업법」에 따른 사회복지법인(이하 "사회복지법인"이라 한다)과 그 밖의 비영리법인은 시장 · 군수 · 구청장의 인가(認可)를 받아 보호시설을 설치 · 운영할 수 있다.

③ 보호시설에는 상담원을 두어야 하고, 보호시설의 규모에 따라 생활지도원, 취사원, 관리원 등의 종사자를 둘 수 있다.

④ 보호시설의 설치 · 운영의 기준, 보호시설에 두는 상담원 등 종사자의 직종(職種)과 수(數) 및 인가기준(認可基準) 등에 필요한 사항은 여성가족부령으로 정한다. 〈개정 2008. 2. 29., 2010. 1. 18.〉

[전문개정 2007. 10. 17.]

제7조의2(보호시설의 종류) ① 보호시설의 종류는 다음 각 호와 같다. 〈개정 2020. 6. 9.〉

1. 단기보호시설 : 피해자등을 6개월의 범위에서 보호하는 시설

2. 장기보호시설 : 피해자등에 대하여 2년의 범위에서 자립을 위한 주거편의(住居便宜) 등을 제공하는 시설

3. 외국인보호시설 : 외국인 피해자등을 2년의 범위에서 보호하는 시설

4. 장애인보호시설 : 「장애인복지법」의 적용을 받는 장애인인 피해자등을 2년의 범위에서 보호하는 시설

② 단기보호시설의 장은 그 단기보호시설에 입소한 피해자등에 대한 보호기간을 여성가족부령으로 정하는 바에 따라 각 3개월의 범위에서 두 차례 연장할 수 있다. 〈개정 2008. 2. 29., 2010. 1. 18., 2018. 3. 27.〉

[전문개정 2007. 10. 17.]

제7조의3(보호시설의 입소대상 등) ① 보호시설의 입소대상은 피해자등으로서 다음 각 호의 어느 하나에 해당하는 경우로 한다.

1. 본인이 입소를 희망하거나 입소에 동의하는 경우

2. 「장애인복지법」 제2조에 따른 지적장애인이나 정신장애인, 그 밖에 의사능력이 불완전한 자로서 가정폭력행위자가 아닌 보호자가 입소에 동의하는 경우

3. 「장애인복지법」 제2조에 따른 지적장애인이나 정신장애인, 그 밖에 의사능력이 불완전한 자로서 상담원의 상담 결과 입소가 필요하나 보호자의 입소 동의를 받는 것이 적절하지 못하다고 인정되는 경우

② 제7조제2항에 따라 인가받은 보호시설의 장은 제1항에 따라 보호시설에 입소한 입소자의 인적사항 및 입소 사유 등을 시장 · 군수 · 구청장에게 지체 없이 보고하여야 하며, 제1항제3호에 해당하는 자를 입소시킨 경우에는 지체 없이 관할 시장 · 군수 · 구청장의 승인을 받아야 한다.

[본조신설 2009. 5. 8.]

제7조의4(보호시설의 퇴소) 제7조의3에 따라 보호시설에 입소한 자는 본인의 의사 또는 같은 조 제1항제2호에 따라 입소 동의를 한 보호자의 요청에 따라 보호시설을 퇴소할 수 있으며, 보호시설의 장은 입소한 자가 다음 각 호의 어느 하나에 해당하는 경우에는 퇴소를 명할 수 있다.

1. 보호의 목적이 달성된 경우

2. 보호기간이 끝난 경우

3. 입소자가 거짓이나 그 밖의 부정한 방법으로 입소한 경우

4. 보호시설 안에서 현저한 질서문란 행위를 한 경우

[본조신설 2009. 5. 8.]

제7조의5(보호시설에 대한 보호비용 지원) ① 국가나 지방자치단체는 보호시설에 입소한 피해자나 피해자가 동반한 가정 구성원의 보호를 위하여 필요한 경우 다음 각 호의 보호비용을 보호시설의 장 또는 피해자에게 지원할 수 있다. 다만, 보호시설에 입소한 피해자나 피해자가 동반한 가정 구성원이 「국민기초생활 보장법」 등 다른 법령에 따라 보호를 받고 있는 경우에는 그 범위에서 이 법에 따른 지원을 하지 아니한다. 〈개정 2013. 7. 30., 2017. 12. 12.〉

1. 생계비

2. 아동교육지원비

3. 아동양육비

4. 직업훈련비

4의2. 퇴소 시 자립지원금

5. 그 밖에 대통령령으로 정하는 비용

② 제1항에 따른 보호비용 지원의 기준, 방법 및 절차 등에 필요한 사항은 여성가족부령으로 정한다. 〈개정 2017. 12. 12.〉

[본조신설 2010. 2. 4.]

제8조(보호시설의 업무) ① 보호시설은 피해자등에 대하여 다음 각 호의 업무를 행한다. 다만, 피해자가 동반한 가정구성원에게는 제1호 외의 업무 일부를 하지 아니할 수 있고, 장기보호시설은 피해자등에 대하여 제1호부터 제5호까지에 규정된 업무(주거편의를 제공하는 업무는 제외한다)를 하지 아니할 수 있다. 〈개정 2013. 5. 28., 2017. 12. 12.〉

1. 숙식의 제공
2. 심리적 안정과 사회적응을 위한 상담 및 치료
3. 질병치료와 건강관리(입소 후 1개월 이내의 건강검진을 포함한다)를 위한 의료기관에의 인도 등 의료지원
4. 수사 · 재판과정에 필요한 지원 및 서비스 연계
5. 법률구조기관 등에 필요한 협조와 지원의 요청
6. 자립자활교육의 실시와 취업정보의 제공
7. 다른 법률에 따라 보호시설에 위탁된 사항
8. 그 밖에 피해자등의 보호를 위하여 필요한 일

② 장애인보호시설을 설치 · 운영하는 자가 제1항 각 호의 업무를 할 때에는 장애인의 특성을 고려하여 적절하게 지원할 수 있도록 하여야 한다.

③ 삭제 〈2015. 6. 22.〉

[전문개정 2007. 10. 17.]

제8조의2(긴급전화센터, 상담소 및 보호시설 종사자의 자격기준) ① 다음 각 호의 어느 하나에 해당하는 자는 긴급전화센터의 장, 상담소의 장, 보호시설의 장 또는 그 밖에 긴급전화센터 · 상담소 및 보호시설 종사자가 될 수 없다. 〈개정 2009. 5. 8., 2015. 6. 22.〉

1. 미성년자, 피성년후견인 또는 피한정후견인
2. 파산선고를 받은 자로서 복권(復權)되지 아니한 자
3. 금고 이상의 형을 선고받고 그 집행이 끝나지(집행이 끝난 것으로 보는 경우를 포함한다) 아니하거나 집행이 면제되지 아니한 자

② 긴급전화센터, 상담소 및 보호시설에 근무하는 상담원은 여성가족부령으로 정하는 요건에 해당하는 자로서 제8조의3에 따른 가정폭력 관련 상담원 교육훈련시설에서 여성가족부령으로 정하는 상담원 교육훈련과정을 마친 자로 한다. 〈개정 2008. 2. 29., 2009. 5. 8., 2010. 1. 18.〉

③ 그 밖에 긴급전화센터, 상담소 및 보호시설에 종사하는 종사자의 자격기준에 필요한 사항은 여성가족부령으로 정한다. 〈개정 2008. 2. 29., 2009. 5. 8., 2010. 1. 18.〉

[전문개정 2007. 10. 17.]

[제목개정 2009. 5. 8.]

제8조의3(가정폭력 관련 상담원 교육훈련시설) ① 국가나 지방자치단체는 상담원(상담원이 되려는 자를 포함한다)에 대하여 교육 · 훈련을 실시하기 위하여 가정폭력 관련 상담원 교육훈련시설(이하 "교육훈련시설"이라 한다)을 설치 · 운영할 수 있다.

② 다음 각 호의 자로서 교육훈련시설을 설치하려는 자는 시장 · 군수 · 구청장에게 신고하여야 한다. 신고한 사항 중 여성가족부령으로 정하는 중요 사항을 변경하려는 경우에도 또한 같다. 〈개정 2018. 3. 13.〉

1. 「고등교육법」에 따른 학교를 설립 · 운영하는 학교법인
2. 법률구조법인
3. 사회복지법인
4. 그 밖의 비영리법인

③ 시장 · 군수 · 구청장은 제2항에 따른 신고를 받은 날부터 10일 이내(변경신고의 경우 5일 이내)에 신고수리 여부 또는 민원 처리 관련 법령에 따른 처리기간의 연장을 신고인에게 통지하여야 한다. 〈신설 2018. 3. 13.〉

④ 교육훈련시설의 설치기준, 교육훈련시설에 두는 강사의 자격과 수, 상담원 교육훈련과정의 운영기준 및 신고절차 등에 필요한 사항은 여성가족부령으로 정한다. 〈개정 2008. 2. 29., 2010. 1. 18., 2018. 3. 13.〉

[전문개정 2007. 10. 17.]

제8조의4(보수교육의 실시) ① 여성가족부장관 또는 시 · 도지사는 긴급전화센터 · 상담소 및 보호시설 종사자의 자질을 향상시키기 위하여 보수교육을 실시하여야 한다. 〈개정 2010. 1. 18.〉

② 여성가족부장관 또는 시 · 도지사는 제1항에 따른 교육에 관한 업무를 「고등교육법」 제2조에 따른 대학, 전문대학 또는 대통령령으로 정하는 전문기관에 위탁할 수 있다. 〈개정 2010. 1. 18.〉

③ 제1항에 따른 보수교육의 기간 · 방법 및 내용 등에 필요한 세부사항은 여성가족부령으로 정한다. 〈개정 2010. 1. 18.〉

[본조신설 2009. 5. 8.]

제8조의5(임대주택의 우선 입주권 부여) 제4조제1항제4호에서 정하는 임대주택의 우선 입주권 부여의 대상자 선정기준 및 선정방법 등에 필요한 사항은 대통령령으로 정한다. 〈개정 2017. 12. 12.〉

[본조신설 2009. 5. 8.]

제9조(피해자 의사의 존중 의무) 상담소나 보호시설의 장은 피해자 등의 명시한 의사에 반하여 제8조제1항과 제18조의 보호를 할 수 없다.

[전문개정 2007. 10. 17.]

제9조의2(수사기관의 협조) 긴급전화센터, 상담소 또는 보호시설의 장은 가정폭력행위자로부터 피해자 또는 그 상담원 등 종사자를 긴급히 구조할 필요가 있는 경우 관할 경찰관서의 장에게 그 소속 직원의 동행을 요청할 수 있다. 이 경우 요청을 받은 경찰관서의 장은 특별한 사유가 없으면 이에 따라야 한다. 〈개정 2013. 7. 30.〉

[본조신설 2010. 5. 17.]

제9조의3(홍보영상의 제작 · 배포 등) ① 여성가족부장관은 가정폭력의 예방과 방지를 위하여 가정폭력의 위해성 및 가정폭력피해자 지원 등에 관한 홍보영상을 제작하여 「방송법」 제2조제3호에 따른 방송사업자에게 배포하여야 한다. 〈개정 2013. 5. 28.〉

② 여성가족부장관은 「방송법」 제2조제3호가목의 지상파방송사업자(이하 이 조에서 "방송사업자"라 한다)에게 같은 법 제73조제4항에 따라 대통령령으로 정하는 비상업적 공익광고 편성비율의 범위에서 제1항의 홍보영상을 채널별로 송출하도록 요청할 수 있다. 〈개정 2013. 5. 28.〉

③ 방송사업자는 제1항의 홍보영상 외에 독자적으로 홍보영상을 제작하여 송출할 수 있다. 이 경우 여성가족부장관에게 필요한 협조 및 지원을 요청할 수 있다. 〈개정 2013. 5. 28.〉

[본조신설 2010. 5. 17.]

제9조의4(사법경찰관리의 현장출동 등) ① 사법경찰관리는 가정폭력범죄의 신고가 접수된 때에는 지체 없이 가정폭력의 현장에 출동하여야 한다.

② 제1항에 따라 출동한 사법경찰관리는 피해자를 보호하기 위하여 신고된 현장 또는 사건 조사를 위한 관련 장소에 출입하여 관계인에 대하여 조사를 하거나 질문을 할 수 있다.

③ 가정폭력행위자는 제2항에 따른 사법경찰관리의 현장 조사를 거부하는 등 그 업무 수행을 방해하는 행위를 하여서는 아니 된다.

④ 제2항에 따라 출입, 조사 또는 질문을 하는 사법경찰관리는 그 권한을 표시하는 증표를 지니고 이를 관계인에게 내보여야 한다.

⑤ 제1항에 따른 현장출동 시 수사기관의 장은 긴급전화센터, 상담소 또는 보호시설의 장에게 가정폭력 현장에 동행하여 줄 것을 요청할 수 있고, 요청을 받은 긴급전화센터, 상담소 또는 보호시설의 장은 정당한 사유가 없으면 그 소속 상담원을 가정폭력 현장에 동행하도록 하여야 한다.

⑥ 제2항에 따라 조사 또는 질문을 하는 사법경찰관리는 피해자 · 신고자 · 목격자 등이 자유롭게 진술할 수 있도록 가정폭력행위자로부터 분리된 곳에서 조사하는 등 필요한 조치를 하여야 한다.

[전문개정 2013. 7. 30.]

제10조(상담소 · 보호시설 또는 교육훈련시설의 폐지 등) ①제5조제2항, 제7조제2항 또는 제8조의3제2항에 따른 상담소 · 보호시설 또는 교육훈련시설의 장이 그 시설의 운영을 일시적으로 중단하거나 폐지(廢止) 또는 그 운영을 재개하려면 여성가족부령으로 정하는 바에 따라 시장 · 군수 · 구청장에게 신고하여야 한다. 〈개정 2008. 2. 29., 2010. 1. 18., 2016. 3. 2., 2018. 3. 13.〉

② 시장 · 군수 · 구청장은 제1항에 따른 일시적 중단 또는 폐지신고를 받은 경우 그 내용을 검토하여 이 법에 적합하면 신고를 수리하여야 한다. 〈신설 2018. 3. 13.〉

③ 상담소의 장, 보호시설의 장 또는 교육훈련시설의 장은 해당 시설을 일시적으로 중단 또는 폐지하는 경우에는 여성가족부령으로 정하는 바에 따라 해당 시설을 이용하는 사람이 다른 시설로 옮길 수 있도록 하는 등 시설 이용자의 권익을 보호하기 위한 조치를 하여야 한다. 〈신설 2016. 3. 2., 2018. 3. 13.〉

④ 시장 · 군수 · 구청장은 제1항에 따른 상담소 · 보호시설 또는 교육훈련시설의 일시적 중단 또는 폐지의 신고를

받은 경우 해당 시설의 장이 제3항에 따른 시설 이용자의 권익을 보호하기 위한 조치를 하였는지 여부를 확인하는 등 여성가족부령으로 정하는 조치를 하여야 한다. 〈신설 2016. 3. 2., 2018. 3. 13.〉

[전문개정 2007. 10. 17.]

제11조(감독) ① 여성가족부장관 또는 시장 · 군수 · 구청장은 상담소 · 보호시설 또는 교육훈련시설의 장에게 그 시설에 관하여 필요한 보고를 하게 할 수 있으며, 관계 공무원으로 하여금 그 시설의 운영 상황을 조사하게 하거나 장부나 그 밖의 서류를 검사하게 할 수 있다. 〈개정 2008. 2. 29., 2010. 1. 18.〉

② 제1항에 따라 그 직무를 수행하는 관계 공무원은 그 권한을 표시하는 증표를 지니고 이를 관계인에게 내보여야 한다.

[전문개정 2007. 10. 17.]

제12조(인가의 취소 등) ① 시장 · 군수 · 구청장은 상담소 · 보호시설 또는 교육훈련시설이 다음 각 호의 어느 하나에 해당하면 시설의 폐쇄, 업무의 폐지 또는 6개월의 범위에서 업무의 정지를 명하거나 인가를 취소할 수 있다. 〈개정 2017. 12. 12., 2018. 3. 13.〉

1. 제5조제5항, 제7조제4항 또는 제8조의3제4항에 따른 설치기준이나 운영기준에 미달하게 된 경우
2. 제5조제5항, 제7조제4항, 제8조의2 또는 제8조의3제4항에 따른 상담원이나 강사의 수가 부족하거나 자격이 없는 자를 채용한 경우
3. 정당한 사유 없이 제11조제1항에 따른 보고를 하지 아니하거나 거짓으로 보고를 한 경우 또는 관계 공무원의 조사 · 검사를 거부하거나 기피한 경우
4. 제15조를 위반하여 영리를 목적으로 상담소 · 보호시설 또는 교육 훈련시설을 설치 · 운영한 경우

② 시장 · 군수 · 구청장은 상담소 · 보호시설 또는 교육훈련시설이 제1항에 따라 시설의 폐쇄, 업무의 정지 · 폐지 또는 인가가 취소되는 경우에는 해당 시설을 이용하는 사람이 다른 시설로 옮길 수 있도록 하는 등 여성가족부령으로 정하는 바에 따라 시설 이용자의 권익을 보호하기 위하여 필요한 조치를 하여야 한다. 〈신설 2016. 3. 2.〉

③ 제1항에 따른 업무의 정지 · 폐지 또는 시설의 폐쇄명령이나 인가취소에 관한 세부 기준은 여성가족부령으로 정한다. 〈개정 2008. 2. 29., 2010. 1. 18., 2016. 3. 2.〉

[전문개정 2007. 10. 17.]

제12조의2(청문) 시장 · 군수 · 구청장은 제12조에 따라 업무의 정지 · 폐지 또는 그 시설의 폐쇄를 명하거나 인가를 취소하려면 청문을 하여야 한다.

[전문개정 2007. 10. 17.]

제13조(경비의 보조) ① 국가나 지방자치단체는 제5조제2항 또는 제7조제2항에 따른 상담소나 보호시설의 설치 · 운영에 드는 경비의 일부를 보조할 수 있다.

② 국가나 지방자치단체는 장애인보호시설이 여성가족부장관이 정하는 기준에 맞는 시설과 설비를 설치할 수 있도록 그 비용을 지원하여야 한다. 〈개정 2008. 2. 29., 2010. 1. 18.〉

[전문개정 2007. 10. 17.]

제13조의2(긴급전화센터 등의 평가) ① 여성가족부장관은 3년마다 긴급전화센터, 상담소 및 보호시설의 운영실적을

평가하고, 그 결과를 각 시설의 감독, 지원 등에 반영할 수 있다.

② 제1항에 따른 평가의 기준과 방법 등에 필요한 사항은 여성가족부령으로 정한다.

[본조신설 2010. 5. 17.]

제14조(상담소 또는 보호시설의 통합 설치 및 운영) 국가나 지방자치단체는 이 법에 따라 설치 · 운영하는 상담소나 보호시설을 대통령령으로 정하는 유사한 성격의 상담소나 보호시설과 통합하여 설치 · 운영하거나 설치 · 운영할 것을 권고할 수 있다. 〈개정 2009. 5. 8.〉

[전문개정 2007. 10. 17.]

[제목개정 2009. 5. 8.]

제15조(영리목적 운영의 금지) 누구든지 영리를 목적으로 상담소 · 보호시설 또는 교육훈련시설을 설치 · 운영하여서는 아니된다. 다만, 교육훈련시설의 장은 상담원교육훈련과정을 수강하는 자에게 여성가족부장관이 정하는 바에 따라 수강료를 받을 수 있다. 〈개정 2008. 2. 29., 2010. 1. 18.〉

[전문개정 2006. 4. 28.]

제16조(비밀 엄수의 의무) 긴급전화센터, 상담소 또는 보호시설의 장이나 이를 보조하는 자 또는 그 직에 있었던 자는 그 직무상 알게 된 비밀을 누설하여서는 아니 된다.

[전문개정 2009. 5. 8.]

제17조(유사 명칭의 사용 금지) 이 법에 따른 긴급전화센터 · 상담소 · 보호시설 또는 교육훈련시설이 아니면 가정폭력 관련 긴급전화센터, 상담소, 가정폭력피해자 보호시설 또는 가정폭력 관련 상담원 교육훈련시설이나 그 밖에 이와 유사한 명칭을 사용하지 못한다. 〈개정 2009. 5. 8.〉

[전문개정 2007. 10. 17.]

제18조(치료보호) ① 의료기관은 피해자 본인, 가족, 친지나 긴급전화센터, 상담소 또는 보호시설의 장 등이 요청하면 피해자에 대하여 다음 각 호의 치료보호를 실시하여야 한다. 〈개정 2009. 5. 8.〉

1. 보건에 관한 상담 및 지도
2. 신체적 · 정신적 피해에 대한 치료
3. 그 밖에 대통령령으로 정하는 의료에 관한 사항

② 제1항의 치료보호에 필요한 일체의 비용은 가정폭력행위자가 부담한다.

③ 제2항에도 불구하고 피해자가 치료보호비를 신청하는 경우에는 국가나 지방자치단체는 가정폭력행위자를 대신하여 제1항의 치료보호에 필요한 비용을 의료기관에 지급하여야 한다.

④ 국가나 지방자치단체가 제3항에 따라 비용을 지급한 경우에는 가정폭력행위자에 대하여 구상권(求償權)을 행사할 수 있다. 다만, 피해자가 보호시설 입소 중에 제1항의 치료보호를 받은 경우나 가정폭력행위자가 다음 각 호의 어느 하나에 해당하는 경우에는 그러하지 아니하다.

1. 「국민기초생활보장법」 제2조에 따른 수급자(受給者)
2. 「장애인복지법」 제32조에 따라 등록된 장애인

⑤ 제3항의 비용을 지급하기 위한 절차, 제4항의 구상권 행사(行使)의 절차 등에 필요한 사항은 여성가족부령으로

정한다. 〈개정 2008. 2. 29., 2010. 1. 18.〉

[전문개정 2007. 10. 17.]

제19조(권한의 위임) 이 법에 따른 여성가족부장관의 권한은 대통령령으로 정하는 바에 따라 그 일부를 시 · 도지사 또는 시 장 · 군수 · 구청장에게 위임할 수 있다. 〈개정 2008. 2. 29., 2009. 5. 8., 2010. 1. 18.〉

[전문개정 2007. 10. 17.]

제20조(벌칙) ① 제4조의5를 위반하여 피해자를 해고하거나 그 밖의 불이익을 준 자는 3년 이하의 징역 또는 3천만 원 이하의 벌금에 처한다. 〈신설 2017. 12. 12.〉

② 다음 각 호의 어느 하나에 해당하는 자는 1년 이하의 징역 또는 1천만원 이하의 벌금에 처한다. 〈개정 2014. 1. 21., 2017. 12. 12., 2018. 3. 13.〉

1. 제5조제2항 전단, 제7조제2항 또는 제8조의3제2항 전단에 따른 신고를 하지 아니하거나 인가를 받지 아니하고 상담소 · 보호시설 또는 교육훈련시설을 설치 · 운영한 자
2. 제12조에 따른 업무의 정지 · 폐지 또는 시설의 폐쇄 명령을 받고도 상담소 · 보호시설 또는 교육훈련시설을 계속 운영한 자
3. 제16조에 따른 비밀 엄수의 의무를 위반한 자

[전문개정 2007. 10. 17.]

제21조(양벌규정) 법인의 대표자나 법인 또는 개인의 대리인, 사용인, 그 밖의 종업원이 그 법인 또는 개인의 업무에 관하여 제20조의 위반행위를 하면 그 행위자를 벌하는 외에 그 법인 또는 개인에게도 해당 조문의 벌금형을 과(科)한다. 다만, 법인 또는 개인이 그 위반행위를 방지하기 위하여 해당 업무에 관하여 상당한 주의와 감독을 게을리하지 아니한 경우에는 그러하지 아니하다.

[전문개정 2009. 5. 8.]

제22조(과태료) ① 정당한 사유 없이 제9조의4제3항을 위반하여 현장조사를 거부 · 기피하는 등 업무 수행을 방해한 가정폭력행위자에게는 500만원 이하의 과태료를 부과한다. 〈신설 2013. 7. 30.〉

② 다음 각 호의 어느 하나에 해당하는 자에게는 300만원 이하의 과태료를 부과한다. 〈개정 2013. 7. 30.〉

1. 정당한 사유 없이 제11조제1항에 따른 보고를 하지 아니하거나 거짓으로 보고한 자 또는 조사 · 검사를 거부하거나 기피한 자
2. 제17조에 따른 유사 명칭 사용 금지를 위반한 자

③ 제1항 및 제2항에 따른 과태료는 대통령령으로 정하는 바에 따라 여성가족부장관 또는 시장 · 군수 · 구청장이 부과 · 징수한다. 〈개정 2008. 2. 29., 2010. 1. 18., 2013. 7. 30.〉

④ 삭제 〈2009. 5. 8.〉

⑤ 삭제 〈2009. 5. 8.〉

부칙 〈제17437호, 2020. 6. 9.〉

이 법은 공포한 날부터 시행한다.

성매매방지 및 피해자보호 등에 관한 법률 (약칭:성매매피해자보호법)

[시행 2018. 9. 14] [법률 제15450호, 2018. 3. 13., 일부개정]

여성가족부(권익기반과) 02-2100-6443

제1조(목적) 이 법은 성매매를 방지하고, 성매매피해자 및 성을 파는 행위를 한 사람의 보호, 피해회복 및 자립 · 자활을 지원하는 것을 목적으로 한다.

제2조(정의) 이 법에서 사용하는 용어의 뜻은 다음과 같다.

1. "성매매"란 「성매매알선 등 행위의 처벌에 관한 법률」 제2조제1항제1호에 따른 행위를 말한다.
2. "성매매알선등행위"란 「성매매알선 등 행위의 처벌에 관한 법률」 제2조제1항제2호에 따른 행위를 말한다.
3. "성매매 목적의 인신매매"란 「성매매알선 등 행위의 처벌에 관한 법률」 제2조제1항제3호에 따른 행위를 말한다.
4. "성매매피해자"란 「성매매알선 등 행위의 처벌에 관한 법률」 제2조제1항제4호에 따른 사람을 말한다.
5. "성접대"란 거래나 업무 관계에 있는 상대방에게 거래나 업무행위에 대한 대가로서 성을 제공하거나 알선 · 권유하는 행위를 말한다.

제3조(국가 등의 책임) ① 국가와 지방자치단체는 성매매를 방지하고, 성매매피해자 및 성을 파는 행위를 한 사람(이하 "성매매피해자등"이라 한다)의 보호, 피해 회복 및 자립 · 자활을 지원하기 위하여 다음 각 호의 사항에 대한 법적 · 제도적 장치를 마련하고 필요한 행정적 · 재정적 조치를 하여야 한다.

1. 성매매, 성매매알선등행위 및 성매매 목적의 인신매매 신고체계의 구축 · 운영
2. 성매매, 성매매알선등행위 및 성매매 목적의 인신매매를 방지하기 위한 조사 · 연구 · 교육 · 홍보, 법령 정비 및 정책 수립
3. 성매매피해자등의 보호와 자립을 지원하기 위한 시설(외국인을 위한 시설을 포함한다)의 설치 · 운영
4. 성매매피해자등에 대한 주거지원, 직업훈련, 법률구조 및 그 밖의 지원 서비스 제공
5. 성매매피해자등에 대한 보호 · 지원을 원활히 하기 위한 관련 기관 간 협력체계의 구축 · 운영
6. 성매매, 성매매알선등행위 예방을 위한 유해환경 감시

② 국가는 성매매 목적의 인신매매 방지를 위한 국제협력을 증진하기 위하여 노력하여야 한다.

제4조(성매매 실태조사) ① 여성가족부장관은 3년마다 국내외 성매매 실태조사(성접대 실태조사를 포함한다. 이하 같다)를 실시하여 성매매 실태에 관한 종합보고서를 발간하고, 이를 성매매의 예방을 위한 정책수립에 기초자료로 활용하여야 한다.

② 여성가족부장관은 제1항에 따른 성매매 실태조사를 위하여 필요하다고 인정하는 경우에는 관계 중앙행정기관의 장, 지방자치단체의 장 및 관련 단체의 장에게 자료 제출 또는 조사업무의 수행에 필요한 협조를 요청할 수 있다. 이 경우 자료 제출 또는 협조 요청을 받은 자는 특별한 사유가 없으면 이에 따라야 한다.

③ 제1항에 따른 성매매 실태조사의 방법과 내용 등에 필요한 사항은 여성가족부령으로 정한다.

제5조(성매매 예방교육) ① 국가기관, 지방자치단체, 초 · 중 · 고등학교, 그 밖에 대통령령으로 정하는 공공단체(이하 "국가기관등"이라 한다)의 장은 성에 대한 건전한 가치관 함양과 성매매 방지 및 인권보호를 위하여 성매매 예방교육을 실시하고, 그 결과를 여성가족부장관에게 제출하여야 한다.

② 제1항에 따른 예방교육을 실시하는 경우 「성폭력방지 및 피해자보호 등에 관한 법률」 제5조에 따른 성교육 및 성폭력 예방교육, 「양성평등기본법」 제31조에 따른 성희롱 예방교육 및 「가정폭력방지 및 피해자보호 등에 관한 법률」 제4조의3에 따른 가정폭력 예방교육 등을 성평등 관점에서 통합하여 실시할 수 있다. 〈개정 2014. 5. 28.〉

③ 여성가족부장관 또는 특별시장 · 광역시장 · 특별자치시장 · 도지사 · 특별자치도지사(이하 "시 · 도지사"라 한다)는 제1항에 따른 교육의 대상이 아닌 국민에게 성매매 및 성매매 목적의 인신매매 방지와 성매매피해자등의 인권 보호를 위하여 필요한 교육을 실시할 수 있다. 이 경우 여성가족부장관 또는 시 · 도지사는 교육에 관한 업무를 제17조에 따른 성매매피해상담소 또는 대통령령으로 정하는 교육기관에 위탁할 수 있다. 〈개정 2018. 4. 17.〉

④ 여성가족부장관은 제1항과 제2항에 따른 교육을 효과적으로 실시하기 위하여 전문강사를 양성하고 교육프로그램을 개발 · 보급하여야 한다.

⑤ 여성가족부장관은 제1항에 따른 국가기관등의 성매매 예방교육 실시 결과에 대한 점검을 대통령령으로 정하는 바에 따라 매년 실시하여야 한다.

⑥ 여성가족부장관은 제5항에 따른 점검결과 교육이 부실하다고 인정되는 국가기관등에 대하여 대통령령으로 정하는 바에 따라 관리자 특별교육 등 필요한 조치를 취하여야 한다.

⑦ 여성가족부장관은 제5항에 따른 점검결과를 다음 각 호의 평가에 반영하도록 해당 기관 · 단체의 장에게 요구할 수 있다.

1. 「정부업무평가 기본법」 제14조제1항 및 제18조제1항에 따른 중앙행정기관 및 지방자치단체의 자체평가
2. 「공공기관의 운영에 관한 법률」 제48조제1항에 따른 공기업 · 준정부기관의 경영실적 평가
3. 「지방공기업법」 제78조제1항에 따른 지방공기업의 경영평가
4. 「초 · 중등교육법」 제9조제2항에 따른 학교 평가

⑧ 여성가족부장관은 제5항에 따른 점검결과를 대통령령으로 정하는 바에 따라 언론 등에 공표하여야 한다. 다만, 다른 법률에서 공표를 제한하고 있는 경우에는 그러하지 아니하다.

⑨ 제1항에 따른 성매매 예방교육의 내용과 방법, 결과 제출 절차 등에 필요한 사항은 대통령령으로 정한다.

제6조(성매매 방지 홍보영상의 제작 · 배포 · 송출) ① 여성가족부장관은 성매매, 성매매알선등행위, 성매매 목적의 인신매매를 방지하고 성매매피해자등을 지원하기 위한 홍보영상을 제작하여 「방송법」 제2조제3호에 따른 방송사업자에게 배포하여야 한다.

② 여성가족부장관은 「방송법」 제2조제3호가목의 지상파방송사업자(이하 "방송사업자"라 한다)에게 같은 법 제73조제4항에 따라 대통령령으로 정하는 비상업적 공익광고 편성비율의 범위에서 제1항의 홍보영상을 채널별로 송출하도록 요청할 수 있다.

③ 방송사업자는 제1항의 홍보영상 외에 독자적으로 홍보영상을 제작하여 송출할 수 있다. 이 경우 여성가족부장관에게 필요한 협조 및 지원을 요청할 수 있다.

제7조(성매매 추방주간) 성매매 및 성매매 목적의 인신매매에 대한 사회적 경각심을 높이고 해당 범죄를 예방하기 위하여 대통령령으로 정하는 바에 따라 1년 중 1주간을 성매매 추방주간으로 한다.

제8조(성매매피해자등 및 가족의 취학 지원) ① 국가와 지방자치단체는 성매매피해자등 또는 그 가족이 「초·중등교육법」 제2조에 따른 각급 학교의 학생인 경우 주소지 외의 지역에서 취학(입학, 재입학, 전학 및 편입학을 포함한다. 이하 이 조에서 같다)할 필요가 있을 때에는 그 취학이 원활히 이루어지도록 지원하여야 한다. 이 경우 취학을 지원하는 관계자 및 관계 기관은 성매매피해자등 및 그 가족의 사생활이 침해되지 아니하도록 유의하여야 한다.

② 출석일수 산입 등 제1항에 따른 취학 지원에 필요한 사항은 대통령령으로 정한다.

제9조(지원시설의 종류) ① 성매매피해자등을 위한 지원시설(이하 "지원시설"이라 한다)의 종류는 다음 각 호와 같다.

1. 일반 지원시설: 성매매피해자등을 대상으로 1년의 범위에서 숙식을 제공하고 자립을 지원하는 시설
2. 청소년 지원시설: 19세 미만의 성매매피해자등을 대상으로 19세가 될 때까지 숙식을 제공하고, 취학·교육 등을 통하여 자립을 지원하는 시설
3. 외국인 지원시설: 외국인 성매매피해자등을 대상으로 3개월(「성매매알선 등 행위의 처벌에 관한 법률」 제11조에 해당하는 경우에는 그 해당 기간)의 범위에서 숙식을 제공하고, 귀국을 지원하는 시설
4. 자립지원 공동생활시설: 성매매피해자등을 대상으로 2년의 범위에서 숙박 등의 편의를 제공하고, 자립을 지원하는 시설

② 일반 지원시설의 장은 1년 6개월의 범위에서 여성가족부령으로 정하는 바에 따라 지원기간을 연장할 수 있다.

③ 청소년 지원시설의 장은 2년의 범위에서 여성가족부령으로 정하는 바에 따라 지원기간을 연장할 수 있다.

④ 자립지원 공동생활시설의 장은 2년의 범위에서 여성가족부령으로 정하는 바에 따라 지원기간을 연장할 수 있다.

⑤ 제2항부터 제4항까지의 규정에도 불구하고 성매매피해자등이 「장애인차별금지 및 권리구제 등에 관한 법률」 제2조제2항에 따른 장애인인 경우 여성가족부령으로 정하는 바에 따라 피해 회복에 소요되는 기간까지 지원기간을 연장할 수 있다.

제10조(지원시설의 설치) ① 국가 또는 지방자치단체는 지원시설을 설치·운영할 수 있다.

② 국가나 지방자치단체 외의 자가 지원시설을 설치·운영하려면 특별자치시장·특별자치도지사, 시장·군수·구청장(자치구의 구청장을 말한다. 이하 같다)에게 신고하여야 한다. 신고한 사항 중 여성가족부령으로 정하는 중요 사항을 변경하려는 경우에도 또한 같다. 〈개정 2018. 3. 13.〉

③ 특별자치시장·특별자치도지사, 시장·군수·구청장은 제2항에 따른 신고를 받은 날부터 10일 이내(변경신고의 경우 5일 이내)에 신고수리 여부 또는 민원 처리 관련 법령에 따른 처리기간의 연장을 신고인에게 통지하여야 한다. 〈신설 2018. 3. 13.〉

④ 지원시설의 설치기준·신고절차 및 종사자의 자격기준·수 등에 필요한 사항은 여성가족부령으로 정한다. 〈개정 2018. 3. 13.〉

제11조(지원시설의 업무) ① 일반 지원시설은 다음 각 호의 업무를 수행한다.

1. 숙식 제공
2. 심리적 안정과 피해 회복을 위한 상담 및 치료
3. 질병치료와 건강관리를 위하여 의료기관에 인도(引渡)하는 등의 의료지원
4. 수사기관의 조사와 법원의 증인신문(證人訊問)에의 동행
5. 「법률구조법」 제8조에 따른 대한법률구조공단 등 관계 기관에 필요한 협조와 지원 요청
6. 자립 · 자활 교육의 실시와 취업정보 제공
7. 「국민기초생활 보장법」 등 사회보장 관계 법령에 따른 급부(給付)의 수령 지원
8. 기술교육(위탁교육을 포함한다)
9. 다른 법률에서 지원시설에 위탁한 사항
10. 그 밖에 여성가족부령으로 정하는 사항

② 청소년 지원시설은 제1항 각 호의 업무 외에 진학을 위한 교육을 제공하거나 교육기관에 취학을 연계하는 업무를 수행한다.

③ 외국인 지원시설은 제1항제1호부터 제5호까지 및 제9호의 업무와 귀국을 지원하는 업무를 수행한다.

④ 자립지원 공동생활시설은 다음 각 호의 업무를 수행한다.

1. 숙박 지원
2. 취업 및 창업을 위한 정보 제공
3. 그 밖에 사회 적응을 위하여 필요한 지원으로서 여성가족부령으로 정하는 사항

제12조(지원시설 입소 등) ① 지원시설에 들어가려는 사람은 해당 지원시설의 입소규정을 지켜야 한다.

② 지원시설에서 제공하는 프로그램을 이용하려는 사람은 해당 지원시설의 이용규정을 지켜야 한다.

③ 지원시설의 장은 입소규정이나 이용규정을 지키지 아니하거나 그 밖에 단체생활을 현저히 해치는 행위를 하는 입소자나 이용자에 대하여는 퇴소 또는 이용 중단 등 필요한 조치를 할 수 있다.

④ 지원시설의 입소절차, 이용절차, 입소규정 및 이용규정 등에 필요한 사항은 여성가족부령으로 정한다.

제13조(지원시설의 운영) ① 지원시설의 장은 입소자 또는 이용자의 인권을 최대한 보장하여야 한다.

② 지원시설의 장은 입소자 및 이용자의 사회 적응능력 등을 기를 수 있도록 상담, 교육, 정보를 제공하고, 신변 보호 등에 필요한 지원을 하여야 한다.

③ 지원시설의 장은 입소자의 건강관리를 위하여 입소 후 1개월 이내에 건강진단을 실시하고, 건강에 이상이 발견된 경우에는 「의료급여법」에 따른 의료급여를 받게 하는 등 필요한 조치를 하여야 하며, 필요한 경우 의료기관에 질병치료 등을 의뢰할 수 있다.

④ 지원시설의 운영방법 · 운영기준 등에 필요한 사항은 여성가족부령으로 정한다.

제14조(지원시설에 대한 보호비용 지원) ① 국가 또는 지방자치단체는 제9조의 지원시설 중 일반 · 청소년 · 외국인 지원시설에 입소한 성매매피해자등의 보호를 위하여 필요한 경우 다음 각 호의 보호비용을 해당 지원시설의 장 또는 지원시설에 입소한 성매매피해자등에게 지원할 수 있다. 다만, 지원시설에 입소한 성매매피해자등이 「국민기초생활 보장법」 등 다른 법령에 따라 지원을 받고 있는 경우에는 그 범위에서 이 법에 따른 지원을 하지 아니한다.

1. 생계비

2. 아동교육지원비

3. 아동양육비

4. 그 밖에 대통령령으로 정하는 비용

② 제1항에 따른 보호비용의 지원 방법 및 절차 등에 필요한 사항은 여성가족부령으로 정한다.

제15조(자활지원센터의 설치 및 운영) ① 국가 또는 지방자치단체는 성매매피해자등의 회복과 자립에 필요한 지원을 제공하기 위하여 자활지원센터를 설치 · 운영할 수 있다.

② 국가 또는 지방자치단체 외의 자가 자활지원센터를 설치 · 운영하려면 특별자치시장 · 특별자치도지사, 시장 · 군수 · 구청장에게 신고하여야 한다. 신고한 사항 중 여성가족부령으로 정하는 중요 사항을 변경하려는 경우에도 또한 같다. 〈개정 2018. 3. 13.〉

③ 특별자치시장 · 특별자치도지사, 시장 · 군수 · 구청장은 제2항에 따른 신고를 받은 날부터 10일 이내(변경신고의 경우 5일 이내)에 신고수리 여부 또는 민원 처리 관련 법령에 따른 처리기간의 연장을 신고인에게 통지하여야 한다. 〈신설 2018. 3. 13.〉

④ 자활지원센터는 이 법에 따른 성매매피해자등이라면 누구라도 이용할 수 있다. 〈개정 2018. 3. 13.〉

⑤ 자활지원센터의 설치기준 · 신고절차, 이용규정 및 종사자의 자격기준 · 수 등에 필요한 사항은 여성가족부령으로 정한다. 〈개정 2018. 3. 13.〉

제16조(자활지원센터의 업무) 자활지원센터는 다음 각 호의 업무를 수행한다.

1. 작업장 등의 설치 · 운영

2. 취업 및 기술교육(위탁교육을 포함한다)

3. 취업 및 창업을 위한 정보의 제공

4. 그 밖에 사회 적응을 위하여 필요한 지원으로서 여성가족부령으로 정하는 사항

제17조(상담소의 설치) ① 국가 또는 지방자치단체는 성매매피해상담소(이하 "상담소"라 한다)를 설치 · 운영할 수 있다.

② 국가 또는 지방자치단체 외의 자가 상담소를 설치 · 운영하려면 특별자치시장 · 특별자치도지사, 시장 · 군수 · 구청장에게 신고하여야 한다. 신고한 사항 중 여성가족부령으로 정하는 중요 사항을 변경하려는 경우에도 또한 같다. 〈개정 2018. 3. 13.〉

③ 특별자치시장 · 특별자치도지사, 시장 · 군수 · 구청장은 제2항에 따른 신고를 받은 날부터 10일 이내(변경신고의 경우 5일 이내)에 신고수리 여부 또는 민원 처리 관련 법령에 따른 처리기간의 연장을 신고인에게 통지하여야 한다. 〈신설 2018. 3. 13.〉

④ 상담소에는 상담실을 두어야 하며, 이용자를 임시로 보호하기 위한 보호실을 운영할 수 있다. 〈개정 2018. 3. 13.〉

⑤ 상담소의 설치기준 · 신고절차 · 운영기준, 상담원 등 종사자의 자격기준 및 수 등에 필요한 사항은 여성가족부령으로 정한다. 〈개정 2018. 3. 13.〉

제18조(상담소의 업무) 상담소는 다음 각 호의 업무를 수행한다.

1. 상담 및 현장 방문
2. 지원시설 이용에 관한 고지 및 지원시설에의 인도 또는 연계
3. 성매매피해자등의 구조
4. 제11조제1항제3호부터 제5호까지의 업무
5. 성매매 예방을 위한 홍보와 교육
6. 다른 법률에서 상담소에 위탁한 사항
7. 성매매피해자등의 보호를 위한 조치로서 여성가족부령으로 정하는 사항

제19조(성매매방지중앙지원센터의 설치 등) ① 국가는 성매매방지활동 및 성매매피해자등에 대한 지원서비스 전달체계의 효율적인 연계 · 조정 등을 위하여 성매매방지중앙지원센터(이하 "중앙지원센터"라 한다)를 설치 · 운영할 수 있다.

② 중앙지원센터는 다음 각 호의 업무를 수행한다.

1. 이 법에 규정된 지원시설 · 자활지원센터 · 상담소(이하 "상담소등"이라 한다) 간 종합 연계망 구축
2. 성매매피해자등 구조체계 구축 · 운영 및 성매매피해자등 구조활동의 지원
3. 법률 · 의료 지원단 운영 및 법률 · 의료 지원체계 확립
4. 성매매피해자등의 자립 · 자활 프로그램 개발 · 보급
5. 성매매피해자등에 대한 지원대책 연구 및 홍보활동
6. 성매매 실태조사 및 성매매 방지대책 연구
7. 성매매 예방교육프로그램의 개발
8. 상담소등 종사자의 교육 및 상담원 양성, 상담기법의 개발 및 보급
9. 그 밖에 여성가족부령으로 정하는 사항

③ 중앙지원센터의 운영은 여성가족부령으로 정하는 바에 따라 비영리법인 또는 단체에 위탁할 수 있다.

④ 그 밖에 중앙지원센터의 조직 · 운영 및 종사자의 자격기준 등에 관하여 필요한 사항은 대통령령으로 정한다.

제20조(보수교육의 실시) ① 여성가족부장관 또는 시 · 도지사는 상담소등의 종사자의 자질을 향상시키기 위하여 보수교육을 실시하여야 한다. 〈개정 2018. 4. 17.〉

② 여성가족부장관 또는 시 · 도지사는 제1항에 따른 보수교육에 관한 업무를 중앙지원센터 또는 대통령령으로 정하는 전문기관에 위탁할 수 있다.

③ 제1항에 따른 보수교육의 내용 · 기간 및 방법 등에 필요한 사항은 여성가족부령으로 정한다.

제21조(수사기관의 협조) ① 상담소의 장은 성매매피해자등을 긴급히 구조할 필요가 있는 경우에는 관할 국가경찰관서의 장에게 그 소속 직원의 동행을 요청할 수 있으며, 요청을 받은 국가경찰관서의 장은 특별한 사유가 없으면 이에 따라야 한다.

② 상담소의 장은 본인 또는 상담소 직원이 성매매, 성매매알선등행위 및 성매매 목적의 인신매매 방지 등을 위하여 업소 및 지역을 현장방문하거나 출입하고자 할 때 업무를 원활히 수행할 수 있도록 수사기관 및 행정기관의 지원을 요청할 수 있다.

제22조(성매매피해자등의 의사 존중) 상담소등의 장은 성매매피해자등이 밝힌 의사에 반(反)하여 지원시설에 들어가게 하거나 제17조제4항의 보호를 할 수 없다. 〈개정 2018. 3. 13.〉

제23조(의료비의 지원) ① 국가 또는 지방자치단체는 제13조제3항 및 제18조제4호에 따라 상담소등의 장이 의료기관에 질병치료 등을 의뢰한 경우에는 「의료급여법」상의 급여가 지급되지 아니하는 치료항목에 대한 의료비용의 전부 또는 일부를 지원할 수 있다.

② 제1항에 따른 의료비용의 지원범위와 지원절차 등에 필요한 사항은 여성가족부령으로 정한다.

제24조(전담의료기관의 지정 등) ① 여성가족부장관 또는 특별자치시장 · 특별자치도지사, 시장 · 군수 · 구청장은 「성폭력방지 및 피해자보호 등에 관한 법률」 제27조제1항에 따라 지정받은 전담의료기관 등 필요한 의료기관을 성매매피해자등의 치료를 위한 전담의료기관으로 지정할 수 있다.

② 제1항에 따라 지정된 전담의료기관은 상담소등의 장의 요청이 있을 때에는 다음 각 호의 의료 등을 제공하여야 한다.

1. 성매매피해자등의 보건 상담 및 지도
2. 성매매피해의 치료
3. 그 밖에 대통령령으로 정하는 신체적 · 정신적 치료

제25조(비용의 보조) ① 국가나 지방자치단체는 상담소등의 설치 · 운영에 드는 비용을 보조할 수 있다.

② 국가 또는 지방자치단체는 해외 성매매피해자(해외에서 발생한 성매매피해자를 말한다)에 대한 보호 · 지원 활동을 하는 비영리법인이나 단체에 예산의 범위에서 그 경비를 보조할 수 있다.

③ 제1항에 따른 비용의 보조범위 등에 필요한 사항은 대통령령으로 정한다.

제26조(상담소등의 평가) ① 여성가족부장관은 3년마다 상담소등의 운영실적을 평가하고, 그 결과를 감독 및 지원 등에 반영할 수 있다.

② 제1항에 따른 평가의 기준과 방법 등에 필요한 사항은 여성가족부령으로 정한다.

제27조(지도 · 감독) ① 여성가족부장관, 시 · 도지사 또는 시장 · 군수 · 구청장은 상담소등의 장으로 하여금 필요한 보고를 하도록 명하거나 자료를 제출하게 할 수 있으며, 관계 공무원으로 하여금 상담소등에 출입하여 관계 서류 등을 검사하게 할 수 있다.

② 제1항에 따라 출입 · 검사를 하는 공무원은 출입하기 전에 방문 및 검사의 목적 · 일시 등을 상담소등의 장에게 알려야 하며, 출입하는 경우 그 권한을 표시하는 증표를 지니고 이를 관계인에게 내보여야 한다.

제28조(폐지 · 휴지 등의 신고) ①제10조제2항, 제15조제2항 또는 제17조제2항에 따라 신고한 상담소등을 폐지 또는 휴지(休止)하거나 그 운영을 재개(再開)하려는 자는 여성가족부령으로 정하는 바에 따라 특별자치시장 · 특별자치도지사, 시장 · 군수 · 구청장에게 신고하여야 한다. 〈개정 2016. 3. 2.〉

② 특별자치시장 · 특별자치도지사, 시장 · 군수 · 구청장은 제1항에 따른 상담소등의 폐지 또는 휴지신고를 받은 경우 그 내용을 검토하여 이 법에 적합하면 신고를 수리하여야 한다. 〈신설 2018. 3. 13.〉

③ 상담소등의 장은 해당 시설을 폐지 또는 휴지하는 경우에는 여성가족부령으로 정하는 바에 따라 해당 시설을 이용하는 사람이 다른 시설로 옮길 수 있도록 하는 등 시설 이용자의 권익을 보호하기 위한 조치를 하여야 한다.

〈신설 2016. 3. 2., 2018. 3. 13.〉

④ 특별자치시장·특별자치도지사, 시장·군수·구청장은 제1항에 따른 상담소등의 폐지 또는 휴지의 신고를 받은 경우 해당 시설의 장이 제3항에 따른 시설 이용자의 권익을 보호하기 위한 조치를 하였는지 여부를 확인하는 등 여성가족부령으로 정하는 조치를 하여야 한다. 〈신설 2016. 3. 2., 2018. 3. 13.〉

제29조(영리목적 운영의 금지) 이 법에 따른 상담소등은 영리를 목적으로 설치·운영하여서는 아니 된다.

제30조(비밀엄수 등의 의무) 상담소등의 장이나 종사자 또는 그 직에 있었던 자는 직무상 알게 된 비밀을 누설하여서는 아니 된다.

제31조(상담소등의 폐쇄 등) ① 여성가족부장관, 시·도지사 또는 시장·군수·구청장은 상담소등이 다음 각 호의 어느 하나에 해당하는 경우에는 업무 정지 또는 폐지를 명하거나 상담소등을 폐쇄할 수 있다. 〈개정 2018. 3. 13.〉

1. 상담소등이 제10조제4항, 제15조제5항 또는 제17조제5항에 따른 설치기준에 미달하게 된 경우
2. 정당한 사유 없이 제27조제1항에 따른 보고를 하지 아니하거나 거짓으로 보고한 경우
3. 제29조를 위반한 경우
4. 상담소등의 장 또는 그 종사자들이 입소자·이용자에 대하여 「성폭력범죄의 처벌 등에 관한 특례법」 제2조 제1항의 범죄를 범한 경우
5. 「사회복지사업법」 제40조제1항제3호 또는 제4호에 해당하는 경우
6. 이 법 또는 이 법에 따른 명령을 위반한 경우

② 제1항에 따라 업무 정지 또는 폐지를 명하거나 상담소등을 폐쇄하려면 청문을 하여야 한다.

③ 여성가족부장관, 시·도지사 또는 시장·군수·구청장은 상담소등이 제1항에 따라 업무가 정지 또는 폐지되거나 상담소등이 폐쇄되는 경우에는 해당 시설을 이용하는 사람이 다른 시설로 옮길 수 있도록 하는 등 여성가족부령으로 정하는 바에 따라 시설 이용자의 권익을 보호하기 위하여 필요한 조치를 하여야 한다. 〈신설 2016. 3. 2.〉

④ 제1항에 따른 처분의 세부종류 및 기준에 필요한 사항은 여성가족부령으로 정한다. 〈개정 2016. 3. 2.〉

제32조(상담소 연락처 등의 게시) ① 「식품위생법」에 따른 식품접객업 중 유흥종사자를 둘 수 있는 식품접객업의 영업자 또는 대통령령으로 정하는 업소의 영업자는 다음 각 호에 해당하는 사항을 해당 사업장 안의 보기 쉬운 곳에 게시하여야 한다.

1. 성매매 및 성매매알선등행위의 신고에 관한 사항
2. 성매매피해자등 보호와 지원 등에 관한 상담소 업무와 연락처 등에 관한 사항
3. 「성매매알선 등 행위의 처벌에 관한 법률」 제10조제1항에 따른 불법원인으로 인한 채권무효에 관한 사항
4. 그 밖에 대통령령으로 정하는 사항

② 제1항에 따른 게시물의 크기, 게시 장소, 그 밖에 게시에 필요한 사항은 대통령령으로 정한다.

제33조(정보통신서비스 제공자 및 온라인서비스제공자의 의무) ① 「정보통신망 이용촉진 및 정보보호 등에 관한 법률」 제2조제1항제3호의 정보통신서비스 제공자 또는 「저작권법」 제2조제30호의 온라인서비스제공자는 「정보통신망 이용촉진 및 정보보호 등에 관한 법률」 제2조제1항제1호의 정보통신망을 이용하여 2명 이상이 실시간으로 대화할 수 있는 기능이 포함된 디지털콘텐츠로서, 컴퓨터, 이동통신단말장치에서 이용되는 웹 사이트 및 애플리

케이션(Application) 등 대통령령으로 정하는 디지털콘텐츠의 대화 화면에 다음 각 호의 사항을 이용자가 알아보기 쉽게 게시하여야 한다. 〈개정 2016. 12. 20., 2018. 3. 13.〉

1. 「성매매알선 등 행위의 처벌에 관한 법률」 제2조제1항의 내용
2. 성매매가 처벌 대상이라는 사실
3. 「아동 · 청소년의 성보호에 관한 법률」 제59조제1항에 따른 신고 포상금에 대한 안내문
4. 「성매매알선 등 행위의 처벌에 관한 법률」 제28조제1항에 따른 신고 보상금에 대한 안내문
5. 그 밖에 대통령령으로 정하는 사항

② 제1항에 따른 게시물의 내용, 크기, 게시 방법 등에 필요한 사항은 대통령령으로 정한다.

제33조의2(출입 및 지도) ① 여성가족부장관 또는 특별자치시장 · 특별자치도지사, 시장 · 군수 · 구청장은 성매매를 방지하고 성매매피해자등을 보호하기 위하여 필요하다고 인정하면 소속 공무원으로 하여금 다음 각 호의 영업을 하는 업소에 출입하여 지도하게 할 수 있다.

1. 「공중위생관리법」에 따른 다음 각 목의 영업
   가. 숙박업 중 대통령령으로 정하는 영업
   나. 목욕장업 중 대통령령으로 정하는 영업
   다. 이용업
2. 「식품위생법」에 따른 식품접객업 중 대통령령으로 정하는 영업
3. 불특정한 사람 사이의 신체적인 접촉 또는 은밀한 부분의 노출 등 성적 행위가 이루어지거나 이와 유사한 행위가 이루어질 우려가 있는 서비스를 제공하는 영업으로서 「청소년 보호법」 제36조에 따른 청소년보호위원회가 결정하고 여성가족부장관이 고시한 영업

② 제1항에 따라 출입 · 지도하는 공무원은 그 권한을 표시하는 증표를 지니고 이를 관계인에게 보여주어야 한다.

[본조신설 2016. 12. 20.]

제34조(권한의 위임) 여성가족부장관 또는 시 · 도지사는 이 법에 따른 권한의 일부를 대통령령으로 정하는 바에 따라 시 · 도지사 또는 시장 · 군수 · 구청장에게 위임할 수 있다.

제35조(명칭사용에 대한 특례) ① 이 법의 성매매피해자등에 대한 안전과 진학, 취업 및 자활과 피해회복을 위하여 상담소등의 명칭을 사용할 경우 기관명칭사용으로 인한 낙인과 피해를 방지하기 위하여 별도의 명칭을 사용한 서식을 활용하도록 한다.

② 제1항에 따른 서식, 절차, 그 밖에 필요한 사항은 여성가족부령으로 정한다.

제36조(벌칙) 다음 각 호의 어느 하나에 해당하는 자는 1년 이하의 징역 또는 1천만원 이하의 벌금에 처한다. 〈개정 2018. 3. 13.〉

1. 제10조제2항 전단을 위반하여 신고를 하지 아니하고 지원시설을 설치 · 운영한 자
2. 제15조제2항 전단을 위반하여 신고를 하지 아니하고 자활지원센터를 설치 · 운영한 자
3. 제17조제2항 전단을 위반하여 신고를 하지 아니하고 상담소를 설치 · 운영한 자
4. 제29조 또는 제30조를 위반한 자

5. 제31조에 따른 명령을 위반한 자

제37조(양벌규정) 법인의 대표자나 법인 또는 개인의 대리인, 사용인, 그 밖의 종사자가 그 법인 또는 개인의 업무에 관하여 제36조의 위반행위를 하면 그 행위자를 벌하는 외에 그 법인 또는 개인에게도 해당 조문의 벌금형을 과(科)한다. 다만, 법인 또는 개인이 그 위반행위를 방지하기 위하여 해당 업무에 관하여 상당한 주의와 감독을 게을리하지 아니한 경우에는 그러하지 아니하다.

제38조(과태료) ① 다음 각 호의 어느 하나에 해당하는 자에게는 500만원 이하의 과태료를 부과한다.

1. 제27조제1항에 따른 관계 공무원의 출입 · 검사를 거부 · 방해 또는 기피한 자
2. 제32조 또는 제33조를 위반하여 게시물을 게시하지 아니한 자

② 제28조제1항을 위반하여 신고하지 아니한 자에게는 300만원 이하의 과태료를 부과한다. 〈개정 2016. 3. 2.〉

③ 제1항 및 제2항에 따른 과태료는 대통령령으로 정하는 바에 따라 여성가족부장관, 시 · 도지사 또는 시장 · 군수 · 구청장이 부과 · 징수한다.

부칙 〈제15590호, 2018. 4. 17.〉

이 법은 공포한 날부터 시행한다.

성폭력방지 및 피해자보호 등에 관한 법률 (약칭:성폭력방지법)

[시행 2021. 1. 21] [법률 제17538호, 2020. 10. 20, 일부개정]

여성가족부(권익지원과) 02-2100-6395

제1장 총칙

제1조(목적) 이 법은 성폭력을 예방하고 성폭력피해자를 보호·지원함으로써 인권증진에 이바지함을 목적으로 한다. 〈개정 2015. 2. 3.〉

제2조(정의) 이 법에서 사용하는 용어의 뜻은 다음과 같다.

1. "성폭력"이란 「성폭력범죄의 처벌 등에 관한 특례법」 제2조제1항에 규정된 죄에 해당하는 행위를 말한다.
2. "성폭력행위자"란 「성폭력범죄의 처벌 등에 관한 특례법」 제2조제1항에 해당하는 죄를 범한 사람을 말한다.
3. "성폭력피해자"란 성폭력으로 인하여 직접적으로 피해를 입은 사람을 말한다.

제3조(국가 등의 책무) ① 국가와 지방자치단체는 성폭력을 방지하고 성폭력피해자(이하 "피해자"라 한다)를 보호·지원하기 위하여 다음 각 호의 조치를 하여야 한다.

1. 성폭력 신고체계의 구축·운영
2. 성폭력 예방을 위한 조사·연구, 교육 및 홍보
3. 피해자를 보호·지원하기 위한 시설의 설치·운영
4. 피해자에 대한 주거지원, 직업훈련 및 법률구조 등 사회복귀 지원
5. 피해자에 대한 보호·지원을 원활히 하기 위한 관련 기관 간 협력체계의 구축·운영
6. 성폭력 예방을 위한 유해환경 개선
7. 피해자 보호·지원을 위한 관계 법령의 정비와 각종 정책의 수립·시행 및 평가

② 국가와 지방자치단체는 제1항에 따른 책무를 다하기 위하여 이에 따른 예산상의 조치를 하여야 한다.

제4조(성폭력 실태조사) ① 여성가족부장관은 성폭력의 실태를 파악하고 성폭력 방지에 관한 정책을 수립하기 위하여 3년마다 성폭력 실태조사를 하고 그 결과를 발표하여야 한다.

② 제1항에 따른 성폭력 실태조사의 내용과 방법 등에 필요한 사항은 여성가족부령으로 정한다.

제5조(성폭력 예방교육 등) ① 국가기관 및 지방자치단체의 장, 「유아교육법」 제7조에 따른 유치원의 장, 「영유아보육법」 제10조에 따른 어린이집의 원장, 「초·중등교육법」 제2조에 따른 각급 학교의 장, 그 밖에 대통령령으로 정하는 공공단체의 장은 대통령령으로 정하는 바에 따라 성교육 및 성폭력 예방교육 실시, 기관 내 피해자 보호와 피해 예방을 위한 자체 예방지침 마련, 사건발생 시 재발방지대책 수립·시행 등 필요한 조치를 하고, 그 결과를 여성가족부장관에게 제출하여야 한다. 〈개정 2012. 12. 18., 2016. 5. 29.〉

② 제1항에 따른 교육을 실시하는 경우 「성매매방지 및 피해자보호 등에 관한 법률」 제4조에 따른 성매매 예방교육, 「양성평등기본법」 제31조에 따른 성희롱 예방교육 및 「가정폭력방지 및 피해자보호 등에 관한 법률」 제4조의3에 따른 가정폭력 예방교육 등을 성평등 관점에서 통합하여 실시할 수 있다. 〈신설 2014. 1. 21., 2014. 5. 28.〉

③ 「양성평등기본법」 제3조제3호에 따른 사용자는 성교육 및 성폭력 예방교육을 실시하는 등 직장 내 성폭력 예방을 위한 노력을 하여야 한다. 〈신설 2015. 2. 3.〉

④ 여성가족부장관 또는 특별시장 · 광역시장 · 특별자치시장 · 도지사 · 특별자치도지사(이하 "시 · 도지사"라 한다)는 제1항에 따른 교육대상에 포함되지 아니하는 국민에게 성교육 및 성폭력 예방교육을 실시할 수 있다. 이 경우 여성가족부장관 또는 시 · 도지사는 교육에 관한 업무를 제5조의2에 따른 성폭력 예방교육 지원기관에 위탁할 수 있다. 〈개정 2018. 4. 17.〉

⑤ 여성가족부장관은 제1항과 제2항에 따른 교육을 효과적으로 실시하기 위하여 전문강사를 양성하고, 관계 중앙행정기관의 장과 협의하여 생애주기별 교육프로그램 및 장애인 등 대상별 특성을 고려한 교육프로그램을 개발 · 보급하여야 한다. 〈신설 2012. 12. 18., 2013. 3. 23., 2014. 1. 21., 2015. 2. 3., 2015. 12. 1.〉

⑥ 여성가족부장관은 제1항에 따른 교육 및 성폭력 예방조치에 대한 점검을 대통령령으로 정하는 바에 따라 매년 실시하여야 한다. 〈신설 2014. 1. 21., 2015. 2. 3., 2016. 5. 29.〉

⑦ 여성가족부장관은 제6항에 따른 점검결과 교육이 부실하다고 인정되는 기관 · 단체에 대하여 대통령령으로 정하는 바에 따라 관리자 특별교육 등 필요한 조치를 취하여야 한다. 〈신설 2014. 1. 21., 2015. 2. 3.〉

⑧ 여성가족부장관은 제6항에 따른 점검결과를 다음 각 호의 평가에 반영하도록 해당 기관 · 단체의 장에게 요구할 수 있다. 〈신설 2014. 1. 21., 2015. 2. 3.〉

1. 「정부업무평가 기본법」 제14조제1항 및 제18조제1항에 따른 중앙행정기관 및 지방자치단체의 자체평가
2. 「공공기관의 운영에 관한 법률」 제48조제1항에 따른 공기업 · 준정부기관의 경영실적평가
3. 「지방공기업법」 제78조제1항에 따른 지방공기업의 경영평가
4. 「초 · 중등교육법」 제9조제2항에 따른 학교 평가

⑨ 여성가족부장관은 제6항에 따른 점검결과를 대통령령으로 정하는 바에 따라 언론 등에 공표하여야 한다. 다만, 다른 법률에서 공표를 제한하고 있는 경우에는 그러하지 아니하다. 〈신설 2014. 1. 21., 2015. 2. 3.〉

⑩ 관계 중앙행정기관의 장 및 시 · 도지사는 대통령령으로 정하는 바에 따라 매년 성폭력 예방에 필요한 계획을 수립 · 시행하여야 한다. 〈신설 2016. 5. 29., 2018. 4. 17.〉

⑪ 제1항에 따른 교육의 내용과 방법, 결과 제출 절차 등에 필요한 사항은 대통령령으로 정한다. 〈개정 2012. 12. 18., 2014. 1. 21., 2015. 2. 3., 2016. 5. 29.〉

[제목개정 2016. 5. 29.]

제5조(성폭력 예방교육 등) ① 국가기관 및 지방자치단체의 장, 「유아교육법」 제7조에 따른 유치원의 장, 「영유아보육법」 제10조에 따른 어린이집의 원장, 「초 · 중등교육법」 제2조에 따른 각급 학교의 장, 「고등교육법」 제2조에 따른 학교의 장, 그 밖에 대통령령으로 정하는 공공단체의 장(이하 "국가기관등의 장"이라 한다)은 대통령령으로 정하는 바에 따라 성교육 및 성폭력 예방교육 실시, 기관 내 피해자 보호와 피해 예방을 위한 자체 예방지침 마련, 사건발생 시 재발방지대책 수립 · 시행 등 필요한 조치를 하고, 그 결과를 여성가족부장관에게 제출하여야 한다. 〈개정 2012. 12. 18., 2016. 5. 29., 2021. 1. 12.〉

② 제1항에 따른 교육을 실시하는 경우 「성매매방지 및 피해자보호 등에 관한 법률」 제4조에 따른 성매매 예방교육,

「양성평등기본법」 제31조에 따른 성희롱 예방교육 및 「가정폭력방지 및 피해자보호 등에 관한 법률」 제4조의3에 따른 가정폭력 예방교육 등을 성평등 관점에서 통합하여 실시할 수 있다. 〈신설 2014. 1. 21., 2014. 5. 28.〉

③ 국가기관등의 장은 제1항에 따라 실시하는 성교육 및 성폭력 예방교육의 참여에 관한 사항을 소속 직원 및 종사자에 대한 승진, 전보, 교육훈련 등의 인사관리에 반영할 수 있다. 〈신설 2021. 1. 12.〉

④ 「양성평등기본법」 제3조제3호에 따른 사용자는 성교육 및 성폭력 예방교육을 실시하는 등 직장 내 성폭력 예방을 위한 노력을 하여야 한다. 〈신설 2015. 2. 3., 2021. 1. 12.〉

⑤ 여성가족부장관 또는 특별시장 · 광역시장 · 특별자치시장 · 도지사 · 특별자치도지사(이하 "시 · 도지사"라 한다)는 제1항에 따른 교육대상에 포함되지 아니하는 국민에게 성교육 및 성폭력 예방교육을 실시할 수 있다. 이 경우 여성가족부장관 또는 시 · 도지사는 교육에 관한 업무를 제5조의2에 따른 성폭력 예방교육 지원기관에 위탁할 수 있다. 〈개정 2018. 4. 17., 2021. 1. 12.〉

⑥ 여성가족부장관은 제1항과 제2항에 따른 교육을 효과적으로 실시하기 위하여 전문강사를 양성하고, 관계 중앙행정기관의 장과 협의하여 생애주기별 교육프로그램 및 장애인 등 대상별 특성을 고려한 교육프로그램을 개발 · 보급하여야 한다. 〈신설 2012. 12. 18., 2013. 3. 23., 2014. 1. 21., 2015. 2. 3., 2015. 12. 1., 2021. 1. 12.〉

⑦ 여성가족부장관은 제1항에 따른 교육 및 성폭력 예방조치에 대한 점검을 대통령령으로 정하는 바에 따라 매년 실시하여야 한다. 〈신설 2014. 1. 21., 2015. 2. 3., 2016. 5. 29., 2021. 1. 12.〉

⑧ 여성가족부장관은 제7항에 따른 점검결과 교육이 부실하다고 인정되는 기관 · 단체에 대하여 대통령령으로 정하는 바에 따라 관리자 특별교육 등 필요한 조치를 취하여야 한다. 〈신설 2014. 1. 21., 2015. 2. 3., 2021. 1. 12.〉

⑨ 여성가족부장관은 제7항에 따른 점검결과를 다음 각 호의 평가에 반영하도록 해당 기관 · 단체의 장에게 요구할 수 있다. 〈신설 2014. 1. 21., 2015. 2. 3., 2021. 1. 12.〉

1. 「정부업무평가 기본법」 제14조제1항 및 제18조제1항에 따른 중앙행정기관 및 지방자치단체의 자체평가
2. 「공공기관의 운영에 관한 법률」 제48조제1항에 따른 공기업 · 준정부기관의 경영실적평가
3. 「지방공기업법」 제78조제1항에 따른 지방공기업의 경영평가
4. 「초 · 중등교육법」 제9조제2항에 따른 학교 평가
5. 「고등교육법」 제11조의2제1항에 따른 학교 평가 및 같은 조 제2항에 따른 학교 평가 · 인증

⑩ 여성가족부장관은 제7항에 따른 점검결과를 대통령령으로 정하는 바에 따라 언론 등에 공표하여야 한다. 다만, 다른 법률에서 공표를 제한하고 있는 경우에는 그러하지 아니하다. 〈신설 2014. 1. 21., 2015. 2. 3., 2021. 1. 12.〉

⑪ 관계 중앙행정기관의 장 및 시 · 도지사는 대통령령으로 정하는 바에 따라 매년 성폭력 예방에 필요한 계획을 수립 · 시행하여야 한다. 〈신설 2016. 5. 29., 2018. 4. 17., 2021. 1. 12.〉

⑫ 제1항에 따른 교육의 내용과 방법, 결과 제출 절차 등에 필요한 사항은 대통령령으로 정한다. 〈개정 2012. 12. 18., 2014. 1. 21., 2015. 2. 3., 2016. 5. 29., 2021. 1. 12.〉

[제목개정 2016. 5. 29.]

[시행일 : 2021. 7. 13.] **제5조**

제5조의2(성폭력 예방교육 지원기관의 설치 · 운영 등) ① 여성가족부장관 또는 시 · 도지사는 성교육 및 성폭력 예

방교육의 실시, 생애주기별 교육프로그램 개발 · 보급, 장애인 등 대상별 특성을 고려한 교육프로그램 개발 · 보급, 전문강사 양성 등의 업무를 수행하고 지원하기 위한 기관(이하 "지원기관"이라 한다)을 설치 · 운영할 수 있다. 〈개정 2015. 12. 1., 2018. 4. 17.〉

② 여성가족부장관 또는 시 · 도지사는 지원기관의 운영을 대통령령으로 정하는 기관이나 단체에 위탁할 수 있다. 〈개정 2018. 4. 17.〉

③ 지원기관의 업무 및 운영 등에 필요한 사항은 여성가족부령으로 정한다.

[본조신설 2012. 12. 18.]

제5조의3(성폭력 예방 홍보영상의 제작 · 배포 · 송출) ① 여성가족부장관은 성폭력의 예방과 방지, 피해자의 치료와 재활 등에 관한 홍보영상을 제작하여 「방송법」 제2조제23호의 방송편성책임자에게 배포하여야 한다.

② 여성가족부장관은 「방송법」 제2조제3호가목의 지상파방송사업자(이하 "방송사업자"라 한다)에게 같은 법 제73조제4항에 따라 대통령령으로 정하는 비상업적 공익광고 편성비율의 범위에서 제1항의 홍보영상을 채널별로 송출하도록 요청할 수 있다.

③ 방송사업자는 제1항의 홍보영상 외에 독자적으로 홍보영상을 제작하여 송출할 수 있다. 이 경우 여성가족부장관에게 필요한 협조 및 지원을 요청할 수 있다.

[본조신설 2012. 12. 18.]

제5조의4(성폭력 사건 발생 시 조치) ① 국가기관등의 장은 해당 기관에서 성폭력 사건이 발생한 사실을 알게 된 경우 피해자의 명시적인 반대의견이 없으면 지체 없이 그 사실을 여성가족부장관에게 통보하고, 해당 사실을 안 날부터 3개월 이내에 제5조제1항에 따른 재발방지대책을 여성가족부장관에게 제출하여야 한다.

② 여성가족부장관은 제1항에 따라 통보받은 사건이 중대하다고 판단되거나 재발방지대책의 점검 등을 위하여 필요한 경우 해당 기관에 대한 현장점검을 실시할 수 있으며, 점검 결과 시정이나 보완이 필요하다고 인정하는 경우에는 국가기관등의 장에게 시정이나 보완을 요구할 수 있다.

③ 제1항에 따른 재발방지대책의 제출 및 제2항에 따른 현장점검 등에 필요한 사항은 대통령령으로 정한다.

[본조신설 2021. 1. 12.]

[시행일 : 2021. 7. 13.] **제5조의4**

제6조(성폭력 추방 주간) 성폭력에 대한 사회적 경각심을 높이고 성폭력을 예방하기 위하여 대통령령으로 정하는 바에 따라 1년 중 1주간을 성폭력 추방 주간으로 한다.

제7조(피해자등에 대한 취학 및 취업 지원) ① 국가와 지방자치단체는 피해자나 피해자의 가족구성원(이하 "피해자등"이라 한다)이 「초 · 중등교육법」 제2조에 따른 각급학교의 학생인 경우 주소지 외의 지역에서 취학(입학, 재입학, 전학 및 편입학을 포함한다. 이하 이 조에서 같다)할 필요가 있을 때에는 다음 각 호에 따라 그 취학이 원활히 이루어지도록 지원하여야 한다. 이 경우 취학을 지원하는 관계자는 피해자등의 사생활이 침해되지 아니하도록 유의하여야 한다. 〈개정 2020. 1. 29.〉

1. 초등학교의 경우에는 다음 각 목에 따른다.

가. 보호자가 피해자등을 주소지 외의 지역에 있는 초등학교에 입학시키려는 경우 초등학교의 장은 피해자

등의 입학을 승낙하여야 한다.

나. 피해자등이 초등학교에 다니고 있는 경우 그 초등학교의 장은 피해자등의 보호자(가해자가 아닌 보호자를 말한다) 1명의 동의를 받아 교육장에게 그 피해자등의 전학을 추천하여야 하고, 교육장은 전학할 학교를 지정하여 전학시켜야 한다.

2. 그 밖의 각급학교의 경우: 각급학교의 장은 피해자등이 다른 학교로 전학 · 편입학할 수 있도록 추천하여야 하고, 교육장 또는 교육감은 교육과정의 이수에 지장이 없는 범위에서 전학 · 편입학할 학교를 지정하여 배정하여야 한다. 이 경우 그 배정된 학교의 장은 피해자등의 전학 · 편입학을 거부할 수 없다.

② 출석일수 산입 등 제1항에 따른 취학 지원에 필요한 사항은 대통령령으로 정한다.

③ 국가와 지방자치단체는 피해자를 보호하는 자에 대한 직업훈련 및 취업을 알선할 수 있다. 〈신설 2011. 3. 30.〉

④ 취업 지원 대상의 범위 등 제3항에 따른 취업 지원에 필요한 사항은 여성가족부령으로 정한다. 〈신설 2011. 3. 30.〉

[제목개정 2011. 3. 30.]

제7조의2(피해자에 대한 법률상담등) ① 국가는 피해자에 대하여 법률상담과 소송대리(訴訟代理) 등의 지원(이하 "법률상담등"이라 한다)을 할 수 있다.

② 여성가족부장관은 「법률구조법」 제8조에 따른 대한법률구조공단 또는 대통령령으로 정하는 그 밖의 기관에 제1항에 따른 법률상담등을 요청할 수 있다.

③ 제1항에 따른 법률상담등에 드는 비용은 대통령령으로 정하는 바에 따라 국가가 부담할 수 있다.

④ 제1항에 따른 법률상담등의 요건과 내용 및 절차 등은 대통령령으로 정한다.

[본조신설 2012. 2. 1.]

제7조의3(불법촬영물등으로 인한 피해자에 대한 지원 등) ① 국가는 「성폭력범죄의 처벌 등에 관한 특례법」 제14조에 따른 촬영물 또는 복제물(복제물의 복제물을 포함한다. 이하 이 조에서 "촬영물등"이라 한다)이 「정보통신망 이용촉진 및 정보보호 등에 관한 법률」 제2조제1항제1호의 정보통신망에 유포되어 피해를 입은 사람에 대하여 촬영물등의 삭제를 위한 지원을 할 수 있다. 〈개정 2020. 1. 29.〉

② 제1항에 따른 지원 대상자, 그 배우자(사실상의 혼인관계를 포함한다), 직계친족 또는 형제자매는 국가에 촬영물등의 삭제를 위한 지원을 요청할 수 있다. 〈신설 2020. 1. 29.〉

③ 제1항에 따른 촬영물등 삭제 지원에 소요되는 비용은 「성폭력범죄의 처벌 등에 관한 특례법」 제14조에 해당하는 죄를 범한 성폭력행위자가 부담한다. 〈개정 2020. 1. 29.〉

④ 국가가 제1항에 따라 촬영물등 삭제 지원에 소요되는 비용을 지출한 경우 제3항의 성폭력행위자에 대하여 구상권(求償權)을 행사할 수 있다. 〈개정 2020. 1. 29.〉

⑤ 제1항 및 제2항에 따른 촬영물등 삭제 지원의 내용 · 방법, 제4항에 따른 구상권 행사의 절차 · 방법 등에 필요한 사항은 여성가족부령으로 정한다. 〈개정 2020. 1. 29.〉

[본조신설 2018. 3. 13.]

[제목개정 2020. 1. 29.]

제7조의3(불법촬영물등으로 인한 피해자에 대한 지원 등) ① 국가는 다음 각 호의 어느 하나에 해당하는 촬영물 또는

복제물 등(이하 이 조에서 "촬영물등"이라 한다)이 정보통신망(「정보통신망 이용촉진 및 정보보호 등에 관한 법률」 제2조제1항제1호의 정보통신망을 말한다. 이하 같다)에 유포되어 피해(촬영물등의 대상자로 등장하여 입은 피해를 말한다)를 입은 사람에 대하여 촬영물등의 삭제를 위한 지원을 할 수 있다. 〈개정 2020. 1. 29., 2021. 1. 12.〉

1. 「성폭력범죄의 처벌 등에 관한 특례법」 제14조에 따른 촬영물 또는 복제물(복제물의 복제물을 포함한다)
2. 「성폭력범죄의 처벌 등에 관한 특례법」 제14조의2에 따른 편집물등 또는 복제물(복제물의 복제물을 포함한다)
3. 「아동ㆍ청소년의 성보호에 관한 법률」 제2조제5호에 따른 아동ㆍ청소년성착취물

② 제1항에 따른 지원 대상자, 그 배우자(사실상의 혼인관계를 포함한다), 직계친족, 형제자매 또는 지원 대상자가 지정하는 대리인(이하 이 조에서 "삭제지원요청자"라 한다)은 국가에 촬영물등의 삭제를 위한 지원을 요청할 수 있다. 이 경우 지원 대상자가 지정하는 대리인은 여성가족부령으로 정하는 요건을 갖추어 삭제지원을 요청하여야 한다. 〈신설 2020. 1. 29., 2021. 1. 12.〉

③ 국가는 다음 각 호의 어느 하나에 해당하는 촬영물등에 대해서는 삭제지원요청자의 요청 없이도 삭제를 위한 지원을 한다. 이 경우 범죄의 증거 인멸 등을 방지하기 위하여 해당 촬영물등과 관련된 자료를 보관하여야 한다. 〈신설 2021. 1. 12.〉

1. 수사기관의 삭제지원 요청이 있는 제1항제1호 또는 제2호에 따른 촬영물등
2. 「아동ㆍ청소년의 성보호에 관한 법률」 제2조제5호에 따른 아동ㆍ청소년성착취물

④ 제1항에 따른 촬영물등 삭제지원에 소요되는 비용은 「성폭력범죄의 처벌 등에 관한 특례법」 제14조ㆍ제14조의2에 해당하는 죄를 범한 성폭력행위자 또는 「아동ㆍ청소년의 성보호에 관한 법률」 제11조에 해당하는 죄를 범한 아동ㆍ청소년대상 성범죄행위자가 부담한다. 〈개정 2020. 1. 29., 2021. 1. 12.〉

⑤ 국가가 제1항에 따라 촬영물등 삭제지원에 소요되는 비용을 지출한 경우 제4항의 성폭력행위자 또는 아동ㆍ청소년대상 성범죄행위자에 대하여 구상권(求償權)을 행사할 수 있다. 〈개정 2020. 1. 29., 2021. 1. 12.〉

⑥ 제1항 및 제2항에 따른 촬영물등 삭제지원의 내용ㆍ방법, 제3항 후단에 따른 자료 보관의 방법ㆍ기간 및 제5항에 따른 구상권 행사의 절차ㆍ방법 등에 필요한 사항은 여성가족부령으로 정한다. 〈개정 2020. 1. 29., 2021. 1. 12.〉

[본조신설 2018. 3. 13.]

[제목개정 2020. 1. 29.]

[시행일 : 2021. 7. 13.] **제7조의3**

제8조(피해자에 대한 불이익조치의 금지) 누구든지 피해자를 고용하고 있는 자는 성폭력과 관련하여 피해자에게 다음 각 호의 어느 하나에 해당하는 불이익조치를 하여서는 아니 된다. 〈개정 2020. 10. 20.〉

1. 파면, 해임, 해고, 그 밖에 신분상실에 해당하는 불이익조치
2. 징계, 정직, 감봉, 강등, 승진 제한, 그 밖의 부당한 인사조치
3. 전보, 전근, 직무 미부여, 직무 재배치, 그 밖에 본인의 의사에 반하는 인사조치
4. 성과평가 또는 동료평가 등에서의 차별이나 그에 따른 임금 또는 상여금 등의 차별 지급
5. 직업능력 개발 및 향상을 위한 교육훈련 기회의 제한, 예산 또는 인력 등 가용자원의 제한 또는 제거, 보안정

보 또는 비밀정보 사용의 정지 또는 취급자격의 취소, 그 밖에 근무조건 등에 부정적 영향을 미치는 차별 또는 조치

6. 주의 대상자 명단 작성 또는 그 명단의 공개, 집단 따돌림, 폭행 또는 폭언 등 정신적 · 신체적 손상을 가져오는 행위 또는 그 행위의 발생을 방치하는 행위
7. 직무에 대한 부당한 감사 또는 조사나 그 결과의 공개
8. 그 밖에 피해자의 의사에 반하는 불이익조치

[제목개정 2020. 10. 20.]

제8조(피해자 등에 대한 불이익조치의 금지) 누구든지 피해자 또는 성폭력 발생 사실을 신고한 자를 고용하고 있는 자는 성폭력과 관련하여 피해자 또는 성폭력 발생 사실을 신고한 자에게 다음 각 호의 어느 하나에 해당하는 불이익조치를 하여서는 아니 된다. 〈개정 2020. 10. 20., 2021. 1. 12.〉

1. 파면, 해임, 해고, 그 밖에 신분상실에 해당하는 불이익조치
2. 징계, 정직, 감봉, 강등, 승진 제한, 그 밖의 부당한 인사조치
3. 전보, 전근, 직무 미부여, 직무 재배치, 그 밖에 본인의 의사에 반하는 인사조치
4. 성과평가 또는 동료평가 등에서의 차별이나 그에 따른 임금 또는 상여금 등의 차별 지급
5. 직업능력 개발 및 향상을 위한 교육훈련 기회의 제한, 예산 또는 인력 등 가용자원의 제한 또는 제거, 보안정보 또는 비밀정보 사용의 정지 또는 취급자격의 취소, 그 밖에 근무조건 등에 부정적 영향을 미치는 차별 또는 조치
6. 주의 대상자 명단 작성 또는 그 명단의 공개, 집단 따돌림, 폭행 또는 폭언 등 정신적 · 신체적 손상을 가져오는 행위 또는 그 행위의 발생을 방치하는 행위
7. 직무에 대한 부당한 감사 또는 조사나 그 결과의 공개
8. 그 밖에 본인의 의사에 반하는 불이익조치

[제목개정 2020. 10. 20., 2021. 1. 12.]

[시행일 : 2021. 7. 13.] **제8조**

제9조(신고의무) 19세 미만의 미성년자(19세에 도달하는 해의 1월 1일을 맞이한 미성년자는 제외한다)를 보호하거나 교육 또는 치료하는 시설의 장 및 관련 종사자는 자기의 보호 · 지원을 받는 자가 「성폭력범죄의 처벌 등에 관한 특례법」 제3조부터 제9조까지, 「형법」 제301조 및 제301조의2의 피해자인 사실을 알게 된 때에는 즉시 수사기관에 신고하여야 한다.

제9조(신고의무) ① 19세 미만의 미성년자(19세에 도달하는 해의 1월 1일을 맞이한 미성년자는 제외한다)를 보호하거나 교육 또는 치료하는 시설의 장 및 관련 종사자는 자기의 보호 · 지원을 받는 자가 「성폭력범죄의 처벌 등에 관한 특례법」 제3조부터 제9조까지, 「형법」 제301조 및 제301조의2의 피해자인 사실을 알게 된 때에는 즉시 수사기관에 신고하여야 한다. 〈개정 2021. 1. 12.〉

② 국가기관, 지방자치단체 또는 대통령령으로 정하는 공공단체의 장과 해당 기관 · 단체 내 피해자 보호 관련 업무 종사자는 기관 또는 단체 내에서 다음 각 호의 어느 하나에 해당하는 성폭력 사건이 발생한 사실을 직무상 알게

된 때에는 피해자의 명시적인 반대의견이 없으면 즉시 수사기관에 신고하여야 한다. 〈신설 2021. 1. 12.〉

1. 「성폭력범죄의 처벌 등에 관한 특례법」 제10조제1항
2. 「형법」 제303조제1항

[시행일 : 2021. 7. 13.] **제9조**

제2장 피해자 보호 · 지원 시설 등의 설치 · 운영

제10조(상담소의 설치 · 운영) ① 국가 또는 지방자치단체는 성폭력피해상담소(이하 "상담소"라 한다)를 설치 · 운영할 수 있다.

② 국가 또는 지방자치단체 외의 자가 상담소를 설치 · 운영하려면 특별자치시장 · 특별자치도지사 또는 시장 · 군수 · 구청장(자치구의 구청장을 말한다. 이하 같다)에게 신고하여야 한다. 신고한 사항 중 여성가족부령으로 정하는 중요 사항을 변경하려는 경우에도 또한 같다. 〈개정 2012. 12. 18., 2018. 3. 13.〉

③ 특별자치시장 · 특별자치도지사 또는 시장 · 군수 · 구청장은 제2항에 따른 신고를 받은 날부터 10일 이내(변경신고의 경우 5일 이내)에 신고수리 여부 또는 민원 처리 관련 법령에 따른 처리기간의 연장을 신고인에게 통지하여야 한다. 〈신설 2018. 3. 13.〉

④ 상담소의 설치 · 운영 기준, 상담소에 두는 상담원 등 종사자의 수 및 신고 등에 필요한 사항은 여성가족부령으로 정한다. 〈개정 2018. 3. 13.〉

제11조(상담소의 업무) 상담소는 다음 각 호의 업무를 한다. 〈개정 2011. 3. 30.〉

1. 성폭력피해의 신고접수와 이에 관한 상담
2. 성폭력피해로 인하여 정상적인 가정생활 또는 사회생활이 곤란하거나 그 밖의 사정으로 긴급히 보호할 필요가 있는 사람과 제12조에 따른 성폭력피해자보호시설 등의 연계
3. 피해자등의 질병치료와 건강관리를 위하여 의료기관에 인도하는 등 의료 지원
4. 피해자에 대한 수사기관의 조사와 법원의 증인신문(證人訊問) 등에의 동행
5. 성폭력행위자에 대한 고소와 피해배상청구 등 사법처리 절차에 관하여 「법률구조법」 제8조에 따른 대한법률구조공단 등 관계 기관에 필요한 협조 및 지원 요청
6. 성폭력 예방을 위한 홍보 및 교육
7. 그 밖에 성폭력 및 성폭력피해에 관한 조사 · 연구

제12조(보호시설의 설치 · 운영 및 종류) ① 국가 또는 지방자치단체는 성폭력피해자보호시설(이하 "보호시설"이라 한다)을 설치 · 운영할 수 있다. 〈개정 2012. 12. 18.〉

② 「사회복지사업법」에 따른 사회복지법인이나 그 밖의 비영리법인은 특별자치시장 · 특별자치도지사 또는 시장 · 군수 · 구청장의 인가를 받아 보호시설을 설치 · 운영할 수 있다. 〈개정 2012. 12. 18.〉

③ 제1항 및 제2항에 따른 보호시설의 종류는 다음 각 호와 같다. 〈신설 2012. 12. 18., 2015. 2. 3.〉

1. 일반보호시설: 피해자에게 제13조제1항 각 호의 사항을 제공하는 시설
2. 장애인보호시설: 「장애인차별금지 및 권리구제 등에 관한 법률」 제2조제2항에 따른 장애인인 피해자에게

제13조제1항 각 호의 사항을 제공하는 시설

3. 특별지원 보호시설: 「성폭력범죄의 처벌 등에 관한 특례법」 제5조에 따른 피해자로서 19세 미만의 피해자에게 제13조제1항 각 호의 사항을 제공하는 시설
4. 외국인보호시설: 외국인 피해자에게 제13조제1항 각 호의 사항을 제공하는 시설. 다만, 「가정폭력방지 및 피해자보호 등에 관한 법률」 제7조의2제1항제3호에 따른 외국인보호시설과 통합하여 운영할 수 있다.
5. 자립지원 공동생활시설: 제1호부터 제4호까지의 보호시설을 퇴소한 사람에게 제13조제1항제3호 및 그 밖에 필요한 사항을 제공하는 시설
6. 장애인 자립지원 공동생활시설: 제2호의 보호시설을 퇴소한 사람에게 제13조제1항제3호 및 그 밖에 필요한 사항을 제공하는 시설

④ 국가 또는 지방자치단체는 보호시설의 설치·운영을 대통령령으로 정하는 기관 또는 단체에 위탁할 수 있다. 〈신설 2015. 12. 1.〉

⑤ 보호시설의 설치·운영 기준, 보호시설에 두는 상담원 등 종사자의 수 및 인가 절차 등과 제4항에 따른 위탁에 필요한 사항은 여성가족부령으로 정한다. 〈개정 2012. 12. 18., 2015. 12. 1.〉

[제목개정 2012. 12. 18.]

제13조(보호시설의 업무 등) ① 보호시설은 다음 각 호의 업무를 한다. 〈개정 2011. 3. 30.〉

1. 피해자등의 보호 및 숙식 제공
2. 피해자등의 심리적 안정과 사회 적응을 위한 상담 및 치료
3. 자립·자활 교육의 실시와 취업정보의 제공
4. 제11조제3호·제4호 및 제5호의 업무
5. 다른 법률에 따라 보호시설에 위탁된 업무
6. 그 밖에 피해자등을 보호하기 위하여 필요한 업무

② 제12조제3항제2호에 따른 장애인보호시설 및 같은 항 제6호에 따른 장애인 자립지원 공동생활시설을 설치·운영하는 자가 제1항 각 호의 업무를 할 때에는 장애인의 특성을 고려하여 적절하게 보호·지원될 수 있도록 하여야 한다. 〈개정 2012. 12. 18., 2015. 2. 3.〉

제14조(보호시설에 대한 보호비용 지원) ① 국가 또는 지방자치단체는 보호시설에 입소한 피해자등의 보호를 위하여 필요한 경우 다음 각 호의 보호비용을 보호시설의 장 또는 피해자에게 지원할 수 있다. 다만, 보호시설에 입소한 피해자등이 「국민기초생활 보장법」 등 다른 법령에 따라 보호를 받고 있는 경우에는 그 범위에서 이 법에 따른 지원을 하지 아니한다.

1. 생계비
2. 아동교육지원비
3. 아동양육비
4. 그 밖에 대통령령으로 정하는 비용

② 제1항에 따른 보호비용의 지원 방법 및 절차 등에 필요한 사항은 여성가족부령으로 정한다.

제15조(보호시설의 입소) ① 피해자등이 다음 각 호의 어느 하나에 해당하는 경우에는 보호시설에 입소할 수 있다.

1. 본인이 입소를 희망하거나 입소에 동의하는 경우
2. 미성년자 또는 지적장애인 등 의사능력이 불완전한 사람으로서 성폭력행위자가 아닌 보호자가 입소에 동의하는 경우

② 제12조제2항에 따라 인가받은 보호시설의 장은 제1항에 따라 보호시설에 입소한 사람의 인적사항 및 입소사유 등을 특별자치시장 · 특별자치도지사 또는 시장 · 군수 · 구청장에게 지체 없이 보고하여야 한다. 〈개정 2012. 12. 18.〉

③ 보호시설의 장은 친족에 의한 피해자나 지적장애인 등 의사능력이 불완전한 피해자로서 상담원의 상담 결과 입소가 필요하나 보호자의 입소 동의를 받는 것이 적절하지 못하다고 인정하는 경우에는 제1항에도 불구하고 보호시설에 입소하게 할 수 있다. 이 경우 제12조제2항에 따라 인가받은 보호시설의 장은 지체 없이 관할 특별자치시장 · 특별자치도지사 또는 시장 · 군수 · 구청장의 승인을 받아야 한다. 〈개정 2012. 12. 18.〉

④ 제3항에 따른 입소 및 승인에 있어서 보호시설의 장과 특별자치시장 · 특별자치도지사 또는 시장 · 군수 · 구청장은 피해자의 권익 보호를 최우선적으로 고려하여야 한다. 〈개정 2012. 12. 18.〉

제16조(보호시설의 입소기간) ① 제12조제3항에 따른 보호시설의 종류별 입소기간은 다음 각 호와 같다. 〈개정 2014. 1. 21., 2015. 2. 3.〉

1. 일반보호시설: 1년 이내. 다만, 여성가족부령으로 정하는 바에 따라 1년 6개월의 범위에서 한 차례 연장할 수 있다.
2. 장애인보호시설: 2년 이내. 다만, 여성가족부령으로 정하는 바에 따라 피해회복에 소요되는 기간까지 연장할 수 있다.
3. 특별지원 보호시설: 19세가 될 때까지. 다만, 여성가족부령으로 정하는 바에 따라 2년의 범위에서 한 차례 연장할 수 있다.
4. 외국인보호시설: 1년 이내. 다만, 여성가족부령으로 정하는 바에 따라 피해회복에 소요되는 기간까지 연장할 수 있다.
5. 자립지원 공동생활시설: 2년 이내. 다만, 여성가족부령으로 정하는 바에 따라 2년의 범위에서 한 차례 연장할 수 있다.
6. 장애인 자립지원 공동생활시설: 2년 이내. 다만, 여성가족부령으로 정하는 바에 따라 2년의 범위에서 한 차례 연장할 수 있다.

② 제1항제1호에도 불구하고 일반보호시설에 입소한 피해자가 대통령령으로 정하는 특별한 사유에 해당하는 경우에는 입소기간을 초과하여 연장할 수 있다.

③ 제2항에 따른 입소기간의 연장에 관한 사항은 여성가족부령으로 정한다.

[전문개정 2012. 12. 18.]

제17조(보호시설의 퇴소) ① 제15조제1항에 따라 보호시설에 입소한 사람은 본인의 의사 또는 같은 항 제2호에 따라 입소 동의를 한 보호자의 요청에 따라 보호시설에서 퇴소할 수 있다.

② 보호시설의 장은 입소한 사람이 다음 각 호의 어느 하나에 해당하면 퇴소를 명할 수 있다.

1. 보호 목적이 달성된 경우
2. 제16조에 따른 보호기간이 끝난 경우
3. 입소자가 거짓이나 그 밖의 부정한 방법으로 입소한 경우
4. 그 밖에 보호시설 안에서 현저한 질서문란 행위를 한 경우

제18조(피해자를 위한 통합지원센터의 설치 · 운영) ① 국가와 지방자치단체는 성폭력 피해상담, 치료, 제7조의2제2항에 따른 기관에 법률상담등 연계, 수사지원, 그 밖에 피해구제를 위한 지원업무를 종합적으로 수행하기 위하여 성폭력피해자통합지원센터(이하 "통합지원센터"라 한다)를 설치 · 운영할 수 있다. 〈개정 2015. 12. 1.〉

② 국가와 지방자치단체는 대통령령으로 정하는 기관 또는 단체로 하여금 통합지원센터를 설치 · 운영하게 할 수 있다.

③ 통합지원센터에 두는 상담원 등 종사자의 수 등에 필요한 사항은 여성가족부령으로 정한다.

제19조(상담원 등의 자격기준) ① 다음 각 호의 어느 하나에 해당하는 사람은 상담소, 보호시설 및 통합지원센터의 장, 상담원 또는 그 밖의 종사자가 될 수 없다. 〈개정 2014. 1. 21., 2017. 12. 12.〉

1. 미성년자, 피성년후견인 또는 피한정후견인
2. 삭제 〈2015. 2. 3.〉
3. 금고 이상의 형을 선고받고 그 집행이 종료(집행이 종료된 것으로 보는 경우를 포함한다)되지 아니하였거나 그 집행을 받지 아니하기로 확정되지 아니한 사람
4. 「성폭력범죄의 처벌 등에 관한 특례법」 제2조의 죄 또는 「아동 · 청소년의 성보호에 관한 법률」 제2조제2호의 죄를 범하여 형 또는 치료감호를 선고받고 그 형 또는 치료감호의 전부 또는 일부의 집행이 종료되거나 집행이 유예 · 면제된 날부터 10년이 지나지 아니한 사람

② 상담소, 보호시설 및 통합지원센터에서 종사하려는 사람은 전문 지식이나 경력 등 대통령령으로 정하는 자격기준을 갖추어야 한다.

제19조의2(상담원 교육훈련시설) ① 국가와 지방자치단체(특별시 · 광역시 · 특별자치시 · 도 · 특별자치도에 한정한다)는 상담원(상담원이 되려는 사람을 포함한다)의 자질을 향상시키기 위하여 상담원에 대한 전문적인 교육 · 훈련을 담당하는 시설(이하 "교육훈련시설"이라 한다)을 설치 · 운영할 수 있다.

② 여성가족부장관 또는 시 · 도지사는 상담원에 대한 전문적인 교육 · 훈련을 대통령령으로 정하는 기관 또는 단체에 위탁하거나 이를 교육훈련시설로 지정할 수 있다. 〈개정 2018. 4. 17.〉

③ 다음 각 호의 자로서 교육훈련시설을 설치하려는 자는 특별자치시장 · 특별자치도지사 또는 시장 · 군수 · 구청장에게 신고하여야 한다. 신고한 사항 중 여성가족부령으로 정하는 중요 사항을 변경하려는 경우에도 또한 같다. 〈개정 2015. 2. 3., 2018. 3. 13.〉

1. 「고등교육법」에 따른 학교를 설립 · 운영하는 학교법인
2. 법률구조법인
3. 사회복지법인

4. 그 밖의 비영리법인이나 단체

④ 특별자치시장 · 특별자치도지사 또는 시장 · 군수 · 구청장은 제3항에 따른 신고를 받은 날부터 10일 이내(변경 신고의 경우 5일 이내)에 신고수리 여부 또는 민원 처리 관련 법령에 따른 처리기간의 연장을 신고인에게 통지하여야 한다. 〈신설 2018. 3. 13.〉

⑤ 교육훈련시설의 설치 및 지정 기준, 교육훈련시설에 두는 강사의 자격과 수, 상담원 교육훈련과정의 운영기준 및 신고절차 등에 필요한 사항은 여성가족부령으로 정한다. 〈개정 2018. 3. 13.〉

[본조신설 2012. 12. 18.]

제20조(보수교육의 실시) ① 여성가족부장관 또는 시 · 도지사는 상담소, 보호시설 및 통합지원센터 종사자의 자질을 향상시키기 위하여 보수(補修)교육을 실시하여야 한다. 〈개정 2012. 12. 18.〉

② 여성가족부장관 또는 시 · 도지사는 제1항에 따른 교육에 관한 업무를 「고등교육법」 제2조제1호 및 제4호에 따른 대학 및 전문대학 또는 대통령령으로 정하는 전문기관에 위탁할 수 있다.

③ 제1항에 따른 보수교육의 내용 · 기간 및 방법 등에 필요한 사항은 여성가족부령으로 정한다.

제21조(폐지 · 휴지 등의 신고) ①제10조제2항, 제12조제2항 또는 제19조의2제3항에 따라 설치한 상담소, 보호시설 또는 교육훈련시설을 폐지하거나 휴지(休止) 또는 재개(再開)하려는 경우에는 여성가족부령으로 정하는 바에 따라 미리 특별자치시장 · 특별자치도지사 또는 시장 · 군수 · 구청장에게 신고하여야 한다. 〈개정 2012. 12. 18., 2016. 3. 2.〉

② 특별자치시장 · 특별자치도지사 또는 시장 · 군수 · 구청장은 제1항에 따른 폐지 또는 휴지신고를 받은 경우 그 내용을 검토하여 이 법에 적합하면 신고를 수리하여야 한다. 〈신설 2018. 3. 13.〉

③ 상담소의 장, 보호시설의 장 또는 교육훈련시설의 장은 해당 시설을 폐지 또는 휴지하는 경우에는 여성가족부령으로 정하는 바에 따라 해당 시설을 이용하는 사람이 다른 시설로 옮길 수 있도록 하는 등 시설 이용자의 권익을 보호하기 위한 조치를 하여야 한다. 〈신설 2016. 3. 2., 2018. 3. 13.〉

④ 특별자치시장 · 특별자치도지사 또는 시장 · 군수 · 구청장은 제1항에 따른 상담소, 보호시설 또는 교육훈련시설의 폐지 또는 휴지의 신고를 받은 경우 해당 시설의 장이 제3항에 따른 시설 이용자의 권익을 보호하기 위한 조치를 하였는지 여부를 확인하는 등 여성가족부령으로 정하는 조치를 하여야 한다. 〈신설 2016. 3. 2., 2018. 3. 13.〉

제22조(시정 명령) 특별자치시장 · 특별자치도지사 또는 시장 · 군수 · 구청장은 상담소, 보호시설 또는 교육훈련시설이 다음 각 호의 어느 하나에 해당하는 경우에는 기간을 정하여 시정을 명할 수 있다. 〈개정 2012. 12. 18., 2015. 2. 3., 2015. 12. 1., 2016. 3. 2., 2018. 3. 13.〉

1. 제10조제4항 또는 제12조제5항에 따른 설치 · 운영 기준 및 종사자의 수에 미달하게 된 경우
2. 상담소 또는 보호시설의 상담원 등이 제19조에 따른 자격기준에 미달하게 된 경우
3. 제19조의2제5항에 따른 설치 · 지정 기준 또는 운영기준에 미달하게 되거나 강사의 수가 부족한 경우 또는 자격이 없는 사람을 채용한 경우
4. 제21조제1항에 따라 신고한 휴지기간을 초과하여 운영을 재개하지 아니한 경우

제23조(인가의 취소 등) ① 특별자치시장 · 특별자치도지사 또는 시장 · 군수 · 구청장은 상담소, 보호시설 또는 교

육훈련시설이 다음 각 호의 어느 하나에 해당하는 경우에는 그 업무의 폐지 또는 정지를 명하거나 인가를 취소할 수 있다. 〈개정 2012. 12. 18.〉

1. 제22조에 따른 시정 명령을 위반한 경우
2. 제29조를 위반하여 영리를 목적으로 상담소, 보호시설 또는 교육훈련시설을 설치 · 운영한 경우
3. 정당한 사유 없이 제32조제1항에 따른 보고를 하지 아니하거나 거짓으로 보고한 경우 또는 조사 · 검사를 거부하거나 기피한 경우

② 특별자치시장 · 특별자치도지사 또는 시장 · 군수 · 구청장은 상담소, 보호시설 또는 교육훈련시설이 제1항에 따라 업무가 폐지 또는 정지되거나 인가가 취소되는 경우에는 해당 시설을 이용하는 사람이 다른 시설로 옮길 수 있도록 하는 등 여성가족부령으로 정하는 바에 따라 시설 이용자의 권익을 보호하기 위하여 필요한 조치를 하여야 한다. 〈신설 2016. 3. 2.〉

③ 제1항에 따른 업무의 폐지 · 정지 또는 인가의 취소에 관한 세부 기준은 여성가족부령으로 정한다. 〈개정 2016. 3. 2.〉

제24조(피해자등의 의사 존중) 상담소, 보호시설 및 통합지원센터의 장과 종사자는 피해자등이 분명히 밝힌 의사에 반하여 제11조 및 제13조제1항에 따른 업무 등을 할 수 없다.

제25조(상담소 · 보호시설 및 통합지원센터의 평가) ① 여성가족부장관은 상담소 · 보호시설 및 통합지원센터의 운영실적을 3년마다 평가하고, 시설의 감독 및 지원 등에 그 결과를 고려하여야 한다.

② 제1항에 따른 평가의 기준과 방법 등에 필요한 사항은 여성가족부령으로 정한다.

제26조(경비의 보조) ① 국가 또는 지방자치단체는 상담소, 보호시설 또는 통합지원센터의 설치 · 운영에 드는 경비를 보조할 수 있다.

② 제1항에 따라 경비를 보조할 때에는 제4조에 따른 성폭력 실태조사와 제25조에 따른 평가 및 제32조에 따른 보고 등의 결과를 고려하여야 한다.

제27조(성폭력 전담의료기관의 지정 등) ① 여성가족부장관, 특별자치시장 · 특별자치도지사 또는 시장 · 군수 · 구청장은 국립 · 공립병원, 보건소 또는 민간의료시설을 피해자등의 치료를 위한 전담의료기관으로 지정할 수 있다. 〈개정 2011. 3. 30., 2012. 12. 18.〉

② 제1항에 따라 지정된 전담의료기관은 피해자 본인 · 가족 · 친지나 긴급전화센터, 상담소, 보호시설 또는 통합지원센터의 장 등이 요청하면 피해자등에 대하여 다음 각 호의 의료 지원을 하여야 한다. 〈개정 2011. 3. 30.〉

1. 보건 상담 및 지도
2. 치료
3. 그 밖에 대통령령으로 정하는 신체적 · 정신적 치료

③ 여성가족부장관, 특별자치시장 · 특별자치도지사 또는 시장 · 군수 · 구청장은 제1항에 따라 지정한 전담의료기관이 다음 각 호의 어느 하나에 해당하는 경우에는 그 지정을 취소할 수 있다. 다만, 제1호에 해당하는 경우에는 그 지정을 취소하여야 한다. 〈신설 2015. 2. 3.〉

1. 거짓이나 그 밖의 부정한 방법으로 지정을 받은 경우

2. 정당한 사유 없이 제2항에 따른 의료 지원을 거부한 경우

3. 그 밖에 전담의료기관으로서 적합하지 아니하다고 대통령령으로 정하는 경우

④ 여성가족부장관, 특별자치시장 · 특별자치도지사 또는 시장 · 군수 · 구청장은 제3항에 따라 지정을 취소하는 경우에는 청문을 하여야 한다. 〈신설 2015. 2. 3.〉

⑤ 제1항 및 제3항에 따른 지정 및 지정 취소의 기준, 절차, 운영 등에 필요한 사항은 여성가족부령으로 정한다. 〈신설 2015. 2. 3.〉

제28조(의료비 지원) ① 국가 또는 지방자치단체는 제27조제2항에 따른 치료 등 의료 지원에 필요한 경비의 전부 또는 일부를 지원할 수 있다.

② 제1항에 따른 의료비용의 지원범위 및 절차 등에 필요한 사항은 여성가족부령으로 정한다.

제29조(영리목적 운영의 금지) 누구든지 영리를 목적으로 상담소, 보호시설 또는 교육훈련시설을 설치 · 운영하여서는 아니 된다. 다만, 교육훈련시설의 장은 상담원 교육훈련과정을 수강하는 사람에게 여성가족부장관이 정하는 바에 따라 수강료를 받을 수 있다. 〈개정 2012. 12. 18.〉

제30조(비밀 엄수의 의무) 상담소, 보호시설 또는 통합지원센터의 장이나 그 밖의 종사자 또는 그 직에 있었던 사람은 그 직무상 알게 된 비밀을 누설하여서는 아니 된다.

제3장 보칙

제31조(경찰관서의 협조) 상담소, 보호시설 또는 통합지원센터의 장은 피해자등을 긴급히 구조할 필요가 있을 때에는 경찰관서(지구대 · 파출소 및 출장소를 포함한다)의 장에게 그 소속 직원의 동행을 요청할 수 있으며, 요청을 받은 경찰관서의 장은 특별한 사유가 없으면 이에 따라야 한다. 〈개정 2011. 3. 30.〉

제31조의2(사법경찰관리의 현장출동 등) ① 사법경찰관리는 성폭력 신고가 접수된 때에는 지체 없이 신고된 현장에 출동하여야 한다.

② 제1항에 따라 출동한 사법경찰관리는 신고된 현장에 출입하여 관계인에 대하여 조사를 하거나 질문을 할 수 있다.

③ 제2항에 따라 출입, 조사 또는 질문을 하는 사법경찰관리는 그 권한을 표시하는 증표를 지니고 이를 관계인에게 내보여야 한다.

④ 제2항에 따라 조사 또는 질문을 하는 사법경찰관리는 피해자 · 신고자 · 목격자 등이 자유롭게 진술할 수 있도록 성폭력행위자로부터 분리된 곳에서 조사하는 등 필요한 조치를 하여야 한다.

⑤ 누구든지 정당한 사유 없이 신고된 현장에 출동한 사법경찰관리에 대하여 현장조사를 거부하는 등 업무를 방해하여서는 아니 된다.

[본조신설 2017. 3. 21.]

제32조(보고 및 검사 등) ① 여성가족부장관 또는 지방자치단체의 장은 상담소, 보호시설, 통합지원센터 또는 교육훈련시설의 장에게 해당 시설에 관하여 필요한 보고를 하게 할 수 있으며, 관계 공무원으로 하여금 그 시설의 운영 상황을 조사하게 하거나 장부 또는 그 밖의 서류를 검사하게 할 수 있다. 〈개정 2012. 12. 18., 2015. 12. 1.〉

② 제1항에 따라 검사를 하는 공무원은 사전에 검사 일시, 검사 목적 등에 관한 사항을 그 시설의 장에게 통보하여야 한다.

③ 제1항에 따라 직무를 수행하는 관계 공무원은 그 권한을 표시하는 증표를 지니고 이를 관계인에게 보여주어야 한다.

제33조(유사명칭 사용 금지) 이 법에 따른 상담소, 보호시설, 통합지원센터, 교육훈련시설이 아니면 성폭력피해상담소, 성폭력피해자보호시설, 성폭력피해자통합지원센터, 성폭력 관련 상담원 교육훈련시설 또는 이와 유사한 명칭을 사용하지 못한다.

[전문개정 2012. 12. 18.]

제34조(청문) 특별자치시장 · 특별자치도지사 또는 시장 · 군수 · 구청장은 제23조에 따라 업무의 폐지를 명하거나 인가를 취소하려면 청문을 하여야 한다. 〈개정 2012. 12. 18.〉

제35조(권한의 위임) 이 법에 따른 여성가족부장관의 권한은 그 일부를 대통령령으로 정하는 바에 따라 시 · 도지사 또는 시장 · 군수 · 구청장에게 위임할 수 있다.

제4장 벌칙

제36조(벌칙) ① 제8조를 위반하여 피해자에게 불이익조치를 한 자는 3년 이하의 징역 또는 3천만원 이하의 벌금에 처한다. 〈신설 2012. 2. 1., 2020. 10. 20.〉

②다음 각 호의 어느 하나에 해당하는 자는 2년 이하의 징역 또는 500만원 이하의 벌금에 처한다. 〈개정 2012. 2. 1., 2012. 12. 18., 2018. 3. 13.〉

1. 제10조제2항 전단, 제12조제2항 또는 제19조의2제3항 전단을 위반하여 신고를 하지 아니하거나 인가를 받지 아니하고 상담소, 보호시설 또는 교육훈련시설을 설치 · 운영한 자
2. 제23조에 따른 업무의 폐지 또는 정지 명령이나 인가취소를 받고도 상담소, 보호시설 또는 교육훈련시설을 계속 운영한 자
3. 제29조에 따른 영리목적 운영 금지의무를 위반한 자
4. 제30조에 따른 비밀 엄수의 의무를 위반한 자

제36조(벌칙) ① 제8조를 위반하여 피해자 또는 성폭력 발생 사실을 신고한 자에게 불이익조치를 한 자는 3년 이하의 징역 또는 3천만원 이하의 벌금에 처한다. 〈신설 2012. 2. 1., 2020. 10. 20., 2021. 1. 12.〉

②다음 각 호의 어느 하나에 해당하는 자는 2년 이하의 징역 또는 500만원 이하의 벌금에 처한다. 〈개정 2012. 2. 1., 2012. 12. 18., 2018. 3. 13.〉

1.. 제10조제2항 전단, 제12조제2항 또는 제19조의2제3항 전단을 위반하여 신고를 하지 아니하거나 인가를 받지 아니하고 상담소, 보호시설 또는 교육훈련시설을 설치 · 운영한 자

2.. 제23조에 따른 업무의 폐지 또는 정지 명령이나 인가취소를 받고도 상담소, 보호시설 또는 교육훈련시설을 계속 운영한 자

3. 제29조에 따른 영리목적 운영 금지의무를 위반한 자

4. 제30조에 따른 비밀 엄수의 의무를 위반한 자

[시행일 : 2021. 7. 13.] 제36조

제37조(양벌규정) 법인의 대표자나 법인 또는 개인의 대리인, 사용인, 그 밖의 종사자가 그 법인 또는 개인의 업무에 관하여 제36조의 위반행위를 하면 그 행위자를 벌하는 외에 그 법인 또는 개인에게도 해당 조문의 벌금형을 과(科)한다. 다만, 법인 또는 개인이 그 위반행위를 방지하기 위하여 해당 업무에 관하여 상당한 주의와 감독을 게을리하지 아니한 경우에는 그러하지 아니하다.

제38조(과태료) ① 제31조의2제5항을 위반하여 정당한 사유 없이 현장조사를 거부하는 등 업무를 방해한 자에게는 500만원 이하의 과태료를 부과한다. 〈신설 2017. 3. 21.〉

② 다음 각 호의 어느 하나에 해당하는 자에게는 300만원 이하의 과태료를 부과한다. 〈개정 2017. 3. 21.〉

1.. 정당한 사유 없이 제32조제1항에 따른 보고를 하지 아니하거나 거짓으로 보고한 자 또는 조사 · 검사를 거부하거나 기피한 자

2. 제33조에 따른 유사명칭 사용 금지의무를 위반한 자

③ 제1항 및 제2항에 따른 과태료는 대통령령으로 정하는 바에 따라 여성가족부장관 또는 지방자치단체의 장이 부과 · 징수한다. 〈개정 2012. 12. 18., 2015. 12. 1., 2017. 3. 21.〉

제38조(과태료) ① 제31조의2제5항을 위반하여 정당한 사유 없이 현장조사를 거부하는 등 업무를 방해한 자에게는 500만원 이하의 과태료를 부과한다. 〈신설 2017. 3. 21.〉

② 다음 각 호의 어느 하나에 해당하는 자에게는 300만원 이하의 과태료를 부과한다. 〈개정 2017. 3. 21., 2021. 1. 12.〉

1. 제9조제2항을 위반하여 성폭력 사건이 발생한 사실을 신고하지 아니한 자

2. 정당한 사유 없이 제32조제1항에 따른 보고를 하지 아니하거나 거짓으로 보고한 자 또는 조사 · 검사를 거부하거나 기피한 자

3. 제33조에 따른 유사명칭 사용 금지의무를 위반한 자

③ 제1항 및 제2항에 따른 과태료는 대통령령으로 정하는 바에 따라 여성가족부장관 또는 지방자치단체의 장이 부과 · 징수한다. 〈개정 2012. 12. 18., 2015. 12. 1., 2017. 3. 21.〉

[시행일 : 2021. 7. 13.] 제38조

부칙 〈제17538호, 2020. 10. 20.〉

이 법은 공포 후 3개월이 경과한 날부터 시행한다.

아동 · 청소년의 성보호에 관한 법률 (약칭: 청소년성보호법)

[시행 2021. 6. 9] [법률 제17641호, 2020. 12. 8., 일부개정]

여성가족부(아동청소년성보호과 – 일반사항) 02-2100-6405

여성가족부(아동청소년성보호과 – 취업제한제도, 신고포상금) 02-2100-6408, 6409

제1장 총칙

제1조(목적) 이 법은 아동 · 청소년대상 성범죄의 처벌과 절차에 관한 특례를 규정하고 피해아동 · 청소년을 위한 구제 및 지원 절차를 마련하며 아동 · 청소년대상 성범죄자를 체계적으로 관리함으로써 아동 · 청소년을 성범죄로부터 보호하고 아동 · 청소년이 건강한 사회구성원으로 성장할 수 있도록 함을 목적으로 한다.

제2조(정의) 이 법에서 사용하는 용어의 뜻은 다음과 같다. 〈개정 2012. 12. 18., 2014. 1. 28., 2018. 1. 16., 2020. 5. 19., 2020. 6. 2.〉

1. "아동 · 청소년"이란 19세 미만의 자를 말한다. 다만, 19세에 도달하는 연도의 1월 1일을 맞이한 자는 제외한다.
2. "아동 · 청소년대상 성범죄"란 다음 각 목의 어느 하나에 해당하는 죄를 말한다.
   가. 제7조부터 제15조까지의 죄
   나. 아동 · 청소년에 대한 「성폭력범죄의 처벌 등에 관한 특례법」 제3조부터 제15조까지의 죄
   다. 아동 · 청소년에 대한 「형법」 제297조, 제297조의2 및 제298조부터 제301조까지, 제301조의2, 제302조, 제303조, 제305조, 제339조 및 제342조(제339조의 미수범에 한정한다)의 죄
   라. 아동 · 청소년에 대한 「아동복지법」 제17조제2호의 죄
3. "아동 · 청소년대상 성폭력범죄"란 아동 · 청소년대상 성범죄에서 제11조부터 제15조까지의 죄를 제외한 죄를 말한다.

3의2. "성인대상 성범죄"란 「성폭력범죄의 처벌 등에 관한 특례법」 제2조에 따른 성폭력범죄를 말한다. 다만, 아동 · 청소년에 대한 「형법」 제302조 및 제305조의 죄는 제외한다.

4. "아동 · 청소년의 성을 사는 행위"란 아동 · 청소년, 아동 · 청소년의 성(性)을 사는 행위를 알선한 자 또는 아동 · 청소년을 실질적으로 보호 · 감독하는 자 등에게 금품이나 그 밖의 재산상 이익, 직무 · 편의제공 등 대가를 제공하거나 약속하고 다음 각 목의 어느 하나에 해당하는 행위를 아동 · 청소년을 대상으로 하거나 아동 · 청소년으로 하여금 하게 하는 것을 말한다.
   가. 성교 행위
   나. 구강 · 항문 등 신체의 일부나 도구를 이용한 유사 성교 행위
   다. 신체의 전부 또는 일부를 접촉 · 노출하는 행위로서 일반인의 성적 수치심이나 혐오감을 일으키는 행위
   라. 자위 행위
5. "아동 · 청소년성착취물"이란 아동 · 청소년 또는 아동 · 청소년으로 명백하게 인식될 수 있는 사람이나 표현물이 등장하여 제4호의 어느 하나에 해당하는 행위를 하거나 그 밖의 성적 행위를 하는 내용을 표현하는

것으로서 필름 · 비디오물 · 게임물 또는 컴퓨터나 그 밖의 통신매체를 통한 화상 · 영상 등의 형태로 된 것을 말한다.

6. "피해아동 · 청소년"이란 제2호나목부터 라목까지, 제7조부터 제15조까지의 죄의 피해자가 된 아동 · 청소년(제13조제1항의 죄의 상대방이 된 아동 · 청소년을 포함한다)을 말한다.

6의2. "성매매 피해아동 · 청소년"이란 피해아동 · 청소년 중 제13조제1항의 죄의 상대방 또는 제13조제2항 · 제14조 · 제15조의 죄의 피해자가 된 아동 · 청소년을 말한다.

7. 삭제 〈2020. 5. 19.〉

8. 삭제 〈2020. 6. 9.〉

9. "등록정보"란 법무부장관이 「성폭력범죄의 처벌 등에 관한 특례법」 제42조제1항의 등록대상자에 대하여 같은 법 제44조제1항에 따라 등록한 정보를 말한다.

제2조(정의) 이 법에서 사용하는 용어의 뜻은 다음과 같다. 〈개정 2012. 12. 18., 2014. 1. 28., 2018. 1. 16., 2020. 5. 19., 2020. 6. 2., 2021. 3. 23.〉

1. "아동 · 청소년"이란 19세 미만의 자를 말한다. 다만, 19세에 도달하는 연도의 1월 1일을 맞이한 자는 제외한다.

2. "아동 · 청소년대상 성범죄"란 다음 각 목의 어느 하나에 해당하는 죄를 말한다.

가. 제7조, 제7조의2, 제8조, 제8조의2, 제9조부터 제15조까지 및 제15조의2의 죄

나. 아동 · 청소년에 대한 「성폭력범죄의 처벌 등에 관한 특례법」 제3조부터 제15조까지의 죄

다. 아동 · 청소년에 대한 「형법」 제297조, 제297조의2 및 제298조부터 제301조까지, 제301조의2, 제302조, 제303조, 제305조, 제339조 및 제342조(제339조의 미수범에 한정한다)의 죄

라. 아동 · 청소년에 대한 「아동복지법」 제17조제2호의 죄

3. "아동 · 청소년대상 성폭력범죄"란 아동 · 청소년대상 성범죄에서 제11조부터 제15조까지 및 제15조의2의 죄를 제외한 죄를 말한다.

3의2. "성인대상 성범죄"란 「성폭력범죄의 처벌 등에 관한 특례법」 제2조에 따른 성폭력범죄를 말한다. 다만, 아동 · 청소년에 대한 「형법」 제302조 및 제305조의 죄는 제외한다.

4. "아동 · 청소년의 성을 사는 행위"란 아동 · 청소년, 아동 · 청소년의 성(性)을 사는 행위를 알선한 자 또는 아동 · 청소년을 실질적으로 보호 · 감독하는 자 등에게 금품이나 그 밖의 재산상 이익, 직무 · 편의제공 등 대가를 제공하거나 약속하고 다음 각 목의 어느 하나에 해당하는 행위를 아동 · 청소년을 대상으로 하거나 아동 · 청소년으로 하여금 하게 하는 것을 말한다.

가. 성교 행위

나. 구강 · 항문 등 신체의 일부나 도구를 이용한 유사 성교 행위

다. 신체의 전부 또는 일부를 접촉 · 노출하는 행위로서 일반인의 성적 수치심이나 혐오감을 일으키는 행위

라. 자위 행위

5. "아동 · 청소년성착취물"이란 아동 · 청소년 또는 아동 · 청소년으로 명백하게 인식될 수 있는 사람이나 표

현물이 등장하여 제4호 각 목의 어느 하나에 해당하는 행위를 하거나 그 밖의 성적 행위를 하는 내용을 표현하는 것으로서 필름 · 비디오물 · 게임물 또는 컴퓨터나 그 밖의 통신매체를 통한 화상 · 영상 등의 형태로 된 것을 말한다.

6. "피해아동 · 청소년"이란 제2호나목부터 라목까지, 제7조, 제7조의2, 제8조, 제8조의2, 제9조부터 제15조까지 및 제15조의2의 죄의 피해자가 된 아동 · 청소년(제13조제1항의 죄의 상대방이 된 아동 · 청소년을 포함한다)을 말한다.

6의2. "성매매 피해아동 · 청소년"이란 피해아동 · 청소년 중 제13조제1항의 죄의 상대방 또는 제13조제2항 · 제14조 · 제15조의 죄의 피해자가 된 아동 · 청소년을 말한다.

7. 삭제 <2020. 5. 19.>

8. 삭제 <2020. 6. 9.>

9. "등록정보"란 법무부장관이 「성폭력범죄의 처벌 등에 관한 특례법」 제42조제1항의 등록대상자에 대하여 같은 법 제44조제1항에 따라 등록한 정보를 말한다.

[시행일 : 2021. 9. 24.] **제2조**

제3조(해석상 · 적용상의 주의) 이 법을 해석 · 적용할 때에는 아동 · 청소년의 권익을 우선적으로 고려하여야 하며, 이해관계인과 그 가족의 권리가 부당하게 침해되지 아니하도록 주의하여야 한다.

제4조(국가와 지방자치단체의 의무) ① 국가와 지방자치단체는 아동 · 청소년대상 성범죄를 예방하고, 아동 · 청소년을 성적 착취와 학대 행위로부터 보호하기 위하여 필요한 조사 · 연구 · 교육 및 계도와 더불어 법적 · 제도적 장치를 마련하며 필요한 재원을 조달하여야 한다.

② 국가는 아동 · 청소년에 대한 성적 착취와 학대 행위가 국제적 범죄임을 인식하고 범죄 정보의 공유, 범죄 조사 · 연구, 국제사법 공조, 범죄인 인도 등 국제협력을 강화하는 노력을 하여야 한다.

제5조(사회의 책임) 모든 국민은 아동 · 청소년이 이 법에서 정한 범죄의 피해자가 되거나 이 법에서 정한 범죄를 저지르지 아니하도록 사회 환경을 정비하고 아동 · 청소년을 보호 · 지원 · 교육하는 데에 최선을 다하여야 한다. <개정 2020. 5. 19.>

제6조(홍보영상의 제작 · 배포 · 송출) ① 여성가족부장관은 아동 · 청소년대상 성범죄의 예방과 계도, 피해자의 치료와 재활 등에 관한 홍보영상을 제작하여 「방송법」 제2조제23호의 방송편성책임자에게 배포하여야 한다.

② 여성가족부장관은 「방송법」 제2조제3호가목의 지상파방송사업자(이하 "방송사업자"라 한다)에게 같은 법 제73조제4항에 따라 대통령령으로 정하는 비상업적 공익광고 편성비율의 범위에서 제1항의 홍보영상을 채널별로 송출하도록 요청할 수 있다.

③ 방송사업자는 제1항의 홍보영상 외에 독자적인 홍보영상을 제작하여 송출할 수 있다. 이 경우 여성가족부장관에게 필요한 협조 및 지원을 요청할 수 있다.

제2장 아동 · 청소년대상 성범죄의 처벌과 절차에 관한 특례

제7조(아동 · 청소년에 대한 강간 · 강제추행 등) ① 폭행 또는 협박으로 아동 · 청소년을 강간한 사람은 무기징역 또

는 5년 이상의 유기징역에 처한다.

② 아동 · 청소년에 대하여 폭행이나 협박으로 다음 각 호의 어느 하나에 해당하는 행위를 한 자는 5년 이상의 유기징역에 처한다.

1. 구강 · 항문 등 신체(성기는 제외한다)의 내부에 성기를 넣는 행위
2. 성기 · 항문에 손가락 등 신체(성기는 제외한다)의 일부나 도구를 넣는 행위

③ 아동 · 청소년에 대하여 「형법」 제298조의 죄를 범한 자는 2년 이상의 유기징역 또는 1천만원 이상 3천만원 이하의 벌금에 처한다.

④ 아동 · 청소년에 대하여 「형법」 제299조의 죄를 범한 자는 제1항부터 제3항까지의 예에 따른다.

⑤ 위계(僞計) 또는 위력으로써 아동 · 청소년을 간음하거나 아동 · 청소년을 추행한 자는 제1항부터 제3항까지의 예에 따른다.

⑥ 제1항부터 제5항까지의 미수범은 처벌한다.

제7조의2(예비, 음모) 제7조의 죄를 범할 목적으로 예비 또는 음모한 사람은 3년 이하의 징역에 처한다.

[본조신설 2020. 6. 2.]

제8조(장애인인 아동 · 청소년에 대한 간음 등) ① 19세 이상의 사람이 13세 이상의 장애 아동 · 청소년(「장애인복지법」 제2조제1항에 따른 장애인으로서 신체적인 또는 정신적인 장애로 사물을 변별하거나 의사를 결정할 능력이 미약한 아동 · 청소년을 말한다. 이하 같다)을 간음하거나 13세 이상의 장애 아동 · 청소년으로 하여금 다른 사람을 간음하게 하는 경우에는 3년 이상의 유기징역에 처한다. 〈개정 2020. 5. 19., 2020. 12. 8.〉

② 19세 이상의 사람이 13세 이상의 장애 아동 · 청소년을 추행한 경우 또는 13세 이상의 장애 아동 · 청소년으로 하여금 다른 사람을 추행하게 하는 경우에는 10년 이하의 징역 또는 1천500만원 이하의 벌금에 처한다. 〈개정 2020. 12. 8.〉

제8조(장애인인 아동 · 청소년에 대한 간음 등) ① 19세 이상의 사람이 13세 이상의 장애 아동 · 청소년(「장애인복지법」 제2조제1항에 따른 장애인으로서 신체적인 또는 정신적인 장애로 사물을 변별하거나 의사를 결정할 능력이 미약한 아동 · 청소년을 말한다. 이하 같다)을 간음하거나 13세 이상의 장애 아동 · 청소년으로 하여금 다른 사람을 간음하게 하는 경우에는 3년 이상의 유기징역에 처한다. 〈개정 2020. 5. 19., 2020. 12. 8.〉

② 19세 이상의 사람이 13세 이상의 장애 아동 · 청소년을 추행한 경우 또는 13세 이상의 장애 아동 · 청소년으로 하여금 다른 사람을 추행하게 하는 경우에는 10년 이하의 징역 또는 5천만원 이하의 벌금에 처한다. 〈개정 2020. 12. 8., 2021. 3. 23.〉

[시행일 : 2021. 9. 24.] **제8조**

제8조의2(13세 이상 16세 미만 아동 · 청소년에 대한 간음 등) ① 19세 이상의 사람이 13세 이상 16세 미만인 아동 · 청소년(제8조에 따른 장애 아동 · 청소년으로서 16세 미만인 자는 제외한다. 이하 이 조에서 같다)의 궁박(窮迫)한 상태를 이용하여 해당 아동 · 청소년을 간음하거나 해당 아동 · 청소년으로 하여금 다른 사람을 간음하게 하는 경우에는 3년 이상의 유기징역에 처한다.

② 19세 이상의 사람이 13세 이상 16세 미만인 아동 · 청소년의 궁박한 상태를 이용하여 해당 아동 · 청소년을 추행

한 경우 또는 해당 아동 · 청소년으로 하여금 다른 사람을 추행하게 하는 경우에는 10년 이하의 징역 또는 1천500만원 이하의 벌금에 처한다.

[본조신설 2019. 1. 15.]

제8조의2(13세 이상 16세 미만 아동 · 청소년에 대한 간음 등) ① 19세 이상의 사람이 13세 이상 16세 미만인 아동 · 청소년(제8조에 따른 장애 아동 · 청소년으로서 16세 미만인 자는 제외한다. 이하 이 조에서 같다)의 궁박(窮迫)한 상태를 이용하여 해당 아동 · 청소년을 간음하거나 해당 아동 · 청소년으로 하여금 다른 사람을 간음하게 하는 경우에는 3년 이상의 유기징역에 처한다.

② 19세 이상의 사람이 13세 이상 16세 미만인 아동 · 청소년의 궁박한 상태를 이용하여 해당 아동 · 청소년을 추행한 경우 또는 해당 아동 · 청소년으로 하여금 다른 사람을 추행하게 하는 경우에는 10년 이하의 징역 또는 5천만원 이하의 벌금에 처한다. 〈개정 2021. 3. 23.〉

[본조신설 2019. 1. 15.]

[시행일 : 2021. 9. 24.] **제8조의2**

제9조(강간 등 상해 · 치상) 제7조의 죄를 범한 사람이 다른 사람을 상해하거나 상해에 이르게 한 때에는 무기징역 또는 7년 이상의 징역에 처한다.

제10조(강간 등 살인 · 치사) ① 제7조의 죄를 범한 사람이 다른 사람을 살해한 때에는 사형 또는 무기징역에 처한다.

② 제7조의 죄를 범한 사람이 다른 사람을 사망에 이르게 한 때에는 사형, 무기징역 또는 10년 이상의 징역에 처한다.

제11조(아동 · 청소년성착취물의 제작 · 배포 등) ① 아동 · 청소년성착취물을 제작 · 수입 또는 수출한 자는 무기징역 또는 5년 이상의 유기징역에 처한다. 〈개정 2020. 6. 2.〉

② 영리를 목적으로 아동 · 청소년성착취물을 판매 · 대여 · 배포 · 제공하거나 이를 목적으로 소지 · 운반 · 광고 · 소개하거나 공연히 전시 또는 상영한 자는 5년 이상의 징역에 처한다. 〈개정 2020. 6. 2.〉

③ 아동 · 청소년성착취물을 배포 · 제공하거나 이를 목적으로 광고 · 소개하거나 공연히 전시 또는 상영한 자는 3년 이상의 징역에 처한다. 〈개정 2020. 6. 2.〉

④ 아동 · 청소년성착취물을 제작할 것이라는 정황을 알면서 아동 · 청소년을 아동 · 청소년성착취물의 제작자에게 알선한 자는 3년 이상의 징역에 처한다. 〈개정 2020. 6. 2.〉

⑤ 아동 · 청소년성착취물을 구입하거나 아동 · 청소년성착취물임을 알면서 이를 소지 · 시청한 자는 1년 이상의 징역에 처한다. 〈개정 2020. 6. 2.〉

⑥ 제1항의 미수범은 처벌한다

⑦ 상습적으로 제1항의 죄를 범한 자는 그 죄에 대하여 정하는 형의 2분의 1까지 가중한다. 〈신설 2020. 6. 2.〉

[제목개정 2020. 6. 2.]

제12조(아동 · 청소년 매매행위) ① 아동 · 청소년의 성을 사는 행위 또는 아동 · 청소년성착취물을 제작하는 행위의 대상이 될 것을 알면서 아동 · 청소년을 매매 또는 국외에 이송하거나 국외에 거주하는 아동 · 청소년을 국내에 이송한 자는 무기징역 또는 5년 이상의 징역에 처한다. 〈개정 2020. 6. 2.〉

② 제1항의 미수범은 처벌한다.

제13조(아동 · 청소년의 성을 사는 행위 등) ① 아동 · 청소년의 성을 사는 행위를 한 자는 1년 이상 10년 이하의 징역 또는 2천만원 이상 5천만원 이하의 벌금에 처한다.

② 아동 · 청소년의 성을 사기 위하여 아동 · 청소년을 유인하거나 성을 팔도록 권유한 자는 1년 이하의 징역 또는 1천만원 이하의 벌금에 처한다.

③ 16세 미만의 아동 · 청소년 및 장애 아동 · 청소년을 대상으로 제1항 또는 제2항의 죄를 범한 경우에는 그 죄에 정한 형의 2분의 1까지 가중처벌한다. 〈신설 2020. 5. 19., 2020. 12. 8.〉

제13조(아동 · 청소년의 성을 사는 행위 등) ① 아동 · 청소년의 성을 사는 행위를 한 자는 1년 이상 10년 이하의 징역 또는 2천만원 이상 5천만원 이하의 벌금에 처한다.

② 아동 · 청소년의 성을 사기 위하여 아동 · 청소년을 유인하거나 성을 팔도록 권유한 자는 3년 이하의 징역 또는 3천만원 이하의 벌금에 처한다. 〈개정 2021. 3. 23.〉

③ 16세 미만의 아동 · 청소년 및 장애 아동 · 청소년을 대상으로 제1항 또는 제2항의 죄를 범한 경우에는 그 죄에 정한 형의 2분의 1까지 가중처벌한다. 〈신설 2020. 5. 19., 2020. 12. 8.〉

[시행일 : 2021. 9. 24.] **제13조**

제14조(아동 · 청소년에 대한 강요행위 등) ① 다음 각 호의 어느 하나에 해당하는 자는 5년 이상의 유기징역에 처한다.

1. 폭행이나 협박으로 아동 · 청소년으로 하여금 아동 · 청소년의 성을 사는 행위의 상대방이 되게 한 자
2. 선불금(先拂金), 그 밖의 채무를 이용하는 등의 방법으로 아동 · 청소년을 곤경에 빠뜨리거나 위계 또는 위력으로 아동 · 청소년으로 하여금 아동 · 청소년의 성을 사는 행위의 상대방이 되게 한 자
3. 업무 · 고용이나 그 밖의 관계로 자신의 보호 또는 감독을 받는 것을 이용하여 아동 · 청소년으로 하여금 아동 · 청소년의 성을 사는 행위의 상대방이 되게 한 자
4. 영업으로 아동 · 청소년을 아동 · 청소년의 성을 사는 행위의 상대방이 되도록 유인 · 권유한 자

② 제1항제1호부터 제3호까지의 죄를 범한 자가 그 대가의 전부 또는 일부를 받거나 이를 요구 또는 약속한 때에는 7년 이상의 유기징역에 처한다.

③ 아동 · 청소년의 성을 사는 행위의 상대방이 되도록 유인 · 권유한 자는 7년 이하의 징역 또는 5천만원 이하의 벌금에 처한다.

④ 제1항과 제2항의 미수범은 처벌한다.

제15조(알선영업행위 등) ① 다음 각 호의 어느 하나에 해당하는 자는 7년 이상의 유기징역에 처한다.

1. 아동 · 청소년의 성을 사는 행위의 장소를 제공하는 행위를 업으로 하는 자
2. 아동 · 청소년의 성을 사는 행위를 알선하거나 정보통신망에서 알선정보를 제공하는 행위를 업으로 하는 자
3. 제1호 또는 제2호의 범죄에 사용되는 사실을 알면서 자금 · 토지 또는 건물을 제공한 자
4. 영업으로 아동 · 청소년의 성을 사는 행위의 장소를 제공 · 알선하는 업소에 아동 · 청소년을 고용하도록 한 자

② 다음 각 호의 어느 하나에 해당하는 자는 7년 이하의 징역 또는 5천만원 이하의 벌금에 처한다.

1. 영업으로 아동 · 청소년의 성을 사는 행위를 하도록 유인 · 권유 또는 강요한 자
2. 아동 · 청소년의 성을 사는 행위의 장소를 제공한 자
3. 아동 · 청소년의 성을 사는 행위를 알선하거나 정보통신망에서 알선정보를 제공한 자
4. 영업으로 제2호 또는 제3호의 행위를 약속한 자

③ 아동 · 청소년의 성을 사는 행위를 하도록 유인 · 권유 또는 강요한 자는 5년 이하의 징역 또는 3천만원 이하의 벌금에 처한다.

제15조(알선영업행위 등) ① 다음 각 호의 어느 하나에 해당하는 자는 7년 이상의 유기징역에 처한다. 〈개정 2021. 3. 23.〉

1. 아동 · 청소년의 성을 사는 행위의 장소를 제공하는 행위를 업으로 하는 자
2. 아동 · 청소년의 성을 사는 행위를 알선하거나 정보통신망(「정보통신망 이용촉진 및 정보보호 등에 관한 법률」 제2조제1항제1호의 정보통신망을 말한다. 이하 같다)에서 알선정보를 제공하는 행위를 업으로 하는 자
3. 제1호 또는 제2호의 범죄에 사용되는 사실을 알면서 자금 · 토지 또는 건물을 제공한 자
4. 영업으로 아동 · 청소년의 성을 사는 행위의 장소를 제공 · 알선하는 업소에 아동 · 청소년을 고용하도록 한 자

② 다음 각 호의 어느 하나에 해당하는 자는 7년 이하의 징역 또는 5천만원 이하의 벌금에 처한다.

1. 영업으로 아동 · 청소년의 성을 사는 행위를 하도록 유인 · 권유 또는 강요한 자
2. 아동 · 청소년의 성을 사는 행위의 장소를 제공한 자
3. 아동 · 청소년의 성을 사는 행위를 알선하거나 정보통신망에서 알선정보를 제공한 자
4. 영업으로 제2호 또는 제3호의 행위를 약속한 자

③ 아동 · 청소년의 성을 사는 행위를 하도록 유인 · 권유 또는 강요한 자는 5년 이하의 징역 또는 3천만원 이하의 벌금에 처한다.

[시행일 : 2021. 9. 24.] **제15조**

제15조의2(아동 · 청소년에 대한 성착취 목적 대화 등) ① 19세 이상의 사람이 성적 착취를 목적으로 정보통신망을 통하여 아동 · 청소년에게 다음 각 호의 어느 하나에 해당하는 행위를 한 경우에는 3년 이하의 징역 또는 3천만원 이하의 벌금에 처한다.

1. 성적 욕망이나 수치심 또는 혐오감을 유발할 수 있는 대화를 지속적 또는 반복적으로 하거나 그러한 대화에 지속적 또는 반복적으로 참여시키는 행위
2. 제2조제4호 각 목의 어느 하나에 해당하는 행위를 하도록 유인 · 권유하는 행위

② 19세 이상의 사람이 정보통신망을 통하여 16세 미만인 아동 · 청소년에게 제1항 각 호의 어느 하나에 해당하는 행위를 한 경우 제1항과 동일한 형으로 처벌한다.

[본조신설 2021. 3. 23.]

[시행일 : 2021. 9. 24.] **제15조의2**

제16조(피해자 등에 대한 강요행위) 폭행이나 협박으로 아동 · 청소년대상 성범죄의 피해자 또는 「아동복지법」 제3

조제3호에 따른 보호자를 상대로 합의를 강요한 자는 7년 이하의 유기징역에 처한다.

제17조 삭제 〈2020. 6. 9.〉

제18조(신고의무자의 성범죄에 대한 가중처벌) 제34조제2항 각 호의 기관 · 시설 또는 단체의 장과 그 종사자가 자기의 보호 · 감독 또는 진료를 받는 아동 · 청소년을 대상으로 성범죄를 범한 경우에는 그 죄에 정한 형의 2분의 1까지 가중처벌한다.

제19조(「형법」상 감경규정에 관한 특례) 음주 또는 약물로 인한 심신장애 상태에서 아동 · 청소년대상 성폭력범죄를 범한 때에는 「형법」 제10조제1항 · 제2항 및 제11조를 적용하지 아니할 수 있다.

제20조(공소시효에 관한 특례) ① 아동 · 청소년대상 성범죄의 공소시효는 「형사소송법」 제252조제1항에도 불구하고 해당 성범죄로 피해를 당한 아동 · 청소년이 성년에 달한 날부터 진행한다.

② 제7조의 죄는 디엔에이(DNA)증거 등 그 죄를 증명할 수 있는 과학적인 증거가 있는 때에는 공소시효가 10년 연장된다.

③ 13세 미만의 사람 및 신체적인 또는 정신적인 장애가 있는 사람에 대하여 다음 각 호의 죄를 범한 경우에는 제1항과 제2항에도 불구하고 「형사소송법」 제249조부터 제253조까지 및 「군사법원법」 제291조부터 제295조까지에 규정된 공소시효를 적용하지 아니한다. 〈개정 2019. 1. 15., 2020. 5. 19.〉

1. 「형법」 제297조(강간), 제298조(강제추행), 제299조(준강간, 준강제추행), 제301조(강간등 상해 · 치상), 제301조의2(강간등 살인 · 치사) 또는 제305조(미성년자에 대한 간음, 추행)의 죄
2. 제9조 및 제10조의 죄
3. 「성폭력범죄의 처벌 등에 관한 특례법」 제6조제2항, 제7조제2항 · 제5항, 제8조, 제9조의 죄

④ 다음 각 호의 죄를 범한 경우에는 제1항과 제2항에도 불구하고「형사소송법」 제249조부터 제253조까지 및 「군사법원법」 제291조부터 제295조까지에 규정된 공소시효를 적용하지 아니한다.

1. 「형법」 제301조의2(강간등 살인 · 치사)의 죄(강간등 살인에 한정한다)
2. 제10조제1항의 죄
3. 「성폭력범죄의 처벌 등에 관한 특례법」 제9조제1항의 죄

제20조(공소시효에 관한 특례) ① 아동 · 청소년대상 성범죄의 공소시효는 「형사소송법」 제252조제1항에도 불구하고 해당 성범죄로 피해를 당한 아동 · 청소년이 성년에 달한 날부터 진행한다.

② 제7조의 죄는 디엔에이(DNA)증거 등 그 죄를 증명할 수 있는 과학적인 증거가 있는 때에는 공소시효가 10년 연장된다.

③ 13세 미만의 사람 및 신체적인 또는 정신적인 장애가 있는 사람에 대하여 다음 각 호의 죄를 범한 경우에는 제1항과 제2항에도 불구하고 「형사소송법」 제249조부터 제253조까지 및 「군사법원법」 제291조부터 제295조까지에 규정된 공소시효를 적용하지 아니한다. 〈개정 2019. 1. 15., 2020. 5. 19.〉

1. 「형법」 제297조(강간), 제298조(강제추행), 제299조(준강간, 준강제추행), 제301조(강간등 상해 · 치상), 제301조의2(강간등 살인 · 치사) 또는 제305조(미성년자에 대한 간음, 추행)의 죄
2. 제9조 및 제10조의 죄

3. 「성폭력범죄의 처벌 등에 관한 특례법」 제6조제2항, 제7조제2항 · 제5항, 제8조, 제9조의 죄

④ 다음 각 호의 죄를 범한 경우에는 제1항과 제2항에도 불구하고「형사소송법」 제249조부터 제253조까지 및 「군사법원법」 제291조부터 제295조까지에 규정된 공소시효를 적용하지 아니한다. 〈개정 2021. 3. 23.〉

1. 「형법」 제301조의2(강간등 살인 · 치사)의 죄(강간등 살인에 한정한다)
2. 제10조제1항 및 제11조제1항의 죄
3. 「성폭력범죄의 처벌 등에 관한 특례법」 제9조제1항의 죄

[시행일 : 2021. 9. 24.] **제20조**

제21조(형벌과 수강명령 등의 병과) ① 법원은 아동 · 청소년대상 성범죄를 범한 「소년법」 제2조의 소년에 대하여 형의 선고를 유예하는 경우에는 반드시 보호관찰을 명하여야 한다.

② 법원은 아동 · 청소년대상 성범죄를 범한 자에 대하여 유죄판결을 선고하거나 약식명령을 고지하는 경우에는 500시간의 범위에서 재범예방에 필요한 수강명령 또는 성폭력 치료프로그램의 이수명령(이하 "이수명령"이라 한다)을 병과(倂科)하여야 한다. 다만, 수강명령 또는 이수명령을 부과할 수 없는 특별한 사정이 있는 경우에는 그러하지 아니하다. 〈개정 2018. 1. 16.〉

③ 아동 · 청소년대상 성범죄를 범한 자에 대하여 제2항의 수강명령은 형의 집행을 유예할 경우에 그 집행유예기간 내에서 병과하고, 이수명령은 벌금 이상의 형을 선고하거나 약식명령을 고지할 경우에 병과한다. 다만, 이수명령은 아동 · 청소년대상 성범죄자가 「전자장치 부착 등에 관한 법률」 제9조의2제1항제4호에 따른 성폭력 치료 프로그램의 이수명령을 부과받은 경우에는 병과하지 아니한다. 〈개정 2018. 1. 16., 2020. 2. 4.〉

④ 법원이 아동 · 청소년대상 성범죄를 범한 사람에 대하여 형의 집행을 유예하는 경우에는 제2항에 따른 수강명령 외에 그 집행유예기간 내에서 보호관찰 또는 사회봉사 중 하나 이상의 처분을 병과할 수 있다.

⑤ 제2항에 따른 수강명령 또는 이수명령은 형의 집행을 유예할 경우에는 그 집행유예기간 내에, 벌금형을 선고할 경우에는 형 확정일부터 6개월 이내에, 징역형 이상의 실형(實刑)을 선고할 경우에는 형기 내에 각각 집행한다. 다만, 수강명령 또는 이수명령은 아동 · 청소년대상 성범죄를 범한 사람이 「성폭력범죄의 처벌 등에 관한 특례법」 제16조에 따른 수강명령 또는 이수명령을 부과받은 경우에는 병과하지 아니한다.

⑥ 제2항에 따른 수강명령 또는 이수명령이 형의 집행유예 또는 벌금형과 병과된 경우에는 보호관찰소의 장이 집행하고, 징역형 이상의 실형과 병과된 경우에는 교정시설의 장이 집행한다. 다만, 징역형 이상의 실형과 병과된 수강명령 또는 이수명령을 모두 이행하기 전에 석방 또는 가석방되거나 미결구금일수 산입 등의 사유로 형을 집행할 수 없게 된 경우에는 보호관찰소의 장이 남은 수강명령 또는 이수명령을 집행한다.

⑦ 제2항에 따른 수강명령 또는 이수명령은 다음 각 호의 내용으로 한다.

1. 일탈적 이상행동의 진단 · 상담
2. 성에 대한 건전한 이해를 위한 교육
3. 그 밖에 성범죄를 범한 사람의 재범예방을 위하여 필요한 사항

⑧ 보호관찰소의 장 또는 교정시설의 장은 제2항에 따른 수강명령 또는 이수명령 집행의 전부 또는 일부를 여성가족부장관에게 위탁할 수 있다.

⑨ 보호관찰, 사회봉사, 수강명령 및 이수명령에 관하여 이 법에 규정한 사항 외의 사항에 대하여는 「보호관찰 등에 관한 법률」을 준용한다.

제21조의2(재범여부 조사) ① 법무부장관은 제21조제2항에 따라 수강명령 또는 이수명령을 선고받아 그 집행을 마친 사람에 대하여 그 효과를 평가하기 위하여 아동 · 청소년대상 성범죄 재범여부를 조사할 수 있다.

② 법무부장관은 제1항에 따른 재범여부 조사를 위하여 수강명령 또는 이수명령의 집행을 마친 때부터 5년 동안 관계 기관의 장에게 그 사람에 관한 범죄경력자료 및 수사경력자료를 요청할 수 있다.

[본조신설 2016. 5. 29.]

제22조(판결 전 조사) ① 법원은 피고인에 대하여 제21조에 따른 보호관찰, 사회봉사, 수강명령 또는 이수명령을 부과하거나 제56조에 따른 취업제한 명령을 부과하기 위하여 필요하다고 인정하면 그 법원의 소재지 또는 피고인의 주거지를 관할하는 보호관찰소의 장에게 피고인의 신체적 · 심리적 특성 및 상태, 정신성적 발달과정, 성장배경, 가정환경, 직업, 생활환경, 교우관계, 범행동기, 병력(病歷), 피해자와의 관계, 재범위험성 등 피고인에 관한 사항의 조사를 요구할 수 있다. 〈개정 2018. 1. 16.〉

② 제1항의 요구를 받은 보호관찰소의 장은 지체 없이 이를 조사하여 서면으로 해당 법원에 알려야 한다. 이 경우 필요하다고 인정하면 피고인이나 그 밖의 관계인을 소환하여 심문하거나 소속 보호관찰관에게 필요한 사항을 조사하게 할 수 있다.

③ 법원은 제1항의 요구를 받은 보호관찰소의 장에게 조사진행상황에 관한 보고를 요구할 수 있다

제23조(친권상실청구 등) ① 아동 · 청소년대상 성범죄 사건을 수사하는 검사는 그 사건의 가해자가 피해아동 · 청소년의 친권자나 후견인인 경우에 법원에 「민법」 제924조의 친권상실선고 또는 같은 법 제940조의 후견인 변경 결정을 청구하여야 한다. 다만, 친권상실선고 또는 후견인 변경 결정을 하여서는 아니 될 특별한 사정이 있는 경우에는 그러하지 아니하다.

② 다음 각 호의 기관 · 시설 또는 단체의 장은 검사에게 제1항의 청구를 하도록 요청할 수 있다. 이 경우 청구를 요청받은 검사는 요청받은 날부터 30일 내에 해당 기관 · 시설 또는 단체의 장에게 그 처리 결과를 통보하여야 한다. 〈개정 2019. 1. 15.〉

1. 「아동복지법」 제10조의2에 따른 아동권리보장원 또는 같은 법 제45조에 따른 아동보호전문기관
2. 「성폭력방지 및 피해자보호 등에 관한 법률」 제10조의 성폭력피해상담소 및 같은 법 제12조의 성폭력피해자 보호시설
3. 「청소년복지 지원법」 제29조제1항에 따른 청소년상담복지센터 및 같은 법 제31조제1호에 따른 청소년쉼터

③ 제2항 각 호 외의 부분 후단에 따라 처리 결과를 통보받은 기관 · 시설 또는 단체의 장은 그 처리 결과에 대하여 이의가 있을 경우 통보받은 날부터 30일 내에 직접 법원에 제1항의 청구를 할 수 있다.

제24조(피해아동 · 청소년의 보호조치 결정) 법원은 아동 · 청소년대상 성범죄 사건의 가해자에게 「민법」 제924조에 따라 친권상실선고를 하는 경우에는 피해아동 · 청소년을 다른 친권자 또는 친족에게 인도하거나 제45조 또는 제46조의 기관 · 시설 또는 단체에 인도하는 등의 보호조치를 결정할 수 있다. 이 경우 그 아동 · 청소년의 의견을 존중하여야 한다.

제25조(수사 및 재판 절차에서의 배려) ① 수사기관과 법원 및 소송관계인은 아동·청소년대상 성범죄를 당한 피해자의 나이, 심리 상태 또는 후유장애의 유무 등을 신중하게 고려하여 조사 및 심리·재판 과정에서 피해자의 인격이나 명예가 손상되거나 사적인 비밀이 침해되지 아니하도록 주의하여야 한다.

② 수사기관과 법원은 아동·청소년대상 성범죄의 피해자를 조사하거나 심리·재판할 때 피해자가 편안한 상태에서 진술할 수 있는 환경을 조성하여야 하며, 조사 및 심리·재판 횟수는 필요한 범위에서 최소한으로 하여야 한다.

③ 수사기관과 법원은 제2항에 따른 조사나 심리·재판을 할 때 피해아동·청소년이 13세 미만이거나 신체적인 또는 정신적인 장애로 의사소통이나 의사표현에 어려움이 있는 경우 조력을 위하여 「성폭력범죄의 처벌 등에 관한 특례법」 제36조부터 제39조까지를 준용한다. 이 경우 "성폭력범죄"는 "아동·청소년대상 성범죄"로, "피해자"는 "피해아동·청소년"으로 본다. 〈신설 2020. 12. 8.〉

제25조의2(아동·청소년대상 디지털 성범죄의 수사 특례) ① 사법경찰관리는 다음 각 호의 어느 하나에 해당하는 범죄(이하 "디지털 성범죄"라 한다)에 대하여 신분을 비공개하고 범죄현장(정보통신망을 포함한다) 또는 범인으로 추정되는 자들에게 접근하여 범죄행위의 증거 및 자료 등을 수집(이하 "신분비공개수사"라 한다)할 수 있다.

1. 제11조 및 제15조의2의 죄
2. 아동·청소년에 대한 「성폭력범죄의 처벌 등에 관한 특례법」 제14조제2항 및 제3항의 죄

② 사법경찰관리는 디지털 성범죄를 계획 또는 실행하고 있거나 실행하였다고 의심할 만한 충분한 이유가 있고, 다른 방법으로는 그 범죄의 실행을 저지하거나 범인의 체포 또는 증거의 수집이 어려운 경우에 한정하여 수사 목적을 달성하기 위하여 부득이한 때에는 다음 각 호의 행위(이하 "신분위장수사"라 한다)를 할 수 있다.

1. 신분을 위장하기 위한 문서, 도화 및 전자기록 등의 작성, 변경 또는 행사
2. 위장 신분을 사용한 계약·거래
3. 아동·청소년성착취물 또는 「성폭력범죄의 처벌 등에 관한 특례법」 제14조제2항의 촬영물 또는 복제물(복제물의 복제물을 포함한다)의 소지, 판매 또는 광고

③ 제1항에 따른 수사의 방법 등에 필요한 사항은 대통령령으로 정한다.

[본조신설 2021. 3. 23.]

[시행일 : 2021. 9. 24.] **제25조의2**

제25조의3(아동·청소년대상 디지털 성범죄 수사 특례의 절차) ① 사법경찰관리가 신분비공개수사를 진행하고자 할 때에는 사전에 상급 경찰관서 수사부서의 장의 승인을 받아야 한다. 이 경우 그 수사기간은 3개월을 초과할 수 없다.

② 제1항에 따른 승인의 절차 및 방법 등에 필요한 사항은 대통령령으로 정한다.

③ 사법경찰관리는 신분위장수사를 하려는 경우에는 검사에게 신분위장수사에 대한 허가를 신청하고, 검사는 법원에 그 허가를 청구한다.

④ 제3항의 신청은 필요한 신분위장수사의 종류·목적·대상·범위·기간·장소·방법 및 해당 신분위장수사가 제25조의2제2항의 요건을 충족하는 사유 등의 신청사유를 기재한 서면으로 하여야 하며, 신청사유에 대한 소명

자료를 첨부하여야 한다.

⑤ 법원은 제3항의 신청이 이유 있다고 인정하는 경우에는 신분위장수사를 허가하고, 이를 증명하는 서류(이하 "허가서"라 한다)를 신청인에게 발부한다.

⑥ 허가서에는 신분위장수사의 종류 · 목적 · 대상 · 범위 · 기간 · 장소 · 방법 등을 특정하여 기재하여야 한다.

⑦ 신분위장수사의 기간은 3개월을 초과할 수 없으며, 그 수사기간 중 수사의 목적이 달성되었을 경우에는 즉시 종료하여야 한다.

⑧ 제7항에도 불구하고 제25조의2제2항의 요건이 존속하여 그 수사기간을 연장할 필요가 있는 경우에는 사법경찰관리는 소명자료를 첨부하여 3개월의 범위에서 수사기간의 연장을 검사에게 신청하고, 검사는 법원에 그 연장을 청구한다. 이 경우 신분위장수사의 총 기간은 1년을 초과할 수 없다.

[본조신설 2021. 3. 23.]

[시행일 : 2021. 9. 24.] **제25조의3**

제25조의4(아동 · 청소년대상 디지털 성범죄에 대한 긴급 신분위장수사) ① 사법경찰관리는 제25조의2제2항의 요건을 구비하고, 제25조의3제3항부터 제8항까지에 따른 절차를 거칠 수 없는 긴급을 요하는 때에는 법원의 허가 없이 신분위장수사를 할 수 있다.

② 사법경찰관리는 제1항에 따른 신분위장수사 개시 후 지체 없이 검사에게 허가를 신청하여야 하고, 사법경찰관리는 48시간 이내에 법원의 허가를 받지 못한 때에는 즉시 신분위장수사를 중지하여야 한다.

③ 제1항 및 제2항에 따른 신분위장수사 기간에 대해서는 제25조의3제7항 및 제8항을 준용한다.

[본조신설 2021. 3. 23.]

[시행일 : 2021. 9. 24.] **제25조의4**

제25조의5(아동 · 청소년대상 디지털 성범죄에 대한 신분비공개수사 또는 신분위장수사로 수집한 증거 및 자료 등의 사용제한) 사법경찰관리가 제25조의2부터 제25조의4까지에 따라 수집한 증거 및 자료 등은 다음 각 호의 어느 하나에 해당하는 경우 외에는 사용할 수 없다.

1. 신분비공개수사 또는 신분위장수사의 목적이 된 디지털 성범죄나 이와 관련되는 범죄를 수사 · 소추하거나 그 범죄를 예방하기 위하여 사용하는 경우
2. 신분비공개수사 또는 신분위장수사의 목적이 된 디지털 성범죄나 이와 관련되는 범죄로 인한 징계절차에 사용하는 경우
3. 증거 및 자료 수집의 대상자가 제기하는 손해배상청구소송에서 사용하는 경우
4. 그 밖에 다른 법률의 규정에 의하여 사용하는 경우

[본조신설 2021. 3. 23.]

[시행일 : 2021. 9. 24.] **제25조의5**

제25조의6(국가경찰위원회와 국회의 통제) ① 「국가경찰과 자치경찰의 조직 및 운영에 관한 법률」 제16조제1항에 따른 국가수사본부장(이하 "국가수사본부장"이라 한다)은 신분비공개수사가 종료된 즉시 대통령령으로 정하는 바에 따라 같은 법 제7조제1항에 따른 국가경찰위원회에 수사 관련 자료를 보고하여야 한다.

② 국가수사본부장은 대통령령으로 정하는 바에 따라 국회 소관 상임위원회에 신분비공개수사 관련 자료를 반기별로 보고하여야 한다.

[본조신설 2021. 3. 23.]

[시행일 : 2021. 9. 24.] **제25조의6**

제25조의7(비밀준수의 의무) ① 제25조의2부터 제25조의6까지에 따른 신분비공개수사 또는 신분위장수사에 대한 승인 · 집행 · 보고 및 각종 서류작성 등에 관여한 공무원 또는 그 직에 있었던 자는 직무상 알게 된 신분비공개수사 또는 신분위장수사에 관한 사항을 외부에 공개하거나 누설하여서는 아니 된다.

② 제1항의 비밀유지에 관하여 필요한 사항은 대통령령으로 정한다.

[본조신설 2021. 3. 23.]

[시행일 : 2021. 9. 24.] **제25조의7**

제25조의8(면책) ① 사법경찰관리가 신분비공개수사 또는 신분위장수사 중 부득이한 사유로 위법행위를 한 경우 그 행위에 고의나 중대한 과실이 없는 경우에는 벌하지 아니한다.

② 제1항에 따른 위법행위가 「국가공무원법」 제78조제1항에 따른 징계 사유에 해당하더라도 그 행위에 고의나 중대한 과실이 없는 경우에는 징계 요구 또는 문책 요구 등 책임을 묻지 아니한다.

③ 신분비공개수사 또는 신분위장수사 행위로 타인에게 손해가 발생한 경우라도 사법경찰관리는 그 행위에 고의나 중대한 과실이 없는 경우에는 그 손해에 대한 책임을 지지 아니한다.

[본조신설 2021. 3. 23.]

[시행일 : 2021. 9. 24.] **제25조의8**

제25조의9(수사 지원 및 교육) 상급 경찰관서 수사부서의 장은 신분비공개수사 또는 신분위장수사를 승인하거나 보고받은 경우 사법경찰관리에게 수사에 필요한 인적 · 물적 지원을 하고, 전문지식과 피해자 보호를 위한 수사방법 및 수사절차 등에 관한 교육을 실시하여야 한다.

[본조신설 2021. 3. 23.]

[시행일 : 2021. 9. 24.] **제25조의9**

제26조(영상물의 촬영 · 보존 등) ① 아동 · 청소년대상 성범죄 피해자의 진술내용과 조사과정은 비디오녹화기 등 영상물 녹화장치로 촬영 · 보존하여야 한다.

② 제1항에 따른 영상물 녹화는 피해자 또는 법정대리인이 이를 원하지 아니하는 의사를 표시한 때에는 촬영을 하여서는 아니 된다. 다만, 가해자가 친권자 중 일방인 경우는 그러하지 아니하다.

③ 제1항에 따른 영상물 녹화는 조사의 개시부터 종료까지의 전 과정 및 객관적 정황을 녹화하여야 하고, 녹화가 완료된 때에는 지체 없이 그 원본을 피해자 또는 변호사 앞에서 봉인하고 피해자로 하여금 기명날인 또는 서명하게 하여야 한다.

④ 검사 또는 사법경찰관은 피해자가 제1항의 녹화장소에 도착한 시각, 녹화를 시작하고 마친 시각, 그 밖에 녹화과정의 진행경과를 확인하기 위하여 필요한 사항을 조서 또는 별도의 서면에 기록한 후 수사기록에 편철하여야 한다.

⑤ 검사 또는 사법경찰관은 피해자 또는 법정대리인이 신청하는 경우에는 영상물 촬영과정에서 작성한 조서의 사본을 신청인에게 교부하거나 영상물을 재생하여 시청하게 하여야 한다.

⑥ 제1항부터 제4항까지의 절차에 따라 촬영한 영상물에 수록된 피해자의 진술은 공판준비기일 또는 공판기일에 피해자 또는 조사과정에 동석하였던 신뢰관계에 있는 자의 진술에 의하여 그 성립의 진정함이 인정된 때에는 증거로 할 수 있다.

⑦ 누구든지 제1항에 따라 촬영한 영상물을 수사 및 재판의 용도 외에 다른 목적으로 사용하여서는 아니 된다.

제27조(증거보전의 특례) ① 아동·청소년대상 성범죄의 피해자, 그 법정대리인 또는 경찰은 피해자가 공판기일에 출석하여 증언하는 것에 현저히 곤란한 사정이 있을 때에는 그 사유를 소명하여 제26조에 따라 촬영된 영상물 또는 그 밖의 다른 증거물에 대하여 해당 성범죄를 수사하는 검사에게 「형사소송법」 제184조제1항에 따른 증거보전의 청구를 할 것을 요청할 수 있다.

② 제1항의 요청을 받은 검사는 그 요청이 상당한 이유가 있다고 인정하는 때에는 증거보전의 청구를 하여야 한다.

제28조(신뢰관계에 있는 사람의 동석) ① 법원은 아동·청소년대상 성범죄의 피해자를 증인으로 신문하는 경우에 검사, 피해자 또는 법정대리인이 신청하는 경우에는 재판에 지장을 줄 우려가 있는 등 부득이한 경우가 아니면 피해자와 신뢰관계에 있는 사람을 동석하게 하여야 한다.

② 제1항은 수사기관이 제1항의 피해자를 조사하는 경우에 관하여 준용한다.

③ 제1항 및 제2항의 경우 법원과 수사기관은 피해자와 신뢰관계에 있는 사람이 피해자에게 불리하거나 피해자가 원하지 아니하는 경우에는 동석하게 하여서는 아니 된다.

제29조(서류·증거물의 열람·등사) 아동·청소년대상 성범죄의 피해자, 그 법정대리인 또는 변호사는 재판장의 허가를 받아 소송계속 중의 관계 서류 또는 증거물을 열람하거나 등사할 수 있다.

제30조(피해아동·청소년 등에 대한 변호사선임의 특례) ① 아동·청소년대상 성범죄의 피해자 및 그 법정대리인은 형사절차상 입을 수 있는 피해를 방어하고 법률적 조력을 보장하기 위하여 변호사를 선임할 수 있다.

② 제1항에 따른 변호사에 관하여는 「성폭력범죄의 처벌 등에 관한 특례법」 제27조제2항부터 제6항까지를 준용한다.

제31조(비밀누설 금지) ① 아동·청소년대상 성범죄의 수사 또는 재판을 담당하거나 이에 관여하는 공무원 또는 그 직에 있었던 사람은 피해아동·청소년의 주소·성명·연령·학교 또는 직업·용모 등 그 아동·청소년을 특정할 수 있는 인적사항이나 사진 등 또는 그 아동·청소년의 사생활에 관한 비밀을 공개하거나 타인에게 누설하여서는 아니 된다. 〈개정 2020. 5. 19.〉

② 제45조 및 제46조의 기관·시설 또는 단체의 장이나 이를 보조하는 자 또는 그 직에 있었던 자는 직무상 알게 된 비밀을 타인에게 누설하여서는 아니 된다.

③ 누구든지 피해아동·청소년의 주소·성명·연령·학교 또는 직업·용모 등 그 아동·청소년을 특정하여 파악할 수 있는 인적사항이나 사진 등을 신문 등 인쇄물에 싣거나 「방송법」 제2조제1호에 따른 방송(이하 "방송"이라 한다) 또는 정보통신망을 통하여 공개하여서는 아니 된다. 〈개정 2020. 5. 19.〉

④ 제1항부터 제3항까지를 위반한 자는 7년 이하의 징역 또는 5천만원 이하의 벌금에 처한다. 이 경우 징역형과 벌

금형은 병과할 수 있다.

제32조(양벌규정) 법인의 대표자나 법인 또는 개인의 대리인, 사용인, 그 밖의 종업원이 그 법인 또는 개인의 업무에 관하여 제11조제3항 · 제5항, 제14조제3항, 제15조제2항 · 제3항 또는 제31조제3항의 어느 하나에 해당하는 위반행위를 하면 그 행위자를 벌하는 외에 그 법인 또는 개인에게도 해당 조문의 벌금형을 과(科)하고, 제11조제1항 · 제2항 · 제4항 · 제6항, 제12조, 제14조제1항 · 제2항 · 제4항 또는 제15조제1항의 어느 하나에 해당하는 위반행위를 하면 그 행위자를 벌하는 외에 그 법인 또는 개인을 5천만원 이하의 벌금에 처한다. 다만, 법인 또는 개인이 그 위반행위를 방지하기 위하여 해당 업무에 관하여 상당한 주의와 감독을 게을리하지 아니한 경우에는 그러하지 아니하다.

제33조(내국인의 국외범 처벌) 국가는 국민이 대한민국 영역 외에서 아동 · 청소년대상 성범죄를 범하여 「형법」 제3조에 따라 형사처벌하여야 할 경우에는 외국으로부터 범죄정보를 신속히 입수하여 처벌하도록 노력하여야 한다.

제3장 아동 · 청소년대상 성범죄의 신고 · 응급조치와 피해아동 · 청소년의 보호 · 지원 〈개정 2020. 5. 19.〉

제34조(아동 · 청소년대상 성범죄의 신고) ① 누구든지 아동 · 청소년대상 성범죄의 발생 사실을 알게 된 때에는 수사기관에 신고할 수 있다.

② 다음 각 호의 어느 하나에 해당하는 기관 · 시설 또는 단체의 장과 그 종사자는 직무상 아동 · 청소년대상 성범죄의 발생 사실을 알게 된 때에는 즉시 수사기관에 신고하여야 한다. 〈개정 2014. 1. 21., 2018. 1. 16., 2019. 11. 26., 2020. 12. 8.〉

1. 「유아교육법」 제2조제2호의 유치원
2. 「초 · 중등교육법」 제2조의 학교, 같은 법 제28조와 같은 법 시행령 제54조에 따른 위탁 교육기관 및 「고등교육법」 제2조의 학교

2의2. 특별시 · 광역시 · 특별자치시 · 도 · 특별자치도 교육청 또는 「지방교육자치에 관한 법률」 제34조에 따른 교육지원청이 「초 · 중등교육법」제28조에 따라 직접 설치 · 운영하거나 위탁하여 운영하는 학생상담지원시설 또는 위탁 교육시설

2의3. 「제주특별자치도 설치 및 국제자유도시 조성을 위한 특별법」 제223조에 따라 설립된 국제학교

3. 「의료법」 제3조의 의료기관
4. 「아동복지법」 제3조제10호의 아동복지시설 및 같은 법 제37조에 따른 통합서비스 수행기관
5. 「장애인복지법」 제58조의 장애인복지시설
6. 「영유아보육법」 제2조제3호의 어린이집
7. 「학원의 설립 · 운영 및 과외교습에 관한 법률」 제2조제1호의 학원 및 같은 조 제2호의 교습소
8. 「성매매방지 및 피해자보호 등에 관한 법률」 제9조의 성매매피해자등을 위한 지원시설 및 같은 법 제17조의 성매매피해상담소
9. 「한부모가족지원법」 제19조에 따른 한부모가족복지시설

10. 「가정폭력방지 및 피해자보호 등에 관한 법률」 제5조의 가정폭력 관련 상담소 및 같은 법 제7조의 가정폭력피해자 보호시설
11. 「성폭력방지 및 피해자보호 등에 관한 법률」 제10조의 성폭력피해상담소 및 같은 법 제12조의 성폭력피해자보호시설
12. 「청소년활동 진흥법」 제2조제2호의 청소년활동시설
13. 「청소년복지 지원법」 제29조제1항에 따른 청소년상담복지센터 및 같은 법 제31조제1호에 따른 청소년쉼터
13의2. 「학교 밖 청소년 지원에 관한 법률」 제12조에 따른 학교 밖 청소년 지원센터
14. 「청소년 보호법」 제35조의 청소년 보호 · 재활센터
15. 「국민체육진흥법」 제2조제9호가목 및 나목의 체육단체
16. 「대중문화예술산업발전법」 제2조제7호에 따른 대중문화예술기획업자가 같은 조 제6호에 따른 대중문화예술기획업 중 같은 조 제3호에 따른 대중문화예술인에 대한 훈련 · 지도 · 상담 등을 하는 영업장(이하 "대중문화예술기획업소"라 한다)

③ 다른 법률에 규정이 있는 경우를 제외하고는 누구든지 신고자 등의 인적사항이나 사진 등 그 신원을 알 수 있는 정보나 자료를 출판물에 게재하거나 방송 또는 정보통신망을 통하여 공개하여서는 아니 된다.

제35조(신고의무자에 대한 교육) ① 관계 행정기관의 장은 제34조제2항 각 호의 기관 · 시설 또는 단체의 장과 그 종사자의 자격취득 과정에 아동 · 청소년대상 성범죄 예방 및 신고의무와 관련된 교육내용을 포함시켜야 한다.

② 여성가족부장관은 제34조제2항 각 호의 기관 · 시설 또는 단체의 장과 그 종사자에 대하여 성범죄 예방 및 신고의무와 관련된 교육을 실시할 수 있다.

③ 제2항의 교육에 필요한 사항은 대통령령으로 정한다.

제36조(피해아동 · 청소년의 보호) 아동 · 청소년대상 성범죄를 저지른 자가 피해아동 · 청소년과 「가정폭력범죄의 처벌 등에 관한 특례법」 제2조제2호의 가정구성원인 관계에 있는 경우로서 피해아동 · 청소년을 보호할 필요가 있는 때에는 같은 법 제5조, 제8조, 제29조 및 제49조부터 제53조까지의 규정을 준용한다.

제37조(피해아동 · 청소년 등의 상담 및 치료) ① 국가는 피해아동 · 청소년 등의 신체적 · 정신적 회복을 위하여 제46조의 상담시설 또는 「성폭력방지 및 피해자보호 등에 관한 법률」 제27조의 성폭력 전담의료기관으로 하여금 다음 각 호의 사람에게 상담이나 치료프로그램(이하 "상담 · 치료프로그램"이라 한다)을 제공하도록 요청할 수 있다.

1. 피해아동 · 청소년
2. 피해아동 · 청소년의 보호자 및 형제 · 자매
3. 그 밖에 대통령령으로 정하는 사람

② 제1항에 따라 상담 · 치료프로그램 제공을 요청받은 기관은 정당한 이유 없이 그 요청을 거부할 수 없다.

제38조(성매매 피해아동 · 청소년에 대한 조치 등) ① 「성매매알선 등 행위의 처벌에 관한 법률」 제21조제1항에도 불구하고 제13조제1항의 죄의 상대방이 된 아동 · 청소년에 대하여는 보호를 위하여 처벌하지 아니한다. 〈개정 2020. 5. 19.〉

② 검사 또는 사법경찰관은 성매매 피해아동 · 청소년을 발견한 경우 신속하게 사건을 수사한 후 지체 없이 여성가족부장관 및 제47조의2에 따른 성매매 피해아동 · 청소년 지원센터를 관할하는 특별시장 · 광역시장 · 특별자치시장 · 도지사 · 특별자치도지사(이하 "시 · 도지사"라 한다)에게 통지하여야 한다. 〈개정 2020. 5. 19.〉

③ 여성가족부장관은 제2항에 따른 통지를 받은 경우 해당 성매매 피해아동 · 청소년에 대하여 다음 각 호의 어느 하나에 해당하는 조치를 하여야 한다. 〈개정 2020. 5. 19.〉

1. 제45조에 따른 보호시설 또는 제46조에 따른 상담시설과의 연계
2. 제47조의2에 따른 성매매 피해아동 · 청소년 지원센터에서 제공하는 교육 · 상담 및 지원 프로그램 등의 참여

④ 삭제 〈2020. 5. 19.〉

[제목개정 2020. 5. 19.]

제39조 삭제 〈2020. 5. 19.〉

제40조 삭제 〈2020. 5. 19.〉

제41조(피해아동 · 청소년 등을 위한 조치의 청구) 검사는 성범죄의 피해를 받은 아동 · 청소년을 위하여 지속적으로 위해의 배제와 보호가 필요하다고 인정하는 경우 법원에 제1호의 보호관찰과 함께 제2호부터 제5호까지의 조치를 청구할 수 있다. 다만, 「전자장치 부착 등에 관한 법률」 제9조의2제1항제2호 및 제3호에 따라 가해자에게 특정지역 출입금지 등의 준수사항을 부과하는 경우에는 그러하지 아니하다. 〈개정 2020. 2. 4., 2020. 12. 8.〉

1. 가해자에 대한 「보호관찰 등에 관한 법률」에 따른 보호관찰
2. 피해를 받은 아동 · 청소년의 주거 등으로부터 가해자를 분리하거나 퇴거하는 조치
3. 피해를 받은 아동 · 청소년의 주거, 학교, 유치원 등으로부터 100미터 이내에 가해자 또는 가해자의 대리인의 접근을 금지하는 조치
4. 「전기통신기본법」 제2조제1호의 전기통신이나 우편물을 이용하여 가해자가 피해를 받은 아동 · 청소년 또는 그 보호자와 접촉을 하는 행위의 금지
5. 제45조에 따른 보호시설에 대한 보호위탁결정 등 피해를 받은 아동 · 청소년의 보호를 위하여 필요한 조치

제42조(피해아동 · 청소년 등에 대한 보호처분의 판결 등) ① 법원은 제41조에 따른 보호처분의 청구가 이유 있다고 인정할 때에는 6개월의 범위에서 기간을 정하여 판결로 보호처분을 선고하여야 한다.

② 제41조 각 호의 보호처분은 병과할 수 있다.

③ 검사는 제1항에 따른 보호처분 기간의 연장이 필요하다고 인정하는 경우 법원에 그 기간의 연장을 청구할 수 있다. 이 경우 보호처분 기간의 연장 횟수는 3회 이내로 하고, 연장기간은 각각 6개월 이내로 한다.

④ 보호처분 청구사건의 판결은 아동 · 청소년대상 성범죄 사건의 판결과 동시에 선고하여야 한다.

⑤ 피해자 또는 법정대리인은 제41조제1호 및 제2호의 보호처분 후 주거 등을 옮긴 때에는 관할 법원에 보호처분 결정의 변경을 신청할 수 있다.

⑥ 법원은 제1항에 따른 보호처분을 결정한 때에는 검사, 피해자, 가해자, 보호관찰관 및 보호처분을 위탁받아 행하는 보호시설의 장에게 각각 통지하여야 한다. 다만, 보호시설이 민간에 의하여 운영되는 기관인 경우에는 그 시

설의 장으로부터 수탁에 대한 동의를 받아야 한다.

⑦ 보호처분 결정의 집행에 관하여 필요한 사항은 「가정폭력범죄의 처벌 등에 관한 특례법」 제43조를 준용한다.

제43조(피해아동 · 청소년 등에 대한 보호처분의 변경과 종결) ① 검사는 제42조에 따른 보호처분에 대하여 그 내용의 변경 또는 종결을 법원에 청구할 수 있다.

② 법원은 제1항에 따른 청구가 있는 경우 해당 보호처분이 피해를 받은 아동 · 청소년의 보호에 적절한지 여부에 대하여 심사한 후 보호처분의 변경 또는 종결이 필요하다고 인정하는 경우에는 이를 변경 또는 종결하여야 한다.

제44조(가해아동 · 청소년의 처리) ① 10세 이상 14세 미만의 아동 · 청소년이 제2조제2호나목 및 다목의 죄와 제7조의 죄를 범한 경우에 수사기관은 신속히 수사하고, 그 사건을 관할 법원 소년부에 송치하여야 한다.

② 14세 이상 16세 미만의 아동 · 청소년이 제1항의 죄를 범하여 그 사건이 관할 법원 소년부로 송치된 경우 송치받은 법원 소년부 판사는 그 아동 · 청소년에게 다음 각 호의 어느 하나에 해당하는 보호처분을 할 수 있다.

1. 「소년법」 제32조제1항 각 호의 보호처분
2. 「청소년 보호법」 제35조의 청소년 보호 · 재활센터에 선도보호를 위탁하는 보호처분

③ 사법경찰관은 제1항에 따른 가해아동 · 청소년을 발견한 경우 특별한 사정이 없으면 그 사실을 가해아동 · 청소년의 법정대리인 등에게 통지하여야 한다.

④ 판사는 제1항 및 제2항에 따라 관할 법원 소년부에 송치된 가해아동 · 청소년에 대하여 「소년법」 제32조제1항제4호 또는 제5호의 처분을 하는 경우 재범예방에 필요한 수강명령을 하여야 한다.

⑤ 검사는 가해아동 · 청소년에 대하여 소년부 송치 여부를 검토한 결과 소년부 송치가 적절하지 아니한 경우 가해아동 · 청소년으로 하여금 재범예방에 필요한 교육과정이나 상담과정을 마치게 하여야 한다.

⑥ 제5항에 따른 교육과정이나 상담과정에 관하여 필요한 사항은 대통령령으로 정한다.

제45조(보호시설) 「성매매방지 및 피해자보호 등에 관한 법률」 제9조제1항제2호의 청소년 지원시설, 「청소년복지 지원법」 제29조제1항에 따른 청소년상담복지센터 및 같은 법 제31조제1호에 따른 청소년쉼터 또는 「청소년 보호법」 제35조의 청소년 보호 · 재활센터는 다음 각 호의 업무를 수행할 수 있다. 〈개정 2020. 5. 19.〉

1. 제46조제1항 각 호의 업무
2. 성매매 피해아동 · 청소년의 보호 · 자립지원
3. 장기치료가 필요한 성매매 피해아동 · 청소년의 다른 기관과의 연계 및 위탁

제46조(상담시설) ① 「성매매방지 및 피해자보호 등에 관한 법률」 제17조의 성매매피해상담소 및 「청소년복지 지원법」 제29조제1항에 따른 청소년상담복지센터는 다음 각 호의 업무를 수행할 수 있다. 〈개정 2020. 5. 19.〉

1. 제7조부터 제18조까지의 범죄 신고의 접수 및 상담
2. 성매매 피해아동 · 청소년과 병원 또는 관련 시설과의 연계 및 위탁
3. 그 밖에 아동 · 청소년 성매매 등과 관련한 조사 · 연구

② 「성폭력방지 및 피해자보호 등에 관한 법률」 제10조의 성폭력피해상담소 및 같은 법 제12조의 성폭력피해자보호시설은 다음 각 호의 업무를 수행할 수 있다. 〈개정 2020. 5. 19.〉

1. 제7조, 제8조, 제8조의2, 제9조부터 제11조까지 및 제16조의 범죄에 대한 신고의 접수 및 상담

2. 아동 · 청소년대상 성폭력범죄로 인하여 정상적인 생활이 어렵거나 그 밖의 사정으로 긴급히 보호를 필요로 하는 피해아동 · 청소년을 병원이나 성폭력피해자보호시설로 데려다 주거나 일시 보호하는 업무

3. 피해아동 · 청소년의 신체적 · 정신적 안정회복과 사회복귀를 돕는 업무

4. 가해자에 대한 민사상 · 형사상 소송과 피해배상청구 등의 사법처리절차에 관하여 대한변호사협회 · 대한법률구조공단 등 관계 기관에 필요한 협조와 지원을 요청하는 업무

5. 아동 · 청소년대상 성폭력범죄의 가해아동 · 청소년과 그 법정대리인에 대한 교육 · 상담 프로그램의 운영

6. 아동 · 청소년 관련 성보호 전문가에 대한 교육

7. 아동 · 청소년대상 성폭력범죄의 예방과 방지를 위한 홍보

8. 아동 · 청소년대상 성폭력범죄 및 그 피해에 관한 조사 · 연구

9. 그 밖에 피해아동 · 청소년의 보호를 위하여 필요한 업무

제47조(아동 · 청소년대상 성교육 전문기관의 설치 · 운영) ① 국가와 지방자치단체는 아동 · 청소년의 건전한 성가치관 조성과 성범죄 예방을 위하여 아동 · 청소년대상 성교육 전문기관(이하 "성교육 전문기관"이라 한다)을 설치하거나 해당 업무를 전문단체에 위탁할 수 있다.

② 제1항에 따른 위탁 관련 사항, 성교육 전문기관에 두는 종사자 등 직원의 자격 및 설치기준과 운영에 관하여 필요한 사항은 대통령령으로 정한다.

제47조의2(성매매 피해아동 · 청소년 지원센터의 설치) ① 여성가족부장관 또는 시 · 도지사 및 시장 · 군수 · 구청장(자치구의 구청장을 말한다. 이하 같다)은 성매매 피해아동 · 청소년의 보호를 위하여 성매매 피해아동 · 청소년 지원센터(이하 "성매매 피해아동 · 청소년 지원센터"라 한다)를 설치 · 운영할 수 있다.

② 성매매 피해아동 · 청소년 지원센터는 다음 각 호의 업무를 수행한다.

1. 제12조부터 제15조까지의 범죄에 대한 신고의 접수 및 상담

2. 성매매 피해아동 · 청소년의 교육 · 상담 및 지원

3. 성매매 피해아동 · 청소년을 병원이나 「성매매방지 및 피해자보호 등에 관한 법률」 제9조에 따른 지원시설로 데려다 주거나 일시 보호하는 업무

4. 성매매 피해아동 · 청소년의 신체적 · 정신적 치료 · 안정회복과 사회복귀를 돕는 업무

5. 성매매 피해아동 · 청소년의 법정대리인을 대상으로 한 교육 · 상담프로그램 운영

6. 아동 · 청소년 성매매 등에 관한 조사 · 연구

7. 그 밖에 성매매 피해아동 · 청소년의 보호 및 지원을 위하여 필요한 업무로서 대통령령으로 정하는 업무

③ 국가와 지방자치단체는 제2항에 따른 성매매 피해아동 · 청소년 지원센터의 업무에 대하여 예산의 범위에서 그 경비의 일부를 보조하여야 한다.

④ 성매매 피해아동 · 청소년 지원센터의 운영은 여성가족부령으로 정하는 바에 따라 비영리법인 또는 단체에 위탁할 수 있다.

[본조신설 2020. 5. 19.]

제48조 삭제 〈2020. 5. 19.〉

제4장 성범죄로 유죄판결이 확정된 자의 신상정보 공개와 취업제한 등 〈개정 2020. 5. 19.〉

제49조(등록정보의 공개) ① 법원은 다음 각 호의 어느 하나에 해당하는 자에 대하여 판결로 제4항의 공개정보를 「성폭력범죄의 처벌 등에 관한 특례법」 제45조제1항의 등록기간 동안 정보통신망을 이용하여 공개하도록 하는 명령(이하 "공개명령"이라 한다)을 등록대상 사건의 판결과 동시에 선고하여야 한다. 다만, 피고인이 아동 · 청소년인 경우, 그 밖에 신상정보를 공개하여서는 아니 될 특별한 사정이 있다고 판단하는 경우에는 그러하지 아니하다. 〈개정 2019. 11. 26., 2020. 5. 19.〉

1. 아동 · 청소년대상 성범죄를 저지른 자
2. 「성폭력범죄의 처벌 등에 관한 특례법」 제2조제1항제3호 · 제4호, 같은 조 제2항(제1항제3호 · 제4호에 한정한다), 제3조부터 제15조까지의 범죄를 저지른 자
3. 제1호 또는 제2호의 죄를 범하였으나 「형법」 제10조제1항에 따라 처벌할 수 없는 자로서 제1호 또는 제2호의 죄를 다시 범할 위험성이 있다고 인정되는 자

② 제1항에 따른 등록정보의 공개기간(「형의 실효 등에 관한 법률」 제7조에 따른 기간을 초과하지 못한다)은 판결이 확정된 때부터 기산한다. 〈개정 2016. 5. 29., 2019. 11. 26.〉

③ 다음 각 호의 기간은 제1항에 따른 공개기간에 넣어 계산하지 아니한다. 〈신설 2019. 11. 26.〉

1. 공개명령을 받은 자(이하 "공개대상자"라 한다)가 신상정보 공개의 원인이 된 성범죄로 교정시설 또는 치료감호시설에 수용된 기간. 이 경우 신상정보 공개의 원인이 된 성범죄와 다른 범죄가 「형법」 제37조(판결이 확정되지 아니한 수개의 죄를 경합범으로 하는 경우로 한정한다)에 따라 경합되어 같은 법 제38조에 따라 형이 선고된 경우에는 그 선고형 전부를 신상정보 공개의 원인이 된 성범죄로 인한 선고형으로 본다.
2. 제1호에 따른 기간 이전의 기간으로서 제1호에 따른 기간과 이어져 공개대상자가 다른 범죄로 교정시설 또는 치료감호시설에 수용된 기간
3. 제1호에 따른 기간 이후의 기간으로서 제1호에 따른 기간과 이어져 공개대상자가 다른 범죄로 교정시설 또는 치료감호시설에 수용된 기간

④ 제1항에 따라 공개하도록 제공되는 등록정보(이하 "공개정보"라 한다)는 다음 각 호와 같다. 〈개정 2019. 11. 26., 2020. 2. 4., 2020. 12. 8.〉

1. 성명
2. 나이
3. 주소 및 실제거주지(「도로명주소법」 제2조제3호에 따른 도로명 및 같은 조 제5호에 따른 건물번호까지로 한다)
4. 신체정보(키와 몸무게)
5. 사진
6. 등록대상 성범죄 요지(판결일자, 죄명, 선고형량을 포함한다)
7. 성폭력범죄 전과사실(죄명 및 횟수)
8. 「전자장치 부착 등에 관한 법률」에 따른 전자장치 부착 여부

⑤ 공개정보의 구체적인 형태와 내용에 관하여는 대통령령으로 정한다. 〈개정 2019. 11. 26.〉

⑥ 공개정보를 정보통신망을 이용하여 열람하고자 하는 자는 실명인증 절차를 거쳐야 한다. 〈개정 2019. 11. 26.〉

⑦ 실명인증, 공개정보 유출 방지를 위한 기술 및 관리에 관한 구체적인 방법과 절차는 대통령령으로 정한다. 〈개정 2019. 11. 26.〉

제50조(등록정보의 고지) ① 법원은 공개대상자 중 다음 각 호의 어느 하나에 해당하는 자에 대하여 판결로 제49조에 따른 공개명령 기간 동안 제4항에 따른 고지정보를 제5항에 규정된 사람에 대하여 고지하도록 하는 명령(이하 "고지명령"이라 한다)을 등록대상 성범죄 사건의 판결과 동시에 선고하여야 한다. 다만, 피고인이 아동 · 청소년인 경우, 그 밖에 신상정보를 고지하여서는 아니 될 특별한 사정이 있다고 판단하는 경우에는 그러하지 아니하다. 〈개정 2020. 5. 19.〉

1. 아동 · 청소년대상 성범죄를 저지른 자
2. 「성폭력범죄의 처벌 등에 관한 특례법」 제2조제1항제3호 · 제4호, 같은 조 제2항(제1항제3호 · 제4호에 한정한다), 제3조부터 제15조까지의 범죄를 저지른 자
3. 제1호 또는 제2호의 죄를 범하였으나 「형법」 제10조제1항에 따라 처벌할 수 없는 자로서 제1호 또는 제2호의 죄를 다시 범할 위험성이 있다고 인정되는 자

② 고지명령을 선고받은 자(이하 "고지대상자"라 한다)는 공개명령을 선고받은 자로 본다.

③ 고지명령은 다음 각 호의 기간 내에 하여야 한다.

1. 집행유예를 선고받은 고지대상자는 신상정보 최초 등록일부터 1개월 이내
2. 금고 이상의 실형을 선고받은 고지대상자는 출소 후 거주할 지역에 전입한 날부터 1개월 이내
3. 고지대상자가 다른 지역으로 전출하는 경우에는 변경정보 등록일부터 1개월 이내

④ 제1항에 따라 고지하여야 하는 고지정보는 다음 각 호와 같다. 〈개정 2019. 11. 26.〉

1. 고지대상자가 이미 거주하고 있거나 전입하는 경우에는 제49조제4항의 공개정보. 다만, 제49조제4항제3호에 따른 주소 및 실제거주지는 상세주소를 포함한다.
2. 고지대상자가 전출하는 경우에는 제1호의 고지정보와 그 대상자의 전출 정보

⑤ 제4항의 고지정보는 고지대상자가 거주하는 읍 · 면 · 동의 아동 · 청소년의 친권자 또는 법정대리인이 있는 가구, 「영유아보육법」에 따른 어린이집의 원장, 「유아교육법」에 따른 유치원의 장, 「초 · 중등교육법」 제2조에 따른 학교의 장, 읍 · 면사무소와 동 주민자치센터의 장(경계를 같이 하는 읍 · 면 또는 동을 포함한다), 「학원의 설립 · 운영 및 과외교습에 관한 법률」 제2조의2에 따른 학교교과교습학원의 장과 「아동복지법」 제52조제1항제8호에 따른 지역아동센터 및 「청소년활동 진흥법」 제10조제1호에 따른 청소년수련시설의 장에게 고지한다. 〈개정 2014. 1. 21.〉

제51조(고지명령의 집행) ① 고지명령의 집행은 여성가족부장관이 한다.

② 법원은 고지명령의 판결이 확정되면 판결문 등본을 판결이 확정된 날부터 14일 이내에 법무부장관에게 송달하여야 하며, 법무부장관은 제50조제3항에 따른 기간 내에 고지명령이 집행될 수 있도록 최초등록 및 변경등록 시 고지대상자, 고지기간 및 같은 조 제4항 각 호에 규정된 고지정보를 지체 없이 여성가족부장관에게 송부하여야

한다.

③ 법무부장관은 고지대상자가 출소하는 경우 출소 1개월 전까지 다음 각 호의 정보를 여성가족부장관에게 송부하여야 한다.

1. 고지대상자의 출소 예정일
2. 고지대상자의 출소 후 거주지 상세주소

④ 여성가족부장관은 제50조제4항에 따른 고지정보를 관할구역에 거주하는 아동 · 청소년의 친권자 또는 법정대리인이 있는 가구, 「영유아보육법」에 따른 어린이집의 원장 및 「유아교육법」에 따른 유치원의 장과 「초 · 중등교육법」 제2조에 따른 학교의 장, 읍 · 면사무소와 동 주민자치센터의 장, 「학원의 설립 · 운영 및 과외교습에 관한 법률」 제2조의2에 따른 학교교과교습학원의 장과 「아동복지법」 제52조제1항제8호에 따른 지역아동센터 및 「청소년활동 진흥법」 제10조제1호에 따른 청소년수련시설의 장에게 우편으로 송부하고, 읍 · 면 사무소 또는 동(경계를 같이 하는 읍 · 면 또는 동을 포함한다) 주민자치센터 게시판에 30일간 게시하는 방법으로 고지명령을 집행한다. 〈개정 2014. 1. 21.〉

⑤ 여성가족부장관은 제4항에 따른 고지명령의 집행 이후 관할구역에 출생신고 · 입양신고 · 전입신고가 된 아동 · 청소년의 친권자 또는 법정대리인이 있는 가구 및 관할구역에 설립 · 설치된 「영유아보육법」에 따른 어린이집의 원장, 「유아교육법」에 따른 유치원의 장 및 「초 · 중등교육법」 제2조에 따른 학교의 장, 「학원의 설립 · 운영 및 과외교습에 관한 법률」 제2조의2에 따른 학교교과교습학원의 장과 「아동복지법」 제52조제1항제8호에 따른 지역아동센터 및 「청소년활동 진흥법」 제10조제1호에 따른 청소년수련시설의 장으로서 고지대상자의 고지정보를 우편으로 송부받지 못한 자에 대하여 제50조제4항에 따른 고지정보를 우편으로 송부하여야 한다. 〈개정 2014. 1. 21.〉

⑥ 여성가족부장관은 고지명령의 집행에 관한 업무 중 제4항 및 제5항에 따른 우편송부 및 게시판 게시 업무를 고지대상자가 실제 거주하는 읍 · 면사무소의 장 또는 동 주민자치센터의 장에게 위임할 수 있다.

⑦ 제6항에 따른 위임을 받은 읍 · 면사무소의 장 또는 동 주민자치센터의 장은 우편송부 및 게시판 게시 업무를 집행하여야 한다.

⑧ 여성가족부장관은 제4항에 따른 고지 외에도 그 밖의 방법에 의하여 고지명령을 집행할 수 있다.

⑨ 고지명령의 집행 및 고지절차 등에 필요한 사항은 여성가족부령으로 정한다.

제51조의2(고지정보의 정정 등) ① 누구든지 제51조에 따라 집행된 고지정보에 오류가 있음을 발견한 경우 여성가족부장관에게 그 정정을 요청할 수 있다.

② 여성가족부장관은 제1항에 따른 고지정보의 정정요청을 받은 경우 법무부장관에게 그 사실을 통보하고, 법무부장관은 고지정보의 진위와 변경 여부를 확인하기 위하여 고지대상자의 주소지를 관할하는 경찰관서의 장에게 직접 대면 등의 방법으로 진위와 변경 여부를 확인하도록 요구할 수 있다.

③ 법무부장관은 제2항에 따라 고지정보에 오류가 있음을 확인한 경우 대통령령으로 정하는 바에 따라 변경정보를 등록한 후 여성가족부장관에게 그 결과를 송부하고, 여성가족부장관은 제51조제4항에 따른 방법으로 집행된 고지정보에 정정 사항이 있음을 알려야 한다.

④ 여성가족부장관은 제3항에 따른 처리 결과를 제1항에 따라 고지정보의 정정을 요청한 자에게 알려야 한다.

⑤ 제1항에 따른 고지정보 정정 요청의 방법 및 절차, 제2항에 따른 법무부장관에 대한 통보, 조회 또는 정보 제공의 요청, 확인 요구 방법 및 절차, 제4항에 따른 처리 결과 통지 방법 등에 필요한 사항은 대통령령으로 정한다.

[본조신설 2018. 1. 16.]

제52조(공개명령의 집행) ① 공개명령은 여성가족부장관이 정보통신망을 이용하여 집행한다.

② 법원은 공개명령의 판결이 확정되면 판결문 등본을 판결이 확정된 날부터 14일 이내에 법무부장관에게 송달하여야 하며, 법무부장관은 제49조제2항에 따른 공개기간 동안 공개명령이 집행될 수 있도록 최초등록 및 변경등록 시 공개대상자, 공개기간 및 같은 조 제4항 각 호에 규정된 공개정보를 지체 없이 여성가족부장관에게 송부하여야 한다. 〈개정 2019. 11. 26.〉

③ 공개명령의 집행 · 공개절차 · 관리 등에 관한 세부사항은 대통령령으로 정한다.

제53조(계도 및 범죄정보의 공표) ① 여성가족부장관은 아동 · 청소년대상 성범죄의 발생추세와 동향, 그 밖에 계도에 필요한 사항을 연 2회 이상 공표하여야 한다.

② 여성가족부장관은 제1항에 따른 성범죄 동향 분석 등을 위하여 성범죄로 유죄판결이 확정된 자에 대한 자료를 관계 행정기관에 요청할 수 있다.

제53조의2(아동 · 청소년성착취물 관련 범죄 실태조사) ① 여성가족부장관은 아동 · 청소년성착취물과 관련한 범죄 예방과 재발 방지 등을 위하여 정기적으로 아동 · 청소년성착취물 관련 범죄에 대한 실태조사를 하여야 한다.

② 제1항에 따른 실태조사의 주기, 방법과 내용 등에 관하여 필요한 사항은 여성가족부령으로 정한다.

[본조신설 2020. 12. 8.]

제54조(비밀준수) 등록대상 성범죄자의 신상정보의 공개 및 고지 업무에 종사하거나 종사하였던 자는 직무상 알게 된 등록정보를 누설하여서는 아니 된다.

제55조(공개정보의 악용금지) ① 공개정보는 아동 · 청소년 등을 등록대상 성범죄로부터 보호하기 위하여 성범죄 우려가 있는 자를 확인할 목적으로만 사용되어야 한다.

② 공개정보를 확인한 자는 공개정보를 활용하여 다음 각 호의 행위를 하여서는 아니 된다.

1. 신문 · 잡지 등 출판물, 방송 또는 정보통신망을 이용한 공개
2. 공개정보의 수정 또는 삭제

③ 공개정보를 확인한 자는 공개정보를 등록대상 성범죄로부터 보호할 목적 외에 다음 각 호와 관련된 목적으로 사용하여 공개대상자를 차별하여서는 아니 된다. 〈개정 2018. 1. 16.〉

1. 고용(제56조제1항의 아동 · 청소년 관련기관등에의 고용은 제외한다)
2. 주택 또는 사회복지시설의 이용
3. 교육기관의 교육 및 직업훈련

제56조(아동 · 청소년 관련기관등에의 취업제한 등) ① 법원은 아동 · 청소년대상 성범죄 또는 성인대상 성범죄(이하 "성범죄"라 한다)로 형 또는 치료감호를 선고하는 경우에는 판결(약식명령을 포함한다. 이하 같다)로 그 형 또는 치료감호의 전부 또는 일부의 집행을 종료하거나 집행이 유예 · 면제된 날(벌금형을 선고받은 경우에는 그 형이

확정된 날)부터 일정기간(이하 "취업제한 기간"이라 한다) 동안 다음 각 호에 따른 시설 · 기관 또는 사업장(이하 "아동 · 청소년 관련기관등"이라 한다)을 운영하거나 아동 · 청소년 관련기관등에 취업 또는 사실상 노무를 제공할 수 없도록 하는 명령(이하 "취업제한 명령"이라 한다)을 성범죄 사건의 판결과 동시에 선고(약식명령의 경우에는 고지)하여야 한다. 다만, 재범의 위험성이 현저히 낮은 경우, 그 밖에 취업을 제한하여서는 아니 되는 특별한 사정이 있다고 판단하는 경우에는 그러하지 아니한다. 〈개정 2013. 3. 23., 2014. 1. 21., 2016. 1. 19., 2016. 5. 29., 2018. 1. 16., 2018. 3. 13., 2019. 11. 26., 2020. 6. 2., 2020. 12. 8.〉

1. 「유아교육법」 제2조제2호의 유치원
2. 「초 · 중등교육법」 제2조의 학교, 같은 법 제28조와 같은 법 시행령 제54조에 따른 위탁 교육기관 및 「고등교육법」 제2조의 학교

2의2. 특별시 · 광역시 · 특별자치시 · 도 · 특별자치도 교육청 또는 「지방교육자치에 관한 법률」 제34조에 따른 교육지원청이 「초 · 중등교육법」 제28조에 따라 직접 설치 · 운영하거나 위탁하여 운영하는 학생상담지원시설 또는 위탁 교육시설

2의3. 「제주특별자치도 설치 및 국제자유도시 조성을 위한 특별법」 제223조에 따라 설립된 국제학교

3. 「학원의 설립 · 운영 및 과외교습에 관한 법률」 제2조제1호의 학원, 같은 조 제2호의 교습소 및 같은 조 제3호의 개인과외교습자(아동 · 청소년의 이용이 제한되지 아니하는 학원 · 교습소로서 교육부장관이 지정하는 학원 · 교습소 및 아동 · 청소년을 대상으로 하는 개인과외교습자를 말한다)
4. 「청소년 보호법」 제35조의 청소년 보호 · 재활센터
5. 「청소년활동 진흥법」 제2조제2호의 청소년활동시설
6. 「청소년복지 지원법」 제29조제1항에 따른 청소년상담복지센터 및 같은 법 제31조제1호에 따른 청소년쉼터

6의2. 「학교 밖 청소년 지원에 관한 법률」 제12조의 학교 밖 청소년 지원센터

7. 「영유아보육법」 제2조제3호의 어린이집
8. 「아동복지법」 제3조제10호의 아동복지시설 및 같은 법 제37조에 따른 통합서비스 수행기관
9. 「성매매방지 및 피해자보호 등에 관한 법률」 제9조제1항제2호의 청소년 지원시설과 같은 법 제17조의 성매매피해상담소
10. 「주택법」 제2조제3호의 공동주택의 관리사무소. 이 경우 경비업무에 직접 종사하는 사람에 한정한다.
11. 「체육시설의 설치 · 이용에 관한 법률」 제3조에 따라 설립된 체육시설 중 아동 · 청소년의 이용이 제한되지 아니하는 체육시설로서 문화체육관광부장관이 지정하는 체육시설
12. 「의료법」 제3조의 의료기관. 이 경우 「의료법」 제2조에 따른 의료인에 한정한다.
13. 「게임산업진흥에 관한 법률」에 따른 다음 각 목의 영업을 하는 사업장
    가. 「게임산업진흥에 관한 법률」 제2조제7호의 인터넷컴퓨터게임시설제공업
    나. 「게임산업진흥에 관한 법률」 제2조제8호의 복합유통게임제공업
14. 「경비업법」 제2조제1호의 경비업을 행하는 법인. 이 경우 경비업무에 직접 종사하는 사람에 한정한다.
15. 영리의 목적으로 「청소년기본법」 제3조제3호의 청소년활동의 기획 · 주관 · 운영을 하는 사업장(이하 "청

소년활동기획업소"라 한다)

16. 대중문화예술기획업소

17. 아동 · 청소년의 고용 또는 출입이 허용되는 다음 각 목의 어느 하나에 해당하는 기관 · 시설 또는 사업장(이하 이 호에서 "시설등"이라 한다)으로서 대통령령으로 정하는 유형의 시설등

 가. 아동 · 청소년과 해당 시설등의 운영자 · 근로자 또는 사실상 노무 제공자 사이에 업무상 또는 사실상 위력 관계가 존재하거나 존재할 개연성이 있는 시설등

 나. 아동 · 청소년이 선호하거나 자주 출입하는 시설등으로서 해당 시설등의 운영 과정에서 운영자 · 근로자 또는 사실상 노무 제공자에 의한 아동 · 청소년대상 성범죄의 발생이 우려되는 시설등

18. 가정을 방문하거나 아동 · 청소년이 찾아오는 방식 등으로 아동 · 청소년에게 직접교육서비스를 제공하는 사람을 모집하거나 채용하는 사업장(이하 "가정방문 등 학습교사 사업장"이라 한다). 이 경우 아동 · 청소년에게 직접교육서비스를 제공하는 업무에 종사하는 사람에 한정한다.

19. 「장애인 등에 대한 특수교육법」 제11조의 특수교육지원센터 및 같은 법 제28조에 따라 특수교육 관련서비스를 제공하는 기관 · 단체

20. 「지방자치법」 제144조에 따른 공공시설 중 아동 · 청소년이 이용하는 시설로서 행정안전부장관이 지정하는 공공시설

21. 「지방교육자치에 관한 법률」 제32조에 따른 교육기관 중 아동 · 청소년을 대상으로 하는 교육기관

22. 「어린이 식생활안전관리 특별법」 제21조제1항의 어린이급식관리지원센터

② 제1항에 따른 취업제한 기간은 10년을 초과하지 못한다. 〈신설 2018. 1. 16.〉

③ 법원은 제1항에 따라 취업제한 명령을 선고하려는 경우에는 정신건강의학과 의사, 심리학자, 사회복지학자, 그 밖의 관련 전문가로부터 취업제한 명령 대상자의 재범 위험성 등에 관한 의견을 들을 수 있다. 〈신설 2018. 1. 16.〉

④ 제1항 각 호(제10호는 제외한다)의 아동 · 청소년 관련기관등의 설치 또는 설립 인가 · 신고를 관할하는 지방자치단체의 장, 교육감 또는 교육장은 아동 · 청소년 관련기관등을 운영하려는 자에 대한 성범죄 경력 조회를 관계 기관의 장에게 요청하여야 한다. 다만, 아동 · 청소년 관련기관등을 운영하려는 자가 성범죄 경력 조회 회신서를 지방자치단체의 장, 교육감 또는 교육장에게 직접 제출한 경우에는 성범죄 경력 조회를 한 것으로 본다. 〈개정 2016. 5. 29., 2018. 1. 16.〉

⑤ 아동 · 청소년 관련기관등의 장은 그 기관에 취업 중이거나 사실상 노무를 제공 중인 자 또는 취업하려 하거나 사실상 노무를 제공하려는 자(이하 "취업자등"이라 한다)에 대하여 성범죄의 경력을 확인하여야 하며, 이 경우 본인의 동의를 받아 관계 기관의 장에게 성범죄의 경력 조회를 요청하여야 한다. 다만, 취업자등이 성범죄 경력 조회 회신서를 아동 · 청소년 관련기관등의 장에게 직접 제출한 경우에는 성범죄 경력 조회를 한 것으로 본다. 〈개정 2016. 5. 29., 2018. 1. 16.〉

⑥ 제4항 및 제5항에 따라 성범죄 경력 조회 요청을 받은 관계 기관의 장은 성범죄 경력 조회 회신서를 발급하여야 한다. 〈신설 2016. 5. 29., 2018. 1. 16.〉

⑦ 제1항제22호의 어린이급식관리지원센터의 장이 제5항에 따라 취업 중인 자에 대하여 성범죄 경력 조회를 한 경

우, 그 취업 중인 자가 직무를 집행함에 있어서 다른 아동 · 청소년 관련기관등에 사실상 노무를 제공하는 경우에는 제5항에도 불구하고 다른 아동 · 청소년 관련기관등의 장이 성범죄 경력 조회를 한 것으로 본다. 〈신설 2019. 11. 26.〉

⑧ 제4항부터 제6항까지에 따른 성범죄경력 조회의 요청 절차 · 범위 등에 관하여 필요한 사항은 대통령령으로 정한다. 〈개정 2016. 5. 29., 2018. 1. 16., 2019. 11. 26.〉

[제목개정 2018. 1. 16.]

[2018. 1. 16. 법률 제15352호에 의하여 2013헌마585(2016. 3. 31.), 2015헌마98(2016. 4. 28.), 2015헌마359(2016. 7. 28.), 2015헌마914(2016. 7. 28.), 2014헌마709(2016. 10. 27.) 등 헌법재판소에서 위헌 결정된 이 조 제1항을 개정함.]

제56조(아동 · 청소년 관련기관등에의 취업제한 등) ① 법원은 아동 · 청소년대상 성범죄 또는 성인대상 성범죄(이하 "성범죄"라 한다)로 형 또는 치료감호를 선고하는 경우에는 판결(약식명령을 포함한다. 이하 같다)로 그 형 또는 치료감호의 전부 또는 일부의 집행을 종료하거나 집행이 유예 · 면제된 날(벌금형을 선고받은 경우에는 그 형이 확정된 날)부터 일정기간(이하 "취업제한 기간"이라 한다) 동안 다음 각 호에 따른 시설 · 기관 또는 사업장(이하 "아동 · 청소년 관련기관등"이라 한다)을 운영하거나 아동 · 청소년 관련기관등에 취업 또는 사실상 노무를 제공할 수 없도록 하는 명령(이하 "취업제한 명령"이라 한다)을 성범죄 사건의 판결과 동시에 선고(약식명령의 경우에는 고지)하여야 한다. 다만, 재범의 위험성이 현저히 낮은 경우, 그 밖에 취업을 제한하여서는 아니 되는 특별한 사정이 있다고 판단하는 경우에는 그러하지 아니한다. 〈개정 2013. 3. 23., 2014. 1. 21., 2016. 1. 19., 2016. 5. 29., 2018. 1. 16., 2018. 3. 13., 2019. 11. 26., 2020. 6. 2., 2020. 12. 8., 2021. 1. 12.〉

1. 「유아교육법」 제2조제2호의 유치원
2. 「초 · 중등교육법」 제2조의 학교, 같은 법 제28조와 같은 법 시행령 제54조에 따른 위탁 교육기관 및 「고등교육법」 제2조의 학교

2의2. 특별시 · 광역시 · 특별자치시 · 도 · 특별자치도 교육청 또는 「지방교육자치에 관한 법률」 제34조에 따른 교육지원청이 「초 · 중등교육법」 제28조에 따라 직접 설치 · 운영하거나 위탁하여 운영하는 학생상담지원시설 또는 위탁 교육시설

2의3. 「제주특별자치도 설치 및 국제자유도시 조성을 위한 특별법」 제223조에 따라 설립된 국제학교

3. 「학원의 설립 · 운영 및 과외교습에 관한 법률」 제2조제1호의 학원, 같은 조 제2호의 교습소 및 같은 조 제3호의 개인과외교습자(아동 · 청소년의 이용이 제한되지 아니하는 학원 · 교습소로서 교육부장관이 지정하는 학원 · 교습소 및 아동 · 청소년을 대상으로 하는 개인과외교습자를 말한다)
4. 「청소년 보호법」 제35조의 청소년 보호 · 재활센터
5. 「청소년활동 진흥법」 제2조제2호의 청소년활동시설
6. 「청소년복지 지원법」 제29조제1항에 따른 청소년상담복지센터 및 같은 법 제31조제1호에 따른 청소년쉼터

6의2. 「학교 밖 청소년 지원에 관한 법률」 제12조의 학교 밖 청소년 지원센터

7. 「영유아보육법」 제2조제3호의 어린이집
8. 「아동복지법」 제3조제10호의 아동복지시설 및 같은 법 제37조에 따른 통합서비스 수행기관

9. 「성매매방지 및 피해자보호 등에 관한 법률」 제9조제1항제2호의 청소년 지원시설과 같은 법 제17조의 성매매피해상담소

10. 「주택법」 제2조제3호의 공동주택의 관리사무소. 이 경우 경비업무에 직접 종사하는 사람에 한정한다.

11. 「체육시설의 설치 · 이용에 관한 법률」 제3조에 따라 설립된 체육시설 중 아동 · 청소년의 이용이 제한되지 아니하는 체육시설로서 문화체육관광부장관이 지정하는 체육시설

12. 「의료법」 제3조의 의료기관. 이 경우 「의료법」 제2조에 따른 의료인에 한정한다.

13. 「게임산업진흥에 관한 법률」에 따른 다음 각 목의 영업을 하는 사업장

가. 「게임산업진흥에 관한 법률」 제2조제7호의 인터넷컴퓨터게임시설제공업

나. 「게임산업진흥에 관한 법률」 제2조제8호의 복합유통게임제공업

14. 「경비업법」 제2조제1호의 경비업을 행하는 법인. 이 경우 경비업무에 직접 종사하는 사람에 한정한다.

15. 영리의 목적으로 「청소년기본법」 제3조제3호의 청소년활동의 기획 · 주관 · 운영을 하는 사업장(이하 "청소년활동기획업소"라 한다)

16. 대중문화예술기획업소

17. 아동 · 청소년의 고용 또는 출입이 허용되는 다음 각 목의 어느 하나에 해당하는 기관 · 시설 또는 사업장(이하 이 호에서 "시설등"이라 한다)으로서 대통령령으로 정하는 유형의 시설등

가. 아동 · 청소년과 해당 시설등의 운영자 · 근로자 또는 사실상 노무 제공자 사이에 업무상 또는 사실상 위력 관계가 존재하거나 존재할 개연성이 있는 시설등

나. 아동 · 청소년이 선호하거나 자주 출입하는 시설등으로서 해당 시설등의 운영 과정에서 운영자 · 근로자 또는 사실상 노무 제공자에 의한 아동 · 청소년대상 성범죄의 발생이 우려되는 시설등

18. 가정을 방문하거나 아동 · 청소년이 찾아오는 방식 등으로 아동 · 청소년에게 직접교육서비스를 제공하는 사람을 모집하거나 채용하는 사업장(이하 "가정방문 등 학습교사 사업장"이라 한다). 이 경우 아동 · 청소년에게 직접교육서비스를 제공하는 업무에 종사하는 사람에 한정한다.

19. 「장애인 등에 대한 특수교육법」 제11조의 특수교육지원센터 및 같은 법 제28조에 따라 특수교육 관련서비스를 제공하는 기관 · 단체

20. 「지방자치법」 제161조에 따른 공공시설 중 아동 · 청소년이 이용하는 시설로서 행정안전부장관이 지정하는 공공시설

21. 「지방교육자치에 관한 법률」 제32조에 따른 교육기관 중 아동 · 청소년을 대상으로 하는 교육기관

22. 「어린이 식생활안전관리 특별법」 제21조제1항의 어린이급식관리지원센터

② 제1항에 따른 취업제한 기간은 10년을 초과하지 못한다. 〈신설 2018. 1. 16.〉

③ 법원은 제1항에 따라 취업제한 명령을 선고하려는 경우에는 정신건강의학과 의사, 심리학자, 사회복지학자, 그 밖의 관련 전문가로부터 취업제한 명령 대상자의 재범 위험성 등에 관한 의견을 들을 수 있다. 〈신설 2018. 1. 16.〉

④ 제1항 각 호(제10호는 제외한다)의 아동 · 청소년 관련기관등의 설치 또는 설립 인가 · 신고를 관할하는 지방자치단체의 장, 교육감 또는 교육장은 아동 · 청소년 관련기관등을 운영하려는 자에 대한 성범죄 경력 조회를 관계 기

관의 장에게 요청하여야 한다. 다만, 아동 · 청소년 관련기관등을 운영하려는 자가 성범죄 경력 조회 회신서를 지방자치단체의 장, 교육감 또는 교육장에게 직접 제출한 경우에는 성범죄 경력 조회를 한 것으로 본다. 〈개정 2016. 5. 29., 2018. 1. 16.〉

⑤ 아동 · 청소년 관련기관등의 장은 그 기관에 취업 중이거나 사실상 노무를 제공 중인 자 또는 취업하려 하거나 사실상 노무를 제공하려는 자(이하 "취업자등"이라 한다)에 대하여 성범죄의 경력을 확인하여야 하며, 이 경우 본인의 동의를 받아 관계 기관의 장에게 성범죄의 경력 조회를 요청하여야 한다. 다만, 취업자등이 성범죄 경력 조회 회신서를 아동 · 청소년 관련기관등의 장에게 직접 제출한 경우에는 성범죄 경력 조회를 한 것으로 본다. 〈개정 2016. 5. 29., 2018. 1. 16.〉

⑥ 제4항 및 제5항에 따라 성범죄 경력 조회 요청을 받은 관계 기관의 장은 성범죄 경력 조회 회신서를 발급하여야 한다. 〈신설 2016. 5. 29., 2018. 1. 16.〉

⑦ 제1항제22호의 어린이급식관리지원센터의 장이 제5항에 따라 취업 중인 자에 대하여 성범죄 경력 조회를 한 경우, 그 취업 중인 자가 직무를 집행함에 있어서 다른 아동 · 청소년 관련기관등에 사실상 노무를 제공하는 경우에는 제5항에도 불구하고 다른 아동 · 청소년 관련기관등의 장이 성범죄 경력 조회를 한 것으로 본다. 〈신설 2019. 11. 26.〉

⑧ 제4항부터 제6항까지에 따른 성범죄경력 조회의 요청 절차 · 범위 등에 관하여 필요한 사항은 대통령령으로 정한다. 〈개정 2016. 5. 29., 2018. 1. 16., 2019. 11. 26.〉

[제목개정 2018. 1. 16.]

[2018. 1. 16. 법률 제15352호에 의하여 2013헌마585(2016. 3. 31.), 2015헌마98(2016. 4. 28.), 2015헌마359(2016. 7. 28.), 2015헌마914(2016. 7. 28.), 2014헌마709(2016. 10. 27.) 등 헌법재판소에서 위헌 결정된 이 조 제1항을 개정함.]

[시행일 : 2022. 1. 13.] **제56조**

제57조(성범죄의 경력자 점검 · 확인) ① 여성가족부장관 또는 관계 중앙행정기관의 장은 다음 각 호의 구분에 따라 성범죄로 취업제한 명령을 선고받은 자가 아동 · 청소년 관련기관등을 운영하거나 아동 · 청소년 관련기관등에 취업 또는 사실상 노무를 제공하고 있는지를 직접 또는 관계 기관 조회 등의 방법으로 연 1회 이상 점검 · 확인하여야 한다.

1. 교육부장관: 제56조제1항제2호의 기관 중 「고등교육법」 제2조의 학교
2. 행정안전부장관: 제56조제1항제20호의 공공시설
3. 여성가족부장관: 제56조제1항제4호의 청소년 보호 · 재활센터, 같은 항 제6호의2의 학교 밖 청소년 지원센터
4. 식품의약품안전처장: 제56조제1항제22호의 어린이급식관리지원센터
5. 경찰청장: 제56조제1항제14호의 경비업을 행하는 법인

② 제1항 각 호에 해당하지 아니하는 아동 · 청소년 관련기관등으로서 교육부, 행정안전부, 문화체육관광부, 보건복지부, 여성가족부, 국토교통부 등 관계 중앙행정기관이 설치하여 운영하는 아동 · 청소년 관련기관등의 경우에는 해당 중앙행정기관의 장이 제1항에 따른 점검 · 확인을 하여야 한다.

③ 시 · 도지사 또는 시장 · 군수 · 구청장은 성범죄로 취업제한 명령을 선고받은 자가 다음 각 호의 아동 · 청소년 관련기관등을 운영하거나 아동 · 청소년 관련기관등에 취업 또는 사실상 노무를 제공하고 있는지를 직접 또는 관계 기관 조회 등의 방법으로 연 1회 이상 점검 · 확인하여야 한다. 다만, 제2항에 해당하는 아동 · 청소년 관련기관등의 경우에는 그러하지 아니하다. 〈개정 2020. 5. 19., 2020. 12. 8.〉

1. 제56조제1항제5호의 청소년활동시설
2. 제56조제1항제6호의 청소년상담복지센터 및 청소년쉼터
3. 제56조제1항제7호의 어린이집
4. 제56조제1항제8호의 아동복지시설 및 통합서비스 수행기관
5. 제56조제1항제9호의 청소년 지원시설 및 성매매피해상담소
6. 제56조제1항제10호의 공동주택의 관리사무소
7. 제56조제1항제11호의 체육시설
8. 제56조제1항제12호의 의료기관
9. 제56조제1항제13호 각 목의 인터넷컴퓨터게임시설제공업 또는 복합유통게임제공업을 하는 사업장
10. 제56조제1항제15호의 청소년활동기획업소
11. 대중문화예술기획업소
12. 제56조제1항제17호의 아동 · 청소년의 고용 또는 출입이 허용되는 시설등으로서 대통령령으로 정하는 유형의 시설등
13. 제56조제1항제18호의 가정방문 등 학습교사 사업장

④ 교육감은 성범죄로 취업제한 명령을 선고받은 자가 다음 각 호의 아동 · 청소년 관련기관등을 운영하거나 아동 · 청소년 관련기관등에 취업 또는 사실상 노무를 제공하고 있는지를 직접 또는 관계 기관 조회 등의 방법으로 연 1회 이상 점검 · 확인하여야 한다. 다만, 제2항에 해당하는 아동 · 청소년 관련기관등의 경우에는 그러하지 아니하다.

1. 제56조제1항제1호의 유치원
2. 제56조제1항제2호의 기관 중 「초 · 중등교육법」 제2조의 학교 및 같은 법 제28조에 따른 위탁 교육기관
3. 제56조제1항제2호의2의 학생상담지원시설 및 위탁 교육시설
4. 제56조제1항제2호의3의 국제학교
5. 제56조제1항제3호의 학원, 교습소 및 개인과외교습자
6. 제56조제1항제19호의 특수교육지원센터 및 특수교육 관련서비스를 제공하는 기관 · 단체
7. 제56조제1항제21호의 아동 · 청소년을 대상으로 하는 교육기관

⑤ 제1항 각 호 및 제2항에 따른 중앙행정기관의 장, 시 · 도지사, 시장 · 군수 · 구청장 또는 교육감은 제1항부터 제4항까지의 규정에 따른 점검 · 확인을 위하여 필요한 경우에는 아동 · 청소년 관련기관등의 장 또는 관련 감독기관에 해당 자료의 제출을 요구할 수 있다.

⑥ 여성가족부장관, 관계 중앙행정기관의 장, 시 · 도지사, 시장 · 군수 · 구청장 또는 교육감은 제1항부터 제4항까지

의 규정에 따른 점검 · 확인 결과를 대통령령으로 정하는 바에 따라 인터넷 홈페이지 등을 이용하여 공개하여야 한다.

[전문개정 2020. 2. 18.]

제58조(취업자의 해임요구 등) ① 제57조제1항 각 호 및 같은 조 제2항에 따른 중앙행정기관의 장, 시 · 도지사, 시장 · 군수 · 구청장 또는 교육감은 제56조제1항에 따른 취업제한 기간 중에 아동 · 청소년 관련기관등에 취업하거나 사실상 노무를 제공하는 자가 있으면 아동 · 청소년 관련기관등의 장에게 그의 해임을 요구할 수 있다. 〈개정 2020. 2. 18.〉

② 제57조제1항 각 호 및 같은 조 제2항에 따른 중앙행정기관의 장, 시 · 도지사, 시장 · 군수 · 구청장 또는 교육감은 제56조제1항에 따른 취업제한 기간 중에 아동 · 청소년 관련기관등을 운영 중인 아동 · 청소년 관련기관등의 장에게 운영 중인 아동 · 청소년 관련기관등의 폐쇄를 요구할 수 있다. 〈개정 2020. 2. 18.〉

③ 제57조제1항 각 호 및 같은 조 제2항에 따른 중앙행정기관의 장, 시 · 도지사, 시장 · 군수 · 구청장 또는 교육감은 아동 · 청소년 관련기관등의 장이 제2항의 폐쇄요구를 정당한 사유 없이 거부하거나 1개월 이내에 요구사항을 이행하지 아니하는 경우에는 관계 행정기관의 장에게 해당 아동 · 청소년 관련기관등의 폐쇄, 등록 · 허가 등의 취소를 요구할 수 있다. 〈개정 2020. 2. 18.〉

④ 제3항에 따른 폐쇄, 등록 · 허가 등의 취소요구에 대하여는 대통령령으로 정하는 바에 따른다.

제59조(포상금) ① 여성가족부장관은 제8조, 제8조의2, 제11조제1항 · 제2항 · 제4항 및 제13조부터 제15조까지에 해당하는 범죄를 저지른 사람을 수사기관에 신고한 사람에 대하여는 예산의 범위에서 포상금을 지급할 수 있다. 〈개정 2019. 1. 15., 2020. 6. 2.〉

② 제1항에 따른 포상금의 지급 기준, 방법과 절차 및 구체적인 지급액 등에 필요한 사항은 대통령령으로 정한다.

제60조(권한의 위임) ① 제57조제1항 각 호 및 같은 조 제2항에 따른 중앙행정기관의 장(교육부장관은 제외한다)은 제67조에 따른 권한의 일부를 대통령령으로 정하는 바에 따라 그 일부를 시 · 도지사 또는 시장 · 군수 · 구청장에게 위임할 수 있다. 〈개정 2013. 3. 23., 2020. 2. 18., 2020. 5. 19.〉

② 제67조에 따른 교육부장관 또는 교육감의 권한은 대통령령으로 정하는 바에 따라 그 일부를 교육감 · 교육장에게 위임할 수 있다. 〈개정 2013. 3. 23., 2020. 2. 18.〉

③ 제57조, 제58조 및 제67조에 따른 식품의약품안전처장의 권한은 대통령령으로 정하는 바에 따라 그 일부를 지방식품의약품안전청장에게 위임할 수 있다. 〈신설 2019. 11. 26.〉

④ 제57조, 제58조 및 제67조에 따른 경찰청장의 권한은 대통령령으로 정하는 바에 따라 그 일부를 시 · 도경찰청장에게 위임할 수 있다. 〈개정 2019. 11. 26., 2020. 12. 22.〉

제5장 보호관찰 〈개정 2020. 5. 19.〉

제61조(보호관찰) ① 검사는 아동 · 청소년대상 성범죄를 범하고 재범의 위험성이 있다고 인정되는 사람에 대하여는 형의 집행이 종료한 때부터 「보호관찰 등에 관한 법률」에 따른 보호관찰을 받도록 하는 명령(이하 "보호관찰명령"이라 한다)을 법원에 청구하여야 한다. 다만, 검사가 「전자장치 부착 등에 관한 법률」 제21조의2에 따른 보

호관찰명령을 청구한 경우에는 그러하지 아니하다. 〈개정 2020. 2. 4.〉

② 법원은 공소가 제기된 아동 · 청소년대상 성범죄 사건을 심리한 결과 보호관찰명령을 선고할 필요가 있다고 인정하는 때에는 검사에게 보호관찰명령의 청구를 요청할 수 있다.

③ 법원은 아동 · 청소년대상 성범죄를 범한 사람이 금고 이상의 선고형에 해당하고 보호관찰명령 청구가 이유있다고 인정하는 때에는 2년 이상 5년 이하의 범위에서 기간을 정하여 보호관찰명령을 병과하여 선고하여야 한다.

④ 법원은 보호관찰을 명하기 위하여 필요한 때에는 피고인의 주거지 또는 소속 법원(지원을 포함한다. 이하 같다) 소재지를 관할하는 보호관찰소(지소를 포함한다. 이하 같다)의 장에게 범죄 동기, 피해자와의 관계, 심리상태, 재범의 위험성 등 피고인에 관하여 필요한 사항의 조사를 요청할 수 있다. 이 경우 보호관찰소의 장은 지체 없이 이를 조사하여 서면으로 해당 법원에 통보하여야 한다.

⑤ 보호관찰 기간은 보호관찰을 받을 자(이하 "보호관찰 대상자"라 한다)의 형의 집행이 종료한 날부터 기산하되, 보호관찰 대상자가 가석방된 경우에는 가석방된 날부터 기산한다.

제62조(보호관찰 대상자의 보호관찰 기간 연장 등) ① 보호관찰 대상자가 보호관찰 기간 중에 「보호관찰 등에 관한 법률」 제32조에 따른 준수사항을 위반하는 등 재범의 위험성이 증대한 경우에 법원은 보호관찰소의 장의 신청에 따른 검사의 청구로 제61조제3항에 따른 5년을 초과하여 보호관찰의 기간을 연장할 수 있다.

② 제1항의 준수사항은 재판장이 재판정에서 설명하고 서면으로도 알려 주어야 한다.

제63조(보호관찰 대상자의 신고 의무) ① 보호관찰 대상자는 출소 후의 거주 예정지, 근무 예정지, 교우(交友) 관계, 그 밖에 보호관찰을 위하여 필요한 사항으로서 대통령령으로 정하는 사항을 출소 전에 미리 교도소 · 소년교도소 · 구치소 · 군교도소 또는 치료감호시설의 장에게 신고하여야 한다.

② 보호관찰 대상자는 출소 후 10일 이내에 거주지, 직업 등 보호관찰을 위하여 필요한 사항으로서 대통령령으로 정하는 사항을 보호관찰관에게 서면으로 신고하여야 한다.

제64조(보호관찰의 종료) 「보호관찰 등에 관한 법률」에 따른 보호관찰 심사위원회는 보호관찰 대상자의 관찰성적이 양호하여 재범의 위험성이 없다고 판단하는 경우 보호관찰 기간이 끝나기 전이라도 보호관찰의 종료를 결정할 수 있다.

제6장 벌칙 〈개정 2020. 5. 19.〉

제65조(벌칙) ① 다음 각 호의 어느 하나에 해당하는 자는 5년 이하의 징역 또는 5천만원 이하의 벌금에 처한다.

1. 제54조를 위반하여 직무상 알게 된 등록정보를 누설한 자
2. 제55조제1항 또는 제2항을 위반한 자
3. 정당한 권한 없이 등록정보를 변경하거나 말소한 자

② 제42조에 따른 보호처분을 위반한 자는 2년 이하의 징역 또는 2천만원 이하의 벌금에 처한다.

③ 제21조제2항에 따라 징역형 이상의 실형과 이수명령이 병과된 자가 보호관찰소의 장 또는 교정시설의 장의 이수명령 이행에 관한 지시에 불응하여 「보호관찰 등에 관한 법률」 또는 「형의 집행 및 수용자의 처우에 관한 법률」에 따른 경고를 받은 후 재차 정당한 사유 없이 이수명령 이행에 관한 지시에 불응한 경우에는 1년 이하의 징역 또는

1천만원 이하의 벌금에 처한다.

④ 다음 각 호의 어느 하나에 해당하는 자는 1년 이하의 징역 또는 500만원 이하의 벌금에 처한다.

1. 제34조제3항을 위반하여 신고자 등의 신원을 알 수 있는 정보나 자료를 출판물에 게재하거나 방송 또는 정보통신망을 통하여 공개한 자
2. 제55조제3항을 위반한 자

⑤ 제21조제2항에 따라 벌금형과 이수명령이 병과된 자가 보호관찰소의 장의 이수명령 이행에 관한 지시에 불응하여 「보호관찰 등에 관한 법률」에 따른 경고를 받은 후 재차 정당한 사유 없이 이수명령 이행에 관한 지시에 불응한 경우에는 1천만원 이하의 벌금에 처한다.

제65조(벌칙) ① 다음 각 호의 어느 하나에 해당하는 자는 5년 이하의 징역 또는 5천만원 이하의 벌금에 처한다. 〈개정 2021. 3. 23.〉

1. 제25조의7을 위반하여 직무상 알게 된 신분비공개수사 또는 신분위장수사에 관한 사항을 외부에 공개하거나 누설한 자
2. 제54조를 위반하여 직무상 알게 된 등록정보를 누설한 자
3. 제55조제1항 또는 제2항을 위반한 자
4. 정당한 권한 없이 등록정보를 변경하거나 말소한 자

② 제42조에 따른 보호처분을 위반한 자는 2년 이하의 징역 또는 2천만원 이하의 벌금에 처한다.

③ 제21조제2항에 따라 징역형 이상의 실형과 이수명령이 병과된 자가 보호관찰소의 장 또는 교정시설의 장의 이수명령 이행에 관한 지시에 불응하여 「보호관찰 등에 관한 법률」 또는 「형의 집행 및 수용자의 처우에 관한 법률」에 따른 경고를 받은 후 재차 정당한 사유 없이 이수명령 이행에 관한 지시에 불응한 경우에는 1년 이하의 징역 또는 1천만원 이하의 벌금에 처한다.

④ 다음 각 호의 어느 하나에 해당하는 자는 1년 이하의 징역 또는 500만원 이하의 벌금에 처한다.

1. 제34조제3항을 위반하여 신고자 등의 신원을 알 수 있는 정보나 자료를 출판물에 게재하거나 방송 또는 정보통신망을 통하여 공개한 자
2. 제55조제3항을 위반한 자

⑤ 제21조제2항에 따라 벌금형과 이수명령이 병과된 자가 보호관찰소의 장의 이수명령 이행에 관한 지시에 불응하여 「보호관찰 등에 관한 법률」에 따른 경고를 받은 후 재차 정당한 사유 없이 이수명령 이행에 관한 지시에 불응한 경우에는 1천만원 이하의 벌금에 처한다.

[시행일 : 2021. 9. 24.] **제65조**

제66조(벌칙) 보호관찰 대상자가 제62조제1항에 따른 제재조치를 받은 이후 재차 정당한 이유 없이 준수사항을 위반하면 3년 이하의 징역 또는 1천만원 이하의 벌금에 처한다.

제67조(과태료) ① 삭제 〈2020. 6. 9.〉

② 다음 각 호의 어느 하나에 해당하는 자에게는 1천만원 이하의 과태료를 부과한다. 〈개정 2018. 1. 16.〉

1. 제37조제2항을 위반하여 상담 · 치료프로그램의 제공을 정당한 이유 없이 거부한 상담시설 또는 의료기관

의 장

2. 제58조에 따른 해임요구를 정당한 사유 없이 거부하거나 1개월 이내에 이행하지 아니하는 아동 · 청소년 관련기관등의 장

③ 아동 · 청소년 관련기관등의 장이 제56조제5항을 위반하여 그 기관에 취업 중이거나 사실상 노무를 제공 중인 사람 또는 취업하려 하거나 사실상 노무를 제공하려는 사람에 대하여 성범죄의 경력을 확인하지 아니하는 경우에는 500만원 이하의 과태료를 부과한다. 〈개정 2018. 1. 16.〉

④ 제34조제2항 각 호의 어느 하나에 해당하는 기관 · 시설 또는 단체의 장과 그 종사자가 직무상 아동 · 청소년대상 성범죄 발생 사실을 알고 수사기관에 신고하지 아니하거나 거짓으로 신고한 경우에는 300만원 이하의 과태료를 부과한다.

⑤ 제2항부터 제4항까지의 규정에 따른 과태료는 대통령령으로 정하는 바에 따라 제57조제1항 각 호 및 같은 조 제2항에 따른 중앙행정기관의 장, 시 · 도지사, 시장 · 군수 · 구청장 또는 교육감이 부과 · 징수한다. 〈개정 2020. 2. 18., 2020. 6. 9.〉

부칙 〈제17689호, 2020. 12. 22.〉 (국가경찰과 자치경찰의 조직 및 운영에 관한 법률)

제1조(시행일) 이 법은 2021년 1월 1일부터 시행한다.

제2조부터 제6조까지 생략

제7조(다른 법률의 개정) ①부터 ㉝까지 생략

㉞ 아동 · 청소년의 성보호에 관한 법률 일부를 다음과 같이 개정한다.

제60조제4항 중 "지방경찰청장"을 "시 · 도경찰청장"으로 한다.

㉟부터 〈53〉까지 생략

제8조 생략

김동철. 1985. 표현의 자유와 음란성. 언론중재, 5 (4), 9–21.

박경휘. 1992. *조선 민족 혼인사 연구*. 대전: 한남대학교 출판부.

인혜경. 2012. 성매개감염 진료지침. 질병관리본부.

윤가현. 1997. *동성애의 심리학*. 서울: 학지사.

이능화. 1927/1981. 朝鮮解語花史. 서울: 민속원.

이태호. 1996. *풍속화* (둘). 서울: 대원사.

이화여자대학교 한국여성사 편찬위원회. 1978. *한국여성사 I*. 서울: 이화여자대학교 출판부.

林美一. 1988. *浮世繪の極み*: 春畵. 東京: 新潮社.

網野善彦, 川村湊. 1988. *列島と半島の社會史*. 東京: 作品社.

Abramson, P., & Hayashi, H. 1982. Cross–cultural and theoretical considerations. In N. Malamuth & E. Donnerstein (Eds.), *Pornography and sexual behavior*. New York: Academic Press.

Allgeier, E., & Allgeier, A. 1991. *Sexual interactions* (3rd ed.). Lexington, Massachusetts: D. C. Heath.

Atwater, E. 1992. *Adolescence*. Englewood Cliff, New Jersey: Prentice Hall.

Baldwin, J., & Baldwin, J. 1997. Gender differences in sexual interest. *Archives of Sexual Behavior, 26*, 181–210.

Bieber, I., Dain, H., Dince, O. et al. 1962. *Homosexuality: A psychoanalytical study*. New York: Basic Books.

Blanchard, R., & Bogaert, A. 1996. Biodemographic comparisons of homosexual and heterosexual men in the Kinsey interview data. *Archives of Sexual Behavior, 25*, 551–579.

Boles, J., & Elifson, K. 1994. The social organization of transvestite prostitution and AIDS. *Social Science in Medicine, 39*, 85–93.

Brodie, H., Gartrell, N., Doering, C., & Rhue, T. 1974. Plasma testosterone levels in heterosexual and homosexual. *American Journal of Psychiatry, 131*, 82–83.

Brooks-Gunn, J., & Furstenberg, F. 1989. Adolescent sexual behavior. *American Psychologist*, 44, 249-257.

Bullough, V. 1976. *Sexual deviance in society and history*. New York: Wiley.

Bullough, V., & Bullough, B. 1995. *Sexual attitudes: Myths and realities.* Amherst, New York: Prometheus Books.

Byer, C., & Shainberg, L. 1994. *Dimensions of human sexuality* (4th ed.). Madison, Wisconsin: Brown & Benchmark.

Coley, R., & Chase-Lansdale, P. 1998. Adolescent pregnancy and parenthood: Recent evidence and future directions. *American Psychologist, 53*, 152-166.

Daly, M., & Wilson, M. 1983. *Sex, evolution, and behavior* (2nd ed.). Belmont, CA: Wadsworth.

Donnerstein, E., & Berkowitz, L. 1981. Victim reactions in aggressive erotic films as a factor in violence against women. *Journal of Personality & Social Psychology, 41*, 710-724.

Edley, N., & Wetherell, M. 1995. *Men in perspective: Practice, power and identity.* London: Prentice Hall.

Ellis, H. 1936. *Studies in the psychology of sex*. New York: Random House.

Engel, J. 1982, July. *Changes in male-female relationships and family life in the People's Republic of China*. HITAHR Research Series 014. University of Hawaii.

Feldman, M., & MacCulloch, M. 1971. Homosexual behavior: Therapy and assessment. Oxford, England: Pergamon Press.

Finnegan, F. 1979. *Poverty and prostitution.* London: Cambridge University Press.

Fischer, G. 1996. Deceptive, verbally coercive college males: Attitudinal predictors and lies told. *Archives of Sexual Behavior, 25*, 527-533.

Ford, B. 1980. Patterns of sex: *The mating urge and our sexual future.* New York: St. Martin's Press.

Ford, C., & Beach, F. 1951. Patterns of sexual behavior. New York: St. Martin's Press.

Francoeur, R., Pepper, T., & Scherzer, N. 1991. *A descriptive dictionary and atlas of sexology* (Eds.). New York: Greenwood Press.

Freeman, R. 1986. *Beauty bound*. Lexington, Massachusetts: Heath.

Gilman, S. 1981. Freud and the prostitute: male stereotypes of female sexuality in fin-de-siecle Vienna. *Journal of the American Academy of Psychoanalysis*, 9, 337-360.

Goodman, E. 1983, July. The turmoil of teenage sexuality. *Ms*, 37-41.

Gordon, S., & Snyder, C. 1986. *Personal issues in human sexuality*. Boston, Massachusetts: Allyn & Bacon.

Gruber, J., & Bjorn, L. 1982. Blue-collar blues: The sexual harassment of women autoworkers. *Work & Occupation, 9*, 271-278

Handy, J. 1982. Psychological and social aspects of induced abortion. *British Journal of Clinical Psychology, 21*, 29-41.

Hatfield, E., Sprecher, S., & Traupmann, J. 1978. Men's and women's reactions to sexually explicit films: A serendipitious finding. *Archives of Sexual Behavior, 7*, 583-592.

Kendrik, D., Groth G., Trost, M., et al., 1993. Integrating evolutionary and social exchange perspectives on relationships: Effect of gender, self-appraisal, and involvement level on mate selection. *Journal of Personality and Social Psychology, 64*, 951-969.

Kilmann, P., Boland, J., West, M. et al. 1993. Sexual arousal of college students in relation to sex experience. *Journal of Sex Education & Therapy, 19*, 157-164.

Kolodny, R., Masters, W., Hendrix, J. et al. 1971. Plasma testosterone and the semen analysis in male homosexuals. *New England Journal of Medicine, 285*, 1170-1174.

Lehfeldt, H. 1971. Psychology of contraceptive failure. *Medical Aspects of Human Sexuality, 5* (5), 68-77.

LeVay, S. 1991. A difference in hypothalamic structure between heterosexual and homosexual men. *Science*, 253, 1034–1037.

Lewis, C. 1987. Minors' competence to content to abortion. *American Psychologist, 42*, 84–88.

Lewis, H. 1972. Sex massage Japanese style. *Sexology, 38*, 61–64.

Linder, M., Ryckman, R., Gold, J. at al. 1995. Traditional vs. nontraditional women and men's perceptions of personalities and physiques of ideal women and men. *Sex Roles, 32*, 675–690.

Linz, D., Donnerstein, E., & Penrod, S. 1987. The findings and recommendations of the Attorney General's Commission on Pornography: do the psychological "facts" fit the political fury? *American Psychologist, 42*, 946–953.

Loraine, J., Adamopoulos, D. Kirkham, E. et al. 1971. Patterns of hormone excretion in male and female homosexuals. *Nature, 234*, 552–555.

Malamuth, N., & Donnerstein, E. 1982. The effects of aggressive–pornographic mass media stimuli. In L. Berkowitz (Ed.), *Advances in experimental social psychology* (Vol. 15, pp. 103–136). New York: Academic Press.

Marecek, J. 1987. Counseling adolescents with problem pregnancies. *American Psychologist, 42*, 89–93.

Masters, W., & Johnson, V. 1966. *Human sexual response.* Boston: Little, Brown.

Masters, W., & Johnson, V. 1970. *Human sexual inadequacy.* Boston: Little, Brown.

Masters, W., Johnson, V., & Kolodny, R. 1982/1994. Heterosexuality. New York: Harper Collins.

McKay, C., & Hou, C. 1994. Family affiliation and prostitution in a cultural context: Career onsets of Taiwanese prostitutes. *Archives of Sexual Behavior, 23*, 251–265.

Medicus, G., & Hopf, S. 1990. The phylogeny of male/female differences in sexual behavior. In J. Feierman (Ed.), *Pedophilia: Biological dimensions* (pp. 122–149). New

York: Springer-Verlag.

Meston, C., Trapnell, P., & Gorzalka, B. 1996. Ethnic and gender differences in sexuality: Variation in sexual behavior between Asian and non-Asian university students. *Archives of Sexual Behavior, 25*, 33-72.

Money, J. 1987. Sin, sickness, or status? Homosexual gender identity and psychoneuroendocrinology. *American Psychologist, 42*, 384-399.

Nass, G., Libby, R., & Fisher, M. 1984. *Sexual choices: An introduction to human sexuality* (2nd ed.). Monterey, California: Wadworth Health Sciences.

Osborn, C., & Pollack, R. 1977. The effects of two types of erotic literature on physiological and verbal measures of female sexual arousal. *Journal of Sex Research, 13*, 250-256.

O'Neill, M. 1997. Prostitute women now. In G. Scambler & A. Scambler (Eds.), *Rethinking prostitution: Purchasing sex in the 1990s* (pp. 3-28). London: Rutledge

Pan, S. 1993. A sex revolution in current China. *Journal of Psychology & Human Sexuality, 6* (2), 1-14.

Peplau, L., Rubin, Z., & Hill, C. 1977. Sexual intimacy in dating relationships. *Journal of Social Issue, 33*, 86-109.

Pfuhl, E., Jr. 1978. The unwed father: A "nondeviant" rule breaker. *The Sociological Quarterly, 19*, 113-128.

Ploss, H., Bartels, P., & von Reitzenstein, F. 1964. *Women in the sexual relation.* New York: Medical Press of New York.

Reite, M., Sheeder, J., Richardson, D. et al. 1995. Cerebral laterality in homosexual males: Preliminary communication using magnetoencephalography. *Archives of Sexual Behavior, 24*, 585-593.

Robbins, J., & DeLamater, J. 1985. Support from significant others and loneliness following induced abortion. *Social Psychology, 20*, 92-99.

Robinson, B., Scheltma, K., Koznar, J. et al. 1996. Attitudes of U.S. and Czech/Slovak mental health professionals toward five types of sexually explicit materials. *Archives of Sexual Behavior, 25*, 601–628

Roche, J. 1986. Premarital sex: Attitudes and behavior by dating stage. *Adolescence, 21*, 107–121

Russell, D. 1984. *Sexual exploitation: Rape, child sexual abuse, and workplace harassment*. Beverly Hills, California: Sage Publications.

Schmidt, G., Klusmann, D., Zeitzschel, U. et al. 1994. Changes in adolescents' sexuality between 1970 and 1990 in West Germany. *Archives of Sexual Behavior, 23*, 489–513.

Sprecher, S., & Hatfield, E. 1996. Premarital sexual standards among U.S. college students: Comparison with Russian and Japanese students. *Archives of Sexual Behavior, 25*, 261–288.

Stock, W. 1995. The effects of pornography on women. In L. Lederer & R. Delgado(Eds.), The price we pay: The case against racist speech, hate propaganda, and pornography (pp. 80–88). New York: Hill and Wang.

Taris, T., & Semin, G. 1997. Gender as a moderator of the effects of the love motive and relational context on sexual experience. *Archives of Sexual Behavior, 26*, 159–180.

Townsend, J. 1995. Sex without emotional involvement: An evolutionary interpretation of sex differences. *Archives of Sexual Behavior, 24*, 173–206.

Townsend, J., & Wasserman, T. 1997. The perception of sexual attractiveness: Sex differences in variability. *Archives of Sexual Behavior, 26*, 243–268.

Traeen, B., & Kvalem, I. 1996. Sexual socialization and motives for intercourse among Norwegian adolescents. *Archives of Sexual Behavior, 25*, 289–302.

Wallechinsky, D., & Wallace, I. 1978. *The people's almanac #2*. New York: Bantam Books.

Weeks, J. 1985. *Sexuality and its discontents*. London: Routledge & Kegan Paul.

Weinberg, G. 1985. Homophobia. In O. Pocs (Ed.), *Human sexuality 86/87* (pp. 198–200). Guilford, Connecticut: The Duskin Publishing Co.

Weinberg, M., Lottes, I., & Gordon, L. 1997. Social class background, sexual attitudes, and sexual behavior in a heterosexual undergraduate sample. *Archives of Sexual Behavior, 26*, 625–642.

Wilson, G. 1979. The sociobiology of sex differences. *Bulletin of the Psychological Society, 32*, 350–353.

Worthley, R. 1983. *Erotic movies.* New York: Crescent Books.

Zillmann, D., & Bryant, J. 1988. Pornography's impact on sexual satisfaction. *Journal of Applied Social Psychology, 18*, 438–453.

Ziplow, S. 1977. *The film maker's guide to pornography.* New York: Drack.

[웹사이트]

Sexually transmitted infections (STIs), WHO https://www.who.int/health-topics/sexuallytransmitted-infections#tab=tab_1

Sexually transmitted infections (STIs), WHO https://www.who.int/news-room/fact-sheets/detail/sexually-transmitted-infections-(stis)

찾아보기

U

V

W

X

Y

Z